Karl Philipp Moritz

Deutsche geographische Blätter

Band XI

Karl Philipp Moritz

Deutsche geographische Blätter
Band XI

ISBN/EAN: 9783741173905

Hergestellt in Europa, USA, Kanada, Australien, Japan

Cover: Foto ©Klaus-Uwe Gerhardt /pixelio.de

Manufactured and distributed by brebook publishing software
(www.brebook.com)

Karl Philipp Moritz

Deutsche geographische Blätter

Deutsche

Geographische Blätter.

Herausgegeben von der

Geographischen Gesellschaft in Bremen

durch Dr. M. Lindeman.

Band XI.

Diese Zeitschrift erscheint vierteljährlich.

Abonnementspreis 8 Mark jährlich.

INHALT.

Grössere Aufsätze:

Heft 1.   Band XI.

Deutsche

Geographische Blätter.

Herausgegeben von der

Geographischen Gesellschaft in Bremen.

Beiträge und sonstige Sendungen an die Redaktion werden unter der Adresse:
Dr. M. Lindeman, Bremen, Mendestrasse 8, erbeten.

Der Abdruck der Original-Aufsätze, sowie die Nachbildung von Karten
und Illustrationen dieser Zeitschrift ist nur nach Verständigung mit
der Redaktion gestattet.

Bericht über eine Reise in das nördliche Eismeer und nach Spitzbergen im Jahre 1886

von Dr. **Willy Kükenthal,** Privatdozent für Zoologie an der Universität Jena.

Hierzu das Lichtdruckbild: Tempelberg, Sassenbai, Eisfjord, nach einem nach
der Natur aufgenommenen Aquarell von Dr. W. Kükenthal.

Einleitung. Zweck der Reise. Das norwegische Fangschiff »Hvidfisken« und seine
Bemannung. Abfahrt von Tromsö. Die Harpunengeschütze. Im Eismeer. Der
erste Wal. Meteorologische Beobachtungen. Zoologische Untersuchungen. Tagesordnung an Bord. Beschreibung einer Waljagd. Das Polareis. Robbenjagd Procellaria glacialis. Der norwegische Blauwalfang. Kurs auf Spitzbergen. Die Mitter-
nachtsonne. Grofsartiger Anblick der Westküste von Spitzbergen. Im Eisfjord.
Tigerthon. Zoologische Ausbeute. Der Frühling. Ausflüge. Schilderung der Küsten
des Eisfjords. Meerestiefen. Jagdtiere: Rentier, Walrofs. Eisströmung. Eisjahr.
Die Adventbai. Reiches Pflanzenleben. Eine Jagdpartie. Ein Hammerfester Kleinfänger. Ausgezeichneter Gesundheitszustand. Haakjerringfang. Vogelbrutplätze. Ein
norwegischer Sportsman. Gewitter. Mücken. Der Weifswal. Fang desselben. Der
arktische Herbst. Farbenpracht. Schwere Fahrt durch das Eis. Heimreise und
Ankunft in Tromsö.

Wenn ich es wage, in diesen Zeilen einen Bericht von dem zu
geben, was ich im nördlichen Eismeere und auf Spitzbergen gesehen
und beobachtet habe, so geschieht dies nicht ohne ein gewisses
Gefühl der Besorgnis. Es könnte leicht scheinen, als ob ich meiner
Fahrt durch eine derartige Veröffentlichung die Wichtigkeit einer
Entdeckungsreise beilegen wollte. Dieses liegt mir durchaus fern.
Spitzbergen ist in vielen Hinsichten, Dank den Bemühungen der
schwedischen Expeditionen, der ersten deutschen Nordpolfahrt und
andrer, bereits gründlich erforscht; um wirklich Wertvolles für die
geographische Wissenschaft zu bringen, mufs man aufserdem Geograph
von Fach sein und dieses ist bei mir nicht der Fall. Als Zoologe
bin ich ins Eismeer gefahren, sowohl um einen allgemeinen Eindruck
der polaren Tierwelt zu erhalten, als auch zur Lösung spezieller
zoologischer Probleme. Es ist eine traurige Notwendigkeit, in welche

sich der moderne Naturforscher bei einer derartigen Reise versetzt
fühlt, so vieles Hochinteressante, was sich ihm darbietet, bei Seite
lassen zu müssen und sein Ziel fest im Auge zu behalten. Nur
dann ist es bei der ungeheuren Ausbreitung und Vertiefung unsrer
Wissenschaft möglich, etwas für dieselbe zu leisten.

Wenn ich nun trotzdem glaube, daß meine Notizen dem Leser-
kreis dieser Zeitschrift manches nicht Uninteressante bringen werden,
so liegt es mehr daran, daß ich die Reise unter eigentümlichen
Verhältnissen unternommen habe; ich habe mich nämlich von einem
jener Eismeerfahrer mitnehmen lassen, welche alljährlich an die
Küsten von Grönland, Spitzbergen und Nowaja Semlja gehen, um
der Jagd auf polare Tiere obzuliegen.

Am 28. April 1886 trat ich die Reise auf dem Tromsöer
Fangschiff „Hvidfisken" an, der einzige an Bord, welcher wissenschaftliche Zwecke verfolgte. Man könnte leicht denken, daß die
durchaus praktischen Interessen meiner Kameraden mit den meinigen
kollidiert hätten; dem war aber durchaus nicht so; auf diese Weise
ward mir nämlich, wie sonst nur selten einem Zoologen, Gelegenheit,
mit den Kolossen der nordischen Tierwelt, den Walen, Walrossen
u. a. in enge Berührung zu treten, da lernte ich manches aus
dem Leben dieser Tiere kennen, ich sah die mannigfachen Arten
der Jagd auf dieselben, und bekam auch meinen Anteil an der
Beute. Speck und Fell gehörte den Fangsleuten, der Kadaver mir.
So wurde ehrlich geteilt. Als wir dann später, im Juni, Spitzbergen
erreichten, da war das Interesse der Leute an meinen Studien
derartig erwacht, daß sie mir gern bei der schweren Arbeit mit
dem Schleppnetz halfen, sobald sich nur Zeit dazu fand. Mehrfach
wurde ich veranlaßt, diese Arbeiten zu unterbrechen, um Bootsfahrten
in das Innere des Eissundes zu unternehmen, Fahrten, deren erster
Zweck das Aufsuchen von Weißwalen war, die aber reichliche
Gelegenheit boten, Eindrücke zu sammeln. Diese Reisen, welche
sich oft auf mehrere Tage ausdehnten, waren es, welche mich in
Gegenden brachten, die bisher wohl nur von Wenigen besucht
worden sind. Daher kommt es, daß ich, ohne daß ich hätte
befürchten müssen, meine rein zoologischen Zwecke aus den Augen
zu verlieren, in den Stand gesetzt worden war, manches zu sehen,
zu notieren und skizzieren, was auch für den Geographen von
Interesse ist.

„Hvidfisken" ist ein kleines Segelschiff, zur Klasse der Jachten,
den kleinsten Seefahrzeugen gehörig. Fast alle diese das Eismeer

besuchenden Schiffe sind klein, schon damit sie sich besser durch
das Eis hindurchwinden können; aber gerade diese geringe Größe
ermöglicht eine feste, solide Bauart. Nur ein Deck überwölbt den
Schiffsraum, der hoch hinauf mit vorläufig durch Wasser gefüllten
Speckfässern erfüllt ist. Auch dem nicht seemännisch geübten Auge
fallen diese Schiffe als Eismeerfahrzeuge dadurch in die Augen, daß
sich rings um den Rumpf herum eine starke Bohlenverkleidung, als
Schutz gegen Eisdruck, befindet. Befremdlich ist auch der starke,
eisenbeschlagene, zum Rammen dienende Bug, sowie hoch oben an
dem einzigen Maste eine hölzerne Tonne, der Ausguck des wachthabenden Matrosen. Der Aufenthaltsort der Mannschaft ist vorn
unter dem Bugspriet, ein Bretterverschlag trennt den engen Raum
vom Schiffsraume. In diesem „Lager" steht der Kochofen. Im
Hinterteile des Schiffes ist die kleine Kajüte, die Wohnung des
Schiffers, eingesenkt, 10 Fuß lang, eben so breit, von Mannshöhe.
Ein Tisch und ein paar Bänke zu beiden Seiten machen das
Mobiliar aus.

Über jeder Bank befindet sich in der Kajütenwand eine
Öffnung, groß genug, um einen Mann hindurch zu lassen. Auf dem
Leibe kriechend gelangt man in die Koje, den Raum, welchen
Schiffswand, Kajütenwand und Deck übrig lassen, zu niedrig, um
darin sitzen zu können. Es gehört erst einige Übung dazu, es sich
darin bequem zu machen; eine der Öffnungen führte nämlich in
meine Höhle, die andre benutzte der Schiffer. Der Boden der
Kajüte hat eine Fallthür, welche in den Keller hinabführt, hier liegt
der kostbarere Proviant: Kaffee, Thee, Kunstbutter u. a., während
Kartoffel- und Graupensäcke, Brot und Salzfleischfässer zwischen den
Speckfässern im Schiffsraum aufgestapelt waren.

Nun zu der Mannschaft selbst. Es waren im ganzen 10 Mann.
Der Führer des Schiffes, Morton Ingebrigtsen, der „Skipper", wie er
genannt ward, ist ein in jeder Beziehung ausgezeichneter Mensch,
an den ich mich bald eng anschloß. Sein unermüdlicher Eifer mir
bei meinen wissenschaftlichen Arbeiten zu helfen, wo er nur konnte,
hat ihm meine dauernde Freundschaft zugesichert. Auch mit der
übrigen Mannschaft konnte ich sehr zufrieden sein. Es waren dies
der Harpunier, ein noch ziemlich junger Mann, lappischer Abkunft,
6 Norweger, sämtlich aus Nordland und Finmarken stammend, und
2 Quänen russischer Nationalität. Letztere waren ein paar sehr
brauchbare Menschen, stets willig, dabei besonnen und geschickt.
Im allgemeinen stehen diese Eismeerleute bei dem übrigen Seevolk
in keinem hohen Ansehen. Als ich mit dem von Hamburg gehenden

Dampfer nach Tromsö fuhr, fragte mich ein norwegischer Seemann,
nachdem ich ihm meine Absicht, mit einem Fangschiff nach Spitzbergen zu gehen, mitgeteilt hatte, ganz erschrocken: „Was, mit
diesen Bestien wollen Sie reisen?" und gab mir eine greuliche
Schilderung von meinen nachmaligen Kameraden. Glücklicherweise
habe ich es nachher ganz anders gefunden. Es mag übrigens auf
den Fangschiffen in neuerer Zeit dadurch besser geworden sein,
daß auf den meisten der Alkoholgenuß gänzlich unmöglich gemacht
worden ist. Für viele Fangsleute, die den langen Winter über zu
Hause bleiben und sich stetig betrinken, ist eine solche Eismeerfahrt
stets eine ausgezeichnete Erholung, und steht in ähnlichem Verhältnis wie eine Karlsbader Kur zu dem sonstigen Leben eines unserer
Epikuräer. Einen guten Einfluß auf die Haltung der Leute hat
auch die tiefe, wenn auch etwas finstere Religiosität, welche sie
beherrscht. Freilich kann sie leicht ins Extrem führen, da sie mit
dem schlimmsten Aberglauben gepaart ist; ich werde im Verlauf
meiner Schilderungen einige charakteristische Züge dieses Aber-
glaubens anführen.

Diese Schiffe fahren entweder auf Rechnung nordischer Handelshäuser, oder das Schiff gehört dem Kapitän selbst. Die Mannschaft
wird durch einen gewissen Anteil an dem Erlös der Beute für den
Fang interessiert, bei Walroßfängern beträgt derselbe gewöhnlich
ein Drittel, bei andern ein Sechstel, nebst etwas fester Löhnung.
Auf „Hvidfisken" waren die Verhältnisse derart, daß der Harpunier
80 Kronen, ein jeder Matrose bis 20 Kronen Löhnung bekam, und
das gemeinsame Sechstel in 14 Mannsparte geteilt war, von welchen
dem Harpunier drei zufielen. Das Schiff selbst gehörte zur Hälfte
Konsul Aagaard in Tromsö, zur Hälfte Ingebrigtsen, dem Schiffsführer.

———————

Es wurde Abend, als wir den Hafen von Tromsö verließen;
trotzdem die Nächte um diese Jahreszeit schon hell waren, herrschte
noch tiefer Winter, der Schnee lag noch fußhoch. Um ins offene
Meer zu gelangen, hatten wir den südlichen Weg durch den Malangen-
fjord gewählt, in welches wir am nächsten Morgen einsegelten.
Langsam zogen die prächtigen alpinen Landschaftsbilder an unsern
Augen vorüber, oft traten die steilen Felswände ganz nahe zusammen,
eine schmale Wasserstraße zwischen sich hindurchlassend, dann
wieder befanden wir uns in einem seeartig ausgebreiteten Becken,
von dem aus sich weit verzweigende Fjordarme tief ins Land hinein-
zogen. So glitten wir langsam bei mäßigem Winde zwischen den
Schneebergen dahin.

An Bord herrschte lebhafte Thätigkeit, besonders der Schleif-
stein ward unaufhörig benutzt; da wurden Harpunen und Speck-
messer vom Roste befreit, Beile und Äxte geschliffen. Der Schiffer
mit ein paar Leuten machte sich an den Kanonen zu thun. An
den Kanonen? wird der Leser erstaunt fragen. Ja, freilich waren
es Kanonen, die wir an Bord hatten, mit denen wir Wale schiefsen
wollten. Unser nächstes Ziel war das offene Meer, hier wollten wir
auf- und abkreuzen, um Jagd auf eine eigentümliche Walart „den
Bottlenose" zu machen. Drei dieser Mordinstrumente waren am
Schiffe aufgestellt, zu beiden Seiten, wie am Heck. Sie verdienen
wohl eine kurze Beschreibung. Es sind zwei starke Rohre, nicht
ganz parallel mit einander verlaufend, indem das eine etwas höher
als das andre gerichtet ist, zwischen ihnen liegt auf einer Messing-
leiste Korn und Kerbe. 2 Metallkapseln bergen die Schlösser, welche
von Büchsenschlössern nicht viel abweichen; als Geschosse werden
zwei schmiedeeiserne Harpunen von etwa 4 Fuß Länge eingeführt,
die an ihrer breiten lanzartigen Spitze zwei in Scharnieren beweg-
liche Widerhaken besitzen, der lange Schaft der Harpune ist nicht
solid, sondern gespalten, so dafs eine Schlinge von Metalldraht, an
welcher ein Tau befestigt ist, beim Herausfliegen der Harpune an
die Basis des Schaftes zu liegen kommt. Es wird also mit diesen
Harpunen zugleich ein Tau geschossen, welches den Zweck hat, den
Wal ans Schiff zu fesseln, die ungleiche Höhe der Flugbahn beider
Harpunen soll die Treffähigkeit erhöhen. Die Ladung ist Pulver,
auf welches erst Kork, dann ein Wergpfropf eingeführt wird, ehe
die Harpunen eingeschoben werden. Der ganze Apparat ruht auf
einem aufsen an der Schiffswand angebrachten starken Pfosten und
ist durch einen hölzernen Schaft leicht in alle möglichen Richtungen
zu bringen. Zwei Fässer zu beiden Seiten der Harpunenkanone
enthalten für jede Harpune das nötige Tau, etwa 40 m, dann vereinigen sich beide Taue zu einem gemeinsamen starken, welches in
die Mittelluke führt; drei grofse Fässer, welche hier stehen, bergen
gegen 1000 m solchen Taues. Diese Kanonen wurden nun in
Stand gesetzt und einige Probeschüsse daraus abgefeuert, welche
zur Zufriedenheit ausfielen.

Am nächsten Tage verliefsen uns die Berge, welche unsre Fahrt
zu beiden Seiten begleitet hatten, und schon am Nachmittag bekamen
wir das Land aufser Sicht. Vor uns lag das offene Eismeer, das
Feld unsrer Thätigkeit für die nächsten Wochen. Gleich am Anfang
unsrer Reise zeigte es uns, was wir von ihm zu erwarten hatten,
der Wind nahm mehr und mehr zu, ein Segel nach dem andern

mufste eingeholt werden und bald ging die starke Kuling in Sturm
über; die See ging hoch und da wir auf Deck nichts zu thun
hatten, blieben wir den Tag über in unsern Kojen. Das grofse
Segel war doppelt gereftt, das Steuer festgebunden, und so liefsen
wir uns treiben und von den erregten Wassermengen umherschleudern.
Am andern Morgen kam der erste Wal in die Nähe des Schiffes,
die abgefeuerten Harpunen trafen ihn aber nicht, da das starke
Rollen des Schiffes ein sicheres Zielen unmöglich machte; blitzschnell
mit einem gewaltigen Schlage seines Schwanzes verschwand er in
die Tiefe. Schon nach ein paar Stunden erschien ein zweiter, im
letzten Momente, als er schon zu verschwinden drohte, krachte der
Schufs. Schlangengleich sausten die Harpunleinen in die Tiefe,
jetzt wurde auch das starke Tau mit hinabgerissen, kein Zweifel,
der Schufs safs. Schnell wurde die Mittelluke aufgedeckt, unter
welcher das Waltau lag, und dieses schofs in rasender Schnelligkeit
in die Tiefe. Schon waren über 400 m über Bord, als die Kraft
des Tieres etwas zu erlahmen begann, so dafs der Versuch gemacht
werden konnte, das Tau über die Winde zu bringen; nur bei
besonders heftigen Bewegungen mufste etwas nachgelassen werden.
Mittlerweile war eines der beiden Walböte ins Meer hinabgelassen
worden, ein grofses, stark gebautes, breites Ruderboot. Der Schiffer
nebst drei Mann sprangen hinein und fort ging es in der Richtung,
welche das Tau vom Schiffe aus genommen hatte. Der hohe Seegang
liefs uns das Boot bald nur in kurzen Interwallen mehr sehen.
Inzwischen begannen wir auf dem Schiffe Zurückbleibenden das Tau
aufzuwinden; mufsten indes jedesmal, wenn der Wal eine neue Kraft-
anstrengung machte, einen Teil des eroberten wieder fahren lassen.
Nach längerer Arbeit wurde das Tau plötzlich schlaff, schon
glaubten einige, dafs das Tier sich losgerissen hätte oder das Tau
gerissen sei, als das Boot wieder näher kam. Hinter demselben
wogte eine braune Masse auf und nieder, aus ihr heraus ragte eine
hin und her schaukelnde lange Stange. Eine Unmasse Möven flogen
kreischend hinter dem Boote her, bald in den Lüften sich wiegend,
bald auf die breite ölig glänzende Strafse, welche der tote Wal zog,
niederstofsend. Eifrig wurde an der Winde gearbeitet, und nach
drei Stunden war der erste Teil der Arbeit vollbracht und unsere
Beute, ein stattlicher Bottlenos, lag mit Ketten fest verankert an
der Steuerbordseite. Ich hatte jetzt Mufse, ihn näher zu betrachten.
Seinen Namen „Bottlenos", Flaschennase, verdient dieser Wal in
der That, da sich von dem dicken Kopfe eine lange, flaschenähnlich
geformte Schnauze absetzt. Der Wal war bei einer Länge von

gegen 23 Fufs ungemein dick, eine starke Fettflosse erhebt sich auf dem Rücken und der stark verbreiterte Schwanz mifst am Ende über 6 Fufs. Eine am Rücken braune, auf den Bauch weifsgrau glänzende Haut überzieht den Körper.

Es wurde mir jedoch nicht lange Zeit zur Beobachtung überlassen. Mit Ölkleidern versehen ging die gesamte Mannschaft ans Abspecken. Zunächst wurde die im Nacken sitzende Stange herausgezogen und ich sah bei dieser Gelegenheit, dafs es ein gegen zwei Fufs langes zweischneidiges Messer am Ende derselben war, welches dem Tiere den Tod gegeben hatte, dann ergriff der Schiffer einen scharfen, breiten Spaten und stach tief in die Speckschicht des Tieres Gräben hinein. Diese vom Boote aus ausgeführte Arbeit war in anbetracht des immer höher werdenden Seeganges keine leichte zu nennen. An den Enden des Bootes safs je ein Mann, nur damit beschäftigt, mit Bootshaken die nötige Entfernung vom Schiffe zu wahren. Von Bord aus wurden nun zwei starke eiserne Haken an der Schiffswand hinabgelassen, in die sich ablösende Speckschicht eingestochen und letztere in grofsen Stücken an Bord gezogen. Bald flofs aus dem Kadaver das Blut in Strömen, untermischt mit abgerissenen Fetzen schwarzblauen Fleisches, ein Freudenfest für die Seevögel, welche scharenweise den Schauplatz umschwärmten und bald alle Schüchternheit so weit verloren hatten, dafs man sie mit der Hand hätte greifen können. Nach harter Arbeit war das Geschäft des Abspeckens vollendet bis auf Kopf und Schwanz, letztere Körperteile wurden vom Rumpfe getrennt und an Bord gezogen, der übrige Teil versank langsam in die Tiefe. In den Höhlen des Kopfes zeigten sich beträchtliche Ansammlungen von zum Teil flüssigem Fett, welches mit Schöpflöffeln herausgenommen wurde. Unterdessen beschäftigte sich ein Teil der Mannschaft damit, die über handbreite Speckschicht vom Fleische zu reinigen, in lange Streifen zu zerlegen und auf improvisierten Bänken zu zerhacken. Die Stücken wurden in die Speckfässer eingelegt und alles Unbrauchbare über Bord geworfen, das Deck sorgfältig gereinigt und bald hatte alles seine gewohnte Ordnung wieder gewonnen.

Gleich bei Beginn unsrer Reise hatte ich es unternommen meteorologische Beobachtungen auszuführen. Als Schema benutzte ich ein Journal, welches Ingebrigtsen von Christiania aus zugesandt war; es kamen zur Beobachtung: Barometerstand, Wasser- und Lufttemperatur, Windrichtung und Windstärke, Bewölkung, Niederschlag und Seegang. Von 4 zu 4 Stunden wurden diese Eintragungen von mir und dem Harpunier gemacht, jeden Mittag Länge und Breite

so gut wir es eben vermochten, aufgenommen. Diese Arbeit konnte
ungestört fortgesetzt werden, so lange wir auf hoher See waren,
also vom 29. April bis 23. Juni, später, als wir an der Küste Spitzbergens uns befanden, mußte sie leider aus Mangel an Zeit aufgegeben werden.

Diese Beobachtungen waren übrigens für uns von ganz direktem
Nutzen: wir fanden nämlich, dafs der Bottlenoswal, der fast stets
in kleinen Herden, gewöhnlich 3 bis 6 Stück, erscheint, in einem
Wasser von gewisser Temperatur am häufigsten anzutreffen ist.
Diese Temperatur beträgt 2 bis 3 Grad Reaumur und findet sich
da, wo die Strahlen des nach Nordwesten gehenden Golfstromzweiges
sich mit dem polaren, meist auf Null, auch unter Null abgekühlten
Wasser vermischen.

Die Nahrung des Bottlenos (Hyperoodon rostratus) besteht fast
ausschliefslich in Cephalopoden, ich fand sowohl im Schlunde des
Wales hier und da halbverdaute Reste dieser Mollusken, als auch im
Magen und Darm tausende von chitinigen, der Verdauung wider-
stehenden Kiefern; diese Cephalopoden nun nähren sich von kleinen
Seetieren, Krebsen, Mollusken u. a., und werden sich naturgemäfs da
einfinden, wo diese Nahrung am massenhaftesten auftritt. Dies ist
nun hier der Fall. Mit Schwebenetzen holte ich aus Tiefen bis zu
400 m eine Unzahl dieser schwimmenden kleinen Seetiere hervor,
die von der Strömung hierhergetrieben werden, und somit läfst es
sich unschwer erklären, dafs der Bottlenos diese Plätze aufsucht.
Ein andres Resultat dieser Schwebenetzuntersuchungen ist ebenfalls
nicht ohne Interesse. Während sich nämlich an der Oberfläche nur
wenige Tiere, meist kleine rote Copepoden zeigten, fand ich je nach
der Tiefe, in welcher das Netz strich, andre Tierformen. Da waren
in einer bestimmten Schicht besonders viel Pfeilwürmer (Sagitten)
zu finden, in einer andern tieferen Rippenquallen (Ctenophoren)
und so liefs sich feststellen, dafs diese Tiere, welche in wärmeren
Gegenden meist nahe an der Oberfläche sich befinden, hier erst in
gröfseren Tiefen und in übereinanderliegenden Zonen vorgefunden
werden.

Während ich nun auf diese Weise reiche Beute machte, ging
es mit dem Walfang anfänglich recht schlecht. Die Leute, welche
erst freundlich zu mir waren, wurden plötzlich mürrisch und
schweigsam gegen mich, und bald hatte ich in Erfahrung gebracht,
was sie gegen mich einnahm. Sie waren neidisch auf meinen Fang
und glaubten fest, dafs ein Geist, der „Nisse", der sich auf jedem
Schiffe befindet, in meiner Koje seine Wohnung aufgeschlagen habe,

was für den Betreffenden ein grofses Glück ist. Später, als wir mehr Glück im Walfang hatten, änderte sich auch die Stimmung der Leute sehr bald.

Wenn nicht Fang betrieben wurde, verflofs das Leben an Bord recht gleichförmig. Eine etwas festere Ordnung wurde nur durch die Mittagsmahlzeit hinein gebracht, die um 12 Uhr vom jüngsten Matrosen, der das Amt als Koch hatte übernehmen müssen, bereitet wurde. Wir afsen dasselbe wie die Mannschaft, meist Graupen mit Salzfleisch oder Stockfisch, Freitag Speck mit Erbsen und Sonnabend Häring mit Kartoffeln, die indes sehr bald ungeniefsbar wurden. Sonst gab es nur alle 4 Stunden Kaffee mit Schiffsbrot. Behaglich konnte man überdies den Aufenthalt in der engen Kajüte nicht nennen. Das kleine Öfchen, welches in einer Ecke stand, rauchte entsetzlich und wir zogen es bald vor, zu frieren, als uns der Gefahr des Erstickens auszusetzen. An Auskleiden, wenn wir schlafen wollten, war nicht zu denken, und so schliefen wir stets in vollem Anzuge. Es war weniger die niedrige Temperatur, als die Feuchtigkeit im Verein mit Kälte, welche ein unbehagliches Gefühl hervorrief. Hochwillkommen war daher, schon um der Langeweile zu entgehen, das Erscheinen einer Wallherde. Um die Art und Weise näher kennen zu lernen, wie die Tiere getötet werden, machte ich einige Male die Fahrt im Boote mit. War der Wal angeschossen, so begaben wir uns mit dem Boote an die Stelle, wo wir nach der Richtung des Taues sein Emporkommen vermuteten. Der Bottlenos vermag ziemlich lange unter Wasser zu bleiben, einmal warteten wir drei viertel Stunde vergeblich auf sein Erscheinen, bis endlich der dicke Kopf aus dem Wasser herausgeschossen kam. Mit wenigen Ruderschlägen waren wir dicht bei ihm angelangt, der Schiffer, welcher vorn im Boote kniete, erhob eine kurze Handharpune und stiefs sie mit aller Kraft dem Wal in den Rücken. In demselben Augenblick liefsen wir die Ruder fahren, ergriffen das zu dieser Harpune führende Tau, da begann auch schon die wilde Fahrt. Dicht hinter dem Rücken des Tieres liegend, flogen wir mit demselben über die Wasseroberfläche dahin, dafs uns Hören und Sehen verging. Um von den gewaltigen, von unten kommenden Stöfsen nicht über Bord geschleudert zu werden, mufsten wir uns irgendwo im Boote festklammern, in der einen Hand das Harpunentau, stets bereit, dasselbe sofort loszulassen, falls der Wal tauchen sollte. Der Schiffer, welcher vorn am Boote kniete, hatte währenddessen die Lanze ergriffen und stiefs sie dem Tiere dicht hinter dem Spritzloch in den Nacken; durch Speck und Muskulatur sich durcharbeitend, suchte er tiefer und

tiefer zu dringen, bis er an das Rückenmark kam. Ein plötzlicher
Ruck und die Jagd war beendet, die Beute unser. Nicht immer
geht es aber so glatt ab, einmal zerdrückte uns ein einziger Stoß
des dicken Kopfes die Bootsplanken. Geradezu gefährlich kann die
Jagd werden, wenn vom Boote aus mit einer Kanone kleineren
Kalibers der Wal angeschossen wird; eine einzige Verwirrung des
im Boote liegenden Waltaues genügt dann, um Boot und Insassen
dem Wal in die Tiefe nachfolgen zu lassen. — Südlich von unserm
Fangsplatze, bei Jan Mayen, wird der Fang des Bottlenos in großem
Maßstabe betrieben. Seit ein paar Jahren hat auch eine Hamburger
Firma dort Schiffe mit norwegischer Besatzung liegen, welche ihren
Hauptfang im März und April machen; dann wird der Wal scheuer
und wandert weiter nach Norden herauf. Da wir nach und nach
18 Bottlenos erlegten, hatte ich reichlich Gelegenheit, den Bau
dieser Tiere zu studieren, besonders interessierte mich das merkwürdig
kleine Gehirn, dessen Herausnahme aus den gewaltigen Schädel-
massen mit mancherlei Schwierigkeiten verbunden ist.

Schon öfter hatten wir bemerken können, daß das Wasser
auf weite Strecken hin eine schmutzig braun-grüne Färbung angenommen hatte. Eine mikroskopische Untersuchung ergab, daß diese
Farbe von kleinen, einzelligen Algen herrührte, die in einer Schleim-
hülle eingebettet waren. Durch diese Nahrung der kleinen Meeres-
tierchen segelten wir mitunter tagelang; das ausgeworfene Netz war
in kurzer Zeit derart mit den grünen Massen ausgefüllt, daß man
dieselben mit der Hand herausschöpfen konnte, und bei diesem un-
erschöpflichen Reichtum an Nahrung wird uns die Thatsache erklärlich, daß die Tiere des hohen Nordens in so ungeheuren Massen
vorkommen.

Schon mehrmals hatten wir am Horizonte einen hellen Schein
am Himmel bemerkt, den Widerschein des Polareises, den Eisblink,
welcher dem Schiffer auf viele Meilen weit die Lage des Eises zu
verraten vermag; da wir aber vorläufig im Eise nichts zu suchen
hatten, wandten wir uns stets wieder der offenen See zu. Um die
Lage des Eises wegen eines etwaigen Vordringens nach Spitzbergen
genauer zu erforschen, machten wir am 20. Mai zum ersten Male
einen Vorstoß in dasselbe hinein. Endlich zeigte sich am Horizonte
eine weiße Linie. Ein Mann kletterte in die Tonne am Maste, um
Ausguck zu halten, jetzt steuert das Schiff an den ersten Schollen
vorbei. Mit dumpfem Donnern nagen die Wellen an diesen Massen,
die durch den fortdauernden Zerstörungsprozeß die phantastischsten
Formen angenommen haben. Die Eismassen werden dichter. „Luff

up!" „fall af!" tönen die Kommandos von oben herab und der
Mann am Steuer muſs seine gespannteste Aufmerksamkeit darauf
richten, Kollisionen nach Möglichkeit zu vermeiden. So geht das
Schiff tiefer und tiefer in das Eis hinein, oft scheint es nicht weiter
vorwärts kommen zu können, immer wieder aber findet sich eine
schmale Wasserstraſse, durch welche es sich hindurchwindet. Ringsum, so weit das Auge reicht, sind wir jetzt vom Eise umgeben.
Grofse, flache, schneebedeckte Felder wechseln mit zerbrochenen,
übereinandergeschobenen und zu den sonderbarsten Formen aufge-
thürmten Schollen ab. Bald sind es weite Thore mit kühn auf-
strebenden Pfeilern, bald in steter schaukelnder Bewegung befindliche Tische mit breiter Platte und schlankem Fuſs, manche ähneln
von weitem riesigen weiſsen Vögeln oder andern Tiergestalten, in
andern haben die Wellen tiefe, schimmernde Eishöhlen eingegraben,
aus denen von Zeit zu Zeit die eingepreſsten Wassermassen fontänen-
artig herausschieſsen. Jene vereinzelten, massigen Blöcke dort, deren
blaue Krystallfarbe von der hellgrünen des Meereises lebhaft absticht,
verraten dadurch schon ihre Abkunft von den Glutschern des Festlandes, es ist Süſswassereis. Der Eindruck, den diese Eiswüste auf
den Neuling macht, ist ein unbeschreiblicher, man fühlt sich in eine
fremde, zauberische Welt versetzt. Ein Ruf unseres wachthabenden
Matrosen führte mich in die Wirklichkeit zurück. Er hatte auf
fernem Eisfelde Robben entdeckt. Jetzt konnte der Harpunier zum
ersten Male seine Geschicklichkeit zeigen; ein Boot wurde klar gemacht und stieſs vom Schiffe ab, bald war es in dem Gewirr von
Eisblöcken den Augen entschwunden. Die Ruder vorsichtig ein-
tauchend, kamen wir den Tieren näher und näher, nun ruderten wir
hinter einen verbergenden Eisblock, der Harpunier erhob sich und
begann ein Schnellfeuer auf die nichts ahnenden Tiere, die sich mit
gröſster Hast ins Wasser zu stürzen bestrebten. Nur Schüsse in
den Kopf vermögen die Tiere augenblicklich zu töten, jedes nur
verwundete wälzt sich ins Wasser, sinkt unter und ist für den
Fangsmann verloren. Man kann ermessen, welcher Grad von Geschicklichkeit zur Ausübung dieser Jagd gehört, und wird den hohen Lohn,
den ein guter Harpunier erhält, wohl begreiflich finden. Ein Dutzend
Robben lagen mit zerschmettertem Schädel — derselbe splittert wie
Glas — auf dem Eisfelde, sie gehörten jener Art an, welche man
Jan Mayen-Robbe nennt. Speck und Fell wurden abgezogen, die
Kadaver blieben liegen, eine Beute für den Eisbären und die Möven.
Nun ging es tiefer ins Eis hinein, um neue Beute zu suchen; erst
spät kehrten wir mit reicher Ladung zum Schiffe zurück. In der-

selben Weise wird der Hobbenfang auch in größerem Maßstabe betrieben. Das Schiff geht möglichst tief in das Eis hinein, Böte werden ausgesandt, bleiben oft halbe Tage, ja tagelang weg und kommen endlich beutebeladen zurück. Wehe den Ärmsten, wenn plötzlich ein Nebel hereinbricht, tagelanges Umherirren in dem Eislabyrinthe unter entsetzlichen Hungerqualen gehört dann nicht zu den Seltenheiten. Ein paar Tage blieben wir im Eise, vom Lande war nichts zu sehen, ein Durchdringen nur mit großen Schwierigkeiten verknüpft und wir kehrten deshalb ins offene Meer zurück, um von neuem dem Walfang obzuliegen. Der nächste Tag brachte eine große Seltenheit in diesen Breiten, nämlich eine vollkommene Windstille, die Segel hingen schlaff herunter und wir kamen nicht vom Flecke. Um mir Arbeit zu verschaffen, warf ich das Schwebenetz aus, dann suchte ich mir einige der großen, grauen Mallemucken (Procellaria glacialis) zu verschaffen, welche unser Schiff umschwärmten, um sie abzubalgen. Ein paar von der Mannschaft wußten bald Rat. Ein Stück Speck wurde an einen gekrümmten Nagel gehangen und mit einer Schnur nach den Tieren ausgeworfen. Augenblicklich bissen sie an, wurden auf Deck gezogen, und watschelten unbehülflich darauf herum, da sie nicht sich zu erheben und zu fliegen vermochten. Bald mußte ich dem Übereifer der Matrosen und der Vögel Einhalt thun, denn wie die einen sich zum Angeln drängten, so drängten sich die andern zum Anbeißen. Ein paar getötete Mallemucken, welche ich nicht benutzen wollte, warf ich wieder ins Meer hinaus, augenblicklich flogen Kameraden zu den Leichen, und pickten auf ihnen herum, wie ich deutlich sah, nicht um sie anzufressen, sondern augenscheinlich, um sie ins Leben zurückzurufen.

Unsre Beschäftigung wurde unterbrochen, durch das plötzliche Erscheinen eines Blauwales, dicht am Heck kam er vorbeigeschwommen, die Harpunen glitten jedoch über ihn hinweg, und er war für uns verloren. Von diesen großen Waltieren sahen wir nicht sehr viele während unsres Aufenthaltes auf hohem Meere, sie scheinen häufiger an den Küsten vorzukommen, wie man ja an der finmarkischen Küste häufig Gelegenheit hat, sie zu beobachten. Ihr Fang ist ein ganz andrer als der vom Dottlenos. Um die Nordküste Norwegens herum liegen 14 sogenannte Walfischetablissements, welche zusammen 42 kleine Dampfböte besitzen. Vorn befindet sich auf jedem der flinken Dampfer eine kurze Kanone, die eine Harpune nebst dreizölligem Waltau schießt, zugleich aber ist eine Granate an dieser Harpune angebracht, welche bei glücklichem Treffer den Wal augenblicklich tötet. Der erbeutete Wal wird dann ins Schlepp-

tau genommen und zum Etablissement bugsiert, wo er zerlegt und
ausgekocht wird. Die Verheerungen, welche diese Walfänger unter
diesen grofsen Cetaceen des Nordens anrichten, sind ungeheure; es
ist ganz undenkbar, dafs die Wale sich so schnell vermehren können,
da sie nur ein Junges gebären, und so wird es wohl kommen, dafs
in ein paar Jahrzehnten die Wale an der finmarkischen Küste aus-
gerottet sein werden, wie vor ein paar Jahrhunderten diese Tiere
durch die unsinnigste Verfolgung an den spitzbergischen Küsten vernichtet worden sind. Um sich bei den gegenwärtigen niedrigen
Thranpreisen halten zu können, sind die nordischen Walfänger zu
einer derartigen Massenvertilgung genötigt; es wird aber dadurch
sicherlich eine nationale Erwerbsquelle vernichtet werden.

Wir begannen unser mühseliges Geschäft von neuem. Auf und
ab kreuzten wir zwischen 74. und 78. Breitengrad, zwischen Grön-
lands- und Spitzbergeneis, und erbeuteten einen Wal nach dem andern.
Unser aller sehnlichster Wunsch war indessen an Land kommen zu
können, schon um einmal wieder etwas Frisches, Vogeleier oder
Rentierfleisch zu geniefsen. Infolge der ewig gleichen, stets gesalzenen
Schiffskost waren wir sämtlich etwas heruntergekommen; die an-
dauernden Strapazen mochten ihr Teil dazu beigetragen haben. Am
12. Juni, dem Pfingstsonnabend, richteten wir unsern Kurs auf Spitzbergen, in der Hoffnung, die Küste eisfrei zu finden. Im Schiffsraum
befand sich der Speck von 18 Bottlenoswalen, so dafs, wenn wir
noch ein paar Dutzend Weifswale auf Spitzbergen dazu bekamen,
der Fang ein guter zu nennen war. Am nächsten Morgen sollten
wir das Land zum erstenmal in Sicht bekommen. Einsam durch-
furchte unser plumpes Fahrzeug den unendlichen Ozean. Es war
Mitternacht vorbei. Tief am nördlichen Horizonte stand die rote
Sonnenscheibe, ihre zitternden Strahlen glitten über das Wasser
dahin und vergoldeten die Kämme der aufgeregten Wogen. Sehnsüchtig lugten wir nach Land aus, doch noch nichts war zu sehen.
Stunde auf Stunde verrann, höher und höher stieg das Tagesgestirn,
die Farben wurden lebhafter. Die weifsen Wellenkämme jagten einander auf dem tiefblauen Meere. Die eisige Luft war klar und rein,
wie an einem unserer schönen Wintertage, ein wolkenloser Himmel
strahlte über uns, über der Einsamkeit. Doch, da zeigt sich am
Horizonte ein kleines, zart rosa angehauchtes Wölkchen, unverändert
behält es seine Gestalt bei, ein zweites und drittes steigen aus den
blauen Fluten herauf. Kein Zweifel: es sind die Bergspitzen des
ersehnten Landes. Nur die höchsten Gipfel senden uns die ersten
Grüfse zu. Was erst wie Inseln aussah, verbindet sich nun durch

Linien zu langgestreckten Küstenketten; Abend wurde es indes, bis
wir die Westküste in ihrer vollen Ausdehnung vor uns hatten. Der
Anblick ist überwältigend, berauschend, wenn man wie wir, viele
Wochen lang nur Wasser und Himmel, oft beide durch die Gewalt
des Sturmes miteinander vermischt, gesehen hat. In blendendem
Glanze erhebt sich vor uns das schneebedeckte Hochland, kühne,
gänzlich übereiste Bergformen ragen daraus empor. Steile, tiefe
Rinnen durchziehen die Wände dieser Mauer, die an einigen Stellen
weiter auseinander weicht. Meeresarme ziehen sich hier tief in das
Land hinein, im Hintergrunde schimmern ferne Gebirge. Schon hüllt
sich ein Teil derselben in blaue Schatten, nur die hohen Gipfel
strahlen im hellsten Rot. Im Norden schwebt der Feuerball der
Sonne über den unermeßlichen, undurchdringlichen Eiswüsten des
Poles; es war ein Bild, welches sich mir tief eingeprägt hat.

So lag Spitzbergen vor uns da, so nah und leider doch unerreichbar. Ein undurchdringlicher Eisgürtel von 4 bis 5 Meilen
Breite aus dicht zusammengepackten, aufeinandergethürmten Schollen
bestehend, verwehrte den Zugang. Schweren Herzens trennten wir
uns von dem zauberischem Bilde und kehrten in den düsteren
Nebel des hochgehenden, schäumenden Polarmeeres zurück.

Acht Tage lang lagen wir wieder auf hoher See bei stetem
Unwetter. An den Walfang war nicht zu denken, und wir waren
froh, als der Schiffer von neuem einen Vorstoß nach dem Lande
zu unternahm. Das Eis war durch den anhaltenden Nordwind
mehrere Meilen weit von der Küste abgedrängt worden und so
konnten wir leicht längs derselben entlang segeln. Leider sah man
nur selten etwas von derselben, eine Felskante oder ein Schneefeld,
denn ein dichtes Schneegestöber hüllte uns gänzlich ein. Deutlich
hörten wir das Branden der Wogen an dem Ufer. So segelten wir
den ganzen Tag über der Westküste entlang, am Hornsund und
Bellsund vorbei. Das Meer hat hier nur eine geringe Tiefe von 20
bis 30 m und so konnte ich es wagen, das Schleppnetz auszuwerfen.
Das erste Mal erhielt ich große Steine, mit einigen Käferschnecken,
ein paar Würmern und prächtige Florideen, das zweite Mal aber
zerriß es infolge der allzuschnellen Fahrt und ich gab es daher
auf, weitere Proben vom Meeresgrunde herauf zu holen.

Gegen Abend trat Windstille ein und wir mußten zwischen
Bellsund und Eissund vor Anker gehen, um nicht an einen der
kolossalen, gestrandeten Eisberge getrieben zu werden, welche vereinzelt aus den Fluten hervorragten. Am nächsten Morgen erhob
sich ein leichter Wind, der Schneefall hatte aufgehört, die um die

Küste hängenden Wolkenschleier zerrissen, stiegen langsam in die Höhe und so entrollte sich uns langsam das ganze herrliche Bild der steilen Küste mit hohen, eisgepanzerten Gipfeln, mit schwarzen, schaurigen Abgründen und Felswänden. Keine Spur von Vegetation war zu sehen, überall, wohin man blickte, nur nackter Fels, Schnee und Eis. Langsam segelten wir in die breite Mündung des Eisfjordes ein. Hier lag das Treibeis noch in dichten Massen, aber doch hier und da schmale Wasserstraßen offen lassend, durch welche wir hindurch schlüpfen konnten; gegen Abend des 23. Juni gingen wir an der Südküste, an der Mündung eines jetzt freilich noch zugefrorenen Flusses, des Russelves, vor Anker. Wir ankerten etwa noch einen Kilometer vom Strande entfernt, der hier flach aufstieg. Rings umgaben uns Eismassen, von denen die meisten mit ihrem Fuße fest auf dem Grunde lagen. Während sich nun die Mannschaft damit beschäftigte, alles für einen längeren Aufenthalt herzurichten, und das Waltau zum Trocknen an der großen Raae aufzuhängen, begab ich mich mit Ingebrigtsen im kleinen Boote ans Land. Ein Gefühl unbeschreiblicher Freude überkam mich, als ich endlich, am 57. Tage unserer Abreise von Tromsö, den Fuß auf festen Boden setzen konnte. Der Strand war nur wenige Schritte schneefrei, dann begann sich über einem Felsabsatz von einigen Fuß Höhe, der sich gleichmäßig der Küste entlang erstreckte, eine Schneedecke von 3 bis 5 Fuß Dicke über die Landschaft hinzuziehen. Emsig trabten wir den Strand entlang, uns ganz dem Vergnügen des Spazierengehens widmend, voller Entzücken über das herrliche Bild, welches sich uns darbot. Vor uns dehnte sich das eisbedeckte Meer aus, begrenzt von der Nordküste des Fjordes. In feierlicher Majestät erhob sich der gewaltige Gebirgsstock Dödmanden mit dem spitz in die Lüfte ragenden Alkhorn, der nördliche Thorpfeiler der Fjordmündung, nur hier und da vermochte an den schroffen, schwarzen Felswänden Schnee zu haften. Dann setzt sich die Küste in langen Linien ins Innere fort, Gletscher an Gletscher, von einander getrennt, durch reihenweise hintereinanderliegende Felszacken. Alle diese Eisströme ziehen bis zum Meer hinab, hoch oben vereinigen sie sich zu dem das Innere des Landes gleichförmig überziehenden Hochlandseis. Im fernen Osten zeigen sich tiefeinschneidende Verzweigungen des Hauptfjords. Die ganze Landschaft war mit einem unsäglichen Glanze übergossen. Die Luft war wunderbar klar; so weit man sehen konnte, hoben sich Kontur und Farbe scharf ab, jede Schätzung der Entfernung ward für das erste unmöglich gemacht. Die Stille der arktischen Natur ward nur unterbrochen durch das Krachen und

Donnern von zusammenstürzenden Eismassen, oder durch den rauschenden Flügelschlag einer Schar Alken oder Eidervögel, die zu ihren Brutplätzen eilten. Auch am Strande entfaltete sich ein reiches Tierleben. Die Abfälle, welche der unerschöpfliche Reichtum des Meeres an die Küste wirft, genügen schon eine große Anzahl von Vögeln zu ernähren. Kleine graue, auch vereinzelte prächtig bunt gefärbte Schnepfen trippelten eilfertig im Sande umher und klaubten sich Würmer und andre Nahrung heraus. Mit schrillem Schrei stürzte sich die Meerschwalbe ins Wasser, um mit ihrem spitzen, roten Schnabel eine Beute zu erhaschen. Behäbig stolzierte die große Bürgermeistermöve umher. Hunderte von ihren Genossinnen saßen auf einem gestrandeten Kadaver; durch kläglich anzuhörende Töne suchten sie noch andre zum leckeren Male herbeizulocken, auch der Bär weiß, was diese Töne zu bedeuten haben, und geht ihnen auf weite Entfernungen nach. Sehnsüchtig schaute eine schneeweiße Möwe, die auf der Spitze eines Eisblockes saß, nach ihren schmausenden Vettern hin, wagte aber nicht recht am Mahle mit teil zu nehmen; es war eine Eismöwe, ein echter arktischer Vogel. Weiter draußen im Meere, zwischen den Eisschollen, schwammen Eidervögel, Alken, die bei nahender Gefahr mit größter Geschwindigkeit untertauchten, um erst in weiter Entfernung wieder an die Oberfläche zu erscheinen, Lummen mit ihren großen, gelbroten Papageischnäbeln, schwarzweiße mit rotem Schnabel und roten Füßen versehene Teiste, die niedlichen Rotjes und viele andre Arten mehr. Ein plötzliches Wehklagen in der Luft, wie das Schreien eines kleinen Kindes, ertönte an unser Ohr. Eine kleine weißgraue Möwe, eine Kryckie, versuchte vergeblich einem gleichgroßen, schwarzen Vogel zu entrinnen, der unablässig auf sie einhackte. Wirbelnd, sich überschlagend, flatterten die Tiere in der Luft, endlich ließ der Verfolger, mit seinem langen, gelblichen Schwanze, seinen spitzzackigen Flügeln, wie eine riesige Fledermaus aussehend, die Möwe fahren und stieß in die Tiefe hinab, um die halbverdaute Mahlzeit zu erhaschen, welche das unglückliche Opfer hatte fallen lassen. Es war dies eine Raubmöwe, welche sich auf diese, wenig anständige Weise ernährt.

Derartige Bilder des Tierlebens boten sich uns auf unserer Strandpromenade in bunter Reihenfolge dar. Einen Versuch, landeinwärts zu marschieren, mußte ich nach einiger Zeit aufgeben, da der Schnee bereits so weich geworden war, daß man bis zum Leibe darin versank. Erst spät kehrten wir zum Schiffe zurück.

Es folgte nun eine Reihe von herrlichen Tagen, es herrschte ein gleichmäßiger Sonnenschein, Tag wie Nacht, eine höchst angenehme Temperatur, die, obgleich sie selten über 3,5 Grad Reaumur über Null stieg, uns dennoch sehr wohl that, nach der feuchten Kälte des hohen Polarmeeres; mehr und mehr entfaltete sich das Tierleben, der Frühling nahte heran. Jetzt war auch die Zeit der Ernte für den Zoologen gekommen. In dem krystallklaren Wasser, das noch auf 10 m deutlich den Grund erkennen liefs, tummelten sich Massen von kleinen schwarzen oder gröfseren zart rosa gefärbten Mollusken, unaufhörlich schlugen sie ihre beiden Flügel zusammen und vermochten sich dadurch schnell vorwärts zu bewegen, farfalle di mare, Meerschmetterlinge nennt der Italiener diese Pteropoden. Dazwischen zogen grofse Rippenquallen einher, der durchsichtige Körper besetzt mit 8 Reihen schwingender Plättchen, die im hellen Sonnenschein in den schönsten Farben irisierten; zwei lange rote Fäden, die zu beiden Seiten des Körpers befestigt waren, und mit furchtbaren Waffen, den Nesselkapseln versehen sind, fluteten hinterher. Auf dem Grunde krochen lange Würmer umher, dicke wurstförmige hatten sich eine Höhle gegraben und zogen sich bei nahender Gefahr schleunigst in dieselbe zurück. An manchen Stellen war der sonst von feinem schwärzlichen Schlamm bedeckte Boden mit grofsen Steinen übersät; hier erwuchsen unterirdische Wälder von grofsen Tangpflanzen, und auf ihnen lebte eine ganz andre Tierwelt, kleine, prächtig gefärbte Schnecken krochen auf den Blättern herum, rotbraune Polypen hatten sich festgesetzt, und zwischen den Wurzeln und Steinen lebte und webte es von arktischen Seetieren. Sie alle wurden mit leichter Mühe erbeutet, gezeichnet und konserviert. Schwieriger war es, die Tiere aus gröfseren Tiefen zu holen. Der Meeresboden flacht sich hier am Rufselv eine längere Strecke ins Fjord hinaus allmählich ab, sinkt dann schneller in eine Tiefe von 80 bis 100 m, und weit draufsen gelangt man in Tiefen von gegen 400 m. In diesen verschiedenen Tiefen findet sich auch eine verschiedenartige Tierwelt. Da das Arbeiten mit dem schwaren eisernen Netz in gröfseren Tiefen sehr beschwerlich war, verfiel ich auf die Idee, grofse von der Strömung getriebene Eisschollen als Zugkraft zu benutzen. Das Tau wurde an einer solchen Scholle fest verankert und nach geraumer Zeit heraufgeholt; der Erfolg war ein ausgezeichneter, und da an derartigen Eisschollen während der ganzen Zeit unsres Aufenthalts kein Mangel war, so vermochte ich mit leichter Mühe selbst aus grofsen Tiefen Material heraufzuholen. Über die Ausbeute werde ich an andrer Stelle berichten, hier nur soviel, dafs der Reichtum an spitzbergischen

Meerestieren nicht nur an Individuen, sondern auch an Arten ein ganz überraschender ist.

Während ich nun diesen Studien oblag, zog allmählich der Frühling ins Land. Die Schneemassen schmolzen durch die gleichmäßige Tag wie Nacht unveränderte Wirkung der Wärme zusehends, und bald konnte sich die Mannschaft an eine neue Arbeit machen. Der Hauptfang, den wir auf Spitzbergen unternehmen wollten, war der des Weißwales, und um diese Tiere zu erbeuten, bedarf es eines großen Netzes. Ein solches besaßen wir auch, doch lag es noch im Schnee verborgen. Der Schiffer hatte es nämlich im vorhergehenden Jahre an einer flachen Stelle des Landes ausgebreitet und zugleich mit ein paar Böten liegen lassen. Bald hatte die Sonne den Schnee so weit weggeleckt, daß es hier und da bloß lag und allmählich herausgenommen und in Stand gesetzt werden konnte. Ein Teil der Mannschaft war fortwährend auf kleinen Bootsexpeditionen unterwegs, die ersten beiden Male brachten sie ein paar Fässer Vogeleier sowie einige Säcke Eiderdaunen mit, die sie auf draußen im Meere gelegenen Inseln aufgesucht hatten, es waren Eier von dem Eidervogel und einer wilden Gans. Leider waren sie teilweise angebrütet, dennoch war ihr Genuß ein Labsal für den nur an Salzfleischkost gewöhnten Magen. Ich beteiligte mich gern an diesen Fahrten, um die eigentümlichen Landschaftsbilder kennen zu lernen, welche sich dem Auge in großer Mannigfaltigkeit darboten.

Auf einer Reihe derartiger oft auf mehrere Tage ausgedehnter Bootsfahrten lernte ich den Eisfjord und die Gestaltung seiner Küsten recht gut kennen; dazu kamen noch Renntierjagden, welche uns oft tief in das Innere des Landes hineinführten, und so darf ich wohl versuchen, bevor ich den Faden meiner Erzählung wieder aufnehme, eine Schilderung der gesamten Küste des Eisfjordes zu geben. Obwohl nicht nur die alte von uns benutzte Dunér-Nordenskjöldsche Karte, sondern auch die neueren Karten — mir liegt die englische Admiralitätskarte mit Verbesserungen bis zum Februar 1886 vor — in manchen allerdings unbedeutenderen Punkten von dem abweichen, was ich zu beobachten Gelegenheit hatte, so kann es doch nicht in meiner Absicht liegen, Verbesserungen anbringen zu wollen, da mir, wie sich wohl denken läßt, genauere Messungen fehlen. Ich will versuchen, diese Einzelfahrten unter das Bild einer Gesamtbootsfahrt von der Mündung des Fjordes der Südküste, dann der Nordküste entlang in alle Seitenfjorde hinein, zu bringen.

Fährt man in die Mündung des Eisfjordes ein, der Südküste desselben entlang, so gelangt man zuerst zu einer flachen, wenig

vorspringenden Landzunge, der „Russekjeila", wie sie vom Fangsvolk benannt wird. Dieselbe ist mit Geröll bedeckt, ein kleiner
Fluß, der eine Strecke weit mit dem Ruderboot befahren werden
kann, schneidet eine tiefe Rinne ein. Im Flusse finden sich
Lachse vor (Salmo alpinus). Den Namen Russekjeila hat diese
Landzunge deswegen, weil vor etwa 60 Jahren russische Jäger
behufs Überwinterung ein Gebäude errichtet hatten, dessen Pfosten
noch stehen. Unter einigen Steinhaufen liegen menschliche Gebeine.
Ein paar Kilometer tiefer ins Land hinein steigt das Gebirge steil
auf. An einer jäh aus dem Meere aufragenden, oben ganz flachen
Insel vorbei, Festningen genannt, gelangen wir in die erste Bai der
Südseite, den wohlbekannten Green Harbour, mit gutem Ankergrund.
Ziemlich bedeutende Höhen bilden den Hintergrund, zwischen denen
auf der südwestlichen Seite Gletscher hindurchtreten. Die Ostküste
dieser Bai fällt steil in Terrassen herab, tief eingeschnittene Linien
(Strandlinien?) sind bis hoch hinauf zu verfolgen. Die Farbe des
Gesteins ist ein schmutziges Schwarzbraun, etwa wie Braunkohle.

Trotz starker Strömung hält sich an dieser Bai das Fjordeis
ziemlich lange, bei unserm Besuch am 12. Juni war noch etwa die
Hälfte der Bai nach dem Innern zu mit einer ebenen Fläche Eises
bedeckt.

Die auf Green Harbour folgende Küste fällt 15—20 Fuß
senkrecht ab, nur ein paar Meter flachen sandigen Strand freilassend,
dann erhebt sich das Land wellenförmig zu einzelnen Hügeln, und
erst im Hintergrunde steigen steilere und höhere Bergformen auf.
Dies ist die Gegend des Russelves. Eigentlich sind es zwei Flüsse,
welche hier münden. Ihre Mündungen liegen etwa 4 km weit auseinander. Der westliche ist kleiner, der östliche dagegen ein ganz
ansehnlicher Strom. Er begann seine Eiskruste in den ersten Tagen
des Juli zu sprengen und wuchs von Tag zu Tag. Die Mündung
ist an dem hier ganz flachen Strande Deltaartig, unter Bildung
einzelner Lagunen, weiter flußaufwärts zeigen sich starke Erosions-
erscheinungen der Ufer. Die von dem herabströmenden Wasser ins
Meer geführten Erdpartikelchen lassen sich auf der Oberfläche des
Meeres ein paar Kilometer weit von der Mündung entfernt noch
konstatieren. Der Meeresboden ist mit diesem gelben Schlamme
weithin bedeckt.

Die Küstenlinie dieser Gegend ist auf den Karten nicht ganz
richtig dargestellt, sie verläuft nicht so gerade, sondern macht erst
einen kleinen halbkreisförmigen Bogen, dann einen zweiten, viel
flacheren. Die nun folgende Bai, die Kolbai, ist eine kleine halb-

kreisförmige Einbuchtung, im Hintergrunde mit einem schlammerfüllten Flußthale. Die Berge, welche die Bucht einrahmen, zeigen einen höchst eigenthümlichen Charakter; sie beginnen mit einem steilen, etwa 300 m hohen Abhang, der ziemlich regelmäßig nach allen vier Himmelsrichtungen abfällt, und auf dem ein ebenes Fjeld auflagert. Anstehender Fels tritt fast gar nicht zu Tage, eine Schicht scharfkantigen Gerölles bildet die Decke. In regelmäßigen Abständen verlaufen nach unten tief eingeschnittene Wasserrillen, zum Teil von Schneemassen überbrückt, und rufen an der oberen Kante der Abstürze einen schießschartenartigen Anblick hervor, wie überhaupt das ganze einem Festungswerk von gewaltigen Dimensionen gleicht. Auf dem Plateau erhebt sich unter demselben Neigungswinkel ein zweiter Berg, mindestens von derselben Höhe, meist gänzlich mit Schnee bedeckt. Das Fjeld selbst, im Sommer von Wasserläufen durchzogen, zeigt hier und da moorigen, mit Moos und Gras bewachsenen Boden, welcher dem spitzbergischen Renntier genügende Nahrung darbietet.

Den Namen Kolbai hat die Bucht von Kohlenlagern, welche früher von Fangschiffern etwas abgebaut, durch nachstürzende Massen aber verschüttet wurden.

Die nächste Bai, die Adventbai, ist von der Kolbai durch ein Hochplateau getrennt, welches in steilem Abfall ins Meer abstürzt. Die Gebirge der Adventbai sind ähnlich gebaut wie die der Kolbai, nur ist hier das Thal, welches als eine Fortsetzung der Bai erscheint, sehr viel breiter. Die Berge erscheinen vollständig würfelförmig in zwei Reihen nebeneinander gestellt, Thalspalten zwischen sich offen lassend. Auf der Ostseite sind die Abhänge schön grün, mit mancherlei Blumen geschmückt; auch der Thalhintergrund ist mit Moosen und Gräsern bedeckt und daher eine gute Rentierweide. Ein breiter Fluß durchzieht das Thal und ergießt seine schlammigen Fluten ins Meer.

Auf einer Rentierjagd, welche sich tief in das Thal hineinzog, vermochte ich festzustellen, daß es allmählich nach Südosten umbiegt und in ein zur Sassenbai sich herabsenkendes Thal übergeht, so daß sich also ein Landübergang von der Adventbai zur Sassenbai in etwa 15 Stunden bewerkstelligen läßt. Man gelangt auf dieser Wanderung in ein westliches Seitenthal der letzteren Meeresbucht, nicht etwa in das Hauptthal.

Die Küste, der wir nun weiter folgen, wird immer höher und steiler. Fast ununterbrochen rieseln Steine, vermischt mit schlammigen Massen die Bergabstürze hinunter und machen das Verweilen

Lichtdruck & Verlagond Stockmann, München

Commissionsverlag von L. A. F. Höhn, München

am Strande gefährlich; erst mit dem Einbiegen in die Sassenbai
flachen sich die Berge etwas ab. Der weit ins Meer hervorspringende
Fels zwischen Hauptfjord und Sassenbai, ist der Hyperithalten, mit
Millionen von Alken und Möwen bevölkert.

Der Charakter der Sassenbai ist ein völlig andrer wie der
der vorhin beschriebenen Buchten. Besonders die Ostküste bietet
höchst wunderbare Bergformationen, den Gypshoug im Norden und
südlich davon den Tempelberg. (Vergleiche den beistehenden Lichtdruck.) Der Gypshoug zeigt drei sich übereinander thürmende Etagen,
von oben nach unten von gewaltigen Spalten durchzogen. Die Etagen
sind in gleicher Höhe und setzen sich von einander in genau horizontalen
Linien ab. Noch sonderbarer erscheint der durch eine kleine Bai vom
Gypshoug getrennte Tempelberg, dessen Hauptfront von hier aus sichtbar
wird; es ist der senkrechte Absturz eines horizontal liegenden Fjeldes,
welches einen so merkwürdigen Anblick bietet. Wir haben nicht eine
einzige Felswand vor uns, dieselbe ist vielmehr durchbrochen von tief
eingeschnittenen, in Dunkel gehüllten Schluchten, deren wir sechs
zählen können, aus ihnen heraus treten die Felsmassen bastionsartig
in drei übereinander liegenden Absätzen hervor. Ein jeder dieser
sieben Felsen ist wieder zusammengesetzt aus einzelnen vorspringenden
Erkern und Pfeilern, die sich zum Teil vom Zusammenhange abgelöst haben und als spitze Nadeln jäh in die Lüfte ragen, ein
unzähliges Gewirr solcher Felsen im einzelnen, die doch ein harmo-
nisches Ganze bieten. Nimmt man noch dazu, dafs das Gestein aus
verschieden gefärbten, genau horizontal liegenden Bändern besteht,
die zum Teil eine Dicke von wenigen Zoll haben, sich aber doch ganz
gleichmäfsig durch die Gebirgsmassen ziehen, so kann man sich
ungefähr denken, welchen sinnverwirrenden Eindruck ein solches
Bauwerk der Natur im ersten Augenblicke macht. In die schwarzen,
schaurigen Schluchten fallen von oben Wassermassen herab, die sich,
bevor sie unten angekommen sind, in Staub aufgelöst haben.
Scharen von Möwen umziehen die Felszacken und der hier hausende
Polarfuchs läfst sein heiseres Gebell erschallen.

Die Westküste ist bei weitem nicht von derartigem landschaft-
lichen Reize. Ein schmales Thal, mit verhältnismäfsig üppigem
Grün geschmückt, zieht sich in das Gebirge hinein, dasselbe, welches
sich mit dem vorhin erwähnten Teile der Adventbai verbindet.
Das schwarzbraune Gestein weist mancherlei, der jurassischen
Formation angehörende Versteinerungen auf, besonders Ammoniten.
Der Hintergrund der Bai wird von einer flachen Thalmulde gebildet,
deren Mitte ein breiter, an seiner Mündung Lagunen bildender Flufs

durchströmt; die Bai selbst ist hier so flach, daß selbst für ein Ruderboot die Gefahr des Auffahrens auf den zähen Schlamm nicht ausgeschlossen ist. Im Osten begrenzt die Sassenbai ein Gletscher, welcher scheinbar dem Tempelberge angrenzt, wie dies auch auf den Karten angegeben ist; unser Erstaunen war deshalb nicht gering, als wir, auf ihn zurudernd, bemerkten, daß wir in eine neue Bai gelangten, die sich im Süden des Tempelberges weit nach Osten hinein erstreckt, deren Abschluß der eben erwähnte Gletscher bildet. Die außerordentliche Klarheit der Luft in diesen Breiten bietet häufig Veranlassung zu derartigen Irrtümern. Diese, wie ich damals glaubte, neuentdeckte Bai wird im Norden von den Südabhängen des Tempelberges, im Osten von dem mit steiler Wand ins Meer abfallenden Gletscher, im Süden von niedrigeren Gebirgen, vom Typus des Tempelberges, eingerahmt. So unbekannt, wie ich glaubte, ist diese Bai übrigens nicht. Durch die außerordentliche Liebenswürdigkeit des Herrn Prof. G. Nathorst in Stockholm erhielt ich die Mitteilung, daß er diese Bai im Sommer 1882 auf einer geologischen Expedition besucht und aufgenommen habe, gleichzeitig erhielt ich die Abhandlung selbst („Ymer" 1883), in welcher Bai und Umgebung eingehend beschrieben werden.

Dem Gypshoug vorgelagert sind einige kleine mit Gras und Moos bewachsene Inseln, die Gans-Inseln, auf denen graue Gänse und Eidervögel zu vielen Tausenden nisten, dann biegt die Küste um und bildet das Südufer der Klaas Billenbai, der östlichsten Bai des Isesundes. Ihre Länge war, wenigstens auf unserer Karte, nicht richtig angegeben, sie erstreckt sich mindestens um ein Drittel tiefer in das Land hinein. Um sie bis zum Midterhuk zu umrudern, gebrauchten wir etwa 20 Stunden. Ihr Hintergrund ist ebenfalls ein durchweg andrer, wie auf der Danérschen Karte verzeichnet steht. Die Klaas Billenbai scheint überhaupt sehr wenig besucht zu werden, weder mein Schiffer noch jemand von unserm Fangsvolk war jemals darin gewesen. Die Bai teilt sich im Hintergrund in zwei Arme, einen östlichen und einen nördlichen; der östliche Arm wird von einem 7—8 km breiten Gletscher abgeschlossen, aus dem heraus sich ein hoher würfelförmiger Berg erhebt. Gewaltige blaue Eisberge, meist auf einzelnen Schlammbänken gestrandet, erfüllen das Wasserbecken. Ein unaufhörliches Knistern und Knacken, wie von entferntem Peletonfeuer, rührt von ihnen her.

In dem Nordarme finden sich folgende Verhältnisse vor. Zwei Gletscher, von denen der westlichste von gewaltigen Spalten tief zerklüftet ist, bilden den Hintergrund, östlich erhebt sich eine grüne

sanft ansteigende Fläche, die von einem Cirkus von Bergwänden
eingeschlossen wird. Rentiere waren auf dieser so verlockenden
Weide nicht zu bemerken. Die jetzt folgende Küste, also die Nordküste der Klaas Billenbai, wird nun flacher und flacher, und erst
im Hintergrunde setzen sich Bergzüge auf. Wir nahen der Gegend
des Midterhukes, aus Nordenskjölds Expeditionen wohl bekannt.

Hier liegt das von ihm gebaute Expeditionshaus. Um das
flache Kap Thordsen herumbiegend, gelangen wir in den Nordfjord;
die Küste fällt 5 bis 10 m mauerartig ab, dann erhebt sie sich
langsam ansteigend, die Gegend ist aufserordentlich sumpfig. Ein
Flufs strömt von dem tiefer im Lande liegenden Gebirge herab und
mündet etwa eine Meile oberhalb von Kap Thordsen ins Meer. Hier
fanden sich Rentierherden.

Das Hineinsegeln in die beiden Nordfjordarme ist nicht
ungefährlich, da nur wenigen Fangschiffern die Tiefenverhältnisse
genauer bekannt sind. Um die erste flache Landzunge herum, die
sich bis etwa in die Mitte des Fjordes erstreckt, gelangen wir in
den östlichen Arm, dessen Tiefe und Breite ungefähr doppelt so
grofs ist, als die von uns benutzte Karte angab. Die Berge zeigen
Würfelform mit regelmäfsigen steilen Wänden. Auf der Ostseite
liegt eine Bucht mit einem Gletscher im Hintergrund. Eine flache,
sandige Landzunge, von Bächen durchrieselt, streckt sich von dieser
Küste her in das Meer hinein. Der Fjord spaltet sich nun in zwei
Arme, welche durch einen hohen, ganz spitzen Berg von einander
geschieden sind. Der Gipfel dieses Berges wird durch tief ein-
schneidende horizontale Linien in eine Anzahl von Terrassen zerlegt.
Von den beiden letzten Verzweigungen des Fjordes ist der westliche
der bei weitem tiefer ins Land eindringende. Selbst für Ruderböte
wird indessen das Weiterfahren bedenklich, da der schlammige
Meeresgrund dicht unter dem Wasserspiegel liegt. Nach der Angabe des Tromsöer Schiffers Eliassen läfst sich von hier aus bequem
ein Übergang zur Nordküste Spitzbergens, zur Wijdebai, bewerkstelligen. Die Westküste dieses Armes wird von hoch aufragenden
Felswänden gebildet, eine flache, mit Geröll bedeckte Landzunge
reicht weit ins Meer hinein.

Der die beiden Nordfjordarme trennenden Halbinsel sind felsige,
oben flache Holme vorgelagert, die von Gänsen und Eidervögeln
bewohnt sind. Der Küste entlang folgend, gelangen wir nun an
den westlichen Nordfjordarm, der durch eine breite Landzunge vom
Hauptfjord getrennt wird. Eine grofse, flache, grüne Insel liegt
mitten im Fjorde, nach Westen zu nur einen schmalen Sund übrig

lassend. Steile, braune Felswände, ohne Spur von Vegetation, bilden die Ufer. Im Westen treten gewaltige Gletscher auf. Die tafelförmigen, braunen Berge mit schiefen Gesteinslagen machen allmählich scharfzackigen, blauschwarzen Berggipfeln Platz, die aus dem Schnee emportauchen. Die nun folgende Nordküste des Hauptfjordes bildet Gletscher an Gletscher, unterbrochen von zackigen Felsgipfeln, die in langen Reihen die einzelnen Gletscher begrenzen. Hoch oben vereinigen sich alle diese Eismassen zu einem einförmig das Land überziehenden, schneebedeckten Eisplateau und erscheinen so nur als einzelne Zipfel eines ungeheuren, das ganze Land bedeckenden Lakens.

Eine flache Landzunge, Kap Boheman, tritt weit nach Osten zu ins Meer hinein, sonst sieht man an der Nordseite des Hauptfjordes nur Fels und Eis. Durch eine kleine Bucht, die Safebai, wird der gewaltige Gebirgsstock des Dødmanden mit dem Alkhorne von dem übrigen Festlande getrennt. Dieses Gebirge, welches einen ganz imposanten Eindruck gewährt, zeigt überall schroffe Felsabstürze, die Brutplätze von Alken, oben Firnfelder, aus denen heraus sich einzelne schwarze Zacken bis zu einer Höhe von gegen 1000 m erheben.

Das Totemanngebirge bildet den nördlichen Eingangspfeiler in den Iseesund und mit ihm ist unsere etwa 600 Kilometer lange Rundfahrt beendet.

Nicht uninteressant mag hier gleich die Angabe einiger Tiefen im Iseesunde sein. Es wurde hauptsächlich an der Küste des Russelves, sowie in der Adventbei wie nordöstlich davon gearbeitet und im ganzen 93 Mal gedredgt. Der Meeresboden an der Russelvküste zeigt terrassenförmigen Aufbau. Zunächst der Küste ist das Meer ganz flach und erreicht 1½ Kilometer vom Lande entfernt erst eine Tiefe von 20 m. Hier beginnt ein steilerer Abfall bis zu einer Tiefe von 50 m. Eine zweite Terrasse entsteht durch den Abfall dieses Plateaus bis zu einer Tiefe von etwa 100 m, eine dritte 4 Kilometer von der Küste entfernt geht in steilem Abfall bis 400 m, dann bleibt das Meer ziemlich gleich tief bis in die Nähe der gegenüberliegenden Küste. Der Meeresboden ist bis zu einer Tiefe von 30 m mit zähem, gelbem Schlamm bedeckt, auf dem Plateau vor 50 m findet sich schwärzlicher Schlamm mit Steinen vermischt, in 100 m gröfsere Steine mit vielen, besonders mit festsitzenden Tieren, in den gröfsten Tiefen kleine Steine ohne Schlamm mit wenig Tierwelt.

Noch auffälliger ist diese Terrassenbildung in der Adventbai und der darauf folgenden Küste des Hauptfjordes. An der Ostseite des

Einganges der Bai liegt der etwas vorspringenden Landzunge eine
weit hinaus reichende Bank vorgelagert, die für die Schiffahrt gefährlich werden kann, da sie in einer Tiefe von nur ein paar Metern
liegt, und erst ein paar Kilometer von der Küste bis zu 15 m Tiefe
sich senkt. Plötzlich erfolgt ein Steilabfall von 15 m zu 240 m,
dann wird der Meeresboden wieder eben. Die Bank ist mit groben
Steinen dicht besät, auf ihnen wachsen riesige Tangpflanzen mit
reicher Fauna; der ganz aufserordentlich steile Abfall zeigt ebenfalls
ein reiches Tierleben, der Boden besteht aus Schlamm mit Steinen
vermischt. In der grofsen Tiefe befindet sich nur Schlamm, ebenfalls
mit reicher Tierwelt. Ganz dieselben Verhältnisse fanden sich an
der nun folgenden Küste des Hauptfjordes nach der Sassenbai zu.
Es ist auffällig, wie genau die Oberflächengestaltung des Meeresbodens der der Küste entspricht. Genau den gleichen Steilabfall
von etwa derselben Höhe zeigt das Gebirge.

Über die im Isesunde vorkommenden jagdbaren Tiere läfst sich
folgendes bemerken. Von Landtieren finden wir, so lange nach festes
Eis vorhanden ist, den Eisbären, jedoch nicht häufig. Während
meiner Anwesenheit wurde ein einziger unter einem Gletscher der
Nordseite erlegt. Für Rentiere dagegen bietet der Isesund eine Anzahl vorzüglicher Weideplätze. So erlegten wir allein in den Thälern
der Advent- und Sassenbai 32 Stück. Ferner findet sich das Rentier
vor an den Bergabhängen der Kolbai wie auf Midterhuken; vor ein
paar Jahren auch noch im Nordfjorde, wo diesmal kein einziges zu
sehen war. Überall verbreitet ist der Polarfuchs. Von Wasser-
bewohnern erscheint mitunter das Walrofs, indes ziemlich selten, häufiger
Robben, sowohl die grofse Storkoppe (Phoca barbata), wie der kleine
Snart (Phoca groenlandica). Von Walen haben wir nichts gesehen
aufser dem Weifswal (Beluga leucas). Die Hinloopenstrafse, Magda-
lenabai, der Isesund und Bellsund sind die Hauptplätze, welche dieser
herdenweise wandernde Wal besucht; dies ist auch der Hauptfang
im Isesund, und deshalb der Grund der jährlichen Anwesenheit von
ein paar Weifswalfängern. Mit grofsen Netzen werden die Tiere
umgarnt und mit Lanzenstichen getötet. Jetzt schon erscheint der
Fang nicht mehr lohnend, da der Wal bedeutend abgenommen hat.

Selten erscheint ein Walrofs- oder Robbenfänger im Isesund,
meist nur zu dem Zweck, sich durch Abschiefsen einiger Rentiere
frisches Fleisch zu verschaffen, oder es segelt ein Smaafänger herein,
um Eier und Daunen zu sammeln, vielleicht auch nach einem Wracke
auszulugen. Vor der Mündung liegt mitunter ein Haakjerringsfänger,
dessen Mannschaft sich mit dem Angeln des grofsen polaren Hai-

fisches (Scymnus borealis) beschäftigt, von welchem die Leber zur Thranfabrikation benutzt wird.

Nachdem ich nun so den Haupteindruck geschildert habe, den ich vom Eisfjord empfangen habe, bitte ich den geneigten Leser mir wieder auf mein Schiff zu folgen, das noch immer in der Gegend des Russelven fest vor Anker liegt. Der Juni entschwand und mit den ersten Tagen des Juli begann der Frühling. Tag und Nacht umkreiste die Sonne den Horizont, der gleichförmigen Wirkung der auf 3 und 4 Grad gestiegenen Temperatur vermochte der Schnee in den Niederungen nicht zu widerstehen und kaum blickte die weite, schwarze Erde hier und da durch, so bekam sie wie mit einem Zauberschlag einen grünen Schimmer; Moose, Gräser, zarte Blümchen sprossen in unglaublich kurzer Zeit hervor. Ein dumpfes, von Tag zu Tag stärker werdendes Brausen und Donnern ertönte an unser Ohr, es war der Fluß, der seine Bande gesprengt hatte, und seine täglich mehr anwachsenden Fluten ins Meer sandte. Damit war leider auch die schöne Klarheit des Meerwassers verschwunden, es wurde von dem in ungeheuren Massen mitgeführten gelben Schlamm trübe und undurchsichtig. In der ersten Zeit wurden ein paar Jagd-partien unternommen, die erste in den Green-Harbour, wo sich auf der festen Fläche des Fjordeises eine grofse Anzahl Robben gelagert hatten, die indes bei unserer Annäherung in die runden Löcher ver-schwanden, neben denen sie lagen. Eine frische Bärenspur wurde einige Zeit lang, leider resultatlos, verfolgt. Eine zweite Exkursion unternahmen wir in der Kolbai, um Rentiere zu jagen. An den Ost-abhängen der Gebirge weideten einige Herden, noch mit weifsem Winterpelz versehen, und es gelang uns 4 Stück zu erlegen; sie waren aber noch aufserordentlich mager. Es war gegen Abend, wir safsen gerade bei unserer Abendmahlzeit in der Kajüte, als plötzlich der Koch gesprungen kam und uns verkündete, es läge eine grofse Robbe dicht an unserm Schiff auf dem Eise. Schnell ergriffen wir die Büchsen, kaum waren wir aber oben, als sich eine schwere plumpe Masse von einer Eisscholle herabwälzte und im Wasser verschwand. Doch hatten wir noch genug gesehen, um zu erkennen, dafs es ein Walrofs war. Augenblicklich waren 3 Mann im Boote, vorn der Schiffer mit Harpune und Leine, und fort ging es, hinter dem eben wieder auftauchenden Tiere her. Ein paar Harpunstöfse glitten an der dicken Haut ab, ungeduldig erhob deshalb der Schiffer die Büchse und sandte ihm eine tötliche Kugel durch das Hinterhaupt in das Gehirn. Es wurde dann auf die nächste flache Eisscholle gezogen und abgehäutet. Es war ein recht stattlicher Bursche, noch jung zwar, aber doch schon gegen 4 m Länge messend. Man kann sich kaum ein plumperes Tier auf dem Lande oder Eise vorstellen, als solch ein Walroß, und doch ist es im Wasser außerordentlich gewandt und ein unter Umständen nicht zu verachtender Gegner. Während die Jagd auf den Eisbären als ein ungefährliches Jagdvergnügen gilt, haben die Fangsleute vor dem Walroß einen ziemlichen Respekt. Die alte, und von den erfahrenen Fangsleuten noch jetzt geübte Methode es zu töten, besteht im Harpunieren, darnach Erstechen mit der Lanze, schon damit die Jagd möglichst geräuschlos vor sich geht und eventuell andre in der Nähe weilende Walrosse nicht verscheucht werden, geschossen wird es eigentlich nur, wenn man seiner sonst nicht habhaft werden kann, oder wenn eine Herde auf einem großen Eisfeld oder gar am Lande angetroffen wird; dann werden zunächst die Vordersten getötet und hierauf beginnt ein großer Massenmord. Tötlich mit der Kugel verwundbar ist das Walroß nur an zwei Stellen des Kopfes, dicht über dem Auge und hinter dem Ohr, an jeder andern Stelle schlägt sich die Kugel an den harten dicken Kopfknochen platt. Im allgemeinen haben sich die Walrosse vor den Verfolgungen der Menschen mehr und mehr nach Norden ins Eis zurückgezogen. Der Geschichte nach sind sie früher bis Europa verbreitet gewesen. So heißt es in der Weltbeschreibung des Orosius: Olthere, ein Norweger, der Alfred den Großen besuchte, erzählt ihm, daß er am aller nördlichsten von allen Leuten gewesen sei, in drei Tagen sei er so weit nach Norden gekommen, wie die Walfänger es thun, nach einer weiteren Fahrt von noch einmal drei Tagen biege das Land in gerader Richtung nach Osten um. Dann heißt es weiter: Er war dorthin gefahren, wesentlich um das Land kennen zu lernen in Rücksicht auf Walrosse (broshwael). Denn sie haben sehr edle Knochen als Zähne — ein paar solcher Zähne hatten sie dem Könige mitgebracht — und außerdem ist ihre Haut sehr gut für Schiffstaue.

„Der Wal ist viel kleiner als andre Wale, er wird höchstens 7 Ellen lang, in seiner Heimat ist der beste Walfang. Die sind 48 Ellen lang und die größten sogar 50 Ellen lang, von diesen sagte er, hätte er mit fünf Leuten 60 erschlagen."

In diesem letzten Satze ist das Walroß als Wal bezeichnet. Leicht verständlich wird das Ganze, wenn man den Satz über die Wale seiner Heimat in Parenthese setzt und „von diesen sagte er" wieder auf die Walrosse bezieht. Es kann dann gar kein Zweifel herrschen, daß das Walroß wirklich früher im Nordlande Europas gelebt hat. In dem Bericht über die schwedischen Expeditionen nach Spitzbergen in den Jahren 1861, 1864 und 1868 wird diese Auffassung für ein Mißverständnis gehalten, jedoch wie ich nach Vergleichung des Urtextes glaube, mit Unrecht.

Auch von der Bären-Insel sind die Walrosse jetzt gänzlich verschwunden; der schwedische Naturforscher Keilhau hatte sie daselbst noch im Jahre 1827 gesehen und sie in sehr origineller Weise beschrieben; er verglich sie mit schlafenden Schweinen von riesenhafter Größe. „Die träge Lebensäußerung dieser Seeungeheuer, die viele Tage hindurch unbeweglich liegen können, dazu das Rohe und gewissermaßen Chaotische in ihren Massen schien in der That geschaffen, gewissen dreisten Forschern einige Veranlassung geben zu können, sie als bloße Embryonen zu Tieren zu betrachten, und ich bezweifle gar nicht, daß die Philosophen, die, indem sie es wagten, über die Entstehung oder den Ursprung des Menschen zu spekulieren, auf die Idee gerieten, daß unser Geschlecht ein Mal in einer Art präparativen Zustandes möglicherweise den Ozean bewohnt haben möge, und vielleicht in einer der Verwandlung der Insekten analogen Art und Weise sich aus Formen entwickelt habe, deren Bilder die fernen Meere zum Teil noch in gewissen, den Fischen nahe verwandten Säugetieren bewohnen, — daß diese Denker, sage ich, wenn sie die Geschöpfe erblickt hätten, die ich hier nicht ohne Grauen gewahrte, sich veranlaßt gesehen haben würden, ihren Hypothesen neue und vermehrte Stärke zu geben." Es ist interessant zu sehen, wie sich die Naturphilosophie der damaligen Zeit im Kopfe dieses Naturforschers wiederspiegelt.

Es wurde inzwischen Mitte Juli, und noch immer konnte das Weißwalnetz nicht aufgestellt werden, da fortwährend neue Eismassen in den Fjord hereindrängten. Außer Treibeis erschienen mitunter weite Flächen gänzlich zerweichten, bräunlich gefärbten Eises, das aus dem Innern der Baien stammte. Diese Eismassen bereiteten uns viel Ungemach. „Pine is" nennt sie der Fangmann, und sie vermochten uns wirklich oft zu peinigen. Da galt es bald einmal das Schiff mit Anker und Tauen an großen Schollen festzumachen, bald sich näher an das Land heranzuwinden, oder die mit ziemlicher Geschwindigkeit herangeeilnden Schollen mit Stangen abzuwehren. Alle diese Massen kamen vom Süden herangetrieben und schoben sich nun der Südküste des Fjordes entlang, in denselben hinein. Dieser starke Strom kommt von Osten her, geht um das Südkap Spitzbergens herum der Westküste entlang und verliert sich im Norden. Die Eismassen, welche er im Frühjahr mit sich führt, stammen daher aus dem ostspitzbergischen Meere. Wenn nun das

gesamte Eis, welches sich dort vorfindet, von der Strömung nach
Norden transportiert worden ist, wird die Westküste Spitzbergens
eisfrei; dies ist gewöhnlich Anfang Juni, oft schon Ende Mai der
Fall. Welches sind nun aber die Faktoren, welche eine dauernde
Blockierung der Westküste, ein Eisjahr, herbeiführen? Im Osten
Spitzbergens liegen dichte, von keinerlei Strömung beeinflußte Eismassen; wehen nun anhaltend nördliche bis östliche Winde, so
so werden diese Massen nach Süden getrieben, wo sie von dem nach
Westen gehenden Strom erfaßt und der Westküste Spitzbergens
entlang geführt werden. Im Jahre 1886 hatten wir Gelegenheit
dies zu konstatieren, bei vorherrschend nördlicher und östlicher Windrichtung kam das Eis von Süden herangesegelt und blockierte die
Westküste fast ununterbrochen. Während wir nun im Westen derart
vom Eise geplagt wurden, lagen die Verhältnisse im hohen Norden
folgendermaßen. Lange Zeit war ein weiteres Vordringen nach
Nordosten unthunlich, die Walroßfänger lagen bei Norskoen bis
zum August, dann aber wurde die See segelbar, sie konnten leicht
nach dem sonst selten erreichten Nordostlande gelangen, machten
hier einen großen Fang an Walroßen und erzählten, daß, so weit
sie hätten nach Norden sehen können, die See offen gewesen wäre.
Sollte sich nicht darin ein gewisser Zusammenhang mit dem Süd-
eise ergeben, derart, daß das Eis im hohen Norden durch die nördlichen Winde nach Süden getrieben und von dem Strome erfaßt
und an die Westküste transportiert worden ist? Dann würde man
auch von vorn herein die Möglichkeit haben, nach der Lage des
Eises im Süden und Westen Spitzbergens, die Chancen eines Vordringens nach Nordosten abzuwägen. Jedenfalls aber sehen wir das
eine, daß das Eis um den Pol herum in steter Bewegung ist, die
durch zwei Faktoren, Strömungen und Winde, bewirkt wird, und
daß da, wo jahrelang hintereinander eine feste Eismasse das weitere
Vordringen hindert, sich plötzlich einmal eine bequeme segelbare
Wasserstraße vorfinden kann.

Um uns von der Lage des Eises im Eisfjorde ein genaueres
Bild zu verschaffen, kletterten wir eines Tages auf einen ziemlich
hohen Berg, zwischen Russelv und Green Harbour, von dem aus
wir eine vorzügliche Fernsicht hatten. Der Anblick der meilenbreiten
in die Fjordmündung eindringenden Eismassen hatte durchaus nichts
tröstliches für uns. Ein dicker weißer Nebel, der weit draußen im
Meere lagerte, zeigte uns an, daß wir noch sehr viel Eis zu erwarten
hatten. Der Fjord selbst war ebenfalls stark besetzt, nur im Osten
zeigten sich einige größere eisfreie Stellen. Auf dem Rückwege

fanden wir ein brütendes Eidervogelweibchen auf dem Neste. Als
wir näher kamen, erhob sich das Tier, flog aber nicht davon, sondern
kroch mit ausgebreiteten Flügeln auf einem benachbarten Schneefelde
herum, sich dadurch den Anschein gebend, als ob es nicht fliegen
könne. Es suchte dadurch, dafs es sich krank stellte, die Aufmerksamkeit vom Neste ab und auf sich zu ziehen.

In den nächsten Tagen gab es viel zu thun, das Eis bedrängte
uns hart, und endlich mufsten wir den dichter und dichter werdenden
Eisgürtel zu durchbrechen suchen, zwei Böte voraus bugsierten
das Schiff durch die Massen hindurch und nach zwei Tagen Arbeit
befanden wir uns tiefer im Eisfjorde in der Adventbai. Die Landschaft war eine ganz andre wie am Russelv, wir lagen dicht unter
einem gewaltigen Bergabsturz, der nur einen schmalen Strand frei-
liefs. Weiter in die Bai hinein erhoben sich jene merkwürdigen
würfelförmigen Borge, von denen ich schon gesprochen habe und
setzten sich in das Innere des Landes fort, das breite, flache, flufs-
durchströmte Thal begrenzend. In bezug auf die Vegetation kann
man die Adventbai das Italien Spitzbergens nennen, ich fand gegen
40 Spezies Phanerogamen an den Abhängen und im Thale; der
weiche sumpfige Boden des letzteren war bedeckt mit einer dichten
Lage Mooses, aus welcher kurze, fette Gräser hervorwuchsen. An
den Bergabhängen schauten zwischen dem Geröll mancherlei Stein-
brecharten hervor, Löffelkraut, der prächtige, weifs und gelb blühende
arktische Mohn, es grüfsten mich Bekannte aus der Alpenwelt, Dryas
octopetala, Ranunculus glacialis und andre. Auch Schwämme sah
ich an manchen Stellen massenhaft auftreten. Es ist ganz merkwürdig, in welch kurzer Zeit alle diese Pflanzen aus der Erde her-
vorspriefsen. Mit Beginn des Frühlings beginnt der Schnee in den
Niederungen schnell zu schmelzen, er kann der Tag wie Nacht un-
veränderten Wirkung der Sonnenstrahlen nicht widerstehen, die Flüsse
sprengen ihre Eisbande und stürzen brausend ins Meer, und kaum
blickt die nackte schwarze Erde hier und da durch, so bekommt sie
wie mit einem Zauberschlage einen grünen Schimmer. Dicht neben
dem Schnee erheben sich grüne Flecke die von Tag zu Tag gröfser
werden, sich verbinden und eine gemeinsame grüne Decke bilden.
Wie sehr müssen sich aber die Blümchen beeilen, wenn sie Früchte
zeitigen wollen, schon Ende August beginnt mitunter der erste Schnee
zu fallen und nach wenigen Wochen, in welche Frühling, Sommer
und Herbst zusammengedrängt sind, beginnt der lange arktische
Winter mit seiner nur von den Strahlen des Nordlichts erhellten
Nacht aufs neue.

Da uns das Treiben auch bald hierher folgte, blieb uns nichts andres übrig, als aus der Bai herauszusegeln und an dem steilen Bergabhang zwischen Adventbai und Sassenbai vor Anker zu gehen. Unterdessen wurden mehrfach Jagdpartien unternommen; eine derselben in die Adventbai machte ich mit. Die Jagdgesellschaft bestand aus dem Schiffer und mir als Jägern, drei Mann aus Trägern. Als Proviant wurde in meinem tyroler Rucksack Schiffsbrot und eine Blechbüchse Kunstbutter gestopft. Mit dem Boote begaben wir uns in die Adventbai hinein. Der Schiffer, welcher dieselbe vor siebzehn Jahren zum letztenmal besucht hatte, war nicht wenig erstaunt, sie in diesem kurzen Zeitraum so verändert zu finden. Am westlichen Ufer, wo sich eine breite Seitenbucht hineinerstreckt hatte, war dieselbe fast verschwunden, eine neugebildete breite schlammige Landzunge erstreckte sich jedoch weit ins Meer hinein. Das Meer war so seicht, daß wir fürchten mußten, in dem Schlamme stecken zu bleiben. Alles deutete darauf hin, daß sich das Niveau des Landes im Verhältnis zum Meeresspiegel gehoben hatte. Wir zogen das Boot weit den Strand hinauf und begannen in das Thal zu marschieren. In flachen Wellen zog sich der sumpfige Boden landeinwärts. Hier und da drängten sich zwischen den Bergen Schnee- und Eisfelder herab. Die in den Hauptfluß strömenden Bäche, welche aus diesen entstanden waren, hatten Massen von scharfkantigem Geröll mit sich geführt, öfters schnitten auch graue Schlammstreifen in den moosigen Boden ein. Nachdem wir in schnellem Marsche etwa eine Meile zurückgelegt hatten, stiegen wir auf einen im Thal sich erhebenden Lehmhügel, um Umschau zu halten. Mit großem Fernrohre suchten wir die Landschaft ab und erblickten endlich drei Rentiere, die aber auf der andern Seite des unpassierbaren Flusses weideten, so daß wir vorläufig von einer Verfolgung derselben absehen mußten. Beim Weitermarsch wurde das Terrain allmählich etwas uneben, tiefe mit Wasser versehene Rinnen zogen quer durch das Thal, ein weiter Überblick war nicht mehr möglich. Lautlos schritten wir einer hinter dem andern her. Plötzlich warf sich der vorderste, der Schiffer, nieder, wir thaten desgleichen, und als wir vorsichtig den Kopf hoben, bemerkten wir nicht allzuweit von uns einen mächtigen Renochsen, der behaglicher Ruhe pflegend, am Boden lag. Die Entfernung war indessen noch zu groß, als daß wir hätten schießen können, der Schiffer kroch deshalb, in ganzer Länge auf dem hier sehr steinigen Boden sich mit Knieen und Ellenbogen fortbewegend, näher an das Tier heran. Dasselbe begann unruhig zu werden und wollte aufstehen, in dem-

selben Augenblicke krachte aber der Schufs, und ins Blatt getroffen
sank es tot nieder. Es wurde ausgeweidet, mit Stricken verschnürt
und unserm stärksten Manne auf die Schultern gebunden. Derselbe
begab sich mit der Beute zum Boote zurück, wir andern gingen
tiefer ins Thal hinein. Stundenlang sahen wir nichts, endlich
bemerkten wir drei weitere Rentiere, die an einem Bergabhange
weideten. In gebückter Stellung springend, kriechend, in Wasserläufen entlang kletternd, jedes noch so kleine Versteck benutzend,
kamen wir näher und näher. Zuletzt legten wir auch unsre Kopfbedeckung ab und krochen lautlos heran. Trotzdem waren die Tiere
scheu geworden, eins galoppierte bereits davon und die beiden
andern hatten nicht übel Lust ihm zu folgen, als wir sie mit zwei
Schüssen niederstreckten. Unsre beiden Leute kamen auf die Schüsse
heran, beluden sich mit den Tieren und begannen · thaleinwärts zu
wandern. Beim Schiffer wie bei mir war aber der Jagdeifer erwacht
und weiter ging es thalaufwärts an den Bergabhängen entlang, um
einen besseren Überblick zu haben. Hier hatte ich Gelegenheit,
massenhaft Steinkohlenbrocken zu sehen, die mit anderm Geröll
vermischt umherlagen. Endlich wandte sich das Thal ostwärts,
zugleich bemerkten wir auch, das wir am höchsten Punkte des
Thales angekommen waren, und dafs die Wasser in entgegengesetzter
Richtung liefen, also nach der Sassenbai zu. An fernen Bergen
erkannte der Schiffer überdies die Küste der Sassenbai, so dafs ein
Übergang von der Adventbai zur Sassenbai zu bewerkstelligen ist.
Ein starkes Rentier, welches unten im Thale weidete, hatte uns
bald bemerkt und galoppierte davon. Jetzt galt es ihm den Weg
abzuschneiden. In einem Elvbette sprangen wir im eisigen Wasser
herab, da kam auch schon das Tier heran. Mein Schufs ging fehl
und in diesem Augenblicke waren wir beide herzlich froh, dafs es
entwischt war, hatten wir doch keinen Träger mehr, so dafs wir uns
selbst die schwere Last hätten aufladen müssen. Zum Unglück
kamen uns aber bald darauf zwei weitere Rentiere in den Weg, die
Jagdlust überwog und wir suchten auf eine andre Weise heran-
zukommen. Mit allerlei Gestikulationen gingen wir ein gutes Stück
vorwärts und warfen uns plötzlich wie vom Schlage getroffen zu
Boden. Die Tiere stutzten, als sie diese merkwürdigen Springer
sahen, blieben aber lange Zeit ruhig stehen und sahen uns neugierig
zu. Während ich nun ruhig liegen blieb, kroch der Schiffer möglichst
weit vorwärts und feuerte, als die Tiere zurückzuweichen begannen,
zwei Schüsse ab. Beide Tiere fielen, es waren bei der kolossalen
Entfernung zwei Meisterschüsse. Das eine hatte indes nur

einen Prellschuſs bekommen. raffte sich wieder auf und
entfloh. Das andre mufsten wir nun selbst thalabwärts schleppen.
Es war dies in anbetracht des sumpfigen Bodens eine saure Arbeit.
Da wir aber abwechseln konnten, indem der eine die Büchsen, der
andre die Beute trug, kamen wir verhältnismäfsig schnell genug
vorwärts und holten bald unsre beiden Matrosen ein. Wir waren
etwa sechs Stunden thalabwärts marschiert, als sich uns ein merkwürdiger Anblick darbot, es war eine breite Masse, unter der zwei
Menschenbeine sichtbar waren. Als wir näher kamen, erkannten wir
unsern zuerst fortgeschickten Mann wieder, der mit seiner schweren
Last tief in den Sumpf geraten war, und nur hier und da den Versuch machte, vorwärts zu kommen. Der Unglückliche hatte das
Tier nicht ablegen wollen, aus Furcht es allein nicht wieder aufladen
zu können und befand sich nun die ganze Zeit über auf dem Marsche,
er war in einem erbarmungswürdigen Zustande. Wir nahmen ihm
seine schwere Bürde ab, und gelangten endlich zum Boote zurück.
Hier harrte unser eine neue Überraschung, ein zweites Boot war
neben dem unsrigen auf den Strand gezogen und bald erblickten wir
auch die Besitzer, die aus einem Seitenthale kamen und eine er-
folglose Jagd gehabt hatten. Voran schritt ein kleiner, höchst auffallend gekleideter Mann, an den Füſsen gewaltige Komager und rote
Strümpfe, in den Händen Büchse und ein uraltes Fernrohr von so
riesigen Dimensionen, wie das grofse Teleskop einer Sternwarte.
Das dunkelgelbe Gesicht, von schwarzem, struppigem Bart umrahmt,
klärte uns darüber auf, dafs wir einen echten Lappen vor uns hatten.
Er stellte sich uns als Hammerfestning vor, der mit seiner Schoute
im Eisfjord „Smaafang" betreiben wollte. Ein paar Tage darauf
hatten wir die Ehre seines Besuches an Bord. — Nach einer
flotten Ruderfahrt kamen wir an unserm Schiffe an, und ruhten uns
von den Strapazen dieser Jagd in unsern Kojen aus. Die nächsten
Tage waren wieder der Wissenschaft gewidmet; die ungeheuren
Tangwälder, welche sich zwischen Adventbai und Sassenbai hinziehen,
boten mancherlei Interessantes. Die Pflanzen wurden mit einem
kleinen fünfarmigen Anker heraufgezogen und alles, was Zeit hatte,
beeiferte sich, mit Pinzetten bewaffnet, die zahlreichen Bewohner
abzulesen und in die Gläser zu werfen. Es war jetzt für die Leute
ein Vergnügen-geworden, mir zu helfen wo sie nur konnten; freilich
mochten einige leichtsinnige Andeutungen meinerseits dazu verhelfen, da ich geäufsert hatte, ich wäre unter Umständen bereit,
meinen, nebenbei ausgedienten, Pelzrock wie einiges andre zu ver-
schenken. Am darauf folgenden Sonntag, den wir übrigens stets

streng als Feiertag einhielten, und an dem ich es hätte nicht wagen
dürfen zu konservieren oder gar auf den Fang auszugehen, erschien
unser Freund aus dem Adventbaithal, sein Schiff lag uns schräg
gegenüber, ein kleiner, schmieriger Rattenkasten. Der Schiffer
wartete ihm mit Kaffee und Eierkuchen von Eidervogeleiern auf.
Das Gespräch war erst etwas gemessen und kühl, als aber die Rede
auf die alten Zeiten kam, da wurde unser Lappe lebendiger. In
beredten Worten schilderte er uns — jetzt ein hoher Fünfziger —
seine Schicksale als Harpunier, wie damals noch der Fang ein
lohnender gewesen sei, wie damals noch keiner daran gedacht hätte
ein Walrofs zu schiefsen, sondern das kunstgerechte Harpunieren
noch gegolten hätte; leider hätte er aber seine Eismeerfahrten auf
zehn Jahre einstellen müssen, da er ein Unglück gehabt hätte.
Welcher Art dieses Unglück war, erfuhren wir bald aus seiner offen-
herzigen Rede, mit seinem Schiffer zusammen hatte er nämlich ein
altes unbrauchbares, aber sehr hoch versichertes Schiff angebohrt,
das Schiff war aber dann gestrandet, es hatte sich dabei die Ursache
des Unglücks gezeigt und die Folge waren zehn Jahre beschaulichen
Stilllebens. In früheren Zeiten mag übrigens ein derartiger Versuch
nicht ganz vereinzelt gewesen sein, jetzt sind die Versicherungs-
gesellschaften aber klüger geworden und für die Eismeerschiffe müssen
bei niedriger Versicherungssumme aufserordentlich hohe Prämien
gezahlt werden. In diesem Jahre hatte unser Lappe eine kleine
Scheute gemietet und suchte mit drei Genossen zusammen, alles zu
jagen und zu erbeuten, was Spitzbergen und das Meer bot. Eier,
Daunen, Robben, Rentiere, Treibholz, Schiffstrümmer, das waren die
Hauptartikel, auch einen Eisbären, wahrscheinlich denselben, den
wir in Green Harbour und Kolbai vergeblich verfolgt hatten, hatten
sie unter einem uns gegenüberliegenden Gletscher der Nordküste erlegt.
Es ist diese Art des Fanges, der Kleinfang, wenig lohnend und die
Kleinfänger stehen bei den übrigen Eismeerfahrern in keinem hohen
Ansehen. Wie überall in der Welt, so finden sich auch hier auf
Spitzbergen Standesunterschiede und Vorurteile scharf ausgeprägt.
Mit einigen Geschenken beladen zog unser Gast vergnügt ab.

So kam Ende Juli heran, ohne dafs wir Weifswale gesehen
hatten. Inzwischen waren ein paar neue Rentierjagden in die Sassenbai unternommen worden, die so erfolgreich waren, dafs wir zuletzt
zusammen 37 Stück Rentiere erlegt hatten. Das Fleisch wurde an
Stelle des alten Salzfleisches unter die Mannschaft verteilt und der
Appetit war so rege, dafs die paar Pfund, welche ein jeder zu
Mittag bekam, ohne weiteres verzehrt wurden. Unser Gesundheits-

zustand war überhaupt ein ausgezeichneter. Die frische Fleischkost wie die Eierspeisen ließen uns bald die Leiden auf hoher See vergessen und die Leistungsfähigkeit in bezug auf Speisenaufnahme wuchs ins Unglaubliche; eine schwere Rentierkeule reichte oft gerade für den Schiffer, den Harpunier und mich aus. Merkwürdigerweise war auch keine einzige Erkältung zu verzeichnen, wunderbar genug, wenn man sich vergegenwärtigt, wie oft wir auf unsern Fahrten bis auf die Haut durchnäßt wurden, trockneten und dann wieder angefeuchtet wurden. Für pathogene Bakterien scheint Spitzbergen überhaupt kein geeignetes Land zu sein, auch von andern Erkrankungen kennt man auf Spitzbergen kaum ein Beispiel, natürlich ausgenommen den Skorbut.

Ein paarmal glückte es uns, einen Haakjerring zu fangen. So nennt man den Haifisch des hohen Nordens, den Scymnus microcephalus. An einem starken Haken hatten wir ein Stück Speck befestigt und vermittelst einer Kette, dann eines Taues, in die Tiefe hinabgelassen. Der gefangene Hai wurde über das Wasser gezogen, ohne weiteres aufgeschnitten und seiner ungemein großen Leber beraubt. Diese Leber ist so thranreich, daß große Haakjerringe 2 bis 3 norwegische Tonnen Thran liefern. Im Magen fand sich eine halbverdaute Robbe vor, sonst waren Fisch- und Krebsüberreste darin. Dieses Tier bildet für manche Schiffe den Gegenstand ausschließlichen Fanges. An seichteren Stellen des Eismeeres, jedoch bis 100 Faden und tiefer, gehen die Fahrzeuge vor Anker, dann werden Angeln ausgeworfen und die 10 bis 15, ja 20 Fuß langen Tiere erbeutet. Sehr lukrativ ist übrigens das Geschäft nicht, da der aus dieser Leber gewonnene Thran von keiner besonderen Qualität ist. Solcher Haifischbänke finden sich an der Westküste und besonders im Süden Spitzbergens mehrere vor.

Ein andermal erklommen wir die steile Küste, die sich direkt aus dem Meere heraus erhebt; wir mußten dabei vorsichtig sein, denn fast unaufhörlich rieselten Lawinen von Schlamm und Eis, oft mit Felsblöcken vermischt, von oben herab, tiefer und tiefer die Rinnen grabend, welche die steile Wand durchzogen. Ein herrliches Panorama entschädigte uns für die Mühe. Die klare Luft ließ uns auf viele Meilen weit alle Details erkennen; leider mußen wir die betrübende Wahrnehmung machen, daß zwei neue breite Streifen Treibeis ins Fjord einrückten, so daß unsre Fangaussichten recht schlecht wurden. Auf dem vorspringendsten Punkte bauten wir aus Steinen eine Varde, in welche wir auf zwei Platten geritzt unsre Namen wie Datum legten und ließen dann große Steine herabfallen,

die wir zuletzt nicht mehr verfolgen konnten, die aber, wie uns
später der wachthabende Mann in der Tonne, der unserm Beginnen
mit dem Fernrohr gefolgt war, entzückt versicherte, fast sämtlich
das Meer erreichten. Den Abstieg nahmen wir nach der Landseite
zu in ein sanft zum Meere abfallendes Thal. Hier trafen wir eines
der seltenen spitzbergischen Schneehühner an, das wir in Ermangelung
von Schußwaffen mit Steinwürfen zu erlegen trachteten. Das Tier
lief vor uns her ohne aufzufliegen, erst als wir, nach einem glücklichen
Wurfe, es haschen wollten, flog es uns vor der Nase vorbei. In der
Nacht rückten die Eismassen, welche wir in weiter Ferne gesehen
hatten, plötzlich herein und das Netz, welches nur ein paar Tage
hatte ausgesetzt werden können, mußte schleunigst wieder eingezogen werden. Um sich überhaupt zu vergewissern, ob sich Weifswale in dem Fjorde befänden, ließ der Schiffer in den nächsten
Tagen eine Bootsexpedition ausgehen, mit der Weisung, sämtliche
innere Fjordarme hart an der Küste entlang zu befahren. Zu viert
unternahmen wir die Reise und ruderten zunächst in die Sassenbai
hinein. Das erste Merkwürdige, was wir noch an diesem Tage antrafen, war eine steile Felswand der Küste, das braune Gestein be-
wachsen mit grellroten Flechten und bedeckt mit unzähligen weifsen
Punkten. Ein Schufs wurde abgefeuert und nun erhob sich ein be-
täubendes Gekreisch, es waren unzählige Vogelscharen, vor allem
Alken, welche hier brüteten, diese flogen nun auf und bildeten über
uns dichte Wolken; erst allmählich beruhigten sich die Millionen
Vögel und kehrten zu ihren Brutplätzen zurück. In die Sassenbai
einbiegend, landeten wir an einem herabrauschenden Elv, um Wasser
für das Kaffeekochen ins Boot zu nehmen. Hier fand ich in einem
schwärzlichgrauen Felsblock eine grofse Anzahl Versteinerungen,
meist Ammoniten der Juraperiode angehörig. Nun rückte der so
merkwürdige Tempelberg näher und näher, durch seine so merkwürdigen
Formen das Auge stets aufs neue fesselnd. In dem Björnshafen
der Tempelbai legten wir an, um nach so anstrengender Ruderfahrt
von über 12 Stunden etwas auszuruhen. Das Liegen auf dem scharfkantigen Geröll war indes kein angenehmes zu nennen, nur ein
paar Stunden vermochten wir Schlaf zu geniefsen und fuhren deshalb,
dicht am Fufse des Tempelberges entlang, in die Klaas Billenbai
hinein, dann um Kap Thordsen herum in die Nordfjordarme, ohne
indes vom Wale etwas zu sehen. Die Fahrt war ziemlich anstrengend,
nach vielen Stunden ununterbrochenen Ruderns wurde an irgend
einer passenden Stelle angelegt und etwas ausgeruht, ein Mann
mufste indes stets Wache halten, so dafs die Zeit des Schlafes da-

durch wesentlich abgekürzt wurde; ich benutzte die Zeit des Wache-
haltens stets zur Anfertigung kleiner Skizzen. Mit unserm Proviant
war es nach vier Tagen schon schlecht bestellt. Wir hatten ein
Faß Schiffsbrot, ein Säckchen Graupen und Kaffee mit. Holz fand
sich ja in genügender Menge als Treibholz am Strande vor. Bis
auf die Graupen war alles aufgezehrt und wir mußten uns Wasser-
vögel schießen, die mit den Graupen zusammengekocht, nicht übel
schmeckten. Als wir zum Kap Thordsen kamen, konnten wir leider
der starken Brandung wegen nicht an Land gehen, um dem hier
liegenden Nordenskjöldschen Hause einen Besuch abzustatten, und
mußten deshalb diese flache vorspringende Landzunge umrudern, bis
wir an einen Fluß kamen, den wir ein Stück hinauffuhren. Hier
machte ich eine interessante Bekanntschaft; am Strande befand sich
ein kleines Zelt und aus ihm heraus kam eine kraftvolle Gestalt,
schwarzbärtig, eine rote Kappe auf dem Kopfe. Es war Herr Jens
Olsen aus Tromsö, der hier im Eissunde schon seit Wochen der
Rentierjagd oblag, während sein Schiff weit draußen vor dem Eisfjord ankerte, um Haakjerring zu angeln. In kleinem Boote, nur
von einem Fangsmann begleitet, hatte er allmählich sämtliche Ren-
tiergründe befahren und die Beute, in Fässer eingesalzen, mit großen
Steinen wohl verwahrt, hier und da aufgestapelt, um sie dann später
mit dem Schiffe abzuholen; wir gerieten in lebhafte Unterhaltung
und ich habe mich gefreut, unter so seltsamen Verhältnissen einen
so wohl unterrichteten, liebenswürdigen Mann kennen gelernt zu
haben. Es ward mir Gelegenheit ihm einen kleinen Dienst zu erweisen, sein Fernrohr war nämlich voll Renblut gelaufen und da ich
der einzige von uns allen war, der sich zufällig im Besitze eines
einigermaßen reinen Schnupftuches befand, so vermochte ich ihm
seine Linsen zu reinigen; zum Danke schenkte er uns einen Rentier-
kopf, den wir mit unsern Graupen zu einer kräftigen Suppe kochten.
Während die andern sich dann der Ruhe hingaben, wanderte ich
mit einem Matrosen, den die Neugierde plagte, zu dem Nordenskjöldschen Hause, das indes ziemlich weit ablag; erst am Morgen
kehrten wir von der Exkursion zurück, um sofort in den Nordfjord
einzurudern. Die folgenden Tage wurden fast ausschließlich auf das
Rudern verwendet, ohne daß wir indes einen Wal hätten erblicken
können. Am Morgen des 9. August gegen 11 Uhr, waren wir
Zeugen einer in diesen Breiten sehr seltenen Naturerscheinung,
nämlich eines Gewitters. Der südliche Teil des Himmelsgewölbes
hatte sich mit dunklen, zusammengeballten Wolken überzogen und
deutlich war zweimal ein schwacher Donner zu hören. Da dies

gleichzeitig auf unserm so weit entfernten Schiffe beobachtet wurde,
so ist ein Irrtum ausgeschlossen. Im westlichen Nordfjordarme war
es, wo ich, das einzige Mal, die Bekanntschaft von spitzbergischen
Mücken machte, sie rückten, als wir etwas landeinwärts gegangen
waren, in so dichten Schwärmen an, dafs wir buchstäblich von ihnen
bedeckt waren, ihr Stich war schmerzhaft, ihre Zudringlichkeit ganz
unglaublich. Aus diesem Fjorde zum Kap Thordsen zurückgekehrt,
wurde unsre Lage dadurch mifslich, dafs ein scharfer Südost aus
der Sassenbai blies und der hohe Seegang das Rudern unmöglich
machte; indessen sehnten wir uns doch aus verschiedenen Gründen
— die tonangebende Rolle spielt der Magen — zum Schiffe zurück,
bauten aus ein paar Rudern und einem Stück Segeltuch, unter dem
wir geschlafen hatten, ein freilich primitives Segel, beluden das Boot
mit schweren Steinen und segelten gegen den Wind in der Richtung
zu, in der unser Schiff liegen mufste. Einer steuerte mit einem
Ruder, ein andrer war fortwährend beschäftigt das hereinschlagende
Wasser auszuschöpfen, die beiden andern hatten mit den Händen
das Segel straff zu halten und so segelten wir trotz hoher See über
den breiten Fjord, bis endlich unser Fahrzeug in Sicht kam. Bald
waren wir an Bord und genossen das Vergnügen eines tiefen Schlafes.

Die Aussichten auf den Fang waren recht schlechte, es war
Mitte August geworden, und noch immer hatte sich keine Herde
gezeigt. Im allgemeinen erscheint der Weifswal (Beluga leucas) an
den Küsten Spitzbergens und Nowaja Semljas, sobald die Eisdecke
zu brechen beginnt, also etwa im Juni. In Gesellschaft von ein
paar Hundert Stück schwimmt er in alle Baien und Buchten hinein
und sucht besonders die Flufsmündungen, sowie solche Küstenstriche
auf, welche seichten, lehmigen Boden besitzen, seine Nahrungsauf-
nahme in dieser Zeit ist nicht grofs, er hegt mehr zärtliche Gefühle,
die sich in Kosen und Aneinanderreiben äufsern. Die Begattung
wird, nach Ingebrigtsen, in liegender Stellung im flachen Strand-
wasser ausgeführt; es ist eine derartige Beobachtung sehr schwer
anzustellen, da die Tiere aufserordentlich scheu sind und aufserdem
sofort gejagt werden, indessen glückte es meinem Schiffer doch
einmal, zwei in dieser Stellung befindliche, lebhafte Bewegungen
äufsernde Wale in der Hinlopenstrafse zu beobachten.

An den Küstenplätzen wirft das Weibchen im Juni bis Mitte
Juli sein Junges. Niemals liefsen sich Zwillinge beobachten. Mitte
August findet man bis fufslange Embryonen in einzelnen Weibchen;
doch ist es nicht wahrscheinlich, dafs die Weibchen, welche im Juli
geworfen haben, nach ein paar Wochen schon wieder trächtig sind,

die Größe der Embryonen spricht dagegen. Es ist daher wohl anzunehmen, daß der Wal nur alle zwei Jahre ein Junges hat, und dieses ein Jahr lang trägt. Die Wanderungen dieses Wales sind sehr ausgedehnte. Ingebrigtsen fand einmal in dem Rücken eines erbeuteten Tieres eine Kugel, auf der zehn Züge ihre Spuren zurückgelassen hatten; eine zehnzügige Büchse wird nun, wie sich mit Bestimmtheit behaupten läßt, von dem europäischen Fangsvolk nicht gebraucht, hingegen von dem amerikanischen.

Daß der Wal im allgemeinen nicht an die Küsten Spitzbergens kommt, um Nahrung zu suchen, erhellt aus dem Mageninhalt, der nur hier und da Krebse und Fischüberreste (niemals Cephalopodenreste) enthält. Er magert infolgedessen im Sommer stark ab. Die Küste ist ihm nur der Schauplatz seines ehelichen Lebens. Der Weißwal ist sehr klug, was sich aus verschiedenen Beobachtungen ergiebt. Erstens sieht und hört er ausgezeichnet, das merkt man besonders beim Jagen des Wales; einige Ruderschläge vermögen ihn bereits zu eiliger Flucht zu bewegen, die vorher zerstreute und längs der Küste ausgedehnte Herde sammelt sich dann schnell zu einem geschlossenen Trupp, der schleunigst davon schwimmt und oft lange Zeit von der Oberfläche verschwindet. Hat er indessen bemerkt, daß ihm Ruderschläge und Steinwürfe nicht schädlich sind, und sieht er keinen andern Ausweg, so geht er unter den Böten hindurch, trotz all des Lärms und Spektakels, der dann gemacht wird. Sein Erinnerungsvermögen ist ausgezeichnet. Eine Walherde, die einmal im Netze oder auch nur vor demselben gewesen, dann aber zurückgewichen ist, stutzt lange, bevor sie, bei einem zweiten Versuch sie zu fangen, das Netz in Sicht hat; meist kehrt sie um und ist für den Fangsmann verloren. Besonders klug sind die Herden, welche ausschließlich aus Männchen bestehen und sich von Weibchen und Jungen abgeschlossen halten. Außer dem Menschen hat der Weißfisch einen grimmigen Feind im Haakjerring, der sich ihm unbemerkt zu nahen versteht und ganze Stücke Speck ausreißt. Die Fangsleute glauben außerdem, daß das Walroß ein Feind des Weißwales sei; in eine Bai, in der sich Walrosse befinden, geht der Weißwal nicht hinein.

Die im Sommer geworfenen Jungen sind 4 bis 5 Fuß lang, von schwarzbrauner Farbe. Im Laufe der Jahre wird der Wal heller und heller, bis er nach fünf Jahren rein weiß geworden ist. Diese weiße Farbe ist entschieden eine Anpassung an das arktische Gebiet; das Tier stammt indessen sicherlich von dunkleren Vorfahren ab, da sich schon in kleinen Embryonen Hautpigmente zeigen.

Der hohe Wert des Weißfisches rührt daher, daß man außer dem guten Thran liefernden Speck auch noch die Lederhaut verwenden kann, sie ist außerordentlich fest und liefert ein vorzügliches Leder. Ein großer Fang von Weißfischen ist daher das lukrativste Geschäft für den Eismeerschiffer, und Ingebrigtsen hat dadurch früher viel Geld verdient, daß er der erste war, der nach langer Pause den früher von den Russen betriebenen, dann aufgegebenen Weißfischfang unter Spitzbergen wieder aufnahm.

Es war am 11. August, als ich um 5 Uhr morgens ein lebhaftes Hin- und Herlaufen auf Deck, über meinem Kopfe, vernahm. Als ich nach oben kam, stand die Mannschaft still und betrübt da, während der Schiffer mit dem kleinen Hecksboote verschwunden war; eine Masse Weißfische seien vorbeigeschwommen, ohne daß man ihnen hätte beikommen können. Während der Schiffer sie nach der Sassenbai zu verfolgt, ist der größte Teil westwärts abgeschwenkt und in die Adventbai verschwunden. Endlich kommt Ingebrigtsen heran, hört, daß sich die Wale in der Adventbai befinden und trifft schnell seine Dispositionen. Sämtliche Böte werden benutzt, das Netz in die große Jolle gepackt und in die Bai hineintransportiert. Wir andern begaben uns ebenfalls so schnell wie möglich in die Bai hinein. Voran der Schiffer im kleinen Heckboote, der mit einer Geschwindigkeit davon ruderte, daß wir beide, ein älterer Fangsmann und ich, die wir Befehl hatten, ihm zu folgen, bald nicht mehr mit unserm schwereren Boots nachkommen konnten. Eben biegen wir in die Adventbai ein, als wir ein Glitzern im Wasser sehen; dasselbe kommt näher und näher, jetzt sehen wir, wie sich weiße und schwarzbraune Rücken dicht gedrängt aus dem Wasser heben, die Walherde naht heran. Schon ist sie so nahe, daß wir deutlich das Schnauben und Pusten hören und die Rauchsäule sehen; kommt sie am Boote vorbei, so ist der Fang verloren. Wir beginnen also mit den Rudern zu plätschern, die Tiere erschrecken, wandern um und ziehen aufs neue in das Innere der Bai hinein. Jetzt geben wir an die andern Böte Signale ab, das Netzboot rückt langsam heran, und während nun das Netz halbkreisförmig in dem seichten Wasser ausgesetzt wird, rudern wir an die andre Seite der Bai, ein paar Hundert Faden von der Küste entfernt, in das Innere hinein. Dicht vor der Mündung des Flusses liegt die Herde in dem seichten Wasser und wälzt sich behaglich im Schlamm herum. Mit Steinwürfen und Ruderschlägen scheuchen wir sie auf, sie beginnen zu fliehen und wir folgen ihnen in der Flanke, ängstlich bemüht, ein Ausbrechen in die Tiefe des Fjordes zu verhindern.

Endlich haben wir sie soweit, dafs sie in geschlossenem Trupp in sausender Fahrt nach anfsen zu schwimmen. Es beginnt nun eine wilde Jagd, wir rudern hinter ihnen her, dafs sich die Ruder biegen und die Sinne schwindeln. Endlich kommt das Netzboot in Sicht, und die Herde geht in voller Hast zwischen Netzboot und Küste durch, in das Netz hinein. Jetzt wird dasselbe zugezogen und die Tiere sind gefangen. Die starke Strömung hinderte indessen den völligen Verschlufs und trotzdem wir einen greulichen Spektakel vollführen, gelingt es einigen Walen, unter den Böten durch zu entwischen und wieder in die Adventbai zurückzukehren. Um das Netz herum kreisen jetzt beständig die Böte und suchen jede Annäherung der Wale zu verhüten, da einige Stellen schadhaft geworden sind und ein Durchbrechen der Tiere ermöglichen könnten. Zwei Böte rudern indessen zum Schiffe zurück, um das kleine starke Netz, das Orkastnot zu holen, in dem die Tiere getötet werden sollen. Gegen 6 Uhr abends kommen sie zurück und bringen auch etwas Schiffsbrot mit, nach dreizehnstündigem Rudern die erste Mahlzeit. Nun wird das Orkastnot innerhalb des grofsen Netzes ausgesetzt, die Wale mit allen Böten hineingejagt, und nun das Netz geschlossen und langsam an Land geholt. Enger und enger wird der Raum, in dem die Tiere sich bewegen können, sie werden unruhig und peitschen das Wasser gewaltig auf, noch wird aber keiner getötet. Endlich ist der Raum so enge geworden, dafs die Wale gegen das Netz zu arbeiten beginnen; dieses ist der kritische Moment. Von allen Seiten wird auf sie mit scharfen, zweischneidigen Lanzen eingestochen, indem man ihnen einen Stich in das Rückenmark beizubringen sucht. Das ist ein Springen und Spritzen des blutigen Wassers, ein Schreien und Toben, einige Wale springen an Land und werden von einem Teil der Mannschaft so lange mit Eisäxten bearbeitet, bis sie ihr Leben aufgeben. Ein gräfsliches Blutbad! Als alles vorbei war und die Kadaver auf den Meeresgrund gesunken waren, wurde von neuem die Jagd auf die vorher ausgebrochenen Tiere gemacht; der Trupp war nicht mehr als hundert Faden vom Netze entfernt, als er plötzlich Kehrt machte und in tiefes Wasser ging. Er schien bereits verloren, als im letzten Momente ein Jagdboot herangeschossen kam, ihm den Rückzug abschnitt und ihn ins Netz hineintrieb. In derselben Weise wurde auch diese Herde getötet und am Morgen des nächsten Tages kamen wir wieder am Schiffe an, um sofort die Anker zu lichten und zum Fangeplatze zu segeln. Nach dreifsigstündiger harter Arbeit konnten wir endlich etwas der Ruhe pflegen. Jedoch nicht lange, denn nun begann das Abspecken.

Mit vereinten Kräften wurden die Tiere an den Strand gezogen, und mit zwei Längsschnitten in der Bauch- und Rückenlinie Haut und Speck abgezogen; zunächst kamen die trächtigen Weibchen daran, deren Embryonen für mich von besonderem Werte waren. Nach ein paar Tagen waren gegen 50 Wale abgespeckt und unsre Speckfässer gefüllt.

Bis Ende August blieben wir noch in der Adventbai, in der Hoffnung, noch einige Weifswale fangen zu können. Diese Hoffnungen erwiesen sich als trügerisch. Es war inzwischen der Herbst eingetreten, das Grün war ziemlich gänzlich verschwunden. Am 19. August hatten wir einen starken Schneefall und auch die Mitternachtssonne begann den Horizont bereits zu streifen. Die Farben des Himmels waren in dieser Jahreszeit ganz prachtvoll. Die über dem Meere liegenden, zu langen Streifen zusammengeballten Nebel riefen die wunderbarsten Farbenreflexe hervor. Diese tiefgehenden Nebel erschienen stets, sobald nördliches Wetter eintrat; sie vermochten wohl einzelne Teile der Landschaft zu verdecken, ohne derselben indes die ganz aufserordentliche Klarheit zu rauben. Besonders wirkte auf mich die von der Nachtsonne beleuchtete Landschaft; die zarten grünen bis rosaroten Farben des Himmels, die warmen braunroten mit Schnee bedeckten Berge, das blaue glänzende Meer mit seinen unzähligen Eisfeldern, die ebenfalls in den reinsten, zartesten Farben prangten, dazu die feierliche, erhabene Stille, gab eine wohlthuende Stimmung nach des Tages Last und Arbeit. Man fühlt sich so erhaben über kleinliche Sorgen, man steht als Nichts, eine Null in dieser unbeschränkt waltenden Natur, und doch kommt, fast unbewufst, das stolze Gefühl hinzu, alle diese Schwierigkeiten, welche uns die Naturkräfte in den Weg gelegt, besiegt zu haben, und in dieser Nufsschale von Schiff, welches von ein paar treibenden Eisblöcken mit Leichtigkeit zermalmt werden könnte, allen Gefahren zu trotzen.

Allmählich rüsteten wir uns zur Heimfahrt. Die Mannschaft, welche, um nicht träge zu werden, in den letzten Tagen die graue Ölfarbe, mit der das gesamte Schiff überstrichen war, hatte abkratzen müssen, erhielt zum Lohn die Erlaubnis, sich Rentierfleisch mitzunehmen, indem der Harpunier hoch ins Thal hinauf beordert wurde, wo er in drei Tagen und drei Nächten 11 Rentiere erlegte, die von den Leuten abgeholt wurden. Am 26. August lichteten wir die Anker und trieben mit vollen Segeln zum Fjord hinaus. Es war prächtiges klares Wetter, es wehte eine kräftige Nordostbrise, das Schiff hatte volle Ladung und alles dies war wohl geeignet, uns

fröhlich zu klimmen. Um so mehr waren wir niedergeschlagen, als
der Skipper von der Tonne, von der aus er die ganze Zeit Ausguck
gehalten hatte, herabstieg und uns verkündete, daſs drauſsen vor der
Fjordmündung dichte Eismassen lägen und daſs keine Hoffnung wäre
sie zu durchbrechen, da es dicht zusammengepackte Eisfelder von
einigen Meilen Breite seien. Zunächst wurde das groſse Netzboot
an Land geschafft, dann segelten wir hart am Eisrande entlang.
Nirgends fand sich ein Ausweg, wir glaubten sämtlich überwintern
zu müssen, man sprach schon davon in das Innere des Fjordes zurückzukehren, da plötzlich lieſs der Schiffer, welcher seinen Beob-
achtungsposten hoch oben im Maste wieder eingenommen hatte,
wenden und mit voller Kraft in das Eis hinein steuern. Anfänglich
ging es ganz leidlich, bald aber erhielten wir heftige Stöſse, ganze
Stücke der Bohlenverkleidung wurden abgerissen und schwammen im
Kielwasser davon und endlich saſsen wir, mitten zwischen den Eismassen eingekeilt, vollkommen fest. Wir glaubten, daſs jetzt das
Kommando zum Wenden erfolgen würde, statt dessen lieſs uns der
Schiffer aufs Eis springen und die Eismassen vorn am Bug auseinander drücken. War auf diese Weise eine Lücke entstanden, so
zwängte sich das Schiff, durch den starken Segeldruck vorwärts
getrieben, in dieselbe hinein. An den Ketten des Bugspriets oder
an den Ankern hängend arbeiteten wir uns auf diese Weise tiefer
und tiefer ins Eis hinein. Hätte der Wind abgeflaut, so wären wir
wahrscheinlich in kürzester Zeit zerdrückt worden, so ging es aber
langsam vorwärts. Manchmal freilich glaubten wir nicht weiter
kommen zu können, scheinbar undurchdringlich thürmten sich die
Schollen vor uns auf, der Gedanke indes, ohne Proviant überwintern
zu müssen, gab uns neue Kraft und nach vielstündiger schwerer
Arbeit hatten wir endlich die Freude, weit drauſsen am Horizonte
einen sonnenbeschienenen Streifen offenen Wassers zu sehen. Freilich
verging noch manche Stunde ehe wir dahin kamen, endlich aber
glitt das Schiff freier und freier dahin und bald waren wir aus dem
Bereiche des Eises und der Gefahr des Überwinternmüssens entgangen.

Bei gutem Winde ging die Fahrt nach Süden leicht von statten,
am neunten Tage unserer Abreise von Spitzbergen traten die steilen
Felsmauern Finmarkens aus den düsteren Nebeln hervor und noch
demselben Abend segelten wir in den Hafen von Tromsö ein.

Damit war meine Polarfahrt beendet.

Die Bewaldung des Schwarzwaldes,

seine Forstwirtschaft und die Beziehungen der letzteren zur Landwirtschaft, zu den Gewerben und dem Handel.

Von Forstrat Schuberg in Karlsruhe.

Hierzu Tafel I: Bewaldungskarte des Schwarzwaldes.
Maszstab 1 : 400 000.

II. *)

Die Forstbenutzung, die Art und Grösse der Erträge. Die Lohnverhältnisse und der Arbeitsverdienst. Die Erschliessung der Waldungen durch Wege und Floßbäche. Der forstliche Anbau. Der wirtschaftliche Aufwand. Roh- und Reinertrag. Die Waldbeschädigungen. Die Beziehungen zum Bergbau, zur Landwirtschaft, zu den holzverarbeitenden und sonstigen Gewerben. Erläuterungen zur Tafel I.

b. Die Forstbenutzung, die Art und Gröſse der Erträge.

Nach den Ergebnissen der Forsteinrichtung in Baden, deren statistische Darstellung letztmals im Jahre 1876 stattfand (und gegenwärtig in neuer Bearbeitung begriffen ist) hatte damals das Gebirge 36 066 ha ertragsfähige Dom. Waldfläche, wovon Hochwald

2 846 ha (= 8 %) mit 100-jähr. Umtrieb
33 220 „ (= 92 %) „ 110—120 „ „

und einem durchschnittlichen Holzvorrat von 184 beziehungsweise 250 Festmeter per ha. Hieraus berechnet sich einschlieſslich Mittelwald Niederwald im ganzen eine Bestockung von 8,77 Mill. fm.

Die Gemeinde- und Körperschaftswaldungen des Gebirges umfaſsten 62 476 ha Hochwald mit 15,4 Mill. fm. zu 2 % in 70—80j., zu 22 % in 90—100j., zu 75 % in 110—120j. und zu 1 % in noch höherem Umtrieb (durchschn. mit 246 fm. per ha), 2 658 ha Mittelwald mit 0,28 Mill. fm. zu 95 % in 20—30jähr. Umtrieb (durchschn. mit 105 fm. per ha) und 595 ha Niederwald (durchschn. mit 53 fm. per ha).

Die Privatwaldungen des Groſsbesitzes sind ebenfalls gut bestockt, pfleglich behandelt und als Hochwald in 80 bis 120j. Umtriebe bewirtschaftet. Ihre Vorräte stehen hinter denjenigen des Staats und der Gemeinden nicht zurück.

Anders verhält es sich beim übrigen Privatbesitz. Befinden sich darunter auch viele geschonte und mit einem gewissen Sachverständnis als Femelwald behandelte Flächen, so muſs doch mindestens ein Drittel, d. i. 10—13 % der ganzen Bewaldung als übernutzt und gering bestockt angenommen werden, so daſs die (rund) 34 % Privatwald höchstens einen Holzvorrat von 150 fm. per ha haben.

In Württemberg zeichnen sich die Staatswaldungen des Schwarzwaldes vor jenen der übrigen Landesteile durch das Überwiegen der

---

*) Den ersten Aufsatz s. Heft 4, Band X dieser Zeitschrift S. 257 u. ff.

Altholzbestände aus (wogegen es an Junghölzern mangelt). Von den 26 500 ha Fichten- und Tannenbeständen, welche fast alle im 120jähr. Umtriebe stehen, sind in runder Zahl

81—120 und mehrjährig	41—80jährig	1—40jährig
10 900 ha = 41,1 %	8 600 ha = 32,5 %	7 000 ha = 26,4 %

(also Durchschnittsalter 70 Jahre) und obgleich gegen 700 ha Hochflächen nur Legforlenbestände bedecken und die übrigen Waldböden wegen des Vorherrschens des Buntsandsteins durchschnittlich von mäfsiger Güte sind, so mag dennoch, weil das Nadelholz überwiegt, der Holzvorrat jenen in den badischen Waldungen etwas übersteigen. Etwas niedriger stehen dagegen die Waldungen der Gemeinden und Körperschaften. Etwa 2 % ihrer Gesamtfläche bestehen aus Mittelwald, die übrigen 98 % sind Nadelholz- (und einige % Laubholz-) Hochwald im 60- bis 120jährigen Umtrieb, im niedrigsten, wo die Buche und Kiefer, im höchsten, wo die Weifstanne vorherrscht. Demgemäfs und weil in vielen Gemeinden der Waldbesitz als gröfste oder einzige Einkommensquelle gar viele Bedürfnisse decken mufs und die bisherige Gesetzgebung den Gemeinden gröfsere wirtschaftliche Freiheiten liefs, steht die Bestockung dieser Waldungen niedriger im Vorrat und Ertrag, mit rühmlichen Ausnahmen.

Viel geringer ist auch im württembergischen Schwarzwalde die Bestockung der Privatwaldungen.

Man kann demzufolge für das eigentliche *Schwarzwaldgebirge* folgende Gesamtbestockung annehmen.

	1. Badischer	2. Württembergischer	Zus.
		Anteil	Mill. fm.
a. Staat	8,77 Mill.	11,25 Mill.	20,03
b. Gem. u. K.	15,71 „	10,78 „	26,49
c. Übriger W.	11,59 „	4,54 „	15,55
		Zusammen...	62,34

d. i. rund 210 fm. auf 1 ha Holzboden.

In dem *oberen Rheinthal und den Vorbergen Badens* war der Stand im Jahre 1876:

Mill. fm.

a. Domänenwaldungen......................... 4,30

b. Gemeinde- und Körperschaftswaldungen........ 9,07

c. in den gesamten Privatwaldungen schätzungsweise 4,23

Zusammen... 17,60

Seit den letzten 10 Jahren hat sich jedoch die Waldfläche vermehrt und die Bestockung wenigstens in den Staats- und Gemeindewaldungen durch das Bestreben, den Normalvorrat durch Rückhalt im Hieb herzustellen, noch etwas vergrößert. Es wird also das Waldgebiet des Schwarzwaldes im weiteren Sinne einen *oberirdischen Holzvorrat an Derb- und Reisholz* von 80 *Millionen Festmeter* enthalten, ein Wirtschaftskapital, dessen Bedeutung wegen seines reichen Inhalts an *Nutzhölzern* um so schwerer wiegt.

Die Größe des jährlichen Gesamterwachses und Ertrages an Holz und der Ausbeute an Nutzholz aus den bisherigen Ertragsnachweisen zu entziffern, dürfte deswegen einen Versuch wert sein.

Im Gebirge badischen Anteils betrug laut den Hauptergebnissen der Forsteinrichtung (Stand vom 1. Januar 1876) der *jährliche Holzerwachs*

a. in den Domänenwaldungen im Hochwald .. 159 800 fm.
im Mittel- und Niederwald ..   200 „
= 160 000 fm.

b. in den Gemeinde- u. Körperschaftswaldungen,

im Hochwald .... 274 400 „

„ Mittelwald .... 14 200 „

„ Niederwald .... 2 000 „
= 290 600 fm.

d. i. für a und b 4,4 fm. auf 1 ha.

Von a. und b. betrug jedoch bis zum Jahresende von 1885 die Holzbodenfläche 106,065 ha, folglich der Holzerwachs rund 469 300 fm. hierzu von 70 315 ha Privatwald (einschließlich des

Standes- und Grundherrenbesitzes) zu 4 fm. auf 1 ha 181 200 „
also für Baden... 750 500 fm.

Im Gebirge württembergischen Anteils erhebt sich die Haubarkeits- und Zwischennutzung in den Staatswaldungen (moist Nadelholz) seit längerer Zeit auf durchschnittlich 6 fm. p. ha, in den Gemeinde- und Körperschaftswaldungen stellte sie sich auf 4,4 fm. (ähnlich wie in Baden). Man kann daher die jährliche Gesamtnutzung an Holz aus dem Staatswalde auf .... 270 000 fm.

„ den Gemeinde- und Körperschaftswaldungen auf.. 205 800 „

„ den Privatwaldungen auf.................... 120 000 „
zusammen auf 595 800 fm.

veranschlagen.

Im *oberen Rheinthale* nebst den *Vorbergen* sind die Erträge höhere als im Gebirge, nämlich durchschnittlich von 1 ha im Hoch-,

Mittel- und Niederwald des Staats 5,₄ fm., in jenen der Gemeinden und Körperschaften 4,₄ fm., in den Privatwaldungen mindestens 4,₄ fm., demnach im ganzen etwa .... 512 000 fm.

Hieraus ergäbe sich ein jährlicher Holzerwachs (beziehungsweise Jahresnutzung)

im Gebirge von .... 1,₄₅ Mill. fm.

im oberen Rheinthal nebst Vorbergen .... 0,₄₁ „   „

zusammen.... 1,₆₆ Mill. fm.

d. i. von 2,₃ % des Holzvorrats.

Die Staatswaldungen beider beteiligten Länder haben die Aufgabe der Gemeinde- und Privatwaldungen, den örtlichen Bedarf zu decken, nicht. Gröfstenteils ist ihr Erwachs für Gewerbe und Handel bestimmt und durchgehends ihre Wirtschaft damit zugleich auf den höchsten Geldertrag gerichtet. Man bevorzugt deswegen grundsätzlich jene Holz- und Betriebsarten, welche zwar standortsgemäfs sind, aber zugleich der Aussicht auf höchsten Ertrag entsprechen, d. h. eine grofse Nutzholzwirtschaft begünstigen.

Die Einlenkung aus der Buchenwirtschaft, welche man früher vielfach begünstigte, in die Nutzholzwirtschaft ist jedoch zu jungen Datums, als dafs der grofse Unterschied des Ertrags schon hätte ausgeglichen werden können.

Im Gebirge ist, weil mehr und älteres Nadelholz schon lange vorhanden ist, der Nutzholzertrag viel gröfser als aufsen. Die badische Forstverwaltung gewann z. B. in den fünf Jahren 1881—85 in den Hochwaldungen an

	Nutzholz	Scheit- u. Prügelholz	Brenn-Reisig	Derbholz
a. im Gebirge.....	49,₃%	38,₆%	11,₇%	87,₀%
b. in den Vorbergen und dem oberen Rheinthal......	26,₄%	55,₀%	18,₆%	80,₅%

In den Mittel- und Niederwaldungen ist dies Verhältnis natürlich noch ungünstiger gewesen,

nämlich in a. 10,₃ | 33,₇ | 56,₀ | 42,₃

„ b. 14,₁ | 42,₃ | 43,₇ | 54,₀

Bei aller künftigen Förderung der Bau- und Nutzholzzucht, der Begünstigung der Nutzlaubhölzer (Eiche, Esche, Ahorn u. a.) bis zur oberen Grenze ihres Gedeihens und der Nadelhölzer bis in die Vorberge, wird man dem Hochwalde jedoch bestimmte Grenzen zu ziehen haben, da es zweifelhaft ist, ob er dort, wo der Mittelwald heimisch ist und schon große Erträge abwirft, darin ihn überträfe.

Aus den Gemeinde- und Körperschaftswaldungen sind für den eigenen Haushalt (beziehungsweise für Stiftungszwecke) und für die Bürgerschaft bis heute noch große Brennholzmengen zu beschaffen. Indessen bereitet sich hier ebenfalls ein Wandel vor; Stammholz, welches früher zu Bürgergabholz eingeschlagen wurde, wird verkauft und die Bürger werden mit Geld oder anderweit gekauftem Brennholz abgefunden. Obgleich sich in den Jahren 1881—1885 in den Hochwaldungen der Gemeinden noch das Prozent

	des Nutzholzes	Derbbrennholzes
a. im Gebirge auf	42,3 und	45,3
b. in den Vorbergen und im Rheinthal auf	24,1 und	52,1

belaufen hat, wird doch sicher dies Zahlenverhältnis sich immer mehr zu gunsten des Nutzholzes ändern.

Auch im Mittelwalde wird man eine ähnliche Ertragssteigerung anstreben.

In den Staatswaldungen Württembergs vermag man wegen des starken Vorherrschens des Nadelholzes schon jetzt eine durchschnittliche Nutzholzausbeute von 60 °/o des Gesamtzuwachses zu gewinnen. In den Gemeinde- und Körperschaftswaldungen wird jedoch das Verhältnis von jenem in Baden sich wenig unterscheiden.

Was endlich die Privatwaldungen beider Länder betrifft, so steht dem zweifellosen Bestreben nach möglichster Nutzholzausbeute nur der Waldzustand mehr oder weniger entgegen.

Bei vorsichtiger Veranschlagung ergiebt sich doch *an jährlicher Gesamtausbeute von Nutzholz*:

für das Gebirge württembg. Anteils	ein Betrag von 280 000 fm.
„ „ „ badischen „	„ „ „ „ 300 000 „
„ die Vorberge u. d. ob. Rheinthal „	„ „ „ 100 000 „
	zusammen von 680 000 fm.

worunter das Fichten- und Tannenholz vom Starkholz- bis zum schwachen Bauholzstamm, von der Bau- und Hopfenstange bis zum Baum- und Rebpfahl oder der Floßwiede herab die größte Rolle spielt.

Die Sortierung in der Richtung ausgiebigster Nutzholzgewinnung der wertvollsten Stammklassen giebt den Ausschlag für den Geldertrag. Soll ein Stamm den höchsten Preis erreichen, so muß er der ersten Stammklasse angehören, d. h. auf mindestens 18 m Länge am „Ablafs" (d. h. am dünnen Ende, nach Abschneiden des astreichen Gipfelstückes) noch 30 cm Durchmesser haben. Der Preis für 1 fm. dieser Klasse betrug in letzter Zeit .ℳ. 13—21, durchschnittlich .ℳ. 17 im Gebirge, .ℳ. 19 in den Vorbergen, stieg aber für Kiefern örtlich bis zu .ℳ. 37. Im ganzen unterscheidet man 5 Stammklassen (die fünfte mit 14 cm Durchmesser bei 1 m vom Abschnitt), deren Preise sich durchschnittlich wie 100 : 87 : 73 : 61 : 51 verhalten. Sägholz wird auch in s. g. Klötzen (von 4.5 bis 5 m Länge) verkauft und erzielt, wenn glattspältig, Preise bis zu .ℳ. 24 (Kiefern bis .ℳ. 27) vom fm., doch bevorzugen die Käufer mehr und mehr die ganzen Stämme.

Eichenstämme erster Klasse (die Klassenbildung erfolgt hier nach Stärke und Qualität zugleich) gelten bis zu .ℳ 65, die vierte (geringste) bis .ℳ. 26, Eschen im Rheinthal bis über .ℳ. 60.

Buchennutzholz ist nur in geringer Menge begehrt und mufs stark und glattspältig sein, um im Gebirge .ℳ. 15, in den Vorbergen .ℳ. 18—21 zu gelten.

Als Brennholz hat jedoch die Buche ebenfalls noch gute Preise, Scheitholz erster Klasse tief im Gebirge bis .ℳ. 7, in den bevölkerten Thälern und Vorbergen bis .ℳ. 12 vom Ster (Raummeter). Dagegen ist schwächeres Reisig im Gebirge unverkäuflich, weswegen nur die stärkeren Äste zu Wellen gebunden (Prügelwellen) oder die Reisergebnisse unaufbereitet verkauft werden.

Sommerhieb ist Regel. Deswegen wird sämtliches Stammholz entrindet und möglichst im Freien gelagert.

Die Nebennutzungen in den Waldungen schwanken örtlich und zeitlich sehr stark und sind ihrem Ertrage nach unbedeutend, jedoch eine nicht unwichtige Quelle des Arbeitsverdienstes. Am wichtigsten für die Gewerbe sind die mineralischen Nutzungen: die hellen bis dunkelroten Sandsteine, die grauen und rötlichen oder bräunlichen Granite zu monumentalen und Häuserbauten, die Porphyre zum Strafsenbau — in Steinbrüchen und Gruben oder oberflächlich als Findlinge gewonnen u. a. Von den Landwirten sind in den Vorbergen und im Rheinthale Streumittel viel begehrt, Rechlaub-, Moos- und Nadelstreu, Schneidelstreu vom Nadelholz. Am zudringlichsten ist dies Begehren in den Rebgegenden. Im Inneren des Gebirges werden darauf keine Ansprüche gemacht; nur Unkrautorstreu von Wegen, Lichtungen und Ödflächen kommt in beschränkter Menge zur Verwertung. Harzgewinnung von Fichten war früher im Renchthale und seiner Umgebung bis zum Kniebis in lebhaftem Betriebe, ist aber fast eingegangen. Um so eifriger findet heutzutage Sammlung aller Arten von Waldbeeren statt (zur Branntweinbereitung, zum Geniefsen und Weinfärben), von Pilzen und Kräutern u. a., Frauen und Kindern zum guten Verdienst an freien Sommertagen. Die Waldweide ist weniger mehr im nördlichen Gebirge (Herrenwies, Kaltenbronn) als im südlichen in Anwendung, auch hier am meisten beim zusammenhängenden Privat- oder Allmendbesitz der Gemeinden; in den Gemeindewaldungen nimmt ihre Ausübung stark ab. Sie wird beinahe nur mit Rindvieh, seltener mit Schweinen betrieben; die Schafweide hat im Walde längst aufgehört.

Eine ansehnliche Einnahme wird in einzelnen Jahren und Bezirken durch Verkauf entbehrlichen Samenerwachses und von Pflanzen (für Waldungen, Anlagen und Gärten) erzielt.

Vom Walde eingeschlossene Wiesenstücke werden überall gern belassen, wo der Ertrag mindestens dem Waldertrag gleichkommt; ihr jährlicher Erwachs wird öffentlich versteigert. Namentlich ist der Wiesenbesitz des Staates dort ein ansehnlicher, wo Hofgüter zur Waldanlage gekauft wurden; hier behielt man bessere Feldstücke und die wässerbaren „Matten" in möglichster Ausdehnung und verbesserte die Wässerungseinrichtungen, mit Ausscheidung jedoch aus dem Waldverband ausgeschieden.

Im ganzen erreicht aber der Roherlös aus Nebennutzungen im Gebirge kaum 1/50 des Holzerlöses, in den Vorbergen etwa 1/30 desselben. Der Pachtertrag der Domänenjagden steht durchschnittlich jährlich im Gebirge auf 17 ₰, draufsen auf fast 60 ₰ von 1 ha der Gesamtwaldfläche. Hochwild kommt nur noch in einigen nördlichen Bezirken (Kaltenbrunn und Umgebung) vor. Das Rehwild ist Hauptobjekt der Jagdhege, aufserdem Auerwild im Hochgebirge, Fasanen, Hühner und Hasen im Rheinthale und in den Vorbergen.

c. Die Lohnverhältnisse und der Arbeitsverdienst.

Eine so grofse Bewaldung bedarf zahlreicher Arbeitskräfte, teils zur Fällung, Sortierung und Lagerung des Holzes, welches in verschiedener Weise an die Fahrwege, Polterplätze oder Flofswasser beizubringen ist, teils zur Besorgung der nötigen Kulturarbeiten, zum Bau und zur Unterhaltung der Wege und Flöfserei-Einrichtungen, teils endlich zu mannigfachen Handleistungen der Forsteinrichtung und Waldpflege.

Die Holzhauerei steht im Vordergrund, denn sie nimmt zwei Drittel alles Aufwandes (einschliefslich der Lasten) in Anspruch. Die Holzhauer des Schwarzwaldes sind meistenorts gewandte und fleifsige geschäftskundige Leute. Meistens wird die Aufarbeitung und Beibringung des Holzes für einen Wald oder Waldteil auf das ganze Jahr oder zwei Jahre an einen Gedingnehmer, welcher eine Holzhauergesellschaft vertritt, aus freier Hand vergeben. Für abseits gelegene Waldorte werden Blockhütten erbaut, worin die Arbeiter die ganze Woche hausen.

Die anstrengendste und gefährlichste Arbeit vor der Fällung der Stämme mit der Axt und Bogensäge ist das Besteigen und Entlasten zur Schonung des Unterwuchses, nachher die Fortschaffung mit dem Krempen und Wendring, an steilen Hängen mittelst Seilens oder die Herrichtung von Rieswegen aus Stämmen und Stangen, um in denselben die Stämme zu Thal zu bringen. Doch bestehen auch, wo die Bodenform es gestattet, Schleifwege zum Bergabbringen auf die Polterplätze mit Zugtieren. Das Brennholz wird meistens auf Handschlitten geladen, um auf hergerichteten Schlittwegen gefördert zu werden; bergauf werden dann die Schlitten auf dem Rücken wieder zurückgetragen. Solche schwere Arbeitsleistung verdient einen guten Lohn, welcher sich, je nach den vorherrschenden Holzgattungen, der Schwierigkeit der Arbeit, der Jahreszeit u. a. für den Tag auf 1,7 bis 3 ℳ. (durchschnittlich etwa auf 2, 3 ℳ.) zu stellen pflegt. Die üblichsten Gedingsätze sind:

75 bis 85 ₰ Hauerlohn   ⎫
50 „ 75 „ Dringerlohn   ⎬ für 1 fm. Nutzholz,
78 „ 85 „ Hauer- und Setzerlohn ⎫ für 1 Ster
40 „ 100 „ Bringerlohn   ⎬ Brennholz.

Gerade im Schwarzwalde stehen die Löhne höher als am Bodensee und im Unterlande, schon weil die Gewerbe viele Arbeitskräfte vollauf beschäftigen, so dafs an ihnen kein Überflufs ist. Auch die Gemeinden und übrigen Grofsbesitzer zahlen Löhne von gleicher Höhe, doch wird in manchen Gemeinden das Gabholz noch von den Bürgern selbst gefällt und aufbereitet.

In den Staatswaldungen Württembergs sind die Löhne nicht niedriger. In den Jahren 1876—77 wurden dort sogar 85 bis 110 ₰ Hauerlohn für 1 fm. Stammholz, 110 bis 170 ₰ Hauer- und Bringerlohn für 1 Ster Brennholz durchschnittlich bezahlt. Seither mögen sie auch dort wieder etwas gefallen sein.

In den fünf Jahren 1881—85 wurden in den badischen Staatswaldungen des Gebirgs- und Rheinthals zusammen für die Holzzurichtung jährlich im Durchschnitt 520 529 ℳ. verausgabt.

Bei jährlich 280 Arbeitstagen zu 2, 3 ℳ., also einem Jahresverdienst eines Mannes von 644 ℳ., wären hiernach etwas über 800 Mann jahraus jahrein mit Holzhauerei seitens des Staats beschäftigt gewesen. Da jedoch der Schwarzwald die fünffache

Waldfläche hat, so beschäftigten sich mit diesem Thätigkeitszweig allein mindestens das Jahr hindurch 3500 Mann. Indessen haben weitaus die meisten Waldarbeiter einigen Grundbesitz und Viele arbeiten zeitweise auch bei den Kulturen und Wegbauten u. a. oder sind Gewerbsgehilfen (Maurer, Steinbrecher u. a.) oder Tagelöhner.

d. Die Erschliessung der Waldungen durch Wege und Flossbäche.

Für die volle Ergiebigkeit der Waldwirtschaft ist ein durchgreifendes Netz von Fahrwegen und weiteren örtlich entsprechenden Förderbahnen heutzutage unerläßlich, seitdem Eisenbahnen und Landstrafsen den Schwarzwald nach allen Richtungen dem grofsen Verkehr geöffnet haben. Die frühere Sachlage gestaltet sich dadurch völlig um. Gewerbe und Handel haben die Bedingungen zu gröfserer Entwickelung erlangt und zu benutzen sich angeschickt.

In den Waldungen ist seit 40 Jahren ein grundsätzlicher Wegbau im Gange, in den holzreichen Domänenwaldungen einiger Forstbezirke beginnend, welche vorher fast absatzlos waren, und dann nach der Aufschliessung einiger unzugänglicher Thäler sich ausbreitend, die Gemeinde- und Körperschaftswaldungen durchdringend und allmählich auch den Privatwaldbesitz anregend und hereinziehend. Zugleich hat dabei die Forstverwaltung für die Seitenthäler und Hochlagen, deren Erreichung mit Fahrwegen nicht thunlich erschien, die andern Förderweisen entwickelt und zahlreiche Schleif-, Ries- und Schlittwege ausbauen lassen.

Die frühere Übung, die forstlichen Rohstoffe unbearbeitet auf Flofsstrafsen massenhaft ins Ausland gehen zu lassen, hat eine bemerkenswerte Änderung erfahren, zum Teil, wei. auf dem fernen Markte ein grofser internationaler Wettbewerb eintrat (Rufsland, Norwegen und Schweden, Österreich, Nordamerika), zum Teil, weil das wertvoller gewordene Holz durch die Flöfserei zu empfindliche Einbufsen erfährt.

Allmählich richtet man sich darauf ein, die Hölzer in der Nähe ihrer Erzeugungsstelle mit Hilfe vorhandener Wasserkräfte in fertige Ware oder sogenannte Halbware umzuwandeln und den Gewinn daraus selbst zu beziehen. Dies wird durch den Ausbau der Waldwege, welcher schon weit vorgeschritten ist und noch fortdauert, namhaft unterstützt.

So wurden in den badischen Domänenwaldungen des Schwarzwaldes einschliefslich der Vorberge in den 5 Jahren von 1881—85 an Fahrwegen I. Klasse (mit Steinbahn) 76,₂₂ km,

„   „   II.   „   (mit Erdbahn) 42,₄₀ „

„ Schleifwegen .... 27,₅₀ „

„ Schlittwegen .... 15,₇₄ „

hergestellt, außerdem auf eigenen Waldgemarkungen gegen 10 km
öffentliche Wege gebaut und zu Gemeindestraßen und deren Unterhaltung namhafte Beiträge geleistet.

In der gleichen Zeit bauten die badischen Gemeinden und
Körperschaften in ihren Waldungen derselben Gebiete

an Fahrwegen mit voller Steinbahn ..... 210 km,

„   „   „   Schotter- oder Erdbahn 205 „

„ Schleif- und Schlittwegen .... 77 „

und „ Hufpfaden und Reitwegen .... 149 „

Auch auf württembergischer Seite baut man die Wegnetze mit
Eifer aus und hat gegen früher den Wegbauetat bedeutend erhöht,
z. B. 1872—77 jährlich für Neubauten 310000 ℳ aufgewendet.

So durchziehen allmählich das ganze Waldgebiet zusammenhängende Verbindungslinien, welche selbst die abgelegensten Wald-
teile dem Geschäfts- wie jedem persönlichen Verkehr zum Natur-
genuß und zur Erholung öffnen. Dazu tragen auch Vereine und
Naturfreunde manches bei.

e. Der forstliche Anbau.

Obgleich das Vorherrschen von Buche und Weißtanne auf die
Naturbesamung, wie schon erwähnt, als Regel hinweist, bleiben doch
genug Anlässe, wo der Fleiß ergänzend nachhelfen oder als Ersatz
der Naturhilfe eintreten muß.

Der natürlichen Verjüngung muß zu gunsten der Weißtanne
(Vorsprung vor der Buche) durch Bodenvorbereitung für den Samen,
durch Saaten unter reinen Buchen oder Auspflanzung von Fehlstellen,
nicht selten auch durch Ausschneiden von Buchenvorwüchsen, Aus-
schlägen, Gesträuch und Unkräutern nachgeholfen werden. Voller
Anbau durch Pflanzung greift dagegen Platz, wo alte Bestandspartien
rückgängig sind, die Fichte und Kiefer vermöge der Lage oder des
Bodenzustandes vorherrschen müssen und zu natürlicher Verjüngung
keine Aussicht besteht, wo Bestandsumwandlungen unvermeidlich sind,
in größter Ausdehnung aber im Falle der Aufforstung verwilderter
oder verhauener Ankaufsflächen, von Ödungen, Weid- und Reut-
feldern. Außer den Weißtannenuntersaaten und den Kiefernfreisaaten
kommt in den Vorbergen auch Eichel-, seltener Buchelsaat (z. B.
unter Kiefern) zur Herstellung von Mischbeständen zur Anwendung.
Fichtensaaten sind selten. Die Pflanzung steht überhaupt im Vorder-

grund und solche mit verschulten und erstarkten Pflanzen (Fichten
3- bis 5-, Tannen 5- bis 7-jährig) wird meistens vorgezogen, in den
unteren Lagen des Unkräuterwuchses, in den oberen des hohen
Schnees wegen. Ohne die grofsen Wiederaufforstungen von Er-
werbungsflächen wäre die ganze Kulturarbeit eine viel geringere,
örtlich eine unbedeutende. In den Jahren 1881—85 umfafsten die
Kulturen in den badischen Domänenwaldungen durchschnittlich
jährlich an Fläche

	zum Anbau		zur Ausbesserung	
	Saat	Pflanzung	Saat	Pflanzung
		ha		
a. im Gebirge	12,2	167,1	5,0	76,6
b. in d. oberen Rhth. nebst Vorbergen	8,8	67,3	23,0	103,3
zusammen	21,0	234,4	28,0	179,9
	255,4		207,9	

was nebst den Bodenvorbereitungen, Aufastungen und Kulturreini-
gungen, Grabenanlagen zur Schonung und Entwässerung und der
Pflanzenerziehung einen Jahresaufwand von 90,400 $\mathcal{M}$. verursachte.
Saat erfolgte also auf 16, Pflanzung auf 84 °/o der Kulturfläche, der
Anbau aber umfafste 55 °/o derselben.

Erfahrungsmäfsig kommt 1 ha Saat einschl. Samen auf 40—50 $\mathcal{M}$.,
1 ha Pflanzung mit 7000 Stück Pflanzen einschl. Erziehungskosten
auf 120 bis 140 $\mathcal{M}$., also letztere fast dreimal so hoch.

In den badischen Gemeinde- und Körperschaftswaldungen umfafsten sie jährlich

			ha		
in a.	33,1	101,4		17,7	155,6
in b.	42,9	86,1		76,3	363,2
zusammen	76,0	187,5		93,9	518,8
	263,5		612,7		

Der Anbau spielt also eine geringere Rolle in anbetracht der
viel gröfseren Waldfläche.

Auch im Privatbesitze findet vielfach behufs des Wiederanbaues
und neuer Aufforstungen ein reger Kulturbetrieb statt, ermuntert
durch Abgabe billigen Kulturmaterials, welches der Staat zu diesem
Zwecke in besonderen Pflanzschulen erziehen läfst.

Auch in den Staatswaldungen des württembergischen Anteils, wo
Kahlhiebe wegen örtlichen Vorherrschens der Kiefer und Fichte
häufiger und die natürlichen Verjüngungen mit mehr Kulturnachhilfe
verbunden sind, erreicht die Jahreskultur einen bedeutenden Umfang
mit vorzugsweiser Anwendung der Pflanzung. So z. B. wurden in

den Jahren 1874—76 jährlich durch Saat 40, durch Pflanzung 700 ha in Bestockung gebracht.

Von den obigen Waldungen Badens kommen nach den Kulturnachweisen der jüngsten Zeit jährlich 0,7 %, von den Staatswaldungen Württembergs etwa 1,8 % zum Anbau, in beiden Fällen die Ankaufsflächen mitgerechnet. Nimmt man für die Privatwaldungen des beiderseitigen Schwarzwaldanteils nur 0,4 % als jährlich kulturbedürftig an, so ergiebt sich für den gesamten Schwarzwald eine Jahresfläche von 2600 ha, welche bei einer Arbeitsmenge für 1 ha Kulturfläche

     a) bei Saaten: von 4 Manns- und 8 Frauentagen,

     b) „ Pflanzungen „ 15 „ „ 30 „

     (die Saaten zu 500 ha angenommen)

während einer 75-tägigen (dreimonatlichen) Jahreskulturzeit täglich 450 Männer und 900 Frauen beschäftigen. Hierzu kommt noch ein mindestens gleicher Zeitaufwand für die Samengewinnung und Pflanzenerziehung, Bodenvorbereitung und Kulturreinigung und ähnliches. Der Tagelohn der Männer steht im beiderseitigen Schwarzwalde in der Kulturzeit zwischen 1,4 und 2,5 ℳ, der Frauen zwischen 0,8 und 1,4 ℳ.

f. Der wirtschaftliche Aufwand, Roh- und Reinertrag.

Wegen der grofsen Verschiedenartigkeit der natürlichen, wirtschaftlichen und Besitzverhältnisse der Waldungen fällt es sehr schwer, den Wirtschaftsaufwand auf seine durchschnittliche Gröfse zu veranschlagen und zu einer sicheren Ermittelung des Reinertrags zu gelangen. Aufser den bereits erörterten und bezifferten *Betriebskosten* für die Holzernte, die Weganlage und -Unterhaltung und das Kulturwesen, zu welchen noch allerlei kleinere Ausgaben hinzuzutreten pflegen, sind es die *allgemeinen und örtlichen Lasten* sowie *die Verwaltungskosten* (Zentral- und Bezirksverwaltung, Vermessung und Einrichtung, Forstschutz und Arbeitsaufsicht), welche bekanntlich einen sehr ansehnlichen Teil des Roheinkommens hinwegnehmen. In Kürze lassen sich jedoch aus den Budgetnachweisungen der Staatsforstverwaltung auf doppelte Weise Durchschnittssätze anwenden, um mit entsprechender Ermäfsigung auf die Gesamtbewaldung übertragen zu werden. Beide Rechnungsweisen zeigen übereinstimmend für die jüngste Vergangenheit eine Zunahme des wirtschaftlichen Aufwandes gegenüber einem gesunkenen Roheinkommen.

Laut dem Nachweis über den Gesamtertrag der badischen Domänenwaldungen von 1881—85 betrug für den Schwarzwald einschliefslich der Aufsenteile jährlich:

Die Gesamteinnahme auf 1 ha.................... *ℳ.* 45,87
die Gesamtausgabe „ 1 „ .... „ 18,30
folglich der Reinertrag „ 1 „ .... *ℳ.* 27,37
(und zwar seit 5 Jahren ansteigend: 22,54 24,51 29,75
29,08 31,47).

Im Budgetnachweis Badens für......... 1872/73 1881/82
betrugen jährlich auf 1 ha die Lasten .... *ℳ.* 2,33 *ℳ.* 2,88
die Verwaltungskosten..................... „ 6,34 „ 6,34
die Betriebskosten .... „ 9,56 „ 11,75

zusammen... *ℳ.* 18,23 *ℳ.* 21,22

sie sind also für den Schwarzwald auf dem früheren Mittelsatz geblieben und ermäßigen sich noch mehr, wenn man die Wiederaufforstungen und Wegebauten nicht als jährliche Betriebskosten, sondern als neue Waldkapitalanlagen behandelt, was sie in Wirklichkeit sind.

Somit dürfen, wenn von 1881/85 auf *ℳ.* 45,87 Einnahmen sich Ausgaben von *ℳ.* 18,30 = 40°/₀ berechnen, dieselben für die übrigen Waldungen auch deswegen, weil die Staatsforstverwaltung mit vielen Ausgaben (für Forstpolizei u. a.) belastet ist und die Einnahmen wieder eine Tendenz zum Steigen verraten, höchstens 35°/₀ der Gesamteinnahme als Ausgabe berechnet werden.

Greift man nunmehr auf die unter 2, b. veranschlagte Jahresnutzung an Holz zu 1,56 Mill. fm. für den ganzen Schwarzwald zurück und giebt ihr den Wert von 8,75 *ℳ.* für 1 fm. (nach Maßgabe des Durchschnittserlöses in dem badischen Domänenwald für 1881 bis 85 von der oberirdischen Gesamtnutzung = 8,95 *ℳ.*) und schlägt für Nebennutzungen und sonstige Einnahmen erfahrungsgemäß ¹/₁₀ des Betrages hinzu, so berechnet sich ein jährlicher Bruttoerlös von 16,78 Millionen Mark und hiervon 35°/₀ Ausgaben in Abzug = 5,87 Millionen Mark, *ein jährlicher Nettoerlös sämtlicher Waldbesitzer von 10,9 Millionen Mark,* dessen ferneres wenn auch langsames Ansteigen sicher zu erwarten ist, weil der Zuwachs der Waldungen sich noch namhaft steigern läßt und durch weiteren Ausbau der öffentlichen und forstlichen Verkehrsanstalten eine vollkommenere Ausbeutung der Waldungen und ein höherer Holzpreis eintreten wird. Viele sonstige Genüsse und Vorteile, welche die Waldungen ihren Besitzern und den Anwohnern bringen, lassen sich nicht beziffern.

g. Die Waldbeschädigungen.

Den Verheerungen durch Windsturm, Schnee und Duftanhang widerstehen zwar die Weißtannen und ihre Mischungen besser als

die reinen Fichten und Kiefernbestände, welche zudem durch Insekten
(Rüssel- und Borkenkäfer, Kiefernspinner und Nonne, Blattwespe
u. a.) und durch Pilze (Rotfäule, Kienzopf, Schütte u. a.) oft und
schwer leiden, besonders in den unteren und mittleren Gebirgslagen.
Nur selten und beschränkt treten Borkenkäfer vernichtend bei der
Tanne auf. Aber durch zwei Schmarotzergewächse wird der Nutzholzertrag der Tanne arg geschädigt: Krebs (Aecidium elatinum)
und Mistel (Viscum album), welche letztere übrigens auch die Kiefer
befällt. Auch vom Spätfrost leidet die Tanne mehr als Fichte und
Kiefer und der Wildverbiß läßt, wo starker Wildstand herrscht
(Rehe, Hirsche), den jungen Nachwuchs, besonders den durch Kultur
begründeten, oft kaum emporkommen.

Solche Schädigungen sind um so empfindlicher, als die Tanne
einen langsamen Jugendwuchs hat, deswegen von andern Holzarten
leicht überholt und unterdrückt wird. Die Schädigungen alle
weisen aber auf die Notwendigkeit hin, durch Erziehung gemischter
Bestände auf natürlichem Wege gesunden widerstandskräftigen Wuchs
herzustellen und durch verständige Axtführung zu erhalten.

3. Die Beziehungen zum Bergbau.

Fast alle Bergbauten auf Metall sind im Laufe unseres Jahrhunderts auflässig geworden. Auch die herrschaftlichen Eisenwerke
mit ihren Erzgruben sind vor zwei Jahrzehnten zum Erliegen gekommen. Und doch hatte der Erzbergbau früher eine beträchtliche
Ausdehnung. Noch in diesem Jahrhundert wurde bei Badenweiler
(unterm Blauen), im Münsterthal, Kinzigthal (dessen Erzgänge
reiche Anbrüche von gediegenem Silber, hochhaltige Silbererze,
silberreiche Bleierze, sowie Kupfer- und Kobalterze aufwiesen), und
bei St. Blasien Bergbau durch den Staat und durch Aktiengesell-
schaften betrieben. Mit dem Sinken der Metallpreise, dem Steigen
des Holzwerts und der Arbeitslöhne haben sich die Aussichten ver-
schlechtert.

Die wichtigsten Lagerstätten für Eisenbergbau waren die Thon-
eisenstein- und Bohnerzlager bei Kandern, die Eisensteingänge
und „eisernen Hüte" im Kinzigthal und einige andre. Günstige
Grundlagen für die Entwickelung (in der zweiten Hälfte des
17. Jahrhunderts begann der Anfang des Eisenhüttengewerbes
zu wachsen) waren durch den Holzreichtum der Waldungen —
Buchen, Eichen, Nadelholz und die Ergiebigkeit der Erzlager
gegeben. Das aus Bohn- und Reinerzen hergestellte Holzkohlen-
eisen war so vortrefflich, daß es auch außerhalb Landes, besonders

in der Schweiz, lohnenden Absatz fand. Noch heute werden die vorzüglichen Rad- und Faßreifen u. a. vermißt! Aber unter der wachsenden Konkurrenz wichen die Eisenpreise, während die Löhne und Holzpreise zusehends stiegen. Vor etwa fünfundzwanzig Jahren stellte der Staat (und die Standesherrschaft Fürstenberg) den Eisenhüttenbetrieb ein. Die Privatgesellschaften, welche einzelne Betriebe übernommen, folgten bald dem Beispiele. Was an Bergbau noch im Betriebe, ist wenig. Am Rande des Schwarzwaldes bei Offenburg (Berghaupten, Hagenbach, Diersburg), bestehen noch bemerkenswerte Kohlenbergwerke, deren Abbau jedoch mit großen Schwierigkeiten und Kosten zu kämpfen hat, wegen regelloser Lagerung der Flötze. An andern Orten (im Wutachthal, bei Kandern, Müllheim, Freiburg) noch ein bedeutender Gipsbergbau und ein solcher auf einige nutzbare Stein- und Erdarten. Wenn jedoch nicht der wiederholte Anlauf mit Erfolg erneuert wird, den Erzbergbau in Betrieb zu nehmen, so bleibt für die Waldwirtschaft der Bergbau ohne nennenswerte Bedeutung in günstigem oder ungünstigem Sinne.

4) Die Beziehungen zur Landwirtschaft.

Die klimatischen und wirtschaftlichen Verhältnisse wie die Neigungen der Bevölkerung bedingen für den Schwarzwald die innigsten Wechselbeziehungen zwischen der Land- und Forstwirtschaft. Der Feldbau kann nur ein beschränkter sein und vermag die Lebenserfordernisse der ziemlich dichten gewerbthätig angelegten Bevölkerung nicht zu beschaffen. Unter und zwischen dem Walde findet das Matt-, Brach- und Weideland Schutz, Erfrischung durch Quellwasser und Thau und manche Nahrungszufuhr. Nur im Wechsel mit mehrjährigem Holzwuchs und der dadurch gewährten Bodenruhe kann Reutfeld- und Hackwaldwirtschaft großen Flächen noch eine landwirtschaftliche Ernte abgewinnen. Die lange Winterruhe läßt dem Landwirt viele müßige Zeit, welche sein Thätigkeitstrieb wie des Lebens Notdurft anderweitig zu verwerten drängt, sei es durch lohnende Beschäftigung im Walde, sei es durch ein Gewerbe, welches die Rohstoffe des Waldes bearbeitet oder zur sonstigen Warenerzeugung in reichlicher Menge und verschiedener Art, als Brennstoff, Geschirr, Geräte, Formen u. a. bedarf.

Selbst die Früchte des Waldes (gebrannte Wasser!) und manche niedere Gewächse sind Objekte gewerblicher Behandlung des Landwirts. In Verbindung mit der kleinen Gutswirtschaft ist namentlich die Hausindustrie zweckmäßig, weil so jede freie Stunde ohne Wegverlust sich nutzbringend ausfüllen läßt.

Die klimatischen Verhältnisse lassen das Wohnen im Holzhause behaglicher erscheinen und der Holzreichtum läfst es rascher und billiger herstellen und ausbessern. Reichlichen Brennstoff heischen die langen und kalten Winter und erst seit wenigen Jahrzehnten ist der buchene Leuchtspahn, welcher alljährlich Tausende von Stämmen vor die Schnitzbank forderte, der Erdöllampe oder andern neuen Beleuchtungsmitteln gewichen. Dafür haben andre Bedürfnisse sich gesteigert. Wein-, Obst- und Hopfenbau beziehen aus den Vorbergen wie aus dem Gebirgsinnern bedeutende Massen von Stangen-, Schnitt- und Spaltholz und ersterer macht gesteigerte Ansprüche auf Waldstreumittel, weil die eigene Wirtschaft nicht genug Streu und Dünger zu schaffen vermag. Im Gebirge selbst harren die Beziehungen zwischen der Wald-, Weide- und Brachfeldwirtschaft noch einer Verbesserung. Die Viehzucht mufs hier auch ferner eine grofse Rolle spielen, aber die Weiden der Gemeinden und der Hofgutsbesitzer sollten vor ihrem oft handgreiflichen Rückgang dadurch bewahrt werden, dafs Wald, Weide und Ackerbau in bessere Wechselbeziehungen treten. Selbst die Zucht der Waldkirsche u. a. spielt noch hier herein.

5) Die Beziehungen zu den holzverarbeitenden und sonstigen Gewerben.

Dem Anschlufs an den Zollverein und der Erweiterung des Zollverbands, der Hebung des Volks- und gewerblichen Unterrichts, dem Strafsen- und Eisenbahnbau und der neueren Gesetzgebung ist eine bedeutende Entwickelung der Gewerbe und des Handels in raschem Gange gefolgt. Seit vierzig Jahren haben, um nur dies Verhältnis in einigen Ziffern anzudeuten, in Baden die gewerblichen Betriebe um 45 %, die Gewerbtreibenden um 60 % zugenommen und die Pferdekräfte der Maschinen sich auf das 330- bis 340-fache vermehrt. Ähnlich jenseits der Ostgrenze. Der Schwarzwald ist hieran in hohem Mafse beteiligt. Seine Wasserkräfte sind seither gewürdigt und in reichlichere Benutzung zu nehmen begonnen.

Eine der wichtigsten Industrien für die Waldwirtschaft ist offenbar jene der *Holzstoffe*. Im Rheinthale wie in grofsen Seitenthälern sind Grofsindustrien und Grofsbetriebe zahlreich verteilt, beschäftigen Tausende von Arbeitern und verbrauchen Tausende von Festmetern Holz. Jedoch überwiegen die Kleinbetriebe der Schreiner, Kübler, Dreher, Korbmacher und Sägemüller, letztere namentlich in den Gebirgstälern (z. B. Renchthal 70 mit täglich 6 bis 7 Wagenladungen Schnittholz zur Versendung auf der Bahn

nach Frankreich und den Rhein hinab), grofse Holzschneidereien, in
Freiburg 14, im Kinzigthal von Schiltach bis Kehl deren 77, in und
bei Lahr 20, im Murg- und Oosthal 32, wozu grofse Fournier-
sägereien (Freiburg, Pforzheim), Gewehrschaftschneidereien, Fabriken
von Mafsstäben, Fafshahnen, Cigarrenkisten, Schuhleisten kommen.
Auch in Württemberg, im Murg-, Enz-, Nagoldthal und ihren
Seitenthälern, sowie im hereinragenden Teile des Neckarthals sind
Grofs- und Kleinbetriebe in grofser Zahl ansässig. Bedeutende
Schreinereien, Möbelfabriken und Baugeschäfte auch aufserhalb des
Gebirges beziehen aus ihm vorzugsweise ihr Roh- und Schnittholz.
Von den neueren Sägmühlen sind manche zu Baugeschäften entwickelt,
sofern sie auf Bestellung alle Holzteile ganzer Häuser fertig zum
Aufschlagen liefern. Ein grofser Jahrhunderte alter Betrieb im
südlichen Schwarzwalde ist jener in groben Holzwaren — Holz-
schuhen, Kübeln, Schachteln, Küchengeräten, ferner in Dreh- und
Schnitzwaren. „Schaufler" (oder „Schnefler") sind die Schwarz-
wälder fast überall, indem sie aus Eichen-, Buchen- und Nadel-
(auch Eschen- und Ahorn-) Holz die mannigfachsten Hauswaaren
meistens im sogenannten Hausbetrieb (mit der ganzen Familie)
fertigen. Daran reihen sich Leisten- und Rahmenfabriken in grofser
Zahl, örtlich (namentlich im Wiesenthal) ferner gröfsere und kleinere
Geschäfte der Bürstenmacherei (Bürsten und Pinsel), deren Verbrauch
an Buchenholz ein sehr grofser ist, da sie über 1000 Leute beschäftigen. Nadel- und Laubholz wird für die Anfertigung von
Uhrenkasten und geschnitzten Uhrenschilden verbraucht.
Eine neue Holzwarenindustrie, welche bereits Tausende von
Kubikmetern von Kleinnutz- und bisherigem Derbbrennholz verarbeitet,
ist jene der Holzstoffabriken, welche ansehnliche Geschäfte im
Gutach-, oberen Alb-, Dreisam-, Murg- und Renchthal aufzuzählen
vermag, noch in jährlicher Ausdehnung begriffen ist und etwa die
Hälfte ihres Papierzeugs ins Ausland sendet.
Die Baugewerbe, deren Zahl der Betriebe im Schwarzwalde
beider Länder 12000 erreichen oder etwas übersteigen mag, zählen
teils der Holzindustrie, teils jener der Stein- und Thonwaren zu,
haben aber auch in diesem Betrieb eine enge Beziehung zum Walde,
da sie demselben massenhafte Steine (insbesondere Granite, Sand-
und Kalksteine) und Erden entnehmen. Von sogenannten Findlingen
des Granits und Buntsandsteins gehen grofse Mengen von Mühl-,
Ofen- (auch von Pflaster-) Steinen auf weite Entfernungen.
Die Waggonfabrikation und die Wagnerei, die Gestellholz- und
Formmacherei, die Fabrikation von Musikwerken und Orgeln seien

noch, im Hinweis auf die grofse Mannigfaltigkeit der Holzindustrie des Schwarzwaldes, erwähnt.

Der Lederindustrie ist ebenfalls, in bezug auf den Rindenabsatz, noch zu gedenken.

Das häufige Vorkommen und Gedeihen der Eiche in den unteren, der Fichte in den oberen Lagen und der Reichtum an fliefsenden Gewässern mufsten auch die Lederindustrie ermuntern. Dennoch haben nur wenige Schwarzwaldstädte, meistens solche am Gebirgsrande, hervorragende Gerbereien aufzuweisen. Die Hauptsitze der gröfseren Gerbereien liegen aufserhalb des Schwarzwaldes. Die Eichenrindenzucht ist auch auf keinen grofsen zusammenhängenden Flächen im Betriebe; sie wird wohl immer nur kleinere Hügelpartien einnehmen. Die probeweise eingeführten Rindenmärkte haben sich nicht erhalten. Auch die Fichtenrinden, wonach die Nachfrage schwankt, gehen meistens landabwärts.

Chemische Industrien, welche auf Walderzeugnisse greifen, sind in Wolfach (im Kinzigthal) und Haslach (bei Freiburg) für Holzessig, Essigsäurepräparate, Holzgeist, Holzkohle und dergleichen, im Renchthale (Oppenau, Löcherberg, Griesbach) und einigen andern Orten für die Verarbeitung von Harzen in Lacke, Firnisse, Pech, Kienrufs. Der Umsatz ist noch heute bedeutend, jedoch kann die Harzgewinnung wegen des zu grofsen Verlustes an Holz und Holzwert den früheren Umfang nimmer erreichen.

Der bedeutende Überschufs an mannigfaltigen Walderzeugnissen über den heimischen Bedarf und die Leichtigkeit der Verfrachtung auf zahlreichen Wasserstrafsen, welche zu den Nachbarländern jenseits des Rheins und auf demselben zu dem holzarmen Niederrhein den Verkehr vermitteln, hat schon vor Jahrhunderten einen grofsen *Holzhandel* entstehen lassen, dessen Hauptplatz für den Grofshandel Mannheim vermöge seiner höchst günstigen Lage geworden ist. Für den Handel nach Frankreich ist Kehl und Strafsburg ein gutgelegener und belebter Stapelplatz. Früher war es teils *ungebundene Flöfserei* in den oberen Strecken der Flüsse, welche die grofsen Holzhöfe mit Brennholz und die abwärts gelegenen Sägemühlen mit Kurzholz (Klötzen) versah, teils *gebundene*, welche die ganzen Stämme zuerst in schmalen Langholzflöfsen mit Säge- und andrer Kleinware als Oblast zum Rhein brachte, um alsdann zur weiteren Verflöfsung umgebunden zu werden, schwere Eichstämme aufzunehmen und massigere Schnitt- und Spaltwaren als Oblast zum Niederrhein zu verbringen. Ersterer Art der Flöfserei ist durch den Strafsen- und Eisenbahnbau vor einigen Jahrzehnten erst ein Ende bereitet worden. Auch die Langholzflößerei muß immer mehr zurückgehen. Die Zunahme der Bevölkerung, das dadurch geförderte Wachsen und Ausbauen der Städte, ihre größere Gewerbetätigkeit, die Entstehung neuer Fabrikanlagen in den Gebirgsthälern in Ausbeutung bisher unbenutzter Wasserkräfte — anderseits der Schaden, welchen die Flößerei dem Flußbau, der Landwirtschaft und der Industrie, sowie dem Flößholze selbst durch Verluste und Wertminderung verursacht, sind gewichtige Gründe. Noch gewichtiger fällt die Umwandlung des Rohholzhandels in den Holzwarenhandel zur Mehrung des heimischen Arbeitsverdienstes und Unternehmergewinns und zur Frachtersparnis (an 10 bis 15 % geringwertigen Abfällen) in die Wagschale. Der Mannheimer Holzwarenverkehr, nämlich die An- und Abfuhr auf und mittelst Flößen bewegte sich seit zwölf Jahren zwischen 1½ und 2½ Millionen Doppelzentnern, die *Bahnanfuhr* aber stieg seit 1877 bis 1883 von ½ Million auf mehr als 1 Million Doppelzentner, wie überhaupt der Holzwarenverkehr ständig wächst.

Noch ist nach dem früher Gesagten die Waldfläche ohne ihre Vergrößerung einer Steigerung des Holzwuchses und des Nutzholzprozentes fähig. Die Waldwirtschaft ist im großen Ganzen hierauf wie zugleich auf die Herstellung einer Bestockung gerichtet, welche der Nachfrage mit Erzeugnissen der besten und schönsten Qualität und der gesuchtesten Sorten auf die Dauer zu entsprechen vermag.

Land-, Forstwirtschaft und Gewerbefleiß reichen sich die Hände, um das ganze Gebirge zu beleben und zu verschönern.

Der Schwarzwald ist kein düsteres und einförmiges Waldgebirge. In seinem Wechsel der Waldlandschaft von Nadel- und Laubhölzern mit gewerbreichen, handelsbelebten, bald geschlossenen bald zerstreuten Wohnsitzen, mit Feldfluren, Matten und Weiden entfaltet er vor dem Besucher eben so große Naturreize als ein erfreuliches Bild wirtschaftlicher Emsigkeit und ernsten Weiterstrebens.

Erläuterungen zur Tafel I. Bewaldungskarte des Schwarzwaldes.

Zur Herstellung der Karte ist eine zu statistischen und Unterrichtszwecken auf die topographische Übersichts-Karte von Baden (welche s. Z. im Maßstab von 1 : 200 000 in 6 Blättern erschien) von dem verstorbenen Hilfslehrer für Geodäsie Joh. Nep. Fritschi zusammengetragene Bewaldungskarte benützt worden, auf welche man zu vorliegendem Zwecke aus einer Waldkarte des Königreichs Württemberg (von gleichem Maßstab) den württembergischen

Schwarzwaldanteil ergänzend' einzeichnen ließ. Die Waldflächen sind in dieser Karte nach den Eigentumsarten in 4 Farbentönen angelegt: *grün* des Staats, *rosa* (helles Karmin) der Gemeinden, *gelb* der Körperschaften, *blau* der Privaten (einschließlich der Standes- und Grundherren).

Eine Wiedergabe dieser Karte, in voller Größe oder verjüngt, in Farbendruck, hätte zu große Kosten, eine Vervielfältigung in Schwarzdruck eine nochmalige umständliche Neuzeichnung nötig gemacht und die Darstellung der Bergzüge wäre dabei verloren gegangen.

Eine photographische Vervielfältigung auf dem gewöhnlichen Wege wäre das billigste und rascheste Verfahren gewesen, aber dann wäre grün und gelb tiefschwarz erschienen, blau ganz weiß geblieben und darunter das Bergrelief ebenfalls verschwunden. Zur Vermeidung dessen ging Herr J. Schmidt (Vorstand des wissenschaftlichen photographischen Instituts der technischen Hochschule Karlsruhe) mit Eifer auf den Vorschlag ein, ein Verfahren zu erproben, welches die Farben so abtönt, daß alle Waldflächen in ihrer Abgrenzung hervortreten. Sein Verfahren war das folgende:

Als Objektiv verwendete er einen Steinheilschen Weitwinkel-Aplanat. Die Aufnahme führte er mittelst Gelatine-Trockenplatten (von Glas) aus, welche in Farbstofflösung (Erythrosin) gebadet und dadurch orthochromatisch gemacht waren. Die Umwandlung der gewöhnlichen Trockenplatten in orthochromatische besorgte Herr Schmidt selbst, als derartige käufliche Platten sich nicht bewährt hatten. Außer den Aufnahmen mit diesen käuflichen und den eigenen Platten wurden noch solche 1. mit nassen Kollodium- und 2. mit gewöhnlichen Gelatine-Trockenplatten gemacht. Aber auch die selbstbereiteten farbenempfindlichen Trockenplatten führten nicht ohne weiteres zum Ziele. Um nämlich das Gelb heller als Blau zu erhalten, wurde zuerst eine Aufnahme mit Einschaltung eines Strahlenfilters (mit Aurantia-Kollodium gelbgefärbte Spiegelscheibe) versucht. Die Wirkung war nicht zu verkennen: Gelb heller als Blau, die übrigen Farben analog ihrem Helligkeitswert (aber für Blau und Rosa gleich).

Unterdessen wurden die Waldgrenzen auf dem Original durch einen zuverlässigen Zeichner noch mit feinem Pinselstrich in Zinnober (was schwarze Linien liefert) ausgezogen.

Eine schließliche Aufnahme mit der gleichen Plattenart, aber diesmal ohne Gelbscheibe, gab ein dem Charakter der Originalkarte entsprechendes Resultat, die meisten Farben durch feine Nuansen geschieden: *Dunkelgrün* (Staatswald) fast schwarz, *Rosa* (Gemeinde-wald) heller, *Blau* (Privatwald) noch heller.

Dieses immerhin sehr günstige Ergebnis ist nur den eifrigen und sachverständigen Bemühungen des Photographen zu danken, welcher in seinen Proben nicht nachliefs, bis die Aufgabe gelöst erschien. Die neue Negativplatte wurde nun nochmals der hiesigen Lichtdruckanstalt des Herrn *J. Schober* übergeben, welcher die Vervielfältigung in Lichtdruck übernommen hatte, und derselbe unterzog sich dieser keineswegs leichten Aufgabe mit grofsem Ge-schick und peinlichster Gewissenhaftigkeit, indem auch er die Her-stellung mehrerer Platten nicht scheute und alle gewünschten Proben bereitwilligst anfertigte.

Der Mafsstab ist durch die photographischen Aufnahmen bei-läufig $^1/_2$ der Originalkarte = 1 : 400 000 geworden.

Wer sich nunmehr ein noch deutlicheres Bewaldungsbild ohne Unterscheidung der Eigentumsarten verschaffen will, hat nur alle Waldflächen mit lichtgrünem Farbenton zu umrändern oder aus-zufüllen. **S c h u b e r g.**

Über Handel und Verkehrsverhältnisse Persiens.

Von Dr. H. Pohlig in Bonn.

Anknüpfungsversuche zwischen Deutschland und Persien. Eigenart der per-sischen Verhältnisse. Über den bisherigen europäischen Handelsverkehr mit Persien. Praxis der fremden Kaufmannes daselbst. Aussichten für Deutsche. Siegel und kommerzielle Verträge der Perser. Sonstige Kaufmannspraxis der letzteren. Geld-verhältnisse. Tabriser und Teheraner Geld. Aussichten auf Steigerung der persischen Ausfuhr und Einfuhr von Europa. Beförderung von Europa nach Persien. Persische Post und Telegraph. Die Fracht nach Europa. Zollverhältnisse. Über die Bedeu-tung von Abuschir an dem Persischen Golf als Handelshafen. Über das Karawanen-wesen und das Reisen in dem Orient. Der Bazar.

In den letzten Jahrzehnten hat die Teilnahme Deutschlands an dem Welthandel einen erfreulichen Aufschwung genommen, und immer neue Absatzgebiete werden den Erzeugnissen deutschen Fleifses erschlossen. Und doch giebt es noch immer zahlreiche Länder, welche für Handelsbeziehungen mit Deutschland bisher ganz oder nahezu verschlossen sind, sei es weil die Versuche zu Anknüpfungen nicht glückten, oder weil solche Versuche aus einem oder dem andern Grunde erschwert und daher bisher überhaupt noch nicht gemacht worden sind.

Das letztere gilt, wie für einen grofsen Teil der entfernteren orientalischen Reiche, für das alte Wunderland *Persien*, den Urquell von „Tausend und Eine Nacht". Dort haben naturgemäfs von jeher diejenigen abendländischen Reiche den Aufsenhandel vorzugsweise in Händen gehabt, deren Besitzungen örtlich zunächst liegen: in älterer Zeit vorerst nur die Griechen, Armenier und Italiener, in unserem Jahrhundert aufser ersteren besonders die Engländer, Russen und auch die Österreicher; und während in andern aufsereuropäischen Ländern der deutsche Handel neuerdings sich festgesetzt hat, zum empfindlichen Nachteil andrer handeltreibenden Völker Europas, hat man in Persien bis heute zu dergleichen keine Anstalten getroffen.

Seit unsre Dampferverbindungen besser geworden, sind wir auch Persien erheblich näher gerückt, und es wird daher wohl von allgemeinerem Interesse sein, dieses Land von dem aufgestellten Gesichtspunkt aus etwas genauer zu betrachten. Die Anzahl der Reisebeschreibungen, welche über Persien vorhanden sind, ist so grofs, dafs es schwer wird, sich in der Menge zurecht zu finden: die allermeisten derselben sind zudem wenig mehr als Tagebücher und Reiseeindrücke von Beamten und Touristen, auf Handels- und Verkehrsverhältnisse gehen nur wenige ein; ausführlicher werden diese berücksichtigt in einer deutschen Schrift von *O. Blau**), welche heutigen Tages freilich etwas veraltet, aber immer noch brauchbar und lesenswert ist. Dieselbe verbreitet sich besonders eingehend über die verschiedenen Ausfuhr- und Einfuhrgegenstände und Handelszentren Persiens, für welche auf erstere verwiesen sein mag. *Blau* war seiner Zeit als preufsischer Konsul von dem vorigen Könige nach der persischen Handelsmetropole Tabris gesandt worden, zugleich mit einer für Teheran bestimmten Gesandtschaft, um handelspolitische Beziehungen anzuknüpfen. Dies gelang aber damals nicht, der Gesandte, *von Minutoli*, erlag sehr bald dem persischen Fieber und die Beamten wurden nach Preufsen zurückberufen, ohne weiteren Erfolg, als die genannte Schrift und die bekannte Reisebeschreibung von *Brugsch*.

Soweit landeskundige und urteilsfähige Männer ihre Ansichten über die Möglichkeit kaufmännischen Erfolges unserer Landsleute in Persien ausgesprochen haben, lauten diese Ansichten sehr geteilt. Ohne daher weiter auf dieselben einzugehen, will ich in nachfolgendem mitteilen, was sich über den Gegenstand in meinen

---

*) Die kommerziellen Verhältnisse des nördlichen Persiens. Berlin (Decker) 1866.

Tagebüchern während meines Aufenthaltes in Persien an Beobachtungen angesammelt hat; ein jeder mag sich aus diesen, in Verbindung mit der Schrift von *Blau* und einer übersichtlichen Beschreibung des Landes und seiner sonstigen Verhältnisse, über das, worauf es ankommt, ein eigenes Urteil bilden.

Vor allem ist zu betonen, daß, wie sich voraussetzen läßt, in Persien gleich allen übrigen mohammedanischen und halbzivilisierten Ländern nicht gleiche oder auch nur ähnliche Handels- und Verkehrsverhältnisse existieren, wie bei uns; vielmehr herrscht auch in diesen Dingen dort, wie in allen andern, eine von der unsrigen gänzlich verschiedene *orientalische* Welt, deren Einzelheiten dem Abendländer nicht nur fremdartig, sondern auch bei der ersten Bekanntschaft meist zuwider sind; erst einigermaßen daran gewöhnt vermag man sich auf den Standpunkt zu stellen, daß eben alles nur relativ ist, und daß jede Ansicht ihren Grad von Berechtigung hat. Die notwendigsten Vorbedingungen eines gesunden Handelsverkehres bei uns, persönliche Zuverlässigkeit und gesetzliche Sicherheit, fehlen in Persien vollständig, und die äußerste Gewissenlosigkeit tritt allgemein an Stelle der ersteren; der Betrug wird ganz öffentlich getrieben, und wer es in der Unehrlichkeit am weitesten bringt, wer am schlausten betrügen gelernt hat, bringt es auch in dem Geschäft am weitesten.

Einer solchen Form des Betriebes sind · die Europäer, welche aus den Anschauungen und Gewohnheiten des Abendlandes heraus mit der orientalischen Handelswelt in Berührung treten, nicht gewachsen, und sie müssen in den ersten Jahren immer tüchtig Lehrgeld zahlen, ehe sie nur erst einigermaßen in die so ganz fremdartige Praxis sich eingearbeitet haben. Ist nun ihr Anlagekapital groß genug, um jene erste, kritische Zeit überstehen zu können, so werden sie dann sicherlich mit der Zeit das Verlorene reichlich einzubringen im stande sein; denn der Geschäftsgewinn ist unzweifelhaft sehr bedeutend, und das ist es eben, was zuweilen auch Fremde mit kleineren Kapitalien anlockt.

Man darf sich daher durch jene vorausgeschickte traurige Thatsache nicht abschrecken lassen; aber freilich sollten alle Europäer, welche, mit der nötigen Intelligenz ausgestattet, unter den so abweichenden und eigenartigen persischen Verhältnissen Handel zu treiben beabsichtigen, sich nicht damit begnügen, letztere aus Büchern allein kennen zu lernen, sondern an Ort und Stelle gründlich in denselben heimisch werden, ehe sie überhaupt ein selbständiges Geschäft beginnen, sonst kommen die Erfahrungen häufig zu spät; und das

gilt vor allem für solche, die dazu bestimmt sind, den Fremden in
dem Lande gegen die Zumutungen der Eingeborenen zu schützen.
Für Kaufleute fände sich zu einer solchen Lehrzeit wohl Gelegenheit
in den wenigen europäischen Handelshäusern, welche bisher in Persien
bereits vorhanden sind und auch eine oder die andre deutsche Kraft
beschäftigt haben oder noch beschäftigen.

Die bedeutendste dieser Unternehmungen ist eine Manchester-
firma schweizerischen Ursprunges, das Haus *Ziegler & Comp.* Dasselbe
hat seine Hauptniederlage in der persischen Handelsmetropole Tabris,
seine wichtigste Filiale in Teheran, eine fernere in der kaspischen
Küstenstadt Rescht, aufserdem aber Agenten und Werkstätten in
zahlreichen andern Städten Irans. Diese Handlung betreibt besonders
seine Einfuhr von Stoffen und vielen sonstigen Gegenständen aus England. Erst in zweiter Linie kommen die wenigen, bedeutenderen
Geschäfte von Levantinern in Tabris und sonst, Griechen und Armeniern oder Leuten englischen, italienischen oder andern abendländischen
N a m e n s, aber orientalischer H e r k u n f t. Die Russen haben sich
namentlich in Teheran, Choi, Rescht und Ardebil festgesetzt und planen
für das kommende Jahr zur Hebung ihrer Interessen in der Residenz des
Schah sogar eine kleine Handelsausstellung russischer Erzeugnisse.
Diese Nation hat mehr die Einfuhr von Rohprodukten und Viktualien in
Händen, von Zucker, Lichten, Naphtha u. a.; aber auch sonstige
Gegenstände der verschiedensten Art kommen aus Rufsland, kein
bemittelter Perser mag beispielsweise heutigen Tages einen russischen
„Samovar" (Theemaschine) in seinem Hausgeräte missen, samt den
zugehörigen Gläsern, Löffeln, Tellerchen, Tablettchen und Theekannen;
in jedem Dorfe Nordpersiens findet man diese Dinge.

Die unangenehmste Eigenschaft der Perser in dem Handelsverkehr für den europäischen Kaufmann ist ihre Säumigkeit im
zahlen. Dagegen darf der letztere für seine Waren verhältnismäfsig
hohe Preise festsetzen und kann dadurch, bei hinreichender Ver-
trautheit mit den Verhältnissen, doch erheblichen Gewinn erzielen.
Es verhält sich damit ähnlich, wie mit dem Ausleihen von Geld in
Persien: die enorm hohen Zinsen, welche dort gezahlt werden, —
selten unter 12 und zuweilen über 30 Prozent — sind nur ein
Köder, und der Kapitalist mufs immer mit dem Faktor rechnen, sich
mit den Zinsen allein begnügen zu können, und das Kapital nie
wiedersehen zu brauchen. Der fremde Kaufmann erhält für seine
Waren hohe Preise, zunächst indes nur auf dem Papier, oder jedenfalls nur teilweise ausbezahlt; nun ist es aber für den Unerfahrenen
in dem Lande aufserordentlich schwer, ja vielfach ganz unmöglich,

jene schriftlichen Abmachungen so abzuschliefsen, dafs er von dem schlauen Perser dabei nicht irgendwie benachteiligt wird: und dann mag er jahrelang auf sein Geld warten, mag Himmel und Erde deshalb in Bewegung setzen, er bekommt nichts. Von irgend welchem rechtlichen Schutz in zivilisiertem, europäischem Sinne ist in Persien keine Rede; kann man sich *selbst* nicht helfen, so würde man nur noch Schaden obendrein haben, wenn man die persische Art einer gerichtlichen Hilfe in Anspruch nehmen wollte. Der Grundsatz der iranischen Justiz ist, möglichst viel Geld von *beiden* Teilen für den Säckel des Richters herauszupressen; der Kläger hat sich meist mit der Genugthuung zu begnügen, den Schuldigen bestraft zu sehen, das Geld wandert in die Taschen der Regierung.

Konsuln aber, welche uns beistehen könnten, haben wir Deutschen in Persien vorläufig nicht; die englischen, französischen und russischen üben zwar einen gewissen Schutz auch über Angehörige andrer europäischer Nationen aus, fühlen sich aber nicht für verpflichtet, solchen wirksam zu helfen.

Wenn es anderseits schon bei uns nicht durchführbar sein würde, etwa nur gegen bar im grossen zu verkaufen, so gehört das in einem Land, wie Persien, für den europäischen Kaufmann vollends in das Gebiet der Fabel. Es kommt also im wesentlichen darauf an, die Kaufverträge in der richtigen, landesüblichen Weise abschliefsen zu lernen und dann sich der thatkräftigen Unterstützung eines europäischen Konsuls zu versichern, um bei dem Eintreiben der Forderungen den nötigen Nachdruck erteilen zu können; denn hinter dem Konsul steht das Ansehen der fremden Macht und deren Einflufs auf die dortige Regierung, vor deren Despotismus der Einzelne zittert.

Dieser unentbehrliche Rückhalt in dem kaufmännischen Verkehr für den Nichtperser in Iran wird ohne Schwierigkeiten indes erst dann für den Deutschen zu erlangen sein, wenn die deutsche oder wenigstens die österreichische Regierung sich zur Errichtung eines Konsulates in dem Lande versteht. Auch Österreich hatte schon früher einmal, gleich Preufsen, einen Versuch dazu gemacht, welcher ebensobald wieder aufgegeben wurde. Es läfst sich indes erwarten, dafs man heutigen Tages eine erneute Begründung und ernstlichere Durchführung jener Einrichtung in einem der beiden genannten, verbündeten Staaten ins Auge fassen wird; denn heute liegen die Verhältnisse ganz anders, als damals: nicht nur hält sich gegenwärtig eine ganze Anzahl von Österreichern und Deutschen dauernd in Persien auf, denen ihre Regierungen einen Rückhalt zu geben

wohlthäten, sondern es haben sich eben auch die kommerziellen
Fähigkeiten Deutschlands, namentlich in dem Welthandel, in neuerer
Zeit wesentlich gehoben und suchen neue Absatzgebiete; und daß
die Errichtung eines deutschen oder österreichischen Konsulates in
Persien unsern Landsleuten das Kultivieren dieses Handelsgebietes
wesentlich *erleichtern* würde, geht aus dem vorher Gesagten hervor;
daß jene ferner *anregen*, Versuche veranlassen würde, ist bei der
Intelligenz des neu erwachten deutschen Unternehmungsgeistes nicht
zu bezweifeln: daß endlich derartige Versuche, in der richtigen Weise
angestellt, trotz der oben erwähnten, fremdartigen Verhältnisse
schließlich von Erfolg begleitet sein würden, ist mir ebenfalls unzweifelhaft und mag aus den weiter unten gemachten Bemerkungen
entnommen werden.

In neuerer Zeit haben sich ja auch von Deutschland aus die
Blicke dem Lande der Sonne wieder mehr zugewendet. Unser großer
Staatsmann hat den rein politischen Nutzen, welchen Persien für die
verbündeten Staaten unter Umständen haben kann, wohl erkannt
und daher neuerdings den bereits erwähnten Versuch des vorigen
Königs, einen Gesandten in Teheran zu halten, von Reichswegen
wieder aufgenommen. Ich bezweifle nicht, daß man eben so in
kurzem die handelspolitischen Beziehungen wieder aufzunehmen versuchen wird, umsomehr, als in dieser Hinsicht unsre Interessen mit
den österreichischen sich vereinigen. Einen Gesandten hat Österreich stets in Teheran gehabt; es muß umsomehr Wunder nehmen,
daß nicht auch ein Konsul dieser Macht in Persien sich befindet,
als ja der österreichisch-ungarische Lloyd die orientalischen Gewässer
großenteils beherrscht. Als ich in Tabris war, ging daselbst gerade
ein Wiener Handelshaus aus Mangel an dem nötigen politischen
Rückhalt in die Brüche. In dieser Stadt residieren alle Konsuln der
fremden Mächte, soweit letztere überhaupt solche Beamte in Persien
unterhalten: ein englischer, französischer, russischer und türkischer
Konsul leben da. Die etwa vorhandenen Österreicher sind nun dem
Schutze des *französischen*, die Deutschen demjenigen des *russischen*
Beamten untergestellt, und man kann sich denken, welcher Art dieser
Schutz ist, wenn ich die seltsame Beobachtung hinzufüge, daß die
Russen, so liebenswürdig sie in ihrem eigenen Lande sein mögen,
mir dort in dem fernen Orient als die wütendsten Deutschenfresser
entgegentraten, während die Gebildeteren unter den Franzosen ihre
innere Gesinnung unter ihrer stets liebenswürdigen Außenseite zu
verbergen verstanden und dem Zivilisierten und Christen stets e h e r
gegen die Asiaten und Islamiten zu helfen bereit waren.

Der wichtigste formelle Punkt bei dem schriftlichen Abschlufs eines Geschäftes in Persien ist das *Siegel*. Ohne *jedes* Zutrauen ist ja ein Geschäftsverkehr überhaupt nicht denkbar, und bis zu einem gewissen Grade mufs daher etwas derartiges selbst in Persien sich ermöglichen lassen, welches Land einen beträchtlichen Binnen- und Aufsenhandel besitzt: dahin ist unter anderm der Gebrauch des Siegels, bei den Persern statt der bei uns üblichen Namensunterschrift geltend, zu rechnen, welcher einen Grad von Achtung geniefst. Der Geringste führt sein Petschaft in dem Kaftan, welches sorgfältig gehütet wird, und mit demselben wird jeder Vertrag beglaubigt, indem meist, statt des bei uns üblichen Siegellackes, ein Aufstrich von Tusche benutzt wird. Letztere dient ja dort zugleich, wie in dem ferneren asiatischen Osten, statt der Tinte.

Das Abfassen der Verträge besorgen besonders darin geschulte Anwälte, die „Mirza" oder Schreiber. Das Schriftstück besteht gewöhnlich aus einem kleinen Blatt Papier, an welchem zunächst rechts ein breiter Rand freigelassen wird, links nur ein schmaler; an letzterem biegen die ohne Linienunterlage geschriebenen Zeilen der ja von rechts nach links verlaufenden, allgemein in dem Orient üblichen arabischen Schrift ebenso regelmäfsig nach *oben* um, wie wir zuweilen bei Platzmangel die Zeile *rechts* an dem Ende, und zwar nach *unten* umbiegen. Nach Ausführung des Wortlautes wird dann desgleichen das Schriftstück nicht *unterschrieben*, wie bei uns, sondern *überzeichnet*, zu welchem Zweck an dem Kopfe des Blattes der gebührende Raum unbeschrieben gelassen ist. Dieses Zeichnen der Verträge geschieht also auf die angegebene Weise, statt des Namens*zuges*, mittels Petschaftes oder Namens*stempels* der beiden Parteien, der unter Umständen noch, zur näheren Bezeichnung einer Partei, besonders überschrieben wird. Aus dem Mitgeteilten kann man entnehmen, welche Wichtigkeit das Petschaft für den persischen Kaufmann und Beamten hat, und welche Folgen eine Entwendung desselben für ersteren haben kann. Auch geringere Abmachungen, wie mit den Karawanenführern für den Transport u. a., werden in Persien am besten durch solche förmlichen Verträge besiegelt.

In dem Kleinhandel erleidet der mit europäischen Begriffen eintretende Fremde oft dadurch Schaden, dafs er für geringe auszuzahlende Beträge gröfsere Geldstücke hingiebt, in der Meinung, von den Eingeborenen gewechselt zu erhalten. Auf Herausgeben mufs man vielmehr zu verzichten sich gefafst machen und mit einer runden Summe zahlen, wenn man nicht gerade das auszugebende Stück solange hinzeigen und festhalten will, bis die Rückzahlung in gleicher

Weise sichtbar ist. Das findet man bereits in Südrußland. Allerdings wird dieser Fehler dadurch etwas ausgeglichen, daß in dem Kleinhandel überhaupt nur auch Kleingeld gebräuchlich ist, wie aus der unten folgenden Schilderung der Geldverhältnisse hervorgeht.

Der Orientale bedient sich allgemein in dem Geschäftsverkehr des Rechenbrettes; und soweit die Perser sonst in der Bildung zurück sind, zu ihren Ungunsten werden sie sich sicher nie verrechnen! Jeder ist dort ein geborener Handelsmann, und andre Orientalen, außer den schlauen Griechen, sowie russischen und türkischen Armeniern, können neben den Eingeborenen nicht aufkommen. Die Armenier haben dort genau dieselbe Stellung, auch als Andersgläubige, wie bei uns die Israeliten, welche dort fast gänzlich fehlen, und betreiben meist Geschäfte, welche den Islamiten durch ihre Religion oder sonst verboten und unbequem sind, wie den Handel mit Spirituosen u. s.

Es ist für den Abendländer seltsam zu sehen, mit welcher orientalischen Grandezza und Feierlichkeit die Perser untereinander an den Abschluß eines Handels gehen; das ist ihre liebste Beschäftigung. Ich sah einmal zwei Kaufleute zusammen handeln, welche überhaupt dabei nicht sprachen, sondern nur durch Kopfbewegungen und durch ein Tuch verdeckte Berührungen der Hände sich verständigten, so daß man es mit Taubstummen zu thun zu haben hätte vermeinen können. In dem Verkehr spielt ferner der hochentwickelte persische Aberglaube eine Rolle, mit welchem daher der fremde Kaufmann ebenfalls rechnen muß. Vor dem Abschluß eines wichtigen Geschäftes wird zunächst der Kalender befragt und ein sogenannter Glückstag ausgewählt. Niest dann aber jemand in der Nähe während der Unterhandlung, so wird diese in der Regel sofort aufgehoben werden; niest jener gleich darauf zum zweiten Male, so hebt dies das erste Mal auf, und der abgebrochene Gesprächsfaden wird sofort wieder aufgenommen, u. s. Das ist bei den Orientalen ein sehr umfassendes Kapitel. Der mohammedanische Freitag wird streng geheiligt, für den christlichen Kaufmann giebt es daher in dem Orient zwei Sonntage in der Woche.

„Pull"! Geld! Das ist das große Zauberwort, welches die Phantasie des Persers Tag und Nacht beschäftigt; es ersetzt ihm die fehlenden Begriffe von Treue, Tugend, Ehre und Gewissen zugleich. Hat schon bei uns die Jagd nach dem Mammon einen Umfang angenommen, welchen jeder wirklich edel und verständig Denkende tief beklagen muß, so tritt sie uns dort in einer geradezu abschreckenden, scheußlichen Verzerrung in den Weg, welche gleich

einer greulich verpestenden Schlammmasse alles Wahre, Gute und
Schöne längst unter sich begraben hat. Für Geld ist in Persien
alles zu haben: für Geld kannst du dort ungestraft die entsetzlichsten
Verbrechen begehen, für Geld Dörfer, Städte und Provinzen mit allem
Wohl und Wehe ihrer Bewohner einkaufen. Ja, bist du im stande
größere Summen, als der Schah selbst, dahinzugeben, so magst du
sogar den Thron des „Königs der Könige" von denen, welche ihn
stürzen, erstehen! 99 Prozent aller Gespräche, welche man unter
den Persern hört, drehen sich um Geldangelegenheiten, diese bilden
für den Eingeborenen den liebsten Unterhaltungsstoff. Selbst die
armen Viehtreiber, welche wir so unzählige Male draußen auf den
öden Karawanenwegen leer zurückkehrend antrafen, stritten sich fast
regelmäßig: „üscht schahi — pescht schahi — ßlti schahi" u. a.
drei Dreier, fünf Dreier, acht Dreier! Kein Pfennig darf dem Perser
tot in der Truhe liegen, der kleinste Erwerb des Armen wird in den
Städten allsogleich zu dem „Saraph" (Wechsler) in die Bank getragen und muß wucherische Zinsen bringen. Fowler hat in seinen
älteren, aber ebenso fesselnden, wie treffenden Schilderungen eine gute
Sammlung von Auswüchsen persischer Geldgier gegeben.

Die Geldverhältnisse sind in diesem Land ihrerseits sehr eigentümlicher Art. Das in der nordwestlichsten, großen Landschaft,
Aderbejdschan, ähnlich wie in dem nördlichen Kleinasien fast ausschließlich übliche Silbergeld sind russische Münzen zu 20 und 10
Kopeken, erstere dort „Abbasi", letztere „Penabad" genannt; diese
Stücke sind in Rußland eigens für die erwähnten Länder geprägt
worden und unterscheiden sich durch höheren Silbergehalt, äußerlich
durch einen punktierten Rand, von den heute meist in dem transkaukasischen Rußland üblichen, welche der Perser sehr wohl zu erkennen weiß
und nicht für voll annimmt. Als höchste Münzeinheit gilt der „Toman",
in Aderbejdschan (mit der Hauptstadt Tabris) eine leere Benennung für
eine gewisse Anzahl von „Abbasi", deren 15 auf einen Tabriser Toman
gehen. Letzterer wird in 10 „(Saab)-K'ran" eingeteilt, eine dort
ebenfalls jetzt nur dem Namen nach bekannte, eingebildete Münze,
welche sonach je 1½ „Abbasi", oder ein Zwanzig-Kopekenstück und
ein Zehn-Kopekenstück wert ist. Der „Kran" hat 20 „Schahi" (Königs,
d. i. deren Bilder), und die letztere Kupfermünze ist die einzige, in
der genannten Landschaft geläufige von inländischer, alter Prägung.
welche das Wahrzeichen Persiens, den schreitenden Löwen mit dem
Säbel in der ausgestreckten Tatze und der über seinem Rücken auf-
gehenden Sonne enthält. Hier und da findet man zwei Arten dieser alten
„Schahi", außer der gewöhnlichen, großen noch eine seltenere, kleinere,

deren meist 5 auf 2 der ersteren, vollgültigen gerechnet werden; in entlegenen Ortschaften kommt ferner älteres, anderwärts längst verfallenes Kleingeld in Umlauf vor, ja es giebt Gebirgsdörfer, welche den Gebrauch des Geldes überhaupt nicht kennen. Der Perser bezeichnet die Kupfermünzen als „schwarze" gegenüber dem „weißen" (Silber-)Geld.

Gold und Papier sind gar nicht in Umlauf; will man dergleichen haben, so muß man in Aderbejdschan russisches bei dem „Seraph" einhandeln, wobei man stets erhebliche Aufgeldverluste erleidet, namentlich in bezug auf die Imperialen. Letztere werden von armenischen und europäischen Kaufleuten des Landes eingetauscht, um mit denselben die auswärtigen Beträge zu decken. Wie in ähnlichen halbzivilisierten Ländern, erwächst also auch in Persien auf Reisen die für den Europäer lästige Notwendigkeit, ganze Säcke von kleinem Silbergeld mit sich unterwegs herumzuschleppen. Der wohlakkreditierte Fremde vermag aber wenigstens von einem großen Handelshaus oder sonst von einer allgemein bekannten Persönlichkeit Persiens Anweisungen auf Agenten oder Freunde, Armenier und Europäer, an bedeutenderen Plätzen zu erhalten, um dann nur von einem der letzteren bis zu dem andern hin einen entsprechenden Haufen von „Abbasi" schleppen zu müssen.

Der *Wert* der verschiedenen, genannten Geldsorten scheint noch mehr dem Wechsel in dem Laufe der Zeiten unterworfen zu sein, als der Wert des Geldes in Rußland. Während der Zeit meiner Anwesenheit (1884) zahlte man zu Tabris für einen halben russischen Goldimperialen mehr als 24 Kran Silber; sonach würde damals der Tabriser Toman, wenn man jenes russische Goldstück nach dem gleichzeitigen Kurs zu 16 Mark und 60 Pfennigen annimmt, einen Wert von genau 6²⁄₃ Mark, der Kran also von 66²⁄₃ Pfennigen und der Schahi von 3¹⁄₃ Pfennigen entsprechen, während noch vor etwa 20 Jahren der Wert des Tomans von damaligen europäischen Reisenden v i e l höher angegeben worden ist. So fiel es denn unter anderm während meines dortigen Aufenthaltes der persischen Post plötzlich ein, daß ja der Betrag von 5 Schahi für einen Brief im Vergleich mit unserm Porto nach dem damaligen Kurs zu gering war, und fortan mußte eine weitere Schahimarke hinzugefügt werden.

Die Teheraner Landschaft (Irak Adschem) hat etwas andre Geldverhältnisse, hart bis zu den Grenzen Aderbejdschans; man rechnet zwar auch dort nach Toman, Kran, Abbas, Penabad und Schahi, aber nur die Namen sind die gleichen, die Münzen selbst und deren Werte sind andre. In Irak galten ausschließlich Stücke

eigentümlicher persischer Prägung, welche in jene westliche Grenz-
provinz ihrerseits sich selten verirren und dort schwer und nur mit
Nachteil zu verwerten sind (vgl. u.); und zwar hat man Stücke
älterer, eigenartig persischer Prägung von gutem Silber, aus der
ersten Regierungszeit Nasreddins herrührend, und daneben solche
neuerer, nach europäischem Muster von einem österreichischen Münz-
meister geleiteten Herstellung aus Kupfer, schlechtem Silber und
gutem Dukatengold: diese Goldstücke sind indes nur bei dem „Seraph"
erhältlich und nicht in Umlauf, so wenig wie die größeren und die
ganz kleinen Sorten unter den neueren Silberstücken. Von den letzteren
sind aber selbst die Münzen zu 1 Kran bei weitem nicht so verbreitet, wie jene alten guten Kran, Abbasi und Penabad, — kleine
dicke Silberstücke von unregelmäßiger Rundung und Größe und von
eigenartiger, schlechter Prägung. Falschmünzer treiben auch dort
ihr Wesen, sogar Kupferschahis werden gefälscht, doch trifft man
falsches Geld immerhin selten.

Der Wert der Teheraner Tomane und Krane ist ein etwas
höherer, als derjenige der Tabriser; in Aderbejdschan wird dies jedoch,
soweit Teheraner Krane einmal dorthin gelangen, nicht beachtet.
Man hat daher nicht unerhebliche Verluste, falls, wie das sich zuweilen ereignet, Handelshäuser in Aderbejdschan bei dem nicht selten
eintretenden Mangel an Kopekenstücken genötigt sind, größere Summen
in Teheraner Krangeld auszubezahlen. Bei solchen Gelegenheiten
mag der Fremde sich einige Fertigkeit im Geldzählen erwerben, und
noch mehr diejenige der in dieser Kleingeldpraxis aufgewachsenen
Personen bewundern, welche gewöhnlich zum prüfen und nachzählen
herangezogen werden!

Das Metall kommt meist als Rohstoff oder in Geldform aus
Rußland, so auch die ungeheueren Massen von Kupferblech, welche
in verzinntem Zustand bei weitem zu dem größten Teil der persischen
Speisegeräte in dem Lande verarbeitet werden. Von edeln Metallen
und Steinen wird aus dem persischen Boden selbst, diesem Tummel-
platz so vieler Völkerschaften in dem Laufe der Jahrhunderte, nicht
mehr allzuviel zu erhoffen sein. In dieser Hinsicht läßt die allgemeine, geologische Oberflächenzusammensetzung des Landes von vornherein wenig erwarten, und dieses Wenige haben, größtenteils jedenfalls,
die Alten bereits ausgebeutet. Die hervorragend erzführenden Urfor-
mationen und älteren unter den paläozoischen Systemen sind in
Persien bisher überhaupt nicht nachgewiesen; bei weitem den über-
wiegenden Teil der Oberfläche bilden tertiäre Ablagerungen, größtenteils vulkanischer Natur, und nur nach einem geringen Bruchteil

auch mesozoisches und jünger paläozoisches Grundgebirge. Am meisten dürften zu Hoffnungen in bezug auf Erze die vereinzelten kleinen Granitgebirge mit ihren metamorphischen Umgebungen berechtigen.

Weit begründeter sind dagegen die Ansichten für die Zukunft, welche sich auf den Reichtum des Landes an den in tertiären und mesozoischen Schichten vorkommenden mancherlei Steinsalzen, Schwefel und Arsenmineralien, sowie Kohlen richten würden. Freilich ist auch in dieser Beziehung schon manche Hoffnung getäuscht worden: so hatte das genannte Haus Ziegler & Comp. vor einer Reihe von Jahren Ausfuhrversuche in grösserem Maßstabe mit dem Tinkal oder Borax (Boronatrocalcit) der reichen Lager aus der Gegend von Kerman gemacht, wo das Mineral in Menge auf Klüften des Untergrundes ausgetrockneter Salzseen in strahliger Aggregation sich gebildet hat; aber es stellte sich schließlich heraus, daß man mit der Ausfuhr der italienischen reinen Borsäure nicht konkurrieren konnte. Lohnenden Erfolg hat immer noch die Ausbeutung der Türkise ("Firuse") in Chorasan, eines anderwärts bisher wenig aufgefundenen und besonders überall von den Orientalen hochgeschätzten Halbedelsteines, dessen Nachahmungen auf künstlichem Wege, welche bei uns üblich sind, durch ein einfaches Mittel gegenüber den natürlich entstandenen und eigenartig blau gefärbten Exemplaren unterschieden werden können. Das Mineral befindet sich in kugelförmigen, radialstrahlig zusammengesetzten Ausblühungen auf Trachytgestein aufgewachsen, und jedes Exemplar zeigt auf seiner rauhen Kehrseite noch die Spuren der Matrix; mit letzterer auf die Enden von Zweigstöckchen aufgeklebt, werden die einzelnen Stücke, deren Wert nach Größe und Färbung sehr erheblich wechselt, in den Handel gebracht.

Aber auch die Ausfuhr einer ganzen Reihe von andern Erzeugnissen Irans könnte leicht erheblich gesteigert oder neu begründet werden. Tabak und Heu von bester Beschaffenheit; die vorzüglichsten Wollsorten in Überfluß, als Kamelwolle und Schafwolle verschiedener Art, die eigentümliche schwere Wolle der gewöhnlichen Ziegen und die seidenartige der persischen Kaschmirziegen ("Mürgüs") giebt es da, aus welchen die Eingeborenen wohl schöne Teppiche und Schals, aber keine recht brauchbaren Tuchstoffe anzufertigen wissen. Baumwolle und Seide, Rizinusöl und Nußöle, getrocknete und frische Südfrüchte, die herrlichen Buxbaum-, Walnuß- und sonstigen Nutzholzstämme der kaspischen Urwälder in Menge könnte das Land liefern. Die Seidenkultur, welche dort nie recht gepflegt worden ist, obwohl der Maulbeerbaum in Persien heimisch ist, wird gegenwärtig kaum noch von der Firma Ziegler & Comp. in Rescht ein wenig nebenbei betrieben.

Im Süden, schon zu Ispahan, wird auch ziemlich viel Opium gebaut und nach Osten ausgeführt. Sodann giebt es vielerlei Farbstoffe, Hennah, Indigo und Krapp; Schwefel und Salze können in beliebiger Masse gewonnen werden. Die wertvollen Pferderassen und der sonstige reiche Viehstand der persischen Nomaden gelangten bisher nur ausnahmsweise nach aufsen. Nach dem Abendland sind annoch, abgesehen von Rufsland, welches besonders die persischen Rosinen und andre Südfrüchte in ungeheuerer Menge konsumiert, überhaupt nur die eigenartigen und kunstvollen Gewerbserzeugnisse des Volkes ihrer Seltsamkeit wegen verkauft und neuerdings auch in Deutschland beliebt geworden; aber selbst diese könnten das Zehnfache des bisherigen Absatzes erreichen. Ferner wäre die Perlenfischerei des persischen Golfes einer bedeutenden Hebung fähig, während die höchst ergiebige Kaviar- und sonstige Fischerei der persischen *Caspikäste* ausschliefslich in russische Hände bereits übergegangen ist.

Die Errichtung einer unmittelbaren Dampferlinie zwischen Persien und Südeuropa, etwa von Schiras, beziehungsweise *Abuschir* an dem persischen Golf aus würde den Verkehr beträchtlich erleichtern und dem Handel zu statten kommen; man würde dadurch die lange und unsichere Karawanenverbindung über türkisch-kleinasiatisches Gebiet nach Trapezunt (vgl. u.), welche bisher wegen des russischen Transitoverbotes der Hauptverkehrsweg nach dem Abendland ist, umgehen und missen können. Die einzigen Dampfschiffe, welche gegenwärtig den genannten Meerbusen befahren, vermitteln fast nur einen mehr oder minder regelmäfsigen Verkehr zwischen Bagdad, beziehungsweise Bassora-Abuschir, und Bombay.

Ein Erzeugnis Irans, welches vielleicht auch eine Zukunft für die Ausfuhr nach Europa hat, ist der *Wein*. Sind schon die vorzüglichen Rosinen, von einer bei uns unbekannten Gröfse, insbesondere die grofsen kernfreien (Sultaninen), einer der wichtigsten Exportgegenstände nach Rufsland hin geworden, so wird das sicherlich in noch höherem Grade mit dem Wein der Fall sein, wenn man erst einmal versuchen wird, diesen dort in gröfserer Menge und auf europäische Art herzustellen. Die Weine, welche ich, zu Urmia, Tabris und Khaswin besonders, getrunken habe, desgleichen der Hamadaner und Schiraser, dürften das Köstlichste sein, was es in dieser Hinsicht überhaupt giebt! Die bei uns bekannten Südweine, diejenigen Spaniens, Siziliens, des Kaplandes und der Azoren, haben wohl das Feuer und auch die Süfsigkeit, nicht aber die Milde, die köstliche Blume und den lieblichen Geschmack des iranischen Rebenblutes; etwas näher in letzterer Hinsicht stehen die ungarischen Stoffe.

Ich habe selbst einen Versuch gemacht, Wein in der kühleren
Jahreszeit aus Persien hierher zu senden und bis jetzt hier aufzu-
bewahren, und es ist sehr gut gelungen; man kann das Getränk in
Flaschen jahrelang bei uns auf dem Zimmer stehen lassen, sogar in
angebrochenen Flaschen, ohne daß ersteres irgendwie zu seinem
Nachteil sich verändert. Die wertvollste Sorte ist zweifellos die aus
kernlosen Beeren hergestellte Sorte („Kischmisch"); eine gleichzeitig
mit heimgebrachte Probe transkaukasischen Kachetinerweines ist
unter derselben Behandlung säuerlich und kahnig geworden. Das
erste Traubenausfuhrgeschäft nach Rußland zum Zweck der Wein-
bereitung daselbst unternahm während meiner Anwesenheit zu Khasvin
ein Deutscher aus den Ostseeprovinzen, und zwar mit bestem Erfolg.

Sowohl in gewerblichen als Bodenerzeugnissen könnte Persien
das Zehnfache von dem leisten, was es bisher geliefert hat, wenn
das Nötige dazu gethan würde. Eine solche Anregung kann aber
nur von intelligenten europäischen Unternehmern ausgehen, die Perser
selbst sind zu bequem und aus sich heraus offenbar auch heutigen
Tages gar nicht mehr fähig, moralisch und physisch degeneriert.
Man kann nicht leugnen, daß die Gebildeteren gerade dem Deutschen
entschiedene Sympathien entgegenbringen, besonders gegenüber dem
Russen, den sie hassen; dem gemeinen, unter dem Einfluß fanatischer
Priester stehenden Volk ist freilich alles Europäische eines und das-
selbe und als Eindringling verhaßt. Aber anderseits finden be-
sonders von seiten der persischen Regierung Ausländer alle mögliche
Unterstützung, diese leben völlig abgabenfrei und in jeder Beziehung
bedeutend vor den Eingeborenen, gewissermaßen als unumschränkte
Herren, bevorzugt. Dazu kommt die, mehr noch als in den südlichen
Ländern Europas, außerordentliche Billigkeit alles zum Leben
Nötigen, und die Leichtigkeit, Geld zu verdienen. Freilich muß sich
der Fremde dort auch mancherlei Entbehrungen und Fährlichkeiten
aussetzen; ich kann an dieser Stelle nicht auf alle diese Vorteile und
Nachteile des Europäerlebens in Persien im allgemeinen eingehen:
man findet über alle irgend wissenswerten Punkte, die hier nicht berührt sind, ausführlichen Aufschluß in meinem demnächst erscheinenden umfassenden und illustrierten Werk über Persien.

Es ist oben bemerkt, daß es für unsere Landsleute leicht sein
würde, mit dem englischen Handel auch in Persien zu konkurrieren,
namentlich aber mit den dort ohnedies mißliebigen Russen, die in
kommerzieller Hinsicht an Gewandtheit weit hinter den Deutschen
zurückstehen, aber freilich durch die unmittelbare Nachbarschaft stets
dort den größten Vorteil haben werden, wie die Engländer von Indien

her. Gegenüber den letzteren gilt wiederum die bereits betonte Notwendigkeit, die Verhältnisse, namentlich den Geschmack der Eingeborenen in dem Lande zu studieren, ehe man dort anfängt, Handel zu treiben; die Engländer wissen durch eine lange Praxis und durch ihre Erfahrungen in Indien ganz genau, was die Perser kaufen. Tuche, Kattune und alle andern Arten leinener, wollener und baumwollener Zeuge, selbst Teppiche mit auffallenden großen Mustern kommen in Menge aus dem Abendland nach Persien: Tücher jeder Gattung, seidene Stoffe, Bänder, Stricke und Faden werden aus Europa eingeführt; Glas- und Porzellanwaren, Droguen und Bernstein, Schmucksachen für die Frauen, Kurzwaren in Stahl und Eisen liefert England. Jeder bemittelte Perser hat eine Taschenuhr und ein Federmesser von dort, und ebenso bezieht man Schußwaffen größtenteils aus Europa. Auch Zündhölzer und Papier braucht Persien von uns; ich sah dort häufig Federkasten mit den Bildern unseres Kaisers und seiner Söhne oder Bismarcks, welche zweifellos mittelbar aus Deutschland stammen. Europäische Spielwaren und Musikinstrumente sieht man in Tabris und Teheran, die zerbrechlichsten Gegenstände gelangen, trotz der monatelangen Transporte auf Kamelrücken (vgl. u.), unversehrt dahin, wie Lampen und Porzellanservices. Ferner hat man Seifen und Lichte allenthalben aus Europa; auf die Wichtigkeit des Zuckers und Thees als Einfuhrgegenstande habe ich bereits hingewiesen, der Ärmste mag den täglichen Genuß dieser beiden Stoffe nicht missen; der erstere kommt teils aus Rußland, teils aus Indien und wird in Persien sehr viel teurer bezahlt als bei uns. Viele bei uns allgemeine Genußmittel, wie Süßigkeiten, insbesondere Schokolade, sowie Branntwein, für die der Orientale eine ganz hervorragende Neigung hat, sind in Persien bisher überhaupt noch gar nicht oder nur sehr schwer zu erlangen.

Man sieht, daß es an bereits üblichen Einfuhrgegenständen nicht fehlt! Die Mannigfaltigkeit derselben könnte indes noch bedeutend vermehrt werden, wenn man nur geschickt genug ist, dem für unsere Annehmlichkeiten durchaus nicht unempfänglichen, hochintelligenten Perser die letzteren nach seinem Geschmack näher zu bringen. Tausend kleine bei uns alltägliche Dinge erscheinen dem Orientalen, unter dem Reiz des Neuen und Fremden, begehrenswert, grade wie uns die seinigen. Bis jetzt vermißt man als Ankömmling dort im allgemeinen noch jede Spur europäischer Bequemlichkeit.

Ebenso sind die Transport- und sonstigen Verkehrsmittel innerhalb des Landes noch gleich mangelhaft, wie nach Obigem die Verbindung mit dem westlicheren Europa bis jetzt langwierig ist. Unter

den denkbar günstigsten Umständen könnte man zwar von Berlin
aus bereits in 8 Tagen während des Sommers an die persische Kaspi-
küste gelangen: man erreicht in etwa 48 Stunden mit Kurierzug Odessa,
von da während des Sommers in zwei Tagen mit dem Schnellschiff
Batum, und fährt dort von früh 8 bis Abend 11 Uhr mit der Eisenbahn nach Tiflis, folgenden Tages vor Mittag weiter nach Baku an
das Kaspische Meer, auf welchem die russische Dampfschiffahrt ebenfalls nur einen Tag bis nach der persischen Hafenstadt Rescht gebraucht. Indes hat das gewifs noch niemand so gut getroffen, wenn er auch
willens gewesen wäre, sich der bedeutenden Strapaze zu unterziehen!
Die Anschlüsse jedesmal zwischen Schiff und Eisenbahn besonders sind
in diesen Gegenden nie vorher mit Sicherheit zu berechnen und sind
auch selten ganz ohne Verzug; ja auf dem Kaspischen Meer fahren
die russischen Dampfschiffchen wegen dessen gefürchteter Stürme
nur bei Sonnenschein ab, der dort selten genug sich zeigt, so dafs
man häufig gezwungen ist, in dem elenden Fiebernest Baku wochenlang zu harren. Man kann daher bis Rescht immerhin, ohne un-
nötigen Aufenthalt unterwegs, gut 14 Tage rechnen, und dann ist
man nur an der *Grenze* des grofsen Reiches, in welchem nach Unten-
stehendem erst die Langwierigkeit des Reisens so recht beginnt. Infolgedessen gebrauchen sogar Briefe von Teheran nach Berlin auf
dem kürzesten Wege und bei der denkbar schnellsten Beförderungs-
weise immer mindestens 3 Wochen. Doch geniefst man gegenwärtig
in dem Lande der Sonne der Segnungen des Telegraphen: nicht
nur läuft die von Siemens & Halske erbaute, jetzt an eine englische Gesellschaft übergegangene indo-europäische Telegraphenlinie von
London nach Kalkutta über Tiflis, Tabris, Teheran und Kabul, sondern
es hat auch in Anschlufs daran die persische Regierung alle wichtigeren Plätze des Landes durch Leitungen mit einander verbinden
lassen.

Die persische Post ist in den letzten Jahrzehnten, namentlich
mit Hilfe eines Wiener Beamten, ebenfalls, soweit es dort möglich
ist, nach europäischem Muster organisiert worden und arbeitet anscheinend recht gut. Man darf freilich eben nicht den Mafsstab
abendländischer Verwöhntheit an die persischen Verhältnisse legen
wollen; noch bietet das dortige Postwesen nur einen verhältnismäfsig
sehr kleinen Teil der Vorteile, deren wir hier geniefsen. Es werden
bisher blos einfache und eingeschriebene Briefe, sowie Paketbriefe
bis zu beschränktem Gewicht und unter bedeutend und stetig mit
zunehmendem Gewicht aufsteigenden Portosätzen befördert. Für Inland
und Ausland besteht der gleiche Tarifsatz; die Beförderung geschieht

lediglich durch Stafetten und Kuriere, mit Relais an den von 3 zu
3 Meilen gleichmäfsig über die grofsen Karawanenrouten verteilten
Poststationen. Und sollte man es meinen? Die Beförderung der
Postsachen in diesem Lande steht an Schnelligkeit trotzdem kaum
hinter derjenigen zurück, welche bei uns durch die Schnellzüge erreicht
wird; denn in jener Heimat der Pferde und Reiter gehören
Distanzritte, welche unsern kühnsten Champions unerhört erscheinen
würden, zu dem Alltäglichen.

Das früher so häufige Ausrauben der Post kommt gegenwärtig
nur noch sehr selten vor; die Stafette ist stets von Soldaten geleitet.
Freilich ist es auch jetzt immer noch am geratensten, Geldbeträge
in Persien nicht der Post anzuvertrauen; gröfsere Summen werden
jedenfalls stets durch besondere, gut bewaffnete kleine Expeditionen
ausgesendet. Postsachen von auswärts werden fast immer in dem
Lande pünktlich befördert; man kann beispielsweise eine Drucksache
von hier aus für 60 Pfennig nach Teheran gelangen lassen, welche
von dort aus nur geteilt in beschwerten Briefen geschickt werden
darf und vielleicht das Zwanzigfache jenes Betrages kostet. Den
Briefträger bezahlt in Persien der Adressat besonders.

Während Briefe aus der Teheraner Landschaft und dem weiteren
Süden des Reiches den bereits bezeichneten Weg über Rescht-Baku-
Tiflis machen, wie auch fast sämtliche aus Mitteleuropa nach Persien
gehende Postsachen, werden gewöhnlich solche aus der Tabriser
Landschaft über Trapezunt und Konstantinopel gesandt, auf demselben, etwas längern Weg also, über welchen auch nach obigem
bisher sämtliche Warensendungen dieser persischen Landschaften
von und nach Deutschland wegen des russischen Transitverbotes geleitet werden müssen.

Die Frachtsendungen nehmen etwa in dem gleichen Mafsstab
mehr Transportzeit in Anspruch, als Postsachen, wie bei uns: man
kann für erstere immerhin 4 bis 5 Monate rechnen, als Versandfrist
zwischen Persien und Deutschland, wie ich in zahlreichen Fällen er-
probt habe. Von dem noch verhältnismäfsig günstig gelegenen Tabris
aus brauchen die Karawanen in der guten Jahreszeit bis zu dem
Meere hin, nach Trapezunt, mindestens $1^{1}/_{2}$ Monate Zeit, in der
schlechten dagegen über 2 Monate; in Trapezunt läuft alle Wochen
mindestens einmal eines der älteren österreichisch-ungarischen Lloyd-
schiffe an, welche den Frachtverkehr auf dem südlichen Schwarzen
Meer hauptsächlich vermitteln. Diese Dampfer führen in etwa 14
Tagen die Waren bis Triest oder über die Donau bis Wien.

Eine weitere Schwierigkeit für den Frachtverkehr zwischen

Persien und Deutschland liegt, aufser der erwähnten Langwierigkeit des Transportes, in den *türkisch-persischen Zollverhältnissen*. Die Einrichtung einer Douane nach europäischem Muster in Persien gehört ebenfalls der neuesten Zeit an, und zwar ist *diese* Neuerung für die dortigen europäischen Kaufleute keine der angenehmeren; ein bestimmter Tarif scheint nicht vorhanden zu sein, die einzelnen Fälle sind mehr oder weniger der Willkür der mafsgebenden Zollbeamten, teilweise Armenier, anheimgegeben, mit welchen sich der Einzelne also möglichst gut zu stellen suchen mufs.

Diese Last mag daher unter Umständen eine verhältnismäfsig recht geringe sein. Unangenehmer können schon die Schwierigkeiten werden, welche den Frachten auf dem türkischen Zollamt in Erzerum drohen. Namentlich in bezug auf Waren, welche das Wohlgefallen der dortigen Beamten zu erregen geeignet sind, wie Tabak und Wein, mufs man immer im vornherein auf Verluste sich gefafst machen, und Ersatz für solche ist kaum zu erlangen. Es kommt auch vor, dafs Warensendungen angeblich infolge von „religiösen Bedenken" der Mohammedaner unnötig langen Aufenthalt haben und reklamiert werden müssen, wie es mir mit einigen Kisten voll versteinerter Tierknochen ergangen ist, u. dgl. m. Heutigen Tages kommen indes nur noch selten Verluste vor, und ich habe die türkischen Konsulats- und sonstigen Beamten in Persien stets in Vermittelung derartiger Schwierigkeiten oder Vorbeugung derselben gern und erfolgreich gefällig gefunden.

Immerhin würde, falls Rufsland für die Dauer sein unbegreifliches und ihm selbst nur schädliches Transitverbot aufrecht erhält, die oben empfohlene Begünstigung des Hafenplatzes *Abuschir* an dem persischen Golf für die Handelsverbindungen Persiens mit dem übrigen Europa zweifellos bedeutend förderlich sein. Für den Personen- und Briefverkehr nach dem Herzen von Persien wird Rescht, als Grenz- und Küstenstadt an dem Kaspischen Meer, stets der wichtigste Punkt bleiben und hat nach Einrichtung der transkaukasischen Eisenbahnverbindung und der kaspischen Dampfschiffahrt Rufslands einen grofsen Teil jener Verkehrsabzweigung, welche von der Tabriser Provinz über Dschulfa und Tiflis geht, ebenfalls an sich gezogen. Es würde diese letztere Partie noch schneller befördert werden können, wenn die an die Tabris-Ardebilstrafse in der Richtung nach dem russisch-persischen Küstenort und Dampferstationsplatz Astara führende Schindanpafsstrafse besser als bisher zugänglich gemacht würde.

Für den Güterverkehr würde dagegen Rescht als Hafenstadt immer unbedeutender werden, wenn die russische Einfuhr und Ausfuhr, die einzige noch über jenen Ort teilweise geleitete, unter deutscher und sonstiger europäischer Konkurrenz sich verringerte; und in gleichem Maße würde ein Hafenplatz an dem Persischen Golf nach Einrichtung einer direkten Dampferlinie von da nach Europa an Bedeutung zunehmen und schließlich zum Hauptstapelplatz für die persische Ausfuhr überhaupt werden. Der Süden Persiens, insbesondere die Schiraser Landschaft, hat naturgemäß, von jeher bereits, ihren auswärtigen Handel hauptsächlich über Abuschir, Bombay und Bagdad geleitet. Unmittelbar an das Land heran können freilich größere Schiffe in dem Persischen Golf irgendwo so wenig, wie an dem Kaspischen und meist an dem Schwarzen Meer.

Um aus Abuschir den Haupthafenplatz Persiens zu machen, dazu würde allerdings auch eine bessere Landverbindung zwischen demselben und den beiden Hauptstädten des Landes Teheran und Tabris wesentlich beizutragen haben, welche zugleich die wichtigsten andern Handelsplätze Persiens, vor allem Ispahan, Kermanschah und Schiras berühren würde. Man hat es bisher zu dem Bau von Eisenbahnen dort nicht bringen können, obwohl die Russen und Engländer um die Wette sich eifrigst um die Anlage solcher Verkehrsmittel beworben haben, obwohl ferner Nasreddin Schah selbst sonst unschwer, infolge seiner europäischen Reisen namentlich, für abendländische Neuerungen vorteilhafter Art in seinem Lande zu gewinnen ist und in der That außer oben Erwähntem bereits noch eine ganze Reihe andrer bei uns üblicher Anstalten daselbst eingeführt hat. Gegen den Bau von Eisenbahnen indes agitiert nicht allein die islamitische Priesterschaft, wie gegen alle sonstigen Heilsmittel „Frenghistans" (Europas), sondern man hat gegen die Schienenstränge auch Bedenken politischer Art, so wenig begründet dieselben sein mögen. Doch macht man gegenwärtig wenigstens einen ersten Versuch, und zwar mit einer Straßenbahn von Teheran nach Schah-Abdul-Asim, einem stark besuchten Wallfahrtsort der Nachbarschaft; es ist zum Besten des Landes zu hoffen und auch gar nicht unwahrscheinlich, daß die Erfolge dieser kleinen Gründung zu größeren Thaten in derselben Richtung führen werden. Zu welchem Aufschwung des persischen Handels das in der bereits erwähnten Beziehung und des Weiteren in dem Wettbewerb mit der neuen transkaspischen Eisenbahnanlage Rußlands für den Verkehr mit den innerasiatischen Hinterländern führen würde, ist gar nicht abzusehen.

Vorläufig ist der Güter- und Personenverkehr innerhalb Persiens von einem Ort zu dem andern, sowie auf größere Strecken und außerhalb des Landes bis zu dem Meere, beziehungsweise dem nächsten

Eisenbahnanschluſs Akstafa hin an der Tifliser Bahn, noch lediglich, wie in uralter Zeit, auf den Gebrauch der Lasttiere beschränkt ; denn es giebt nicht einmal Straſsen in unserem Sinn und daher auch keine Wagen in dem Lande der Sonne, auſser den paar Kutschen und Karren, welche man in Teheran und von da bis zu der Nachbarstadt Khasvin, oder sonst vereinzelt für vornehme Personen fahren sieht. Zwischen den genannten beiden Städten und sonst in der unmittelbaren Umgebung der Residenz hat man deshalb auch begonnen, fahrbare, wenigstens *gebahnte*, wenn auch nicht *beschotterte* Wege oder eigentlich viae stratas (Straſsen) in unserm Sinne, herzustellen.

Die Karavanenlinien, welche das gewaltige Netz von Verkehrswegen in der orientalischen Welt zusammensetzen, sind vielmehr lediglich durch den Gebrauch seit uralter Zeit gebahnt; eine jede dieser „Straſsen" besteht aus zahlreichen, dicht nebeneinander hinlaufenden Saumpfaden, auf deren je einem die Tiere der Karawane einzeln hintereinander bedächtig dahinziehen. Dieser einfache Zustand der Handelswege genügt in den orientalischen Ländern für den gröſsten Teil des Jahres vollkommen, da es dort nur sehr wenig regnet, und die groſsen Straſsen meist über wenig gebirgigen Boden dahinführen; nur wo solche etwa durch felsige Engpässe oder über sumpfige Niederungen verlaufen müssen, hat die Hand des Menschen den Lasttieren gewöhnlich den Weg etwas vorgearbeitet.

Die *Karavanen* bedeuten also, für den Orient, noch heute unsre Eisenbahnen, Dampfschiffe und Wagen zugleich, und es mag verlohnen, diesem so wichtigen Verkehrsmittel in nachfolgendem einige Aufmerksamkeit zu widmen.

Beinahe die Hälfte aller Karawanen in Persien ist aus *Pferden* zusammengesetzt, welchen man daselbst zuweilen gewaltige Lasten zumutet, so daſs man meinen sollte, das Rückgrat der Tiere müſste unter den letzteren brechen. Einst sah ich ein Pferd mit zwei Pianinos beladen nach Teheran gehen! In seiner Habgier verliert oft der sonst so schlaue Perser den Hauptgesichtspunkt, die Tiere nicht allzusehr zu schinden, aus den Augen; es ist daher kein Wunder, daſs die Pferde dort viel zeitiger altern als bei uns, und zehnjährige schon kaum noch mehr, als ihre Haut wert ist, gelten.

Die Tiere der Karawane gewöhnen sich so gut, in bestimmtem Schritt einzeln dicht hintereinander zu marschieren, daſs die „Tscharuschen" oder Führer des Zuges sich gar nicht um erstere zu kümmern brauchen. Wie das Leittier einer Karawane seine Ehre sich nie nehmen lassen wird und diese unter Umständen in einer für den vorbeireitenwollenden Fremden unangenehmen Weise verficht, so ist anderseits eines der nachfolgenden Pferde nicht von der Stelle zu bringen, sobald es nicht mehr den gewohnten Schwanz seines Vorgängers vor der Nase hat.

Den vierten Teil aller persischen Karawanen ungefähr bilden die aus *Eseln* gebildeten; denn der Esel kann nur etwa die Hälfte derjenigen Last bewältigen, welche einem Pferde zugemutet werden darf, und wird deshalb mehr für den Transport innerhalb der einzelnen Ortschaften, für den Hausbedarf, und auf geringere Entfernungen hin verwendet. Nahezu ebenso häufig sind die aus *Kamelen* bestehenden Karawanen; auf dem Marsche werden diese Tiere mit Ketten oder Stricken einzeln hintereinander gekoppelt und tragen teilweise oder sämtlich eine Glocke an dem Hals, oder ein System ineinandergesteckter Glocken, wie es dort üblich ist. In den gebirgigen Teilen des Landes haben diese „Schiffe der Wüste" freilich hier und da mit größeren Schwierigkeiten zu kämpfen, um vorwärts zu kommen, als Pferde und Esel. Die unterwegs geborenen Kamelkälbchen müssen, völlig sich selbst überlassen, der Gesellschaft auf dem Marsche nachzukommen suchen, so gut sie eben können, und nach der Muttermilch bis zu dem „Mansil", dem Quartier, lechzen. Oft sieht man diese armen Kleinen, lahm und halb verschmachtend, in der glühendsten Sonnenhitze eines südlichen Sommers, weit hinter der Karawane in Abständen je von einander, wenn ihrer mehrere sind, nachhumpeln. Da beginnen der Kampf um das Dasein und die Gewöhnung an Strapazen und Entbehrungen bereits in dem zartesten Alter!

Es ist eine natürliche Folge der häufigen Überbürdung und mangelhaften Ernährung, daß so viele Lasttiere auf dem Marsche fallen, und die Karawanenwege daher mit Skelettresten aller Art so häufig garniert sind. Welches Kapital liegt allein in dieser unermeßlichen Knochensaat des Orientes zum Aufgehen bereit und unbenutzt!

In dem Hofe des Karawanen-Serajs oder an dem Zeltlager scharen sich des Abends die Kamele im Kreise kauernd, um einen gemeinsamen Futternapf voll Häcksel, in welchen alle die langen Hälse zugleich hineinfahren, meist in exemplarischer Eintracht und mit echt orientalischer Bedächtigkeit. Vielfach, selbst in den schlechten Jahreszeiten, sind indes diese Tiere ausschließlich auf das kärgliche Futter angewiesen, welches sie auf den Steppen ausfindig machen: man bemerkt nicht selten Herden der ersteren an scheinbar ganz kahlen Abhängen weiden. Bei dieser Beschäftigung sind jene meist ohne Aufsicht und entfernen sich nicht selten weit von dem Lager der Treiber, welches die Warenballen aufgestapelt enthält, so daß dann eine förmliche Jagd eröffnet wird, um alle wieder herbeizubringen. Gestohlen wird den armen „Tscherwadaren" auch oft genug ein Tier.

Für das Auf- und Abladen der Lasten müssen die Kamele bekanntlich sich niederkauern; und da infolgedessen die Güter sehr viel weniger gestürzt zu werden brauchen, als bei Karawanen von Eseln oder Pferden, so vertraut man letzteren beiden Lasttierarten zerbrechliche und sonstige, der Schonung besonders bedürftige Waren überhaupt nicht gern an. Für größere Überlandkarawanenstrecken werden Kamele gewöhnlich in allen Fällen vorgezogen, weil diese Tiere doch schwierigeren Verhältnissen sich anzupassen im stande sind, als die andern; auch vermag ein Kamel nahezu das Doppelte von demjenigen zu transportieren, was auf ein Pferd gerechnet wird. Die Kamellast oder „Charwar" ist daher auch die höchste persische Gewichtseinheit, wie bei uns der Zentner, und kommt mehr als fünfen der letzteren gleich; die Gewichtseinheit jedoch, mit welcher man in dem Handel am meisten zu thun hat, ist der hunderste Teil des „Charwar", der „Batman", wie es bei uns das Pfund ist. Nach diesem werden Gerste, Stroh, Heu u. a. abgemessen, während Reis, Kaffee, Zucker und Tabak in Vierteln oder „Tscherek" gewogen werden, deren jedes 10 „Sir" oder persische Lot hat. Droguisten und Juweliere endlich in Persien rechnen nach „Miskal", deren 16 auf einen „Sir" gehen. Der „Batman" hat nach den verschiedenen Gegenden einen veränderlichen Wert, zu Urmia und Maragha in Aderbejdschan ist jener beispielsweise, für dasselbe Geld, viel größer als in der Hauptstadt letzterer Landschaft, zu Tabris. Persische Längenmaße sind Tagereisen (der Karawanen) oder „Mansil", wie in der biblischen Geschichte, zu je etwa 6 „Farsach" oder persischen Meilen („Parasangen" der alten Griechen), welche etwas kleiner als die deutschen sind; in dem Geschäftsverkehr ist die russische „Arschin" oder Elle gebräuchlich.

Die Kamele geben während des Beladens häufig ihrer Unzufriedenheit mit dieser Manipulation durch fortwährendes Brummen und Brüllen Ausdruck, welches entfernte Ähnlichkeit mit der Stimme des Rindes hat. Unter Singen und Hührufen der oben sitzenden Treiber geht es dann voran; letztere sieht man bisweilen, namentlich in leer heimkehrenden Karawanen, auf den marschierenden Kamelen oder Eseln schlafen, indem jene die Arme und Beine beiderseits herunterbaumeln lassen und mit Brust und Gesicht auf dem breiten und wohlgepolsterten Packsattel aufruhen, — unbeirrt durch die glühend auf sie herabfallenden Strahlen der Julisonne und durch den bekanntlich sehr schaukelnden Gang des Kameles, welcher ihre willenlos herabhängenden Extremitäten in pendelnde Bewegung versetzt. Ein echt orientalisches Stimmungsbild!

Selten begegnet man Maultierkarawanen in Persien, und Rinder sah ich daselbst als Packtiere nur ausnahmsweise an dem Kaspischen Meer in Verwendung. Die *Frachtpreise* sind, wie alle sonstigen Werte in jenen Gegenden, gar keine feststehenden; für die beiden nach Obigem bisher bedeutendsten, als den Verkehr nach Europa vermittelnden Linien, Tabris-Erzerum-Trapezunt und Tabris-Erivan-Tiflis, sind die Tiere erheblich billiger von Tabris aus zu mieten und zu kaufen, als in Trapezunt oder Tiflis, wo selbige für die stärkere Einfuhr stets wohlbegehrt sind. An sich sind die Frachtpreise, wie auch die menschlichen Arbeitskräfte und nach Obigem die Lebensmittel in jenen Gegenden, nach unsern Begriffen, sehr billig: für die lange Strecke von Tabris nach Trapezunt zahlte ich für jedes Kamel der Karawane, welche ich zuletzt in ersterer Stadt für den Versand meiner Geologenausbeute mietete, einschließlich der Treiber mit nur einem halben russischen Imperialen, nicht ganz 17 Mark nach unserm Geld, auch Futter und alles sonstige auf der nach Obigem allermindestens 1½ Monate langen Karawanenreise inbegriffen! Die Überführung der Güter in Trapezunt auf das Schiff besorgen dortige Speditionsgeschäfte (Meriniau u. a.).

Alleinreisende, minder bemittelte Orientalen pflegen sich, besonders in unsicherer Gegend, aber auch schon jedenfalls der Gesellschaft halber, einer Karawane anzuschließen, einem Spruche des Dichters *Saadi*, des persischen Orakels, folgend. Die Karawane bietet für den in diesen Gegenden allerdings seltenen Reisenden *zu Fuss* noch dazu den Vorteil, bei eintretender Ermüdung unentgeltlich auf einem der Karawanentiere zeitweise Platz nehmen zu dürfen; der Perser ist von Natur gutmütig, wie es sich meist bei den Südländern der Armut gegenüber zeigt.

Für den reisenden Europäer empfiehlt sich dagegen ein derartiger Anschluß an Karawanen wegen der Langsamkeit ihres Vorrückens nicht; für diesen giebt es vielmehr in Persien drei andre Arten voran zu kommen: für denjenigen, welcher möglichst unabhängig sein will und muß, ist es am besten, eigene Pferde zu kaufen, wie ich es gehalten habe; allerdings hat man dann diese Tiere auch zu ernähren, und hat die fortwährenden Sorgen um deren Wohl, welche in einem Spitzbubenland, wie Persien, den Besitzer stark in Anspruch nehmen; man läuft ferner sehr Gefahr, gleich bei dem Ankaufe der Rosse betrogen zu werden, und muß von Anfang an überhaupt darauf verzichten, dieselben je, wenn es nötig wird, zu annehmbarem Preise in dem Lande selbst oder dessen Nachbarschaft wieder los zu werden. Indes ist dort auch der Ankaufspreis von Pferden nach Obigem ein verhältnismäfsig sehr geringer; und man vermeidet doch bei solchem eigenem Ankauf die mit häufigem Wechsel von Tieren notwendig verbundenen Nachteile, welche für den Fall einer mehrmonatlichen Reisedauer von der zweiten der oben ange- gebenen Reisemethoden unzertrennlich sind: es ist diese diejenige, sich „Tscherwadars", Tiertreiber mit Pferden, für bestimmte Ent- fernungen zu mieten. Das ist das Beste für Leute, welche entweder nur ein bestimmtes Ziel in dem Land erreichen wollen, ohne sich dabei allzusehr beeilen zu müssen, oder sonst die für einzelne Strecken verfügbare Zeit vorher bestimmen können.

Mufs man endlich gröfsere Touren in möglichst kurzer Zeit zurücklegen, so bedient man sich jener persischen Posteinrichtung, welche, der russischen vielleicht nachgeahmt, zu sehr mäfsiger Taxe Kurierpferde mit Relais in allen, je drei „Farsach" von einander entfernten Posthäusern an den Karawanenlinien den Reisenden zur Verfügung stellt, wie nach Obigem der Briefbeförderung; dies sind die „Tschapari". Freilich hält es dort meist noch viel schwerer, in den Posthäusern pünktlich und überhaupt bedient zu werden, als an den transkaukasischen „Trojka"-Stationen Rufslands. In den Haupt- richtungen zwischen Tabris und Teheran, Teheran und Rescht, Teheran und Ispahan u. a. sind überall solche kleine „Tschaparchaneh" erbaut und Pferde zu erlangen.

Einen seltsamen Anblick gewährt es für den Europäer, die Karawanen durch die schmalen Budengänge und das Volksgetümmel der städtischen „Bazare" ziehen zu sehen. Nie habe ich bemerkt, dafs eines der beiderseits schwer bepackten Kamele die Waren- aufstellungen eines Bazarhändlers beschädigt hätte, obwohl die Tiere mit ihren Lasten die Buden streifen. Die Treiber brauchen darauf gar nicht achtzugeben, ihre Tiere sind gut gewöhnt, und alles wickelt sich ungestört und maschinenmäfsig ab; nur wenn zwei derartige Züge in den engen Gassen sich begegnen, entstehen Ver- kehrsstörungen, welche die Lebhaftigkeit der Südländer in bunten Farben erscheinen lassen.

Der *Bazar*, der Läden- und Werkstättenbezirk als Mittelpunkt einer jeden orientalischen Stadt, zeigt das kommerzielle Leben in seiner vollen Entwickelung und ist der Stolz eines jeden Islamiten; der „Rialto" der mittelalterlichen Venezianer erinnert in etwas an jene dem Morgenland eigentümliche Einrichtung. Über die Herrlichkeiten des Bazars liefsen sich allein ganze Bände voll schreiben, wenn auch der mit den „Eindrücken von Tausend und Eine Nacht" anlangende Europäer stets von jenen engen schmutzigen Buden enttäuscht sein wird. Alle Gewerbe haben da ihre gesonderten Bezirke, die Schmiede, Schuhmacher, Tuchwaren u. a. findet man je beieinander, während die Wohnhäuser auf die äufsere Stadt allein beschränkt sind. Dagegen liegen in dem Bazar zugleich die gröfseren Karawan-Serajs, quadratische, einen Hof umgebende Gebände, welche dort weniger zur eigentlichen Einkehr für die Karawanen dienen, als vielmehr die Büreaus der Handelshäuser und Grofskaufleute, und zugleich Absteigequartiere für zugereiste Händler enthalten; da werden die wichtigeren Geschäfte abgeschlossen, da befinden sich die grofsen Warenlager, die Zoll- und Postämter, und da werden die Karawanen abgefertigt, die Tiere beladen oder ihrer Bürden entledigt.

Der für diesen Aufsatz bestimmte Rahmen gestattet es nicht, auf die Einzelheiten des Bazarlebens weiter einzugehen, es mag für diese hier nochmals auf das oben angekündigte umfassende Werk des Verfassers verwiesen werden, in welchem wohl jedermann etwas für seinen Geschmack finden wird.

Kleinere Mitteilungen.

§ **Aus der geographischen Gesellschaft in Bremen.** Am 30. Januar d. J. hatte der Vorstand unsrer Gesellschaft die Freude Herrn Stabsarzt Dr. Ludwig Wolf vor seiner Abreise nach Westafrika hier in Bremen zu begrüfsen und einen Abend in geselligem Kreise mit ihm zu verbringen. Derselbe erhielt bekanntlich vom Auswärtigen Amt des deutschen Reichs den Auftrag, im deutschen Schutzgebiet Togoland an der Westküste von Afrika eine wissenschaftliche Station zu gründen. Der Präsident der Gesellschaft, Herr G. Albrecht, sprach dem verehrten Gast die herzlichsten Wünsche der Gesellschaft für einen guten Erfolg des Unternehmens aus, worauf Herr Dr. Wolf ein Hoch auf die Gesellschaft und auf Bremen ausbrachte. In Begleitung des Herrn Dr. Wolf befand sich der 11jährige afrikanische Knabe, dessen in den Zeitungen wiederholt gedacht worden ist, er spricht etwas Deutsch. Derselbe stammt aus dem Innern von Afrika und geht jetzt mit nach Togoland, wo Dr. Wolf die Station so weit im Innern, als es eine regelmäfsige Verbindung mit der Küste noch zuläfst, zu errichten gedenkt. Dr. Wolf reiste von hier am 31. Januar früh nach Hamburg, um mit seinem Assistenten Premierleutnant Kling noch einmal Rücksprache zu nehmen. Letzterer schiffte sich an diesem Tage mit dem Knaben auf dem Dampfer „Lulu Bohlen" von der Woermann-Linie ein, der Steuermann Bugslag, von seiner Teilnahme an der Expedition Wifsmanns zur Erforschung des Kassai rühmlichst bekannt, wird sich der Expedition in

Monrovia, wohin er vorausreiste, um Leute zu werben, anschliefsen. Dr. Wolf
reiste am 1. Februar Abend auf der Bahn nach Lissabon, um von dort auf einem
portugiesischen Dampfer nach Madeira zu gehen. Hier beabsichtigte er noch
einen Tag mit seinem früheren Reisegefährten, Leutnant Wissmann, der statt
in Europa dort aus Gesundheitsrücksichten den Winter verbringt, zusammen
zu sein, um sodann am 9. Februar mit dem an diesem Tage dort zu erwartenden Woermannschen Dampfer weiter nach der Westküste, nach Togoland, zu gehen. Hier ist bekanntlich eine Hamburger und eine Bremer Firma
durch Faktoreien vertreten; zu letzterer, F. M. Victor Söhne, wird wahrscheinlich demnächst noch eine andre Bremer Firma hinzutreten. Zwei junge
Schwarze aus Togoland kamen vor einiger Zeit nach Bremen, um sich in
Handwerken auszubilden, der eine erlernt auf einer oldenburgischen Werft den
Bootsbau. Über die Expedition des Dr. Wolf bringen wir weiter unten unter
Togoland einige weitere Mitteilungen.

Unser Mitglied, Herr Professor Dr. F. Kurtz in Cordoba (Argentinien),
trat am 1. Dezember v. J. zusammen mit Dr. W. Bodenbender, Kurator des
palaeontologischen Museums der Universität Cordoba, eine Forschungsreise in
die östlichen Abhänge der Anden zwischen Mendoza und dem Rio-Negro-Gebiet
an. Von verschiedenen Punkten aus sollen Streifzüge westwärts in das Gebirge
gemacht werden. Dr. Kurtz wird topographische, klimatologische und geologische Untersuchungen vornehmen, während Dr. Bodenbender die Zoologie
und Botanik vertritt. Die Kosten der trefflich ausgerüsteten Expedition werden
in erster Linie vom geographischen Institut in Buenos-Aires bestritten.

Am 18. Dezember v. J. hielt Herr Ministerresident Dr. H. A. Schumacher
in der Gesellschaft einen Vortrag. Die „Weser-Zeitung" berichtete darüber
wie folgt:

Unsre geographische Gesellschaft, bisher mit grofser Entschiedenheit
den praktischen Fragen und den ganz modernen Entdeckungen zugewendet,
scheint jetzt auch dem sehr beachtenswerten, in fast allen gleichartigen Vereinen wahrnehmbaren Zuge zu folgen, die Erdkunde nicht blos als eine
Sammlung von neuen und neuesten Erfahrungen, Erlebnissen und Beobachtungen
zu betrachten, sondern als eine Wissenschaft, welche, trotz ihrer Jugend, schon
ein gut Stück Geschichte hinter sich hat und nur noch nicht ganz ihrer Vergangenheit sich klar geworden ist. Wie in England die grofsartigen Editionen
älterer geographischer Werke unter der Ägide der berühmten Haklnyt-Society
erfolgten, wie z. B. die Pariser geographische Gesellschaft d'Avezac fast ganz
historisch gehaltene Colombusstudien mit Freuden begrüfst und die Berliner
durch Ruhrks Reisebeschreibung sich sogar bis in die Mitte des 13. Jahrhunderts vertieft hat, so hat unsre geographische Gesellschaft, nachdem ihr
bereits die Veröffentlichung der ältesten kartographischen Darstellung Nordwest-
deutschlands zu verdanken war, durch Annahme des gestern von Herrn
Dr. Schumacher gehaltenen Vortrags sich zu dem Grundsatze bekannt, dafs
die Geographie nicht blos durch das absolut Neue, das bisher vollständig Unbekannte, gefördert werde, sondern auch durch die Neubelebung von früher
vorhanden gewesenen Kenntnissen, die Wiedererringung verloren gegangener
Errungenschaften. Wie sehr in unsrer schnell vorschreitenden Zeit eine rück-
blickende Geographie auch in praktischen Kreisen erwünscht ist, deutete der
Schumachersche Vortrag selbst an, indem er von einer festlichen Sitzung der
Newyorker geographischen Gesellschaft ausging, die inmitten der Säkular-

feierlichkeiten im Juli 1878 abgehalten wurde und alle Kulturalitäten Mittel-
amerikas, namentlich das Land der Chorotegoer zum Gegenstand hatte. An
die damalige Festrede des jetzt schon fast vergessenen Dr. C. H. Behrendt
anknüpfend, teilte Dr. Schumacher eine bisher nur stückweise bekannt gewordene Reisebeschreibung mit, welche die Westküste von Nicaragua bespricht
und Schritt vor Schritt Beobachtungen aus den Jahren 1527—1530 darstellt,
geographische und ethnologische Thatsachen, deren weitere Verfolgung erst
möglich sein wird, wenn die Durchstechung des Nicaraguagebirges in Angriff
genommen ist. Der — durch Karten und Illustrationen ergänzte — Vortrag
begleitete den Reisenden Fernandez de Oviedo auf seiner Fahrt von Panama
bis zu den grossen Binnenseen — Ayagualo und Cozabolca —, verweilte länger
in Ymahita (jetzt Moabita) am Fusse des Mahomotamba und im wilden Vulcan-
gebirge der Maribier; dann betrachtete er eingehend Leben und Treiben, Spiel
und Feste in Tecoatega, dem Sitz des Agateita, d. h. des Alten — Viejo heisst
der Ort noch heute, ebenso der benachbarte Vulcan. Höchst charakteristisch
waren die Erzählungen des Reisenden über allerlei mit der Landesgestaltung
zusammenhängenden Aberglauben und Naturrätsel; fast von Tag zu Tag wurde
eine Reise beschrieben, die schliesslich zur Besteigung des Masayaberges führte.
Es wurden die Uferlandschaften der beiden grossen Seen, die seltsamen Krater-
formationen und Vegetationsverhältnisse geschildert und viele kleine und grosse
Erfahrungen besprochen, welche denen, die in modernen Reiseberichten zu lesen,
sehr ähnlich sehen. Der Bereisung der Südufer des Ayagualo und des Cozabolca
folgte eine Übersteigung des Oroséthales, das zu dem Marmiathal und zu der
Orotinabucht führte. Dort bildet der Ort Nicoya, der bereits früher einmal
auf dem Küstenwege aufgesucht war, den Stationsort; es werden dortige Sitten
und Kleidungen beschrieben, namentlich auch ein Tabaksgelage. Von Nicoya
fuhr der Reisende für kurze Zeit nach Panama, ging dann nochmals nach
Nicaragua und geriet auf der schliesslichen Rückkehr in die Windstillen, die
er, obwohl krank, in jener Orotinabucht durch Aufzeichnung der Inseln und
Küsten, sowie durch Sammlung von Perlen, Tieren und allerlei Gerätschaften
nützlich zu verbringen wusste. Wie gesagt, ist die Beschreibung dieser drei-
jährigen Reisen nicht unbekannt, Dr. Schumacher hat jedoch erst in die einzelnen Stücke, welche Ternaux-Compans, Squier und andre mit zahlreichen
Fehlern übersetzt haben, genügenden Zusammenhang gebracht, so dass uns der
Reisende und seine Erlebnisse trotz der 350 Jahre Distanz deutlich vor die Seele
treten konnte.

Diese Reisebeschreibung ist die älteste ihrer Art, die sich auf Amerika
bezieht und was Volksleben, Naturerscheinungen, Reiseerlebnisse, Pflanzen- und
Tierwelt anbetrifft, eine der frischesten unter allen den Schriften des 16. Jahrhunderts, ein Prachtstück der alten Reiselitteratur. Der Vortrag fand viel
Beifall.

An demselben Abend fand noch eine Vorstandsversammlung statt, in
welcher die Herausgabe einer von Herrn Ministerresident Dr. Schumacher
verfassten Biographie des Bremer Geographen J. G. Kohl beschlossen
wurde.

§ Polarregionen. Bei Besprechung der im vorigen Sommer von dem
amerikanischen Ingenieur Peary und dem dänisch-grönländischen Kolonialbeamten
Maignard ausgeführten Schlittenreise über das grönländische Binneneis (Deutsche

Geogr. Blätter Band 10. S. 315 u. ff.) wurden am Schluſs verschiedene Gründe angegeben, die dafür sprächen, das Durchdringen über die Eisflächen Grönlands von der Ostküste aus zu versuchen, während es bekanntlich bisher immer von der Westküste aus unternommen worden ist. Heute können wir mitteilen, daſs dieser Versuch im bevorstehenden Sommer durch Herrn Fridtjof Nansen, Konservator am Museum zu Bergen, unternommen werden wird. Derselbe schreibt uns darüber aus Christiania, 1. März, wohin er von Bergen auf Schneeschuhen reiste, folgendes: „Meine Expedition soll im Mai aufbrechen und zwar zunächst nach Island; dort im Isafjord (Nordwestküste von Island) werden wir von einem norwegischen Robbenfänger abgeholt und nach der Ostküste von Grönland gebracht. Wahrscheinlich müssen wir hier, ein Boot mitschleppend, über das Eis (Packeis) wandern, um das Land in der Nähe von Kap Dan zu erreichen. Die Expedition wird aus sechs Personen: vier Norwegern (mit mir) und zwei Lappen bestehen, alle sind ausgesuchte Leute und gute Schneeschuhläufer. Das Weitere ist aus einem gedruckten Aufsatz zu entnehmen, der im Januarheft der norwegischen Zeitschrift „Naturen" veröffentlicht wurde und der uns überdies durch die Güte des Herrn Nansen in einem Sonderabdruck vorliegt. Derselbe ist überschrieben: „Grønlands indlandsis", beigegeben ist ein Kärtchen von Grönland. Ausführlich legt Herr Nansen zunächst die früheren Versuche dar, das grönländische Inlandeis zu durchkreuzen, von jenem ersten Vorhaben des Gouvernens Paars 1728, Grönland zu durchreiten, bis auf Jensen, Nordenskjöld und Peary. „Es scheint dreist", sagt Nansen, „nach so vielen Miſserfolgen zu versuchen, mit einem Male quer durchzugehen, nichtsdestoweniger hege ich die Hoffnung, daſs es glücken kann und zwar aus folgenden Erwägungen: Zunächst wird die Expedition nur aus geübten Schneeschuhläufern bestehen, wodurch ihr ein grofser Vorteil gegenüber den früheren Expeditionen gesichert ist. Dies ergiebt sich am deutlichsten aus der Erfahrung, welche Freiherr v. Nordenskjöld auf seiner im Sommer 1883 ausgeführten Reise über das grönländische Binneneis machte; es legten nämlich die mit Schneeschuhen versehenen Lappen in 57 Stunden eine doppelt so lange Strecke zurück, wie diejenige war, welche die zu Fufs sich vorwärts bewegende Expediton in 27 Tagen durchmaſs. Sodann hat eine von der Ostküste vordringende Expedition die Reise nur einmal zu machen, da die Westküste Grönlands bewohnt ist und man von da nach Europa gelangen kann. Dringt man dagegen von der Westküste nach der Ostküste vor, so muſs man wieder dahin zurück." Im Anfang Juni soll mit einer norwegischen Seehundsfang-fahrzeugbesatzung (einige der stärksten Schiffe sind zu dem Ende bereits ins Auge gefaſst) von Island zur Ostküste von Grönland gefahren und auf etwa 66° n. Br. der Versuch gemacht werden, so nahe wie möglich an das Land zu dringen. Um über das offene Wasser zunächst dem Lande (das sogenannte Landwasser) zu gelangen, wird ein kleines Boot mit über das Eis genommen. Dafs eine solche Reise über das Treibeis möglich, dafür stützt sich Herr Nansen auf eigene Erfahrung. Er machte im Sommer 1882 mit dem Seehundsfänger „Viking" von Arendal eine Reise ins Eismeer, im Juni dieses Jahres war dieses Schiff im Eise vor der Küste besetzt und trieb 24 Tage längs derselben. „Ich hatte da", erzählte er, „auf zahlreichen Wanderungen und Jagdfahrten Gelegenheit genug die Beschaffenheit des Eises und Schnees kennen zu lernen, häufig wurden wir in unserm Boot plötzlich vom Eis eingeschlossen und muſsten es dann auf weite Strecken über das Eis ziehen." Herr N. will darnach trachten, nördlich vom Kap Dan zu landen, da südwärts die Küste neuerdings (1884)

durch die dänische Expedition des Leutnants Holm erforscht ist. Nachdem
kurze Zeit der Erforschung der Küste gewidmet worden, soll die Wanderung
über das Inlandeis angetreten werden, womöglich von dem Innenrand eines
tief ins Land reichenden Fjords. Der Kurs soll auf Christianshaab bei der
Diskobucht, von welchem Küstenplatz auch Nordenskjöld seine Eiswanderung
unternahm, genommen werden. Die Entfernung der Westküste von der Ostküste, da, wo Herr Nansen zu landen gedenkt, ist etwa 670 km; rechnet man nun,
daß im Durchschnitt täglich 20—30 km zurückgelegt werden — was bei
Schneeschuhen nicht schwierig — so würde die Reise über das Eis nicht länger
als einen Monat dauern, doch soll Proviant für 2 Monate mitgenommen werden.
Außer den gewöhnlichen Schneeschuhen sollen truer, eine Art Schneeschuhe
mitgenommen werden, die man im nordöstlichen Norwegen in weichem feuchtem
Schnee benutzt und die der Beschreibung nach den in Alaska gebrauchten
ähnlich sind. Die weitere Ausrüstung soll bestehen aus den nötigen Instrumenten
zur Ortsbestimmung, Kompassen, Aneroidbarometer, Thermometer, Fernrohr,
photographischem Apparat, Spiritus-Kocheinrichtung, einem kleinen Zelt, Schlaf-
säcken, Kautschukmatratzen, Reserve-Kleidern und -Schneeschuhen, Gewehren
und Munition, Schneeschuhstöcken, Schneebrillen, Eisstegen u. s. So weit die
Mitteilung des Herrn Nansen. Jeder, der sich für die Lösung des geographischen
Problems, welches das Innere Grönlands bietet, interessiert, wird dem kühnen,
aber wie es scheint nach allen Richtungen wohlbedachten Unternehmen von
Herzen Glück wünschen. Viel wird davon abhängen, daß Herr Nansen schnell
durch das Treibeis die Küste Ostgrönlands erreicht. Wie verschieden sich in den
verschiedenen Jahren und in den verschiedenen Sommermonaten eines und desselben Jahres die Eisverhältnisse vor der Küste von Ostgrönland gestalten, lehrt
ein in unsrer Zeitschrift 1881 Band IV. S. 261 veröffentlichtes, nach den
Ermittelungen des schottischen Walfängers Kapitän D. Gray entworfenes Kärtchen,
welches diese Grenzen in 7 Jahren in verschiedenen Sommermonaten zeigt und
zu welchem damals Herr Kapitän Koldewey instruktive Erläuterungen gab. Liegt
das Eis lose, so ist der in See sich erstreckende Eisgürtel gewöhnlich breit und
das Anlaufen der Küste mit einem Segelschiff langwierig. Liegt es eng gepackt,
so ist der Eisgürtel schmaler und das Vordringen zur Küste nötigenfalls mit
Boot und beziehungsweise über das Treibeis am Ende leichter zu bewerkstelligen.

Bereits im letzten Heft dieser Zeitschrift berichteten wir, daß der Walfang im Eismeere nördlich von der Beringstraße im vorigen Sommer sehr
ergiebig ausgefallen sei. Eine große Zahl von Walen wurde erbeutet, die
41,830 Barrel Thran und 579 100 Pfund Barten lieferten. Es waren im ganzen
40 Schiffe auf den Fang, von denen 35 Schiffe nördlich von der Beringstraße
und 5 in der Ochotskbai fischten; Walrosse wurden aus dem Grunde, weil der
weit lohnendere Walfang so ergiebig war, nicht viele gefangen. Sonst pflegen
die Walfänger den Walroßfang in schonungsloser Weise zu betreiben, so daß
die Ausrottung des Tieres nur eine Frage der Zeit ist.

Die Zeitschrift für Missionskunde und Religionswissenschaft, Heft 1,
Jahrgang III, meldet folgendes aus Grönland: „Den dänischen Handelsbeamten in
Grönland ist von ihrer Regierung mitgeteilt worden, es werde demnächst auf der
Ostküste eine dänische Handels- und Missionsstation errichtet werden.
Ein Dampfer werde dann vom Jahre 1889 an regelmäßig die Ostküste befahren
und die Station verproviantieren, auch die Westküste werde der Dampfer an-
laufen. Bereits wurde die Person des künftigen Missionars (ein Mitglied der
Ostküstenexpedition unter Kapitän Holm) namhaft gemacht.“

Dieselbe Zeitschrift bringt einen Aufsatz vom Pfarrer und Privatdozent Dr. R. Egli in Mottmersierten über Hans E g e d e, den Apostel der Grönländer.

§ Neu-Guinea. Die Direktion der Neu-Guinea-Kompanie in Berlin hat kürzlich an die Anteilhaber der Kompanie einen Bericht, den ersten seit dem Bestehen derselben. erstattet. Darin ist alles bis jetzt Geschehene und in den gedruckten „Nachrichten der Kompanie" Berichtete übersichtlich zusammengesetzt, es sind aber darin auch manche neue Mitteilungen enthalten, weshalb wir, unter Bezugnahme auf unsre früheren Auszüge aus diesen „Nachrichten", etwas näher auf den Geschäftsbericht eingehen. Die Zentralstation in Kaiser Wilhelms-Land ist nach wie vor Finschhafen. Im Sommer 1887 waren dort 16 Gebäude errichtet, und zwar Wohnhäuser, ein Speisehaus, ein Kulihaus für 150 farbige Arbeiter, Lagerhäuser, Schuppen und Ställe. Im Lauf des Sommers ist eine Lokomobile zum Betriebe eines Sägewerks aufgestellt, mit dem Wohnhaus des Technikers soll eine Reparaturwerkstätte verbunden werden. Ein Viehpark kann 80 Stück Rindvieh aufnehmen. Finschhafen eignet sich weniger zum Plantagenbau, als zum Handelsplatz und Sitz der Verwaltung, der Plan zu einer städtischen Anlage ist ausgelegt. Eine Nebenstation, Bulaneng, dient zu Versuchskulturen, die guten Erfolg versprechen. In der Station Hatzfeldthafen ist nach Klärung des Buschlandes ein Versuchsfeld für Tabak angelegt. Die neue Station in Constantinhafen hat unter der umsichtigen und kräftigen Thätigkeit des jetzigen Vorstehers Kubary, welcher seit Februar d. J. die Leitung übernommen hat, einen sehr erfreulichen Fortgang genommen: die nötigen Wohnhäuser, Malayenhaus, Schuppen, Geflügelgehege, Gefängnis sind zum Teil aus einheimischem Material hergestellt, eine Plantage von 8½ ha wurde geklärt und gab gute Erträge. Die von der bekannten Expedition Dr. Schrader's und Genossen beabsichtigten längeren Durchquerungstouren im Innern mußten hauptsächlich deshalb unterbleiben, weil es an Trägern fehlt; die Eingeborenen erweisen sich als ungeeignet dazu, Chinesen von Cooktown waren träge und widerspenstig. Über die Forschungen im Küstenland und eine Befahrung des Kaiserin Augusta-Flusses haben wir seiner Zeit aus den „Nachrichten" Mitteilung gemacht. Den Postdienst zwischen Finschhafen und der nächsten Station der Dampfer der P. u. O. Kompanie, Cooktown in Queensland, ferner den Stationen in Kaiser Wilhelms-Land unter einander und mit dem Bismarck-Archipel vermitteln drei Dampfer: „Samoa" (114 Br. Reg. Ton), „Ysabel" (366 Br. Reg. Ton, geführt von Kapitän Dallmann) und „Ottilie" (114 Br. Reg. Ton); außerdem hat die Kompanie noch zwei Segelschiffe: „Esmeralda" und „Florence Danvers" in Fahrt. Die drei Dampfer kosteten mit Ausrüstung 1 687 000 ℳ, die Segelschiffe 107 000 ℳ. Die Zahl der draußen befindlichen Verwaltungsbeamten der Kompanie, abgesehen von den wissenschaftlichen Forschungsreisenden, beträgt jetzt 33, die Zahl der Handwerker, Seeleute und ähnlicher Angestellter ist 19. Eine bewaffnete Schutzmannschaft ist in der Bildung begriffen, ein Offizier und einige Unteroffiziere haben sich mit der Ausrüstung für 50 Mann nach dem Schutzgebiet begeben und hofft man die Mannschaft aus Eingeborenen der Salomons-Inseln oder von Neu-Mecklenburg zu gewinnen. Über die christliche Missionsthätigkeit, welche die Kompanie zur friedlichen Gewinnung der Eingeborenen nicht entraten kann und will, teilt der Bericht mit, daß Wesleyanische Missionare sich schon seit mehreren Jahren im Bismarck-Archipel niedergelassen haben. Nun haben die evangelisch-lutherische

Missionsgesellschaft von Nenendettelsau in Bayern, welche mit der evangelisch-lutherischen Immanuel-Synode in Süd-Australien in Verbindung steht und die rheinische Missionsgesellschaft in Barmen sich ans Werk gemacht. Zwei Missionare der erstgenannten Gesellschaft haben sich in der Nähe der oben erwähnten Nebenstation von Finschhafen, Butaueng, häuslich niedergelassen. Die Direktion hat mit beiden Gesellschaften Vereinbarungen getroffen, welche die Förderung der beiderseitigen Aufgaben zum Ziele haben. Die Missionare erhalten als Geistliche und religiöse Erzieher ihre Weisungen lediglich von den Leitern der Missionsgesellschaft, welche sie ausgesendet hat, von denselben aber auch die Mittel zu ihrem Unterhalt und zur Begründung und Erhaltung der Niederlassungen; die Direktion ihrerseits hat sich die Abgrenzung der Missionsbezirke, die Genehmigung der Stationen sowie gewisse Kauteln gegen Übergriffe vorbehalten und gewährt materielle Unterstützung durch Begünstigungen beim Transport, bei der Entnahme von Lebensmitteln und bei der Überlassung von Grundstücken. Sie vermittelt auch die Zahlungen an die Missionare durch die Kasse in Finschhafen. Ausführlich wird die Frage erörtert, wie es mit der Deckung der bisher zur Anlage der Kolonie aufgewendeten Kosten, mit der Rente des bisher ausgegebenen und noch ferner auszugebenden Kapitals stehe. Der Schwerpunkt der erwerbenden Thätigkeit der Kompanie liege in der Verwertung des Grundes und Bodens. Der bei weitem größere Teil des gesamten Territoriums fällt in den der Kompanie durch ihr Privilegium gesicherten Okkupationsbereich. Am meisten Aussicht bietet der Tabaksbau. Nicht nur hat die Untersuchung der Bodenproben (durch Professor Maercker in Halle) eine Tauglichkeit des Bodens ergeben, welche derjenigen von Sumatra gleich und zum Teil bei weitem darüber steht; es zeigt auch wild vorkommender, sowie von den Eingeborenen gepflanzter Tabak Qualitäten an Geruch und Beschaffenheit der Blätter, welche zu der sicheren Erwartung berechtigen, daß die kulturelle Behandlung ein edles Produkt zeitigen werde. (Dies haben nach Bremen gesandte Proben solchen Tabaks bestätigt und zwar im Gegensatz zu Tabaksproben aus Witu-Land, welche von sehr geringer Qualität befunden wurden. D. Red.) Der Jahresbericht verbreitet sich noch über viele andre Verhältnisse und beziehen wir uns in dieser Hinsicht auf unsere früheren Mitteilungen aus den „Nachrichten". Der dem Jahresbericht beigefügte Rechnungsabschluß bis zum 31. März 1887 ergiebt u. a. unter „Soll" die Summe von ℳ 2 495 008.95. Die bedeutendsten Posten dieser Summe betreffen: Anlagekonto der Schiffe ℳ 595 279.50, Anschaffung von Materialien, Proviant und Inventar für die Schiffe ℳ 169 031.24, Gagen der Schiffsbesatzungen ℳ 104 233.93, verschiedene Ausgaben für Rechnung der Schiffe ℳ 76 773.62, Ausgaben für See- und Hafenversicherung der Schiffe, sowie für Feuerversicherung des Stationseigentums ℳ 107 716.79, Bestände von Materialien, Bekleidungsgegenständen, Proviant, Getränken, Tauschwaren in vier Stationen ℳ 232 324.51, Möbel, Instrumente, Hafenanlagen, Schiffe zum Hafen- und Küstendienst, Häuser, lebendes Inventar ℳ 293 112.63, Konto für Aussendungen ℳ 230 055.20, Gehaltskonto ℳ 293 935.39. Im „Haben" figurieren die Einzahlungen auf 800 Anteile mit ℳ 2 188 500, verschiedene Kreditoren mit ℳ 160 476.45 und Einnahme aus dem Verkauf von Erzeugnissen aus dem Schutzgebiete mit ℳ 22 868.24. Der Vermögensbestand der Kompanie war am 31. März 1887 ℳ 1 032 289.40. — Das kürzlich erschienene 1. Heft 1888 der von der Kompanie herausgegebenen „Nachrichten über Kaiser Wilhelms-Land und den Bismarck-Archipel" enthält u. a. weitere Nachrichten über

den Verlauf der Expedition des Dr. Schrader den Kaiserin Augusta-Fluſs
aufwärts mit dem Dampfer „Samoa". Dieses Schiff erreichte am 6. Juli 1887 auf
141° 50' östl. L. und 4° 13' südl. Br. den fernsten Punkt im Innern, nahe der
niederländischen Grenze, welche der 141. Längengrad bildet und betrug die
Länge des Stromes von der Mündung bis dahin 380 miles. An den Ausläufern
eines Gebirgs wurde für kurze Zeit ein Lager aufgeschlagen, im Westen erschienen in etwa 20 am. Entfernung Berge von etwa 1000 m Höhe. Am
20. August wurde das Lager wieder verlassen und schiffte sich die Expedition
an Bord der „Samoa" ein, um weiter fluſsabwärts die Untersuchung des Gebirgs-
landes am Schluſspunkt der Fahrt der „Ottilie" im Jahre 1885 aufzunehmen.
Hier wurde an verschiedenen Stellen gelandet und schlieſslich an einem Punkt,
etwa 2 engl. Meilen nördlich von dem groſsen Eingeborenendorf Malu unter
142° 58' östl. L. und 4° 11' südl. Br. am rechten Fluſsufer das Lager aufgeschlagen,
nachdem an andern Landestellen das dem Fluſs benachbarte Flachland wegen
seiner sumpfigen Beschaffenheit und wegen des allenthalben beobachteten wilden
Zuckerrohres als ungeeignet für Lagerzwecke gefunden worden war. Nachdem
auf dem gewählten Platz das Lager am 22. August aufgeschlagen und die
Waren gelandet waren, verlieſs die „Samoa" am 24. die Expedition, um nach
Finschhafen zurückzukehren. Bis zum 7. September war das Dauerlager soweit
fertig gestellt, daſs die ganze Expedition, bestehend aus 4 Weiſsen, 12 Malayen
und 4 Leuten vom Bismarck-Archipel in festen, geräumigen, leidlich wasser-
dichten Hütten mit Palmenblätterdach und auch sonst ganz aus einheimischem
Material gefertigt, untergebracht war. Die Verpflegungsverhältnisse waren
günstige, indem sowohl die Jagd (Schweine, Kasuare, Tauben, Fische) reichlichen Ertrag lieferte, als auch durch Tauschhandel mit den Eingeborenen Sago,
Krabben, geräucherte Fische u. a. zu erlangen waren. Das Verhältnis zwischen
der Expedition und den Eingeborenen war anfangs leidlich. Am 13. September
besuchten Dr. Schrader und Dr. Hollrung das groſse Dorf Malu, das durch
die Gröſse der Häuser und die dichte Bevölkerung sich auszeichnet. Das leid-
liche Verhältnis trübte sich indessen durch die Zudringlichkeit der Eingeborenen
und die seitens derselben verübten Diebstähle bald, so daſs es zu offenen Feind-
seligkeiten kam, die, als eines Tages die am Fluſs beschäftigten Malayen der
Expedition von Kanus aus mit Pfeilen beschossen wurden, zur Anwendung der
Schieſswaffen und zum Abbruch jeden Verkehrs mit den Bewohnern von Malu
führten. Die Expedition blieb bis zum 7. November 1887 im Lager und fuhr
dann mit dem Dampfer „Ottilie" zurück nach Finschhafen. Unterwegs wurden
noch die Purdy-Inseln besucht, wo zahlreiche, ganz furchtlose Eingeborene von
den Admiralitäts-Inseln angetroffen wurden, welche auf einige Zeit sich dort
aufhielten, um aus den vielen Kokonuſsvorräten Öl zu kochen und in groſsen
elastischen Kautschukflaschen nach ihrer Heimat zu führen.

Aus Britisch Neu-Guinea liegen verschiedene Nachrichten über neue
Entdeckungs- und Forschungsreisen vor. Der auf Seite 243, Band X. der
Zeitschrift besprochenen Expedition von G. Hunter, Mitglied der Queensland-
Abteilung der Geographischen Gesellschaft von Australasien, zum zentralen
Gebirgszug von Neu-Guinea, ist eine Reise von W. R. Cuthbertson von der
Viktoria-Abteilung der genannten Gesellschaft, gefolgt und glückte ihm am
30. August 1887 die Besteigung des Mount Obree, dessen Höhe er auf 9000
Fuſs angiebt. H. O. Forbes kehrte im November v. J. aus den Owen Stanley-

Bergen zurück, deren Fuß er zwar erreichte, die er aber nicht besteigen konnte, weil die Eingeborenen sein Gepäck nicht tragen wollten. Leider wurde auch sein Lager geplündert und giengen dabei Instrumente und Tagebücher verloren. Eine neue Reise von Th. Bevan, nach den von ihm entdeckten Strömen (Philp- und Queens-Jubilee-Fluß) hat die früheren Entdeckungen lediglich bestätigt. — Die Proceedings of the Philosophical Society of Glasgow 1886—87 vol. XVIII. bringen auf Seite 57 u. ff. einen Aufsatz des bekannten Missionars und Neu-Guinea-Forschers Reverend Chalmers über „Sitten und Gebräuche einiger Volksstämme in Neu-Guinea". Es ist darin namentlich von den Zauberkünsten des in der Nähe der Redscar-Bai wohnenden Stammes der Koïtapu die Rede. Für die Kunde von Niederländisch Neu-Guinea verzeichnen wir als neuen Beitrag einen in Heft 5/6 Teil 31 der Tijdschrift voor Indische Taal-, Land- en Volkenkunde veröffentlichten Aufsatz des Missionslehrers J. A. van Balen über das Totenfest der Papuas an der Geelvink-Bai und eine Abhandlung des Dr. Max Uhle, Assistenten des Königlich ethnographischen Museums in Dresden, über Holz- und Bambusgeräte aus Nordwest-Neu-Guinea, mit 7 Tafeln, veröffentlicht als Teil 6 der Publikationen dieses Museums. Ergänzt und kritisch erläutert wird diese Abhandlung in Lieferung 4. 1887 der Bijdragen tot de Taal-, Land- en Volkenkunde van Niederlandisch-Indie, welche von dem Königlichen Institut für Sprachen-, Landes- und Volkskunde von Niederländisch-Indien bei M. Nijhoff in Haag herausgegeben werden.

Deutsch-Togoland und die Expedition des Dr. Wolf. Über dieses deutsche Schutzgebiet, wo in allernächster Zeit durch Stabsarzt Dr. Wolf eine wissenschaftliche Station des deutschen Reichs errichtet wird, enthält eine Korrespondenz der „Österreichischen Monatsschrift für den Orient", No. 1, 1888, datiert Berlin, den 9. Januar 1888, folgende Mitteilungen: Togoland, das kleinste der deutschen Schutzgebiete, steht in bezug auf Handelsverkehr fast allen andern voran, weil es das Mündungsland von viel betretenen, in das Innere führenden Handelswegen ist, auf denen die Karawanen von Gondscha her mit Vorräten heranziehen. Gondscha ist der große Stapelplatz am oberen Volta, wohin die Leute ebensowohl aus Timbuktu als aus dem Haussastaat und selbst aus Bornu Boden- und Naturerzeugnisse zu Markte bringen und selbst zu kaufen suchen. Das Gebiet von Togo ist etwa sieben deutsche Meilen lang und gänzlich hafenlos, so daß die Schiffe dem Strande ziemlich fern bleiben müssen. Hinter den Stranddünen liegt eine Reihe von Lagunen, welche, zur Regenzeit weit ausgedehnt, die Binnenschiffahrt sehr begünstigen. Das Hinterland der deutschen Küste ist das Negerreich Dahome, in dem hochentwickelter Ordnungssinn mit altüberlieferter Barbarei Hand in Hand gehen. Nach Togo gehen viele deutsche Waren (im Jahre 1885 für 3 Millionen Mark), namentlich Baumwollenartikel, Schießpulver, Spirituosen, Salz, Nürnberger Waren, Glassachen, Messingteile u. a., und zwar nicht nur für deutsche, sondern auch für englische und französische Häuser. Anderseits haben mehrere deutsche Firmen eigene Niederlassungen an der Westküste Afrikas, so daß ein nicht unbedeutender Handel in deutschen Händen liegt. (Vergl. oben unter „Geographische Gesellschaft" die Mitteilung über die Expedition des Dr. Wolf.) Der Export richtet sich auf Palmkerne und Palmöl. Das Innere von Togo ist noch sehr wenig erforscht, und man hat über die Aussichten, die sich dort für die Anknüpfung von kommerziellen Beziehungen zu der B-

völkerung bieten, nur sehr unvollkommene Vorstellungen, zumal diese Volksstämme ihres fanatischen, rauhen Wesens wegen sehr wenig zugänglich sind.
Einer der letzten Reisenden, die das Binnenland von Togo erforschten, war
der deutsche Reisende G. A. Krause. Derselbe ging den Voltafluſs aufwärts
über die wichtige Handelsstadt Salagba bis nach Wogho dogo, etwa 80 Meilen
von der Küste. Über alle die Länder von hier bis Timbuktu, wohin sich der
Reisende gewendet, ist bisher fast nichts bekannt. Zur Fortsetzung der Durch-
forschungsversuche und zur Errichtung einer Station im Hinterlande wird sich
der Stabsarzt Dr. Wolf jetzt nach Salagha begeben, um dasselbe ebenfalls zum
Ausgangspunkt für das weitere Vorschieben der deutschen Interessensphäre zu
machen. Die Stämme, auf die er zunächst stöſst, sind eifrige Mohammedaner,
sie stehen in einer zweifelhaften Verwandtschaft zu der den Sudan bewohnenden
Völkerfamilie der Nigritier. Diese haben erst in der Neuzeit sich erhoben und
die vor ihnen ansäſsigen nigritischen Stämme der Mandingo- und Haussaneger
zum Teil überwunden, indem sie die Ausbreitung des Islam mit Feuer und
Schwert betrieben. Sie und die weiter östlich bis an den oberen Benue lebenden
Haussaneger sollen die tüchtigsten der sudanesischen Völker sein. — Über
die Reise des Dr. Wolf veröffentlichten Berliner Berichte folgendes Nähere:
Stabsarzt Dr. Ludwig Wolf wurde am 29. Januar behufs Abmeldung vom
Kaiser empfangen und verlieſs dann Berlin, um im Auftrage des Auswärtigen
Amtes die Leitung der in unsrer westafrikanischen Kolonie Togo zu er-
richtenden wissenschaftlichen Station und der von dort aus zu unternehmenden
Expeditionen in das noch ganz unbekannte Innere des Togolandes zu übernehmen. Dr. Wolf wird begleitet von zwei Europäern, einem wissenschaftlich
vorgebildeten Assistenten, dem Premierleutnant Kling vom 1. württembergischen Feldartillerieregiment Nr. 29 und seinem früheren Gefährten Bugslag
aus Apenrade, einem Manne, dessen Name zwar wenig bekannt ist, der es aber
besser wie mancher andre verdient, den Ehrennamen eines „Afrikareisenden"
zu tragen, da er, von Beruf Schiffszimmermann, schon Major v. Mechow im
Jahre 1880 auf seiner Kuangoexpedition und Leutnant Wiſsmann bei dessen
Durchquerung Afrikas von West nach Ost getreu begleitet hat. Bugslag ist bereits am 15. Januar mit der „Edda Woermann" nach Monrovia abgegangen,
um dort Mannschaften für die Expedition anzuwerben. — Auch der kleine
Baluba-Junge, den Dr. Wolf im Herbst 1886 aus dem innersten Afrika mit nach
Deutschland brachte und der inzwischen in Hannover christlich erzogen worden
ist, Deutsch ziemlich gut erlernt und mit Erfolg die Dorfschule besucht hat,
wird seinen Herrn wieder nach Afrika begleiten. Die nächste Aufgabe der
Expedition, welche am 31. Januar Hamburg verlieſs, wird darin bestehen, an
irgend einem günstigen Punkte im Hinterlande des Togogebiets eine Station
anzulegen, auf welcher auſser meteorologischen und klimatologischen Untersuchungen auch praktisch-kulturelle Versuche angestellt werden sollen, um den
Wert des Bodens festzustellen. Zum Leiter der Station ist Premierleutnant
Kling bestimmt. Die Expedition ist zu diesem Zwecke mit den erforderlichen
wissenschaftlichen Instrumenten, photographischen Apparaten u. a., welche
sämtlich in Deutschland angefertigt wurden, in bestmöglicher Weise ausgerüstet.
Die Station wird überdies als Ausgangspunkt für die Expeditionen dienen, die
Dr. Wolf zum Zwecke der Durchforschung des Togogebietes, sowohl in wissenschaftlicher wie praktischer Beziehung unternehmen wird. Die Mannschaft
wird voraussichtlich aus Haussa- und Wey-Leuten bestehen, die sich noch am

besten für eine gewisse militärische Erziehung, ohne welche auf dem Marsche keine Ordnung aufrecht zu halten ist, eignen. Als „Uniform" nimmt der sächsische Stabsarzt Wolf eine gröfsere Anzahl Mützen des Garderreiterregiments mit; auch hat der Baluba-Knabe sämtliche Kavalleriesignale blasen gelernt, eine Kunst, auf die er nicht wenig stolz ist. Er wird der Stabstrompeter der Expedition. Die Zwecke der letzteren, deren Aufenthalt in Afrika auf etwa 2 Jahre berechnet ist, sind natürlich durchaus friedliche; unmöglich wäre es aber immerhin nicht, dafs bei der unmittelbaren Nähe von Togo und Dahome, einem Lande, auf dessen Protektorat Portugal, wie bekannt, kürzlich verzichtet hat, das Unternehmen auch ,in politischer Beziehung von Wichtigkeit werden könnte.

Geographische Litteratur.

Europa.

Die Provinz Hannover in Geschichts-, Kultur- und Landschafts-bildern. In Verbindung mit C. Diercke, A. Ebert, E. Görges, F. Günther, W. Hering, L. Rosenbusch, H. Steinvorth herausgegeben von Johannes Meyer. Zweite, vollständig umgearbeitete und wesentlich vermehrte Auflage. Mit 83 Abbildungen im Text, 5 Vollbildern und einem Doppelbild, sowie mit einer Karte der Provinz Hannover von C. Diercke. Hannover 1898, Verlag von Carl Meyer (Gustav Prior). 843 S. Lex.-8. 14 M.

Vorliegendes Werk bietet eine schätzenswerte Heimatskunde der Provinz Hannover. Es wendet sich in erster Linie an die Lehrer höherer und niederer Schulen bei ihrem Unterricht in der Heimatskunde, ferner an die erwachsenen Schüler höherer Lehranstalten, möchte aber vor allem auch ein Haus- und Familienbuch werden. Wir können das Buch nach vielfacher Lektüre bestens empfehlen, jeder „Hannoveraner" wird darin mit Lust und Interesse lesen. Ein einführender Abschnitt vom Herausgeber lenkt den Blick zunächst auf die Provinz Hannover als Ganzes, dessen geographische, Produktions-, Bevölkerungs-und politische Verhältnisse, sowie die Geschichte behandelnd, S. 3—104. Die eingehende Darstellung des Landes geschieht auf Grund natürlicher Land-schaften. Dabei schildert das Werk aber nicht nur unsre sagenumrauschten Gebirge und die endlos sich ausdehnende Ebene mit den freundlichen Oasen der Heide, die üppigen Marschen und das unendliche Meer; es geleitet uns auch in das Weichbild unsrer Städte und erzählt uns von ihren guten und bösen Tagen; es singt und sagt von den grofsen geschichtlichen Ereignissen, die auf unsrem Boden im Laufe der Jahrhunderte sich abgespielt haben; es führt uns ein in das Leben und Treiben unsres niedersächsischen Volksstammes und macht uns bekannt mit seiner Beschäftigung und Lebensweise, seinen Sitten und Gebräuchen. Das Gebirgsland des Harzes und das Leine-Bergland schildert F. Günther, das Weser-Bergland E. Görges, das Weser-Tiefland bis zur Aller L. Rosenbusch, das Bergland im Westen der Weser nebst dem angrenzenden Tieflande der Herausgeber, das Gebiet der Ober-, Mittel- und Unter-Ems W. Hering, das Gebiet zwischen Elbe und Aller H. Steinvorth, das Land zwischen Unterelbe und Unterweser C. Diercke. Ein Abschnitt von A. Ebert behandelt dann Verwaltung, Rechtspflege, Kirchen- und Schulwesen.

Ein statistischer Anhang enthält ein Verzeichnis sämtlicher Ortschaften der Provinz mit über 300 Einwohnern. Ein ausführliches geographisches und geschichtliches Register machen das Buch auch als ein Nachschlagewerk wertvoll. Die planmäßig ausgewählten Illustrationen finden unsern vollen Beifall und so wünschen wir denn dem Buche in recht vielen Häusern eine freundliche Aufnahme. W.

Amerika.

Geographische Charakterbilder aus Amerika und Australien. Aus den Originalberichten der Reisenden gesammelt von Dr. Berth. Volz. Mit 129 Illustrationen. Leipzig, Fues's Verlag (R. Reisland) 1888. 451 S. Geb. 6 M. Dieses Werk bildet den fünften und damit den Schlußband der von uns schon mehrfach erwähnten trefflichen Sammlung „Geographischer Charakterbilder" vom Gymnasialdirektor Dr. Volz, welche schon durch ihren größeren Umfang und ihre Fülle von Abbildungen vor anderen ähnlichen, meist älteren Sammlungen hervorragt. In einer geschickten Auswahl von Abschnitten aus solchen Originalwerken, welche für unsere Kenntnis dieser Erdteile von Bedeutung, vielfach gewissermaßen die klassischen sind, werden uns im vorliegenden Bande die beiden Erdteile Amerika und Australien in großen Zügen nach ihren wichtigsten Gesichtspunkten geschildert. Pflanzen-, Tier- und Menschenleben, wichtige Momente aus der Entdeckungsgeschichte u. a. sind dabei gleichmäßig berücksichtigt. So schildert uns hier, um nur einiges anzuführen: Julius Payer, Ostgrönland; John Ross, die Eskimos; Ratzel, das Hochthal von Mexiko; Diaz del Castillo, das alte Mexiko im Jahre 1519; Ch. Darwin, die Galapagosinseln; W. Reiss, die Besteigung des Cotopaxi; Appun, die Llanos; A. v. Humboldt, die Gabelung des Casiquiare; C. Herzog, Rio de Janeiro; Musters, die Techuelchen und Arancanos; L. Leichardt, australische Landschaften; Otto Finsch, das Kaiser Wilhelms-Land; Fr. Hernsheim, die Marschall-Inseln; J. C. Ross, die Entdeckung der Vulkane Erebus und Terror. Grundsätzlich sind nur die Originalwerke einwandsfreier Augenzeugen berücksichtigt worden; dadurch aber ist den „Charakterbildern" das Wesen eines geographischen Quellenwerkes bewahrt und der Wert wissenschaftlicher Zuverlässigkeit erhalten. Eine reiche Auswahl schöner und zuverlässiger Bilder veranschaulicht den Text. Das Werk eignet sich darum vortrefflich zur Lektüre für die reifere Jugend beiderlei Geschlechts und mag insbesondere den Schulbibliotheken empfohlen sein. W.

Hydrographie.

Segel-Handbuch für die Nordsee. Deutsche Bucht der Nordsee. Dänische Küste von Hanstholm bis Ribe. Holländische Küste von der Ems bis Terschelling. Herausgegeben vom Hydrographischen Amt der Kaiserlichen Admiralität. I. Teil. Drittes Heft. Mit 1 Tafel und 77 in den Text gedruckten Holzschnitten. Berlin 1886, in Kommission bei Dietrich Reimer. Wenn auch die Segelanweisungen der Kaiserlichen Admiralität in erster Linie für den praktischen Seefahrer bestimmt sind, so enthalten sie doch auch eine Menge von Angaben bezüglich der Beschaffenheit der Küsten und Inseln, der Flußmündungen (Tiefen, Bänke, Sände), der Häfen u. s., überhaupt bezüglich vieler Verhältnisse, welche in den Bereich der sogenannten Handels- und Wirtschaftsgeographie fallen und die wir sonst nicht in gleicher Genauigkeit und Zuverlässigkeit beisammen finden. Beruhen sie doch auf sorgfältigen, von Zeit an Zeit immer wieder erneuten Ermittelungen seitens der Vermessungsfahrzeuge der Kaiserlichen Marine. Aus diesem Gesichtspunkte bieten die Segel-Handbücher unserer Marine ein über die Seemannskreise hinausreichendes Interesse.

Meteorologie.

Aus der in No. IV, Band IX dieser Zeitschrift besprochenen Abhandlung des Dr. Bergholz in Bremen teilen wir nachträglich noch die nachfolgende Tabelle über das Klima von Bremen mit.

Temperaturverhältnisse von Bremen.

	Monatsmittel 70 J.	Mittlere Abweichungen der Mittel	Mittel für drei Tageszeiten 42 Jahre			Tägliche Temperaturschwankung aperiodisch 13 J.	Mittlere Monats- und Jahres-extreme 18 Jahre		Mittlere Monats- und Jahresschwankung	Absolute Extreme 1803:1880		Veränderlichkeit der Tagestemperatur 20 Jahre
			8 a	2 p	11 p							
Januar	0.0	2.4	-0.9	1.1	-0.1	5.9	9.7	-12.0	21.7	13.9	-27.3	1.9
Februar	1.7	2.3	0.9	3.3	0.8	5.9	9.9	-8.6	18.7	17.2	-18.9	1.3
März	3.7	1.8	2.3	6.6	2.5	7.8	13.3	-7.0	20.3	21.7	-17.9	1.6
April	7.9	1.5	7.3	12.2	6.4	8.3	18.7	-2.8	21.5	28.3	-6.4	1.8
Mai	13.1	1.5	12.4	17.4	10.4	10.3	24.2	1.5	21.6	31.7	-0.3	2.0
Juni	16.4	1.1	16.0	20.4	13.8	10.9	26.6	6.1	20.5	33.8	1.0	1.9
Juli	17.8	1.5	17.3	21.5	15.8	8.7	27.9	7.4	20.5	36.1	6.3	1.7
August	17.5	1.5	16.4	21.2	15.1	9.5	26.7	7.1	19.6	36.9	6.1	1.5
September	14.2	1.2	12.9	18.0	12.3	9.0	23.3	3.0	20.3	33.9	3.6	1.4
Oktober	9.5	1.0	8.5	12.6	8.5	7.0	18.1	1.4	19.9	25.0	1.8	1.4
November	4.8	1.1	3.8	5.9	3.7	6.1	12.4	-6.2	18.7	17.2	10.3	1.3
Dezember	1.5	1.9	1.0	2.6	1.8	5.4	9.9	-11.3	21.2	14.6	5.0	1.9
Jahr	8.9	1.5	8.0	11.9	7.5	7.8	29.0	-16.0	41.0	36.1 26.VII.72.	-27.3 23.I.23.	1.7

Ethnologie.

Internationales Archiv für Ethnographie. Herausgegeben von Dr. K. Bahnson in Kopenhagen. Professor Guido Cora in Turin, Dr. G. J. Dozy in Noordwijk bei Leiden, Prof. Dr. E. Petri in St. Petersburg. J. D. E. Schmeltz Konservator des ethnographischen Reichsmuseums in Leiden und Dr. L. Serrurier in Leiden, redigirt von J. D. E. Schmeltz. Band I, Heft I. Verlag von P. W. M. Trap, Leiden 1888. Dieses Unternehmen wird auf das Ehrenvollste durch ein Schreiben Professor Bastians und durch den Inhalt dieses ersten Heftes eingeführt. Es handelt sich um die Schaffung eines illustrativen Centralorgans für ethnologische Fragen und Thatsachen. Die Schätze der ethnologischen Museen sollen durch Wort und Bild ans Licht gebracht und so den vielfältigen Einzelforschungen das unentbehrliche Material zur Vergleichung, damit aber ein bedeutsames Mittel zur Förderung der Völkerkunde geboten werden. Dafs der Plan des Unternehmens und die Leitung desselben durch Herrn Schmeltz, den gegenwärtigen Konservator des ethnologischen Museums zu Leiden und Herausgeber des ethnologischen Katalogs der ethnographischen Abteilung des Museums Godeffroy, den Beifall der Fachmänner hat, ersehen wir aus der langen Liste der Mitglieder, unter welchen wir kaum einen Ethnologen von Namen vermissen. Die illustrative und typographische Ausstattung des uns vorliegenden ersten Heftes ist ausgezeichnet. Das vorliegende Heft bringt zunächst zwei grössere Abhandlungen Dr. Serruriers, Versuch einer Systematik der Neu-Guinea-Pfeile mit 2 Tafeln und: Mededeelingen omtrent Mandane, von S. W. Tromp mit Tafel und verschiedenen Abbildungen im Text. Der weitere sehr mannigfaltige Inhalt ist gewidmet: 1. Kleineren Notizen und Korrespondenz, 2. einem Sprechsaal, in welchem ethnologische Fragen diskutirt werden, 3. Museen und Sammlungen, 4. Mitteilungen aus und über Museen und Sammlungen, 5. einer bibliographischen Übersicht, 6. Nachrichten über Reisen und Reisende, Ernennungen und Nekrologen. Alle zwei Monate erscheint ein Heft (Quart-Format) und beträgt das Jahresabonnement 21 Mark. Eine ganze Reihe beachtenswerter Beiträge zu den nächsten Heften sind bei der Redaktion teils schon eingegangen, teils angemeldet. Es ist zu wünschen und zu hoffen, dass durch dauernde Teilnahme aller, die sich für die so hochwichtige Wissenschaft der Völkerkunde interessiren, das schöne Unternehmen einen guten Fortgang habe.

Verschiedenes.

Geographische Abhandlungen. Herausgegeben von Dr. Albrecht Penck, Professor an der Universität Wien. Bd. I. 1886. Wien, E. Hölzel. 1887. Die von Professor A. Penck herausgegebenen „Geographischen Abhandlungen" stellen ein junges und verheifsungsvolles Unternehmen dar, welches, nicht unähnlich den bekannten Ergänzungsbänden zu Dr. A. Petermanns Geographischen Mitteilungen, sich die Aufgabe gestellt hat, gröfsere Arbeiten wissenschaftlichen Charakters, welche aus irgend einem Grunde nicht in Buchform erscheinen, zu vereinigen. Während aber die genannten Ergänzungsbände alle Teile des weitausgedehnten Arbeitsfeldes der modernen Geographie in ihr Bereich ziehen und, wie das eben in der Natur der Sache liegt, Arbeiten von oft recht verschiedenartigem Inhalte und nicht immer gleichmäfsiger Behandlungsweise unmittelbar neben einander bringen, so scheint es, wenigstens nach dem bisher

Gebotenen zu schliefsen, dafs die „Geographischen Abhandlungen" sich auf das Gebiet der sogenannten physikalischen Geographie, unter besonderer Berücksichtigung der Gebirgs- und Gletscherkunde, beschränken wollen. Eine solche Abgrenzung der Stoffe würde an und für sich zu gegenteiligen Einwendungen um so weniger Anlafs geben, als gerade auf diesem Gebiete noch zahlreiche und lohnende Aufgaben der Lösung harren und als fernerhin der Herr Herausgeber, der berufenste Vertreter dieses Faches, vermöge seiner eminenten Sachkenntnis und methodischen Schulung, in der Lage ist, bei den von verschiedenen Verfassern herrührenden Einzelarbeiten bis zu einem gewissen Grade auf die Gewinnung eines einheitlichen Gepräges seinen Einfluß auszuüben, ein Vorzug, der, zumal bei dem heutigen Stande der geographischen Forschung, schwer in das Gewicht fällt. Wird also durch die Person des Herausgebers eine sichere Gewähr dafür geleistet, dafs die „Geographischen Abhandlungen" nach Inhalt, Darstellung und Methodik ein den Forderungen strenger Wissenschaftlichkeit mindestens gleichkommendes Niveau inne halten werden, so bürgt andererseits die rühmlichst bekannte Anstalt von E. Hölzel, in deren Verlage das neue Sammelwerk erscheint, dafür, dafs, wie schon der erste Band in seiner äufseren Ausstattung und in der Herstellung der Abbildungen, Karten u. s. einen trefflichen und vornehmen Eindruck macht, auch die Fortsetzungen dem schönen Anfange entsprechen werden. So stehen alle Auspizien für die „Geographischen Abhandlungen" durchaus günstig, und die beteiligten Kreise haben Ursache, den weiteren Bänden und Abteilungen derselben mit vollem Interesse entgegenzusehen. Der vorliegende erste Band enthält drei Abhandlungen von ungleicher Länge, aber der Hauptsache nach homogenem Inhalte, insofern sich dieselben sämtlich auf die Gebirgs- und Gletscherkunde des mittleren Europa beziehen. Den Reigen eröffnet Dr. E. Brückner mit einer 11½ Bogen starken und mit einer Reihe von Abbildungen, graphischen Darstellungen und Karten versehenen Arbeit über die Vergletscherung des Salzachgebietes nebst Beobachtungen über die Eiszeit in der Schweiz. Nach einer Einleitung über die Litteratur und die Orographie seines Arbeitsfeldes bespricht der Verfasser in gründlicher Weise und durch zahlreiche Studien an Ort und Stelle dazu aufs beste vorbereitet, zunächst die verschiedenen Arten der in Betracht kommenden Moränen; darauf stellt er die Dimensionen und die Schneelinie der letzten Vergletscherung fest und erörtert die Niederterrassenschotter sowie die äufsere Moränenzone; sodann wendet er sich zu den drei diluvialen Schottersystemen des Alpenvorlandes, zu den isolierten Schottern und Konglomeraten in dessen Moränengebiete und zu den gleichartigen Vorkommnissen im Gebirge; weiterhin betrachtet er den Salzachdurchbruch von Taxenbach und, nachdem er die drei Vergletscherungen des Salzachgebietes behandelt hat, schliefst er den Hauptteil seiner Abhandlung mit der Darstellung der in Betracht kommenden Seen und der Postglacialzeit. Die übrigen Abschnitte beschäftigen sich mit der Eiszeit im Schweizer Alpenvorlande, mit den Seen des Linthgebietes und der Neuenburger Seeengruppe sowie mit dem Genfer See. Den Schlufs des Ganzen aber bildet eine Betrachtung der Eiszeit am Nordabhange der Alpen. Wie sich aus dieser kurzen Inhaltsangabe ergiebt, behandelt Brückner in wohldisponierter Weise einen umfangreichen, bedeutungsvollen Stoff; aber auch ohne die Einzelheiten desselben vorzuführen, ist man berechtigt zu sagen, dafs diese Darstellung einen beachtenswerten Beitrag zur Geographie der Alpenländer darstellt. — Die zweite, 3½ Bogen umfassende, ebenfalls durch Abbildungen

und Karten unterstützte Arbeit besteht in einer „Orometrie des Schwarzwaldes" von Prof. Dr. L. Neumann, der sich der Hauptsache nach die
grundlegenden, orometrischen Ausführungen des um die Gebirgskunde hochverdienten C. von Sonklar zum Muster genommen hat. Ausgehend von einem
Überblick über das benutzte Kartenmaterial bestimmt Prof. Neumann zunächst
die Grenzen des Schwarzwaldes und seiner vier Unterabteilungen, erörtert sodann deren geologische Bildung und giebt tabellarische Zusammenstellungen
der Thäler und Gebirgskämme sowie deren beider orometrischer Werte, um
daraus die Durchschnittswerte für das ganze Gebirge abzuleiten; darauf wendet
er sich zur Bestimmung des Areals und, nachdem er die Höhenschichten
diskutiert hat, berechnet er das Volumen und stellt die Neigungswinkel der
Kammgehänge fest, um, an das Ende seiner Aufgabe gelangt, die Schlufswerte
auf ihre Genauigkeit zu prüfen und entsprechende Vergleiche anzustellen.
Neumanns vorliegende Leistung darf jedenfalls als ein festes Glied in der Kette
der Arbeiten über Orometrie bezeichnet werden, den Zweig der Gebirgskunde,
welcher, wenn gleichmäfsig durchgeführt, berufen ist, den Kenntnissen von der
durchschnittlichen Erhebung eine sicherere Grundlage zu verleihen, als sie jetzt
vorhanden ist. In der dritten und umfangreichsten Abhandlung — sie enthält
15 Bogen nebst einer grofsen Übersichtskarte — bietet Dr. August Böhm
eine Einteilung der Ostalpen. Die stattliche und mit grofsem Fleifse
durchgeführte Darstellung zerfällt in drei Hauptabschnitte; der erste derselben
verbreitet sich in historischer Reihenfolge über die bisherigen Versuche einer
Einteilung der Ostalpen; in dem zweiten wird das Einteilungsprinzip erörtert,
in dem dritten endlich eine selbständige Einteilung mitgeteilt und begründet.
Wenn ich mich nun mit dieser kurzen Bemerkung über diese Arbeit begnüge,
welche, in ihren Hauptresultaten wenigstens, auch für weitere Kreise von Interesse sein dürfte, so geschieht dies nur deshalb, weil ich die Absicht habe, in
einem der nächsten Hefte der „Deutschen Geographischen Blätter" auf die von
A. Böhm aufgestellte Einteilung etwas näher einzugehen.   A. Oppel.

Zur Besprechung liegen ferner vor:

A. Stauber, Das Studium der Geographie in und aufser der Schule. Augsburg
1888, Gebrüder Reichel.

Siedlungsarten in den Hochalpen. Von Dr. Ferdinand Löwl, Professor an der
Universität Czernowitz. (Forschungen zur deutschen Landes- und Volkskunde,
im Auftrage der Zentralkommission für wissenschaftliche Landeskunde von
Deutschland herausgegeben von Professor Dr. R. Lehmann und Professor
Dr. A. Kirchhoff. 2. Band, Heft 6.) Stuttgart, J. Engelhorn, 1888.

Dr. Alfred Hettner, Gebirgsbau und Oberflächengestaltung der Sächsischen Schweiz.
(Heft 4 des 2. Bandes der Forschungen zur deutschen Landes- und Volkskunde.)
Stuttgart, J. Engelhorn, 1887.

Professor Dr. H. J. Bidermann, Neuere slavische Siedelungen auf Süddeutschem
Boden. (Heft 5 der vorstehend bezeichneten Sammlung.)

Dr. Oskar Baumann, Fernando Póo und die Bube. Mit 16 Illustrationen und
einer Originalkarte. Wien 1888, Eduard Hölzel.

Professor K. Martin. Bericht über eine Reise nach Niederländisch-Westindien und darauf gegründete Studien. II. Geologie, 1. Lieferung: Curaçao, Aruba und Bonaire. Mit 7 kol. Karten, 2 Tafeln und 30 Holzschnitten. Leiden, E. F. Brill. 1887.

Handbuch der Ozeanographie. Von Professor Dr. Georg von Boguslawski. Band I. Räumliche, physikalische und chemische Beschaffenheit der Oceane. Mit 15 Abbildungen. Band II. Die Bewegungsformen des Meeres von Professor Dr. Otto Krümmel. Mit einem Beitrage von Professor Dr. K. Zöpprits. (Bibliothek geographischer Handbücher.) Stuttgart, J. Engelhorn. 1884 und 1887.

Diese, sowie einige bereits früher als bei der Redaktion eingegangen angezeigte Werke werden in einem der nächsten Hefte besprochen werden.

Heft 2.

Deutsche

Band XI.

Geographische Blätter.

Herausgegeben von der

Geographischen Gesellschaft in Bremen.

Beiträge und sonstige Sendungen an die Redaktion werden unter der Adresse:
Dr. M. Lindeman, Bremen, Mendestrasse 8, erbeten.
Der Abdruck der Original-Aufsätze, sowie die Nachbildung von Karten
und Illustrationen dieser Zeitschrift ist nur nach Verständigung mit
der Redaktion gestattet.

Kohls Amerikanische Studien.
Von H. A. Schumacher.

Bremen, 28. April 1888.

An die Geographische Gesellschaft.

Zu den bremischen Freunden, welche ich, nach fast fünfzehn-
jährigem Aufenthalte im Auslande heimgekehrt, nicht mehr am
Leben fand, gehörte Johann George Kohl, der heute seinen acht-
zigsten Geburtstag begehen würde. Den Tod des mir und meiner
Familie befreundeten Mannes erfuhr ich in Amerika Ende 1878 zuerst
durch den schönen Nachruf, den über ihn der Geheime Ober-Post-
Rat, jetzige Abteilungsdirektor, Dr. Fischer im Archiv für Post und
Telegraphie des deutschen Reichs (VI. S. 665 ff.) veröffentlicht hat;
damals schon faßte ich den Entschluß, nach besten Kräften dafür
zu wirken, daß auch die amerikanischen Leistungen des Verstorbenen,
die jener Nachruf nicht erwähnte, in ein genügendes Licht gestellt
würden.

Kohls Americana sind mir oft in ansprechender Weise entgegen-
getreten. Als vor etwa siebenzehn Jahren Kohl in amerikanischen
Zeitungen totgesagt wurde, sprach der noch rüstige Mann, welcher
wegen jener Nachricht in seinem Arbeitszimmer auf der Bremer
Stadtbibliothek von noch mehr Besuchern als gewöhnlich begrüßt
wurde, nur ungern von den vorzeitigen, viele Lobeserhebungen ent-

haltenden Nekrologen; allein er verfehlte doch nicht zu erklären, daß er jenseits des Ozeans mehr geschätzt werde, als in der Heimat. Als ich bald darauf nach Amerika ging, meinte er sogar — ganz ähnlich, wie ehedem Humboldt zu sagen pflegte — „Nennen Sie nur meinen Namen, dann wird man Ihnen freundliches Willkommen bieten".

So ist es gewesen. In größerem Maßstabe, als die eigenartige Bescheidenheit des Verstorbenen ahnen mochte, hat die Voraussage sich erfüllt. Wenn immer ich in den Vereinigten Staaten Persönlichkeiten von Gelehrtenruf näher trat und als geborener Bremer erkannt wurde, ging das Gespräch sehr bald auf Kohl über, „den berühmten Reisenden und ausgezeichneten Geographen". Ihn hatten viele früher gekannt, so namentlich Joseph Henry, der würdige Vorsteher der Smithsonian Institution in Washington, so dessen Kollege und Nachfolger Spencer F. Baird. Immer wieder kamen in Newyork Geschichtsforscher, wie James Carson Brevoort, damals Oberbibliothekar der Astor-Library, wie George Henry Moore, damals Oberbibliothekar der Lenox-Library, der Brooklyner Henry C. Murphy, Besitzer der kostbarsten Schätze älterer amerikanischer Litteratur — auf die Frage zurück, ob der unermüdliche Kohl noch weiter arbeite an seinen großen amerikanischen Werken. Auf der Philadelphiaer Weltausstellung von 1876 fanden sich in der deutschen Abteilung für Buchdruck und Buchhandel mehrere der Kohlschen Werke; dem deutschen Generalkonsul in Newyork, der diese Werke eingereicht hatte, schrieb Kohl: „Ich glaube an Seelenwanderung und komme später vielleicht noch einmal in verjüngter Verkörperung zu Ihnen". Daß diese Phantasie sich erfüllt hat, beweist die Anlage dieses Schreibens.

Den amerikanischen Ruhm des Verstorbenen verständlich zu machen, ist diese Anlage bestimmt: ein Beitrag zu einer Lebensgeschichte, welcher schon vor Jahren vorbereitet wurde, aber erst jetzt vollendet werden konnte, da viele nur in Deutschland aufzufindende Quellen unentbehrlich zu sein schienen.

Freilich ist Kohl in Bremen bereits geehrt worden durch die Lebensskizzen, welche der Schriftführer der Geographischen Gesell-

schaft, Herr Dr. Wilhelm Wolkenhauer, und der Stadtbibliothekar,
Herr Dr. Heinrich Bulthaupt, veröffentlicht haben: trotzdem glaube
ich, daß meine Bemühungen, wenngleich sie auf die amerikanischen
Studien sich beschränken, nicht als wertlos erscheinen werden; denn
ich ward in denselben von vielen Seiten unterstützt, namentlich von
dem früheren hanseatischen Ministerresidenten in Washington, Herrn
Dr. Rudolph Schleiden, und von Kohls Lieblingsschwester Frau Ida, verehelichten Gräfin Hermann von Baudissin: beide jetzt zu Freiburg
im Breisgau wohnhaft. Ich erhielt einen großen Teil der Kohlschen
Privatkorrespondenz, welcher die in meiner Schrift mit Anführungs-
zeichen gegebenen Worte entnommen sind.

Durch solche Hilfen begünstigt, habe ich ein zusammen-
hängendes Stück deutscher Gelehrtengeschichte mit urkundlicher
Genauigkeit schreiben können. Ich hielt es für meine Pflicht,
Schritt für Schritt den Studien und Schriften, den gelehrten Beziehungen und sonstigen Bekanntschaften zu folgen und that dies
gern. Wenngleich Kohl in Amerika einem Humboldt zur Seite
gestellt ist, waren geistige Thaten allerersten Ranges von ihm nicht
zu verzeichnen; selbst weltdurchblitzende Ereignisse beleuchten bloß
wenige Umrisse des Bildes, das ich entworfen habe; nur selten
erscheinen neben der Mittelfigur wirklich denkwürdige Persönlichkeiten — allein die Einzelheiten entschädigen, wie mir scheint, für
die fehlende Größe. Auch das Kleine und Unvollkommene empfängt
aus seiner Verbindung mit dem Idealen höhere Bedeutung, und wenn
das rastlose Streben und Wirken eines liebenswürdigen Mannes, eines
Gelehrten guten Schlages, überhaupt sich schildern lassen soll, sind
die Mittel der Kleinmalerei zu gestatten.

Im Londoner Athenaeum schrieb Charles Dickens 1850: The
indefatigable Mr. Kohl is always instructive, sometimes tedious.
Vielleicht mag den folgenden Abschnitten auch etwas von Lang-
weiligkeit anhaften — sie halten sich eben streng an den Verlauf
der Dinge — allein ihr Inhalt scheint mir auch fast immer lehrreich
zu sein, nicht bloß für das Verständnis einer deutschen Gelehrten-
seele, sondern auch für den Entwickelungsgang jener modernen Wissenschaften, die zu Völkerkunde, Erdbeschreibung und Kulturgeschichte

erst in jüngster Zeit sich ausgebildet haben. Wird dann noch die
Unermüdlichkeit der Arbeit in Betracht gezogen, so fällt auch wohl
auf diese Gedenkschrift etwas von dem Lobe, das Kohl geerntet hat.

Trotz der besten Quellen, ist keine vollständige Biographie
entstanden; es finden sich die ersten vierzig und die letzten zehn
Lebensjahre nur kurz angedeutet, so dafs die beiden ersten, wie die
beiden letzten Abschnitte skizzenhaft geblieben sind. Diese Beschränkung erklärt sich daraus, dafs ich meinem Newyorker Gelöbnis
von 1878: den amerikanischen Arbeiten von Kohl die entsprechende
Würdigung zu sichern, treu bleiben wollte. Mit diesem Gedanken
hängt es auch zusammen, dafs ich den biographischen Beiträgen das
Newyorker Bildnis von Kohl hinzugefügt habe; es stimmt besser zu
ihnen, als die Abbildungen des Jünglings oder die des Greises.

Meine Schrift, die ich der Geographischen Gesellschaft hiermit
zur Verfügung stelle, möge den Vorwurf des Verstorbenen, dafs er in
Amerika besser verstanden sei, als in Deutschland, für immer beseitigen und dadurch das ehrende Andenken fördern, welches ein
selbstloser, immer die besten Kräfte einsetzender Mann auch dann
verdient, wenn er nicht zu den höchsten Stufen emporgedrungen ist.

Hermann A. Schumacher.

Inhaltsverzeichnis.

Einleitung.

Nach der stürmischen Bewegung des Jahres 1848 gingen aus Deutschland viele daheim politisch, ideal oder finanziell schiffbrüchig Gewordene nach Amerika; aber eine noch viel gröfsere Zahl von Menschen, als die Nummer der wirklich Auswandernden angiebt, hegte und pflegte damals in Deutschland Gedanken an ein aufserhalb der Heimat liegendes Land der Freiheit und des Fortschrittes. Umsonst war die so viel verheifsende Erhebung der scheinbar besten Kräfte und das begeisterte Anstreben hoher patriotischer Ziele geblieben; konnten da nicht auch dem Ehrsamsten die Wünsche leicht über den freilich unheimlichen Ozean ziehen, an dessen jenseitigen gesegneten Ufern ein neues Geschlecht sich kraftvoll tummeln sollte, ledig der Bürden des scheinbar so alt gewordenen Europas? Zu den früheren Träumen kamen bald neue Träume. Damals, Ende 1849, schrieb ein Mann, der zu den Ehrsamsten der Ehrsamen gehörte, als er seine ebenfalls recht ehrsame Vaterstadt Bremen wiedersah: „Auch hier treibts diese Zeit recht nebelig und nafskalt, selbst die Fahrt zur freien See ist keineswegs eine sonnige gewesen; aber etwas Sonnengleiches ist mir hier doch aufgegangen. Bei dem starren diplomatischen Nebel und bei der immer stärker werdenden politischen Kälte spricht man hier doch von einer neuen Welt, von einem „Drüben", vom Lande der Zukunft; man denkt hier eben immer an Amerika! Nach Westen geht der Zug der Weltgeschichte, so wird hier gepredigt. Die überseeische Dampferlinie ist auch für streng patriotische Männer wie ein Anfang besserer Zeiten; für Europamüde wird eine Hilfe nach der andern geschaffen: überall finde ich ein neues, mir bislang fremdes Element, welches ich nur als das amerikanische bezeichnen kann." So sprach am 19. November 1849 kein Europamüder, geschweige ein sogenannter Revolutionär, sondern ein arbeitsamer bremischer Kaufmannssohn, der sich, nachdem er die juristische Laufbahn vereitelt gesehen, in der Fremde erst als Hauslehrer und dann als Schriftsteller anspruchslos durchgeschlagen hatte: Johann George Kohl.[1])

Dem Vierziger war, wenngleich ihm im alten Bremen das neue amerikanische Element recht wunderbar erschien, bremisches Leben gar vertraut geblieben. Der Studiosus, dem 1830 beim Tode seines Vaters die akademischen Studien genommen waren, hatte bei der Rückkehr zur trauernden Mutter und zu den unversorgten zwölf kleineren Geschwistern treue Unterstützung gefunden zur Durchführung seines Entschlusses, fortan der Familie durch eigene Anstrengungen das Brod verdienen zu helfen. Vier Jahre später war

er wieder in der Geburtsstadt gewesen, beurlaubt von seinem kurländischen Gönner, dessen Kinder er unterrichtete, und abermals
hatte sich die ererbte Bekanntschaft, wie die selbsterworbene
Freundschaft bewährt; der gräfliche Hauslehrer war in Bremen wie
ein Angehöriger empfangen. Nun lag zwischen 1834 und 1849
freilich eine lange, bunte Zeit. In diesen anderthalb Dezennien hatte
der rastlose Mann ein eigenartiges Leben geführt, zuerst in Einsiedelei,
dann in Reisegetriebe; nach vielen Irrzügen durch fast alle Teile
des europäischen Rußlands war ihm das reizvolle Dresden zu
erquickendem Ruheplatze geworden, aber inmitten zahlreicher neuer
Wanderfahrten. Von da aus hatte er beinahe ganz Zentral-Europa
durchzogen: von den Alpen herauf nach den Nordseemarschen, von
den britischen und dänischen Inseln hinunter bis wieder zurück zu
den Alpen. Dabei waren, wie schon in Rußland, viele Reiseschriften[*])
entstanden und diese waren nirgends lieber und eifriger gelesen
worden, als in der guten Vaterstadt.

So war 1849 weder Bremen für Kohl, noch Kohl für Bremen
fremd. Die Heimat empfing ihn wiederum ganz wie einen der
Ihrigen. Viele bisher Unbekannte behandelten ihn da gleich einem
Hausfreunde; war doch zugleich mit ihm eine Selbstbiographie[*]) in
Bremen eingetroffen, ein beinahe naiv-offenherziges Buch, betitelt:
„Geständnisse und Träume eines deutschen Schriftstellers". Zu dem
Interesse, das diese Lebensbeschreibung hervorrief, kam die Lust
mit dem Vielgewanderten die aufregenden Zeitläufte zu besprechen:
Schleswig-Holsteinsche Dinge, Zollvereins-Bestrebungen, Verhand-
lungen der Frankfurter Bundes-Kommission; bald kam man auch auf
England oder Dänemark, Rußland oder Oesterreich, gar auf das
republikanische Frankreich.

Den Bremer Bekannten[*]) stand Kohl gern Rede, obgleich es
schwer hielt. Er hatte wohl viel beobachtet, aber doch nur wenig
erlebt; er war mehr belesen als unterrichtet. „Ich werde immer
ein schlechter Politiker bleiben", sagte er. „Das Ding ist für mich
viel zu schwer; es kommt mir immer so vor, als verstände ich nur
die kleinen Sachen, die ich mit Händen greifen kann, wenngleich
heute ein jeder von diesem merkwürdigen, ganz Europa durchwehenden
Geiste seinen Teil sich erlernen muß. Auch ich will mich ganz der
Betrachtung dieses wunderbaren Geistes hingeben, sobald ich mit
Angefangenem fertig bin." — Kohl wurde nie mit Angefangenem
fertig; er mußte in seiner Weise immer weiter arbeiten, so daß sein
ganzes Leben ein unausgesetztes Arbeiten und Weiterarbeiten blieb.
Wie seine Jugend frühe die sinnliche Frische verloren hatte, so war

dem Manne, trotz der schlanken, merkurähnlichen Gestalt, ein beschauliches Wesen eigen geworden, welches selbst durch die tief aufrüttelnde Zeit nicht hatte gekräftigt werden können. In der Idee, daß der Sturm, der so viele Bäume umgeworfen habe und noch umwerfe, nur ein vorübergehendes Unwetter sei, bestärkte ihn in Bremen mancherlei, namentlich der bekannte Bürgermeister Johann Smidt, den er immer verehrt, aber nie genauer kennen gelernt hatte. Es waren ihm nicht blos die Bremer Lokalhändel, die Verhandlungen des patriotischen oder des demokratischen Vereins und was mit ihnen zusammenhing, gleichgültig, sondern auch die meisten praktischen Seiten der großen Zeitfragen. Die politische Unfähigkeit wurde aber durch ein überaus warmes Herz verdeckt, durch ein außerordentlich hohes Gefühl für alle deutsch-patriotischen Dinge, besonders durch eine rege Teilnahme für die Hebung des deutschen Seewesens und ganz vorzüglich für die Entwickelung einer Reichsmarine.

In diesem Zusammenhange spürte Kohl, dessen Gesichtskreis bisher auf Europa beschränkt geblieben war, November 1849 zum erstenmale jenes Gefühl, welches er als das neue amerikanische Element bezeichnete. Den Begründer der schwarz-rot-goldenen Reichs-kriegsflotte erblickte Kohl in seinem Landsmanne Arnold Duckwitz, welcher damals aber schon die Hoffnungen seines Frankfurter Ministeriums aufgegeben hatte; demungeachtet hing der bremische Senator noch mit allen Fasern an seinen Idealen, von denen nur so wenig verwirklicht worden war. Zu dem wenigen gehörte die regelmäßige Dampferlinie zwischen Bremen und Newyork; ihr wandte also auch Kohl seine Liebe und Aufmerksamkeit zu. Eingeladen vom Kapitän des Dampfers „Hermann", dem vielerfahrenen Edward Crabtree, besuchte er mit großem Enthusiasmus die Schiffahrts-anstalten an der Wesermündung und verfolgte dabei gern die Ge-danken an alle die Reize einer Westfahrt.

Interessanten Gegensatz zur kalten und nassen Praxis bildete eine andre Persönlichkeit, deren Bekanntschaft Duckwitz vermittelte. Das war ein Gelehrter, welcher das Meer kaum kannte und doch im Geiste jenseits des Ozeans lebte. Karl Andree, der weder in seiner Vaterstadt Braunschweig, noch in Karlsruhe, Köln oder sonst-wo hatte Ruhe finden können, hielt sich Ende 1849 gerade in Bremen auf, um noch allerlei zu ordnen, was mit seinen früheren Redaktionsgeschäften für die „Bremer Zeitung" zusammenhing. Er verkörperte damals das meiste von dem, was Kohl das amerikanische Element nannte; denn er trug sich mit großen, auf Nordamerika

bezüglichen schriftstellerischen Plänen: er sagte zuerst jenes dunkle
und irrige Wort von der Westrichtung des Weltgeschichts-Fluges
und erzählte bei jeder Gelegenheit ungemein viel Berückendes über
das Westland, das er selber nie gesehen.

Das halb praktische, halb phantastische amerikanische Element
von 1849 blieb bei Kohl haften, obgleich seine Heimkehr nach
Bremen keine dauernde werden sollte. Sein Unglück war es, meistens
zwei oder drei Dinge zur selbigen Zeit zu betreiben, da eben immer
zugleich Geld erworben und Geistiges gefördert werden sollte. So
hatte auch seine Reise nach Bremen verschiedenen Zwecken zu
dienen, namentlich umfangreichen wissenschaftlichen Arbeiten, durch
welche die frühere, allmählich unerquicklich gewordene Reiseschriftstellerei sich in den Hintergrund drängen ließ. Kohl sah in den
bisherigen Leistungen nichts als Stückwerk. Sogar die immer neuen
Anklang findenden Schleswig-Holsteinschen Bücher gefielen ihm nicht
mehr; klagte er doch den in den Herzogtümern lebenden Verwandten:
„Meine Schriften über Eure Gegenden haben mich eine Zeit lang
geradezu betrübt. Traurig ist es, wenn der Schriftsteller sich selbst
gestehen muß, daß er nicht genug gethan hat; erweiset mir den
Gefallen und leset das Geschreibsel nicht mehr; ich wäre untröstlich
geworden ohne die gewisse Überzeugung, daß ich besseres zu leisten
im stande bin und auch besseres leisten werde, sofern ich noch
länger das Leben behalte. Solche flüchtigen Dinge gewähren uns
gar keine Beruhigung fürs Leben; vielmehr müssen wir Werke
schaffen, die mit uns aufgewachsen, mit uns gereift sind, die wir
ganz durchdacht haben, die ein Teil unseres Selbst sind; Gott sei
Dank, bin ich nicht ohne ein solches Werk, aber — ich muß noch
etwas Zeit haben."

Das Werk, dessen bei diesen Worten gedacht wurde, behandelte
die Städte und Ströme[5]). Ihre geographische Analyse beschäftigte
Kohl seit Jahrzehnten und diese Beschäftigung trug wirklich wissenschaftlichen Charakter. Schon während der kurländer Zeit hatte er
an einer größeren Schrift gearbeitet, in welcher er wissenschaftlich
klarstellen wollte, wie von der Erdoberfläche der gesamte Menschen-
verkehr abhängig sei: Warenaustausch, Handelsstraße, Karavanenzug,
Schiffszug, Kriegsplan, Eroberungsfahrt, Völkerwanderung; dazu die
Verteilung der Menschenrassen, die Gliederung der Staatsgrenzen
u. a. — wie alles bedingt sei vom Boden, besonders vom Gegensatz des Flüssigen und Starren. Zuerst hatte er die Stromgebiete

Rufslands in solcher Weise zu deuten versucht, aber die Petersburger Akademie der Wissenschaften hatte die Arbeit nicht besonders
gewürdigt; dann war im Verlauf der Reisen Geschichte und Geographie
der Ströme Mittel-Europas studiert worden, das Werk sollte heifsen:
„Deutschlands Ströme in ihrem Einflufs auf die Geschichte des
Vaterlandes, namentlich auf die Städtegründung."

Dieser Aufgabe hatte auch der bremische Aufenthalt zu dienen;
denn die alte Weser, die bisher so schlimm vernachlässigte, mufste
doch nach Möglichkeit bevorzugt werden. An diese Aufgabe suchte
auch die erste auf Amerika bezügliche Arbeit sich anzuschliefsen,
die er gleich bei seiner Rückkehr nach Dresden in Angriff nahm:
„der Aufschwung des Verkehrs der Deutschland und die deutschen
Auswanderer am meisten interessierenden Binnenhäfen an den Flüssen
und Seen der nordamerikanischen Freistaaten." Nach allerlei in
Bremen erhaltenen Drucksachen arbeitete Kohl eine dürftige statistische
Zusammenstellung aus, in welcher freilich Pittsburg, Albany, St. Louis,
Buffalo, Detroit, Chicago u. a. vorkamen: allein es fehlte an
allen Enden und das zur Absendung fertige und versiegelte Manuskript
verliefs die Schriftstellerwerkstatt nicht. Durch eine Menge
statistischer Zahlen nebst einigen oberflächlichen Raisonnements
war dem amerikanischen Elemente offenbar nicht beizukommen; die
Zahlen wollten nicht reden. Derartige praktische Sachen konnte
nur jemand schreiben, der entweder wie Andree mit reicher Phantasie
begabt war, oder an Ort und Stelle Ansicht und Einsicht von den
wirklichen Hergängen gewonnen hatte.

Warum sollte Kohl mit solchen leblosen Arbeiten in der schönen
Elbstadt sich quälen, wo doch bisher das Leben so aufserordentlich
erquicklich verlaufen war? Dresden war ja selbst im Winter überaus
reizvoll, namentlich für Feingebildete. Kohl hatte dort die interessantesten Bekannte.[6]) Da stand er, der stets gefällige Gesellschafter,
in Verkehr mit Richard Monckton Milnes, dem schon Weihnachten 1842
in London ihm bekannt gewordenen Dichter, mit John Lothrop Motley,
dem neuenglischen Amerikaner, der in Dresden für seine Geschichte
der niederländischen Erhebung Stoff suchte, mit Fritz von Lengerke,
dem vielerfahrenen bremischen Kaufmann, welcher, 1895 von Philadelphia nach Deutschland zurückgekehrt, in der Königsstadt an der
Elbe eine kleine amerikanische Kolonie um sich gesammelt hatte,
aber von solchen Studien, wie Kohl sie im Kopf trug, nichts wissen
wollte. Welch eine Fülle höherer Anregungen bot nicht jeden
Winter das hübsche Haus am Ende der Pirnaschen Strafse, wo der
Weg nach dem Grofsen Garten abging, das Haus des Grafen Wolf

von Baudissin, welches Kohl noch theurer geworden war, seildem
seine Lieblingsschwester, die äufserst begabte Ida Kohl, dem ver-
witweten Grafen Hermann, Wolfs Bruder, ein neues Eheglück bescheert
hatte. Da war Robert Richard Noel, der Schotte, der für seine
interessanten phrenologischen Schriften viel Unterstützung fand,
nicht blos bei seiner Gattin, einer Deutschböhmin, sondern auch bei
Fachgelehrten, wie Bernhard von Cotta, dem Professor an der
Freiburger Bergakademie. Dazu kamen noch andere Kreise, welche
Kohl gerne hatten, die der Künstler — Bendemann, Hübner, Rietschel,
denen Kohls immer frische Begeisterung gefiel — durch sie
entstand ein Briefwechsel mit Christian Rauch. Dann die der
Schriftsteller — Auerbach, Freytag, Gutzkow, welche den lebhaften
Erzähler am liebsten mit heimischer Kleinmalerei beschäftigt sahen;
endlich noch die der Diplomaten und Hofleute, in welchen der Ver-
traute vieler russischer Grofsen leicht eingeführt war, aber nicht
für lebensklug galt.

Dresdens Zauber schien gar nicht erbleichen zu können. „Diesen
Winter haben wir ganz ausgezeichnete Damen, Fürstinnen und
Gräfinnen; bei der Gräfin Schönburg-Wechselburg ist alle Mittwoch
griechischer Leseabend, Bälle giebt es nicht blofs in Blasewitz beim
Herzoge Karl von Glücksburg, nicht blofs bei Hohenthals, sondern
auch in vielen anderen mich immer freundlich aufnehmenden Häusern.
Diese vornehme Welt dreht sich hier höchst anmutig, höchst leicht-
sinnig: eine Art bitterer Reiz liegt darin, den Kontrast unsrer
hübschen Salons mit den schwarzen Gewittern da draufsen zu
betrachten. Major Serre und seine treffliche Frau stehen in diesem
Sturme gar ernst da."

Was bedeutete gegen die bunte Dresdener Umgebung das einseitige Bremen und sein ordinärer amerikanischer Impuls. Bald
nahmen die alten Arbeiten wieder ihren Fortgang. Der Alpenbe-
schreibung fehlte noch die Hauptsache: der Teil der „Naturansichten"[7]),
welcher aus der Ebene der Reiseschriftstellerei zu einer höheren
Betrachtung der Dinge emporsteigen sollte; dann kam wieder die
ernste Strom-Geographie. Während an dem Abschnitt „Weser"
gearbeitet wurde, bezeugte Karl Ritter sein Interesse für diese Dinge,
indem er Kohl dem in Graz geplanten geographischen Lehrstuhl
gewinnen wollte, wofür leider bei dem so Hochgeehrten frisches Selbst-
vertrauen fehlte. Die ersehnte eigene Befriedigung gewährte, wie
es schien, zur Genüge das Werk über Ströme und Städte. „Ich
mufs, um diese Arbeit zu vollenden, unausgesetzt und lange schaffen,
darf gar nicht nachlassen, bevor die Aufgabe ganz gelöst ist: Rhein,

Donau, Ems habe ich nun (Februar 1850) einigermaßen fertig: bis
zur Weser bin ich ja glücklich gekommen; Elbe, Oder, Weichsel
werden mich noch für lange Zeit beschäftigen.« — allein trotz aller
guter Vorsätze ging die Arbeit nicht vorwärts. Bald begann abermals
der alte Reisetrieb, der zugleich Erwerbstrieb war. Nun standen
freilich die neuen Fahrten in Zusammenhang mit dem Werke über
die Ströme; allein ihre Verwertung schlug doch mehr oder weniger
wieder die früheren Bahnen ein, welche nicht zu wissenschaftlichen
Ergebnissen führen konnten. Endlich — es war Ende 1850 —
wurde das große Geographiewerk als unverwendbar vollständig
aufgegeben. Die so im Gelehrtenleben entstandene Lücke wäre
unausfüllbar gewesen, wenn nicht jetzt eine neue, auch über die
Reiseschriftstellerei sich erhebende Aufgabe eingetreten wäre, halb
Aushilfe, halb Ideal — jenes amerikanische Element in einer über
Statistik und ähnlichen äußeren Formen hocherhabenen Gestaltung.

I.
Letzte Dresdener Zeit.

Im Winter 1850/51 zeigte sich Kohl, der sonst so häufig
gesehene Gesellschafter nur selten seinen Dresdener Freunden. Überall
fiel es auf, daß der früher sehr mitteilsame Herr außerordentlich
zurückhaltend geworden sei; der geplante Besuch der Londoner
Welt-Ausstellung wurde von ihm schon aufgegeben, als für die Ausführung solchen Lieblingswunsches noch gar nicht die Zeit heran-
gekommen war; der sonst immer Zufriedene murrte sogar, trotz
seiner aristokratischen Vorlieben, über den auf dem unglücklichen
Deutschland lastenden Bann.

Offenbar vollzog sich in Kohls Studierklause eine tiefgehende
Wandlung; ihr Endergebnis konnte zunächst nur ein schriftstellerisches
sein. Es war der Plan, ein amerikanisches Werk zu schreiben,
aber ein großes: die Geschichte der Entdeckung der neuen Welt.[*)]

Seit Februar 1851 widmete sich Kohl fast ausschließlich diesem
neuen Stoffe. Den ersten Anfang hatten vor einigen Monaten
charakteristischer Weise sonst halbvergessene Reiseberichte gebildet,
deren Verfasser Kohl scherzhaft als seine Herren Vorgänger bezeichnete; auf der reichhaltigen Dresdener Bibliothek fand sich
nämlich eine der beiden Veröffentlichungen der vor wenigen Jahren
zu London begründeten Hakluyt-Society: die 1850 erschienene
Wiedergabe von einem, dem Jahre 1582 angehörenden Reisewerke
`'es großen Richard Hakluyt († 1616), einem in der That höchst

ansprechenden Bache mit vielen Nachrichten über Giovanni Gabotto
und seine Söhne, über Giovanni Verrazano, Jean Ribault und wie
die andern berühmten Reisenden sonst hiefsen. Jene reiche Bibliothek bot nun noch viele andere altehrwürdige Reisebeschreibungen,
die Kohls Interesse schnell fesselten, aufserdem manche auf Amerika
bezügliche mehr geschichtliche Werke von gröfstem Wert: waren
da doch die Urkundensammlungen von Martin Fernandez de Navarrete,
denen Washington Irving vor Jahren sein noch immer als mafsgebend
betrachtetes Columbus-Buch entnommen hatte, die von Henri
Ternaux de Compans angefertigten Übersetzungen einzelner besonders
wichtiger Quellen, die Monographien von William H. Prescott und
George Bancroft über Mexico, Peru und Nordamerika, die allgemeinen
Geschichtsdarstellungen von Antonio de Herrera bis auf William
Robertson. Bei solcher Lektüre gedieh jene schriftstellerische Idee,
welche ursprünglich viele Ähnlichkeit besafs mit dem Plane, den
Alexander von Humboldt in seinem grofsen unvollendet gebliebenen
Werke als „eine historische Entwickelung der geographischen Kennt-
nisse von der neuen Welt" bezeichnet hatte.

Schon im Oktober 1851 schrieb Kohl: „Für mich gilt es jetzt,
mit aller Kraft einzudringen in die allmähliche Entwickelung unseres
Wissens von Amerika; unter Amerika verstehe ich nicht etwa blos
die zufällig zuerst von Europäern berührten Teile des neuen Kontinents, sondern den ganzen vierten Weltteil, seine Küsten und sein
so lange geheimnisvoll gebliebenes Innere, seine Morgen- und seine
Abendseite, seinen hohen Norden und seine äufserste Südspitze.
Unsre Kenntnisse von diesem ungeheuren Lande haben sich nur
ganz allmählich ausgebildet und dies nicht blofs in der allerersten
Zeit, sondern mehr als drei Jahrhunderte hindurch. Oft geht unser
Wissen der ersten Auffindung voran; oft verschwindet es trotz der
letzteren. Die einmalige Berührung bildet keineswegs immer eine
Entdeckung; dazu gehört viel mehr, nämlich ein Verständnis von
dem Aufgefundenen, und dies Verständnis ermöglichen oft erst spätere,
dem ersten Akte folgende Operationen: Landung, Bereisung, Er-
oberung, Besiedelung, kurz alles was mithilft, um riesengrofse Gebiete
in den Zustand und den Rang der allgemein, wenn auch nicht vollkommen, bekannten Teile unsrer Erde einzureihen."

Kohls neue Arbeit kam schnell in Zug; sie liefs sich aber
auch flott betreiben, da das schwere Rüstzeug der Geschichtsquellen-
Untersuchung ebenso wenig in Anwendung kam, wie eine der für
das Verständnis der Einzelheiten, namentlich der nautischen und geographischen, an sich so erwünschten mathematischen Disziplinen.

Ohne die grofsen, seinem Stoffe innewohnenden wissenschaftlichen
Schwierigkeiten ganz zu erkennen, konnte Kohl schon Weihnachten
1851 dem Schwager Baudissin schreiben: „Ich werde meine Aufgabe
sehr bald gelöst haben: aber sie ist, wie Du selbst gesehen hast,
keine kleine; sie erfordert meine ganze Zeit und alle meine Kräfte,
unabläfsige Aufmerksamkeit und Anspannung. Je mehr ich in die
Vorgänge eindringe, desto mehr erweitert sich mein Blick: riesengrofs·
steigt das Ziel vor mir auf. Als Du hier warst, hoffte ich bis
Weihnachten einen guten Schritt weiter thun zu können; einen
Schritt habe ich auch gethan, aber zu einem Ruheplatze hat er mich
nicht geführt, sondern nur an einen Punkt, von dem aus ich noch
viel mehr Land, viel mehr Thäler und Berge vor mir sehe, als zuvor.
Von der Arbeit werde ich, wie von einem Strome, getragen; ich
fühle, dafs ich aus meinem Boote nicht aussteigen darf, ohne die
ganze Expedition zu gefährden. Rings um mich her Bücher, nicht
nur Werke aus der hiesigen und der Berliner öffentlichen Bibliothek,
sondern auch Schätze aus der Sammlung unsres Königs und aus
den Händen vieler Freunde. Manche Sachen darf ich nur kurze Zeit
behalten, daher benutze ich sie unverzüglich und schnell; ich lese
ohne aufzuhören. Oft machen Bücher wie Menschen nur einmal im
Leben ihren Besuch: so habe ich hier beständig von Tag zu Tag
zwei Schreiber beschäftigt. Meine jetzigen Arbeiten werden schwerlich
auf dem gewöhnlichen buchhändlerischen Wege in dem gewünschten
Umfange zur Publikation zu bringen sein; dazu bedarf es der Protektion eines grofsen Gönners der Wissenschaften, z. B. des Königs
von Preufsen. Deshalb ist es mir wichtig, dafs von ihnen schon
bei Zeiten einflufsreiche Freunde Notiz nehmen. Morgen will Fürst
Pückler-Muskau zu mir kommen; ich scheue keine Kritik. Meine
Aufgabe ist neu, wichtig, meinen Neigungen und Kräften angemessen;
gern werde ich ihr ein paar Jahre widmen und zwar ganz ausschliefslich. Deshalb freue ich mich doppelt, dafs ich mir meine
Wohnung selber eingerichtet habe; es ist doch ein angenehmes
Gefühl auf eigenem Sopha und vor eigenem Tische zum Studium
sich niederzulassen. Köchin Caroline macht sich ausgezeichnet, mein
Hund ist recht anstellig und die kleinen Vögel zwitschern reizend.
Noels, die lieben Freunde, werden in dasselbe Haus ziehen, in dem
ich nun wohne."

Der Fortgang der amerikanischen Studien zeigt sich zunächst
in der Vollendung von kleineren Stücken. Februar 1852 hatte Kohl
eine Reihe Vorlesungen fertig: die Geschichte von der Nordwest-
Passage und von Sir John Franklin: die Morgendämmerung der

Entdeckung Amerikas oder die Vorläufer von Columbus; die Geschichte der Entdeckung des Stillen Ozeans und der ersten Fahrten nach China, Californien u. a.; die Geschichte der russischen Expeditionen von Asien nach Amerika; Columbus und seine Genossen. „Da ich ein Jahr lang darauf gesammelt und studiert habe, konnte ich diese Aufsätze schnell niederschreiben; ich glaube, daß sie gelungen sind. In ihrer jetzigen Form habe ich sie nur dazu bestimmt, der hiesigen Gesellschaft nach Kräften meine Dankbarkeit zu beweisen; eine dedizierte ich meiner Freundin Frau Wöhrmann, die zweite der Gräfin Sophie Baudissin, die übrigen anderen Damen meines Umgangs; in ihren Kreisen werde ich als Dankeszeichen diese Sachen zur Unterhaltung vortragen." Als einige dieser Hausfreund-Vorlesungen abgehalten waren, ging es wieder an die große Gesamtarbeit. „Ich wünsche jetzt weiter Nichts", schreibt Kohl am 7. Mai, „als daß ich im stande sein möchte, das Angefangene gedeihlich zum Ende zu führen; mit dem Stoff bin ich zwar seit einem Jahre unaufhörlich beschäftigt, allein er erfordert immer neue Mühe, Lektüre, Kartenzeichnung, Schreiberei aller Art — nur allmählich fängt der Schnee an zu schmelzen und fürs erste kann ich noch nicht Land rufen."

Etwas wie ein erster Abschluß war Ende August 1852 erreicht. Kohl frohlockte: „Überarbeitet habe ich jetzt das Ganze und kürzlich diese Überarbeitung mit dem untersten Zipfel, dem Feuerlande, abgeschlossen. Es bleibt mir noch viel zu lesen und zu thun übrig, deswegen müßte ich eigentlich einmal nach London und Paris; aber wenn ich es so vollende, wie es mir vorschwebt, dann werde ich auch vor dem deutschen Publikum mich als Geographen qualifizieren."

Die Schrift, die Kohl nach solchen Studien in 22 Kapiteln entwarf, war groß angelegt, obwohl in vielen Teilen nur skizziert. Zunächst besprach eine Einleitung die an dem Entdeckungswerke im Laufe der Jahrhunderte beteiligten Nationen, die europäischen Ausrüstungshäfen der Entdecker, die verschiedenen, bei einer Expedition hervorragenden Persönlichkeiten, die Instrumente, Karten und sonstigen europäischen Hilfsmittel, die während der Reise sich bietenden Dollmetscher und andern Beiständer, die auf den Gang der Entdeckung einwirkenden Mächte der Natur, namentlich der tropischen Pflanzenwelt, der Passatwinde und Eisverhältnisse, den Einfluß der Eingeborenen durch ihre Ortskenntnis und Verkehrsweise, die Konzentrierung der neuen Ankömmlinge in Standlagern und Ansiedlungen, die Namengebung für das Entdeckte und die Rechtsansicht über Besitzergreifung. Diese Einleitung war als selbständiges Buch gedacht.

Die eigentliche Geschichtserzählung, die wahrscheinlich zwei Bände in Anspruch nahm, zerfiel nach einigen Irving entlehnten Bemerkungen über Columbus und seine Vorläufer in geographische Abteilungen. Sie begann natürlich mit den Inseln des Antillen-Meeres; dann bildeten eine Art Ganzes der Isthmus, Mexico, Peru und Chile. Ein andrer größerer Abschnitt umfaßte den Magdalena, den Orinoco und den Amazonas; dazu kam Brasilien, das La-Platagebiet, sowie die Magellansstraße. Eine vierte Gruppe machten die ehemals englischen Kolonien und das Flußthal des Mississippi aus: eine fünfte der St. Lorenzstrom mit seinen Ländern; eine sechste Californien und Oregon; eine siebente das russische Amerika, die Hudsonbay-Gegenden und Labrador: endlich folgte als letzter größerer Teil Grönland nebst den andern arktischen Regionen.

Diese rein historischen Studien von Kohl hatten eine charakteristische Eigentümlichkeit. Schon im Dezember 1851 werden als geographisch-historische Blätter alte Karten*) erwähnt; im folgenden Mai heißt es dann, daß das Zeichnen so sehr viel Zeit raube. Es wurden also nicht bloß Urkundenauszüge und andre den Quellen entnommene Notizen gesammelt, sondern auch Kopien von alten Abbildungen, namentlich von kartenähnlichen, bei deren Wiedergabe ein angebornes Zeichentalent zu Hilfe kam. Gleich die ersten beiden Blätter der 1850er Veröffentlichung der Hakluyt-Gesellschaft hatte Kohl sorgfältig durchgezeichnet, dann alles, was die Hakluytschen Originalausgaben von 1582, 1589 und 1598 außerdem darboten; darauf waren, trotz ihres sehr geringen Wertes, die 1600 von Herrera gegebenen Tafeln gefolgt. Auf der Dresdener Bibliothek fand sich nun eine Manuskriptkarte des Diegus Cosmographus, welche 1568 in Venedig angefertigt zu sein schien und den Blick auf die Arbeiten des damals in der Lagunenstadt lebenden portugiesischen Kartenzeichners Diego Homem lenkte, namentlich auf dessen Atlas von 1558. Das erste handschriftliche Blatt, das Kohl kopierte, führte direkt in die Erforschung kartographischer Urkunden ein. Von diesen Studien hörte der greise Bernhard von Lindenau, gleich ausgezeichnet als Mensch, Gelehrter und Staatsmann. Dieser kürzlich aus dem öffentlichen Leben ausgeschiedene, aber immer noch gern hilfreiche Mann interessierte sich lebhaft für Kohls Vorhaben. Vor langen, langen Jahren, als er die Zachsche Monats-Korrespondenz der Erd- und Himmelskunde fortsetzte, hatte er in dieser Zeitschrift — Oktober 1810 — über eine außerordentlich merkwürdige Weltkarte vom Jahre 1527 einiges veröffentlicht; es war ein damals zu Gotha im Privatbesitz befindliches altes Pergamentblatt, das 1811 von dem grofsherzoglich sächsischen Plan- und Karten-Amte angekauft und dann in Weimar einer ihm ganz ähnlichen, aus der Büttnerschen Bibliothek in Jena erworbenen Weltkarte von 1529 zugesellt war. Über die Karte von 1527, welche einem Columbus zugeschrieben, durch von Lindenau aber einem Gabotto vindiziert war, hatte man bisher wenig erfahren, während die andre, die vom Portugiesen Diego de Ribiero für Kaiser Karl V. gezeichnete, schon berühmt dastand, namentlich deshalb, weil sie 1795 von Matth. Christian Sprengel seiner Übersetzung des Muñozschen Anfanges zu einer Geschichte der Entdeckung von Amerika hinzugefügt worden war. Mit von Lindenaus Empfehlung begab sich Kohl nach Weimar und kopierte dort den auf Amerika bezüglichen Teil jener Pergamentkarte, wobei er sich an dem Gedanken entzückte, dafs vordem Grofsherzog Karl August und Alexander von Humboldt dasselbe unhandliche alte Blatt bewundert hätten. Auf Rat von Lindenau entnahm er dann der Gothaer Bibliothek ein andres Karten-Manuskript, ein Blatt des berühmten Baptista Agnese, das Venedig den 18. Februar 1542 datiert war. Bald gingen die Sammelreisen weiter. In Frankfurt a. M. gab es Partien eines vielbesprochenen, 1520 oder schon 1515 hergestellten, mit der Schoner'schen Weltkugel verwandten Globus; in München fand sich eine ganze Reihe der wertvollsten altamerikanischen Karten. Von Lindenau hatte ihm den dortigen vortrefflichen Kartenkenner Joh. Andr. Schmeller genannt, der in der Hof-Bibliothek anzutreffen wäre; obwohl derselbe schon gestorben war, liefsen sich doch in der seit den Studienjahren geliebten Isarstadt manche gute Beiträge beschaffen. Dies gelang besonders durch die Vermittelung von Friedrich Kunstmann, welcher nach interessanter Hofstellung in Portugal die verschiedensten Studien betrieben hatte, darunter einige, die mit Ghillanys Werk über Behaim zusammenhingen, oder mit Humboldts Einleitung zu demselben, durch welche die unvollendet gebliebenen „kritischen Untersuchungen" fortgesetzt wurden. Kunstmanns Vermittelung war nur eine dilettantische, aber sie half doch zu einigen merkwürdigen Sachen. Da waren die Anlagen zu Johannes de Stobniczras Introductio in Claudii Ptolemaei Cosmographiam von 1512, die zur Strafsburger Ptolemäus-Ausgabe von 1513, z. B. die sogenannte Waldseemüllersche Admiralitätskarte, und die zu Reischs Margarita Philosophica von 1515. Dies waren seltene Drucksachen; aber auch aus alten handschriftlichen portugiesischen Karten von 1513 und 1518 wurden Teile kopiert, dazu noch einige neuere Nummern, z. B. zwei etwa dem Jahre 1630 angehörende Manuskripte aus der Sammlung von Sir Robert Dudley, dem Verfasser des 1646 erschienenen Arcano del Mare.

Bald fesselten Kohls Interesse derartige Blätter keineswegs allein, wenn sie auf die neue Welt sich bezogen, sondern überhaupt. Seitdem er in Gotha die ins Jahr 1283 fallende Weltkarte des Arabers Kaswini durchgezeichnet hatte, suchte er auch überall nach alten Weltgemälden, ob sie den vierten Erdteil kannten oder nicht. Seine meist mit Bleifeder gemachten Zeichnungen schienen wertvoll zu sein, schon allein mit Rücksicht auf die gleichzeitigen der Geschichte der Kartographie dienenden Fachwerke, welche Gelehrte, wie Edme François Jomard, Joachim Lelewel, Vizconde do Santarem in Arbeit hatten. So machte er seine Kartensammlung mehr und mehr von der Entdeckungsgeschichte unabhängig und sah in dem antiquarischen Charakter ihre hauptsächliche Bedeutung. Daß die alten Blätter für die amerikanische Entdeckungsgeschichte nicht den durchschlagenden Wert besäßen, welchen sie beim ersten Anblick für Laien zu haben scheinen, verkannte er, trotz jener Liebhaberei, keineswegs. „Vor einer zu eifrigen Benutzung dieser Sachen", so schrieb er damals, „ist zu warnen. Freilich prätendieren die Karten das Bild des Landes in seinen Hauptzügen so darzustellen, wie man es zur Zeit ihrer Anfertigung sich dachte; allein das Geschäft des Kartenzeichnens, das nur eine Arbeit sehr eingeweihter und gelehrter Männer hätte sein sollen, ist oft in höchst ungebildeten Händen gewesen und zum Teil auf äußerst nachlässige Weise betrieben worden, während die Entwerfung eines in allen Punkten richtigen Kartenbildes eine so außerordentliche Masse von Kenntnissen voraussetzt, daß erst in neuerer Zeit jene Kunst gedeihlicher aufblühen konnte. Erst in neuerer Zeit waren alle jene Kenntnisse in gehöriger Weise beisammen". Nur zu früh hat Kohl diese richtigen Grundsätze vergessen.

II.
Ausreise nach Amerika.

Schon im August 1852 war es klar, daß ohne einen Besuch von Paris oder London die amerikanischen Studien nicht wohl ersprießlichen Abschluß erlangen könnten; zu dieser Erwägung kam bald der Gedanke an eine Reise „nach Amerika, wo doch gewiß mit den gewonnenen Resultaten etwas zu machen ist." Über diese Idee waren viele geradezu entzückt, z. B. jener Audree, der

Anfang 1853 nach Dresden kam und immer wieder bedauerte, daſs
er nie das ersehnte Westland selber besucht habe. Auch unter den
Dresdenern fand der Reiseplan lebhafte Fürsprecher; von Lengerke
verhieſs für Philadelphia den freundlichsten Empfang bei seinem
früheren Geschäftsgenossen Karl Vezin aus Osnabrück; Motley erklärte sich bereit, die allerbesten Empfehlungen für Boston, das
amerikanische Athen, zu beschaffen. In Bremen begrüſste sogar die
liebe gute Mutter das groſse Vorhaben mit Freude; ihr verstorbener
Mann habe immer wiederholt: „Geht nach Amerika, dort blüht
Euer Glück"; nun war ja auch einmal genaue Nachricht über den
zweitjüngsten Sohn zu erlangen, den seit 1849 in Halifax verheira-
teten Johannes, der dem ältesten Bruder so ähnlich sein sollte.
Selbst der praktische, die Familienverhältnisse dirigierende Bruder
Adolf beförderte das weit aussehende Unternehmen. Unter solchen
Umständen war die Reise übers Weltmeer bald eine beschlossene
Sache; allein sie konnte nicht ohne weiteres beginnen. Nach dem
Verlassen des so lieb gewordenen Dresden waren erst noch manche
Zwischenstationen zu nehmen: Berlin, Paris, London; für ihren
Besuch entwarf Kohl mit groſser Umständlichkeit seinen Plan; ein
genaues Programm für diejenige der vielen Reisen, welche seine einzige
wirklich wissenschaftliche Forschungsreise werden sollte. Er schied
von Dresden erst, als er den Tag kannte, an welchem nach Karl
Ritters Mitteilung die Berliner Geographische Gesellschaft[10]) bereit
war, von ihm einen Vortrag entgegen zu nehmen. Es war der
3. Dezember 1853, als er in der preuſsischen Hauptstadt sein Vorhaben auseinandersetzte. Da sprach er von dem groſsen dreibändigen Werke und von den vielen neuen Dingen, die in demselben
enthalten sein würden, erfuhr aber nur geringe Unterstützung: denn
die Berliner Gelehrtenkreise kannten ihn nur als talentvollen Reise-
schriftsteller oder als umsichtigen Touristen. Ritter ging auf die
Einzelheiten der Kohlschen Studien nicht ein: Rauch, der Bildhauer, der
so manche aufmunternde Briefe an Kohl gerichtet hatte, erwies sich
im kleinen als ein wenig nützlicher Mann; Humboldt versprach zur
Förderung von Kohls Arbeiten alles mögliche, aber keine Verwendung
beim Könige. Über solche Enttäuschungen kam Kohl ziemlich leicht
hinweg, teils wegen der Familienfreuden, die ihm das Haus seiner
Schwester Henriette, verehelichten Gerold, gewährte, teils wegen der
unverwüstlichen Lust am Kartenzeichnen. Er suchte jetzt seine
amerikanischen Studien dem Auge verständlich zu machen, indem
er ein historisches Kartenbild[11]) verfertigte, auf welchem er in
verschiedenen Farben und Tuschweisen die Hauptzüge der gesamten

Entdeckungsgeschichte von Amerika darstellte. Ihm schien dieses Stück, bei dessen Ausführung er mit Hilfe der Königlichen Bibliothek noch einmal die ganze Reihe der Hauptereignisse Jahr für Jahr durchnahm, am deutlichsten und verständlichsten den Inhalt aller seiner Pläne auszusprechen; das Ziel derselben bezeichnete er jetzt als „eine Geschichte der Geographie von Amerika".

Auf das unter Aufwendung von vieler Kunstfertigkeit hergestellte Blatt verwendete Kohl den Hauptteil seiner Berliner Zeit, jedoch ohne einen Verleger finden zu können. Über die Sammlung alter Karten redete er selten, aufser mit Ritter, blofs mit Humboldt, der jedoch dem Sammelfleifse keinen grofsen Enthusiasmus zollte, offenbar deshalb nicht, weil die unentbehrliche kritische Sichtung des Materials fehlte. Demungeachtet ging es auf den beschlossenen Pfaden ruhig weiter. Bruchstücke aus den bisherigen Studien teilte Kohl gelegentlich mit, auch in zwei Singakademie-Vorlesungen, von denen die eine wieder über Charakter und Wirksamkeit des Columbus, die andre wieder über den Eroberungsmarsch der Russen durch Sibirien nach Amerika handelte; er war leicht getröstet, als diese Vorträge keinen weitreichenden Erfolg hatten. In seiner Unermüdlichkeit suchte er kurz vor seiner Weiterreise, am 4. März 1854, noch einmal die Geographische Gesellschaft zu fesseln und zwar durch seine damals beste Spezialität: die Deutung der von Europäern und Amerikanern herrührenden geographischen Namen in Amerika: trotzdem blieb es dort bei guten Wünschen.

Kohl reiste von Berlin direkt nach Paris, wo er auf manche alte Bekannte rechnen konnte. Er fand sie zum Teil auch wieder, obwohl die Seinestadt nicht mehr so aussah, wie bei seinem ersten Aufenthalte, wie im Jahre 1843, als er mit seiner Schwester Ida in den angenehmsten Kreisen verkehrte — eine Zeit, die ihm unvergefslich geblieben war, weil sie ihm den Zutritt zu Alexander von Humboldt ermöglicht hatte, dem damals gerade ganz besondere Huldigungen dargebracht waren. Hatte sich auch viel seitdem verändert — König Louis Philippe und Kaiser Louis Napoléon — es schien doch, als wären die ihn jetzt allein interessierenden speziellen Gelehrtenkreise in der Zwischenzeit wenig umgewandelt worden. Der Pole Lelewel war nicht anwesend; Henri Ternaux gewährte statt seiner die Unterstützung in der Kaiserlichen Bibliothek, in welcher aufser einigen mittelalterlichen, beinahe unverständlichen Karten, viele auf Neu-Frankreich, d. h. auf Canada, bezügliche interessante Nummern aus dem 17. Jahrhundert sich darboten, z. B. Du Creux's Blatt von 1660 und die

Tafeln in Thevenots Recueil de Voyages (1681). Außerdem gab
Vicomte Santarem etliche kartographische Reliquien zum Durch-
zeichnen und eine dem Jahre 1546 angehörende atlasähnliche Weltkarte seines Landsmanns João Freire. Wie diese Gabe des großen
Kartensammlers und Kartenkenners nur als ziemlich gering erschien,
so war auch Jomard, trotz des Briefes, den ihm Humboldt unterm
24. April 1854 im Interesse von Kohl sandte, nicht sehr ausgiebig.
Humboldt[11]) hatte leider hauptsächlich von Kohls geographischem
Geschichtsbilde und der Reise nach England gesprochen, die Karten-
forschung aber nur nebenbei als eine Reiseliebhaberei erwähnt.
Jomard ließ den so Empfohlenen noch eine alte Karte, die der
Brüder Pizigami kopieren, dann zwei auf Amerika bezügliche Sachen,
ein Blatt von Peru, das bald nach der Schlacht von Cajamarca
entworfen zu sein schien und jene Welttafel von Pierre Desceliers
(1546), die meist nach Henri II. von Frankreich genannt wird;
endlich erhielt Kohl noch zu seiner Hilfe die ersten Lieferungen
eines großen mit Karten versehenen Reisewerkes, das Edward Charton
gerade begonnen hatte. Trotz der Geringfügigkeit, welche diese
Dinge im Vergleich mit den reichen, von den Pariser Instituten ge-
hüteten Schätzen besaßen, war Kohl doch von seinen Errungenschaften entzückt; es gelang ihm auch in der mit Recht hochbe-
rühmten Geographischen Gesellschaft[13]) zu Worte zu kommen und
sein Geschichtsbild von der Entdeckung Amerikas anzupreisen.

Kaum war die Pariser Sitzung geschlossen, als es auch schon
zur Eisenbahn ging, um jenseits des Kanals ganz dieselbe Thätigkeit
zu beginnen. Der geringe Pariser Erfolg war leicht erklärlich;
konnte doch vor dem Forum der geographischen Gelehrsamkeit
solch ein kurzes Studium der amerikanischen Entdeckungsgeschichte
nicht bestehen; ohne tiefere Quellenforschung, ohne eingehende
sprachliche, mathematische oder gar nautische Kenntnisse mußte es
in der That wie eine Liebhaberei erscheinen. In England dachte
man über solche Dinge ganz anders.

Drei Tage nach dem Pariser Vortrage war Kohl in London;
die dortige Geographische Gesellschaft[14]) beging ihren Stiftungstag
und, gestützt auf die schon früher erworbenen Bekanntschaften,
brachte Kohl es fertig, bereits am Abend seiner Ankunft in der
Rede erwähnt zu werden, welche der Präsident jener Gesellschaft in
feierlicher Sitzung hielt. In dieser Ansprache wurde nicht bloß das
geographische Geschichtsbild, sondern auch die schon beachtenswert
gewordene Kartensammlung hervorgehoben. Nun öffneten sich dem
etwas selbstbewußter auftretenden Forscher die wichtigsten Fundstätten.

Für die Statepaper-Office war kürzlich der erste brauchbare Katalog vollendet worden; in diesem fanden sich alle die Karten der Kolonialbehörde und des Handelsamtes vereinigt, namentlich auch die, welche die englischen Kolonien in Amerika, die früheren und die noch bestehenden, betrafen. Dann erhielt Kohl Zutritt zu den Sammlungen der Admiralität und zwar durch keinen Geringeren, als den Admiral Francis Beaufort, den Hydrographen der Admiralität, der ihm z. B. Sir John Ross eigne grofse Karte der Baffins Bay zum kopieren gab; sie zeigte, wie fest und eigensinnig dieser arktische Seefahrer an die Ummauerung jenes Gewässers glaubte, welches er wie von einer gewaltigen Gebirgsklammer umgeben darstellte.

In der grofsartigen Rüstkammer für historische Forschung, im British Museum wurde Kohl aufs verständnisvollste empfangen. Der Vorsteher der kartographischen Abteilung, Richard Henry Major, Übersetzer der Columbus-Briefe und Bearbeiter von manchen andern Americanen, konnte dem Kohlschen Vorhaben mehr Förderung bieten, als der gröfste Pariser Gelehrte. Mit Majors Hilfe sah Kohl eine Reihe der besten Sachen durch. Entzückt sandte er an Ritter die Kopie einer portugiesischen Weltkarte von 1489; in einer dem Jahre 1528 angehörenden Ausgabe von Pietro Coppo fand er ein Gemälde vom Westlande, das höchst wertvoll zu sein schien; besonderes Studium widmete er einer dem Novus Orbis von Gryneus 1532 in Paris beigefügten Welttafel, welche die alte Vermischung von Nordost-Asien und Nordwest-Amerika darstellte; „über die allmähliche Aufhellung des Problems einer Trennung Amerikas und Asiens besitze ich jetzt, aufser dem Ptolemaeus von 1508, mehr als ein Dutzend Karten, die ich in Deutschland nie gesehen habe." Solche Darstellungen, welche als Kuriositäten neben der ernsten Kartographie ein Plätzchen finden durften, erschienen mehr und mehr als höchst gewichtige Urkunden; ihnen ward sogar aus der Baseler Ausgabe jenes Gryneus ein Blatt zugesellt, welches ausnehmend merkwürdig sein sollte, „des Rahmens wegen, da in ihm nicht blofs vieles für die Wissenschaft steckt, sondern auch für die Kunst ein ganzes kosmographisches Cinque Cento." So verdrängt die Kartenkunst die Wissenschaft, das Artistische das Historische, während die mathematische Seite der Kartographie ganz unbeachtet bleibt.

Trotz ihrer Schwäche drang die Kohlsche Liebhaberei immer weiter. Prinz Albert und der Herzog von Koburg sahen und erörterten die alten Urkunden gern; ihrer freute sich der Präsident der Londoner Geographischen Gesellschaft, Earl Francis Egerton Ellesmere, als sie in der prächtigen Bildergallerie seines Schlosses ausgestellt waren.

Mit den besten Empfehlungen versehen, reiste Kohl dann nach
Oxford, wo er viele Tage lang die berühmte Manuskripten-Sammlung
von Thomas Bodley, die er auf seiner englischen Reise Ende 1842
schon angestaunt hatte, durchmustern konnte; damals hatte er nicht
gedacht, daß er noch einmal jugendlich ergriffen werden könnte
durch so wunderbare, meist im 16. Jahrhundert gesammelte Schätze,
wie geschriebene Atlanten und kaum leserliche Portulanos oder
Roteiros. Auf einem alten Blatte war dort schon 40 Jahre vor
Frobisher die Nordwest-Durchfahrt mit einem silbernen Faden
dargestellt, der in einem französischen Hafen begann und an der
chinesischen Küste endete. In einer sehr schönen Handschrift:
Secreta fidelium crucis (1321), fand sich eine Weltkarte, die weder
Jomard, noch Santarem gekannt hatten. So ging es von Fund zu Fund.

Von Oxford begab sich Kohl nach Middle-Hill in Worcester-
Shire, dem Sitze von Sir Thomas Philips, einem wunderlichen Samm-
ler von Manuskripten und seltenen Büchern. Sein Haus schien von
Anfang bis zu Ende eine riesige Bücherkiste zu sein; sämtliche
Eingänge und Ausgänge, Korridore und Treppen, Wohn- und Schlaf-
zimmer, selbst die innersten Schlupfwinkel, lagen in solcher Art mit
Büchern verbarrikadiert, daß man Not hatte durchzukommen; die
Betten der Gäste waren sogar mit lauter hochaufgestapelten Bücher-
kasten umgeben. Sechs Tage lang schwamm hier der Unermüdliche
von morgens früh bis abends spät in lauter Manuskripten. Zuerst
kopierte er Nicolas Vallards Karte von 1547: dann wurde für ihn
ein alter französischer Atlas aus der Mitte des 16ten Jahrhunderts
zur Hauptsache, obwohl derselbe mehr Gemälde als Landkarten
enthielt; zeigte er doch in Südamerika eine Menge von Szenen,
wie sie Amerigo Vespucci geschildert hatte: „mitten darin stand in
spanischem Kostüm ein eleganter Kaufmann, den Wilden Spiegel und
andre Dinge entgegen haltend, während seine Diener Körbe mit
Beilen und Perlenschnüren herbeischleppten; ist das vielleicht
Vespuccis Portrait"?

Reich beladen und hoch erfreut kehrte Kohl nach London
zurück und setzte dort seine Studien fort, besonders im engen Archiv
der Hudsonbay-Gesellschaft. Auch hier viel neues. Da fand sich
namentlich eine die großen Seen betreffende Zeichnung, die von
Peter Pond aus Milford (Ct) 1785 dem amerikanischen Kongreß
übergeben war, ein Blatt, das St. John de Crevecoeur 1791 für
Rochefaucauld kopiert hatte. Da gab es ferner eine zweite, weiter
nach Norden reichende Zeichnung von Philipp Turner (1792) und
endlich eine ähnliche von Henry Harmon (1820). Welche Fülle von

Interesse barg doch dieses noch immer so wenig bekannte Canada.

In London schrieb Kohl August 20. an Ritter: „Ich finde hier immer neues zu thun und weiß daher noch gar nicht, wann ich aufs Schiff steigen werde: überhaupt verlasse ich Europa recht ungern, denn die reichen Schätze liegen doch diesseits des Ozeans und ich habe hier noch lange nicht alles ausgebeutet. Nach Paris muß ich jedenfalls zurück; in Spanien vermute ich nach hiesigen Erkundigungen und Auskünften noch viel, sehr viel; auch Holland muß ich bereisen und Italien. Ich denke mir, daß es in der neuen Welt nicht so wissenschaftlich genau genommen wird, wie in Europa; dort würde also die sorgfältige Ausführung von Kopien alter Karten schwerlich so gelingen. In mir ist jetzt mehr und mehr die Idee gereift, daß ich einen Codex Americanus Geographicus[15]) zu stande bringen könnte, der sowohl in wissenschaftlicher, als künstlerischer Hinsicht Interesse hätte und alle wichtigen kartographischen Dokumente und Monumente der neuen Welt enthielt.“ Es galt ein Sammelwerk zu schaffen, das alle Amerika betreffende geographische Nachrichten umfasse, von alten Karten bis zu neuen Vermessungen, von Beschreibungen bis zu gelegentlichen Erwähnungen, Dilettantisches und Fachmäßiges: ein Ding ohne Anfang und Ende.

Angesichts der Londoner Schätze rückte Kohl die Weiterreise nach Amerika von Tag zu Tag hinaus. Noch am 22. August schrieb er der Mutter: „Solltest Du besondere Ursache haben, diesen Winter meine Bremer Anwesenheit zu wünschen, so kann ich immer noch die amerikanische Reise aufschieben; ich muß darauf gefaßt sein, daß meine jetzige Arbeit doch viel länger dauert, als ich gedacht. An ihr könnte ich allenfalls auch in Bremen weiter schaffen und zwar mit gutem Nutzen; freilich bin ich bereits auf halbem Wege nach Amerika und machte es gern gleich ab.“

Die letzterwähnte Rücksicht schlug endlich durch. So begann denn am 7. September 1857 auf dem Inman-Dampfer „City of Manchester“ die Westfahrt, die erst nach 19 Tagen endete. Gleich nach der Landung in der neuen Welt schrieb Kohl: „Wir hatten eine sehr stürmische und in vielfacher Beziehung unangenehme, aber doch durch ihre Abwechselung interessante Reise; ich war nur zwei Tage seekrank, dann wieder ganz wohl, trotz Schaukeln, Sturm und Wellen. An Bord befanden sich mehr als 800 Passagiere, darunter 30 Juden, 150 Deutsche, meistens aus Bayern und Württemberg; dazu Holländer, Norweger, Schweden, Franzosen und Briten aller Art, auch 20 Zigeuner. Der Kapitän sagte, daß er fast bei jeder Reise einige Zigeuner an Bord habe: so muſs denn auch dieser asiatische Stamm schon ziemlich auf unserer Seite des Ozeans verbreitet sein. Von den Franzosen zeichneten sich sechs Missionäre des neuen Oblaten-Ordens aus, dessen Missionen sich bereits sehr ausgedehnt haben, sowohl unter den Christen, als bei den Heiden in Canada, Californien, Texas. Unter uns Kajütspassagieren herrschte viel Kordialität und manche treffliche Leute waren dabei: wir waren aber doch sehr froh, als wir endlich am 26. September das Land sahen und dann beim schönsten Wetter den herrlichen Delaware-Fluſs hinauf schwammen."

Wie ein lange erwarteter Freund, wurde der deutsche Reisende in Philadelphia aufgenommen; Karl Vezins Kinder sorgten für seine Unterkunft; ihre Freunde führten ihn gleich am ersten Tage nach Bellerose am Delaware; es folgte eine Mondscheinfahrt auf eigener Yacht. Dann zeigte eine Ackerbau-Ausstellung die Leistungen der Landwirtschaft und der ihr dienenden Maschinenkunst; eine Ausfahrt nach Berks County führte in einem einzigen Zuge den Betrieb eines deutschpennsylvanischen Bauers, den eines amerikanischen Farmers und den einer Negerfamilie vor die Augen.

Kohl war mehr als erstaunt; allein es fehlte ihm doch etwas. Er hatte vermeint, den Ort seiner Landung besonders sinnig ausgewählt zu haben; das groſse Philadelphia war ja offenbar die geschichtlich berühmteste Stadt der ganzen Vereinigten Staaten, also gewiſs auch in geistiger Hinsicht die erste; hatte sie doch einmal für den eigentlichen Mittelpunkt der groſsen Republik gegolten, war sie doch vordem wirtschaftlich mächtiger gewesen, als irgend ein andrer Platz der Union. Nun war von den Erinnerungen an die glorreiche Vergangenheit kaum mehr zu spüren, als hie und da ein vergessenes Plätzchen oder ein unbeachtetes Gebäude. Dem Manne, welcher noch seine europäischen Städtestudien als Leitfäden nahm, war es beinahe unfaſslich, daſs so wenig von reichsstädtischem oder hauptstädtischem Wesen sich finden lieſs, daſs rücksichtsloses Gewerbs- und Handelsleben fast alles andre verschlang.

Mit dem vernüchterten Philadelphia war Kohl in wenigen Tagen fertig und seine sonst so anhänglichen Gedanken kehrten nie wieder dahin zurück, so interessant auch die Geschichte des Deutschtums in Philadelphia und Pennsylvania war. Ihn brachte ein prachtvolles Dampfboot den Delaware-Strom hinauf, die bequemste Eisenbahn von Trenton nach Amboy meist durch Pfirsichbaumgärten und Maisfelder, endlich ein groſsartiges Palastschiff durch den Raritan-Fluſs und den Staten-Island-Sund nach Newyork, „der neuen Weltstadt,

dem Herzen dieses Kontinents, dem grofsen Thore für die Wanderung
der Neuzeit, an welcher wir Deutschen gerade jetzt mehr, als alle
anderen Völker zusammengenommen, beteiligt sind."

Den noch immer Vergleiche mit St. Petersburg, Moskau,
Dresden, Paris, London anstellenden deutschen Reisenden fesselte
Newyork zuerst nur wenig; sein Bruder Johannes hatte noch nicht
Halifax verlassen; die ihm empfohlenen Freunde waren zunächst nicht
zu finden. Vom Vorstande der noch ganz jungen Geographischen
Gesellschaft, für den er in London sehr gewichtige Briefe erhalten
hatte, war nur Charles P. Daly anwesend: ein äufserst interessanter,
aber doch für einen in Amerika unerfahrenen Neuling schwer ver-
ständlicher Herr. Fremdartiges schienen sogar Bremer Landsleute
in Newyork angenommen zu haben, selbst der bremische Konsul
Edwin A. Oelrichs und der ganze Kreis, dem er angehörte.

Am ersten Ziel seiner Reise angelangt, fühlte sich Kohl, obgleich
ihn überall Freundschaft und Liebenswürdigkeit umgab, beinahe ver-
einsamt. Die grofse Hudsonstadt erschien blos „wie eine höchst
merkwürdige Gruppierung von Tausenden, eine gar seltsame Schau-
stellung von Häusern in allen möglichen Materialien und Stilen,
äufserst mannigfaltig, fast immer überaus geschmackvoll; es ist ein
riesiges, mit unzähligen Kräften und ungeheuren Maschinen arbeitendes
Verkehrs-Zentrum, gegen das mit Recht Philadelphia nur ein grofses
Dorf genannt wird; ein Sammelplatz von erwerbssüchtigen Menschen
guten und schlechten, grofsen und kleinen Charaktere, dazu eine
ungeheure Brutstätte zahlloser Emporkömmlinge, die Zuflucht der
Europamüden."

Solchem ersten Eindruck sollte bald ein andrer folgen.

III.
Aufenthalt in Amerika.

An einem prachtvoll klaren Herbsttage verliefs Kohl das un-
ruhige Strafsengewirr von Newyork, um die einfache Schönheit der
Landschaften des Hudsonstromes zu geniefsen. Als er am 3. Oktober
1854 sich auf die Reise [19]) machte, wollte er vor allem den Wundern
des Niagara zueilen; das unvergleichliche Schauspiel eines Absturzes
von gewaltigen, aus vier Binnenseen dem Meere zuströmenden Wassermengen; bildete aber keineswegs sein einziges Ziel. Gelegentlich
sollten auch in Albany, in Burlington und an andern Orten Gelehrte
besucht werden, welche über Land und Leute, Geschichte und Geo-

graphie Auskunft geben konnten. Für Albany und Burlington trug Kohl sehr freundliche Empfehlungen des liebenswürdigen Daly bei sich: in Montreal war die Familie Fairbanks zu begrüßen, die durch Johannes dem Kohlschen Hause verschwägert war; endlich ließ sich auf dem Rückwege gewiß noch manches von dem so merkwürdigen Pennsylvanien in Augenschein nehmen. So ging Kohl den Hudsonstrom hinauf und kam nach genußreicher Fahrt bei Mondschein in Westpoint an, wo er in dem einzigen Wirtshause mehrere Bekannte antraf, z. B. den Grafen Gusowsky aus Polen. „Dort verbrachte ich den Abend, sowie den folgenden Tag sehr angenehm und lehrreich, nämlich mit Besichtigung der großen Militärschule, einer in den Vereinigten Staaten einzig dastehenden Anstalt. Dann ging ich den herrlichen Hudson weiter hinauf bis Albany, wo mich besonders der Staatsgeologe James Hall interessierte. In Deutschland haben wir es wahrlich an Erfindungen von Ämtern aller Art gar herrlich weit gebracht, aber auf einen Staatsgeologen sind wir noch nicht gekommen; sein Amt ist ein amerikanischer Gedanke. Er hat sehr viel zu thun; eine besondere Pflicht besteht für ihn darin, die Kartographie des Staates zu überwachen und einer immer größeren Vollkommenheit entgegenzuführen: ihm unterstehen auch Museen und dergleichen Sammlungen. Professor Hall erzählte mir viel von seinen Kollegen in andern Staaten Amerikas und beschäftigte sich besonders mit einer sehr bald in Quebec zusammentretenden Naturforscherversammlung, die manche für ihn nicht unwichtige Fragen beraten sollte; für meine Interessen würde sie ganz besonders lehrreich sein."

Die Weiterreise geschah nun höchst eilig; in Burlington war kaum Zeit, um Zadock Thompson kennen zu lernen, den Geschichtsschreiber der ausnehmend interessanten Landschaft Vermont, deren Vergangenheit an die der Schweizer Urkantone erinnerte. Schnell genug war Montreal, die Metropole des Sanct-Lorenz-Gebietes, erreicht, wo Kohl von dem Schwager seines Bruders, von James Mitchel, auf das herzlichste empfangen und alsbald in den schönen, wilden Bergen der Umgegend herumgefahren wurde: nach wichtigen Aussichtspunkten, lehrreichen ältern und neuern Ortschaften französischer oder englischer Herkunft. Sofort bildete sich eine Kette von weitern Bekanntschaften, unter denen die des Schotten William Edmond Logan, auch eines „Staatsgeologen", als die bedeutendste erschien. Dieser hervorragende Kenner Canadas verschaffte dem deutschen Gelehrten, der so eifrig in den Londoner Papieren studiert hatte, eine Menge der wichtigsten Daten und veranlaßte ihn besonders am

10. Oktober trotz des rauhen Wetters jene Naturforscherversammlung in Quebec zu besuchen.

Die grofsartig-schöne Festungsstadt auf dem Diamantenkap entzückte Kohl mehr als alles, was ihm bisher die neue Welt geboten hatte. Ausflüge, welche die Gelehrtenversammlung nach den ältesten französischen Plätzen, wie Beauport und Charlesbourg, veranstaltete, gewährten manchen Einblick in Land und Volk; rasch entstand ein Wohlgefallen „an diesen alten liebenswürdigen, gastfreundlichen, sittsamen, geradezu tugendhaften Kolonisten trotz ihres etwas rauhen „Conodo-Dialektes". da waren aufserdem noch die berühmten Katarakte von Montmorency und Loretto, das humanisierte Indianerdorf". Welch ein Reichtum neuer Eindrücke! Zu gleicher Zeit verhandelte Kohl mit verschiedenen Gelehrten. Besonders François Xavier Garneau, der Stadtsekretär, konnte über die erste Ankunft der Europäer in Canada (1534—1642) manche Auskunft erteilen; in den Bibliotheken fanden sich nur wenige historisch interessante Karten, wenn auch einige Kopien, die den selbstangefertigten ähnlich schienen; die Abende wurden angenehm verbracht entweder auf der Tribüne des französich und englisch verhandelnden Parlaments, oder auf einem zu Ehren der Gelehrten gegebenen Feste, auf dem auch James Bruce Elgin erschien, der Generalgouverneur von Canada, „ein offenbar sehr bedeutender Mann, von dem wir noch viel Tüchtiges sehen werden; er hat mit den Vereinigten Staaten einen Reciprozitätsvertrag abzuschliefsen."

Nach Montreal zurückgekehrt, besuchte Kohl in dem vielgenannten Dorfe La Chine den Gouverneur der Hudson-Bay-Länder, Sir George Simpson, welcher wegen seiner Reisen im wilden Innern dieser Gegenden bei den Pelzhändlern und ihren Voyageurs berühmt geworden war, auch einen grofsen Teil der arktischen Expeditionen durch Rat und That gefördert hatte; er machte über den bejammernswerten Ausgang des armen Sir John Franklin die ersten genaueren Mitteilungen. Nachdem ein höchst merkwürdiger Urwaldort am Ottawastrome, Bytown, besichtigt war, verliefs Kohl die Stadt des „königlichen Berges" und ging den St. Lorenzstrom hinauf, in den Ontariosee hinein, vorbei an den tausend Inseln, deren reizende Szenerien im Herbste noch so vollen Laubschmuck und so reiche Blattfärbung zeigten. Sein nächstes Ziel war Toronto, die Königin des Ontariosees, die weitgepriesene Hauptstadt West-Canadas, welche einer ganz aufserordentlichen Zukunft raschen Schrittes entgegen zu eilen schien. Diese stilleren canadischen Städte fesselten mit ihrer erkennbareren Vergangenheit das Interesse des Touristen mehr als die in ihrem Verkehrstumulte geradezu betäubenden, immer wie ganz neu aussehenden Städte der Vereinigten Staaten. Diese offenbarten die von ihnen beherbergten, mächtig voranschreitenden sittlichen Elemente erst bei längerer Beobachtung, bei wirklichem Mitleben oder eingehendem Studium; dort fand der Besucher rasch alles beisammen.

„Von Toronto aus unternahm ich einen interessanten Ausflug durch lauter Waldung nach den Seen Simcoe und Kutschitsching. Hier am Ende der Kultur verbrachte ich eine angenehme Zeit bei einem Methodistenprediger. Dieser sehr einsam lebende Mann meinte, dafs es von seinem Dorfe Orillia bis zum Nordpol gar keine Menschen mehr gäbe; wir engagierten einen Indianer, der uns in seinem kleinen Birkenrindenfahrzeuge, einem sehr sonderbaren Boote, über das Wasser zu mehreren buschigen Inseln brachte, auf denen Ojibway-Indianer[17]) lebten, die gerade von ihrer Sommerfischerei und ihrer Herbstjagd mit reicher Ausbeute zurückgekehrt waren.“

So wurde der erste Besuch bei einem halbwilden amerikanischen Stamme bewerkstelligt. Wie mächtigen Ansporn empfing hier der Sinn für ethnologische Fragen, welcher bisher nur in Detailzeichnungen von Kindern europäischer Hochgebirge, Flufssteppen und sonstiger Wildnisse, in der Besprechung von Esthen und Letten, von Kosaken und den Mischvölkern des südöstlichen Deutschlands oder der unteren Donaugegenden sich versucht hatte. Nun zeigten sich hier wirklich ganz eigenartige Reste früheren Volkslebens und, was bedeuteten gegen einen Anblick der Wirklichkeit die kunstvollen Schilderungen von europäischen Büchergelehrten. „Obwohl man mir sagte, dafs das Blut dieser Eingeborenen nicht mehr rein amerikanisch sei und obwohl ich mich hier nach dem Ausdruck eines Bekannten unter der Canaille der Indianer befand, fesselte mich doch alles; es waren ja sämtliche Physiognomien um mich her so fremdartig wie nur möglich. Am besten konnte ich mir vorstellen, ich sei unter mongolischen oder chinesischen Bauern; je mehr ich aber von den Indianern sah, desto näher traten sie mir. So lange ich sie in Europa nur aus Büchern kannte, erschienen sie als ziemlich uninteressante, rohe und nur lauwarmblütige Wesen: jetzt, nachdem ich mit ihnen bisweilen die Hand geschüttelt, sind sie mir, so zu sagen, als meine menschlichen Mitbrüder aufgegangen.“

„Von Toronto ging ich endlich nach den Niagarafällen. Dort durchwanderte ich von Clifton-House aus die unvergleichlichen Naturszenen während vier Tage. So viel Zeit gebraucht man wenigstens, um alles was sich hier darbietet, gehörig wahrzunehmen. Ich sah

diese herrlichsten Wunder tags im schönsten Sonnenscheine, wenn
sich das Feuer der grofsartigsten Regenbögen mit dem Wasser
mischte; ich sah sie nachts im klarsten Mondenschimmer iu weifsem
gespensterhaften Glanz, sah sie auch im Sturm.   Die Eisenbahn,
eine breite Kette, die zweihundert Fufs über dem schäumenden
Wasser schwebt, ist jetzt beinahe fertig: ein wundervolles Menschen-
werk, erbaut von Johann August Roebling."
„Den Erie-See befuhr ich alsdann im Sturme — sehr malerisch.
In Buffalo bekam ich einen kleinen Vorschmack vom grofsen Westen.
Ich erstaunte nicht wenig über die Handelsbewegung, die Güter-
und Menschenflut, die selbst bei einem nur flüchtigen Durchfluge in
dieser Stadt von schon nahe an 100,000 Einwohnern sich zeigte,
und weifs noch immer nicht, ob die Leute das ganze Jahr hindurch
so atemlos schaffen oder ob ich gerade eine besonders eilige Zeit-
periode traf."
Buffalo bildete den äufsersten Punkt dieses Ausflugs: denn nun
gings weiter „von Eisenbahn zu Eisenbahn, von Wunder zu Wunder,
von einer neuen Stadt zur andern." — In Scranton wurde der
Staunende vom Begründer und Namengeber des Ortes selbst herum-
geführt; er sah dann von Eisenbahnen umsponnene Berge, die grofsartigsten Industrien, die schönsten Felder, bis endlich Bethlehem
erreicht war, das Pennsylvanische Herrnhut.
„Die von dieser segensreichen Stätte ausgegangenen Werke
kannte ich so ziemlich alle, namentlich die des trefflichen Johann
Heckewälder († 1823), welcher zuerst den merkwürdigen Bau der
indianischen Sprachen untersucht und dargestellt hat; ich hatte
auch über die Schicksale des Ortes und seine verschiedenen Be-
drängnisse gelesen: was man mit Eifer studiert hat, das glaubt man
auch selber miterlebt zu haben; so bildete ich mir ein, diese Herrn-
huter seien meine alten guten Bekannten und Freunde. Ich kam
auch nicht von ungefähr: Bethlehems Stern hatte mir schon in
Canada gewinkt. Siehe da, jetzt ist er mir aufgegangen und ich
wandle nun an der Seite eines werten und ausgezeichneten Mannes
mitten zwischen den Häusern des freundlichen Ortes an der Lecha
umher; ich beschaue die Wohnungen der Lebenden, wie die Stätten
der Verstorbenen, und komme zur Besichtigung mancher interessanter
Institute der Gegenwart."
Jener Mann war der treffliche Karl Goepp; er belebte bei
Kohl aufs neue die Vorliebe für die Brüdergemeinde, welche schon
früher entstanden war, schon in seiner ersten Dresdener Periode,
als er in den Örtern des Hutbergs, in Berthelsdorf u. a., besonders

gute und reine Menschen entdeckt zu haben glaubte, dann in vielen
Unterredungen zu Wasserburg, dem Sitze des Grafen Karl Bandissin-
Zinsendorf, der die älteste Stieftochter von Ida Kohl geheiratet hatte.

In jener Mission wurden einige herrliche Tage verbracht:
dann ging es abermals zur Eisenbahn und endlich, am 11. November,
war Newyork wieder erreicht, der Anfang des so lehrreichen Ausflugs.

Für seinen amerikanischen Aufenthalt hatte Kohl schon in
Dresden einen vollständigen Plan entworfen und in demselben für
den Winter 1854/55, den einzigen, der in Amerika verlebt werden
sollte, ein fleißiges Bücherstudium in Newyork und Washington
verzeichnet. Mitte November, etwas verspätet, wurde dieser Hauptteil des Programms in Angriff genommen.

Sehr bald erschien die große Hudsonstadt ganz anders, als
bei der ersten Durchreise. Sie war nicht mehr blofs merkwürdig,
sondern äufserst wunderreich und geradezu liebenswert; ihre Insassen
waren nicht mehr blofs einseitige Glücksjäger und Geldmacher, sondern
höchst tüchtige Mitglieder der menschlichen Gesellschaft, sehr charaktervolle Menschen[18]). Um sich in einer Riesenstadt wohl zu fühlen,
mufste der frühere Hauslehrer immer einen Familienhalt haben:
diesen fand er in Newyork-Brooklyn erst bei seinem Bruder Johannes,
der jetzt von Halifax übergesiedelt war und ein neues kaufmännisches
Geschäft mit tüchtigen Kräften begann. An allen damit zusammenhängenden Plänen und Schritten nahm nun der Bruder den regsten
Anteil; er verkehrte jetzt gern in den Kreisen der Bremer Kaufleute,
die in Newyork zu seiner Freude eine so hochgeschätzte Stellung
einnahmen; es war ihm ein Stolz, seinem Bruder irgend einen neuen
Bekannten zuzuführen; er verzeichnete von Tag zu Tag jeden Dienst,
den ihm Bremer Landsleute, meist jüngere Personen, in freundlichster
Weise erwiesen.

Eines Tages begleitete ihn Theodor Tellkampf nach dem schon
in Dresden oftgenannten Rechtsanwalt Ludewig, der aufserordentlich
grofse Indianerkenntnisse haben sollte; da fanden sich wirklich
Kollektaneen über mehr als 1000 Sprachen der Eingeborenen: gewifs
waren das höchst wertvolle Sammlungen, denen mit Recht noch vor
kurzem kundige Forscher ihren Besuch abgestattet hatten — allein
der vielgepriesene Gelehrte, ein wohllebiger Herr, entsprach durchaus
nicht den hochgespannten Erwartungen; dagegen stieg höher und
höher der zuerst etwas rätselhaft erschienene Daly. Die
Liebenswürdigkeit dieses durch eigene Kraft emporgekommenen

Mannes blieb immer ungeändert. Er sah Kohl gern „in seinen komfortabeln und eleganten Räumen, welche geschmückt waren mit allem, was Kunst und Litteratur, die Büchermärkte oder die Ateliers der Maler und der Kupferstecher zu gewähren vermögen": er eröffnete auch manche Wege zu Gelehrtenkreisen, die sonst ein mehr abgeschlossenes Dasein führten. Henry Stevens gab jetzt aus seiner Bostoner Sammlung mehrere alte Blätter her, z. B. Inselkarten von Benedetto Bordone, die 1521 gezeichnet und 1528 veröffentlicht waren, sowie einige damit verwandte Sachen aus dem Jahre 1534; er machte darauf aufmerksam, daß die zu Venedig im Dezember des letztgenannten Jahres gestochene Karte von der neuen Welt und ebenso die mit 1536 bezeichnete Tafel von Baptista Agnese offenbar den Weimarer Blättern entnommen seien; dieser Stevens wußte über Kohls alte Weimarsche Karten mindestens ebensoviel, wie ein europäischer Sammler.

Außerdem verschaffte Daly für die Ausarbeitung der Reisebeschreibung allerlei wissenschaftliche Materialien, z. B. Sir Charles Lyells Berichte von 1845 und von 1849, welche weite, bisher unbekannte Perspektiven gewährten.

Am lebhaftesten beschäftigten Kohl seine ersten Begegnungen mit Indianern, die ethnologischen Anfänge; es wurde nämlich gerade jetzt über die Ojibways wegen eines Landvertrages, den sie am 30. September 1854 abgeschlossen hatten, viel geredet; mit Neid hörte Kohl von einem alte Traditionen behandelnden, aber leider kürzlich in Newyork verloren gegangenen Manuskripte über Eingeborene und von andern nicht mehr zugänglichen ähnlichen Quellen, die nur der wenig mitteilsame Henry Rowe Schoolcraft gesehen hatte, ein zur Zeit in Newyork arbeitender Forscher. In Zusammenhang mit diesen Studien lernte Kohl Henry Wadsworth Longfellow kennen, der auch in Newyork zu Besuch war; er besprach mit ihm die Grundlagen des Hiawatha-Gesanges, der soeben erscheinenden neuesten Gabe des so glücklichen Dichters, und gewann durch seine herzliche Verehrung die Liebe des zartfühlenden Mannes.

In dem noch ziemlich dürftigen Lokale der Geographischen Gesellschaft arbeitete damals deren Sekretär Georg Schroeter, ein Enkel des Lilienthaler Astronomen; der war, seines Zeichens Wasserbautechniker, durch den schon genannten Duckwitz nach Frankfurt berufen worden und hatte von dort sich nach Amerika begeben; da zeichnete er nun nichts Geringeres als eine große Karte vom ganzen amerikanischen Kontinente. Welch eine Fülle von neuen Berührungspunkten schienen doch die jungen Deutschen zu haben, die z. B.

das Beste im Zeichnen leisteten; erstaunt sah Kohl hier das prachtvolle ornithologische Werk von Audubon, an dem Carl Gildemeister aus Bremen nnd Wilhelm Benque aus Lübeck arbeiteten. Jene kaum eingerichtete Geographische Gesellschaft gewährte, trotz ihrer Jugend, einen reichen Schatz von neuen Daten. In einer ihrer Sitzungen getraute er sich denn auch sein Lieblingsthema zu behandeln: die ältesten Karten von der neuen Welt.

Über manche Schwierigkeiten half Joseph G. Cogswell hinweg, früher Lehrer von William B. Astor, dem noch deutsch denkenden Sohne des berühmten Walldorfer Bauernkindes; dieser Astor sann in kluger Weise auf die Vollendung der Astor-Bibliothek, den Ausbau der väterlichen Stiftung, welche Freund Cogswell in rühmlicher Weise verwaltete; letzterer machte ihre Schätze mit entgegenkommendem Eifer zugängig. In den Räumen dieser Bibliothek lernte Kohl bald viele interessante Persönlichkeiten kennen; dort traf er auch eines Tages Washington Irving, für den er von Jugend auf geschwärmt hatte, den Schöpfer seines Columbus-Ideales. Durch Cogswells Vermittelung kam Kohl schließlich auch in die sonst exklusiven Kreise der Newyorker Geschichtsgesellschaft. Er hielt ihr eine Vorlesung über seine historische Karte und legte dann das kostbare Blatt Buchhändlern und Kunstverlegern vor, freilich mit gleichem Mißerfolge, wie in Berlin und Paris.

Trotzdem fühlte sich Kohl inmitten des Newyorker Lebens jetzt außerordentlich befriedigt. So schrieb er am 27. Januar 1855:

„Ich bin immer recht wohl und recht thätig gewesen und gefalle ich mir hier noch ebenso wie gleich nach der Rückkehr von der Reise, ja noch viel besser, da die Verhältnisse immer günstiger sich gestalten. Ich spiele eine gewisse Rolle; man will mich daguerreotypieren, ohne daß ich für meine Exemplare zu bezahlen hätte; das Originalbild soll dem Verfertiger als Reklame dienen, nicht mir. Ohne große Mühe ist es gelungen, mit der ersten und interessantesten hiesigen Buchhandlung Appleton & Co. einen sehr vorteilhaften Vertrag über ein von mir zu lieferndes Werk abzuschließen. Auch diese Sache ist noch ganz neu; denn wir haben erst gestern Abend bei Herrn Appleton das besiegelnde Glas Wein darauf getrunken. Es handelt sich hierbei einstweilen noch nicht um meine historische Arbeit, aber diese wird auch allmählich in Fluß kommen. Die neu geplante Arbeit ist eine Reiseschrift, welche die Staaten des oberen Mississippi zum Gegenstande haben soll, den großen Westen. Meine Reise selbst braucht nicht sehr lang zu sein, das Niederschreiben ebenso wenig, denn das Ganze bleibt blofs auf ein Bändchen beschränkt; es soll aber ein kerniges werden."

Bald nach dieser Mitteilung war die Schrift über die kanadische Reise beinahe fertig. Ende Februar besafs Bruder Adolf in Bremen den Auftrag, das Manuskript, diese erste Frucht der amerikanischen Reise, Carl Schünemann in Bremen zum Verlage anzubieten; sollte der nicht dazu bereit sein, so wäre die Arnoldsche Buchhandlung in Dresden anzugehen; weiteres könnte abgewartet werden.

Als jene Reisebeschreibung erledigt war, wurde Newyork verlassen; Kohl sollte die grofse Stadt fernerhin nur noch im Fluge berühren. Am 14. Februar 1855 sagte er in einem Familienbriefe: „Leider erhielt ich in letzter Zeit keine Nachricht aus Bremen, aber meine Freunde haben befriedigende Auskünfte von dort; darum reise ich leichten Herzens weiter. Ich gehe von hier mit einer erstaunlichen Menge von Empfehlungen nach Washington und hoffe deshalb, dafs es dort mir gelingen wird, etwas für mein historisches Werk zu erreichen, das ich hier in Newyork nicht fördern konnte. Schreibt mir bald, denn meine Gedanken sind, trotz des reichen hiesigen Lebens, immer bei Euch."

Die Übersiedelung nach Washington[19]) wurde für Kohl verhängnisvoll; denn sie entzog ihn der frischen Luft eines stets praktisch regen Lebens und brachte ihn in Verhältnisse, welche ihn ächtes amerikanisches Wesen selten erkennen liefsen.

Sehr grofse Erwartungen knüpften sich an die Bundeshauptstadt der Vereinigten Staaten. Wie ein glänzender Mittelpunkt der gröfsten Republik war Washington City in Europa schon hingestellt worden, als noch kaum die frühsten Ansätze für städtisches Wesen am sumpfigen Ufer des Potomac sich zeigten, als in der Einöde erst Anfänge der unentbehrlichsten Reichsanstalten entstanden, vorläufige Entwürfe für die Formen, in welchen der Gesamtfortschritt einer mächtig vorwärts eilenden Nation sich ausdrücken konnte. In Wirklichkeit war die grofsartig geplante Stadt bisher blutlos geblieben. Äufserlich nur langsam emporgekommen, verdiente der Ort Anfang 1855 noch viel mehr als Philadelphia die Bezeichnung eines grofsen Dorfes. Die Gründung von George Washington bot wahrlich, trotz ihrer aufserordentlichen Dimensionen und Perspektiven, nur wenig, was an eine europäische Reichshauptstadt hätte erinnern können; blofs einige der breiten Strafsen wurden streckenweise von zusammenhängenden Bauten eingerahmt, hie und da ein monumentaler Eck-

stein für die äufsere Repräsentation des gigantischen Unionskörpers.
In dem grofsartigen, aber noch unfertigen Kapitol eine vielberühmte,
aber jüngst durch eine schwere Feuersbrunst arg mitgenommene
Bibliothek; die grofse Smithsonsche Stiftung freilich in einem eigenen
Gebäude, aber noch ohne Ordnung ihrer reichhaltigen Sammlungen;
auf den Strafsen eine Unmenge von Schwarzen — mehr als 2000
waren Sklaven in der höchstens 50000 Köpfe zählenden Bevölkerung,
welche nur wenige wirklich vornehme Elemente enthielt. Unter
diesen ragten einige Mitglieder des diplomatischen Korps hervor,
die Kohl sehr bald kennen lernte. Ihn empfing dort nämlich auf
das Liebenswürdigste der aus Schleswig-Holstein gebürtige bremische
Minister-Resident Rudolf Schleiden, welcher schon vor der am
16. Februar 1855 erfolgenden Ankunft in demselben Hause, in
welchem er mit mehreren andern unverheirateten Diplomaten wohnte,
Quartier besorgt hatte. Dort verkehrte alles in vollster Freundschaft
mit einander. „Seht nur: Belgien, Herr Soloyns, sitzt bei Tisch
höchst liebenswürdig neben Holland; Rufsland, Herr von Stöckel,
ist mit Englands, Sir John Cramptons, Nachbarschaft sehr zufrieden;
Frankreich, Graf Sartiges, wettete neulich gegen Rufsland, dafs der
Krimkrieg in wenigen Wochen zu Ende sein werde. Das Ärgste
ist, dafs Schleswig-Holstein sogar gegen das Sundzoll willige Dänemark, Herrn T. von Bille, freundlich sich verhält. Mein nächster
Tischnachbar ist der Herr von Grabow, der intelligente Sekretär des
preufsischen Gesandten, des Freiherrn F. von Geroldt, bei welchem
ich sofort eingeführt worden bin, wie auch bei dem schwedischen
Gesandten von Sibbern. Aufser dem Hause ist hier, so lange der
Kongrefs noch beisammen bleibt, mancherlei Geselligkeit, die mir
durch die Newyorker Empfehlungen geöffnet wurde; überdies machte
mich Dr. Schleiden mit mehreren ihm befreundeten Senatoren bekannt,
z. B. mit William Henry Seward, Salmon Portland Chase, Charles
Sumner; schliefslich bin ich auch noch dem Präsidenten Franklin
Pierce vorgestellt worden."

Dieser Präsident machte auf Kohl, der ihn bald häufiger sah,
wenig Eindruck. Natürlich war dem deutschen Philantropen alles
verhafst, was mit der Sklaverei hielt, also auch der Kreis der
Washingtoner Regierung, von deren Mitgliedern in der ersten Zeit
nur der Generalpostmeister Campbell einiges Interesse einflöfste.
Während diese Kreise unfruchtbar zu sein schienen, legte Kohl von
Anfang an grofsen Wert auf den Vorsteher des hydrographischen
Amtes, Alexander Dallas Bache, einen charaktervollen Gelehrten,
welcher schon wegen der Schweizer Schriften an ihm Gefallen fand.

da er selber, wie so viel andres, auch die fernen Alpen mit grofsem
Eifer studierte.

Die Küsten-Vermessung[20]) der Vereinigten Staaten hatte damals
hinsichtlich der Westgrenze des Unionsgebietes manche Schwierigkeiten zu überwinden; denn dafür fehlten nicht blofs fachmäfsige
Vorarbeiten, sondern selbst die einfachsten Grundlagen; es waren
z. B. Lage und Namen von Vorgebirgen, Flüssen, Buchten, Ortschaften und dergleichen zweifelhaft. Der deutsche Gelehrte schien
für die Aufklärung derartiger Dunkelheiten eine gute Hilfe zu gewähren, und er war dazu auch sehr gern bereit. Das hydrographische
Amt erschien ihm als das grofsartigste und weitgreifendste wissenschaftliche Unternehmen der Amerikaner. „In Grofsbritannien", so
schrieb er, „hat man es längst entsprechender Beachtung gewürdigt;
Englands nautische, physikalische und geographische Zeitschriften
pflegen regelmäfsig von Zeit zu Zeit die Fortschritte des grofsen
Werkes zu verzeichnen; dasselbe geschieht in Frankreich. Dort und
in Belgien machten noch kürzlich einige Zeitschriften, die „Revue
des deux Mondes", das in Paris publizierte Institut, die Jahrbücher
des Brüsseler Observatoriums gröfsere oder kleinere Versuche, um
das grofse Publikum über die Fortschritte der geodätischen und
astronomischen Arbeiten der Amerikaner zu unterhalten. In Deutschland hat sich Humboldt immer als ein grofser Freund der Washingtoner Küstenbehörde gezeigt, welcher er mit seinem wissenschaftlichen
und sozialen Einflusse gern und vielfach diente. Diesem hohen
Amte steht jetzt Professor Bache vor, Nachfolger des tüchtigen
Deutschen F. R. Hafsler, ein Grofsenkel von Benjamin Franklin, ein
Mann, welcher schon in seinem früheren Leben als Naturforscher
und als Vorsteher des berühmten Girard-College in Philadelphia die
Achtung seiner Mitbürger in hohem Grade sich erworben hat. Seit
November 1843 leitet er alle die komplizierten hydrographischen,
astronomischen, geodätischen und physikalischen Arbeiten der Bundes-
anstalt, er hat dieselbe durch sein rastloses Wirken unter vielen
stets erneuerten Schwierigkeiten zur jetzigen Höhe gebracht. Während
seiner Amtsthätigkeit hat sich das Territorium der Vereinigten
Staaten noch durch die Erwerbung von Texas (1845) und von
Californien (1850) erweitert; darnach beläuft sich jetzt die gesamte
zur Erforschung vorliegende Küstenstrecke auf eine Länge von etwas
mehr als 7000 englische Meilen, d. h. ungefähr auf die Ausdehnung
der Küstenumrisse von Deutschland, Holland und Belgien, Frankreich,
Portugal, Spanien und Italien zusammengenommen".

Mit der Annahme der Vorschläge von Professor Bache that

Kohl März 1855 einen Schritt von sehr großer Tragweite; seine amerikanische Reise empfing dadurch einen ganz andern Charakter, als vordem in dem sorgfältig überlegten Programm geplant war.

Hierüber schrieb Kohl seinem Schwager Baudissin: „Du weißt, daß mich jetzt schon fünf Jahre lang eine große historische Arbeit beschäftigt hat, welche ich in Dresden begonnen und in Berlin fortgesetzt habe; mein bestes Material, Karten und Bücherauszüge, habe ich dann in Paris und London gesammelt, den durchaus neuen Plan des Werkes verschiedenen Geographischen Gesellschaften auseinandergesetzt in der Hoffnung, daß irgend etwas für die Förderung der Sache geschehen könnte — allein es haben Buchhändler, Akademien, Gesellschaften, obwohl sie mein Unternehmen ein schönes und nützliches nannten, obwohl sie mich sogar mehr lobten, als ich es verdiente, stillschweigend Körbe verteilt — nun beut sich endlich eine Aussicht, daß die Sache anfangen wird, sich zu gestalten. Ausharren führt zum Ziel".

„Das hat sich so gemacht. Als ich hier in Washington ankam, zeigte ich in einem kleinen Kreise meine Karten und Papiere und erläuterte sie durch einen Vortrag, wie ich das fast in jeder Stadt zu thun gewohnt bin. Die Herren interessierten sich für den Plan; unter ihnen waren ganz ausgezeichnete Männer, z. B. der Episkopalbischof von Philadelphia John Porter und der Weltumsegler Commodore Charles Wilkes, außerdem Beamte vom hydrographischen Büreau dieser Vereinigten Staaten. Nach zwei Tagen bekam ich von der letztgenannten Behörde eine Anfrage, ob ich geneigt wäre, für sie über die Westseite Nordamerikas eine Geschichte der Entdeckung und eine Übersicht der alten Küstenaufnahmen abzufassen. Die speziellen Wünsche drückten sich so aus. Erstlich sollte die Arbeit die Küste von den Coronados-Inseln bei San Diego bis hinauf zum Cape Scotts, der Nordspitze der Vancouver-Insel, begreifend, deren Entdeckung und Hydrographie von Cortés bis Wilkes (1530 bis 1841), das ist bis zum Beginn der neueren Küstenvermessungsarbeiten, darstellen. Zweitens sollten die Kopien meiner diesen Küstenstrich betreffenden Karten in chronologischer Ordnung und mit Nachweisen über die Herkunft der Originalkarten beigefügt werden, sowie eine von mir zu entwerfende Generalkarte, auf welcher die verschiedenen Entdeckungen verzeichnet seien. Drittens war ein geographisch nach der Lokalität geordnetes Verzeichnis aller Vorgebirge, Häfen, Buchten, Flußmündungen u. a. auszufertigen mit Rechtstellung der Namen, mit Nachweis von Namensänderungen und andern Details. Endlich wurde eine bibliographische Übersicht aller

einschlagenden Werke spanischer, portugiesischer, russischer Zunge
gefordert. Allerdings gefiel mir die Aufgabe, zumal meine Arbeit
teils im Archiv des hydrographischen Büreaus niedergelegt, teils in
dessen Berichten abgedruckt werden sollte; allein ich hielt es doch
für Pflicht, in langer Auseinandersetzung nachzuweisen, daſs ich
keineswegs in sämtlichen Punkten dienen und nicht in allen Beziehungen dem Stoffe gerecht werden könne. So wenig Hoffnung
wie möglich machte ich und war gespannt zu sehen, wie dies aufgenommen werden möge. Lassen die Leute sich nicht abschrecken,
so dachte ich, dann sind sie Philosophen und ich will Vertrauen
schöpfen. Mittlerweile sah ich meine Materialien wieder durch, legte
sie mir nach dem vorgeschlagenen Programm zurecht und erkannte
bald, daſs sich doch wohl etwas herausbringen lasse; dann durch-
musterte ich die im hiesigen hydrographischen Büreau vorhandenen
Materialien über die Westküste und fand dieselben unter aller Kritik
fehler- und lückenhaft, namentlich ohne jeden wissenschaftlichen
Geist. So schöpfte ich schon in vierundzwanzig Stunden bedeutenden
Mut. Tags darauf bekam ich ein Schreiben, man hätte meinen sehr
interessanten Brief mit Vergnügen gelesen, wäre aber nun vollends
überzeugt, daſs ich, wenn ich nur wolle, alle Ansprüche erfüllen
könne; man sähe gern von Einzelheiten ab, ich sollte nur frisch
beginnen. Professor Bache kam selbst zu mir und besprach die
Angelegenheit. Nun hatte ich meine Mühle im Gange und übernahm nach einem von mir am 1. dieses Monats aufgesetzten neuen
Programm die hydrographischen Annalen der Westseite der Vereinigten Staaten.[1]) Seitdem ist dies Werk schon gut gefördert. In
der Entdeckungsgeschichte bin ich bereits bis Vancouver (1793)
gekommen; das Stück von da bis Wilkes (1841) ist das verhältnismäſsig leichteste, dann ist eine Reihe von 80 Karten von einem
geschickten Ingenieur nach meinen Blättern verkleinert worden:
dazu kommt eine Erörterung von jeder Karte in einem eigenen
Kapitel, das der Geschichte der Expeditionen wie eine Illustration
derselben angehängt werden soll. Ein historisches Kartenbild ist
noch zu machen. Um die Herren möglichst zu befriedigen, legte
ich auch das Litteraturverzeichnis an und besuchte dafür eifrig die
Bibliotheken des Kongresses, der Smithsonian Institution, des State
Department und auch die Büchersammlung des trefflichen Peter
Forth. Diese Sammlungen sind freilich noch in Unordnung und nur
zusammengestoppelt, ich habe aber doch manches Bedeutende und
Nützliche mir erlesen, so daſs jetzt schon etwa 30 Folioseiten voll
sind. Allmählich entschloſs ich mich auch das Register der Namen,

d. h. das Verzeichnis der Lokalitäten, zu übernehmen, vor dem ich anfangs so viel Angst hatte. Am Ende bringe ich doch noch diese für das hydrographische Büreau wichtigste Arbeit Stück für Stück fertig; bis jetzt habe ich 150 Bogen voll Notizen. Es ist unglaublich, wie man hinsichtlich eines und desselben Namens im Dunkeln tappt, z. B. Cabo Arguello oder Arguilla oder Argila oder Arcilla oder Aguila, der erste Name ist der richtige. Wenn diese Arbeit gelungen ist, so wird möglicherweise eine über die Ostküste der Vereinigten Staaten bald folgen; dann käme der gröfste Teil meines Geschichtswerkes zum Druck und zwar gleich in 20 000 Exemplaren, aufserdem noch, was mich besonders freuen würde, auf Veranlassung einer Regierung."

Die neue Arbeit verschaffte Kohl manche interessante Bekanntschaft. Aufser mit jenem Peter Forth, einem echt amerikanischen Sammler, welcher, wenn auch ohne eigene Gelehrtenbildung, wohl der gröfste Kenner aller auf Geschichte und Geographie von Amerika bezüglichen Bücher war, verhandelte Kohl mit den beiden Sekretären der Smithsonian Institution: Joseph Henry und Spencer Fullerton Baird, sodann auch mit dem aus Schleswig-Holstein stammenden Astronomen des Küstenvermessungsamtes Christian Heinr. Friedr. Peters, welcher ihn bei Commander Matthew Fontaine Maury einführte, dem grofsen Hydrographen, der auf der Washingtoner Sternwarte gerade an seinen praktisch bedeutendsten Werken arbeitete. Emsig suchte Kohl von allen Seiten die Materialien herbei, um sich über jene entlegene Gegend, die westliche Seegrenze der Union, eingehend zu unterrichten: ein riesiges Küstengebiet, das er nie bereist, ja nicht einmal gesehen hatte. Mehr und mehr kam er in die Kenntnis aller Einzelheiten so hinein, dafs er wie ein Augenzeuge reden konnte; trotzdem fühlte er den Unterschied zwischen unmittelbarer persönlicher Beobachtung und den Ansichten, welche Büchern, nicht blofs historischen Quellen, sondern auch ganz modernen Schriften, entstammten, mehr als einmal auf das Empfindlichste, namentlich bei seinen Unterhaltungen mit Karl Scherzer, welcher auf der Heimreise von seiner grofsen, zur Erforschung von Zentral-Amerika unternommenen Fahrt eine Zeit lang (April 1855) in Washington verweilte und manche aufserordentlich interessante Dinge mitteilte.

Bald nach Scherzers Weiterreise brachte Kohl, aller Schwierigkeiten ungeachtet, seine hydrographischen Annalen der Westküste zum Abschlufs. Während nun die klugen Washingtoner Herren in alle die Collektaneen sich vertiefen mochten, unternahm deren

Sammler seine zweite amerikanische Reise.[16]) Sie war ursprünglich
nur eine Geschäftsreise für Appleton & Co. in Newyork und sollte
bloß drei Monate dauern: Mai, Juni und Juli — allein sie wurde
für Kohl zu der ergebnis- und erlebnisreichsten aller Fahrten,
zum Höhepunkt seines gesamten Reiselebens.

Als Kohl am 6. Mai 1855 von Washington nach Pittsburg
fuhr, bildete sein Ziel der große Westen, also das Zukunftsland,
das für mindestens die Hälfte der an ihren Heimstätten überschüssig
gewordenen Europäer so verlockend erschien und wirklich Tag für
Tag neue, moralisch wie materiell großartige Schöpfungen entstehen
ließ, zu nicht geringem Teil durch deutsche Arbeit. Für diese
Dinge, die weit höher standen, als die auf der vorangehenden Herbst-
tour besichtigten, sollte Cincinnati den ersten Beobachtungspunkt
bilden, die Metropole des Ohiothales. Dort erfuhr Kohl, wie
schwierig es sei, dem amerikanischen Wesen, auch dem deutsch-
amerikanischen, ohne erfahrenen Dolmetscher vollständig gerecht
zu werden; er fand sich in Cincinnati nicht zurecht und ebensowenig
in Columbus. In Louisville brachte ihn Johann Smidt, ein Sohn des
oben genannten Bremer Bürgermeisters, trotz des Geschäftsdranges,
auf einige bessere Fährten; aber erst in Saint Louis öffneten sich
ihm die Augen. In dieser künftigen Haupt- und Mittelstadt Nordamerikas, dem größten Binnenmarkte der Union, traf er einen ihn
verstehenden Führer in Theodor Olshausen, dem Schleswig-Holsteiner,
welcher früher in der provisorischen Regierung seines Landes eine
Rolle gespielt hatte und jetzt an einem geographisch-statistischen
Werk über die Vereinigten Staaten arbeitete, von dem ein höchst
interessanter Teil, der über das Mississippithal, bereits erschienen
war. Sofort dachte Kohl daran, die in seiner Stromgeographie
niedergelegten Anschauungen auf Saint Louis und auf das Missis-
sippigebiet mit seinen riesengroßen Gewässern anzuwenden. Zu gleicher
Zeit äußerte er vertraulich, daß es ihm, trotz seiner praktischen
Mission, doch vorzüglich daran gelegen sei, einmal wildlebende Indianer genauer zu sehen. Nach Peter Jan de Smet, dem Missionar, der
so vieles über die Indianer am oberen Missouri und am Oregon
wissen sollte, suchte er tagelang vergeblich, und konnte doch nur
als Ersatz einige für Indianergeschichten brauchbare Bücher erwerben.
    Auf Saint Louis folgte die im wunderbarsten Wachstum stehende
Beherrscherin des Michigan-Sees, Chicago; allein dort fehlte es abermals an vermittelnden Freunden. Die wirtschaftlichen Fragen, denen

Kohl besonders nachgehen wollte, wurden wieder von antiquarischen unterbrochen, ja die letzteren bekamen immer mehr das Übergewicht. Schon sehr bald eilte er nach Saint Paul, wo er den von Newyork her bekannten Daly vermutete, der ihm als Dolmetsch ganz vorzüglich hätte dienen können. Diesen Helfer traf er nicht mehr an, wohl aber einen der Generäle, die er in Washington bisweilen gesprochen hatte: John Patrick Shields, welcher gerade abreisen wollte, um ein kleines, unter seinem Befehl stehendes Soldatenlager zu besuchen, das am obersten Teile des „Kanonenflusses", halb in der Wildnis, errichtet worden war. Ein Ausflug mit diesem recht intelligenten Irländer ermöglichte die verlockenden ethnologischen Beobachtungen nach der Natur. „Wir brachen am 30. Juni in einem kleinen zweispännigen Buggy auf, welcher für uns beide und für unsere Nachtsäcke Platz hatte, aber nicht für mehr; wir waren unsre eignen Kutscher, Pferdefütterer, Kleiderputzer u. s., das meiste besorgte aber der liebenswürdige General seinerseits. Den ersten Tag kamen wir wegen fortwährender Gewitterregen nur 40 Meilen weit; die Nacht blieben wir in einem Blockhause mitten in der Prärie, wo unsre Einrichtungen nicht sehr komfortabel waren. Den zweiten Tag reisten wir durch die sogenannten Big-Woods, die von der Quelle des Mississippi mehrere hundert Meilen südwärts sich erstrecken, die östlichen und westlichen Prärielande scheidend. Bei einem Halbindianer und Halbfranzosen, dem reichen Monsieur Faribault, rasteten wir; seine Frau sah ganz ebenso aus, wie andre Indianerinnen, seine Wohneinrichtungen waren auch nicht anders als die übrigen. Da war ein Blockhauszimmer mit anderthalb Stühlen, einem einzigen Strohbett für die ganze Reisegesellschaft nebst zahllosen Moskitos und ähnlichen Kreaturen; dazu Kaffee ohne Milch, Thee ohne Eier, Pilotebrot (ein fälschlich Brot genannter Stoff) und als stehendes Gericht für Morgen, Mittag und Abend geräuchertes und zu stark gesalzenes Schweinefleisch. Ich besuchte manche in der Nähe belegene kleine indianische Lager und sah auch am Abende die merkwürdige Szene eines sogenannten Medizintanzes zur Heilung eines armen alten Kranken. Am dritten Tage setzten wir unsre Reise fort und zwar zu Pferde, weil es von hier an nur noch indische Fußpfade gab. Herrliche Waldungen, die zuweilen von grasbedeckten Sümpfen oder von weiten blumigen Wiesen unterbrochen wurden; alle paar Meilen, tief in der Einsamkeit verborgen, aufschimmernde Gewässer; die ganze Gegend lauter Wald, See, Wiese, Sumpf, ein wildschöner Garten. Wir hatten aufser unserm Wirt Faribault auch drei Indianer bei uns, natürlich berühmt

Krieger; da einigen unsrer Pferde Füllen folgten und einem der
Indianer sein Söhnlein mit Pfeil und Bogen, bildeten wir eine ganz
interessante kleine Karawane. Nach verschiedenen Abenteuern war
abends das Lager erreicht, es lag an einem schönen See, der die
Quellen des Kanonflusses enthält; uns erquickte ein Bad, wobei
von der andern Seite des Sees her ein gewaltiges Gewitter leuchtete.
Dann schliefen wir in den Zelten des Generals auf schönem Heu und
weichen Büffelhäuten; die ganze Nacht schauerten prachtvolle Gewitter
auf uns herab, aber die Zelte hielten dichter als Blockhäuser; zum
Frühstück und Mittagsmahl gab es frischen Fisch, eine wahre Erholung. Am vierten Tage wurden kleine Wanderungen in die Umgegend unternommen, namentlich zu den beiden Seen, in deren
Scheide die Zelte standen und zu einem Siouxdorfe, wo viel Interessantes in Einrichtung und Gebrauch wahrzunehmen war. General
Shields ist ein Mann von vielerlei Interessen; einige Bekanntschaften,
die wir machten, luden wir für den Abend nach unsern Feuern;
sie blieben, da wir sie reichlich mit Tabak und Fisch bewirteten,
die ganze Nacht bei uns und teilten uns, nachdem wir viel Geduld
und Eifer verwendet, einige ihrer Dichtungen mit: einen Liebesvers,
einen Kriegsgesang und eine Totenklage, die an Schiller erinnerte —
Nadowessier soll der Name der Sioux bei ihren Feinden, den Ojibways, sein. Unser Dolmetscher übersetzte die Lieder und bewies
uns, wenn wir über den Inhalt staunten, seine Zuverlässigkeit aus
dem Sioux-Lexikon, in dessen Besitz ich war. General Shields und
ich halten die Überzeugung fest, daß die Sioux gar keine Wilde
sind, sondern gerade solche Menschen wie wir selbst, nichts dummer
und nichts schlechter, nur von eigenartiger Zivilisation; nicht zu
ihren Ungunsten fielen sehr oft die Vergleiche aus, die wir mit
irischen und bremischen Bauern anstellten".

„Am nächsten Tage ritten wir nach Faribault zurück; dort
stellten die Indianer merkwürdige Schießsübungen an. Einer von
ihnen trieb drei Kugeln nach einander in dasselbe Baumloch auf
60 Schritt Entfernung; dem kleinen Indianerbuben, der unser Lieb-
ling geworden war, legte ich ein Kieselsteinchen auf einen Pflock
und das Bürschlein schoß ihn dreimal unter vier Schüssen herunter.
Es hieß Naride d. h. Schatten, und hatte große Spürgabe, wie er
denn die Fährte eines verlaufenen Ochsen zehn Meilen lang im
Gras und Busch verfolgte. Am 5. Juli war Saint Paul glücklich wieder
erreicht; da verließ mich General Shields. Ich blieb dort noch
anderthalb Tage, weil Charles Sumner, den ich traf, mir Aussicht auf eine den Mississippi hinaufgehende Tour machte; es kam

nicht dazu, weil eine Wunde am Fufs ihn hinderte; Freund Daly,
mit dem schon halb und halb die Reise verabredet war, fehlte auch;
so mufste ich, da die Sache für mich allein zu kostspielig war,
mich entschliefsen, wieder südwärts zu ziehen und begab mich nach
Dubuque, wo ich bei den Herren Jessup und Stimson wohnte, die
mich schon früher sehr freundlich eingeladen hatten. Die Reise ist
für mich täglich eine Quelle neuer interessanter Erkenntnisse und
Belehrungen; ich hoffe auch, dafs sie für andre Menschen, namentlich für meine lieben Landsleute, nutzbringend werden kann. Ich
erzähle sie so ungeschminkt wie möglich, suche das Poetische und
Romantische gar nicht auf, sondern vielmehr das Nützliche und
Lehrreiche, aber jenes bietet sich mir überall von selbt als hübsche
Zugabe.

„Von Europa gute Nachrichten: Cotta hat die Kanadaschrift zu
meinen Bedingungen angenommen, hier soll sie vielleicht übersetzt
werden; der Oesterreichische Lloyd freut sich, dafs das Donauwerk,
für mich eine Ehren- und Lieblings-Sache, bis Konstantinopel fortgesetzt werden kann; meine neue Donaureise soll erst nächstes
Frühjahr erfolgen, aber die Zeichnung der Kunstblätter schon jetzt
beginnen; ich schreibe noch heute dem Lloyd nach Triest, dafs ich
mit allem zufrieden bin."

Von Dubuque kehrte Kohl über Davenport nach Chicago
zurück, wo er Wochen lang blieb, obwohl die für die Rückreise ins
Auge gefafste Jahreszeit bereits eingetreten war; er suchte auf
eigene Hand der Unmenge der neuen wirtschaftlichen Erscheinungen
gerecht zu werden. Darauf begann er die Fahrt auf den grofsen
Seen, deren Ufer er anfangs nur selten, aber doch bisweilen verliefs,
z. B. von Milwaukee aus, „der deutschesten und musikalischesten
Stadt des ganzen grofsen Westens". Er wartete auf eine Washingtoner Kommission, die am Oberen See vielbesprochene Verhandlungen
mit halbwilden Indiauern führen sollte, und entwickelte dabei eine
rührende Geduld. „Endlich schiffte ich mich in Mackinac den
5. August an Bord des Dampfers „Louisiana" für den Oberen See
ein und zwar zunächst für die berühmten Wasserfälle von Sainte
Marie. Ich besitze eine Spezialkarte dieses Seearmes, auf welcher
alle Zukunftsstädte schon mit ihren Strafsen und Plätzen verzeichnet
stehen, als wenn es ganz alte Republiken wären. Auf der amerikanischen Seite sind hier die Indianer bereits vollständig hinweg-
zivilisiert, während sie auf dem canadischen Ufer sich noch halten.
Sehr interressante Landkarten, die ich in Paris kopierte, zeigen den
Oberen See mit einigen darauf schwimmenden Gänsen und Enten

als eine besondere Branche des St. Lorenzsystems und eine Anzahl
der südlicheren Seen wieder als eine besondere Branche; dies erklärt
sich daraus, dafs die Franzosen nicht von See zu See auf dem Wege
des Hauptwasserkanals, sondern auf einem Umwege durch den
Ottawaflufs hierher gekommen sind." Auf der ganzen Küstenstrecke 160 Meilen westwärts von Sancta Maria ad cataractas, hausten
1855 nur gelegentlich Fischer; feste Ansiedlungen erreichte Kohl erst
wieder in der berühmten dortigen Bergwerksgegend und zwar
zuerst in dem freundlichen Marquette, einem Hafenorte, der
zu jung war, um auf alten Karten zu stehen. Er ritt von dort aus
auch ins Land. Einmal hatten wir eine Begegnung, die sehr lehrreich hätte werden können; wir trafen nämlich auf eine Partie
amerikanischer Ingenieure, welche schon seit einigen Jahren mit
der interessanten Arbeit der kartographischen Aufnahme des ganzen
grofsen Sees beschäftigt war; leider war keiner der Offiziere im
Lager." Von dort gings unter Dampf weiter nach Ontonagon, dem
schon zu einem bedeutenden Metallausfuhrplatze gewordenen ehemaligen Fischerorte der Ojibways. Von jenem Orte wendete Kohl sich
nach den vielgerühmten Kupferbergen und fuhr dann zum südwest-
lichsten Punkte des Seeufers, dem Fond du Lac, der das Nec plus
ultra seiner Reise bilden sollte.

Überall zeigten sich Erinnerungen und Reste des Wildenlebens,
Altertümer und Reliquien jenes Stammes, als dessen Hauptsitz das
zu den Apostel-Inseln gehörende Eiland La Pointe erschien, das ehemalige Shaguamikon. Dort mufste jene Washingtoner Kommission
erscheinen! Dorthin waren gerade jetzt die Ojibways zusammen-
gerufen worden, um Beratungen über Länderwerb, Tributzahlung
und ähnliches vorzunehmen. Rasch entschlossen, liefs Kohl sich auf
der Insel einen Wigwam bauen, in welchem er bedürfnislos leben wollte,
wie vor Jahren in einem Kosakenzelte oder in einer Alpenhütte. Mit
ihm hauste ein canadischer Franzose nebst seiner indianischen Frau,
deren Mutter und Schwester." Der grofse Vater aus Washington
erschien alsbald nebst Gefolge auf prächtigem Dampfer; die von
allen Seiten herbeigekommenen Eingeborenen legten ihr Festkostüm
an. Täglich zeichnete ich die Farbenmuster der Gesichtsbemalung
und brachte am Ende eine Sammlung heraus, deren Mannigfaltigkeit mich selbst in Erstaunen setzte; alle Tage öffentliche
Ratsversammlungen unter freiem Himmel, bei denen viele Häuptlinge
sich als Redner hervorthaten."

so interessanten Leuten umher und beobachte alle Vorkommnisse,
grofse wie kleine; abends kehre ich zu meinem Wigwam zurück,
um dann mit den Gästen, die sich bei meinem Feuer versammeln,
die gesehenen Dinge und erlebten Ereignisse zu besprechen; fast
jeden Abend wird ein neuer Ankömmling bei mir eingeführt." Kohl
schrieb alles was er sah oder hörte, sorgsam nieder: Notizen über
Hausbau und Tracht, über Gebräuche und Vorstellungen, über Waffen
und Fahrzeuge, namentlich Rindenkanoe; er war bestrebt, möglichst
viele Borkenrindenschriften — Masinaigans — zu erlangen, sie zu
kopieren und zu erklären; so sammelte er Inschriften, Bilder, Stammbäume, Symbole u. a. Zur Verständigung mit den Wilden bediente
er sich nicht blofs jenes Canadiers oder seiner Familie, sondern auch
einiger neuerer Schriften, deren Verfasser kein andrer war, als der
Österreicher Friedrich Baraga, ein katholischer Missionär, welcher
schon seit 1830 an jenem Seegestaden lebte und 1853 zum Bischof
von Marquette und Sainte Marie ernannt worden war. Der ehrwürdige
Herr beteiligte sich selber an den Versammlungen zu La Pointe und
fand an dem halben Landsmann, der mit Österreich so vertraut war,
ein Wohlgefallen. „Von meinem Bischof, einem der merkwürdigsten
Menschen dieser Gegenden, mufs ich sagen, dafs er alle hiesigen
Indianermissionen, alle Wildnisse rings um den Lake Superior durch-
wandert hat; es ist ein kleiner, aber ausdauernder Mann, jetzt bereits
60 Jahre alt. Man hatte mir schon vorher von ihm gesagt, er sei
ein Eisenmensch: nichts halte ihn auf, er lebe selbst da noch, wo
ein Indianer Hungers sterbe. Seit 25 Jahren ist er nicht krank
gewesen; doch ist seine Körperstärke keineswegs grofs; einige Male
stürzte er beim Wandern vor meinen Augen hin, aber trotz der
schwachen Kräfte geht er allerwärts gerade durch. Eisern ist er
von Willen, und die Vorsehung, die stets mit ihm ist, hilft ihm
überall. Seine Bekanntschaft mit der Geschichte des Landes ist
nicht sehr grofs; gegen das ethnographische Studium der Indianer
ist er vollkommen gleichgültig. Alles was nicht christlich an dem
Menschen ist, erscheint ihm als Teufelswerk; trotzdem haben wir
immer aufs schönste harmoniert. Glücklicherweise blieben wir elf
Tage lang auf unsrer Insel ohne alle Dampfschiffe oder sonstige
Kommunikation mit der Welt; endlich kam das Boot. und man mufste
sich wohl zum Einschiffen entschliefsen. Bischof Baraga und ich
fuhren am 3. September von La Pointe ab und kamen den andern
Tag abends oder vielmehr drei Uhr nach Mitternacht in Eagle River
an, wo wir in einem Boote ausgesetzt wurden. Wir befanden uns
an der Küste der wüsten Halbinsel Keeweena und gingen sogleich

in die Hütte eines armen canadischen Fischers, eines ehemaligen
Voyageurs, den mein Bischof kannte. Er überredete ihn, uns auf
unsrer quer durch die Halbinsel gehenden Wanderung zu begleiten:
Die Frau, eine Indianerin, bereitete uns unser Frühstück: Fische
aus dem Wasser und dazu fischiges Wasser, das bei diesen guten
Leuten Thee genannt wurde. Da die heiligen Kirchengegenstände
meines lieben Begleiters (silberne Krüge, Bischofsstab, Anzug, Becher;
die Gefäße für die heiligen drei Öle u. a.) recht schwer wogen und
da kein zweiter Begleiter sich gewinnen ließ, so mußten wir uns
auf das Knappste beschränken, d. h. auf das was wir selber tragen
konnten. Wir ließen daher auch unsre Überröcke und Mäntel weg
und verscharrten alles Unnöthige im Sande neben der Hütte von
Magnant — so hieß unser Canadier. Um 6 Uhr traten wir die
Wanderung an. Wir hatten bis zum nächsten Ziele, dem Torch-
Lake, 22 Meilen zu gehen: eine ziemliche Strecke für einen ununterbrochenen Wald und für solche Wege, wie man sie hier findet, wo
immer ein Fuß im Sumpfe steckt, während der andre (oft vergebens) einen festen Haltpunkt auf einem umgestürzten Baumstamm
zu gewinnen trachtet. Unser schwer beladener, aber stets fröhlicher
Magnant voran, hintennach mein Bischof und ich mit großen, im
Walde geschnittenen Stöcken. Jener trug unten hohe, fettbeschmierte
Wasserstiefeln, oben eine goldene Kette mit großem goldenen Kreuze
auf der Brust, am Finger seinen brillanten großen Fischerring; ich
war mit einigen Büchern, Landkarten, Papieren, Tabaksbeutel u. a.
beladen. Die Geduld, die man auf einem solchen Fußwege üben
muß, übersteigt die europäischen Begriffe; zuweilen wandelten wir
stundenlang in bodenlosem Sumpfe, zuweilen verschwand jede Weg-
spur unter den Baummassen, die der Wind zusammengeweht
hatte; da gab es denn durch und über dies dichte Baumgewirr
eine Kriecherei, von der man zuweilen nicht wußte, ob man sie
mühselig, komisch oder amüsant nennen sollte. Nach vielen Abenteuern erreichten wir abends 5 Uhr das Ufer des Torch-Lake, des
Lac au Flambeau. Dieser See ist 25 Meilen lang und mit seinen
Armen gewiß so groß wie der Bodensee, nur drei Menschen wohnen
an ihm: Beaseley, ein Schotte, Picard, ein Canadier, und Le Petit
François, ein Indianer, alle drei unverheiratete, wildhausende Jäger
mit elenden Hütten. Bei Beaseley bekamen wir ein Kanoe, Picard
lieh uns dann ein paar wollene Decken, so daß wir im Dunkeln, in
wundervoll nächtlicher Stille und Einsamkeit noch 15 Meilen bis
zum Indianer Le Petit François machen konnten. Mein guter Bischof
schlief unterwegs oft über seinem Brevier ein; ich hatte immer genug

zu thun, die merkwürdigen Erscheinungen um mich her dem Ge-
dächtnis einzuprägen oder dem Papiere anzuvertrauen; leider war
mein Reisegefährte bei weitem nicht so empfänglich für die Eindrücke der Natur, wie andre Reisefreunde, z. B. General Shields.
Bei unsrem Indianer gab es natürlich nichts zu essen oder zu
trinken, zum Schlafen auch nichts als den harten Boden und unsere
wollene Decke. Dieses Land ist noch so arm, daß nicht eine handvoll Heu oder Stroh sich erlangen läßt, wenn man auch den höchsten
Preis dafür zahlen will. Den andern Tag fuhren wir weiter 10
Meilen auf dem Lac au Flambeau und dann 15 Meilen an dem
pitoresken und höchst interessanten Ufer der Bay von Anse entlang.
Da wir nur einen einzigen Ruderer, unsren Magnant, hatten, so
griff ich auch selbst an und habe das hiesige Rudern tüchtig gelernt".

„Nachmittags kamen wir in unsrem Ziele, der katholischen
Mission, an. Es läutete das kleine Kirchglöcklein, eine Flagge ward
aufgezogen, alle Indianer schossen ihre Flinten ab und knieten dann
am Ufer nieder, den bischöflichen Segen zu empfangen. Baraga kam
ihnen ganz unerwartet, da er sich nicht hatte anmelden lassen.
In seinem Hause, einem an die Kirche angebauten Schoppen, war
nichts weiter vorbereitet, als ein elendes indisches Bett, wie er
es die vorige Nacht gehabt hatte: Bretter, eine Matte und eine
Decke; ich meinerseits mietete mich bei einem Indianer im Dorfe
ein und hatte dort ähnliche Bequemlichkeiten, für einen Preis, der
dem unsrer ersten Hotels gleichkommt; eine handvoll Heu war
auch hier im ganzen Dorf nicht aufzutreiben. In der Mission verlebte ich nun 5 bis 6 äußerst merkwürdige Tage. Den grössten
Teil des Tages war ich mit meinem trefflichen Magnant im
Kanoe auf dem Wasser, die verschiedensten Punkte der Anse-Bai
besuchend, sowie alle Indianer, die ich nur finden konnte. Beim
Frühstück, mittags und abends traf ich mit meinem Bischof im
Hause des Indianers zusammen, dessen Frau uns unseren Fisch
kochte. Der gute Bischof ist in seinem Geschmack so indianisch
geworden, daß er nicht einmal Salz zum Fisch ißt, sondern nur
Ahornzucker; ich hatte mir etwas Salz in Eagle-River verschafft,
das ich in einem Papier in der Westentasche trug. Am Abend,
wenn mein Bischof sich frühzeitig in seine Klause zurückgezogen
hatte, ging ich mit meinem Dolmetscher zu dem Feuer eines
90jährigen Indianers, Kagagena, das ist „kleiner Rabe", der vielerlei
alte Geschichten, z. B. über die Schöpfung, erzählte, auch seinen
Lebenstraum. Einer alten Frau, der Mutter des Halbindianers
La Fleure, verdanke ich ebenfalls manche Erzählung, z. B. die über

die grofse Flut und die über Menaboschu, den Schöpfer; andres erfuhr ich von Halbindianern, die in der Nachbarschaft wohnten. Unserem Missionsorte gegenüber, etwa 4 Meilen entfernt, lag am andren Ufer der Bucht die protestantische Mission, älter und kultivierter; dort, wo ich sogar beim Dorfschmied in einem wirklichen Bette schlafen konnte, lernte ich den alten Agabé-gijik, das ist leuchtender Wolkenzipfel, kennen, den ich in seiner einsamen Hütte bei den durch weiße Fahnen gekennzeichnoten Gräbern seiner Familie aufsuchte. Da lebte er mit seiner Tochter und dem Mann derselben, Kitagigaan, d. h. gefleckte Feder, in einem reinlichen Wigwam; er erzählte seinen Lebenstraum und andres, veranlasste auch seinen Schwiegersohn, mir seine Birkenrindenschriften zu zeigen und zu erklären. Dort erfuhr ich einiges von dem in der protestantischen Mission lebenden Indianer Peter Jones, der zu der Mackwa-Sippe, d. h. dem Bärengeschlechte, gehört."

„Leider, leider mußte ich auch diesen merkwürdigen Aufenthalt in Anse eher aufgeben, als ich gewünscht hätte. Wir gingen auf demselben Wege, auf dem wir gekommen, nach dem Eagle River in zwei Tagen zurück. Prachtvolle Gewitter auf allen Seiten; ein zweiter Canadier, der sich anschloß, überaus gesangreich; grofse aus dem Norden kommende Vögelschaaren: dies und hundert andre Umstände machten die Rückreise höchst interessant".

„In Eagle River blieben wir in der Hütte von Magnant einen Tag und gingen dann, mit unseren Sachen schwer bepackt, 12 Meilen weiter nach Eagle Harbor, wo mehr Aussicht auf die Ankunft eines Dampfschiffs war. Dort wohnte ich drei Tage mit meinem lieben Bischof in seiner hölzernen Kirche, der eine kleine nette, reinliche, wohnliche Klause angehängt war. Hier gab es nun Milch, Eier und andre gute Dinge zur Stillung unsres Hungers, der wirklich nicht gering war. Ich machte, gleich nach meiner Ankunft, einen höchst interessanten Ritt in die dortigen Kupfergebirge in Begleitung des Direktor Hill, eines sehr kenntnisreichen Mannes. Wie viel merkwürdiges sah ich dort! Ich skizzirte unter andern eine Masse reinen Kupfers, die 3 Fufs dick, 20 Fufs lang war und wie ein Felsstück 15 Fufs aus dem Boden hervorragte. Auf mehreren Gipfeln der Berge war die Aussicht über den ungeheuren Spiegel des Sees wundervoll; 50 Meilen weit nach allen Richtungen sahen wir vor uns ein Meer von Süfswasser, hinter uns ein ebenso grofses Meer von Waldesgrün."

„Obwohl erst nach vier Tagen, rief doch viel zu früh der Dampfer uns hier ab. Er brachte uns in zwei Tagen zum Sault, wo ich manche

merkwürdige Menschen kennen lernte, z. B. den Jesuitenpater Point,
der zehn Jahre lang in den Missionen von Oregon unter einem
Dutzend verschiedener Stämme gewirkt hat, und den Vater Mennet,
welcher die Welt zwischen hier und China kennt, besonders aber
den Vater Köhler, einen Elsässer, der in seinen Pariser Kollegien das
letzte deutsche Wort vergessen hat und jetzt seit Jahren die
abenteuerlichsten und gefährlichsten Reisen macht, um hier und da
den Indianern eine Predigt zu lesen, vielleicht nach Monate langen
Reisen eine einzige, die nicht einmal verstanden wird. Er lud mich
ein, ihn nach einer seiner Missionen zu begleiten. So schifften wir
beide uns denn — Bischof Barraga blieb in Sault — mit einer
Indianerfamilie nach der Rivière aux Déserts ein, wo wir am
18. September ankamen. Ein Zelt zum Hausen neben der Kirche
hatten wir mitgenommen, da es aber anfangs gar zu schlechtes
Wetter war, schlugen wir unser Nachtlager bei einer benachbarten
Canadierfamilie auf und benutzten unser Zelt nur am Tage. Alles
war à la Robinson Crusoe! Vater Köhler selbst ist ein Mittelwesen
zwischen Geistlichem und Seemann, er trägt den ganzen Tag Wasserstiefeln, sein Rock ist nach geistlichem Schnitt, aber aus wasser-
dichtem Gummi; seiner geistlichen Kopfbedeckung hat er möglichst
die Gestalt eines Südwesters gegeben; er versteht sich vortrefflich
auf Steuern, Rudern, Segeln, hat sein Kirchlein selbst gezimmert
mit Hilfe zweier invalide gewordenen Soldaten, von denen der eine
in holländischen, der andre in französischen Diensten stand; er hat
auch das umliegende Terrain urbar gemacht, ein echter Soldat der
Kirche. Während Bischof Barraga in Bezug auf Politik ganz farblos
war, fühlt Vater Köhler in dem jetzigen europäischen Kriege noch
lebhaft mit und zwar für die westlichen Mächte; jede günstige
Nachricht von Sebastopol nimmt er mit Freuden auf. Soeben kritzelte
er die beiliegende kleine Naturansicht auf Birkenrinde; ich nahm sie
ihm weg, um sie dem Briefe beizulegen; sie zeigt unser Zelt und
Kanoe; er versprach mir sofort noch etwas besseres zu machen.“

„Wir führen hier folgendes Leben. Am Morgen fahren wir,
nachdem wir die Messe gehört, über das Wasser zu den dort
wohnenden Indianern. Ich rudre dabei und Vater Köhler steuert;
dieser beschäftigt sich dann in seiner Kirche mit allerlei Arrange-
ments oder mit Unterredung mit seinen indischen Pfarrkindern; ich
gehe mit meinem halbindianischen Dolmetscher auf Entdeckung in
das Dorf, das zwei Meilen zerstreute Hütten und Wigwams hat.
Zu Mittag vereinigen wir uns in unsrem Zelt, wo jene beiden Soldaten
uns etwas gekocht haben: Rüben, Kartoffeln u. dergl., auch Biber-

schwänze, die hier eine grofse Delikatesse sind. Am Nachmittage
gehen wir unseren respektiven Deschäftigungen nach und abends
kehren wir übers Wasser zu unsren freundlichen Canadiern zurück;
bei ihnen nehmen wir unser Abendbrod ein, liegen dann der Fackel-
fischerei ob und haben schliefslich vor dem Zubettegehen noch ein
feu d'artifice à la Canadienne, d. h. es wird im Walde eine grofse
alte Birke oder Tanne angezündet, die meistens in einem Momente
Flammen fängt; dabei giebt es Szenen und Deleuchtungen, wie man
sie sonst nur bei grofsem Kunstfeuerwerk sieht. Meine Ausbeute,
namentlich auch bei Bimashiwin, einem Pfeifenkopfschneider, ist hier
so grofs, dafs ich mit Betrübnis und Furcht dem Augenblick der
Trennung entgegen sehe. Es geht mir ganz merkwürdig auf dieser
Reise; ich komme mir vor, wie unter einer besonderen Vorsehung
stehend. Obgleich der sogenannte Zufall stets einzugreifen scheint,
wird doch alles so vortrefflich und so à propos, als wäre es
nach den überdachtesten Plänen angelegt. Jetzt scheint mir
Rivière aux Déserts die Krone von allem zu sein. Ich kehre
nächste Woche nach Sault zurück und gehe dann nach Detroit.
Die Nordufer des Oberen Sees zu befahren, die ich so gern besucht
hätte, fehlte mir die Zeit. Alle Menschen, die hier länger gelebt
haben, gewinnen einen Abscheu gegen die Städte; das hat selbst
Bischof Darraga auf seiner grofsen Reise nach Paris, Rom uud Wien
verspürt, ich aber werde mich trotz solcher Verwilderung wieder zu
gewöhnen wissen."

Anfangs Oktober hörte die Hinterwälderidylle wirklich auf.
Der Prachtdampfer „Northstar" entführte Kohl seinem Traum- und
Märchenlande. Auf dem Huronen-See nichts als Nebel, Regen und
Wind; nach dem Besuch des Lake St. Clair ein etwas längerer
Aufenthalt in Detroit, wo die Industrieausstellung und die grofsen
Kupferschmelzen wieder an die eigentlichen Aufgaben der Reise er-
innerten. Hierauf quer durch Michigan, vorbei an dem aufblühenden
Gelehrtensitze Ann Arbor, nach Chicago. Während seines dritten
Aufenthalts in dieser unvergleichlich sich entwickelnden Stadt schrieb
Kohl nicht über die grofsen wirtschaftlichen Verhältnisse, über das
Drängen und Schaffen der Menschen, sondern über die dort statt-
findende Annäherung der Flufssysteme des Mississippi und des Sanct
Lorenz.

Hierauf folgte ein bisher nicht geplanter Ausflug. Er ging in
ganz andrer Richtung als die frühere Reise; im südlichen Illinois
sollten die gerade brennenden Prärien bewundert werden. Von dort
fuhr Kohl nicht direkt nach Washington, sondern erst noch einmal

nach dem Erie-See, den er schon im vorangehenden Jahre besucht
hatte; ihn machte das Gefühl, daß er von dem großen Westen der
Vereinigten Staaten doch noch lange nicht genug gesehen, vielmehr
bei den Wilden in der Märchenwelt gar vieles versäumt habe, immer
unruhiger. In Cleveland wurde endlich die Rückreise beschlossen;
bald fand sich Kohl in dem räucherigen, aber pittoresken Pittsburg
wieder, von wo er vor sechs Monaten die Reise begonnen hatte.
„Wie viele gute Pläne habe ich unausgenützt gelassen, wie viele
Vorsätze nicht jeder Zeit gehalten, wie geringfügig erscheint mir
im ganzen der Schatz meiner gesammelten Erfahrungen und Anschauungen; wie lückenhaft, wie unwürdig des großen Gegenstandes
ist die Summe meiner Erkenntnis. Mit unsern Studien ist es
leider gar oft schlecht bestellt; denn das stets weiter fließende
Leben läßt uns selten Zeit zur Repetition."

Wie ein guter alter Bekannter kehrte Kohl am 10. November
1855 nach Washington zurück, wo für ihn alle Verhältnisse noch
ebenso erfreulich lagen, wie am Ende April. Noch herbergten die
frühern Bekannten in demselben Hause; sie nahmen ihn mit alter
Freundschaft auf; zu seiner größten Freude fand er am Potomac
sogar kurländische Elemente, die an seine Hauslehrerzeit erinnerten.
Die amerikanischen Kreise kamen ihm noch liebenswürdiger entgegen
als früher; namentlich interessierte sich Professor Bache immer lebhafter für ihn. Zunächst wurde eifrigst an dem für Appleton & Comp.
bestimmten Reiseberichte gearbeitet. Schon Ende Januar 1856 war
dies Pensum erledigt, das Werk aber war keineswegs knapp und
kernig geworden; vielmehr füllte es zwei starke Bände. „Dies ist",
sagt Kohl, „je nachdem ein Verdienst oder eine Schwäche; ich
meinesteils kann unter zwei Bänden nicht durchkommen. Eine
englische Übersetzung wird nächstens in Angriff genommen."
Der Wunsch nach möglichst schneller Beendigung der Arbeit,
der dieser durchaus nicht günstig war, hing damit zusammen, daß
Kohl noch immer an der Idee festhielt, im Frühjahr 1856 nach
Europa zu gehen. Ihm ward es, trotz der vielen Freundschaft, unerquicklich in Washington, wo die Erbitterung der politischen Parteien
immer drohender hervortrat, oft schon sturmgewaltig. Ruhiger arbeiten
ließ sich jedenfalls jenseits des Ozeans. In Europa wollte Kohl
nicht nur seine Familie wiedersehen und alte Verpflichtungen erfüllen, sondern auch großen neuen Aufgaben obliegen. Er schreibt
schon am 24. November 1855: „Nächsten Frühling werde ich

Baudissins wohl in Heidelberg besuchen, wo ich ja jedes Haus von
1829 her noch kenne; es ist nämlich sehr möglich, daß ich ebenso
wie ich gekommen, über Paris nach Deutschland gehe. Ich habe
jetzt eine große Arbeit in Aussicht, die in Paris gemacht werden
sollte, dem einzigen Orte der Welt, wo so etwas recht ordentlich
sich ausführen läßt. Mein amerikanisches Werk, die Hauptsache,
die mich übers Meer geführt hat, neigt sich einer glücklichen Entwickelung zu. Was ich den Herren der Küstenvermessung geliefert,
haben sie den Sommer über durchstudiert; sie finden es sehr
nützlich und gebrauchen es täglich; nun wünschen sie von mir ganz
nach dem Plan, den ich bisher befolgt habe, zunächst eine Arbeit
über den Mexikanischen Golf, welche sie 1856 haben und Winter
1856/57 veröffentlichen wollen, und sodann eine über die Ostküste,
die Herbst 1857 geliefert und 1857/58 gedruckt werden soll; sie
haben auch meine Bedingung, daß ich diese Arbeit in Paris ausführen wolle, gebilligt; doch sind das alles nur Präliminarien. Den
schriftlichen Kontrakt haben wir noch nicht abgeschlossen."

Ohne einen solchen abzuwarten, machte sich Kohl daran,
hinsichtlich der Südküste der Vereinigten Staaten[3]) die Aufgabe
vorläufig zu lösen, obwohl noch viel von den Reiseerlebnissen rück-
ständig war, namentlich was ethnologischen Charakter trug. Schon
am 17. April 1856 überreichte er Professor Bache hydrographische
Annalen über die Küste des Mexicanischen Golfes, welche in drei
Teile zerfielen. Der erste betraf in acht Kapiteln das Historische von
Columbus bis zur Errichtung des hydrographischen Amts von
Louisiana (1772) und wurde von einer farbigen historischen Karte
begleitet; der zweite besprach in fünf Kapiteln das Spezielle hinsichtlich aller Namen u. a.; der dritte enthielt das Bibliographische
in zwei Abschnitten, von denen der eine nicht weniger als 221
einschlägige, mit kritischen Bemerkungen begleitete Bücher (1524
bis 1856), der andre 58 Karten (1733—1851) behandelte. Beigelegt waren ebensoviel Kopien von Blättern aus den Jahren 1500
bis 1846, welche jenen Golf abzubilden suchten und manche höchst
interessante Seiten darboten.

Diese Arbeiten für das hydrographische Amt wurden gut
bezahlt. Darüber schreibt Kohl am 26. Mai 1856, obwohl
noch erregt wegen des kurz zuvor gegen Charles Sumner verübten Attentates, auffallend praktisch: „Vieles läßt sich hier des
Geldes halber ertragen, wenn die Sache, die man vertritt, eine gute
und die Hand eine reine ist. Für die pacifischen Annalen sind mir
1000 Dollar ausbezahlt, wovon 100 für Kopialien und Nebenkosten

drauf gingen; das gilt auch von der gleichen Arbeit über die Küsten
des Mexikanischen Meerbusens. Ich habe Johannes die 1800 Dollars
ins Geschäft gegeben, da ich durch die Reiseschriften für meine
Bedürfnisse gedeckt bin. Das Geld schmilzt hier überall wie Schnee;
allein es wächst hier auch rasch am Baume der Arbeit. Das Hydrographische Büreau bittet mich nun, unverzüglich mit der Ostküste
der Vereinigten Staaten ebenso voranzugehen, wie mit den andern
Seegrenzen, und bietet dafür 2000 Dollar. Obwohl meine europäischen
Freunde mir sagen, man belohne mich weder so gut wie man könne,
noch so hoch wie man müsse, und obwohl ich weiß, welche enorme
Kosten für amerikanische Arbeiten ähnlicher Art aufgewendet sind,
habe ich doch zu Schleidens Kummer den Vorschlag ohne weiteres
angenommen. Dies geschah: erstlich weil ich in solchen Geldangelegenheiten immer ungeschickt bin, zweitens weil die Sache jedenfalls
höchst ehrenvoll ist, drittens weil in Europa niemand für meine
Leistungen auch nur einen Finger gerührt hätte."

Mithin entschloß sich Kohl in Washington längere Zeit zu
bleiben; er hielt es dort bis zum Frühjahr 1857 aus. Die hydrographischen Annalen der Ostküste hätte er schon im Juni 1856 begonnen, wenn ihn nicht zwei andre Dinge zunächst noch in Anspruch
genommen hätten; sie hielten ihn fest, ungeachtet der immer stärker
werdenden Hitze und der immer schlimmern Verödung der Washingtoner
Gesellschaft. In erster Linie handelte es sich um eine Art Geschäft,
nämlich um Ablassung von Kopien der geliebten Kartensammlung
an das Washingtoner Auswärtige Amt. Bereits hatte Kohl nach
und nach in die Arbeiten für Professor Bache weit über hundert
Nummern aus seinem Codex Americanus Geographicus aufgenommen:
da sah er eine Gelegenheit vor sich, den gesamten Codex für das
hydrographische Büreau nutzbar zu machen. Im Mai 1856 entwarf
er nämlich einen Prospekt, nach welchem die Kopien seiner Blätter
die Grundlage für eine große, den ganzen amerikanischen Kontinent
umfassende Plan- und Karten-Kammer[1]) werden sollte; er entwickelte
diesen Gedanken in einer Denkschrift, welche die Smithsonian Institution
gern publizieren wollte, wenn sie in die Form einer Vorlesung gebracht würde, die weiter ausgreifen, z. B. die Geschichte der amerikanischen Geographie behandeln könnte. Jenes Programm setzte, von
sehr tief reichenden allgemeinen Gesichtspunkten ausgehend, um-
ständlich auseinander, daß die neuern Karten, die man in Archiven
und Bibliotheken so sorgsam aufhebe, eine historische Basis haben
müßten, nicht bloß aus gelehrten Gründen, sondern auch aus praktischen, z. B. um Grenzfragen zu beurteilen, wie die mit Mexic-

schwebenden, oder die zwischen den Vereinigten Staaten und England in Zentral-Amerika diskutierten, ferner um Senkungen und Hebungen oder sonstige Veränderungen der Wasserkante, namentlich an den Flußmündungen, nachzuweisen; mit Recht habe schon ein so praktischer Amerikaner, wie E. B. Hunt, vor kurzem (1853) in der Amerikanischen Gesellschaft zur Verbreitung wissenschaftlicher Kenntnisse daran erinnert, daß die Beschränkung auf die neuentstehenden Karten für die Dauer nicht ausreiche; nun seien aber Sammlungen alter Karten, da man ihren Wert nicht rechtzeitig erkannt habe, nur noch schwer zu erlangen; es dürfe also mit dem Beschaffen von Kopien keinen Augenblick gewartet werden; der Umfang der Sammlung lasse sich nach geographischen Abschnitten auf chronologischer Basis feststellen; so erschienen zwanzig Abteilungen als wünschenswert: zehn für Nord- und zehn für Süd-Amerika. Die Sammlung sollte eine eigene Abteilung des hydrographischen Amtes, als der ersten geographischen Stelle in ganz Amerika, ausmachen, damit große Erweiterungen und unausgesetzte Vervollständigungen möglich seien.

Joseph Henry billigte solchen Plan eines amtlichen Kartendepots; jedoch mußte seiner Ansicht nach nicht jene technische Behörde, sondern das fast noch ganz ohne gelehrte Hilfsmittel dastehende Staatsdepartement den Schatz erhalten. Kohl hatte das auswärtige Archiv durchmustert und nur wenige aus Mexico stammende Karten des 18. Jahrhunderts, vereinzelte Aufzeichnungen von Antonio Morelli, Francisco Elisa und ähnlichen neben den neuesten Arbeiten der Vereinigten-Staaten-Ingenieure angetroffen; er hatte auch bereits für das Staatsdepartement geographische Gutachten ausgearbeitet, welche auf die erwähnten in Zentral-Amerika aufgeführten Grenzfragen sich bezogen; im ganzen konnte er Henry's Vorschlage zustimmen, glaubte er doch immer mehr an praktischen Nutzen alter Karten, guter oder schlechter. Diesen Glauben gewann denn auch allmählich das Staatsdepartement selber, so daß die Angelegenheit nach allerlei Vorverhandlungen endlich durch folgendes Schreiben in Fluß kam. „An James M. Mason, Vorsitzer des Ausschusses für auswärtige Angelegenheiten im Senate der Vereinigten Staaten. Staatsdepartement, August 5. 1856. Mein Herr! Herr Kohl, namhafter deutscher Geograph, hat mit vieler Mühe und ungeheurer Arbeit von allen noch bekannten, auf den amerikanischen Kontinent bezüglichen Karten Kopien angefertigt und schlägt vor, von diesen unter der Leitung meines Departements wieder Kopien zu nehmen, gegen eine angemessene Entschädigung. Ich empfehle diese

Angelegenheit günstiger Überlegung. Mit Hülfe von zwei Personen, von denen jede nicht mehr als 2000 $ jährliches Gehalt empfinge, glaubt Herr Kohl die Kopien in einem Jahre herstellen zu können; dies mag zutreffen oder nicht, jedenfalls wäre es vernünftig, zu so wohlanständigen Bedingungen Geld aufzuwenden, um die Karten-sammlung zu erwerben. Ich schlage deshalb vor, daß eine Be-willigung von 6000 $ gemacht werde, um das Staatsdepartement in den Stand zu setzen, Kopien von der auf Amerika bezüglichen Kohlschen Kartensammlung anfertigen zu lassen. Hochachtungs-vollst Ihr ergebener Diener William Learned Marcy."

Dieser Antrag hatte Erfolg. Kohl schrieb schon am 18. August 1856: „Der Kongreß der Vereinigten Staaten hat am 11. und 13. dieses Monats einen Beschluß gefaßt, durch welchen eine von mir gehegte und auch mehrfach zu Sprache gebrachte Idee gefördert und fast schon zur Ausführung gebracht ist, nämlich die Idee, hier in Washington eine Niederlage von allen auf Amerika bezüglichen Karten einzurichten, besonders von alten, die sich nicht leicht kaufen lassen, weil sie in Manuskripten oder seltenen Drucken zer-streut sind; jede Karte sollte eine schriftliche Erläuterung ihrer Ge-schichte und ihrer Bedeutung erhalten, alle zusammen einen großen Codex bilden. Da ich in der letzten Zeit mehrere Stücke meiner Kartensammlung für meine Schriften fein säuberlich hatte abzeichnen lassen, fand meine Idee Beifall; endlich brachte einer meiner Be-kannten und Gönner, John Cadwallader aus Philadelphia, selbst ein Kartenliebhaber, die Sache in eine Formel; ihn unterstützten auch der Staatssekretär Marcy und andre Personen von Einfluß; nun gab es eine Menge von Unterhandlungen und Besuchen. Meine historisch-geographischen Arbeiten wurden durchgelesen, Quarterly and Edinburgh Review, ja das Brockhaus'sche Konversations-Lexikon über mich nachgesehen. Die gefährlichsten Gegner wurden mir auf den Hals geschickt, damit sie mit eigenen Augen von meinen Schätzen sich überzeugen könnten. Wie bunt und zum Teil in-teressant sind doch die vielerlei Mittel und Wege, welche man hier dazu einschlägt, um ein so vielköpfiges Wesen, wie einen Kongreß, geneigt zu machen. Alles kam darauf an, trotz der großen Fragen von Sklaverei, Kansas, Zentral-Amerika, ja von Krieg und Frieden, geeignete Momente für diese kleine Vorlage zu finden. Manchmal hörte ich, morgen würde die Sache bestimmt vorkommen, manch-mal vernahm ich wochenlang gar nichts, obwohl ich meine Idee allen, denen ich begegnete, auseinandersetzte und dabei auch von dem aus Mexico zurückgekehrten Freund Schleiden unterstützt wurde.

Endlich kam die Angelegenheit im Capitol vor; sie ging im Senate ohne Widerspruch, in der Repräsentantenkammer nach einigem Hin- und Herreden durch."

„Der Beschluſs bestand darin, daſs 6000 Dollar bewilligt wurden, um den Staatssekretär in den Stand zu setzen, alte, für die Geschichte von Amerika interessante Karten kopieren zu lassen. Vorläufig kommen nur Karten, die ich schon habe, in Frage; meine ganze Idee, die, wie gesagt, auf etwas weiteres geht, war dem Kongreſs noch nicht sofort vorzulegen. Man fing mit dem Kleinen an, da die Amerikaner immer gleich schnell etwas Fertiges vor sich sehen wollen; allein es ist dies immerhin ein Anfang, und zwar ein sehr günstiger, ein dankenswerter. Diesen Anfang zu etwas Gedeihlichem, Vollständigem und Groſsartigem weiter zu führen, hängt nun fast ganz von mir ab, von meiner Industrie und Thätigkeit, von meinen Kenntnissen und meiner Lebenslänge. So habe ich hier eine Lebensaufgabe gewonnen."

Als dieser Erfolg vorlag — es war bei der beginnenden Augusthitze, die jeden Bewegungsfähigen aus Washington vertrieb — hatte Kohl bereits eine zweite Arbeit vollendet, welche von jenen hydrographischen Annalen unabhängig dastand; sie bildete den ersten eigentlich ethnologischen Versuch, einen Beitrag zur Charakteristik der nordamerikanischen Indianer, die schönste Frucht der letzten Reise, ein Resultat liebevoll eingehender Beobachtungen, das entschieden noch höher stand, als die „Naturansichten aus den Alpen", die das Beste bisher Gelieferte darstellten. Bereits im Mai hatte Kohl seinen Freunden verkündet; „Zu meiner Erholung habe ich seit vier Wochen etwas sehr Interessantes begonnen: ein Buch über die Sagen, Dichtungen, Traditionen, Geschichten und Gewohnheiten derjenigen Indianer, welche ich zwei Monate lang ganz nahe und mit Passion beobachtete; sie nennen sich die Sioux und Ojibways. Es flieſst mir jetzt nur so aus der Feder; schon in einigen Wochen werde ich fertig sein und dann meinen hiesigen Aufenthalt beschlieſsen. Das Buch soll Kitschi-Gami[35]) heiſsen; denn so benennen meine Wilden den Lake Superior — das Gegenstück ist Mitschi-Gami oder Michigan — das herrliche Gewässer, das mich noch in den spätesten Lebenstagen entzücken wird."

Für diese Schrift machte Kohl zunächst keine besonderen neuen Studien, wenngleich er mit groſsem Eifer im Washingtoner Indianer-Amte verkehrte, wo er auch einen Choctaw-Indianer, Pichlyn, kennen lernte, welcher allerlei über frühere Namen im Thale des Mississippi (Mishasippi) erzählte. z. B. daſs Bulbancha der alte Name von New-Orleans sei. Die eigenen Erinnerungen und Aufzeichnungen bildeten für die Kitschi-Gami-Schrift die Grundlage. Aus ihr wurden mit Vorliebe einzelne Abschnitte Deutsch oder Englisch vorgelesen. Von vielen Seiten ward der Inhalt des Büchleins sofort als recht wertvoll gepriesen und die Form für ungemein gefällig erklärt. Von vornherein erschien Kohl in diesen Bildern für laienhaft denkende Leute als ein Mann, welcher schnell mit ganz neuen Verhältnissen sich vollständig zu identifizieren verstehe, als ein Reisender ohne jene maskeradenartige Affektation, die so oft bei den Leuten sich zeigte, die einmal ein außergewöhnliches Leben geführt haben; Kohl sei, so hieß es, immer darauf bedacht gewesen, die kurze ihm zugemessene Zeit zu seinem und zu andrer Besten auszunutzen; Einfachheit des Charakters, verständige Weise, Respekt vor Fremden möchten doch jeden Forscher durch fremde Versuchsfelder ebenso sicher führen, wie sie Kohl während seines Aufenthalts unter dem Ojibway-Zelt begleitet hätten; jene Tugenden wären es gewesen, welche den einzigen Paß zu den Herzen der Genossen bildeten, zugleich auch den besten Geleitschein, den ein Mensch überhaupt mitnehmen könne u. a.

Das Lieblingskind seiner Studien überreichte Kohl an Freund Schleiden, kurz bevor dieser Washington auf Urlaub verließ (19. August). Es sollte der Stoff in Deutschland weiter gefördert werden, da er in der Geschwindigkeit nicht vollständig hatte durchgebildet werden können; Schleiden übernahm es gern, das Manuskript in Bremen abzuliefern.

Kaum war diese Arbeit erledigt, als wieder alle Kraft an die hydrographischen Annalen der Vereinigten Staaten[86]) gesetzt wurde. Für die Ostküste war diese Aufgabe nur schwer zu erfüllen; beiße Wochen dehnten sich zu heißen Monaten aus; erst am 1. November erhielt Professor Buche ein Manuskript, welches nach der bisherigen Anordnung ausgeführt war, wenn auch keineswegs so sorgfältig, wie die beiden Vorläufer. Zuerst kamen 10 Kapitel Historisches mit einer Uebersichtskarte, dann 20 Kapitel speziell hydrographisches, endlich das Bibliographische in zwei Kapiteln: 291 Bücher von 1519 bis 1855 und 155 Kartenblätter 1612 bis 1851 enthaltend; dazu 51 verkleinerte Karten aus den Jahren 1497 bis 1684, von welchen die letzte die älteste Golfstrom-Karte war, die von Baches Urgroßvater, von Benjamin Franklin.

Die Mühe des Zustandekommens war in dieser Arbeit noch vielfach zu erkennen; ihr Verfasser war durch sie auch keineswegs befriedigt, er hatte nur deshalb so schnell alles niedergeschrieben weil er endlich Angefangenes auch zum Abschlufs bringen wollte. Er hatte sich bereits daran gewöhnt, Dinge, die ihm klar waren, sofort englisch niederzuschreiben, verfafste aber die neuen Vorarbeiten erst in deutscher Sprache und zwar in zusammenhängender Erzählung, so z. B. die Fahrten von Giovanni Verrazano (1524), von Esteban Gomez (1525), von Jean Ribault (1562) und Barthelmew Gosnold (1607). Solche Skizzen spiegelten den lebhaften Fortschritt der Kohlschen Studien ab, obwohl sie häufig der kritischen Quellenprüfung entbehrten, da der eifrige Mann, der ein grofses Stück Weltgeschichte zu beherrschen gedachte, vielfach nur auf seinen Instinkt sich verliefs. Erschöpft von der Hetzarbeit, liefs er im November 1856 die Feder sinken.

Die Vollendung der hydrographischen Annalen der Vereinigten Staaten war vorschnell öffentlich angekündigt worden; diese Ankündigung rührte von keinem Geringeren her, als von Karl Ritter. Unter Bezugnahme auf ein Kohlsches Schreiben hatte dieser getreue Helfer schon am 6. September 1856 in Deutschland „allen den Teilnehmern an Forschungen über die Kartographie des amerikanischen Erdteils, für welche unser verehrter Kohl seit einer Reihe von Jahren die wichtigsten Arbeiten und Sammlungen zu Stande gebracht hat und selbst nach Amerika übergesiedelt ist, die erfreuliche Mitteilung gemacht, dafs die historisch-hydrographischen Arbeiten über die Küsten der Vereinigten Staaten bereits beendet seien; sie würden einen starken Quartband füllen, der fünf Teile enthalte: a) Geschichte der Entdeckung und der Erforschung der gesamten Küste von den Zeiten der Normannen bis zu der Zeit, da die Küste und die wichtigeren Teile des Lande in ihren Hauptmassen als bekannt angenommen werden können; b) eine Erklärung und Geschichte des Namens jeder grofsen und kleinen Abteilung der Küsten, jeder Bai, Insel, Sandbank, jedes Kaps, Hafens, Flusses mit der Spezialgeschichte der Explorierung und Besiedlung aller dieser Teile; c) eine Sammlung reduzierter Kopien von alten Karten zur Illustrierung des Werkes, von der ersten rohen Darstellung bis auf die modernen Arbeiten, jede mit einem kurzen Memoir begleitet; d) eine Samlung von Titeln der Werke und der besonderen Karten, welche sich auf die Küste beziehen, beide Sammlungen chronologisch geordnet; e) eine grofse Karte der gesamten Küste mit Darlegung der Entdeckungsgeschichte, die in Farben anschaulich gemacht sei." So Ritter. Kohls Gönner betrachtete diese Arbeit irrtümlicherweise wie einen grofsartig ausgeführten Auszug aus dem bereits früher entstandenen, den ganzen amerikanischen Erdteil umfassenden historisch-geographischen Werke, über das schon einmal der Berliner Geographischen Gesellschaft Mitteilungen gemacht seien. Zugleich sprach Ritter von der Kohlschen Kartensammlung, indem er erzählte, jene Summe von 6000 Dollars sei bewilligt, um über die Erforschung und Entdeckung Amerikas eine Sammlung von Karten zu begründen; diese Sammlung solle die Einleitung zu einem Depot von Kopien nicht käuflicher oder doch nicht leicht käuflicher Originale bilden, zu deren Aufbewahrung die Räume bereits in Washington angewiesen seien. Ritter fügte so froher Kunde noch hinzu: „Nächstes Frühjahr kehrt unser verehrter Landsmann nach Europa zurück zur vollendeten Ausführung dieses Instituts, welches so national ist, wie Amerika noch keines besitzt, welches Kohl, wie keiner vor ihm durch ehrenvolle Anerkennung seiner Verdienste um diesen Zweig der sehr vernachlässigten Forschung ins Leben zu rufen in den Stand gesetzt ist; es gilt dann die schon früher in England, Deutschland und Frankreich benutzten kartographischen Sammlungen zu revidieren und die Forschungen auf Spanien und andre Länder auszudehnen. Wir wünschen dem für das Wachstum eines großen Staates historisch und geographisch höchst wichtigen Unternehmen den besten Fortgang und freuen uns, daß die liberale Washingtoner Staatsbehörde den Einsichtigsten und Erfahrensten auf dem Gebiete zu einer so großartigen Wirksamkeit berufen hat; ihm selbst danken wir für seine lehrreiche Mitteilung, die auch Herr von Humboldt gewürdigt hat."

In Washington lebte, außer Kohl, niemand so weitgehenden Ideen hinsichtlich der Kartensammlung [27]); dort handelte es sich für das Staatsdepartement, dessen schwere Sorgen und Arbeiten täglich wuchsen, bei dieser Kleinigkeit lediglich darum, die bewilligten 6000 Dollars dem Kongreßbeschluß gemäß schnell zu verwenden. Zwei Drittel der Summe waren bald verausgabt für die Einrichtung eines Zeichenlokals, für Kopialien, die Kohl anordnete und ähnliches. Nachdem jede Kartenkopie auf einen großen Bogen aufgezogen und mit Randtäfelchen oder andern Beigaben versehen war, kamen die Blätter in Mappen; nur wenige Tafeln waren koloriert; die Namen, Aufschriften, Bilder und Devisen wurden mit schwarzer Tinte gemacht, dagegen die Küsten und Flüsse mit blauer.

Der Kongreß hatte sich natürlich nicht darum bekümmert, was die anzuschaffende Sammlung eigentlich sei. Sie enthielt jetzt, nachdem Kohl gewissenhaft viel minderwertiges aus seinem bisher 977 Nummern umfassenden Codex Americanus ausgesondert hatte, 474 Blätter: Nr. 1—25 vorcolumbische Weltbilder, 26—92 Karten von beiden Amerikas, 93—312 von Nord-Amerika, 313—339 vom

Nordpacifischen Ozean, 340—354 vom Nordatlantischen Ozean, 355—474 von Süd-Amerika. Die etwa 200 Blätter von Nord-Amerika zerfielen in sieben Abteilungen: 1) Allgemeines, 2) arktische Regionen, 3) Canada, 4) Ostküste, 5) Mississippithal, 6) Mexikanischer Golf und Westindien, 7) Westküste. Auf Süd-Amerika bezügliches Material war nur wenig vorhanden, etwa 100 Nummern, fast gar keines über Zentral-Amerika. Noch eigentümlicher erschien es, dafs keine zeitliche Abgrenzung getroffen war; einige Blätter gingen bis in die jüngste Zeit hinein, aber gerade im 19. Jahrhundert zeigten sich aufserordentliche Lücken; war es doch, als lasse Kohl den grofsen Humboldtschen Atlas von der neuen Welt, trotz der auch in ihm enthaltenen Reproduktionen alter Karten, trotz der mafsgebenden Bedeutung der Original-Aufnahmen von 1801—1803, ganz unberücksichtigt. Die meisten der 474 Blätter empfingen erklärende Bemerkungen, aus denen sich erkennen liefs, welcher Wert jedem Stücke beigemessen wurde; dabei ging übrigens vieles durcheinander. So hat z. B. eine Raleigh zugeschriebene Karte (1595) selbständiges Interesse, dagegen ist die von Piero Coppo (1522) nur ihrer Sonderbarkeit wegen zu preisen; über die berühmte Sevillaer Weltkarte von 1527 wird nichts neues vermerkt; manche Zeichnung, z. B. die berühmte von Ruysch aus dem Jahre 1508, ist ohne Angabe der neuern Bearbeitungen aufgenommen; aus einer und derselben Originalvorlage, z. B. aus den Weltkarten von Juan de la Cosa (1500) und von Lorenz Friess (1525), sind bald für diesen, bald für jenen Teil Amerikas Stücke entlehnt; manche in München oder Gotha durchgezeichnete Sachen haben nicht mehr die genaue Herkunftsangabe, namentlich wenn sie aus den verschiedenen Ptolomäus-Editionen stammen; aufserdem fehlen viele bekannte Urkunden, wie die beiden See- und die beiden Landkarten, die Gonzalo Fernandez de Oviedo († 1557) seinem indischen Geschichtswerk beigefügt hat; oftmals ist nicht mehr ersichtlich, ob die erste Vorlage ein Original oder eine spätere Kopie gewesen sei. Offenbar hatte Kohl bei der Behandlung der geliebten Kartensammlung, die ihm später sogar den Namen eines zweiten Humboldt eintragen sollte, seine sonstige Ausdauer verloren; sagt er doch selber: „Als ich mit meinen Kopierungen und Erläuterungen bis etwa zur 350sten Nummer gekommen war, wurde mir mehr und mehr klar, dafs ich nicht, wie bisher, weiter vorgehen könne; ich erkannte, dafs keineswegs alle meine Pausen einer Kopierung, Deponierung und Konservierung wert seien; viele von ihnen waren schon durch mehrere Hände gegangen, abgerissen und dann wieder geflickt und wieder aufgeklebt — andre hatte ich von vornherein nicht mit dem wünschenswerten Fleiße und der nötigen Sachkenntnis gemacht — wieder andre hatte ich nur im Vorbeigehen kopiert, während ich vielleicht in London, Rom oder Sevilla das wahre Original hätte aufsuchen müssen. Dies alles wird man natürlich und verzeihlich finden, wenn man die Neuheit und Weitläufigkeit der Unternehmung bedenkt, ihre vielfachen Schwierigkeiten und die geringfügigen Mittel, mit denen ich das ganze für mich selbst anfing. Bei einem solchen Werke sind, wie ich glaube, Fehler unvermeidlich; man kann sich selbst nur allmählich zu derrtiger Arbeit heranbilden."

Kohl, der durch systematisch betriebene Selbstbeobachtungen auch im Erkennen der eigenen Schwächen Virtuose geworden war, sah die Mängel dieses Codex Americanus Geographicus so klar, daß er sofort daran ging einzelne Teile desselben, weil zur Zeit noch keine Vervollständigung möglich schien, weiteren Kreisen mundgerecht zu machen.

Dieserhalb hielt er im Herbst 1856 im Smithsonian-Institute den gewünschten Vortrag über die Geschichte der amerikanischen Geographie und sicherte sich so eine Stelle in den Veröffentlichungen dieser eigenartig aufblühenden Gelehrten-Stiftung. Nachdem er dann während der in Newyork verbrachten Weihnachts- und Neujahrszeit George Bancroft, den schon sehr vorgeschrittenen Historiker, kennen gelernt und von ihm viele Ermuthigungen empfangen hatte, begann er Anfang 1857 eine Zeitungs-Agitation in eigener Sache. Solchen Vorhabens freute sich besonders der Mitte Februar aus Europa zurückkehrende getreue Ratgeber Schleiden, welcher die harmlosen Artikel [16]) über geographische Details gerne förderte, ja sogar mit Wohlgefallen, da die politischen Dinge immer unerquicklicher wurden, namentlich seit der Inauguration des neuen Präsidenten James Buchanan. Bei diesen Schriftstellereien half in liebenswürdigster Weise Thomas Hart Benton, der Verfasser einer amerikanischen Kongreß-Geschichte. Wie staunte Kohl über den antiken Stoicismus, den dieser Mann entwickelte, als ihm ein Feuer nicht bloß fast alle seine Bücher, sondern auch die Manuskripte vernichtete; wie dankbar war Kohl diesem greisen Gelehrten, als er den Herausgeber des ersten Washingtoner Blattes, William Winston Seaton, einen der bedeutendsten Journalisten der Vereinigten Staaten, veranlaßte, geographisch-historische Aufsätze aufzunehmen, selbst wenn sie mit gelehrtem Beiwerk, mit Anmerkungen und ähnlichen Zuthaten versehen waren. Die Ausarbeitung dieser recht gut bezahlten Essays füllte besonders April und Mai 1857 aus; ihre Veröffentlichung erfolgte nur gelegentlich, so daſs sie sich in jener Zeitung etwa über ein Jahr verstreuten.

Diese neuen Arbeiten fangen gerade so an, wie Kohls erste Washingtoner Beschäftigung, nämlich mit der Frage nach Namen, nach den Bezeichnungen von verschiedenen Küstenplätzen, ihrer Umwandlung und Bedeutung. An der Hand der lieben alten Karten wurden die Namen, welche Nordamerika irgend einmal geführt habe, sowie die der verschiedenen Küstenländer und Küstenteile besprochen: ein Vorwurf, der weder besonders ansprechend, noch besonders nutzbringend war. Was lag daran, daſs einmal auf einer alten Karte der in die Orinoko-Mündung gehörende Name Paria nach Nordamerika sich verirrt hatte oder daſs etwa 1585 der Name Virginia auf einigen Tafeln über fast ganz Amerika sich ausgedehnt hatte, daſs Maryland, der 1633 gegebene Name, zufällig an die Bahia de Santa Maria, die älteste Bezeichnung der Chesapeake-Bucht (1549) erinnerte; welches allgemeine Interesse verknüpfte sich damit, ob Rhode-Island von Roth, von Rhodus, vom Familiennamen Rode, ob Maine vom englischen Worte Main oder vom französischen Namen Maine abzuleiten sei; wie die noch in Massachusetts, Connecticut, Alabama, Mississippi, Texas, California enthaltenen Indianerbezeichnungen eigentlich gelautet hätten? Die merkwürdigste Notiz war wohl die, daſs der Name Amerika, der anfänglich ausschlieſslich auf den südlichen Teil des groſsen Kontinentes sich bezog, zuerst in Sir Humphrey Gilberts Schriften von 1576, bewuſsterweise auch auf den nördlichen Teil angewendet und daſs erst seitdem der ganze vierte Weltteil unter jenem Namen verstanden worden sei.

Demungeachtet schienen Kohls Namen-Erörterungen, als Seaton sie an die Reihe kommen lieſs, recht lesenswert zu sein. Derartiges war in den Vereinigten Staaten noch neu; auch waren bisweilen den Details wirklich weiterreichende Gesichtspunkte abgewonnen. „Namen entstehen über Nacht, wie Sitten, Gewohnheiten und Mährchen; ihre Geschichte ist von den Zeitgenossen selten verzeichnet. Unwissenheit, Miſsverständnis, zuweilen ein übel angebrachter Scherz, vorzüglich aber die bei allen Nationen sich findende Neigung, die Aussprache fremder Worte ihrer eigenen Zunge zum täglichen Gebrauch auf bequeme Weise anzupassen, haben mit den geographischen Namen ein grausames Spiel getrieben.“

Offenbar interessanteren Stoff behandelten die allgemeiner gehaltenen Schilderungen von Küstenteilen, unter denen die der San Francisco-Bucht den Anfang bildete und auch von Seaton an die Spitze der Reihe gesetzt wurde; ihr folgten schnell andre Bilder

der Californischen Küste: lauter Dinge, die Kohl niemals mit eigenen Augen gesehen hatte, aber doch recht belehrend vorführte. Eine Mittelstellung nahmen sodann historische Essays ein; Kohl besprach die von Europa nach Amerika eingeschlagenen Seewege, die von den Colons und den Cabots, von Alaminos und Verrazano, von Ribault, Hawkins, Gilbert, Raleigh und wie alle die hervorragenden Männer heifsen, welche bis zur festen Etablierung der vom alten Niederland zum neuen Niederland führenden Route den Atlantischen Ozean gekreuzt haben; leider zeigte es sich in diesen Arbeiten deutlich, dafs Kohl nautische Kenntnisse nicht besafs und den Mangel derselben gar nicht fühlte.

Gleich darauf schrieb Kohl kurz und hübsch über verloren gegangene Karten. „Der englische Geschichtsschreiber Samuel Purchas († 1628) sagte einmal, er habe verschiedene Originalkarten englischer Entdecker vor sich liegen und würde sie gern abzeichnen und abdrucken lassen, wenn das nicht zu kostspielig wäre. So gingen die Karten, die 1625 noch vorhanden waren, zu Grunde; niemand kann sie jetzt wieder schaffen und gäbe er für eine Kopie so viel Pfund, wie Purchas Schillinge für den Druck von tausend Abzügen bezahlt haben würde." Eine Besprechung von dem, was nicht mehr da ist, hat eigenartige Schwierigkeiten, besonders für Personen, die nicht kritisch veranlagt sind, sondern so treugläubig wie Kohl; so konnten denn auch Fehler nicht ausbleiben. Kohl nahm, abgesehen von der Zorzoschen Karte, die Bartolomé Colon 1505 gezeichnet hat, zwei columbische Karten an: eine „von der Mündung des Orinoko und der Insel Trinidad", die im Erbschaftsprozefs vorkommt, und eine „von allen Inseln und Ländern des Westens", die Angelo Trivigianos Brief vom 21. August 1501 erwähnte; er stellte fest, dafs solche Kartenblätter in den Quellen erwähnt seien, aber weiter, als bis zu diesem nackten Faktum konnte er nicht kommen, so dafs zuletzt auch die Inhaltsangaben nicht mehr zutreffend waren. Ähnlich wurde in wohlunterrichteter, aber keineswegs zweifelfreier Weise über die Karten geredet, welche Vespucci gehabt oder gemacht haben möchte, über Quellen des Behaimschen Globus, über Gabottosche Karten; daran schlossen sich endlich leichter nachweisbare Aufnahmen von Jean Denis aus dem Jahre 1506, von Magellan, von Hudson, Hanham, Davis und andren.

Zu gleicher Zeit verfafste Kohl noch zwei gröfsere, ähnliche Arbeiten. Zunächst schrieb er über die verschiedenen Ideen, welche Seefahrer oder Gelehrte einmal über die Verbindung zwischen Nordost-Asien und Nordwest-Amerika gehabt haben.[??]) Auch bei

diesem schon in London ins Auge gefaſsten Lieblingsthema ging
Kohl von seinen Karten aus und mit denselben sogar zurück bis in
eine Zeit, in welcher es ganz unmöglich war, Amerika anders zu
betrachten, als ein Stück von Asien. War es auch seltsam, vorcolumbische und Dehaimische Ansichten über jene Frage zu lesen,
so schritt doch die Abhandlung recht lehrreich weiter, von Jahrzehnt zu Jahrzehnt, meist erfolglos, oft aber auch mit hellen Seiten-
blicken bis zu den von Nordjapan ausgehenden holländischen Expeditionen, zu den russischen Entdeckungen, zu Bering, Cook und
deren Nachfolger. Zu den 40 Anlagen gehörte wieder jene Weltkarte
von Coppo, manche neuere Tafeln von noch zweifelhafterem Wert
kamen hinzu.

Diese Arbeit war für die Smithsonian Institution bestimmt,
von welcher Kohl eine besonders thatkräftige Förderung seiner
Pläne vergeblich erhoffte, da Professor Henry auch diesmal
nur kritisch verfuhr. Ging es mit den Washingtoner Gelehrtenkreisen nicht, so ließ sich vielleicht ein ähnlicher Londoner finden.
Dort gab es ja die berühmte Hakluyt-Society, welche schon bei den
Dresdener Vorarbeiten so interessanten und lehrreichen Stoff geliefert
hatte. Das große, 1809 und 1810 aufs neue herausgegebene Ha-
kluytsche Werk von 1600 bezog sich gar häufig auf nicht mehr vorliegende Karten, und Kohl beschloſs, diese Lücke durch seine Kenntnisse auszufüllen. Rasch stellte er die ehrwürdigen Geschichtsquellen zusammen, welche Richard Hakluyt ins Auge gefaſst haben
mochte.[80]) So griff er wieder auf Arbeiten von den Colons und den
Gabottos zurück, kam dann auf Blätter von Zeno und etlichen
Ungenannten, von Davis, Frobisher, Cartier, Raleigh, Drake, Caven-
dish: es war ein ziemlich buntes Nacheinander, unter dessen Einzelheiten sich jedoch manches Interessante vorfand. Diese Schrift ver-
sandte Kohl wie „eine Art präliminarer Mitteilung" nicht bloſs an
jene Londoner Gelehrten-Gesellschaft, deren Ausschuſs leider auf
seinen Plan nicht einging, sondern auch an zahlreiche Freunde.
Longfellow war von der Gabe entzückt: „Seltsame Streiflichter wirft
Ihre Schrift, gleich einem ungeborenen Epos, auf das Leben der
alten Seefahrer sie erfüllt; die Phantasie mit den Landschafts-
bildern unsrer reichgegliederten Meereskante und unsrer oft ver-
steckten Fluſsmündungen; ich sah Bartholomäus Columbus beim
Verkauf von Seekarten, Sir Humphrey Gilbert an Bord der „Squirrel",
Sir Walther Raleigh im Schiffsboot an Trinidads tückischer Küste
und danke Ihnen herzlichst für diese Visionen, die Sie mir heute
früh in meinen Garten hineingezaubert haben." Genoſs der Dichter

in Boston das Dargebotene in seiner empfindungsreichen Weise, so
knüpfte in Gotha der immer anstachelnde August Petermann an den
Beginn der Arbeit gleich das Ende: „Kohl hat den Plan gefafst",
so sagte er, „für einen historisch - kritischen Katalog seiner
Sammlungen einen Anfang mit der Zusammenstellung eines Atlas
zu Hakluyts Reisewerk von 1600 zu machen; er hat nämlich
ein Verzeichnis von denjenigen auf Amerika sich beziehenden Karten
angefertigt, welche nach Detail und Konstruktion von Hakluyt beschrieben werden, ohne dafs selbst Kopien der Karten beigegeben
worden sind; es bildet dieses Verzeichnis, das gegen 40 Karten
beschreibt und bespricht, wie gesagt, einen Teil jenes gröfseren, in
welchem sämtliche auf Amerika bezughabende ältere kartographische
Zeichnungen zusammengestellt werden sollen."

Diese Schrift war die letzte, die Kohl in Washington vollendete.
Ende Mai 1857 begab er sich nach einer anmutigeren Arbeitsstätte.

„An einem schönen Maitage bestieg ich in Boston die Cambridger Bahn; sie brachte mich zuerst längs der Gewässer des
Charlesflusses, dann durch freundliche Häuserreihen und endlich
nach einer Stunde Fahrt mitten auf den Hauptplatz des berühmten
Harvard-Collegiums. Dieser Teil der freundlichen Ortschaft Cambridge,
die älteste und bedeutendste Universität der Vereinigten Staaten,
ist mit all den Anlagen und Baulichkeiten ungemein reizend. Das
amerikanische Cambridge erinnert in manchen Zügen an den schönen,
gleichnamigen altenglischen Musensitz; es ist alles ringsumher so
buschig, so waldig, so grün und frisch. Die Bibliothek, ein
hübsches, aber nur kleines Gebäude, liegt mitten auf einer Wiese;
dahin führen fleißig ausgetretene Graspfade von allen Seiten. Ein
Hain dichter, hoher und alter Bäume beschattet verschiedene, nebeneinander gruppierte, geräumige Häuser, die Wohngebäude der Unbe-
mittelten unter den 400 Studenten; die Wohlhabenderen wohnen
unter den Bürgern im Orte zerstreut. Einer jener Bäume, eine
Linde, war schon damals hohen Alters, als vor 230 Jahren John
Harvard dieses Orakel stiftete. Grün umschliefst alle die Tummel-
plätze und Wohnungen der Studenten, auch ihre Kirche und ihre
Lehrsäle: ein breiter Kranz von äufserst freundlichen, mit Gärten
untermischten Häusern; dazu in jeder Richtung large Alleen hoher
Bäume, auch jedes Haus von grofsen Linden, Ulmen und Kastanien
umstanden und jeder Garten oder Vorhof von grünen und blühenden
Hecken und Grasplätzen eingefafst. Aus so anmutigem Irrgarten
oder Kunstwald ragen dann die Kuppeln der Cambridger Stern-

warte, die Zinnen der Laboratorien und Museen, die Glasdächer von Gewächshäusern empor."

In dieser freundlichen Umgebung richtete Kohl Anfang Juni 1857 seine Studierstube ein. Er kam nicht dahin, um früheren Gönnern oder Bekannten[31]) sich vorzustellen. Obwohl er dort Motley, Longfellow, Bancroft fand, suchte er ursprünglich nichts als alte Karten. In jener kleinen so hübsch belegenen Bibliothek ward nämlich die früher in Deutschland einzig dastehende Kartensammlung von Christoph Daniel Ebeling (†1817) aufbewahrt, eine Merkwürdigkeit, welcher auch Kohl seine Huldigungen darbringen wollte; hatte doch jener Hamburger Professor für eine Fortsetzung von Büschings bahnbrechender Erdbeschreibung, d. h. für die sieben Bände seiner Geschichte und Geographie von Nordamerika, ehedem feierlichen Dank des Washingtoner Kongresses geerntet. Leider war diese ehrbare Sammlung keineswegs so bedeutend, wie man hatte annehmen dürfen; leider waren auch die sonstigen Bestandteile der Bibliothek nur von ziemlich geringem Belang, da kürzlich eine Feuersbrunst stark gewütet hatte. Um so schneller verschwanden für Kohl jene toten Vertreter der Gelehrsamkeit vor den lebendigen, vor den Menschen, von denen jeder meistens „ganze Büchersäle verkörperte". Einige der Herren schlugen in Longfellows poetische Richtung, wie James Russel Lowell und Cornelius Convay Felton; die meisten aber gehörten zu der für vornehmer geltenden Geschichtsforschung. Obenan in diesem Kreise stand William Hickling Prescott, den Kohl aufsuchte, wann und wo es nur möglich war, da er ihn, den Halbblinden, für das beste Beispiel der besten Art Bostoner Bildung hielt. Prescott ward damals in Boston als ein Weltgeschichtsschreiber noch über Bancroft und Motley gestellt; trotzdem waren für Kohl von größerer Bedeutung John Gorham Palfrey, der Geschichtsschreiber von Neu-England, Charles Deane, Sekretär der Historischen Gesellschaft von Massachusetts, und John Carter Brown, der erste unter den Sammlern und Kennern seltener amerikanischer Geschichtsdenkmäler. Deane beschreibt den langen, hageren Mann, wie er auf der Bibliothek die Zeichner, an deren Spitze Georg Thiefs aus Dresden stand, über die Verkleinerung der verschiedenen Karten unterweiset, oder wie er mit Büchern beladen nach seiner Wohnung abzieht. „Er nahm jedes Werk mit, in welchem eine ihm noch nicht bekannte Tafel sich fand; Winter und Sommer sah ich ihn, die Arme voll Bücher, ja einmal während eines Schneesturmes mit einem Bücherbündel, der einem Ranzen glich, auf dem Rücken; mir wurde bange wegen der schönen Druckwerke und ihrer Einbände."

Kohl widmete sich, obgleich eine stark historische Luft ihn umgab, doch immer wieder entfernteren Wissenschaften; er liebte es, dem nachzugeben, was ihm als unerreichbar erscheinen mußte. Da war William Cranch Bond, seit 1839 der erste Direktor der Cambridger Sternwarte, ein astronomischer Beobachter höchsten Ranges, der ihn behandelte, als wäre er ein Fachgenosse. Gern ging Kohl auch von seiner behaglichen Studierstube durch eine schattige Allee direkt in die Wohnung von Ludwig Johann Rudolf Agassiz, deren Thür ihm auch des Abends offen stand. Welch ein Glück! Wurde doch dieser in jeder Beziehung ausgezeichnete Mann, ein seit etwa zehn Jahren nach Cambridge übergesiedelter Schweizer, von den Amerikanern ganz wie einer der Ihrigen behandelt und gern als ihr Humboldt gerühmt. Überall fühlte Kohl sich hier zu Hause, und die neue Umgebung trieb schnell dazu, die kleinlichen europäischen Reisepläne aufzugeben und die amerikanischen Entwürfe zu einer neuen Höhe zu bringen.

Kohl ließ schon bald nach seiner Ankunft in Boston-Cambridge den Gedanken an die Reise nach Europa fallen, obwohl gerade damals die Heimat ihm besonders nahe gerückt war. In amerikanischen Zeitungen fand er die Nachricht von dem Tode des Bremer Bürgermeister Smidt mit Worten des Nachrufs. Die Erinnerung an frühere Zeiten stieg doppelt lebhaft in ihm wieder auf; hatte er doch schon als Münchener Student beim Tode des Vaters zuerst an jenen Mann sich gewendet, den er immer hochverehrt hatte — allein Kohls Bruder Johannes ging ohne Begleitung nach Deutschland. Er selber tröstete die Mutter mit der festen Zuversicht, daß er später auf längere Zeit Amerika Lebewohl sagen und ruhig in der Heimat verweilen werde. „Dies ist's, wonach mein Herz verlangt, namentlich seit der jüngsten Trauerbotschaft. Obgleich ich fast immer in Städten gewohnt habe, erfahre ich doch jetzt wieder, da ich sozusagen auf dem Lande bin, daß mein Geschmack fürs Landleben noch ebenso stark ist, wie früher. Cambridge ist ein hübsches kleines Universitätsdorf; die freie, frische Natur, die ländliche Stille, das frühe Hahnengekräh, die zwitschernden Vögel, alles was damit zusammenhängt, erfüllet mich noch ebenso mit Lust, wie vor 30 oder 40 Jahren die Ferienzeit in unserem lieben Horn und Oberneuland. Ich sehe daher einem gemeinsamen Sommeraufenthalt mit Dir bei Bremer Bauern voll Entzücken entgegen. Diese Idee muß nächsten Sommer ausgeführt werden; ich habe mir auch schon eine recht passende Arbeit dazu ausgesucht, nämlich die Revision des Kitschi-Gami-Manuskriptes, das jetzt Adolf recht fest halten mufs, weil ich viel darauf gebe; ich glaube nämlich, dafs die Arbeit gut ist. Wenn ich denke, wie schnell die Zeit vergeht, erscheint mir der nächste Mai als schon ganz nahe bevorstehend."

Eine vollständige Umarbeitung der hydrographischen Annalen war in Cambridge sehr bald beschlossene Sache; die bescheidene Rolle einer für Benutzung des Küstenvermessungsamtes dienenden Hilfsarbeit sollten sie ablegen und als ein selbständig erscheinendes Werk vor das Publikum treten, in imponierender Gestalt, in bester Ausstattung. Der Gesamttitel sollte lauten: „Die Küsten der Vereinigten Staaten"[**]) und zwei der Bände über die Ostküste, der dritte über die Südküste, der vierte über die Westküste handeln.

Der Gedanke kam nicht über Nacht. Es hatte Kohl schon 1855 beim Einreichen der ersten hydrographischen Annalen erklärt, dafs ihm seine Leistung durchaus nicht gefalle; das Historische, Kartographische, Sprachliche stehe gar zu unvermittelt neben einander; eine zusammenfassende Beschreibung der Küste sei unentbehrlich, wenn ein brauchbares Ganze erreicht werden sollte. Professor Bache hatte damals diesen Gedanken nicht zurückgewiesen und Kohl wollte nun versuchen, eine allgemeine Küstenbeschreibung zu liefern und aufserdem noch auf die Einzelnheiten einzugehen, auf alle für die maritime Geschichte oder für die Schiffahrt wichtige Erscheinungen; einer derartig detaillierten Besprechung könnte der Inhalt der früheren Namenerklärung und des Litteraturverzeichnisses einverleibt werden. Solche neue Gestalt bilde zweifelsohne einen grofsen Fortschritt; sie lasse das Hydrographische in den Vordergrund treten, wie sich das offenbar gebühre, und nehme das Historische in die Mitte von praktischen Sachen.

In der Einleitung wollte Kohl ein allgemeines Bild von den Eigentümlichkeiten der verschiedenen Küstenstriche geben, von allen denjenigen Dingen, welche für das Seewesen irgendwie bedeutsam sein könnten, von Bergen und Thälern, als Schiffahrtsmarken, von Buchten und Flüssen, von Windrichtungen und Strömungen, Regen- und Nebelzeiten u. s. mit einem Anhang über die Veränderung der Wasserkante. Nach solcher Einleitung sollte die allgemeine Entdeckungsgeschichte kommen: von der frühesten Zeit bis zum Beginn der systematischen Vermessungen, unter Heranziehung der bis zu Küstenteilen vorgedrungenen Landexpeditionen: Alles möglichst in chronologischer Folge, aber doch in solcher Anordnung, dafs der innere Zusammenhang der Vorgänge sich zeige und ein deutliches Geschichtsbild sich darbiete. Kohl hielt es nicht für schwer, die historischen Abschnitte seiner früheren Arbeiten in solcher Weise zu vervollkommnen; es schien, dafs meistens nur eingehendere Darstellung erforderlich sei. Drittens konnte dann der besondere Teil folgen; in den einzelnen Küstenstrichen sollte jeder irgend wie beachtenswerte Punkt, also Vorgebirge, Bucht, Insel, Bank u. s. einzeln besprochen werden, nicht blofs nach der geschichtlichen Vergangenheit, sondern auch nach den gegenwärtigen Verhältnissen. In den Aufsätzen für Seaton war schon von diesem Teile der grofsen Arbeit ein Pröbchen gegeben durch die Schilderung des Busens von San Francisco. Das inhaltreiche Werk sollte endlich zweierlei gewichtige Anlagen empfangen; zunächst die Wiedergaben alter Abbildungen, die wichtigeren Teile in Faksimiles, die andern in Überarbeitungen; dann grofse historische Karten nach der schon in Berlin begonnenen Methode. Zwei Verzeichnisse sollten über alle Details des Inhalts Auskunft erteilen.

Ohne sich darüber zu vergewissern, ob in Washington ein solcher Plan gebilligt, ein derartiges selbständiges Werk gewünscht werde, griff Kohl unter den immer erfrischenden und ermunternden Eindrücken seiner Bostoner Umgebung den gewaltigen Stoff an. Die Arbeit gedieh, namentlich nachdem er in der heifsesten Jahreszeit durch eine kleine Gebirgstour sich erquickt hatte. „Ich reiste dem Norden zu, in das Innere von New-England, hinauf zu den White-Mountains, nach New-Hampshire und in die lieblichen Thalschluchten am Fufse des Mount Washington, zu den kleinen freundlichen Geburtsorten von Longfellow, von Bancroft und von andern ausgezeichneten Neu-Engländern. Als ich wieder südwärts kam, erfuhr ich, dafs der heifse Hochsommer die ganze Harvard-Universität aufgelöst habe. Alles war an den Meeresstrand gegangen. Den Lieblingsplatz bilden dort die Nahants. Da jetzt auch Longfellow, Agassiz, Prescott und andre Freunde dort weilten, beschlofs ich nach dieser Sommerresidenz von Musensöhnen zu eilen. Dort erlebte ich ein denkwürdiges Abschiedsmahl an der Seeküste. Am einen Ende der Tafel präsidierte Longfellow, am andern Agassiz; zur Linken war Prescott mein Nachbar, zur Rechten Motley; mein Gegenüber Ralph Waldo Emerson. Zwischen den Tafelaufsätzen und Blumensträufsen hindurch fielen meine Blicke auf andre charaktervolle Antlitze, auf das schon greise Haupt von Robert Charles Winthrop, auf die lebhaften Züge von Samuel Gridley Howe, auf die noch leidenden von Charles Sumner."

Bei Beginn des wundervollen Herbstes ging die Umarbeitung der Annalen weiter. Schon am 27. September sagte Kohl der Mutter: „Meine Verhältnisse sind jetzt derart, dafs im Laufe d

Winters etwas Bleibendes für mein Unternehmen geschehen kann; ich habe mit meiner Arbeit vortreffliche Fortschritte gemacht. Ein Drittel ist fertig, an einem habe ich nur ganz wenig zu thun, das letzte wird mich nur noch bis Weihnachten beschäftigen. Ich bin jetzt zum ersten Male ganz zufrieden; es wird etwas tüchtiges und volles, so gut ich es nur irgend machen kann."

Seinem Bruder Adolf schreibt er zwei Monate später mit dem Weihnachtsgruß: „Daß meine Arbeit mir nicht Genuß genug bereitet, brauchst Du nicht zu fürchten; im Gegenteil, ich genieße den ganzen Tag. Erstlich liebe ich überhaupt Arbeit und dann besonders diese von mir selbst geschaffene, mit der ich ein bisher kaum bearbeitetes Feld der Wissenschaft betrete. Tag für Tag löse ich Knoten und erfülle Aufgaben, die ganz neu sind; ich gewinne stündlich an Kraft und Geschicklichkeit zu diesem Thun, das spüre ich an mir selbst. Jetzt bin ich schon tief ins letzte Drittel hineingedrungen und hoffe jedenfalls mit dem Ganzen in den nächsten Monaten fertig zu werden. Wäre meine Sache schon gedruckt und in die Welt verteilt, dann würde sie mich, dessen bin ich gewiß, sogleich auf einen andern Posten bringen. Den auf die Westküste bezüglichen Bericht über die neue Arbeit habe ich am 10. d. M. nach Washington gesandt; sie wird in diesem Augenblick wohl schon gedruckt. Das Weitere soll dann rasch von statten gehen. Du kannst Dich darauf verlassen, daß es nun etwas tüchtiges wird; meine früheren alten dummen Reisebeschreibungen waren das nicht, sie gaben mir nicht die innere Befriedigung, die ich jetzt fühle."

Außerordentlich arbeitsam war jener Winter 1857/58, welcher durch die schwerste Handelskrisis den größten Teil der Vereinigten Staaten erschütterte und nicht bloß Private, sondern auch Behörden, nicht bloß Gesellschaften, sondern auch ganze Staaten ergriff. Kohl spürte wenig von der allgemeinen Zerrüttung; er gab sich mit ungestörtem Fleiße in Cambridge dem neuen Werke um so mehr hin, als für dasselbe die Annalen keineswegs so viel Material lieferten, wie er anfangs sich eingebildet hatte. Überall war neues zu schaffen, nicht nur für die allgemeine Beschreibung der Küstenstriche, die nach den verschiedenartigsten Hilfsmitteln herzustellen war, so gut oder schlecht, wie ein in nautischen und mathematischen Dingen ungeschulter Sammeleifer es vermochte, sondern auch für die Einzelheiten, die immer mehr ins Kleine sich zersetzten. Bei diesem Studium schien gerade das ganz Spezielle besonderen Reiz zu gewinnen. Da war z. B. die Newyorker Bucht zu bearbeiten, von welcher den verschiedensten Zeiten angehörende Abbildungen für Faksimile-Veröffent-

lichung angefertigt wurden: kunstvolle Blätter; dann ward die
Entdeckungsgeschichte ausführlich dargelegt, namentlich unter Erörterung der dunklen ältesten und allerältesten Nachrichten; da
war, abgesehen von der Normannenzeit, zu beginnen mit den Unterredungen zwischen Sebastian Cabot und Petrus Martyr, die ins
Jahr 1512—16 fallen; dann folgte Giovanni Verrazanos Bericht mit dem
vielbesprochenen Wort Fiumara; zahllose andre Namen reihten sich an,
von dem grofsen Henry Hudsons bis zu dem kleinen Henry Popples.
Es ging Schritt für Schritt in Schwierigkeiten der Urkundenprüfung
weiter, deren Bewältigung eine ganz besonders geschulte Kraft verlangt hätte; die vollständige Entschleierung der Newyorker Bucht mit
der riesigen Strommündung, der wunderbaren Inselgestaltung, dem
Wechsel von Gebirgs- und Flach-Land mufste zuletzt zu einem Stück
moderner Weltgeschichte werden. Die verwickeltsten Fragen verar-
beitete Kohl mit der freudigen Überzeugung, das Richtige getroffen
zu haben. Da waren z. B. die Einzelheiten der Hudsonmündung zu
behandeln. Kohl sah im Geiste die neuen Leuchttürme von Never-
sink vor sich; er stellte fest, dafs der Ort früher Roedenberg hiefs
und dafs der Ausklang „sink" an manche alte, auch auf sink endende
Namen erinnere. Da war Rockaway-Beach; die englisch klingende Form
stammte von dem Indianervolke, welches sich Regkewacks nannte, soweit
die Europäer die fremden Laute niederschreiben konnten. Da war Long-
Island mit dem alten Namen Sewanhaky; die Insel hiefs lange Zeit
Gebrokland und vererbte diesen ihren Namen auf Brooklyn, trotz
der Mynheers van Breukelin; Coney-Island schrieb den Namen nicht
von Hudsons Gefährten Coleman her, sondern von Conyne, d. h.
Hafen, Hoboken nicht von dem Harm von Hoboken, dem biederen
Kleriker, sondern von dem eingeborenen Wort Habokan, wie auch
Copsie, der alte Name von Battery-Point, nicht auf holländischen,
sondern auf indianischen Ursprung zurückzuführen war; als wertvollste Reliquie der Vorzeit erschien der alte Name der jetzt von
der Stadt Newyork eingenommenen Landzunge Manhattan, d. h.
Mannahata.

Gleichen Rückblicken in die Vergangenheit gab sich Kohl in
immer gröfserer Vorliebe für die Einzelheiten bei allen nennenswerten Punkten der gesamten Küsten hin; aber sie beruhten selten
auf eigenen neuen Forschungen, sondern bald auf Schoolcrafts
grofsem und gediegenem Werke über die Eingeborenenstämme Nordamerikas, bald auf andern neueren Büchern von höherem
oder geringerem Werte. Wurden auch die Studien immer kleinlicher,
hielt Kohl doch daran fest, dafs solche Details grofsem Interesse

begegnen würden; er vertiefte sich in sie so sehr, dafs die Ver-
wirrungen der Aufsenwelt, selbst die Drohungen des Bürgerkrieges,
kaum gespürt wurden. Das Werk war noch lange nicht vollendet, als der
beginnende Frühling in die Cambridger Studierstube hineinschaute.

Ein einseitiges Weiterarbeiten war offenbar vom Übel. Die
Reiselust stellte sich wieder ein; das Notwendigste war eine Rücksprache in Washington. Dort kam Kohl am 22. März 1858 freudigen
Herzens an, ganz ohne Sorgen; es folgte aber grausame Enttäuschung; denn für sein durchaus unzeitgemäfses Gelehrtenprojekt
fanden sich gar keine Freunde. Dem in naivster Weise seiner Sache
und seines Erfolges sicheren Manne erklärten die besten Gesinnungs-
genossen, dafs er ein Unternehmen begonnen habe, welchem er bei
aller Begeisterung und Ausdauer nicht gewachsen sein könne; selbst
der getreue Professor Bache vermochte in dem Plane blofs ein
Übergreifen in die Aufgaben seines Amtes zu erblicken. Nur
wenige besonders Liebenswürdige, wie Schleiden, ermahnten zum
Abwarten und Ausharren; es sei die grofse Handelskrisis und was
mit ihr zusammenhänge, nicht als eine dauernde Niveausenkung,
sondern nur als eine vorübergehende Ebbeströmung zu betrachten
und die Kriegsgefahr drohe doch nur in der Ferne. Schleiden meinte,
dafs Kohls Aussichten gar nicht so ungünstig ständen, sofern
die alte Beharrlichkeit fortdaure. Kohl selbst entsagte auch nicht
der Hoffnung, sein Ziel zu erreichen; allein zunächst wollte er nun seiner
selbst willen die so viel besprochene Reise nach Europa unternehmen. Er fühlte sich in Washington gar nicht mehr wohl;
sogar die früher so angenehme Herberge fehlte ihm; in dem Kreise
seiner Bekannten von der Diplomatie waren viele Veränderungen vor
sich gegangen, die ihm nicht gefielen. Rasch beschlofs er die Abreise — ohne zu ahnen, dafs er Amerika nie wieder sehen sollte.

IV.

Heimfahrt nach Europa.

Die Rückreise von Kohl erfolgte Mai 1858 unter ganz andern
Umständen, als früher gedacht war; sie hing ja weder mit der
Kartensammlung zusammen, noch mit dem Werke über die Seeküsten.
Solche Forschungen mufsten offenbar ruhen, bis bessere Zeiten für
die Vereinigten Staaten tagen würden. Für die im Interesse des

Codex Americanus vorzunehmenden grofsen Reisen nach Sevilla oder
Rom fehlten die Geldmittel, da von den 6000 $ des Kongresses freilich
noch ein Drittel vorhanden war, dies aber nur für Kopien dienen
sollte, nicht für andre Zwecke. Was nützte ein Abschlufs der in
Harvard-College begonnenen grofsen Arbeit, wenn die Regierung
nicht die Herausgabe übernahm.

Gedrückten Herzens begab sich Kohl von Washington nach
Baltimore, wo etwas mehr Ruhe zu erhoffen war, als in der aufgeregten Bundesstadt. Der bremische Generalkonsul Albert Schumacher,
der während der Abwesenheit von Schleiden ihm manchen Dienst
erwiesen hatte, wufste vielleicht Rat. In der dort tagenden American
Association wurde ein Vortrag gehalten, welcher einen der allgemeinen
Teile des Seeküstenwerkes wiedergab, nämlich die Einleitung über
die Ostseite. Bei seiner Vorlesung dachte Kohl nicht daran, dafs
sie die letzte in Amerika sein werde, liefs aber doch bei der Veröffentlichung ein Wort über den Abschied einfliefsen.

Dies Scheidewort entstammte einer weitern Enttäuschung. Für
Kohl fehlte in Baltimore nicht nur Interesse, sondern auch Verständnis.
Dort begriffen nur sehr wenige, was eigentlich in Frage stehe; es
hatte kaum einer der deutschen Landsleute Geschmack für so gelehrte
Sachen; es war ja auch nicht an der Zeit Küstenbildungen, Hafen-
formen, Inselgliederungen und ähnliches auf die Tagesordnung öffent-
licher Versammlungen zu setzen. Bisher hatte Kohl seine Mifserfolge
wenig gefühlt; diesmal zog er aber doch enttäuscht von dannen.

In Newyork-Brooklyn gab ihm das Haus des aus Deutschland
zurückgekehrten Bruders kurze Rast; dann wurde gepackt. Es kam
noch der Scheidebesuch des unermüdlich sorgenden Schleiden, welcher
wegen der erwarteten Ankunft des ersten Bremer Lloyddampfers
nach Newyork gereist war und die liebenswürdigsten Empfehlungs-
schreiben mitbrachte, darunter eines an James M. Mason, den damaligen amerikanischen Gesandten in London, der früher als
Senatsmitglied für die Kartensammlung sich verwendet hatte.

Der 26. Juni 1858 war ein Tag, dessen Hitze alle bisher
erprobten Grade übertraf. Kohl begab sich auf den französischen
Dampfer „Arago", den vor etwa zwei Jahren auch Schleiden benutzt
hatte. Für diesen war es eine Beruhigung, dafs an Bord ansprechende
Umgebung und namentlich feinfühlige Damengesellschaft sich fand.
Die Damen, die er meinte, konnten aber nicht aufheitern; es waren
Witwe und Tochter des ehemaligen Staatssekretärs Marcy, und an
demselben Tage, an welchem die ganze Schiffsgenossenschaft die
Begründung der Vereinigten Staaten bejubelte, begingen sie die erste

Wiederkehr des Tages, der ihnen den schwersten Verlust gebracht
hatte. Ein melancholischer Nebel begleitete fast die ganze Überfahrt,
wie auch die Stunden im englischen Kanal; dazu kam, dafs Kohls
hauptsächlichste Reiselektüre Oskar Peschels neue Geschichte des
Zeitalters der Entdeckungen war. Dies Buch, das ihm erst beim
Abschiede von Newyork zu Händen kam, bekundete einen Fortschritt
der Forschungen, welcher selbst in Harvard-College ungeahnt
geblieben war und alle andern gleichartigen Studien zu überflügeln
schien.

Kohl beschrieb seine zweite Ozeanreise noch während ihres
Verlaufs und besprach dabei die verschiedensten Dinge, nur nicht
die wirklichen Gefahren einer Seefahrt, obwohl die Erinnerung an
Schiffsbruch und Schiffsbrand ihm sehr nahe lag; er redete auch
nicht von seinen Gemütsstimmungen, obwohl sie düster waren, da
er erkannte, dafs ihm in einem der wichtigsten Teile seiner bisherigen
Arbeiten ein siegreicher Rivale erwachsen sei.

Wohlbehalten erreichte man Southampton; Kohl begleitete
dann seine Damen nach London, wo er nicht blofs den Gesandten
Mason und seinen kartographischen Freund Major besuchte, sondern
auch für die englische Übersetzung seines Kitschi-Gami-Buches thätig
wurde. Die bewährte Firma Chapman & Hall machte ihn alsbald
mit einem interessanten Manne bekannt, einem warmen Verehrer
seiner Rufsland behandelnden Schriften, mit Frederick Charles Lascelles Wraxall. Dieser recht gründliche Kenner der deutschen
Litteratur war sofort bereit, als Übersetzer zu dienen, obwohl das
Manuskript nicht vorlag und deshalb genauere Abmachungen vorbehalten bleiben mufsten.

Von London ging Kohl nach Paris, sah dort aber nur wenige
seiner früheren Bekannten, begann dort auch nichts von den früher
geplanten Forschungen, begab sich vielmehr direkt nach dem badischen
Freiburg, wo die lieben Baudissins ihren Wohnsitz genommen hatten.
Dort traf ihn die schmerzliche Nachricht von dem am 23. Juli
in Hannover eingetretenen Tode seiner jüngsten Schwester. Die tiefe
Erschütterung seines ganzen Wesens zeigte, dafs das amerikanische
Leben die Sentimentalität seiner Natur noch gesteigert habe; der
für ihn nur Liebe und Hochachtung hegende General Otto Baudissin
erklärte damals, noch nie habe er einen Mann so weinen sehen, wie
diesen scheinbaren Halb-Amerikaner. Flugs eilte Kohl zur Mutter,
welcher er in den schmerzlichsten Stunden nicht hatte beistehen
können; alsbald brachte er sie nach dem schönen Freiburg, damit
sie da im Kreise der andern Kinder sich erhole. Wochenlang blieb

er nun untröstlich. Erst der Umgang mit gefaßten Menschen, z. B. mit Schleidens Mutter, machte ihn wieder ruhiger; erst die Wald- und Berg-Streifereien mit Schwester und Schwager gaben ihm die alte Fröhlichkeit zurück, welche mit den Kleinen zu spielen, die größeren Kinder durch Vorlesungen zu belehren, ja schließlich Studentenlieder zu singen gestaltete.

Zu seiner Aufmunterung diente außer dem persönlichen Umgange die Nachricht, daß die Bostoner Historische Gesellschaft ihn zu ihrem korrespondierenden Mitgliede ernannt habe, und vor allem die Durchsicht seines geliebten Buches über den Obersee, der geistige Verkehr mit der Kitschi-Gami-Märchenwelt. Das Erscheinen des Buchs war während des kurzen Bremer Aufenthalts durch die Zuvorkommenheit von Carl Schünemann gesichert worden; nun geschah die lange geplante Revision zu Freiburg in dem kleinen, nur wenige Quadratschuhe haltenden Schlafgemach, das auch als Atelier diente und überaus schnell zu einem lieben Aufenthalte sich erhob. Dort wurden die bisher zusammenhängenden drei Schilderungen, die von La Pointe, L'Anse und Rivière aux Deserts, je in 14 Briefe geteilt, weil plötzlich Briefschreiben die höchste Vollendung der Schriftstellerei zu sein schien; dort wurde jeder Brief fein säuberlich mit Motto und andrer Ausschmückung versehen. Trotz der Zitate aus Schillers Nadowessischer Totenklage und trotz der Einschiebsel aus Schoolcrafts großem Indianerwerke waren dies schwerlich Verbesserungen; aber die Änderungen entsprachen ganz dem Geschmack der früheren Kohlschen Reiseschriften.

Zur selbigen Zeit begann mit Lascelles Wraxall eingehende Korrespondenz wegen der englischen Ausgabe des Buches. In London wurde freilich an den deutschen Druckbogen, die frisch aus der Presse dahin gingen, gar mancherlei gerügt; namentlich fanden dort die jüngsten Zusätze keinen Beifall; einige neue Kapitel, z. B. die über Menaboschu, wurden gestrichen — im ganzen war aber doch für den Mann, der danach lechzte, endlich in Europa leuchtende Anerkennung zu finden, diese umständliche Londoner Korrespondenz eine Quelle von Freude. Er lebte schon Monate voraus; denn er sah bereits im Geist die stattliche englische Kitschi-Gami-Ausgabe neben der hübschen deutschen in den Bibliotheken der Auserwähltesten seiner Freunde.

Dezember 1858 kam Kohl nach Bremen. Erfreut schrieb er: „So bin ich denn endlich in der lieben Vaterstadt an und zur Ruhe gekommen. Im alten Göttingen blieb ich zwei Tage, um die Tochter meines werten Freundes von Lengerke, Frau von Mangoldt, zu be-

suchen und dem alten Professor Dirichlet Frau Schleidens Grüße
zu überbringen; dann gings hierher nach Bremen. Hier fand ich
aus Amerika angenehme Nachrichten vor; man erbittet sich nämlich
so schnell wie möglich die Ausarbeitung eines höchst interessanten
Kapitels aus meinem großen Werke. Diese Aufgabe, die mich sofort
bei der Heimkehr begrüßte, wird meinen Aufenthalt in Deutschland
wohl noch mehr ausdehnen, ich will mich aber mit der hiesigen
Bibliothek möglichst lange forthelfen; zunächst muß ich freilich
für einige Zeit nach Göttingen, wobei Mama mich bis nach Hannover
begleiten kann.« Seine Lieben vergaß Kohl nie — weder inmitten
neuer interessanter Gesellschaften, noch inmitten mühevoller Reisen,
noch inmitten angreifender Studien; so sandte er zum ersten Weih-
nachtsfeste, das er wieder in der Heimat beging, den Freiburgern
die hübschesten Blüten der Jugend: Schriften aus alter Zeit, nämlich
eine Gedichtsammlung der verstorbenen Schwester Luise, eine kurze
Schilderung des alten Kohlschen Familienhauses und die Beschreibung
einer mit Adolf 1821 unternommenen Harzreise, zu der auch ein
Buch mit Zeichnungen gehörte.

Das Jahr 1859 wurde nicht mit hohen, aber doch mit frohen Hoffnungen begonnen, damit eine neue Zeit des Arbeitens. An Kohl war
die Frage, welchen Weg seine Studien einschlagen sollten, in greif-
barster Weise herangetreten. Gab es auch nur wenige Bremer,
welche seinen Plänen mit Verständnis folgen und für sein ferneres
Thun einen Rat erteilen konnten, so weilten doch gerade damals
in der Weserstadt zwei Männer, mit denen eingehend die Zukunft
sich besprechen ließ. Der Eine war der schon oft genannte Karl
Andree, der jetzt nach dem geliebten Dresden übergesiedelt war, Verfasser mehrerer neuer Amerika betreffender Werke, sogar Konsul für
die chilenische Republik; er hatte gerade eine Sammlung verschiedener
während der letzten Jahre entstandener Aufsätze veröffentlicht,
welche geographische oder ethnographische Stoffe behandelten, nicht
nach tiefer Erforschung aller Einzelheiten, wohl aber in meist kraft-
voller Darstellung. Andree kannte viele amerikanische Schriften,
welche bereits die Kohlschen Materialien ausnutzten; in seinen Augen
war für Kohl das Aufgeben der für Washington übernommenen
Arbeiten eine Notwendigkeit und die natürlichste Fortsetzung des
bisherigen Lebens eine Ausbildung des ethnologischen Studiums. Einer
noch ganz neuen Wissenschaft sollte der so lebhaft empfängliche,
weitgereiste Mann ausschließlich sich widmen, einer kaum erst begründeten Disziplin. Den wissenschaftlichen Ausbau aller der Forschungen, die ethnologische genannt wurden, vertrat ebenfalls

der andre Bremer Freund, der gern von seiner knappen Zeit auch Kohl bei seiner Heimkehr ein wenig zukommen liefs. Es war der rastlose Adolf Bastian, ein Dreifeiger, der seit September in der Stille seiner Vaterstadt grofsen Arbeiten sich hingab, nachdem er 1851 als Schiffsarzt Australien besucht und dann mehr als sechsjährige Reisen an der amerikanischen Westküste, in China, Indien und andern Ländern Asiens, endlich sogar in Afrika durchgemacht hatte. Auch Bastian, der jetzt ein Buch über das Königreich Congo und ein grofses Werk: „Der Mensch in der Geschichte," zur Begründung einer psychologischen Weltanschauung verfafste, auch er hielt es für zweifellos, dafs die Ethnologie das Feld sei, auf welchem Kohl die vielen bisherigen Anfänge wissenschaftlichen Wesens zu einheitlicher Fortentwickelung bringen könne. Derartige Einflüsse führten zu ernsten Überlegungen, aber doch nicht zu energischen Handlungen; nach einigem Zaudern und Schwanken hielt Kohl an seinen alten Vorsätzen fest, namentlich weil wie ein Wink des Himmels jene unerwartete Erinnerung an die amerikanische Arbeit eingetroffen war. Mit dieser hatte es eine eigene Bewandnis; 1856 war ja den Annalen über die Ostküste der Vereinigten Staaten die von Benjamin Franklin nach Angaben des Nantucketer Kapitäns Folger gezeichnete und 1787 bei Mount und Page in London zum Besten der Seefahrer veröffentliche Golfstromkarte als letzte Anlage beigefügt worden; herzlich freute sich Kohl nun, wie dies von ihm als allerheiligstes Geschichtsdenkmal verehrte Dokument vollständig gewürdigt wurde von Franklins Urenkel, dem verehrten Professor Bache. Jene Aufforderung führte ihn trotz der Gegenvorstellungen sofort wieder zu den amerikanischen Arbeiten zurück; er vergafs es, dafs es sich abermals nur um eine Hilfsarbeit handelte, lediglich um die Geschichte der früheren Ideen über den Golfstrom und seinen ehemaligen Einflufs auf Schiffahrt und Handel.[18]) Weiter sollte Kohls Abhandlung nicht vordringen, jenes Stück wünschte man aber „den bald zu publizierenden, in Washington erlangten Resultaten als eine Art Präludium voranzuschicken." Bei der Kürze der zugebilligten Zeit konnte Kohl nur an eine oberflächliche Bearbeitung der noch in seinem Besitz befindlichen und der aus Amerika nachgesandten Materialien gehen; allein wieder erschien dies dem unbefangenen Gelehrten, wie ein erster Schritt zum Ziele. Nun konnte ja dem guten Anfange der schliefsliche Erfolg nicht fehlen! So wurde denn bald nach Rückkehr zur Vaterstadt beschlossen, den amerikanischen Studien treu zu bleiben, wenn auch nicht in der bisherigen Form.

V.

Erste Bremer Zeit.

Am 12. Januar 1859 hielt Kohl in Bremen seinen ersten öffentlichen Vortrag; der Mann, der in so vielen Städten seine historisch-geographischen Studien auf dem Katheder entwickelt hatte, erachtete es daheim für besser, über die Sagen der nordamerikanischen Indianer zu sprechen und trug dabei aus dem fast fertigen Kitschi-Gami-Buche einiges vor, wie die Geschichte von Menaboschu und der Sündflut, die Beschreibung der Jugendfasten und Lebensträume, die Sage vom indianischen Paradiese.

Die Vorlesung fand vor dem Künstlervereine statt, einer als Mittelpunkt für Bremens geistige Interessen seit etwa $2^{1}/_{2}$ Jahren bestehenden Genossenschaft, welche in dem schönsten Teil der Anbauten des Domes sich niedergelassen hatte und durch das schon etwas ältere Bremische Sonntagsblatt litterarisch getragen wurde.

Dieser damals geistig reiche und rege Kreis hoffte viel von dem Weitgewanderten; letzterer aber zog sich wegen der amerikanischen Studien ängstlich zurück. Obwohl der Anregung Dritter sehr bedürftig, suchte er kleine Zirkel nach eigener Liebhaberei sich zu schaffen, als wäre Bremen eine große Stadt. Dazu kam die anerzogene Unruhe. Schon die beiden im lieben alten Göttingen verbrachten Tage reizten dazu, die Stätte des ersten Studentenlebens einmal wieder für längere Zeit aufzusuchen, so wenig auch von Verbindungen zwischen der Erinnerung und der Gegenwart auffindbar sein mochte. Vor mehr als 30 Jahren hatte den jungen Bremer in Göttingen gar nichts entzückt, aber doch viererlei gefallen: die ethnologischen Vorlesungen von Arnold H. L. Heeren und die politischen von Georg Sartorius, der technische Kursus von Johann Fr. L. Hausmann und der mathematische von Bernhard Fr. Thibaut; dagegen dachte Kohl sein Leben lang mit Grauen an das Collegium logicum von Gottlob Ernst Schulze und an das Collegium juridicum von Johannes Fr. L. Göschen. Jetzt empfangen den Weitgereisten, dessen Schriften so außerordentlich viel Anregendes darboten, die Nachfolger jener Herren mit ungeteilter Freundlichkeit, wie einen erfahrenen Arbeitsgenossen. So begrüßen ihn z. B. herzlichst Ernst Curtius, der Grieche, Rudolf Hermann Lotze und Ernst Berthean; als zeitiger Prorektor preiset Georg Waitz bei einem Festmahl die Schleswig-Holsteinischen Schriften; Georg Hanssen lobt sogar die fast vergessene Schrift über die Abhängigkeit des Menschenverkehrs von der Erdgestaltung; Emil Hermann, dessen Dresdener Familie Kohl kannte, bespricht auf das Eingehendste die verschiedenen Reiseerfahrungen. Überall begehrt man von diesen zu hören, aus diesen zu lernen!

Von den Sammlungen des Kitschi-Gami-Buchs hatte Kohl einige Teile besonderer Zwecke halber zurückgelegt: so eine Übersicht über den hauptsächlichen Gedankengang der alten Indianersagen, dann eine neue Probe der Ojibway-Märchen, nämlich das vom Muschelprinzen, endlich eine Veranschaulichung von verschiedenen Spracheigentümlichkeiten jenes Stammes und seiner Stammverwandten. Von diesen Stoffen wurde der erstgenannte in Göttingen einem kleineren Kreise vorgetragen; bald darauf erfolgte sogar eine Wiederholung der Vorlesung vor größerer Versammlung zum Besten einer guten Sache. Allmählich kam es Kohl so vor, als sei er dort ein Mittelpunkt von vielseitigen Interessen geworden. Wie ähnlich war doch dies Göttinger Wesen dem Bostonischen!

Eigentümlich war es, daß gegen Kohl derjenige Gelehrte, dessen Arbeitsfeld dem seinigen am nächsten zu liegen schien, Joh. Eduard Wappäus, mehr als kühl sich verhielt. Das war der hochgelahrte Vertreter der Geographie und Statistik, welcher, auch in der Entdeckungsgeschichte bewandert, unermüdlich die Göttinger Gelehrten Anzeigen redigierte. Er vermeinte die Leistungen von Kohl entsprächen keineswegs den aufgewendeten Mühen, und erst als er näheres über den schwerfälligen Gang der amerikanischen Arbeiten erfuhr, entstand einiges Interesse; nach längeren Unterredungen erfolgte auch ein kollegialischer Verkehr. Dieser wurde sofort fruchtbar; Wappäus wies nämlich auf eine ihm durch vorläufige Mitteilungen bekannt gewordene Veröffentlichung allerersten Ranges hin, welche in die amerikanischen Studien von Kohl direkter eingriff, als Peschels Werk oder irgend etwas andres. Jene Veröffentlichung hing nämlich mit einem Fest zusammen, an welchem die Professorenkreise der Georgia-Augusta freundlichen Anteil nahmen, mit dem Jubiläum der Münchener Akademie der Wissenschaften. Für die Verherrlichung ihres hundertjährigen Bestehens, für den 28. März 1859, war eine Reihe akademischer Schriften ausgearbeitet worden: Monumenta saecularia, und diese enthielten als zweiten Beitrag der dritten Klasse ein Werk, welches viele Entwürfe von Kohl zu durchkreuzen drohte. Sein früherer Gefährte bei den ersten Münchener Studien, Friedrich Kunstmann, hatte nach den ältesten Geschichtsquellen über die Entdeckung von Amerika eine Schrift verfaßt und dazu in Gemeinschaft mit Karl von Spruner und Georg M. Thomas einen Prachtatlas von ausgezeichneten Kartenfaksimiles hergestellt. In diesem Werk ward freilich unter „Entdeckung

Amerikas" etwas andres verstanden, als in den Kohlschen Arbeiten; es bot keine historische Darstellung, welche die einzelnen Vorgänge zusammenfaßte und beleuchtete, sondern mehr eine Besprechung von verschiedenen wissenschaftlichen Quellen, deren Hauptwert in den 157 gelehrten Anmerkungen zu liegen schien; es kam auch in der Behandlung des Stoffs über die Mitte des sechszehnten Jahrhunderts kaum hinaus, als wären die späteren Entdeckungsfahrten nach dem und in dem großen Westlande nicht der Studien wert, die Kohl ihnen so aufopfernd gewidmet hatte — allein die Gefahr, daß ein großes Stück Lebensarbeit für Kohl verloren gehen werde, war doch unverkennbar. Nun gar jene Münchener Karten! Sie hatten so herrliche Ausstattung gefunden, wie in Deutschland gar nicht zu erwarten gewesen war; von diesen 13 Nummern enthielt der fast vergessene Codex Americanus die meisten und namentlich die wichtigsten, aber in wie ärmlicher Form!

Beim Durchsehen dieser Jubiläumsgabe gedachte Kohl mit Wehmut der Dresdener und Münchener Studien von 1852; allein er streckte nicht im wissenschaftlichen Wettstreit die Waffen, vielmehr entwickelte sich das wieder gehobene Selbstbewußtsein, das er dem Göttinger Leben verdankte. Am 13. März begann er einen Rundblick auf seine wissenschaftlichen Arbeiten zu schreiben und übergab denselben, nach vielen Änderungen und Zusätzen, am 28. desselben Monats einem ihm besonders freundlich entgegengekommenen Professorenkreise als Selbstbiographie oder Lebensprogramm; er sprach sich über alle seine Arbeiten aus und fügte zum Schluß noch hinzu: „Sollten die Mitglieder der Freitagsgesellschaft von diesem meinem Schreiben freundlichst Notiz nehmen und etwa noch über den einen oder andern Punkt mündliche oder auch schriftliche Auskunft wünschen, so würde ich natürlich mich glücklich schätzen und zu jeder Antwort in jeder Form gerne bereit sein." Diese Denkschrift hatte nicht weniger als 41 Anlagen, darunter auch solche, welche klar bewiesen, daß er schon lange die Ziele verfolgt habe, welchen die Münchener Jubiläumsschrift gewidmet war.

Die Herren Mitglieder jener Göttinger Gesellschaft vermochten nichts, um die vielseitigen und eifrigen Anfänge zu einem Resultat zu verhelfen, Kohl ließ es aber nicht bei jenem sonderbaren Schreiben bewenden; vielmehr machte er sich, wie verjüngt, sofort daran, durch neue Leistungen seine Priorität in den fraglichen amerikanischen Forschungen darzuthun. Dafür hatte er zwei Wege.

„Ich hoffe", so schrieb er am 15. April, „daß das alte Bremer Museum, das bekanntlich noch vor wenigen Jahrzehnten ein Sitz großer Wissenschaftlichkeit war, mir helfen wird, Vorträge über die Entdeckung von Amerika zu halten — über die ganze Entdeckung — von dem ganzen Amerika.[34]) Die Göttinger Bibliothek giebt mir jetzt alles, was ich bedarf, um meine etwas vernachlässigten deutschen Geschichtsdarstellungen in neue Fassung zu bringen und im Laufe des nächsten Sommers wird auch dies Pensum absolviert sein." Das Pensum bestand darin, die früheren Konzepte auszufüllen, bisher bloß Skizziertes durchzubilden und Überflüssiges wegzustreichen. Überaus schnell war die Verteilung des Stoffes zu stande gebracht; es sollten zwölf Abschnitte werden: 1. die alten ozeanischen Sagen und die Vorläufer von Columbus, 2. Columbus selbst und 3. Allgemeines über Entdeckungs-Expeditionen der älteren Zeit — in diesen drei Abschnitten wollte Kohl seinen Stoff ungefähr so behandeln, wie Irving im Jahre 1828 gethan hatte, namentlich war Columbus auf ein so hohes Postament zu stellen, daß gegen ihn die Gabotti, die Pinzones und die übrigen großen, fälschlich als kleine Entdecker bezeichneten Männer fast ganz verschwinden mußten. — 4. Magalhães und die erste Weltumsegelung: ein Thema, das jene Schrift von Peschel so beneidenswert gut ausgeführt hatte; 5. und 6. Cortés in Mexico und die Pizarros in Peru: Übersichten aus den Prescottschen Werken. Für die zweite Hälfte des Cyklus, die auf Nordamerika sich beschränkte, gab es solche Vorbilder nicht, für sie lieferten aber die eigenen amerikanischen Arbeiten gutes Material; es sollten folgen 7. die Königin Elisabeth und die Ostküste der Vereinigten Staaten, 8. der Mississippi und die Jesuiten, 9. die Franzosen und Pelzjäger in Kanada, 10. der Marsch der Russen und Kosaken durch Sibirien nach Amerika, 11. der hohe Norden und die Engländer: lauter im Kreis der Kohlschen Arbeiten bereits vielfach hervorgetretenen Stoffe, und endlich 12. die Frage nach den Wirkungen, welche die Entdeckung der neuen Welt auf die alte ausgeübt habe. Das Studium dieser letzten, fast die gesamte moderne Menschengeschichte umfassenden Frage beschäftigte den durch jene Konkurrenz geradezu neubelebten Mann nicht bloß in den Göttinger Tagen, sondern auch noch später.

Um der Konkurrenz zu begegnen gab es nicht bloß Wort und Schrift, sondern auch das Bild. Stand denn München unerreichbar da? war es denn unmöglich, der Kartenzeichnung von Friedrich Schleicher und der Bearbeitung in der lithographischen Anstalt von Sebastian Minsinger gleichzukommen? Die Herren von der Göttinger Freitagsgesellschaft, die mit Kohls allgemeinen Auseinandersetzungen nichts hatten anfangen können, trugen ihm jetzt, als es um ein wirkliches Helfen sich handelte, lebhaftes Interesse entgegen; sie rieten ihm nach besten Kräften und hörten ihn gern über jene zwei alten Welttafeln von 1527 und 29 sprechen, die viel bedeutender seien, als alle in München veröffentlichten, über Kaiser Karl des V. besondere Vorliebe für kartographische Abbildungen der neuen Welt und über das erste Hydrographische Bureau Europas. Nun lagen die ehrwürdigen Pergamente, auf welche bereits von Lindenau vor langen Jahren hingewiesen hatte, noch immer unediert in Weimar; warum sie nicht veröffentlichen? Die Göttinger Freunde enthusiasmirten sich allmählich für den Gedanken und wiesen auf das Geographische Institut von Voigt und Günther in Weimar hin, das vielleicht ebenso viel leisten könne, wie das Münchener. Alle Göttinger Ratschläge trafen aufs beste ein; Kohl schrieb an das unternehmungslustige Weimarer Verlagsgeschäft und konnte alsbald in der Bremer Bibliothek Anstalt machen, um „die ersten Generalkarten von Amerika" **) in würdiger Weise zu edieren.

In Bremen fehlten freilich die Originale, es ließ sich aber doch nach dem Codex Americanus die Beschreibung sofort beginnen. Kohl prüfte das gegenseitige Verhältnis der beiden Blätter hinsichtlich Inhalt und Gestalt, einschließlich Polhöhen, westöstliche Abstände und die Demarkationslinie als ersten Meridian; er besprach die Verfasser der Karten und deren Quellen, die Zeit ihrer Anfertigung (28. Mai—17. Juni 1527 und 22. April—15. Juli 1529) und den Lauf ihrer Schicksale. Hierzu waren die Originale kaum nötig. Die Forschung ging auch keineswegs sehr tief, was besonders der Quellennachweis erkennen ließ; sie verlor sich oft selbst in Vermutungen, z. B. hinsichtlich des Zwecks der Karten, und kam sogar zu einigen ganz falschen Angaben, z. B. hinsichtlich der auf der jüngeren Karte verzeichneten Deutschen.

Über die wichtigste Frage, die nach dem Ursprung der älteren Tafel, verfaßte Kohl eine kleine Schrift, in welcher er sie auf Fernando Colon zurückführte, den spanischen Sohn des großen Genuesen. Diese Abhandlung über „den Verfasser der ersten aus dem Hydrographischen Bureau des Königs von Spanien in Sevilla hervorgegangenen Weltkarte" gewährte ihm besondere Befriedigung, obwohl seine Annahme durchaus nicht mit der Entwickelung der handwerksmäßigen Kartographie und den Lebensverhältnissen eines vornehmen Kosmologen in Einklang zu bringen war. Es gelang die Veröffentlichung der kleinen Arbeit bald; Petermann wollte sie nicht in seine Zeitschrift aufnehmen; um so mehr erschien es als eine günstige Vorbedeutung für das von ihr einzuführende Werk, daß ein Kenner, wie Peschel, ihr ohne Zaudern seine Zeitschrift öffnete.

War schon der erste Schritt gelungen, so glättete sich auch ganz merkwürdig leicht der weitere Weg. Als jene Veröffentlichung erfolgte, rüstete sich Kohl bereits zur Reise nach Weimar, um da den besonderen Teil seines gelehrten Kartenkommentars anzufertigen. Dorthin ging er gar freudigen Herzens; er machte in Eisenach Rast, wo er der Wartburggedichte seiner Schwester Ida, die Longfellow vorgelegen hatten, in warmer Liebe sich erinnerte; der Dichter hatte über sie ebenso viel Schönes gesagt, wie über Kitschi-Gami, dessen Lektüre ihm schon vor der Hiawathadichtung erwünscht gewesen wäre. In geradezu gehobener Stimmung wurde das überaus liebliche Ilm-Athen erreicht, wo neue Genüsse neben mühsamer, oft etwas langweiliger Arbeit sich darboten. Empfänglich für jeden Reiz des Lebens, kostete Kohl hier im Geiste die ganze klassische Periode deutscher Litteratur und alles was mit ihr zusammenhing. Ihm öffneten sich auch wieder einmal die interessantesten Kreise, namentlich die des Theaters. „Franz Dingelstedt hat meine liebenswürdige alte Wiener Bekanntschaft, Jenny Lutzer, die Sängerin, geheiratet; bei ihnen bin ich morgen zum Thee, nachdem ich Kaffeestunde bei Eduard Genast abgehalten habe; übermorgen bin ich bei Franz Liszt und der Fürstin Sayn-Wittgenstein, ich mache meine Spaziergänge stets mit ausgezeichneten Männern."

Die Weimarer Thätigkeit wurde durch eine sorgfältige Vergleichung der beiden Pergamente eröffnet. Schwieriger und schwieriger wurde die Erörterung all der zahllosen Einzelheiten, die auf ihnen verzeichnet standen; dafür waren natürlich die Entzifferungen entscheidend, welche die schwer lesbaren Zeichen und Namen bei der Wiedergabe erfahren sollten. Diese technische Bearbeitung lag in den Händen von zwei vortrefflichen Sachverständigen, Karl und Adolf Gräf; die Abzeichnung fertigte ein früherer Landmesser an, welcher Anfang der 50er Jahre wegen täuschender Nachbildung Schillerscher Schriftzüge sich strafbar gemacht hatte: ein außergewöhnlicher Federkünstler. Auch alle technischen Details bereiteten erhebliche Mühe, z. B. die Wahl des Pauspapiers und die Herstellung der Tuschen, die Glättung der welligen, höckerigen, oft gerissenen alten Blätter, die Übertragung der Pausen auf den Stein, die wegen der verschiedenfarbigen, doppelten, ja dreifachen Drucke nicht minder schwierig war; kurz die Bearbeitung der großen Platten konnte, trotz größter Anstrengung, höchstens in fünf Monaten fertig gestellt werden.

Für seine Textzwecke mußte sich Kohl unter solchen Umständen, so gut es ging, behelfen. Schon am 17. September wanderte das erste Manuskript zur Druckerei; allein es behandelte nur Einleitung und Allgemeines. Der spezielle Kommentar erforderte manche Änderungen und Umstellungen; oft hatte Kohl zu schreiben, ohne ein fertiges Faksimile vor sich zu haben. Zuerst kamen die östlichen Küsten beider Amerikas einschliefslich der atlantischen Inseln, wie Island, Bermuda, Noronhas Eiland u. a.; über die Lande von Grönland bis nach Darien, die westindischen Inseln und die Gebiete von Darien bis Patagonien liefs sich dann eine grofse Menge von Einzelheiten zusammenstellen; dagegen mufste die Besprechung der westlichen Küsten Amerikas auf den Teil zwischen Nicaragua und Peru beschränkt, also ziemlich dürftig, bleiben.

Kohl behandelte Punkt für Punkt, Namen für Namen und erfreute sich dieser an sich wenig erquicklichen Arbeit Tag für Tag mehr, zumal Grofsherzog Karl Alexander mehrfach sein Gefallen über die unermüdliche Forschung aussprach. Winkte hier vielleicht die oft ersehnte Mäcenatenhilfe?

Sie erschien nicht. Ende Oktober wurde das anmutende Weimar verlassen; das Werk war, abgesehen von der Vorrede, vollendet, und die mühevollen amerikanischen Studien hatten doch mindestens eine gröfsere Frucht getragen.

Damals hatte Kohl bereits dem Bremer Publikum sein die Entdeckungsgeschichte von Amerika betreffendes Vortragsprogramm kund und zu wissen gegeben; er dachte, dafs der Erfolg nicht fehlen könne, obwohl er noch immer den jüngern Kreisen bremischer Gelehrsamkeit eben so fremd geblieben war, wie den Männern, welche dort den Streit zwischen einer alten und neuen Zeit führten, namentlich auf den Gebieten des sozialen Lebens und der Gewerbefragen. Wenn auch allein stehend, blieb er seiner Fahne treu; aber ihrerseits blieben nur wenige seinen zwölf auserlesenen Vorträgen getreu.

Kohl, der ausgezeichnete Erzähler, war kein Redner; er sah sich in „seinen Museums-Abenden" lediglich auf die Sache angewiesen, über die er handelte, und diese schien, wenngleich oft mit Unrecht, ziemlich veralteten Charakter zu haben. Etwas frisches, vollständig neues bot jedenfalls die vielerwogene letzte Vorlesung, die Besprechung des Einflusses der Entdeckung Amerikas auf Kultur, Wissenschaft und Religion der alten Welt: der schätzenswerte Versuch, eine Frage zu lösen, welche noch niemand vollständig hatte beantworten können. Für solch eine Aufgabe besafs Kohl weder ausreichende Wissensfülle,

noch genügende Darstellungskraft, aber er that sein bestes, da er
selber die Schwierigkeiten sehr wohl fühlte; schrieb er doch: „Der
Schlußabend, an welchem die kulturgeschichtlichen Folgen der Entdeckung von Amerika zu behandeln sind, wird das schwerste Stück
meines Lebens sein: ich bin selbst neugierig, ob mir diese Krönung
der gesamten Arbeit gelingen wird. Eine kurze Übersicht des
Inhalts meiner Vorlesungen lasse ich drucken, um sie jedem meiner
geneigten Zuhörer zu schenken; damit denke ich äußerlich das
Ganze abzuschließen."

So gemütlich, wie möglich, hatte sich Kohl in Bremen eingerichtet; er hätte sich dort auch alsbald glücklich gefühlt, wenn
nicht ohne sein Verschulden das Weimarer Unternehmen mehr und
mehr ins Stocken geraten wäre. Für den März 1860 war die Ausgabe der Weimarer Karten öffentlich angekündigt worden; aber
als die Bremer Vorlesungen ihr Ende erreichten, war noch keine
Aussicht dafür vorhanden, daß das Geschäftliche schnell erledigt
würde. Am 13. April schrieb der immer unruhiger Gewordene seinem
Weimarer Freunde Karl Gräf, dessen Oldenburger Verwandte er kurz zuvor besucht hatte, recht bitter: „Der Druck sollte ja längst fertig sein,
ist aber noch nicht einmal über die Einleitung hinausgekommen
und von allen Versprechungen des Geographischen Instituts ist bis jetzt
keine in Erfüllung gegangen. Nehmen Sie oder Ihr Bruder Adolf
sich doch der Sache einmal freundschaftlichst an. Wegen meiner
Golfstroms- und meiner Entdecker-Karte werde ich sofort andre
Einleitung treffen; Sie hatten die Güte, mir anzudeuten, daß Sie
beides wohl selber übernehmen würden; niemandem möchte ich die
Sachen lieber anvertrauen, als Ihrer geschickten Kunst. Hinsichtlich
unsrer alten amerikanischen Karten fürchte ich, daß das Publikum
wegen Verschleppung des Drucks meine früheren, sie einführenden
Aufsätze längst vergessen hat; deshalb wünsche ich noch einen
Aufsatz und zwar in deutscher, wie in englischer Sprache an die
Journale zu senden, nämlich den über den älteren für unsre Tafeln
benutzten Karten; ich ersuche Sie das Verlags-Institut gefälligst
befragen zu wollen, ob dagegen etwas einzuwenden sei."

· Trotz solchen Drängens wurde die Weimarer Arbeit nur langsam
weitergeführt und selbst ihr Abschluß rief noch mancherlei Sorgen
hervor.

In der mehr als einmal niedergeschriebenen, zuletzt Bremen
September 1860 datierten Vorrede wollte Kohl mit Rücksicht auf
den Kunstmannschen Atlas zunächst hervorheben: „die Veröffentlichung des Weimarer Geographischen Instituts bilde bloß eine-

Abschnitt seines grofsen amerikanischen Unternehmens, das seiner
Natur nach nur langsam in toto vorschreiten könne; er sei weit
entfernt davon, seinen zu Washington im Prinzip gebilligten Plan
aufzugeben, trete vielmehr gerade jetzt erst recht in die grofse Aufgabe hinein." So etwa sollte das Vorwort reden; allein die Herren
Voigt und Günther verlangten, dafs ihre so kostspielige Arbeit als ein
durchaus selbständiges Werk sich darstelle, und setzten dies natürliche Verlangen auch durch. In der Vorrede wollte Kohl zweitens
seinen Dank sowohl den Gebrüdern Gräf, als auch den andern Mit-
arbeitern aussprechen; Voigt und Günther strichen aber solche Bemerkungen, da sämtliche Kräfte ihres Institutes bei der Herstellung
sich ausgezeichnet hätten; vergebens bat Kohl um ein deutliches
Bild von der Beteiligung der einzelnen, damit jedem das Gebührende
zu teil werde; er mufste sich bescheiden, „persönlich dem Grofsherzoge
von Sachsen die hervorragenden Künstler der Hauptstadt namhaft
zu machen, mit deren Hilfe die schönen Faksimiles zu stande gekommen seien".

Während diese glänzende Probe des bisher so ungünstig verlaufenen amerikanischen Unternehmens nach und nach zur Vollendung
gedieh, ruhte ihr unermüdlicher Urheber keineswegs auf seinen Lor-
beeren; neue Arbeiten erwähnte schon jenes an Karl Gräf gerichtete
Schreiben, indem es von einer Golfstrom- und von einer Entdecker-
Karte sprach. Die Studien über den Golfstrom waren nebenbei fortgesetzt worden, damit die nach Washington gesandte Arbeit zu einem
selbständigen Ganzen sich ausbilde; besonders deshalb war Kohl
im nächsten Sommer wieder bei der Alma Mater Georgia-Augusta.
Am 11. August 1860 schrieb er in Göttingen: „Ich bin mit meinem
jetzigen Ausfluge ganz ungemein zufrieden und sehe mich beinahe
noch freundlicher aufgenommen, als das erste Mal. Es ist mir alles
gelungen, was ich wünschte, namentlich für die Arbeit über den
Golfstrom; einige interessante alte Karten mufs ich in der Geschwindigkeit noch kopieren lassen und habe dafür schon jemanden gefunden;
die amerikanische Arbeit wird schon nach zwei oder drei Hamburger
Tagen ganz vollständig sein. Hier soll ich noch einem Kupferstecher sitzen: eine etwas langweilige Ehre. Meine Mufsestunden
waren sehr angenehm besetzt; denn der Schlufs des Semesters führte
eine Menge hübscher Gesellschaften herbei, auch Kommerse; dazu
die Professoren-Freitagsgesellschaft, die mich nicht verstöfst, im
Gegenteil fördert."

Die Golfstromarbeit und die andern amerikanischen Studien
hatten Kohl schnell von Bremen nach Göttingen gebracht und führten

ihn ebenso schnell von da nach Hamburg weiter. Hier traf er am 15. August ein und fand alsbald in der Kommerzbibliothek, deren Americana er bisher nicht genügend gewürdigt hatte, ohne viele Mühen die Daten, welche er suchte. Er fühlte sich in Hamburg stolz, weil für sein gelehrtes Thema Männer, wie Adolf Soetbeer und Karl Sieveking, ein praktisches Verständnis äußerten, welches er sonst in Deutschland nie gefunden hatte. So wurde dort die Geschichtsstudie „über die atlantischen Strömungen, namentlich des Golfstromes, bis auf Franklin" endlich abgeschlossen. Bald darauf ging das Manuskript an Wappäus, welcher für die Herausgabe sich erboten hatte. Bis daß dies Versprechen sich erfüllte, dauerte es recht lange; endlich kam der Triumph, daß die seit Karl Ritters Tode sehr zurückhaltend gewesene Berliner Geographische Gesellschaft die Herausgabe übernahm, aber ohne die begehrte historische Karte zu liefern.

Diese späte und doch nur unvollkommene Erfüllung eines Lieblingswunsches war für Kohl sehr unangenehm; denn das langsame Vorangehen stimmte nicht zu dem Vorsatze, durch die europäischen Veröffentlichungen den Wetteifer der amerikanischen Freunde wachzurufen. Unter diesen stand, außer Longfellow, immer noch Professor Bache am höchsten. Ihn feierte Kohl denn auch im Herbste 1860 durch eine längere Besprechung all der Verdienste des Washingtoner Hydrographischen Amtes und hoffte dabei, daß solch eine Aufmerksamkeit den amerikanischen Studien endlich eine Verwertung verschaffen könnte. Das mittlerweile immer mehr ausgearbeitete Werk über die Seeküsten der Vereinigten Staaten gedachte er jetzt selbständig herauszugeben, unabhängig von jener Behörde, aber einschließlich der Teile, welche von dieser bereits durch Honorarzahlung erworben waren; denn das Ganze ließ sich nicht mehr so vollständig umgestalten, wie 1857 geplant war.

In dem Hochgefühl, daß seine canadische Reiseschrift einen englischen Übersetzer gefunden hatte, wandte sich Kohl mit jener Angelegenheit an Longfellow, der das Ansinnen, einen Verleger zu suchen, auch freundlich aufnahm. Leider mußte er aber am 19. November 1860 nach Bremen berichten, es sei für jenes Unternehmen niemand zu finden, wenn nicht zuvor ein Absatz von tausend Exemplaren gesichert sei. „Ich habe mit Ihren historischen Freunden Palfrey und Deane über die Sache verhandelt; sie glaubten, daß vielleicht die Antiquarische Gesellschaft von Worcester (Mass.), ⌐

Henry Ihre Arbeit über die Kartographie der Nordwestküste von Amerika zugesandt hat, die Herausgabe übernehmen werde; Deane schrieb an dieselbe, erhielt aber eine ablehnende Antwort. Die letzte Hilfe besteht jetzt in unserm Smithsonschen Institute; an dieses habe ich mich durch Ihre weitern litterarischen Freunde Felton und Agassiz gewendet. Sie selbst kennen den grofsen Einflufs von Agassiz, der Ihren Antrag unterstützt; Felton, der zu den Vorstehern des Instituts gehört, meinte, dafs diese Veröffentlichung ganz besonders Sache der Stiftung sei, weil sie ihren Zwecken und Aufgaben unmittelbar entspreche; allein der Leiter des Ganzen, Professor Henry, erklärte im Widerspruch mit Bache, dafs die Schriften dem Hydrographischen Amte, so wie sie wären, verbleiben müfsten, damit sie der in Aussicht genommenen Geschichte dieses Amtes einverleibt werden könnten.

In den Vereinigten Staaten bewegten jetzt mehr denn je gewichtigere Dinge, als historisch-hydrographische Untersuchungen, die Gemüter; allein Kohl hielt an seinem Arbeitsplane fest. Der Bürgerkampf war ausgebrochen; am 18. Februar 1861 hatte sich eine unabhängige Konföderation unter Jefferson Davis Präsidentschaft in Montgomery gebildet. Kohl folgte dem Gange der Ereignisse mit grofser Erregung und sprach diese in einigen für die Sache des Nordens eintretenden Zeitungsartikeln[36]) aus, freilich nur indirekt, da ihm der Klang der Waffen verhafst war.

In solcher Stimmung lieferte er eine Beschreibung der Bundeshauptstadt und ihrer Schätze, eine Schilderung des Bostoner Gelehrtenkreises, eine Betrachtung über die Yankees und das neuenglische Wesen, eine Zergliederung des Nationalcharakters der noch nicht fertigen Nation und derartige Sachen mehr, die mit den praktischen Dingen nur in losem Zusammenhange standen. Aufserdem gab er seine Vorträge über die Entdeckungsgeschichte in den Druck; er meinte, auch sie könnten dem Verständnis der Gegenwart „in kleiner Dosis" förderlich sein. Die Veröffentlichung war Ende Juni 1861 vollendet und rasch sorgte Freund Noel für eine englische Uebersetzung — seine liebenswürdige Frau brachte sie zu stande, nicht ohne Anfeindungen seitens der englischen Kritik zu erfahren. Über die Zusendung der deutschen Ausgabe sprach Longfellow am 27. März 1862 seinen Dank aus und zeigte dabei zugleich an, dafs alle auf das Seeküstenwerk bezüglichen Manuskripte und Zeichnungen der neuen Bremer Dampferlinie zur Heimbeförderung übergeben seien.

Wieder im Besitz seiner englisch geschriebenen Arbeiten, verfiel Kohl auf den Gedanken, ihren Inhalt in Deutschland zu veröffentlichen. Um zu ermitteln, wie sich dies verwirklichen lasse, suchte er zunächst für seine historische Karte über die Entdeckung der Küsten der Vereinigten Staaten, d. h. für eine Kombination der drei schon früher entworfenen farbigen Blätter, einen Verleger; an die bildliche Darstellung sollte alles weitere als Erklärung sich anschliefsen. Das war eine leider schon früher als undurchführbar erprobte Idee und wiederum schien den Verlagshandlungen das Unternehmen viel zu kostspielig zu sein. Als diese Zusammenfassung des reichen Stoffes nicht gelang, sollte die Zerteilung desselben zum Ziele führen. Nach den vorliegenden Materialien wurde eine ganze Reihe von historischen Einzelbildern niedergeschrieben: die Entdeckung des Golfs von Mexiko 1492—1542; Giovanni Verrazanos Reise mit dem Schiffe „La Dauphine" 1524; Esteban Gomez an der Ostküste Nordamerikas 1525; Fernando Soto im Mississippilande 1539—1543; Jean Ribaults Reise nach den Küsten von Florida, Georgia und South-Carolina 1562, Bartholomé Gosnoldts Fahrt von England nach Virginia 1602 und dergl. mehr. Nur wenige dieser Schilderungen, deren Wert ein sehr verschiedenartiger war, erhielten und verdienten Veröffentlichung.

Kohl gab seit 1862 den amerikanischen Arbeiten nicht mehr in alter Weise sich hin; er vertiefte sich vielmehr in Kulturgeschichte und hoffte, mit seiner Vaterstadt beginnend, zuletzt einen allgemein fördersamen Beitrag zur deutschen Stadtgeschichte zu stande zu bringen. Bremen hatte 1849 zuerst jenes „Amerikanische Element" hervortreten lassen; jetzt drängte Bremen dasselbe mehr und mehr zurück. Das Bremensien-Studium*) trat fast ganz in den Vordergrund; es nahm Kohl sogar eine Zeit lang ausschliefslich in Anspruch, nachdem er zum bremischen Stadtbibliothekar ernannt worden war. Am 5. Oktober 1863 schrieb er dem Schwager Baudissin: „An demselben Tage (2. Oktober), an welchem die Deinigen Dich zu Deinem Geburtstage bekränzten, erhielt unser Adolph von einer Sachverständigen-Jury die Weinlieferung für das hier bevorstehende zweite deutsche Bundesschiefsen zuerkannt, — ernannte mich der hohe Senat einstimmig an Stelle des verstorbenen Dr. Elard Meyer zum Stadtbibliothekar. Auch letzteres erscheint als ein in mancher Beziehung erwünschtes Ereignis, obwohl das Gehalt nur gering ist und die Amtswohnung, die mich zwingt unser Lübsches Häuschen zu verlassen, nicht zu den angenehmsten Wohnstätten gehört. Nun Adieu Amerika."

Sehr grofsen Eifer widmete Kohl unverzüglich dem Bibliotheks

wesen, wobei er auch immer tiefer und tiefer in alle jene Einzelheiten früherer Zeiten eingeführt wurde, die er als Kulturgeschichte
zusammenfaßte. Während er der neuen amtlichen Aufgabe in
bewunderungswürdiger Weise gerecht wurde, wollte es mit der
neuen wissenschaftlichen nicht in gleichen Maßen gelingen. Der
stetige dienstliche Verkehr mit den Büchern nahm viel von Lust
und Kraft; Kohl alterte rasch, besonders nachdem ihm am 17. Dezember
1864 seine über alles geliebte Mutter durch den Tod entrissen wurde
und er, trotz seiner zahlreichen Bekannten, recht einsam dastand.

Die Bibliotheksarbeiten wurden durch Reisen unterbrochen, da
das dauernde Stillsitzen immer noch nicht gefiel; allein diese Fahrten
zu Wasser und zu Lande, nach der näheren und weiteren Umgebung
Bremens, nach größern und kleinern Städten, Hafenplätzen und
Badeörtern, dienten kaum noch Zwecken der Wissenschaft; ihre
Beschreibungen fielen, mit wenigen Ausnahmen, in die Unterhaltungs-
schriftstellerei. Nur eine Erinnerung seiner amerikanischen Studien
begleitete ihn überall hin, wie eine gütige Fee: die Golfstrom-
Geschichte. Dieser Stoff richtete die Gedanken immer wieder auf
den großen Bürger Amerikas und dessen würdigen Großenkel zurück.
Durch mehr als fünf Jahre zogen sich noch Kohls wenig systematische
Golfstromarbeiten; endlich wurden sie Mitte 1867 abgeschlossen als
„eine Monographie zur Geschichte der Ozeane und der geographischen
Entdeckungen". Dem Texte sollten zwei Karten eingefügt werden,
von denen die eine zur Erläuterung der Geschichte des Golfstromes
von Columbus bis Franklin diente und die früheste Zeit, die von
1492—1525, besonders kennzeichnete — es ist die einzige veröffentlichte „historische Karte" von Kohl, — die andre „stellte den
Golfstrom, seine Axis, seine kalten oder warmen Streifen und seine
Grenzen so dar, wie sie durch die Forschungen der Offiziere des
amerikanischen Küstenvermessungsamtes 1845 bis 1860 bestimmt
worden sind."

Die Kenntnis vom Golfstrome hatte seit dem Beginn der
Kohlschen Studien rasche und große Fortschritte gemacht. Inmitten
der kulturhistorischen Arbeiten waren diese Wandlungen nicht
genügend beachtet worden; so kam es, daß die lange gehegte und
gepflegte Schrift keineswegs alle Materialien benutzte, weder alle
Thermometeruntersuchungen, noch alle sonstigen physikalischen
Beobachtungen; schließlich hatte sich Kohl selber auf diesem Gebiete
unsicher gefühlt und daher beschlossen, mit dem Jahre 1860 zu
enden. Er erkannte die Mängel seiner Arbeit vollständig, als er an
sie in Travemünde die letzte Hand legte. Damals genas er von

einer übergrofsen Ermattung, erquickte sich doppelt am Umgange mit den Lübecker Stadtgeschichtskennern Wilhelm Mantels und Carl Wehrmann und war herzlich froh darüber, dafs von Carl Schünemann in Bremen der Verlag der so lange in Arbeit befindlichen Abhandlung mit derselben Liebenswürdigkeit sicher gestellt wurde, wie vor zehn Jahren das Erscheinen des Kitschi-Gami-Buches.

Die Golfstromschrift fand wenig Freunde; ihr folgte bald die Herausgabe verschiedener kleiner Aufsätze, von denen mehrere auch amerikanische Erinnerungen behandelten. Damit schien Kohl wirklich der neuen Welt Lebewohl gesagt zu haben, um sich vollständig in die Kleinlichkeiten vergangener Bürgersitten und städtischer Sonderbarkeiten, in angeblich kulturgeschichtlich interessante Details, zu vertiefen; es kam jedoch ganz anders, als er ahnte.

Wie eine Erinnerung an die Harwardschen Zeiten war die Lektüre eines Bücherkataloges, den George Asher mit Hilfe des Amsterdamer Antiquars Frederik Müller 1867 herausgab. Die in ihrer Art meisterhafte Schrift behandelte das ehemalige Neu-Niederland, namentlich also Newyork, und mahnte auf jeder Seite an frühere Tage. Ihren Verfasser hatte Kohl schon vor Jahren als Begleiter eines gelehrten Vaters in den Londoner Archiven gesprochen; nun beneidete er ihn wegen seines Buches über Henry Hudson und andrer auf die Entdeckungsgeschichte bezüglicher Arbeiten, wegen der ausgedehnten Untersuchungen in den Archiven von Holland und Belgien, wegen jenes grundlegenden Werkes, welches in so vielen Beziehungen den mit dem Codex Americanus verknüpften Hoffnungen entsprach. So schien der Gedanke an verlorene Liebesmüh den 60sten Geburtstag von Kohl trüben zu sollen; allein gerade an demselben Tage zeigte es sich, dafs Amerika den ehemaligen Freund keineswegs vergessen habe. April 28, 1868 stand nämlich in der Dienstwohnung des Bremer Stadtbibliothekars neben vielen andern Gratulanten ein langer und hagerer Mann, der sich Professor Leonard Woods aus Portland (Me.) nannte, Direktor vom Bowdoin-College, Präsident der Historischen Gesellschaft von Maine. Dieser geistlich gekleidete Herr kam damals spornstreichs aus London, wo er von einer Kartenautorität, wie Major, über den gelehrten J. George Kohl viel günstiges erfahren hatte. Ohne zu wissen, dafs derselbe gerade wieder geistig in Neu-Niederland und Neu-England verkehre, suchte er ihn heim, um eine schriftstellerische Hilfe zu gewinnen. Für Reverend Woods galt es, die Materialien zu beschaffen, mit welchem eine neue Ausp~'

von größeren, auf den Staat Maine bezüglichen historischen Werken eröffnet werden könne: der erste Band eines Sammelwerks, zu dessen Herausgabe ein liberal bewilligter Staatszuschuß verpflichtete. Dieser Band sollte die früheste Epoche der Kolonialgeschichte darstellen, das Zeitalter der Entdeckung. Als Woods in London vorsprach, erinnerte sich Major der fast vergessenen amerikanischen Arbeiten von Kohl und spendete ihnen reichlich Lob; der Amerikaner fühlte sich erleichtert und fand auch in Bremen „ein congeniales Wesen". Bald war alles abgemacht. Kohl versprach schon am zweiten Tage nach seinem Geburtsfeste eine „Geschichte der Entdeckung der Ostküste Nordamerikas, besonders der Küste Maines ".[35]) Diese Schrift sollte jene neue Serie der Geschichtsquellen der Historischen Gesellschaft von Maine eröffnen und in Portland gedruckt werden; sie war durch die ältesten auffindbaren Karten und Pläne zu illustrieren, deren Zeichnung und Stich aber in Bremen zu erfolgen hatte. Die Honorarbedingungen waren äußerst günstig; Kohl zweifelte keinen Augenblick, daß er noch kräftig genug sei, solch ein Werk zu übernehmen, wenngleich dasselbe keineswegs bloß eine Abschrift seiner früheren Arbeit sein konnte. Am 18. Mai schrieb er: „Seitdem Professor Wood hier war, sitze ich in einer endlos großen Arbeit. Ihre Mühseligkeiten lassen sich gar nicht beschreiben: allein sie bereitet mir zugleich die unbeschreiblichste Freude, denn sie bildet den Anfang zur Vollendung meines seit mehr als fünfzehn Jahren vorbereiteten Werkes. Jetzt habe ich wegen dieses Unternehmens, das schon am 19. September abgemacht sein soll, eine kolossale Korrespondenz mit Amerika und Europa unternommen, diesseits des Ozeans mit Göttingen, Berlin und London."

Alle früheren Vorhaben feierten nun ihre Auferstehung: große wissenschaftliche Ziele neben dillettantischen Spielereien, Richtiges und Tüchtiges, aber auch Unklares und Ungares. Natürlich griff Kohl wieder zuvörderst nach den lieben alten Karten, für deren Reduktion ein taubstummer Zeichner des Hunckelschen Instituts in Bremen, Conrad Hardegen, sehr gute Hilfe darbot. Den hydrographischen Annalen der Ostküste der Vereinigten Staaten waren vor etwa zehn Jahren 41 Kartenblätter beigelegt worden; von diesen waren noch 37 in Kohls Besitz, allein nur 18 bezogen sich auf den von Woods gewünschten Zeitraum, nämlich auf die mit Gilberts Charter von 1578 abschließende Periode. Von diesen Karten waren wieder bloß elf brauchbar, nämlich — abgesehen von den als Ausgang unentbehrlichen Karten La Cosas und Riberos — lediglich die Tafeln aus der Baseler Ptolomäusausgabe von 1530, Blätter des Baptista Agnese von 1536 und 1543, des Diego Homem von 1540 und 1558, des Nicolas Vallard von 1543, des Girolamo Ruscelli von 1544 und 1561, endlich des Michael Lock von 1582. Diesen gesellte Kohl aus seiner Sammlung noch drei in Washington vergessene hinzu: nämlich Stücke aus der 1546 von Pierre Descelier für den französischen König Henry II. entworfenen Karte, Stücke aus der Karte von Paolo Forlani und Jacobo Gastaldi, sowie aus der von Nicollo del Dolfinatto, zwei unter sich verwandte Arbeiten des Jahres 1560.

Die frühere Zusammenstellung für die Ostküste gab nichts, was La Cosa voranging; jetzt wurde als Einleitung nicht blofs einiges von Behaims Globus entnommen, sondern auch wegen Zusammenhangs mit den alten Normannenfahrten allerlei von Antonio Zeno (1400) Sigurd Stephanius (1570) und Gudbrandus Torlacius (1606). Aufserdem kamen noch Karten hinzu, welche früher ebenfalls unbeachtet geblieben waren, obschon sie dem eigentlichsten Kreis solcher Forschungen angehörten, die aus den Werken von Pedro Reinel (1505), Johannes Ruysch (1508) und Johann Schoner (1520), die Sebastian Cabottos von 1544, die Gerhard Mercators von 1569 und etliche Nachfolger. Endlich erhielt Kohl durch Majors Güte aus London noch zwei undatierte spanische Blätter, die aus einer Sammlung von Heinrich Huth stammten, zwei Skizzen aus portugiesischen Karten von 1504 bis 1520, sowie schliefslich eine 1534 von Gaspar Viegas verfertigte Zeichnung der New-Foundland-Inseln und des Sanct-Lorenz-Golfes.

So verschiedenartigem Kartenmaterial konnte der Text natürlich nicht folgen. Um diesen Übelstand, welcher den sehr beschränkten historischen Wert der Illustrationen klar hervortreten liefs, möglichst zu beseitigen, wurde jedem gröfseren Geschichtsabschnitt ein Anhang über die mehr oder weniger einschlägigen Beilagen hinzugesellt.

Wie rasch diese Arbeiten fortschritten, konnte Professor Woods selber sehen, als er am 28. Juli wieder Bremen erreichte, nachdem er seine europäische Reise vollendet und namentlich Paris besucht hatte, wo er mit d'Avezac einen eigenen Beitrag über die für die Küsten von Maine besonders wichtigen Cabottoschen Reisen verabredet hatte.

„Seit gestern", so schreibt Kohl am 29. Juli 1868, „haben wir den guten alten Woods wieder hier. Nichte Minna hat ihn höchst komfortabel und fast elegant einquartiert; sie hat auch gestern ein Diner gegeben, welches, wie er sagte, in dem ersten Pariser Restaurant nicht besser hätte sein können! Den Tag über haben wir unsre Angelegenheiten besprochen. Da der gröfste Teil meiner Arbeit schon fertig ist, konnte ich ihm viel vorlegen; er war mit

dem Plane und dem Inhalte zufrieden; das wäre gerade, was seine
Landsleute zu haben wünschten. Sorge hatte ich wegen des
englischen Stils: allein er findet es alles gut; ich habe noch ungefähr
ein Zehntel des Ganzen zu machen und dazu noch 7 Wochen bis
zum Schlußtermin; am meisten fürchtete ich immer, daß Heinrich
Schläger, mein trefflicher Gehilfe, der ganz von mir zu dieser Arbeit
vorbereitet ist, z. B. durch englischen Unterricht, einmal vom Ab-
schreiben matt oder krank werden könnte; allein er schreitet wacker
vorwärts, wie eine Lokomotive. Abends war Reverend Woods mit
mir und Senator Schumacher in Salzmanns Garten, um Musik zu
hören; er will mit dem nächsten Lloydsteamer nach London weiter
und von da bald in seine Heimat zurückkehren."

In der That sandte Kohl sein Manuskript, nachdem er am
29. August die Vorrede vollendet hatte, noch in demselben Monat
ab; nun aber fühlte er sich so überanstrengt, daß er, sobald die
erste Honorarzahlung aus Amerika da war, besonderer Erholung sich
hingab. Diese bot ihm Wildbad, wo er glückliche Herbsttage verlebte, vorzüglich wegen des Verkehrs mit Gervinus, der für ihn
damals als Shakespearekenner noch größeres Interesse hatte, denn
als Geschichtsschreiber.

Die Kohlsche Arbeit von 1868 wurde ungemein rasch bekannt,
obgleich sie sich unter dem Mantel der fast unbeachteten Portlander
Historischen Gesellschaft zu verstecken schien. Für ihr Bekannt-
werden sorgte nicht bloß der liebenswürdige Woods, welcher auf
seiner europäischen Reise an allen Hauptorten gute Bekannte sich
erworben hatte, nicht bloß der rührige Bostoner Freundeskreis,
dessen Einfluß über einen großen Teil der Vereinigten Staaten sich
erstreckte, sondern vor allen auch Major in London, der bewährte
Kenner, welcher öffentlich erklärte, wie stolz er darauf sei, seinen
gelehrten Freund in Bremen für die so schwierige Aufgabe zuerst
empfohlen zu haben. Dieser schrieb am 17. Juli 1869: „Mein
amerikanisches Buch erntet unverändert reiches Lob und viele
Freunde, freilich meistens unverdienterweise. Die amerikanischen Be-
sprechungen lauten noch immer äußerst beifällig, oft zwar in
trompetenhaften Phrasen, wie z. B.: Mr. K. is one of the greatest
geographers of the age; allein auch aus Europa erhalte ich von bedeutenden Männern ernst gemeinte Beifallsschreiben, die mich eitel
machen möchten, wenn ich meine Schwäche nicht selbst so sehr
erkennte. Da ist der dänische Admiral Carl Irminger, selbst ein
Entdecker und großer Seefahrer; da ist der General Edward Sabine
in England, der Präsident der Londoner Royal Society, den man

den englischen Humboldt nennt; da der Präsident der französischen
Geographischen Gesellschaft, der alte d'Avezac, welcher mein Freund
geblieben ist, obwohl ich in meinem Buche ungern seinen Lieblings-
ansichten entgegen getreten bin; da ist George Bancroft, der Geschichtsschreiber, jetzt in Berlin amerikanischer Gesandter, der einen
vier Seiten langen Brief mit den Worten schliefst: Your volume
places you in the front-rank of inquirers in the most interesting
subjects of history, involved as they are in intricacies. . . . Man
traut seinen Augen nicht! Vorläufig ist alles recht hübsch, aber
das Nachkommen des hinkenden Boten wird nicht ausbleiben. Schade,
dafs ich so alt geworden bin und nicht mehr recht den Mut habe,
das gröfsere Werk aufs neue anzufassen.“

Dieses gröfsere Werk, das über die Seeküsten der Vereinigten
Staaten, war durch die letzte Arbeit und viele kleinere Benutzungen
aufserordentlich geschmälert worden.

Die gefürchteten hinkenden Boten kamen nicht; ungestört vertiefte sich Kohl wieder in kulturgeschichtliche Beobachtungen. Sie
gewannen immer weniger inneren Zusammenhang; nur bisweilen
konnten die Beiträge zur bremischen Lokalgeschichte mit den früheren
Forschungen in Verbindung gebracht werden. So dachte Kohl an
seine Americana, als er eine Art Gelegenheitsschrift über die erste
deutsche, von der Weser aus veranstaltete Entdeckungsreise zum
Nordpol schrieb; es entsprach dem Wesen Kohlscher Forschungen,
den modernen Nordpolfahrten die Reminiszenz an eine Expedition
von 1040 beizufügen und diese besondere Liebhaberei entschuldigte
selbst bei Petermann das Unkritische der Behandlung.

Während der auf der Bremer Bibliothek fortdauernden Arbeit
äufserte das Werk über die Entdeckung der Ostküste der Vereinigten
Staaten immer mehr seine Wirkung; es war, als fühle die Gelehrten-
welt, dafs Kohl schon für seine früheren Arbeiten, trotz deren
Schwächen, gröfsere Anerkennung hätte erfahren müssen. Die
Bostoner Universität erteilte ihm jetzt den Titel eines juristischen
Ehrendoktors, die Königsberger den eines philosophischen. Jene
Ernennung ging von den Arbeiten in Harvard College aus, diese
von den frühesten kurländischen Geographiestudien. Als solche
Ehrenbezeugungen in dem arglosen Bremen bekannt wurden, „kamen
von allen Seiten Beglückwünschungen, schriftliche und persönliche,
Lorbeerkränze und Efswaren, Gedichte und Visitenkarten; das Liebste
war mir in diesen Tagen ein kleines Bild meines Grofsvaters, des
Ältermanns Peter Kohl († 1798), äufserst nett und sorgfältig mit
feinem Bleistift auf Elfenbein-Papier gezeichnet; da sitzt der ehrenhafte

Mann, der etwas Ähnlichkeit mit meinem seligen Vater hat, im Sessel, ganz wie er leibte und lebte, im altmodischen Rock, mit hübschgrofsem Busenstrich, mit peinlichfrisierter, wohlgepuderter Perrücke, mit sorgfältig gebundenem Zopf, mit hellen Augen und mit ehrlichem Gesicht — ein recht würdiger Anblick."

Schlufs.

Weihnachten 1869 war für Kohl wegen der reichen, seinen amerikanischen Studien zu teil gewordenen Anerkennung „das schönste Fest des ganzen Lebens". Der Sechziger fühlte sich damals wie ein Jüngling und hoffte das Arbeiten mit gewohnter Unverdrossenheit noch längere Zeit fortsetzen zu können. Während der folgenden Jahre — fast ein Dezennium des Wirkens war noch beschieden — galt das Sinnen und Trachten vorzugsweise den bunten Stoffen, aus denen eine bremische Kulturgeschichte zurecht gemacht werden sollte; aber auch den früher gesammelten Schätzen wurde viel entnommen. Da bot sich erstlich als Resultat der endlosen „Selbstbeobachtungen" Aphoristisches über Gemüt und Welt, Skizzen aus Salon und Studierstube, oft ernsthafte Betrachtungen, oft Einfälle oder blofs Träume. Dann kam verschiedenartige Fortsetzung der ehemaligen wissenschaftlichen Geographiearbeiten, wie sie namentlich in der Analyse der Lage der wichtigeren Kulturstätten sich zeigten und an die Studien über Städte und Ströme sich anschlossen. Endlich, aber erst in letzter Linie, tauchten auch Reste der amerikanischen Studien wieder auf: altgewordene Stücke der Dresdener Arbeit über die Geschichte der Geographie der neuen Welt. Damals sagte Kohl, er habe diesen Stoff während eines längeren Abschnittes seines Lebens betrieben, aber noch immer nicht zu einem gedeihlichen Ende und Abschlufs gebracht; in Wirklichkeit war 1870 von all dem über Amerika zusammengetragenen Material nur noch wenig übrig. Es liefs sich blofs noch das gebrauchen, was die beiden äufsersten Enden jenes Kontinentes betraf.

So wandte sich denn auch Kohl zunächst der Südspitze des vierten Weltteils zu, der interessanten Magellanstrafse [39]. Die dahin gerichteten Reisen wurden Mitte 1872 ernstlich in Bearbeitung genommen; so langandauernde Seefahrten, mit denen solche Namen, wie die von Fernão de Magalhãens, Francis Drake, Pedro Sarmiento, sich verknüpften, schienen doch wirklich Interesse einzuflöfsen; offenbar mufste doch, seitdem der Weg um das Kap Hoorn durch die Dampfschiffahrt unnötig gemacht war, das oberhalb desselben sich öffnende Meerthor neuen praktischen Wert erlangen.

Mit beinahe frischer Emsigkeit ward für diese Arbeit der Stoff herbeigeschafft. In seiner Anordnung folgte Kohl seinem englisch geschriebenen Buche; er fügte nämlich der Geschichtserzählung eigene Abschnitte hinzu, welche die Kartenbeilagen behandelten, aber leider sehr eingeschränkt werden mußten. Die Geschichtserzählung, welche natürlich wieder mit Columbus und seinen Zeitgenossen begann, besprach in fünf großen Abschnitten die einschlägigen Fahrten der Portugiesen, Spanier, Engländer und Holländer nach gut ausgewählten Quellen und meist auch in zutreffender Weise. Allein die Gesamtaufgabe war doch keine so leichte, wie es schien. Da bot sich gleich bei Magalhaẽs selber die Frage, ob er nicht ein Stück an der Westküste des Kontinents entlang gegangen sei, bevor er den zweiten Ozean gekreuzt habe; nach der Karte von Antonio Pigafetta hat solch eine Küstenreise allerdings stattgefunden, so daß die sonst unbekannten Namen der Karte von João Freire (1640) auf 1520 zurückgeführt werden können. Eine Menge historischer Anhaltspunkte war da, aber nur bei kritisch-scharfer Behandlung zu verwerten. Ähnliche Schwierigkeiten boten die Quellen über die meisten, nach den Patagonischen Engen gerichteten Fahrten des 16. und 17. Jahrhunderts; Kohl wußte keineswegs alle Hindernisse zu bewältigen. Ebenso wichtig, wie Chroniken und Berichte, erschienen ihm die Karten. Dem Schonerschen Globus (1520) und der Riberoschen Tafel (1529) reihte er zuerst die Karte von Jodocus Hondius an, auf der die ins Jahr 1578 fallende Reise von Sir Francis Drake verzeichnet stand; dann kamen drei Reste aus der alten Sammlung: nämlich die Zeichnung des Feuerlandes nach dem Diarium des Willem Schouten van Hoorn (1619), das Patagonien der Nodals aus Montenegros Reisebeschreibung von 1621 und die Karte des Jesuitenprokuratoren für Chile von 1640; außerdem wurde ein Blatt aus dem Atlas des niederländischen Kupferstechers Gerhard Leonhard Valk (1706) hinzugefügt, sowie eine moderne Karte. Erst Juli 1876 kam diese Arbeit behufs Veröffentlichung in die Hände der Berliner Geographischen Gesellschaft; dann bildete sie den letzten Gruß an die amerikanischen Freunde. Woods konnte der Sendung sich nicht mehr freuen; denn er war bereits geistig und körperlich gelähmt.

Zur selbigen Zeit wurde das Gegenstück zu dieser Schrift, die Geschichte der nach Amerikas hohem Norden gerichteten Fahrten möglichst gefördert.[40]) Februar 1877 schrieb Kohl, der tapfer gegen die Leiden des Alters ankämpfte: „Wieder bin ich jetzt mit einem größeren geographisch-historischen Werke, dem über die nordwestliche Durchfahrt, beschäftigt. Das muß noch bei meinen Lebzeiten zu Ende gebracht werden; aber es verursacht mir ebenso viele Aufregung, Zweifel, Anstrengung und Kampf, wie einem Kriegsmann ein Feldzug; nur selten komme ich einmal heraus aus den Bergen von Folianten, Quartanten und Atlanten, die mich die ganze Zeit ummauert halten und jeden Tag gerate ich mindestens einmal in helle Verzweiflung."

Für den alten Herrn wurde die genannte Aufgabe schwieriger, als irgend eine andre gewesen wäre, weil die Forschungen der Neuzeit sein Terrain immer wieder anders beleuchteten und meist von den Ergebnissen der jüngsten Polarexpeditionen in die Vergangenheit zurückzugehen war. Der Plan der Schrift war durch die bisherigen Muster gegeben: 1. früheste Reisen von Gabotto bis Cartier (1497—1543), 2. erste Seefahrten von Mexiko nach dem Nordosten Amerikas von Cortes bis Vizcaino (1500—1603), 3. Fahrten zur Davis-Straße und zur Baffins-Bucht von Frobisher bis Roß (1576—1836), 4. erste englische Entdeckungsreisen zur Hudson-Bai von Weymouth bis Fox und Jones (1602—1631), 5. Schiffahrten zum Nordwestwinkel der Hudson-Bucht von Knight bis Duncan (1719—1791), 6. durchs Rupertsland zur Küste des Polarmeeres von La Salle bis Rae (1678—1849), 7. Reisen der Russen durch Sibirien nach Amerika von Deschneff bis Kotzebue (1748—1826), 8. sonstige Entdeckungen an der Nordwestküste Amerikas von Pérez bis Vancouver (1774—1793). Diese Stoffe ließen sich nur sehr schwer zu einem zusammenhängenden Bilde vereinigen; so wurden denn auch bloß vereinzelte Skizzen fertig: Stücke, für die ein größeres Gefüge fehlte, z. B. die Darstellung der Landexpeditionen von Grosselier bis Jéremie (1668—1713), Einzelheiten über Cooks Fahrten von 1776—1778, Franklins Ausreise 1845. Überall zeigte sich, daß die eigene Produktionskraft erloschen sei; verschwindend klein waren die schon vor Jahrzehnten angelegten Kollektaneen gegenüber der großen Fülle neuer arktischer Litteratur, ebenso die früheren Kopien gegenüber dem frischen Kartenmaterial. Die Arbeit lastete schwer und schwerer auf dem alternden Geist.

Mit ihr teilte sich in die letzten Kraftanstrengungen der Wunsch, noch eine Geschichte der Entdeckungen der großen amerikanischen Binnenseen zu schreiben, der Stätten der liebsten Reiseerinnerungen, über die 1854 in Paris die erste interessante Auskunft erlangt war. Einige alte Karten, welche für diese Arbeit über Kitschi-Gami,

Mitschi-Gami u. a. bestimmt waren, wurden von Hardegen für
die Vervielfältigung gezeichnet, wie die meisten Abschnitte des Werkes
über jene Nordfahrten vom getreuen Schläger säuberlich abge-
schrieben waren; aber dabei blieb's.

Das trotz aller Wanderfahrten doch ruhig verlaufene Leben
ebbte dahin, bis es am 28. Oktober 1878 versiegte. Der Tod wurde
in Amerika sehr schmerzlich empfunden. Die Historische Gesellschaft
von Maine sprach mit dem Beileide sofort den Wunsch aus, daß
die hydrographischen Annalen der Ostküste veröffentlicht und von
den nur in deutscher Sprache vorhandenen Schriften über die ältesten
Generalkarten von Amerika, die Geschichte des Golfstromes und die
der Magellans-Strafse englische Übersetzungen angefertigt werden
möchten. Alpheus S. Packard teilte auch nach Deutschland diesen
Wunsch mit, der leider nicht zur Verwirklichung gelangt ist; zur
posthumen Veröffentlichung sind nur 1885 die Geschichtsabschnitte
des Seeküstenwerkes auf Veranlassung von J. E. Hilgard gebracht
worden.

Am rührendsten wurde Kohls Andenken von der Historischen
Gesellschaft für Massachusetts begangen. In Boston verlas Charles
Deane nach sinnigen Worten des Nachrufs ein Schreiben des Verstorbenen, in welchem es unterm 17. März 1878 hiefs: „Seit meinem
Essay über die Magellans-Strafse habe ich immer und immer wieder
an der Geschichte der Nordwestpassage von Cortes bis zu Franklin
und McClure gearbeitet, das ist ungefähr die Geschichte der gesamten nordamerikanischen Geographie. Der gröfste Teil dieser
Schrift war vollendet und druckfertig; da — etwa vor 1½ Jahren
— wurde meine Schwäche und Gebrechlichkeit so grofs, dafs
ich alles Arbeiten, Studieren und Schreiben aufgeben mufste.
Einige Stücke werden gerade jetzt in der Zeitschrift „Ausland"
veröffentlicht, aber die ganze Arbeit, die mich seit Jahren
beschäftigt, wird wohl nie erscheinen. Ich bin so invalide,
dafs ich nicht von einem Tisch zum andern, geschweige von einem
Zimmer zum andern, gehen kann. Gleich Professor Woods, vermag
ich Natur und freie Luft nur noch im Wagen zu geniefsen; wie
glücklich wäre ich, wenn ich mit ihm durch die schönen Wälder
und malerischen Landschaften von Maine fahren könnte. Die Umgebung
meiner Geburtsstadt ist sehr matt und sehr interesselos; aber ich
erquicke mich auf meinen Ausfahrten oft durch die Erinnerung an
den teuren Woods. Erhalten Sie mir Ihre Freundschaft. Sehr erfreuen würden mich einige Zeilen über Ihr Leben und Thun und
besonders auch über das Ergehen meines verehrten Longfellows."

Deane pries Kohls Verdienste im Fanfarenton und seine Worte
wurden von der englisch schreibenden Presse Amerikas alsbald wiederholt. In einfacherer Weise gedachte die deutsche Presse hüben wie drüben
des Verstorbenen; anerkannt wurde sein Streben und Arbeiten, aber es
war ja doch nie bahnbrechend geworden. Der Mangel einheitlicher
Kraftentfaltung entsprang dem Hauptzuge des Kohlschen Wesens.
„Schon frühzeitig haben meine Ohren das Wort Polyhistor aufge-
fangen; mit Entzücken hörte ich von Menschen, welche es versucht
hatten, den ganzen Umfang des menschlichen Wissens zu erschöpfen;
obgleich ich bald einsah, daß dies in unsrer Zeit nicht mehr möglich
wäre, hörte ich doch nicht auf, dem Phantome, das mir vorschwebte,
nachzujagen; denn ich habe mich nie mit einer einzigen Muse ganz
einleben können.“ Dies mag man bedauern — aber: in magnis
voluisse sat est.

Anmerkungen.

1) Die Bremer Familie Kohl ist mit Johann Georg, geboren am 28. April
1808, gestorben am 28. Oktober 1878, im Mannesstamm erloschen. In Amerika
dauert dieser Stamm noch fort und zwar in Ernst Kohl (geb. 1824) zu Mayaguez
und in den zu Montreal und Chicago lebenden Söhnen von Johannes Peter Kohl
(geb. 1819, gest. 1872). Aus früheren Generationen ist bekannt: Ältermann
Peter Kohl (1738—1798) und Kapitän Johann (Ohm Jan), dessen Bruder, sowie
des ersteren Söhne Johann Georg (1774—1806) und Elard (1777—1830), von
welchen jener ledig starb, während dieser Minna Bumann aus Hannover
(1786—1804) heiratete und Vater von 13 Kindern wurde. Unter diesen sind zu
nennen: der erwähnte älteste Sohn, Johann Georg, dessen Rufname George
war, nicht wie amerikanische Schriften angeben, John; sodann Adolph (1809
—1874) und Friedrich Wilhelm (1811—1864), jener Weinhändler, dieser Maler
in Bremen. Von den Töchtern leben noch zwei: in Freiburg Ida, geb. Juli 25.
1814, seit 1840 mit Hermann, Grafen von Bandissin verehelicht, und in Carlsruhe
Caroline, geb. Febr. 2. 1821, Malerin. Ida Kohl ist oft für die Gattin von
George ausgegeben worden.

2) Die Reise-Schriften von 1841—49 tragen untereinander gleichen Charakter.
1841: Die Russischen über die Jahre 1830—38. Vier von der Arnoldschen
Buchhandlung verlegte Werke: nämlich Reisen im Innern von Rußland und
Polen, 3 Teile; Vorwort, Dresden Juni 1841; Reisen in Südrußland, 2 Teile
(1841); Petersburg in Bildern und Skizzen, 3 Teile (1841); die Deutsch-Russischen
Ostsee-Provinzen, 2 Teile (1841); dazu „Erwiederung auf Dr. Kruses (Dorpat)
Bemerkungen über die Ostsee-Gouvernements“ (1842). Neue Auflage von 1846.
Teile der Schriften sind nach einer Notiz von Kohl auf Veranlassung des Grafen
Sergei Shaganoff vor 1859 ins Russische und auch ins Italienische übersetzt;
Englische Auszüge in: Russia and the Russians in 1843. From the German
(London 1842 und 1843) und häufig in Zeitschriften.
1842: Hundert Tage auf Reisen in den Österreichischen Staaten, von der-
selben Buchhandlung verlegt; Alexander von Humboldt gewidmet; Titelkupfer

von F. W. Kohl; Vorrede datiert Dresden, 2. Juli 1842. Die sechs Abschnitte auch unter Sondertiteln. Überarbeitet in: Austria, Vienna, Hungary, Bohemia, and the Danube, Galicia, Styria, Moravia, Buckowina and the Military Frontier. From the German. London 1843. Aus dieser Beschreibung, die 1853 teilweise neue Auflage erfuhr, ging das Donauwerk hervor, vergl. Anm. 5.

1843 und 1844: Reise durch Grofsbritannien und Irland (von Mitte September 1842 bis Ende Januar 1843). Fünf wieder von derselben Buchhandlung verlegte Werke, an deren Ausarbeitung vielfach Ida Kohl, die längere Zeit in England lebte, Anteil hat: Reisen in Irland (1843); Reisen in Schottland, 2 Teile (1844); Reisen in England und Wales, 3 Teile (1844); Land und Leute der Britischen Inseln (1844); Englische Skizzen, 3 Teile (1845). Diese Sachen sind vielfach englisch bearbeitet; die bekanntesten Auszüge: Ireland, Scotland and England, from the German (London 1844) und Ireland, Dublin, the Shannon, Limerick, Cork and the Kilkenny Races, from the German (London 1844). Kohl rühmte 1859, aus dem Buche über Irland seien von O'Connel im Londoner Unterhause und von Lord Brougham in der Pair-Kammer Stellen vorgelesen. Neuere Auflagen sind nicht erschienen.

1845 und 1846: Aufenthalt in Schleswig-Holstein und Dänemark. Die drei bezüglichen Werke bei verschiedenen Verlegern: Marschen und Inseln der Herzogtümer Schleswig und Holstein, 3 Teile, Vorwort Maxen bei Dresden 1. April 1846, Verlag der Arnoldischen Buchhandlung; Reisen in Dänemark und den Herzogtümern Schleswig und Holstein, 2 Teile (Brockhaus, Leipzig 1846); Über die Verhältnisse der deutschen und dänischen Nationalität und Sprache im Herzogtum Schleswig, Vorrede von Interlaken 6. Februar 1877 (Cotta, Stuttgart 1847). Kohl konnte sich nicht entschliefsen, Exemplare dieser Arbeiten dem Könige von Dänemark und dem Herzoge von Glücksburg einzusenden, obwohl er sich beiden mit Recht verpflichtet fühlte. Übersetzungen ebensowenig bekannt, wie spätere Auflagen.

1847 und 1848: Alpenreisen. 2 Teile mit Vorrede vom Mai 1848, im Arnoldischen Verlag 1849 erschienen. Die Reisen fanden statt vom Herbst 1846 bis Herbst 1847 und umfafsten nicht blofs die Schweiz, sondern auch andre Alpenlande. Ein dritter Teil kam 1851 hinzu, vergl. Anm. 6.

1849: Reise durch die Niederlande, 2 Teile. Vorwort datiert Augsburg 22. Oktober 1849; wieder Arnoldischer Verlag. Aufser der Beschreibung einige wissenschaftlich-geographische Skizzen, wenig beachtet. Gleich nachdem die Vorrede geschrieben war, reiste Kohl nach Bremen.

Zwischen die vorstehend genannten Schriften fallen verschiedene Essays, die sich in „Skizzen aus Natur- und Völkerleben", 2 Teile (1851) finden. Als Reiseschriften folgen ihnen nur noch die Beschreibungen der 1850er Reise, die durch das südöstliche Deutschland, durch Istrien, Dalmatien und Montenegro führte: 3 Teile, 1851 und 1852.

3) Selbstbiographien hat Kohl mehrfach niederzuschreiben versucht; eine vollständige Veröffentlichung seiner Lebens-Rückblicke oder Lebens-Programme hat aber nicht stattgefunden. Mancherlei läfst sich den 1849 geschriebenen drei Bänden entnehmen, welche unter dem Titel: „Aus meinen Hütten oder Geständnisse und Träume eines deutschen Schriftstellers" 1850 bei Fr. Fleischer in Leipzig erschienen sind. Handschriftlich sind Fortsetzungen und Vervollständigungen dieser Schrift vorhanden. Frische Exemplare des Drucks brachte

Kohl schon 1849 nach Bremen, wo auch eine Buchhändleranzeige erfolgte, die früher geschah, als die der Leipziger Verlagsfirma.

Außerdem sind zusammenhängende Aufzeichnungen aus dem Jahre 1859 erhalten und zwar in zwei Redaktionen. Diese Materialien sind den beiden Bremer Gelehrten, die Kohls Leben beschrieben haben, nicht entgangen. Wilhelm Wolkenhauers Arbeit findet sich in: Aus allen Weltteilen X (1879) S. 138—141, sowie Allgemeine Deutsche Biographie XVI (1882) S. 425—428; Heinrich Dullhaupts Arbeit steht in der Allgemeinen Encyclopädie der Wissenschaften und Künste, Sektion II, Band XXXVIII (1885) S. 37—41.

4) Bremer Bekannte von Kohl sind so zahlreich, daß eine Aufzählung unmöglich ist. Von den Schulgenossen wären höchstens Alphons Brenls und Hermann Schumacher zu nennen, weil die Freundschaft bis zum letzten Atemzuge andauerte. Neue Bekannte scheint Kohl auf den beiden ersten Durchreisen durch Bremen nicht gemacht zu haben. Über den in den Winter 1849/50 fallenden Aufenthalt sind außer Briefen auch die Andeutungen erhalten, die in den Artikeln: die deutsche Kriegsflotte und eine Reise zur Wesermündung 1851 in: Natur- und Völkerleben (I S. 219—280, S. 281—344) sich finden.

Hervorhebung verdienen folgende Persönlichkeiten: Johann Smidt (1773 bis 1857) in den Kohlschen Briefen zuerst am 8. März 1830 und zuletzt am 2. Juni 1857 erwähnt; der bedeutende „Herr Bürgermeister" wurde von Kohl wie ein „Beschützer aller höheren Bestrebungen in der Kaufmannsstadt Bremen" verehrt: „sein Leben handelt dem meinen; er Theologe, Lehrer, Ratsherr; ich Jurist, Lehrer, Reisender". — Arnold Duckwitz (1802—1882), Kaufmann, seit 1841 Ratsherr, 1848 Reichshandelsminister; er nahm 1864 die Widmung eines Kohlschen Buches an und veröffentlichte 1877: „Denkwürdigkeiten aus meinem Leben von 1841 bis 1866, — Karl Andree (1808—1875) gewann seinen Einfluß auf Kohl mehr durch seine Arbeiten in der Presse als durch persönlichen Umgang; er war 1846—1848 Redakteur der „Bremer Zeitung"; das „Bremer Handelsblatt", dessen erste Nummer Oktober 1851 erschien, redigierte er gerade zwei Jahre und zur gleichen Zeit „das Westland, Magazin für Amerikanische Verhältnisse". Andree betrachtete, seitdem er in Dresden lebte (1855) Kohl wie einen alten Bekannten; dazu kam die gemeinsame Verehrung für Duckwitz Nach dem Erscheinen der „Geographie des Welthandels 1862" wird Andree in den Kohlschen Papieren nicht mehr erwähnt.

Wenn der Nachruf, den die Weserzeitung am 13. Februar 1879 brachte, hervorhebt, daß Kohl erst 1858 nach dreißigjähriger Abwesenheit seine Vaterstadt wieder gesehen habe, so ist dies einer der vielen Detailsfehler des sonst sehr beachtenswerten Artikels.

5) „Städte und Ströme" sollten Kohls wissenschaftlich-geographische Arbeiten ursprünglich betitelt werden. „Die Städte" war der erste Titel der Schrift, welche von der Arnoldschen Buchhandlung 1841 verlegt wurde als: „Der Verkehr und die Ansiedlungen der Menschen in ihrer Abhängigkeit von der Erdoberfläche"; sie ist 1830 bis 1835 geschrieben, gewidmet dem Reichsgrafen und Ritter Peter von Medem, ausgestattet mit 24 Steindrucktafeln und enthält viel Interessantes, z. B. Analysen der Lage von Babylon und von Konstantinopel (S. 597—602).

„Die Ströme" war der kürzere Name für das zum Teil noch im Besitz der Bremer Geographischen Gesellschaft befindliche Manuskript über: Ströme und Stromgebiete Rußlands; ihr Einfluß und ihre Stellung in der Geschichte des Landes, Volkes und Staates" — 1836 und 1837 geschrieben, dann erfolglos der Petersburger Akademie übersandt. 1859 sagt Kohl: „In den Wintern 1845/46 bis 1847/48 fing ich an die Geschichte und Geographie der Ströme Mitteleuropas zu studieren; das Resultat sollte heißen: „Die Ströme Deutschlands in ihrem Einfluß auf die Geschichte des Vaterlandes." Von diesem Vorhaben kamen nur zwei Proben zu stande, nämlich:

1851: Der Rhein (2 Teile) mit Betrachtungen über die politische Bedeutung der Ströme. Überblick über Oberflächengestaltung, Flußsysteme, historisch-geographische Darstellungen.

1854: Die Donau von ihrem Ursprunge bis Pest (Triest, litterarisch-artistische Abteilung des Österreichischen Lloyd). In dem Vorworte, das Dresden April 26. 1854 datiert, heißt es: „Der Verfasser hat sich durch eine längst ausgeführte und umfassende geographisch-historische Untersuchung über die Beschaffenheit und Bedeutung des Donaustroms.... mehr Licht zu verschaffen gesucht." Die Stahlstiche tragen den Vermerk R. Alt pinxit. Die Nichtvollendung des Werkes machte Kohl um so mehr Sorgen, als er der Donau verschiedene kleinere Abhandlungen gewidmet hatte, z. B. in der Cottaschen Vierteljahrsschrift und in der eigenen Edition „Natur- und Völkerleben"; besitzt im Manuskript die Bremische Geographische Gesellschaft, die Hydrographie der Donau. Die letzte Korrespondenz über die Donau-Forschungen fällt ins Jahr 1878: Julius Ohswaldt schreibt: „Ich hatte mich schon so gefreut, Sie für den zweiten Teil des Donauwerkes gewonnen zu haben und nun ist dieser schöne Traum zerstört."

Auf die mit der Stromgeographie untrennbar zusammenhängende geographische Behandlung der Städte kam Kohl später zurück; er veröffentlichte die geographische Lage der Hauptstädte Europas (1874). Roscher rühmte diese Arbeit wegen ihrer Vielseitigkeit und Gründlichkeit.

6) Die Naturansichten aus den Alpen, 1851 im Arnoldschen Verlag als dritter Teil der Alpenreisen erschienen; dies „Trostbuch" hat weit höheren Wert als die früheren Reiseschriften (Anm. 2). Einzelne Teile erfuhren vielfache Umgestaltung, auch ging manches voran, z. B. 1846, Dezember: Eigentümlichkeiten der Deutschen im Berner Oberlande und 1847, Juni, der Kretinismus in der Schweiz. Im März 1848 wurden zuerst in Wolf Baudissinschem Kreise einige der Naturansichten vorgelesen, z. B. das Gemälde der Zertrümmerung des Felsgebirges der Alpen, die Mythologie der Alpen und das Tonreich der Alpen. „Lasset die Gedanken hinausziehen in die Alpen, wo uns Wandelbaren so viel Dauerndes begegnet, Natur und Menschengeist in Harmonie walten, wo Ruhe über die Gemüter kommt, die jetzt aufgeregt sind, als habe sich ein Komet in den Ozean gesenkt."

Am 21. Februar 1871 schrieb H. A. Berlepsch, der Verfasser so vieler die Alpen betreffenden Schriften der Arnoldschen Buchhandlung: „Es ist zu bedauern, daß Kohls vortreffliches Buch nicht schon ein halb Dutzend Auflagen erlebt hat; in keinem Schweizer Pensions-Hotel sollte es fehlen; ich werde alle die proskribieren, die keinen guten Lesestoff ihren Gästen bieten. Ließe es sich nicht als ein applikables Handbuch zusammenfassen? Man könnte es so behandeln, glaube ich, daß es nicht in zehn Jahren veraltete, wenn der Verfasser einverstanden wäre."

7) Dresdener Bekannte waren für Kohl die liebsten; denn seine Dresdener Zeit erschien ihm stets als der Höhepunkt des Lebens. Für seine äufseren Schicksale wurde am wichtigsten die Bekanntschaft mit Hermann Friedrich von Lengerke (1791—1867), einem Bremer, der sich 1818 in Philadelphia mit Karl Vezin aus Osnabrück associiert und 1823 dessen Frauenschwester Luise Kaliski geheiratet halle. Jene Handelsgesellschaft dauerte bis 1834, dann zog v. Lengerke nach Dresden; seine Schwägerin Emilie Vezin, geb. Kaliski, fand mit den Töchtern beim Untergang des deutschen Dampfers „Austria" am 15. Sept. 1858 den Tod; Luise von Lengerke starb 1870. Fast alle Mitglieder des Baudissinschen Kreises, dem Gustav Freytag Gedenksteine gesetzt hat, werden in Kohlschen Briefen erwähnt; aufser dem Grafen Wolf (1789—1878) ist besonders Graf Otto genannt, Graf Hermann heiratete 1846 Ida Kohl, das älteste Kind dieser Ehe ist Wolf Graf Baudissin, Professor der Theologie in Marburg. Vergl. Anm. 1.

Einen andern Kreis sammelten um sich Joh. Fr. Anton Serre auf Maxen bei Dresden und Frau. Der Mann (1789—1864), bei der Begeisterung von 1812 in die Armee eingetreten, war ein Philanthrop von seltener Art, Kohl unterstützte viele Vcranche desselben, blieb aber der 1850 unternommenen Schiller-Stiftungs-Lotterie fern. Der Frau Serre, Friederike, geboren Hammerdorfer, einer Dresdenerin († 1872), widmete er 1866 das Buch: Am Wege, Blicke in Gemüt und Welt, „zur Erinnerung an frühere Zeit."

Den gröfsten Einflufs auf Kohl gewann während der Dresdener Zeit Robert R. Noël, Mitglied der Phrenologischen Gesellschaft in London, derselbe siedelte 1833 nach Dresden über, wo er bis 1861 blieb unb mehrere Sachen veröffentlichte, z. B.: Einige Worte über Phrenologie, hervorgerufen durch einen Aufsatz im Magazin für die Litteratur des Auslandes (Dresden und Leipzig 1839); Grundzüge der Phrenologie oder Anleitung zum Studium dieser Wissenschaft mit Berücksichtigung der neueren Forschungen auf dem Gebiete der Physiologie und Psychologie (Leipzig 1841) mit 44 Abbildungen auf 12 Steintafeln (sehr vermehrte und ganz umgearbeitete Anflage 1846, neue Ausgabe 1856); Gedanken über soziale Fragen der Gegenwart (Leipzig 1848); Die Begründung und das Wesen der Phrenologie (Leipzig 1852). Zu gleicher Zeit gab Noël Aufsätze ähnlichen Inhalts in dem Edinburgh Phrenological Journal heraus. 1862 wurde mit Vorwort vom Januar seine Übersetzung der in Anm. 35 erwähnten Kohlschen Vorträge, 2 Bände bei Chapman & Hall in London veröffentlicht; endlich erschien 1874 „Die materiellen Grundlagen des Seelenlebens". Aus dem Englischen. Vom Verfasser besorgte deutsche Ausgabe. Durchgesehen und bevorwortet von Bernhard von Cotta; mit 4 Steintafeln." Die Bekanntschaft des Letztgenannten verdankte Kohl dem Freunde Noël, beziehungsweise dessen Gemahlin.

8) Die Amerikanische Entdeckungs-Geschichte, die den Anfang der amerikanischen Studien markiert, ist in 22 Manuskripkeften bei der Bremischen Geographischen Gesellschaft niedergelegt. Die meisten Bände tragen den Vermerk: geschrieben 1849—1853; 1850 wird als das Anfangsjahr für die Arbeiten über den La Platastrom, 1851 als das für Arbeiten über den Darien-Isthmus und Mexiko, über den Oregon und San Lorenzo, sowie über die Nordwestküste bezeichnet. Die Verteilung des Stoffs nach Strömen erinnert an die in Anm. 5 erwähnten Studien; es ist auffallend, dafs Kohl 1858 den Anfang jener Arbeiten immer um ein Jahr oder mehr zurückdatierte, als sollte damals das Veraltetsein deutlich hervorgehoben werden. Von den zu Vorlesungen verarbeiteten

Teilen dieser Arbeit sind vier erhalten, darunter der erste Versuch über die
Reisen zur Eröffnung einer Nordwest-Durchfahrt (1852).

9) Die alten Karten sind Kohl besonders durch zwei in ihrer Art recht
bedeutende Männer lieb geworden. Der eine ist Bernhard August von Lindenau
(1779—1854); — der Tod erfolgte in Altenburg am 12. Mai. Bei ihm führte
die Kunstliebhaberei zum Kartenstudium; in der Monatlichen Korrespondenz
zur Beförderung der Erd- und Himmelskunde von Franz von Zach XXII (1810)
S. 342—382 wurde die Weltkarte des Jahres 1527 (vergl. Anm. 84) auch in
den nicht amerikanischen Teilen behandelt. Der andere ist Johann Andreas
Schmeller (1774—1852) — der Tod erfolgte in München am 27. Juli. Die
Münchener kartographischen Schätze, namentlich die handschriftlichen Portugiesischen Seekarten, sind in einer Abhandlung der ersten Klasse der Königlich
Bayerischen Akademie der Wissenschaften IV (1843) S. 247 ff. hervorgehoben.

Als Kohls Konkurrent auf diesem Gebiete erscheint von Anfang an
Friedrich Kunstmann (1811—1867), der 1841—1846 Lehrer der Prinzessin
Amalia von Brasilien in Lissabon gewesen und in München gewesen war; er
veröffentlichte 1853 „Afrika vor der Entdeckung der Portugiesen" und einen
Ghillanys Werke über Behaim betreffenden Vortrag; Münchener Gelehrte An-
zeigen XXXVII S. 169—199.

10) Die Berliner Geographische Gesellschaft hörte nur zwei Vorträge von
Kohl, nämlich 1853, 3. Dezember, einen über „die Entdeckung von Amerika",
in welchem der Plan eines dreibändigen Werkes entwickelt wurde, und 1854
4. März, einen über „die von Europäern und Indianern berührenden geographischen
Namen in Amerika". Vergl. T. E. Gumprecht, Zeitschrift für allgemeine Erdkunde I. (1853) S. 493, II (1854) S. 256. Später empfing die genannte Gesellschaft verschiedene Zuschriften von Kohl; vergl. z. B. IV (1855) S. 834—837
und S. 499—505, sowie VI (1856) S. 53—57.

11) Historische Kartenbilder hat Kohl für besonders brauchbare Formen
der Geschichtsdarstellung erachtet. Die der gesamten Entdeckungsgeschichte
von Amerika dienende, welche 1854 in Berlin entstand und dort noch 1862
veröffentlicht werden sollte, wurde auf der Philadelphiaer Weltausstellung von
1876 vorgeführt und gelangten dann in den Besitz der Newyorker Geographischen
Gesellschaft. Eine kleinere historische Karte, die den Golfstrom betreffende,
ist in dem Werk von 1868 veröffentlicht worden, aber nur in sehr unscheinbarer
Gestalt, wie ein Vergleich mit dem Original beweist, das die Geographische
Gesellschaft in Bremen besitzt. Vergl. Anm. 33. Eine ähnliche, Vasco da Gamas
Fahrt von 1497 darstellende Karte, gearbeitet nach dem von Diogo Kopke und
Dacosta Paiva 1838 edierten Roteiro, befindet sich in der Bibliothek der Harvard-
University zu Cambridge (Mass.).

12) Die Pariser Geographische Gesellschaft nahm am 19. Mai 1854 Kohls
historische Karte entgegen. Im Bulletin de la Société de Géographie VIII (1854)
S. 386 heißt es: M. Kohl met sous les yeux de la société une carte générale
des découvertes successives faites en Amérique depuis les premières explorations
jusqu'à nos jours. Il lit une notice sur la distribution générale de ce travail
graphique tout à fait neuf, où les noms des voyageurs, les dates des découvertes,
le système des couleurs disposées avec une méthode particulière, suivant les
routes et les époques, excitent l'attention et l'intérêt de l'assemblée. M. Kohl

mentionne ensuite succinctement les sources où il a puisé les éléments de cette carte historique et il montre à la société une collection très considérable de pièces, copiées d'après les cartes originales où il a retrouvé une mention quelconque d'une découverte nouvelle en Amérique depuis les plus anciennes explorations. Ces cartes ont servi de base à la construction de la carte générale....

Es ist beachtenswert, dafs die Pariser Einflüsse bei Kohl nicht dauernd gewesen sind. Er hat seine Besuche in Paris nie beschrieben, weder die beiden ersten, die in die Zeit von Januar 1849 und von Juni 1854 fallen, noch die beiden folgenden von 1854 und 1858. Die erstgenannten liegen freilich dem Buche: Paris und die Franzosen, 3 Teile (1845) zum Grunde; allein dies Bremen Februar 1845 datierte Werk ist von Ida Kohl verfafst, nicht von deren Bruder.

13) Humboldts Empfehlungsbrief ist auszugsweise abgedruckt im Bulletin de la Société de Géographie VII (1854) S. 373; er richtet sich an Jomard und datiert Potsdam, April 25, 1854: . . . . Je vous prie de recevoir avec bonté le porteur de cette lettre, M. Kohl, qui désire placer sous vos yeux un immense travail graphique sur l'histoire de la géographie de l'Amérique, qu'il porte en Angleterre. M. Kohl est un homme de talent, dont les voyages dans plusieurs parties de l'Europe ont été traduits en anglais. Il a fait de solides et fortes études sur la géographie du moyen âge, en remontant toujours aux sources mêmes. Vous lui montrerez, j'espère, toutes les choses, que vous avez réunies; je suis lié d'amitié avec lui. Vous voudrez bien le protéger un peu à la Biblio-thèque de l'Institut et à notre Société de géographie.

Die Hauptsammlung an Kohl gerichteter Briefe hervorragender Männer, die nach Ansicht der Gräfin Ida von Baudissin 1878 noch vorhanden war, ist, aller Bemühungen ungeachtet, bis jetzt nicht gefunden worden; es haben nur einige Spezialsammlungen sich erhalten.

14) Die Londoner Geographische Gesellschaft veröffentlichte ihren Jahres-bericht über 1853 in ihrem Journal XXIV (1854); in demselben heifst es (S. CIV): The well-known German traveller, Mr. Kohl, has lately brought with him to this country a collection of ms maps and annotations of importance with regard to the history of discovery in America. This collection includes copies of some 750 maps taken from many old books and collections in Germany, France and England, arranged in chronological order in 28 portfolios. He has also contrived to trace and distinguish on a single sheet the progress of American discovery as achieved by conqueros, traders and other explorers from the earliest times to the latest, extracted from the records of upwards of 700 travellers. It may be expected that Mr. Kohl's visit to this country and present researches in the British Museum and other repertories will produce useful accessions to this great collection.

15) Der Codex Americanus Geographicus, an den Kohl Jahre lang dachte, ist nicht mit der amerikanischen Kartensammlung (vergl. Anm. 27) identisch; vielmehr bildet letztere nur einen Teil von dem, was später in den englischen Schriften meistens als General Catalogue of American maps bezeichnet wird. Im Besitz der Bremer Geographischen Gesellschaft findet sich ein Manuskript-band, welcher über alle irgend einmal in der Litteratur erwähnte, Amerika be-handelnde Karten Angaben enthält, Analysen der betreffenden Karten der

hauptsächlichsten Atlanten. Nachweise der Beilagen zu Spezialschriften u. a.; dieser Band gehört zum Codex Americanus. Einen besonderen Teil desselben bildeten ferner die Chronological lists of books and manuscripts, von denen mehrere Bände an angegebener Stelle noch aufbewahrt werden.

Die für den Codex in England gemachten Vorbereitungen und Arbeiten sind besonders in einem Briefe beschrieben, der in der Zeitschrift für allgemeine Erdkunde IV (1858) S. 331—337 veröffentlicht wurde, und in der Schilderung der Manuskriptensammlung von Sir Thomas Philipps (Sir Charles), welche in „Von Markt und aus der Zelle" II (1868) S. 45—69 abgedruckt ist. Das Werk ist über die unklare erste Idee nie herausgekommen; die Idee selbst war eine ächt amerikanische; noch heute fehlt unter all den amerikanischen Encyclopädien eine generell geographische.

16) Die erste Reise in Amerika ist geschildert worden in dem Buche: „Reisen in Canada und durch die Staaten von Newyork und Pennsylvanien": 43ste Lieferung von Hermann Hanffs und Oscar Peschels Reisen und Länderbeschreibungen der älteren und neueren Zeit (Stuttgart 1856). Erst Oktober 1860 schreibt Kohl, daß dies Buch, das von der deutsch-amerikanischen Presse mehrfach ungebührlich herabgesetzt wurde, ins Englische übertragen werden solle. Außer den handschriftlichen Materialien erläutert diese Reise noch ein an Ritter gerichteter Newyorker Brief vom November 20, 1854, der in Gumprechts Zeitschrift IV (1855) S. 499 ff. abgedruckt ist.

17) Ojihways ist der jetzt als zutreffend befundene Name des Stammes, der sonst Chippewas, Chipawais, Odjibbawäs u. a. genannt wird. Der Stamm gehört zur Algonquin-Familie, über deren Traditionen und Bilderschriften zuerst E. George Squier in der Zeitschrift der Newyorker Historischen Gesellschaft (New Series III No 2) Brauchbares veröffentlicht hat. Die Sprache der Ojihways ist zur Schriftsprache geworden; es erscheint in ihr sogar eine Zeitschrift. Ihr hauptsächlicher Erforscher ist Kohls Reisebegleiter, Bischof Friedrich Baraga (1797-1868), Verfasser der Chippeway Grammar and Dictionary (Detroit 1849 bis 1867) und mit G. A. Belcourt, Herausgeber der Religious works in Chippewa (Detroit 1852). George Copway veröffentlichte 1851 in Newyork: the traditional history and characteristic sketches of the Ojihway nation, sowie Peter Jones 1861 in London the history of the Ojibways. Beide letztgenannte Verfasser gehörten selber zum Ojibway-Stamme; der letztere traf mit Kohl zusammen.

18) Newyorker Bekannte erwähnt Kohls amerikanische Korrespondenz in Menge; aus kaufmännischen Kreisen sind Gustav Schwab und Georg Mosle zu nennen. Einige Charakterköpfe zeichnet in leicht erkennbarer Weise der Aufsatz: „Neujahr in Newyork." „Vom Markt und aus der Zelle" in II S. 172—325. Besondere Erwähnungen verdienen zwei folgende.

Hermann Ernst Ludewig (1809—1856) kam 1842 als Advokat nach Newyork, wo sein Andenken namentlich wegen der Verdienste um die Deutsche Gesellschaft fortdauert; letztere besitzt noch heute einen Ludewig-Fond. Vergl. Anton Eickhoff, die Deutsche Gesellschaft der Stadt Newyork (1884) S. 140. Das Buch, dem Ludewig zehn Jahre seines Lebens opferte, erschien erst 1858 in London: The literature of american aboriginal languages; 1861 widmete ihm Andree sein Buch: Nordamerika in geographischen und geschichtlichen Umrissen mit besonderer Berücksichtigung der Eingeborenen und der indianischen Altertümer.

George Schroeter (1816—1860), zweitältester Enkel des Lilienthaler Astronomen Johann Hieronymus Schroeter, veröffentlichte 1858: A General map of the two Americas: eine für ihre Zeit anerkennenswerte Arbeit. Von ihm stammen die amerikanischen Nachkommen des genannten berühmten Gelehrten.

Theodor A. Tellkampf (1812—1883) war zu Kohls Zeiten Hausarzt des Emigrantenhospitals auf Wards Island bei Newyork.

19) Washingtoner Bekannte hat Kohl selten besprochen; sie gehörten meist den Kreisen der Diplomatie an, sind aber sogar unfindbar in dem Aufsatze: „Eine Soirée beim Präsidenten der Vereinigten Staaten", der in „Vom Markt und aus der Zelle" II S. 226 226—251 publiziert ist.

Der Bedeutendste ist Rudolph Schleiden (geboren Juli 22. 1815), bis 1848 in dänischen Staatsdiensten, dann in schleswig-holsteinschen, seit 1853 bremischer Ministerresident in Washington, später hanseatischer. Für seine Beziehungen zu Kohl ist es wichtig, daß er Februar 8. 1856 nach Mexiko ging und erst am 28. Juli zurückkehrte. Ihn ernannte am 4. November 1856 die Universität Jena zum juristischen Ehrendoktor. Während der Abwesenheit von Washington vertrat ihn der bremische Generalkonsul in Baltimore Albert Schumacher. Kohls Arbeiten erwähnt zuerst ein Schleidenscher Bericht vom 19. April 1855 bei Gelegenheit der Publikationen des Coast Survey, zugleich mit einer Denkschrift von August Eggers in Cincinnati, welche die Hebung des Deutschtums in den Vereinigten Staaten betraf.

Über Joseph Henry (1797—1878) und Spencer Fullerton Baird (1823—1887), ersterer besonders Mathematiker, letzterer Naturwissenschafter, finden sich Nekrologe in den Proceedings of the Smithsonian Institution.

20) Das Küsten-Vermessungs-Amt der Vereinigten Staaten ward auf Antrag des Präsidenten Thomas Jefferson 1807 beschlossen. Der erste Vorsteher war F. R. Hafsler 1816—1817 und 1832—1843; zwischen den beiden Perioden standen die Arbeiten fast ganz still. 1843—1867 war Professor A. D. Bache Superintendent. Eine Lebensbeschreibung von ihm (1806—1860) enthält Kohls Aufsatz „Über die Operationen und Entdeckungen der amerikanischen Hydrographen und Ingenieure längs der Küsten und Meere der Vereinigten Staaten", beginnt in der Weserzeitung vom 18. Oktober 1860. Von Baches hauptsächlicherem Mitarbeiter, seiner Gattin, der früheren Miß Nancy Clarke Forster, ist merkwürdiger Weise in Kohls Schriften keine Erwähnung. Außer den Jahresberichten des Hydrographischen Amts gab Bache heraus: Observations at the Magnetic and Meteorological Observatory at Girard College und A Lecture on Switzerland.

Die Nachfolger von Bache bekleideten ihr Amt nur für verhältnismäßig kurze Zeit, nämlich Benjamin Pierce, Carlile P. Paterson, J. E. Hilgard und F. M. Thorn.

21) Die hydrographischen Annalen der Westküste der Vereinigten Staaten sind zuerst erwähnt in Coast Survey Report for 1855, datiert Oktober 23. 1855 (Washington 1856). Dort findet sich der Auszug aus Baches Memorandum, d. h. Programm, S. 11, Kohls vom 1. März 1855 datierendes Begleitschreiben zum Bericht S. 374 und 375, sowie Baches Erklärung darüber S. 11. In letzterer heißt es: I have received a report of the most interesting character, which will be published in connexion with the archives of the survey. Dieser Report

— 213 —

war betitelt: Abstract of a complete historical account of the progreſs of the
weſtern coast of the United States from the earliest period.   Über die Annalen
der Süd- und der Ostküste vergl. Anm. 23 und 26.

22) Die zweite Heise in Amerika ist vollständig von Kohl nur in hand-
schriftlichen Materialien beschrieben worden. Das Duch: „Reisen im Nordosten
der Vereinigten Staaten" mit dem von Washington September 1856 datierenden
Vorwort enthält weder den Aufenthalt am Lake Superior, noch die Rückreise
Jener ist in das unter Nr. 25 genannte Werk gewiesen; dieser scheint nie öffentlich
erzählt zu sein; statt ihr bieten sich vielmehr Miszellen. In der zweiten
St. Louis 1859 veranstalteten Ausgabe des Reisewerks finden letztere sich von
S. 459—526; die dortigen Tafeln stammen nicht von Kohl. Ein Exemplar der
ersten (Appletonschen) Ausgabe ist bisher unfindbar geblieben.

Dieser Heise gehört auch der an Ritter unterm 15. Oktober 1855
gerichtete Brief an, welcher in Unmprechts Zeitschrift VI. (1856) S. 53 ff. abgedruckt
ist. Über den Verbleib der auf der Reise gesammelten Sachen, wie Kleidungs-
stücke, Erzmuster, Bilderrindenschriften und Tätowierungsproben hat sich nichts
ermitteln lassen.

Einzelne von den Reisestudien sind im „Ausland" XXXII. (1859) veröffentlicht
worden: Bemerkungen über die Bekehrung kanadischer Indianer S. 24—31 und
S. 52—59, Sebingebis oder der Muschelprinz, S. 793—795, Aufzeichnungen
über einige Eigentümlichkeiten der Sprache der Chippeway-Indianer S. 1108
bis 1111. Schon früher erschien im „Auslande" (XXXI. 1858) eine Schilderung
des Besuchs bei den Sioux-Indianern, welcher außerdem in mehrfachen
englischen wie deutschen Bearbeitungen vorliegt. Die verschiedenen
Manuskripte enthalten auch Kartenskizzen.

23) Die hydrographischen Annalen der Südküste der Vereinigten Staaten
sind zuerst erwähnt im Coast Survey Report for 1856, datiert Dezember 1. 1856
(Washington 1856). Dort findet sich Kohls vom 17. April 1856 datierendes
Begleitschreiben S. 332—334, sowie Baches Erklärung (S. 17), in welcher es
heißt: This summary from historical and hydrographical annals has bien
deposited in the coast survey office; von Veröffentlichung ist keine Rede.
Dieser Report war betitelt: Abstract of an historical account of explorations
made on the coast of the Gulf of Mexico from the earliest times to the present.
Die Südküste der Vereinigten Staaten wurde nach und nach von Kohl mit dem
ganzen Mexikanischen Busen identifiziert; so ist z. B. der erwähnten Arbeit
später entnommen: die älteste Geschichte der Entdeckung und Erforschung des
Golfs von Mexico und der ihn umgebenden Küsten, welche in der Zeitschrift
für allgemeine Erdkunde N. F. XV. (1863) S. 1 ff. abgedruckt wurde. Über
den ersten und dritten Teil der Annalen (vergl. Anm. 21 und 26).

24) Eine Washingtoner Plan- und Karten-Kammer hat Kohl mehrfach
besprochen. Im Mai 1856 verfaßte er: General idea of a Chartographical
Depot for the history and Geography of the Continent of America. Das
Manuskript, welches die bremische Geographische Gesellschaft besitzt, empfing
1859 die Notiz: „Dies ist die ursprüngliche Abhandlung, aus welcher die sogenannte „Lecture" als ein unvollständiger Auszug abgedruckt wurde. Die letztgenannte ist betitelt: Substance of a lecture, delivered at the Smithsonian
Institution on the plan of a Chartographical Depot for the history and geography

of the American Continent und abgedruckt im Anhauge zum Jahresbericht jener Institution über das Jahr 1856/57 (S. 93—146). Aus jener Denkschrift sind einige Teile in dieser späteren Publikation fast wörtlich beibehalten, z. B. S. 113—119 und S. 124—135; die Publikation zeigt durch die unrichtige Numerierung der Abschnitte noch heute ihre Entstehung aus zwei ursprünglich verschiedenen Arbeiten; sie erfolgte offenbar, weil der Vortrag on the history of American Geography, von dem sich kein Manuskript erhalten hat, nicht druckreif wurde.

Das Kartendepot in Washington enthielt 1881 keine nennenswerten älteren Blätter.

25) Das Kitschi-Gami-Buch erschien erst 1859 als „Kitschi-Gami oder Erzählungen vom Oberen See: ein Beitrag zur Charakteristik und Ethnographie der amerikanischen Indianer", und zwar in Form von Briefen aus 1855, nämlich 13 Augustbriefe aus La Pointe, 14 Septemberbriefe aus L'Anse und 13 Oktoberbriefe aus Rivière aux Deserts. Diese Briefform ist nicht die ursprüngliche, sie stand aber Kohl besser an, weil sie die Annahme ausschloß, daß gründlich Durchforschtes und Vollendetes gegeben werden sollte.

Die Schreibart Kitschi-Gami, statt der Longfellowschen, der englischen Aussprache mehr sich anzeigenden Form Geetschee-Gumee — ist von dem Übersetzer Lascelles Wraxall († 1865) beibehalten, dessen Vorwort erst vom Dezember 1859 datiert, weil viel geändert werden mußte. Mit Recht ist Kitschi-Gami, Wanderings round Lake Superior (London 1860) ein in englischen Kreisen sehr geschätztes Buch geworden; freilich wird meist das für englische Zungen unaussprechbare Kitschi-Gami bei den Zitaten und Anzeigen weggelassen. Die Übersetzerfreiheit zeigt sich überall, besonders aber hinsichtlich der Menabochugeschichten; über sie sagt derselbe einfach (S. 299): the Menaboju-legend, with several others I have omitted from the work, because my readers will be familiar with them in the pages of Hiawatha, to which I recommend Mr. Kohls book as a famous supplement.

Das Londoner Athenaeum (1860 II S. 479—481) widmet dem Buche eine höchst ehrenvolle und auch für die Kritik interessante Besprechung; in dieser heißt es z. B. (S. 479): Mr. Kohl put forth a work on the Ojibways as fresh and full, as if no Catlin before him had ever made the red mans history and traditions the peculiar study of his life. Es ist keine Spur zu finden, daß Kohl das hier angegebene Werk von George Catlin (1796—1872), welches schon 1841 mit 300 Stahlstichen unter dem Titel: Illustrations of the manners, customs and condition of the North Indian tribes erschien, gekannt habe. Dagegen beruht vieles auf den Reports respecting the history, condition and prospects of the Indian tribes of the United States, Philadelphia 1851—1855, die Henry Rowe Schoolcraft verfaßte; zu ihnen kam 1875 als Schluß: History of the Indian tribes of the United States. Mit diesem durch 336 Tafeln illustrierten Werke stehen mehrere kleinere Schriften Schoolcrafts in Verbindung: Personal memoirs of a residence of 30 years with the Indian tribes (1851); Scenes and adventures in the semi-alpine regions of the Ozark mountains (1853); The myth of Hiawatha and other oval legends (1856). Kohl hat diese Schriften gekannt, aber nicht so benutzt, wie Schoolcrafts Bedeutung für die Ethnologie erfordert hätte.

26) Die hydrographischen Annalen der Ostküste der Vereinigten Staaten sind zuerst erwähnt im Coast survey Report for 1850, datiert Dezember 1. 1855

(Washington 1856). Dort findet sich S. 319—322 Kohls vom 1. November 1856 datierendes Begleitschreiben zum Mannskript und S. 17 Baches Erklärung, in welcher es heißt: This work continued down from the first discovery to our own times forms an introduction to the geography of the United States; it contains a discussion of the derivation and orthography of the names and under both of these aspects will find an approdiate place for publication with the records and results of the Coast Survey. Es war betitelt: Abstract of an historical memoir concerning the progress of exploration on the Atlantic coast of the United States from its discovery to the present time. Über den ersten und zweiten Teil der Annalen vergl. Anm. 21 und 23.

27) Kohls Kartensammlung ist nicht, wie meist behauptet wird, in Amerika entstanden, dort vielmehr nur gelegentlich vervollständigt. Auf sie bezieht sich ein Mannskript der Bremer Geographischen Gesellschaft: „Kurzes Verzeichnis aller der von mir an verschiedenen Orten kopierten Karten, welche für die Geschichte und Geographie von Amerika interessant sind hlofs zu meiner Hilfe angelegt; die besonders bezeichneten Nummern sind in reiner und verbesserter Kopie im Depot zu Washington niedergelegt." Die Sammlung enthält 977 Nummern. Es betreffen nämlich 51 die Welt vor der Entdeckung Amerikas, 79 den ganzen amerikanischen Kontinent im 16. Jahrhundert, 18 Nord- und 19 Süd-Amerika, 23 die Antillen, 34 Mexiko, 5 den Magdalena-, 23 den Orineko-, 33 den Amazonas- und 20 den Laplata-Strom, 22 Guinea und ebensoviel Brasilien, 18 Peru und Chile, 45 Patagonien und Magalhaensstraße, 21 die antarktischen Gegenden, 58 das Mississippiland, 82 die atlantische Küste der Vereinigten Staaten, 56 das russische Amerika, 32 Kalifornien und Oregon. 49 Kanada, 56 die Hudsonbay-Länder, 22 die Nordwestküste, 51 die arktischen Gegenden, 42 Nord-Europa und 40 Nordost-Asien, dazu 47 physikalische und 3 historische Karten; die letzte ist: J. G. Kohl, a map showing the progress of the discovery of America.

Diese Sammlung betraf 1878 ein Briefwechsel zwischen dem deutschen Generalkonsul in Newyork und Theodore F. Dwight, Librarian of the State Department; es findet sich über sie in wissenschaftlichen Zeitschriften keine zutreffende Nachricht vor 1883. In diesem Jahr veröffentlichte Justin Winsor einen Bericht im Harvard University Bulletin Nr. 20, III; aus welchem die Notiz im „Ausland" LVII (1884) S. 557 und 558 stammt: J. G. Kohls Sammlung von Karten zur ältesten Geographie von Amerika im Department of State zu Washington. Der Katalog dieser Sammlung ist 1886 veröffentlicht worden. Library of Harvard University; Bibliographical Contributions, edited by Justin Winsor, librarian: Nr. 19. The Kohl Collection of maps relating America. Cambridge (Mass.) 1886. Der innere Titel heißt: The Kohl Collection of early maps, belonging to the Department of State, Washington. Über die Erwerbung der Karten seitens des Staats-Departements vergl. im Congressional Globe for 1850 S. 2026 und 2089 die Verhandlungen des Senats vom 11. August 1856 und die des Repräsentantenhauses vom 13. desselben Monats. Die nach diesem Beschlüssen erworbene Sammlung bestand nur aus Kopien von Kopien, hatte also inmitten der Faksimilie-Editionen nur zweifelhaften Wert; sie kam während des amerikanischen Bürgerkrieges ans Kriegsministerium, wo sie natürlich ganz unbrauchbar blieb und wurde nach ihrem jetzigen Bewahrungsorte auf Anregung von Theodore F. Dwight geschafft.

Die Bremer Geographische Gesellschaft besitzt noch 65 Kohlsche Handzeichnungen von alten Karten und 18 Verkleinerungen, die für Veröffentlichungen dienen sollten.

Aus der Kohlschen Sammlung ist eine Karte berühmt geworden, nämlich eine portugiesische von 1489, vergl. J. Loewenberg, Oscar Peschels Abhandlungen für Erd- und Völkerkunde I. (1877) S. 213—225. Eine andre, die Kohl auf Walter Raleighs Orinoko-Fahrten zurückführte, verdient ebenfalls eingehende Beachtung, bessere, als ihr bisher zu Teil geworden ist.

28) Die National-Intelligencer-Artikel von 1857 tragen ganz verschiedenen Charakter. Bei Veröffentlichung hallten sie nachstehende Reihefolge: a. Küsten-Schilderungen: The Bay of San Francisco: notes on the Hydrography and Maritime history of the bay of San Francisco 37° 27'—38° 10'. Bearbeitet in der Zeitschrift für Erdkunde, N. F. IV (1858) S. 298—325. — Notes on the physical features of the West Coast of the United States with respect to the wants of the navigator, explorer, surveyor, hydrographer and historian. Darüber vergl. Anm. 32. b. Namen-Erläuterungen: On the names which have been given to North-America, especially on maps. — On the ancient and modern names of the regions, countries, territories and states along the coasts of the North American Union — Names under which the Chesapeake-Bay has been known. Ein von Carl Neumann angefertigter Anzug „der Namen der Küstengebiete der Vereinigten Staaten" bemerkt: „über dies schwierige Thema hat Kohl englische Abhandlungen veröffentlicht, welche er seinem dreibändigen, noch nicht publizierten Werke über die Geschichte der Entdeckung und Erforschung und über die Hydrographie der Küsten der Vereinigten Staaten entlehnt hat; siehe Zeitschrift für Erdkunde, N. F. III (1857) S. 61—71. c. Historisches: Old ocean routes und Lost maps: Arheiten, die verdient hätten, weiter bekannt geworden zu sein.

29) Zwischen Asien und Amerika: dies Thema beschäftigte Kohl seit August 1854; seine Bearbeitung erhielt den Titel: The ideas of geographers about the geographical relations and connections between North Eastern Asia and North Western America. Winsor (a. O.) sagt: The memoir on the early cartography of the northwest coast of North-America was later in the possession of Professor Henry of the Smithsonian Institution and was given by him to the American Antiquarian Society, in whose library at Worcester it now is. Dabei beruft sich Winsor auf Berichte der genannten Gesellschaft vom Oktober 1867, April 1869 und April 1872 und führt zwei von den Kartenbeilagen an: die Coppesche und eine aus der Sloaneschen Sammlung im British Museum (No. 40 und 43, 44). Die Gesamtzahl der Kartenbeilagen (40) ergiebt sich aus einer im Besitz der Bremer Geographischen Gesellschaft befindlichen Abschrift; dieselbe trägt den Vermerk: „Vom Smithsonian Institute zur Veröffentlichung angenommen, aber doch nicht veröffentlicht, die reduzierten Kartenbilder kann ich nicht mehr vorlegen." Die Abhandlung zerfällt in 14 Abschnitte.

30) Der Atlas zu Hakluyts Reisewerk sollte theils aus Kopien, theils aus Rekonstruktionen von alten Karten bestehen, wie Kohl in seiner Selbstbiographie von 1859 berichtet; es ist aber nur ein Verzeichnis von 21 Blättern fertig geworden: A descriptive catalogue of those maps, charts and surveys relating

to America, which are mentioned in Volume III of Hakluyts great work
(Washington 1857). In der Einleitung heifst es, dies Verzeichnis sei ein Auszug
aus dem Generalkatalog aller Amerika betreffender Karten; ähnlich schreibt
Kohl am 0. Mai 1857 an Petermann, vergl. dessen Mitteilungen (1857) S. 267;
der angeführte Generalkatalog, dieser Hauptteil des Codex Americanus Geographicus. lag übrigens keineswegs vollendet vor.

81) Die Boston-Cambridger Bekannten sind für Kohl zeitlebens die
wichtigsten geblieben; er hat seinen Gelehrtenumgang von Boston-Cambridge-
Harvard als amerikanischen Dichterkreis geschildert in „Vom Markt und ans der
Zelle" II. S. 282—322; allein selbst in dieser Beschreibung ist soviel persönliches
unterdrückt, dafs die handschriftlichen Materialien nachhelfen müssen. von denen
Longfellows Briefe die wichtigsten sind. Aus ihnen folgende, dem Jahre 1862
angehörende Notizen: Doctor Palfrey: note the changes, first clergyman, then
professor, then secretary of state; then member of congrefs, then historian,
then postmaster — how many lives in one — George Thies, your friend,
allways quiet and putting the finishing touch to the Catalogue of the Gray
Collection, would rather be in Dresden than here — I am fascinated with your
sketch of the Blockland and wish you would make a whole volume of such
sketches, one of which should be: Bremen and its old costums. — Am
27. März 1862 sandte Longfellow sein Bild au Kohl mit der Unterschrift: „Mein
halbes Leben stürmt ich fort, verdehnt die Hälft' in Ruh und du, du Menschen-
schifflein dort, fahr immer, immer zn. I never shall cease to wonder at your
activity of mind and hand."
Über den Bostoner Aufenthalt schrieb Kohl am 10. November 1857: Il
cannot help giving expression to warm feelings of thankfulnefs for the generous
and liberal conrtesies extended to me in the libraries of Cambridge and Boston.
Still engaged and yet enjoying this delightful literary hospitality, I can do
full justice to the spirit which prompts it and to my feelings and sense of
duty, after I have brought to an end my whole task. I may then take the
liberty to specify somewhat more at length the assistance which I have
received in researches by the kindnefs of officers and owners of American
libraries. Vergl. United Coast Survey 1858 S. 433.

82) Die Seeküsten der Vereinigten Staaten, vier Teile: 1) und 2) die
Ostküste. 3) die Südküste, 4) die Westküste — so sollte der Titel der umge-
arbeiteten hydrographischen Annalen lauten. Von der Umarbeitung findet sich
die erste Andeutung in Kohls Cambridger Schreiben vom 10. November 1857:
I soon found it necessary to go over the ground again and reconstruct the
whole. From this has grown an entirely new work, which after having completed I have now the satisfaction of laying before you ... the history of
your department or what might be called the earlier records of your office,
comprise a great part of the maritime history of this country and this maritime
history of the United States includes a large portion of the entire political
history of the nation as referred to its true Atlantic origin.... it is the in-
tention to bring out similar comprehensive works on the Atlantic and Mexican
Gulf coasts of the United states. Vergl. Coast Survey Report for 1857 S. 415,
433. Dieser Bericht datiert schon vom 3. November, enthält also die Ent-
scheidung von Bache, welcher übrigens bereits am 23. Oktober 1855 sagte: a

geographical description of the western coast, suggested by Dr. Kohl, will be prepared; Report for 1855 S. 11. Für jeden der drei Teile schlug Kohl vor: Introductory remarks. General sketch of the history, special hydrographic and historical description, appendices and illustrations.

Die general sketches of the history sind 1865 veröffentlicht worden. In den begleitenden Worten von J. E. Hilgard heißt es: Abstracts of the papers of Dr. Kohl were published in the Coast Survey Reports for 1855 and 1856; his manuscripts and maps have been preserved for reference in the archives. It is believed that the occasion has now arrived for the publication of these valuable historical memoirs. They appear in the appendix. The historical accounts here given of discovery and exploration on the coasts of the United States were prepared at the instance of Prof. A. D. Bache at the time (1854) of Dr. Kohls visit to this country; but a few years had then elapsed since the beginning of the survey on the Pacific Coast... The work, undertaken by Dr. Kohl included, in addition to the historical account, a general map illustrating it, a collection of maps showing the range and limits, appertaining to each discoverer and explorer, a list of names of bays, capes, harbors etc. with critical remarks and a catalogue of books, maps, manuscripts etc. relative to discoveries. Vergl. Coast Survey Report for 1884 (1885) S. 83 und 493 ff. Die Untertitel lauten: History of discovery and exploration a. on the Atlantic Coast 982—1632 (S. 495—513); b. on the gulf of Mexico 1492—1846 (S. 514 bis 545); c. on the Pacific Coast, 1532—1847 (S. 546—547). Jeder dieser Abschnitte enthält, außer dem Texte, eine Inhaltsangabe und ein Kartenverzeichnis: dies führt für die Ostküste nur 45 Nummern, für die Südküste 47, für die Westküste 55 auf; die Bearbeitung steht auf sehr verschiedener Stufe und ist bisweilen unfertig; dies beeinträchtigt den Wert so sehr, daß bezweifelt werden darf, ob der Abdruck von 1885 angemessen war.

Die Introductory Remarks sollten die allgemeinen geographischen Beschreibungen darbieten. Von diesen sind nur zwei Proben bewahrt. Am 12. Mai 1858 hielt nämlich Kohl: a lecture on some general features in the form and configuration of geographical objects in the East Coast of the United States, und am 21. Mai 1859 bemerkte Kohl zu seinem in Anm. 28 erwähnten Notes on the physical features of the West coast of the United States: „aus diesem Aufsatze läßt sich beurteilen, wie die allgemeine Schilderung großer Küstenabschnitte in dem Werke: The Seacoasts of the United States, behandelt sind." Unter den Papieren der Bremer Geographischen Gesellschaft finden sich ähnliche Beschreibungen; sie behandeln die Küstenstriche nur selten nach den Staatsgrenzen, wie bei Maine, Georgia, South Carolina, vielmehr meist nach topographisch gegebenen Abschnitten, z. B. Gulf between Cape Cod and Cape Hatteras, South Coast of Massachusetts and Rhode Island u. s.; einige sind auf dem Umschlage als „noch ganz roh und unvollständig" bezeichnet.

Als „abgeschlossene und ins Reine gebrachte Arbeit" sandte Kohl 1860 „den Hauptteil der Seacoasts of the United States" an Longfellow unter dem Titel: History of the discovery and exploration of the East Coast of the United States 1492—1620; auch dies Manuscript mit einigen sprachlichen Korrekturen von Longfellow findet sich im Besitz der bremischen Geographischen Gesellschaft.

Die Schicksale des Werkes, welches nie in dem Sinne, in dem es geplant war, vollendet ist, waren bisher unbekannt, da Kohl über sie schwieg; Deane sagte jedoch 1876: The work for the Coast Survey was prepared by Dr. Kohl with the full expectation that, when completed, it would be published by the United States Government; but the financial troubles of 1857 came on, the Government was almost bankrupt and the publication of his work was delayed or abandoned and Dr. Kohl went home to Germany almost brokenhearted. Vergl. Proceedings of the Massachusetts Historical Society XVI S. 382.

Weiteres ergeben Longfellows Briefe von 1860—62. In dem letzten heißt es: *March 12. I have despatched your maps and manuscripts to Newyork to go with the Bremen Lloyd Steamer, as you requested.*

33) Die Golfstrom-Arbeiten fallen in die Zeit von 1858—1867. Die erste, englisch geschrieben, scheint nicht erhalten zu sein; die früheste Veröffentlichung ist nämlich: Ältere Geschichte der atlantischen Strömungen und namentlich des Golfstromes bis auf B. Franklin; Berliner Zeitschrift für Erdkunde XI (1861) S. 305—341, S. 385—446. Die spätere: Geschichte des Golfstromes und seiner Erforschung von den ältesten Zeiten bis auf den großen amerikanischen Bürgerkrieg; eine Monographie zur Geschichte der Ozeane und der geographischen Entdeckungen (1868), gibt sich in der Vorrede vom Juli 1867 für eine Bearbeitung des englisch geschriebenen Buches von 1858 aus; diese Identifizierung kann jedoch nicht zutreffend sein, schon weil jener Bericht nur bis 1787 reichte. Zu S. 76 findet sich eine historische Karte „zur Erläuterung der Geschichte des Golfstromes von Kolumbus bis Franklin" und zu S. 108 die Wiedergabe von „B. Franklin. a Chart of the Gulfstream." Zu letzterer ist im Coast Survey Report for the year 1885 (S. 513) bemerkt: Dr. Kohl has observed that the first map on which any notice at all is taken of the Gulfstream is one copied by him from the manuscript of John Dee in the British Museum and bearing date of 1580; the first delineation of the course of the Gulf Stream on a chart of the Atlantic is the one, which Franklin has published by Mount and Page, Tower Hill, London. Petermanns absprechende Kritik, die sich in den Pethesschen Mitteilungen von 1870, S. 207 ff., findet, zeugt von der dem Verfasser eigentümlichen Animosität gegen Personen, die nicht zu seinen Anhängern gehörten.

34) „Geschichte der Entdeckung Amerikas" betitelt Kohl 1861 (mit dem merkwürdigen Zusatz „von Kolumbus bis Franklin") die zwölf Vorträge, „die er im Winter 1859/60 vor einem kleinen Zuhörerkreise werter Landsleute im Museum zu Bremen gehalten habe". Das Vorwort dieses Buches ist vom 22. Juni 1861 datiert, das Programm der Vorträge schon vom 15. Oktober 1859. Die von B. B. Noël, beziehungsweise dessen Gattin, besorgte englische Übersetzung erschien mit Vorrede vom Januar 1862 zu London in zwei Bänden. März 27. schrieb Longfellow: I have to thank you for your admirable Geschichte der Entdeckung Americas, which is very interesting and contains the result of so much research.

35) Als älteste Generalkarten von Amerika sind von Kohl die auf Amerika bezüglichen Teile der Welttafeln von 1527 (anonym) und von 1529 (Diego de Ribiero) bezeichnet worden. Hinsichtlich dieser beiden Blätter sind noch immer Humboldts Bemerkungen von 1838 wichtig; vergl. Humboldt-Ideler, Kritische Untersuchungen über die historische Entwickelung der geographischen Kenntnisse von der neuen Welt und die Fortschritte der nautischen Astronomie in dem

15. und 16. Jahrhundert I. (1852) S. 418 ff. Kohls Untersuchungen haben sich auf die amerikanischen Teile beschränkt, während eine Kritik der kartographisch so bedeutungsvollen Urkunden auch über die andern Erdteile sich zu erstrecken hat. Sein Werk wurde prachtvoll ausgestattet und führte den Titel: Die beiden ältesten Generalkarten von Amerika: ausgeführt in den Jahren 1527 und 1529 auf Befehl Kaiser Karl V. — Im Besitz der Grofsherzoglichen Bibliothek zu Weimar; Weimar, Geographisches Institut 1860.

Dieser Arbeit geht voraus eine Abhandlung über den Verfasser der ältesten aus dem Hydrographischen Bureau des Königs von Spanien in Sevilla hervorgegangenen Weltkarte von 1527 im Ausland XXXII. (1859) S. 634—37, 816—30. Haltlos ist Kohls Annahme, dafs ihr Verfasser Fernando Colon sei, welcher derartige Karten für schweres Geld anschaffte; wahrscheinlich ist Nuño Garcia de Torano der Autor. Die erste Herausgabe der Ribiero'schen Karte geschah 1795 durch das Weimarer Industrie-Comptoir und Geographische Institut, eine Gründung von Friedrich Justin Bertuch († 1822), deren Reste in dem erwähnten Geographischen Institut, dem Heinrich Kiepert 1845—52 gedient hat, noch 1800 fortdauerten, obwohl der Unternehmer verschiedene Wandlungen durchmachte; von Bertuchs Verwandten, Froriep, kam es Ende 1855 an Ludwig Denicke, der Karl Gräf als technischen Leiter anstellte, dann Frühling 1858 an Voigt und Günther in Leipzig, die es 1867 der Darmstädter Bank übertragen ließen. Diese Geschichte des Verlagsgeschäfts ist für Kohls Edition offenbar von Einflufs gewesen; doch läfst sich das einzelne nicht nachweisen.

36) Deutsche Zeitungsartikel über Amerika wollten Kohl nicht recht gelingen, weil ihm das praktische Leben in den Vereinigten Staaten nicht genügend bekannt geworden war. Den Vorsatz gröfserer publizistischer Thätigkeit teilte er Longfellow mit, der am 5. Juli 1861 antwortete: I am extremely gratified to learn that you are writing for the German Papers on the state of affairs in this country and I will immediately send you every thing, I can get, which may be of use or interest for you. Aufser kleineren Notizen erschienen in der Augsburger Allgemeinen Zeitung: eine Schilderung der Bundesstadt Washington Mai 25. ff., Skizzen aus Nordamerika Juni 11. ff., Eigenheiten des Nationalcharakters der Bewohner der Vereinigten Staaten u. a. Andre finden sich wiederholt in der erst 1867 veröffentlichten, „vom Markt und aus der Zelle" betitelten Sammlung populärer Vorträge und vermischter kleiner Schriften.

37) Bremische Geschichts-Beiträge finden sich im Bremer Sonntagsblatt IX S. 349—353, 357—361, 805—868, X S. 93—97, XI S. 65—70, S. 165—170 und im Bremischen Jahrbuch IV S. 436—476 und V S. 174—192; diese fallen in die Jahre 1861—1870. Selbständig erschienen sind: 1862 das Haus Seefahrt in Bremen; 1866 der Ratsweinkeller in Bremen; 1870 die Bremer beim Aufbau der Stadt Riga; 1872 das Leben des Chronisten Johann Renner. Andere Bremen berührende Arbeiten wurden gesammelt 1864 in: Nordwest-Deutsche Skizzen, 1870 in: Denkmale Bremischer Geschichte und Kunst als Band II unter dem Titel: Episoden aus der Kultur- und Kunstgeschichte Bremens, sowie 1871 als Alte und neue Zeit: Episoden aus der Kulturgeschichte der Stadt Bremen. In der Bremischen historischen Gesellschaft hielt Kohl Vorlesungen am 28. April 1862, 26. Januar 1863, 20. Februar 1865, 15. April 1867, 2. Mai, 12. und 27. November 1868, 11. und 19. März, 6. Dezember 1869, 3. Februar und 20. März 1870, sowie am 25. Februar 1871. In die Arbeiten für Bremische

Geschichte kam dadurch ein eigenartiger Zug, dafs Kohl Ende 1870 das Original von Johann Renners Livländischer Chronik entdeckte. Einige Kohlsche Bremensien sind noch nicht veröffentlicht worden ; sie scheinen jedoch nicht wertvoll zu sein.

38) Die Entdeckungsgeschichte der nordamerikanischen Ostküste trägt den Titel: A History of the east coast of North America, particularly the coast of Maine, from the Northmen in 900 to the charter of Gilbert in 1578 (Portland 1869). Als ersten Band der Documentary history of the State of Maine, hat das Buch eine Vorrede von William Willis und als Anhang einen Brief d'Avezacs vom 15. Dezember 1868 (S. 502 ff). Henry Harrisse, Jean et Sébastien Cabot (Paris 1882) sagt über das Buch: Compendium excellent et qui nous a été d'un très grand secours; M le professeur Kohl démontre par ses reductions de portulans du XVI. siècle le profil du littoral américain en toute son étendue septentrionale.

39) Die Magellan-Strafsen-Fahrten sind in der Zeitschrift der Berliner Gesellschaft für Erdkunde XI (1876) S. 305—494 besprochen. Der volle Titel der Schrift lautet: Geschichte der Entdeckungsreisen und Schiffahrten zur Magellan-Strafse und zu den ihr benachbarten Ländern und Küsten; das Vorwort ist Bremen im Juli 1876 unterzeichnet. Im Ausland L. (1877) S. 773 ff. nennt Friedr. von Hellwald die Schrift eine unterhaltende und für die Freunde der Erdkunde anziehende Lektüre; Wappäus, Göttinger Gelehrte Anzeigen 1878 I, S. 17 sagt bei dieser Gelegenheit hinsichtlich der gröfseren Arbeit, dafs Kohl bei dieser auch den Anforderungen der exakten Geographie die gebührende Beachtung anwenden werde, dürfe um so eher erwartet werden, als ja gerade auch in Bremen diese Seite der historisch-geographischen Forschung in Dr. Arthur Brenning einen ausgezeichneten Vertreter gefunden habe. Henry C. Murphy schrieb am 22. Oktober 1877 in Brooklyn: Scope and design are excellent and the manner in which you have executed your task is beyond all praise of mine, exhibiting a perfect knowledge and appreciation of the subject.

40) Die Fahrten wegen einer nordwestlichen Passage enthält ein Manuskript, das sich im Besitz der Bremer Geographischen Gesellschaft befindet und betitelt ist: Geschichte der Schiffahrten und Entdeckungsreisen der Europäer zum hohen Norden Amerikas bis auf Franklin; Kartenbeilagen sind nicht vorhanden. Der in Proceedings of the Massachusetts Historical Society XVI (1878) S. 384 abgedruckte Brief sagt freilich: some chapters or specimens of this work are printing in this moment in the „Ausland" of Cotta; in dieser Zeitschrift findet sich aber 1878 Band LI nur: Sir Martin Frobishers Seefahrten und Entdeckungsreisen zum Norden Amerikas (S. 421 ff.; 454 ff.; 468 ff.) als Überarbeitung des 1867 durch die Hakluyt Society herausgegebenen Frobisherschen Schriftswerks von 1578.

Druck von Carl Schünemann. Bremen.

Heft 3 und 4.

Band XI.

Deutsche

Geographische Blätter.

Herausgegeben von der

Geographischen Gesellschaft in Bremen.

Beiträge und sonstige Sendungen an die Redaktion werden unter der Adresse:
Dr. M. Lindeman, *Bremen, Mendestrasse 8*, erbeten.
Der Abdruck der Original-Aufsätze, sowie die Nachbildung von Karten
und Illustrationen dieser Zeitschrift ist nur nach Verständigung mit
der Redaktion gestattet.

Die Nordwestküste Afrikas von Agadir bis St. Louis.

Von August Fitzau.

Hierzu Tafel 2: Die Verteilung der Völkerstämme und ihrer festen Wohnsitze
zwischen Sus und Sénégal und 2 Kartons im Text.

Einleitung. Geschichte der europäischen Kolonien an der Küste. Beschreibung
der Küste von Agadir bis Kap Dschuby. Beschreibung der Küste von Kap Dschuby
bis St. Louis. Die Westsahara. Die Bevölkerungsverhältnisse im allgemeinen. Die
Bevölkerung der Gebiete südlich vom Atlas. Die Küstenschiffahrt. Die Bevölkerung
der Westsahara. Die Stämme nördlich vom Senegal. Anhang: Litteraturverzeichnis.

Die Nordwestküste Afrikas zwischen Agadir und der Mündung
des Senegal gehörte trotz der Nähe des europäischen Kontinents bis
in die Gegenwart zu den am wenigsten untersuchten Küsten des
Atlantischen Ozeans. Die mangelnde Aussicht auf Gewinn, die
Wildheit der Eingeborenen und die tosende Brandung der gefährlichen Küste liefsen den Kaufmann und den Seefahrer diese Küste
meiden, während die Fischer, die von den benachbarten Inseln aus
diese fischreichen Gestade aufsuchten, sich wohl hüteten, sich dem
Lande zu nähern, dessen grausame Eingeborene ihre Gefangenen als
Sklaven verkauften und das dem Schiffbrüchigen, wenn er den
Händen dieser Barbaren entging, weder Speise noch Trank zu bieten
vermochte. So kam es, dafs sich unsre Kenntnis dieser Küste in
den letzten Jahrhunderten auf die Berichte von Schiffbrüchigen
beschränkte, die wie Brisson[1]), Adams[2]), Riley[3]), Cochelet[4]) und
Jannasch[5]), hilflos an das Land geworfen wurden und, nachdem sie
von den Eingeborenen eine zeitlang im Lande herumgeschleppt
worden waren und in dieser traurigen Lage einige Kenntnis des
Landes erlangt hatten, durch glückliche Umstände ihren Peinigern
entwischten und dann später ihrer Mitwelt in ausführlichen Reise-

---

[1]) Nr. 17. [2]) Nr. 25. [3]) Nr. 27. [4]) Nr. 28. [5]) Nr. 116.

berichten mehr ihre Reiseabenteuer als die Beschaffenheit des Landes
schilderten. Erst seit dem Anfang dieses Jahrhunderts unternahm
man es, durch Überlandreisen zwischen Marokko und dem Sudan
Kenntnis von der Küste und dem Innern des nördlichen Afrika zu
erlangen und durch die gefahrvollen Reisen, die Caillé[1]) Davidson[2]),
Duveyrier[3]), Mardochai[4]), Vincent[5]), Mage[6]), Panet[7]), Du-ol-Moghdad[8]),
Barth[9]), Gatell[10]), Rohlfs[11]), Lenz[12]) und Quiroga[13]) seit dem Jahre
1824 in diesen Gebieten unternommen haben, ist über diesen Teil
des dunklen Erdteils einiges Licht verbreitet worden. Über den
Verlauf und die Beschaffenheit der Küste erhielt unser Jahrhundert
noch später genaue Kenntnis, denn obschon Admiral Roussin[14])
in seinen im Jahre 1827 erschienenen Memoiren über die Beschiffung
der Westküste Afrikas auch diese Küste behandelt, ist doch die im
Jahre 1834 vom Schiffsleutnant Arlett[15]) ausgeführte Küstenunter-
suchung von Kap Spartel bis zum Kap Bojador die erste eingehende
gewesen, auf deren Resultaten bis in das vorige Jahrzehnt hinein
die Darstellung dieser Küstenstrecke in allen Segelhandbüchern
beruhte. In der Folgezeit haben sich fast alle seefahrenden Nationen
an der Erforschung dieser Küste beteiligt, wenn sich auch diese
Untersuchungen, ebenso wie die letzten im Jahre 1878 auf spanische
Kosten unternommenen[16]), mehr auf den nördlichen Teil der Küste bis
Kap Bojador erstreckten, so daß wir von dem südlichen, zwischen
21° und 26° nördl. Br. gelegenen Teil noch immer keine genauen
Aufnahmen besitzen.

Geschichte der europäischen Kolonien an dieser Küste.

In der Geschichte der Völker haben diese Küsten zweimal den
Schauplatz großartiger Unternehmungen gebildet; zum ersten Male
zur Blütezeit Karthagos, als sein Feldherr Hanno im sechsten Jahrhundert vor der Geburt Christi mit einer großen Flotte und angeblich
30000 Kolonisten diese Küsten aufsuchte, um hier Kolonien zu
gründen; und zum andern Male am Ende des Mittelalters, als die
Expeditionen Heinrich des Seefahrers zur Auffindung des sagenhaften
Priester Johannes und der südöstlichen Durchfahrt jene gefürchteten
Gestade ansegeln mußten und hierbei mit den Eingeborenen nördlich
vom Senegal Handelsverbindungen anknüpften, die zur Gründung
einer Handelsstation auf Arguin führten.

[1]) Nr. 31, [2]) Nr. 40. [3]) Nr. 76. [4]) Nr. 58. [5]) Nr. 59. [6]) Nr. 54.
[7]) Nr. 62. [8]) Nr. 57. [9]) Nr. 68. [10]) Nr. 101. [11]) Nr. 112. [12]) Nr. 118.
[13]) Nr. 30. [14]) Nr. 36. [15]) Nr. 88.

Vor der Ära Heinrich des Seefahrers hatten Spanier und Portugiesen häufig Entdeckungsfahrten nach diesen Gegenden unternommen, die sich aber hauptsächlich auf die kanarischen Inseln erstreckten und nur gelegentlich die Kontinentalküste berührten, die aber doch bis heute ihre Spuren zurückgelassen haben, da die meisten Küstennamen hier spanischen Ursprungs sind. Als später, im Jahre 1406, der französische Edelmann Dethancourt Besitzer der kanarischen Inseln wurde, erfolgten die Streifzüge nach dem Festlande häufiger, und einer seiner Nachfolger, Diego Garcia de Herrera, unternahm es sogar, im Hafen von Santa Cruz de Mar pequeña Truppen auszuschiffen und hier ein Fort zu errichten. Schon im Anfange des folgenden Jahrhunderts 1524 wurde jedoch die Festung von den Marokkanern erobert und damit der spanischen Herrschaft an diesem Teil der Küste ein Ende gemacht; denn spätere Landungen, die Cristobal de Valcarel 1528, Francisco und Juan Benitez 1541 und Louis Perdomo 1567 von den Kanaren aus unternahmen, waren nur Raubzüge gegen die Mauren und hatten keinen nachhaltigen Erfolg. Erst im Vertrag von Tetuan 1860 erhielt Spanien von Marokko den Hafen Santa Cruz de Mar pequeña zugesprochen; aber die Verwirrung, die in der Benennung der Plätze und Flüsse an dieser Küste platzgegriffen hatte, machte es unmöglich, die Lage dieser ehemaligen spanischen Festung zu bestimmen. Als selbst die zum Zwecke der Ausfindigmachung von Santa Cruz unter Fernandez Duro im Jahre 1878 nach diesen Küsten entsendete Expedition den Ort nicht absolut sicher bestimmen konnte, wurde im Oktober 1883 durch Vertrag die Mündung des Ifni an Spanien als Ersatz für Santa Cruz de Mar pequeña abgetreten; jedoch hat Spanien den Punkt wegen des Widerstandes der jetzt von Marokko unabhängigen Eingeborenen noch nicht besetzen können.

Die Expeditionen, die Heinrich der Seefahrer an diesen Küsten entlang entsendete, sind wohl, wenn man von den stark angezweifelten normannischen und genuesischen Seefahrten des dreizehnten Jahrhunderts in diesen Gegenden absieht, die ersten gewesen, welche die Küste südlich von Kap Bojador besucht und einigen Buchten und Kaps ihre Namen gegeben haben, aber eine feste Niederlassung ist nur auf Arguin gegründet worden, und auch diese mußte nach kurzer Zeit wieder aufgegeben werden. Im Jahre 1638 wurde Arguin von den Holländern besetzt, 1685 aber im Frieden von Nymwegen den Franzosen, die es in der Zwischenzeit den Engländern entrissen hatten, zugesprochen. Nach vielfachen Kämpfen zwischen Holland und Frankreich über den Besitz von Arguin wurde es endgültig im Jahre 1727 an Frankreich abgetreten, nachdem Holland während dieser Zeit wiederholt vergebliche Versuche gemacht hatte, durch die Gründung einer Faktorei in Portendick den Handel mit den Eingeborenen von Arguin nach Portendick zu leiten.

Die Ansprüche Frankreichs auf seine Besitzungen am Senegal werden von den Franzosen bis in das vierzehnte Jahrhundert zurückgeführt, in welchem normannische Seefahrer aus Dieppe hier Niederlassungen gegründet haben sollen, die auch bis zum Jahre 1410 mit Frankreich in Verbindung gestanden hätten. Da aber die Akten, die diese Besitzergreifung bestätigen könnten, bei der Belagerung von Dieppe durch die Engländer verloren gegangen sein sollen, und andre Umstände gegen diese normannischen Expeditionen sprechen, so wollen wir es unentschieden lassen, ob diese Expeditionen jemals stattgefunden haben. Nachweisbare Rechtstitel hat Frankreich an die Besitzungen durch den Vertrag vom 28. November 1664, durch welchen die ganze Kolonie St. Louis am „Niger", wie uns Labat Bd. I[1]) berichtet, in die Hände der neuen Compagnie des Indes Occidentales überging.

Vorübergehend besafs auch Brandenburg an dieser Küste eine Faktorei, und zwar war es Friedrich Wilhelm, der grofse Kurfürst, der auch hier seine Pläne, Brandenburg zu einer See- und Kolonialmacht zu erheben, zu verwirklichen suchte. Er liefs auf der Insel Arguin, die seit dem Frieden von Nymwegen den Franzosen gehörte, von ihnen aber nicht besetzt war, das zerstörte Fort wieder errichten und die Brandenburgische Flagge aufhissen. Aber die Kolonie war nicht lebensfähig; denn schon nach kurzer Zeit ging sie in die Hände der holländisch-indischen Gesellschaft über, die sie im Jahre 1721 an die französisch-indische Gesellschaft zurückgab. So sehen wir in kurzer Zeit Engländer, Franzosen, Holländer und Deutsche an dieser Küste den Versuch machen, sich hier niederzulassen, um mit dem West-Sudan Handelsverbindungen anzuknüpfen.

Fast zwei Jahrhunderte hindurch blieben dann diese Küsten von den europäischen Nationen unbeachtet und erst der „Kampf um die Welt" unsrer Tage hat die Blicke der seefahrenden Nationen auch wieder auf diese Küsten gelenkt. Im Jahre 1878 errichtete die North-West-African-Company[2]) in der Nähe des Kap Dachuby eine Handelsstation, die aber trotz aller Bemühungen seitens der Gesellschaft nicht unter englischen Schutz genommen wurde und deshalb bis heute keinen grofsen Aufschwung gewonnen hat.

---

[1]) Nr. 8. [2]) Nr. 131.

Spanien annektierte durch Vertrag im Jahre 1885 den Küsten-
strich zwischen Kap Bojador und Kap Blanko und gründete am
Rio de Oro eine Handelsstation mit der Absicht, den Handel vom
Sudan nach Marokko hierher zu lenken, und schloß außerdem durch
Perez am 10. Mai 1886 mit den Häuptlingen der nördlich und
nordöstlich vom Kap Bojador wohnenden Stämme einen Vertrag ab,
wonach die Küste zwischen Schibika und Kap Bojador unter spanisches
Protektorat gestellt wurde. Das Fehlen jeder Nachricht seit zwei
Jahren über das Gedeihen der Handelsniederlassung am Rio de Oro
läßt jedoch vermuten, daß sie nicht in dem Maße gedeiht, wie
man es bei ihrer Gründung annehmen zu können glaubte.

Beschreibung der Küste von Agadir bis zum Kap Dschuby.

Der 206 m hohe, nach allen Seiten hin fast gleich abschüssige
Berg, auf dem Agadir-n-Irir, d. i. die Festung des Ellenbogen,
erbaut ist, bildet den nördlichsten Punkt der zu betrachtenden Küste.
Die Bedeutung der Stadt, die um 1500 von den Portugiesen unter
dem Namen Santa Cruz gegründet wurde, beruht auf der Existenz
einer kleinen Bucht, in deren Hintergrunde der Berg liegt, auf dem
die Stadt erbaut ist. Die Bucht gewährt wegen der allmählich zur
Tiefe abfallenden Küste in der Entfernung von einer halben See-
meile einen ausgezeichneten Ankergrund und ist gegen Ost- und
Nordostwinde, nicht aber gegen die gefährlichen Westwinde geschützt;
jedoch lassen die Reste eines alten Hafendammes, die sich von der
Küste nach Süden hinziehen, erkennen, daß man zur Blütezeit von
Agadir diesen Mangel auf künstlichem Wege zu beseitigen getrachtet
hat. Da außerdem die von Norden kommende an der Küste
Marokkos entlang ziehende Strömung durch das Kap Ghir abgelenkt
wird und erst in einer Entfernung von 7—8 sm von der Küste
wieder zu spüren ist, so vereinigt die Bucht von Agadir fast alle
Bedingungen eines guten Hafens in sich.

Südlich von Agadir folgt auf eine Strecke von 29 Meilen,
1 sm = 1,8 km, eine niedrige und flache Küste, an der sich
5 Meilen südlich von Agadir der Wad Sus in das Meer ergießt.
Der Fluß, dessen Wassermassen zum größten Teil von den Bewohnern des fruchtbaren Susgebietes zu Ackerbauzwecken abgeleitet
werden, erreicht das ganze Jahr hindurch, wenn auch im Sommer
nur als spärlicher Wasserfaden, das Meer und hat an seiner Mündung
eine Sandbarre aufgeschüttet, die bei niedrigem Wasserstande trocken
liegt und nur flachgehenden Böten die Einfahrt gestattet. Es ist
dies eine Erscheinung, die wir bei allen Flüssen der nordwest-

afrikanischen Küste antreffen und die ihren Grund teils in der stark
brandenden See und der starken von Norden kommenden Meeresströmung, teils in der an der ganzen Küste sich bemerkbar machenden
negativen Strandlinienbewegung (im Sinne von Suess) hat. Ob der
Fluss in früheren Zeiten jemals schiffbar gewesen, ist sehr zweifelhaft;
jedenfalls ist die Bemerkung Arletts, dass Jacson[1]) in Tarudant,
30 Meilen von der Küste, an der Mauer der Zitadelle grosse eiserne
Ringe, wie sie jetzt in Hafenstädten zum Anlegen der Schiffe benutzt
werden, befestigt fand und deshalb auf eine frühere Flussschiffahrt
bis zu dieser Stelle schloss, mit Vorsicht aufzunehmen, da die Stadt
Tarudant heute nach Rohlfs ungefähr eine Stunde entfernt vom
Flusse liegt und deshalb jene Ringe einem andren Zwecke gedient
haben müssen. Sieben Meilen südlich von der Susmündung befinden
sich einige Quellen mit frischem Wasser, die auf den Karten als
Souvaniyeh, Tomie oder Sieben Brunnen bezeichnet sind.

Die niedrige Küste erreicht an der Mündung des Wad Raz
oder Ghaz ihr Ende. In der Nähe dieser auch von einer Sandbank
versperrten Mündung befindet sich ein altes kastellartiges Gebäude,
vielleicht aus den Zeiten stammend, in denen die Portugiesen den
Fluss noch befuhren, der heute das wasserreichste von allen südlich
vom Atlas fliessenden Gewässern ist, obschon sein Bett eine geringere
Breite hat, als viele von ihnen. Dass dieser Fluss in früherer Zeit
grössere Wassermengen geführt hat, dürfte wohl durch den Umstand
bewiesen werden, dass Lenz auf seiner Reise Baureste einer Brücke
fand, die jedenfalls aus der Römerzeit stammten, in welcher die
Überschreitung des wasserreichen Flusses schwieriger war als heute.
Südlich von der Mündung des Wad Raz ändert sich das Aussehen
der Küste; das von diesem Flusse zum Anti-Atlas ansteigende Land
fällt an der Küste gegen 30 m hoch steil zum Meere ab, indem es
an seinem Fusse Raum für eine sandige Flachküste lässt. Das
Land selbst ist bis zum Gebirge hin wellig, gut bebaut und von
einer Menge kleiner Rinnsale durchschnitten, die zur Regenzeit
Wasser führen. Diese kommen alle vom Nordabhange des Anti-
Atlas, der die Feuchtigkeit der von der See herwehenden lokalen
Nordwest- und Westwinde zu Niederschlag zu verdichten vermag
und so diese kleinen Flüsse mit Wasser versorgt. Das Gebirge
erreicht die Küste an der Mündung des kleinen Flusses Ifni bei
29° 24' nördl. Breite unter einem sehr spitzen Winkel und begleitet
die Küste bis 29° nördl. Breite, wo es sich wieder vom Meere

---

[1]) No. 24.

zurückzieht, um bald darauf in niedrige und zerstreute Höhenzüge
überzugehen. Auf dieser Strecke nimmt die Küste ein wildes, ge-
birgiges Aussehen an; die Berge treten nahe an das Meer heran
und unterbrechen oft die sandige Vorküste; tiefe Schluchten, in
denen spärliche Gebirgswässer fliefsen, öffnen sich dem Meere und
die Küstenlinie ist zerrissen und buchtenreich. Aber auch in diesen
Gegenden ist die Küste äufserst flach und seicht; in einer Entfernung von 5 Meilen hat das Meer eine Tiefe von 28 Faden und
von da steigt das Land allmählich zur Küste an.

Eine Strecke landeinwärts befinden sich nach den Aussagen
der hier wohnenden Idufker und Amezdlog [1] am Wad Ifni auf einem
ungefähr 100 m hohen Berge die Reste einer alten spanischen Festung,
Borx-er-Rumi genannt, welche von der spanischen Expedition auf
dem „Blasco de Goray" als die Überreste des ehemaligen Santa
Cruz de Mar pequeña erkannt wurden, weshalb das umliegende
Gebiet bis zur Flufsmündung an Spanien abgetreten wurde. Wahrscheinlich ist die Mündung des Ifni der auf alten Karten angegebene
Porto Reguelo, auf dessen nördlicher Seite der Mount Wedge jetzt
Cerro de la Cuna genannte, 610 m hohe Berg liegt. Vom Wad
Ifni verfolgt die Küste eine südöstliche Richtung und bildet ungefähr
10 Minuten südlicher, indem sie sich nach Westen wendet, einen
anspringenden Winkel, dessen äufserste Spitze eine Höhe von 50 m
hat. Nach den Aussagen der Sidi-Uorzek,[2] der Bewohner dieser
Küste, befinden sich hier in einiger Entfernung draufsen im Meere
die Überreste eines alten spanischen Kastells, Tagadir-Rumi genannt,
das nach der Meinung der Kommission des „Blasco de Goray" auf
dem Kap Non der Portugiesen stand, weshalb die Kommission jenen
hervorspringenden Küstenpunkt 10 Minuten südlich vom Ifni den
portugiesischen Namen Kap Non beigelegt hat, zum Unterschiede
von Kap Nun an der Mündung des Wad Draa. Bei der fürchter-
lichen Gewalt, mit welcher die bisweilen eintretenden Nordwestwinde
die Wellen an das Land wälzen und bei der geringen Widerstandsfähigkeit der Steilküste, an deren Fufse die Brandung tiefe Höhlungen
ausgewaschen hat, die Einstürze zur notwendigen Folge haben, ist
es nicht unwahrscheinlich, dafs das Meer, unterstützt durch die
starke Strömung, innerhalb 400 Jahren einen beträchtlichen Teil
der Küste weggerissen hat.

Nachdem die Küste wieder eine südwestliche Richtung angenommen hat, öffnet sie sich ungefähr 35 km südlich zu einer neuen

[1] No. 88. [2] No. 88.

Ducht, in die der Assaka mündet. Nach den Aussagen der Eingeborenen ändert der Fluß im Innern seinen Namen und heißt zuerst Wad Sayad und später Wad Nun. Hierin mag wohl der Grund zu der Verwirrung liegen, die noch bis vor kurzem über die Bedeutung des Wortes Nun herrschte und die Nun bald einen Fluß, bald eine Landschaft, bald eine Stadt sein ließ. Durch Lenz' Reiseberichte und durch die Expedition des „Blasco de Goray" ist die Sache heute aufgeklärt: Der Fluß Assaka fließt durch die Landschaft Wad Nun, deren Hauptstadt Augilmim oder Glimim in der Nähe des Assaka gelegen ist. Die Mündung des Flusses, die ebenfalls durch eine Sandbank versperrt ist, macht sich auf weite Entfernung nicht bemerkbar, denn die Höhenzüge, die die Küste begleiten, öffnen sich dem Meere so häufig in Duchten, daß man hier keine Flußmündung vermutet. Das Küstenland, welches bisher mit reichlicher Vegetation bedeckt und ziemlich gut bevölkert war, zeigt auf dem linken Ufer nur steppenhafte Vegetation und keine Bevölkerung mehr; wahrscheinlich ist diese Veränderung im Landschaftscharakter eine Folge der veränderten Gebirgsformation. Denn nach den Berichten der Kommission des „Blasco de Goray" ist das Gestein des nördlichen Ufers von rötlicher Farbe, während das südliche aus weißlich-grauem Schiefer besteht, der jedenfalls mit dem Kohlenkalk, der sich nach Lenz an die paläozoischen Schichten des Anti-Atlas im Süden anschließt, identisch ist. Der Assaka würde also die Grenze zwischen paläozoischem und mesozoischem Gestein bilden, weshalb dieser Fluß auch die fruchtbaren Susgebiete und die Übergangsgebiete zur Sahara von einander scheidet.

Von der Mündung des Assaka an nehmen die die Küste begleitenden Höhenzüge und die Steilküste an Höhe allmählich ab und unter 29° nördl. Breite lösen sie sich in Sandhügel, die mit spärlichem Dorngesträuch und Dagmuz bedeckt sind, auf, die schließlich in der Playa blanca oder Buida der Araber, einer mit Sand bedeckten Küstenebene verlaufen. An dem Punkte, an dem die Berge verschwinden, mündet der Rio Busefen, ein Fluß mit salzigem Wasser, und einige Kilometer südlicher der Rio de Playa blanca der Kanarier oder Guad Aureóra der Araber, ein kleines Flüßchen, das im Sommer trocken ist, zur Regenzeit aber zu beträchtlicher Höhe anschwillt. Elf Kilometer südlich von Rio de Playa blanca erreicht die Ebene ihr Ende und eine Steilküste aus etwa 50 m hohem, horizontalgeschichtetem Sandstein, die oft wild zerrissen ist, beginnt die Küste bis zur Mündung des Wad Draa unter 28° 47' nördl. Breite zu begleiten, wo die Küste von neuem von Sandhügeln begleitet wird, die sich in sanfter Böschung zur Ebene herabsenken.

In einiger Entfernung vom nördlichen Ufer des Wad Draa befindet sich das Kap Nun, von den Kanariern Los Morretes genannt, ein etwa 60 m hoher Sandsteinfelsen, der 25 Meilen weit in das Meer hinaus sichtbar ist. Die eigentümliche blau-graue Farbe des Meerwassers in der Nähe des Kaps, von der uns Arlett und Jannasch berichten und die nach der Ansicht des Erstern ihren Grund in der Farbe des Meeresbodens und in den im Wasser selbst schwebenden Partikelchen von rotem Sande hat, nach der Ansicht Jannaschs aber dadurch verursacht wird, daß das in die See einströmende Fluß- und Grundwasser die Salz- und Salpeterlager, die sich an der Küste bis nach dem Innern hinziehen, auslaugt und demgemäß das Wasser und den mitgeführten Sand und Schlamm färbt, ist wahrscheinlich die Ursache gewesen, die zur Zeit der Portugiesen den Seefahrern die Umfahrung dieses Kaps so gefährlich erscheinen ließ, da sie, deren Blick durch die Sagen von der ungeheuren Ausdehnung und Dichte der „Krautsee" ohnehin schon getrübt war, jedenfalls mutmaßten, daß jenseits des Kaps der das Wasser färbende Schlamm sich noch vermehren und das Meer unfahrbar machen würde.

Übrigens ist es ein Irrtum, anzunehmen, daß die Schiffe Heinrichs des Seefahrers das Kap Nun, welches, wie sein Name andeutet, als die Grenze der Schiffahrt an dieser Küste angesehen wurde, als die Ersten umsegelt hätten; denn auf Karten des vierzehnten Jahrhunderts, die also noch vor der Geburt Heinrichs angefertigt waren, findet sich Kap Bojador bedeutend südlicher liegend angegeben, abgesehen davon, daß man schon vor Heinrich von dem Küstenpunkte Ulil wußte, wo sich · ein natürlicher Lagerplatz von Salz finden sollte, das von da nach dem Innern geschafft wurde und das nach Cooley[1]) und Barth in der Umgegend der Insel Arguin gelegen war.

Der Wad Draa, dessen Länge uns Renou[2]) als um ein Sechstel die des Rheines übertreffend angiebt, führt nur in seinem Oberlaufe das ganze Jahr hindurch Wasser, das nur einmal im Jahre nach der Schneeschmelze den Ozean erreicht. Der Oberlauf des Flusses durchströmt von Norden nach Süden die fruchtbare Oase Wad Draa und biegt bei 29° nördl. Breite nach Westen um; von hier an hört plötzlich der Wasserreichtum auf und die Landschaft nimmt einen steppenhaften Charakter an. Als Panet den Fluß ungefähr 120 km von der Mündung Mitte April überschritt, hatte das Wasser eine Tiefe von 60—70 cm, aber Lenz, der flußaufwärts eine Strecke

*) Nr. 43. *) Nr. 48.

im Wad Draa entlang zog, fand den Fluſs ausgetrocknet und nur einzelne stehengebliebene Tümpel in demselben vor. Den Charakter des an seiner Sohle ungefähr 150 m breiten Thales des Wad Draa in seinem Unterlaufe schildert Lenz mit folgenden kurzen Worten: „Gerstenfelder und Weideplätze zwischen unfruchtbaren, sandigen Stellen, einige Thujabäume, auch vereinzelte, versprengte Arganbäume, deren Südgrenze schon eigentlich überschritten ist, und dürftiger Graswuchs.“ Selbst einige kleine Häuser aus Lehm, welche als Hirtenwohnungen dienten, fand Lenz im Wad. Nach den Funden des Rabbiner Mardochai im oberen Wad Draa, bestehend in einer groſsen Menge von auf dunkelblauem Kalkstein eingeritzten Figuren vom Rhinozeros, Elefant, Schakal, Pferd, Strauſs und Giraffe, sogenannte Petroglyphen, die Duveyrier im „Bulletin de la Société de Géographie de Paris“ im Jahre 1876 veröffentlicht hat, ist es nicht unwahrscheinlich, daſs noch in historischer Zeit in diesen Gegenden ein feuchteres Klima geherrscht hat, das jenen Tieren, die wir heute erst unter den Tropen finden, den Aufenthalt ermöglichte. Auch die Beschaffenheit der Ufer des oft über 2000 m breiten Fluſsthales läſst auf einen gröſseren Wasserreichtum in früheren Zeiten schlieſsen; denn die wild zerrissenen, stark zerklüfteten Ufer, die von der Thalsohle aus den Anblick von Bergketten gewähren, können nur durch flieſsendes Wasser erodiert worden sein.

Das Land zu beiden Seiten des Draa ungefähr 120 km von der Küste gehört zur Hammada, jener abwechselnd mit Flugsand und Steingeröll gröſseren und kleineren Kalibers bedeckten Ebene, aus der auch bisweilen Felsen aus senkrecht stehenden Schichten dunkeln Quarzits bestehend hervorragen. Nach der Küste zu wird das nördliche Ufer fruchtbarer und gestattet stellenweise den Anbau von Gerste, während auf der südlichen Seite nur spärliches Futter für die Herden gefunden wird.

Die Mündung des Wad Draa, die von den Kanariern Boca de los Robalos genannt wird, ist breit, aber auch durch eine Sandbank versperrt, die nur auf der südlichen Seite einen für Böte fahrbaren Kanal offen läſst. Ungefähr 11 km südlich von der Mündung des Draa befindet sich eine kleine Bucht, von den Arabern Uina Seguera (Rettungsbucht), von den Kanariern Mano de la boca de Robalos genannt und 17 km südlich davon eine andre Uina oder Meano genannte Bucht, die durch ihre gegen die Brandung geschützte Lage besonders bemerkenswert ist; vor einer kleinen Bucht zieht sich nämlich in flachem Bogen eine Reihe von Felsriffen hin, die bei der Ebbe trocken liegen und den vom Meere abgegrenzten Teil gegen

die Brandung schützen, so daſs Böte, welche durch einen Kanal
in die Bucht einfahren, ruhig das Geschäft des Ein- und Ausladens
besorgen können. Das Hinterland, welches 40—50 m über dem
Meere liegt, ist eine endlose, horizontale, steinige Ebene, die mit
Dagmazgesträuch bestanden ist, zwischen dem sich nur selten ein
lebendes Wesen erblicken läſst.

Mit der Mündung des Schibika, die auch Boca grande genannt
wird, erreicht die Küste, die von hier eine mehr westliche Richtung
annimmt, den am weitesten in das Land vordringenden Punkt; es
ist der Scheitelpunkt des Winkels, den die Küstenlinie zwischen
Kap Nun und Kap Dschuby bildet. Durch diese Änderung in der
Richtung der Küste wird ein Anprallen der bisher parallel der Küste
sich bewegenden Meeresströmung an dieselbe verursacht, wodurch
die Gewalt der Brandung noch verstärkt und ein Anlaufen der Küste
zwischen Boca grand und Kap Dschuby fast unmöglich gemacht
wird. Der Schibika, dessen Bett an der Mündung ungefähr 300 m
breit ist, dessen spärlicher Wasserfaden aber nur 20—30 Fuſs in
der Breite miſst, ist für kleine Böte schiffbar, aber an seiner Mündung durch eine Sandbank verschlossen.

Einige Kilometer westlich von dem letzten, an dieser flachen
Küste weithin sichtbaren Hügel, dem Gord-el Jamar, öffnet sich
unter 28° 6' nördl. Breite die Küste zur Bai von Argila, auch
irrtümlich Puerto Consado genannt, von den Arabern als Guad Jani
Naam (d. i. Mündung des Straufsflusses) und von den Kanariern als
Boca del Rio bezeichnet. Es ist dies eine kreisförmige Bucht von
etwa 3 km Durchmesser, deren schmale Öffnung zum Meere durch eine
Reihe von Felsklippen auch für Böte unfahrbar gemacht wird, so
daſs dieser ausgezeichnete Hafen wertlos ist. Dies scheint jedoch
nicht immer so gewesen zu sein; denn nach Lee[1]) finden sich auf
der nördlichen inneren Seite der Bucht die Überreste eines Turms,
die 9 m im Quadrat messen und 1,6 m über dem Meeresspiegel
liegen und die den Anschein haben, als wären sie die Reste eines
versunkenen gröſseren Gebäudes. Nach demselben Forscher befindet
sich auch weiter landeinwärts eine groſse Sebcha, welche in früherer
Zeit ein Arm der Bucht gewesen zu sein scheint, so daſs auch an
dieser Stelle eine negative Strandlinienbewegung zu konstatieren wäre.

Eine auf dem Dampfer „Perez Gallego" befindliche Kommission
zur Aufsuchung von Santa Cruz de Mar pequeña sah die erwähnten
Baureste ebenfalls und entschied sich dafür, daſs es die Reste des
von Herrera erbauten Forts seien.

---

[1]) Nr. 131.

In ihrem weiteren Verlaufe nach Westen bis zum Kap Dschuby ist die abwechselnd aus dunklem Sandstein und flachen Sanddünen gebildete Küste wegen der durch die Meeresströmung noch verstärkten, gewaltigen Brandung ganz unnahbar; große Mengen von Schiffsresten, Bauhölzern, Bäumen, die jedenfalls schon einen weiten Weg über den Ozean zurückgelegt haben, werden hier alljährlich an die Küste geworfen und von den Eingeborenen in mannigfacher oft eigentümlicher Weise wieder verwendet.

Beschreibung der Küste vom Kap Dschuby bis zur Senegalmündung.

Mit dem Kap Dschuby unter 27° 50′ nördl. Breite erreicht der flache Bogen, den die Küste von Agadir aus bildet, sein Ende; denn die Küste nimmt von hier aus eine südwestliche Richtung an. Obwohl in der Umrißgestaltung des afrikanischen Kontinents ein ziemlich stark hervortretender Punkt, entbehrt das Kap doch jeder Eigenschaft eines Kaps im Sinne eines hervorspringenden, weit hinaus sichtbaren Felsenpunktes. Kap Dschuby ist vielmehr nur ein niedriger, sandiger Punkt, der in einem mit Gesträuch bestandenen Hügel endet, welcher von der See aus das Aussehen einer Insel bietet. Wegen der starken Meeresströmung und Brandung den Schiffern unnahbar, verdankt es seine in dem letzten Jahrzehnt erlangte Berühmtheit einem Felsriff, das sich in der Entfernung von 1¹/₂ Meile in einer Länge von 600 Yards der Küste vorlagert und so den Schiffen eine sichere Zuflucht bietet. Auf diesem Riff erbauten englische Unternehmer, nachdem die Eingeborenen die früher auf dem Festlande errichtete Faktorei zerstört hatten, ein kleines Fort, in dessen Schußbereich die auf dem Festlande neu errichtete Faktorei liegt. Elf km südlich von dieser Tarfaga oder Matas de San Bartolomé benannten Rhede liegt die kleine Bucht Matas de los Majoreros, in der die kanarischen Fischer mit den Eingeborenen Tauschhandel treiben.

Hinter der östlich und südwestlich von Kap Dschuby gelegenen Küste ziehen sich nahezu parallel mit ihr eine Reihe von welligen scharf von einander getrennten Hochebenen, Mesetas genannt, hin, die wegen der verhältnismäßig guten Weide, die sich auf ihnen findet, von großen Herden von Kamelen, Ziegen und Schafen bevölkert werden. Es sind dies die nördlichen und nordwestlichen Abhänge, in denen das zentrale Plateau der West-Sahara zum Meere hin abfällt. Die konstant an dieser Küste wehenden Nord- und Nordostwinde (Passate) vermögen an diesen über 250 m hohen Abhängen

einen Teil ihrer mitgeführten Feuchtigkeit zu verdichten und ermöglichen dadurch das Bestehen einer Steppenflora, die man als den
Übergang zwischen der Wüstenflora im Süden und den nördlich von
Assaka liegenden fruchtbaren Gebieten der Atlas-Region betrachten
kann.

102 km südlich von Matas de los Majoreros befindet sich die
Mündung des Seguia el Hamra, Boca del Meano genannt. Das
nach der Regenzeit, von Oktober bis Dezember, wasserführende, in
der andren Zeit aber trockene Flußbett, bildet mit seinen weitver-
zweigten Nebenarmen eine Oasengruppe, die uns Alvarez Perez[1] in
dem Bericht über seine Expedition nach dem Seguia el Hamra mit
prächtigen Farben schildert: „In der Boca del Meano findet sich
trinkbares Wasser im Überfluß, das Land ist fruchtbar und gut be-
wässert, schon von der Küste aus sieht man im Binnenlande starke
Bäume. Je weiter man in das Innere vordringt, um so mehr vermehrt sich der Baumbestand, zu dessen Arten die Dattelpalme und
der Gummibaum gehören. Das Hauptthal des Flusses und einige
seiner Nebenflüsse erzeugen Weiden. Die Tierwelt ist zahlreich; die
Bevölkerung weniger dicht, ihre Hauptbeschäftigung ist die Viehzucht; außerdem ernten sie einiges Getreide, Datteln, Feigen und
andre europäische Früchte und Gemüsearten." Joacquin Costa[2]
glaubt, daß die Ertragfähigkeit des Bodens durch Anlage von
artesischen Brunnen noch erheblich gesteigert werden könne und
sieht im Geiste hier schon ähnliche ertragreiche Dattelkulturen entstehen, wie sie nach dem Jahre 1857 durch Anlegung von artesischen
Brunnen im südlichen Algier entstanden. Die Fruchtbarkeit des
Landes erstreckt sich aber durchaus nur auf das Flußthalnetz, das
im Inneren weit verzweigt und bis jetzt noch wenig erforscht ist.
Die Umgegend des unteren Seguia el Hamra ist auf der südlichen
Seite eine steinige oder felsige Ebene mit einigen flachen Erhebungen,
die nach Süden in den Tiris genannten Teil der Sahara übergeht.

Südlich von Boca del Meano ist die Küste in ihrer ganzen
Erstreckung besonders stark versandet durch die Sandmassen, welche
der die größte Zeit des Jahres hindurch wehende Nord- und Nordost-
Passat aus dem Innern nach dem Meere hintreibt. Die durch die
flache Küste verursachte Brandung macht das Anlaufen äußerst
gefährlich und nur einige Punkte, an denen die Sandsteinfelsen des
Festlandes bis hart an die Küste herantreten und wo deshalb dieser
flache, gefährliche Strand fehlt, bieten den Fischerbooten einen gegen

---

[1] Nr. 119.   [2] Nr. 123.

Nord- und Nordostwinde meistens geschützten Zufluchtsort. Der der
Mündung des Seguia el Hamra zunächst liegende Punkt ist das Kap
Bojador, ein noch nicht 40 m hoher Sandsteinfelsen, der, von Norden
allmählich ansteigend, nach Süden steil zum Meere abfällt. Das
Kap, das man schon auf den Karten des XIV. Jahrhunderts als
Bugeder, Buyeder, caput finis Africae, Enbucder, Dajeteder oder
Ducador angegeben findet, war im Mittelalter der am weitesten südlich
liegende, besuchte Küstenpunkt, den die Seefahrer jedenfalls wegen
der Trostlosigkeit der Küste und der starken Meeresströmung, die
hier 1½ Meile für die Stunde beträgt, nicht zu überschreiten wagten.

Die südlich von Kap Bojador liegenden Ankerplätze, wie Pilon
de la Bombarda, Meseta de la Gaviota, El Monito, Morro del Ancla,
Buen Jardin, Las Puntas und Angra à Caballo dienen den kanarischen
Fischern, die an dieser fischreichen Küste von Juli bis Oktober ihr Gewerbe betreiben, teils als Zuflucht gegen die mit Westwinden bisweilen
auftretende hohe See, teils wegen des Vorkommens von frischem
Wasser bei einzelnen, wie Buen Jardin, Meseta de la Gaviota, als
Wasserversorgungsstationen. Die wichtigste Stelle an der ganzen
atlantischen Küste der Sahara ist der Rio de Oro oder, wie man
ihn neuerdings spanischerseits sachgemäßer hat benennen wollen
Ria de Oro (Ria bedeutet Meeresarm); denn von dem Flusse, der
nach De Castries Erkundigungen im Hintergrunde der Bucht in
dieselbe einmünden sollte, ist keine Spur zu finden gewesen, so daß
der dem von den portugiesischen Seefahrern für eine Flußmündung
gehaltene Meeresarm gegebene Name „Goldfluß" durchaus keine
Berechtigung hat.

Die negative Strandlinienbewegung, die wir schon an verschiedenen Punkten der Küste zu beobachten Gelegenheit hatten, zeigt
sich am Rio de Oro besonders kräftig und hat in Verbindung mit
der Thätigkeit der große Sandmassen transportierenden Landwinde
eine Menge von Untiefen vor und in der Bucht entstehen lassen, die
es Schiffen unmöglich macht, in die Bucht selbst einzufahren. Der
Ankerplatz befindet sich deshalb außerhalb der Bucht zwischen dem
südlichsten Punkte der Halbinsel, Tarf Ergueiba, und dem auf dem
gegenüberliegenden Festlande gelegenen Fisherman-Point und nur
kleinere Schiffe vermögen bei der Flut über die den Eingang ver-
sperrende Sandbarre hinwegzusegeln und dann noch ungefähr 18 km
weiter in das Innere einzudringen. Im Hintergrunde der Bucht liegt
die 6½ km im Umfange große Insel Herno, von den Eingeborenen
M' Trac genannt, die heute eigentlich gar keine Insel mehr ist, da
sie zur Ebbezeit landfest wird und trockenen Fußes erreicht werden

kann. In dieser Insel glaubten einige Forscher, wie Vivien de St.
Martin und Entz, die Insel Herne wiedergefunden zu haben, die Hanno
bei seiner Expedition im Hintergrunde eines Meerbusens fand, nachdem er einen Tag lang nach Osten gesegelt war. Aber die einzige
positive Thatsache, die uns der Periplus des Hanno von dieser Insel
berichtet, dafs sie nämlich fünf Stadien im Umfange gemessen habe,
widerspricht der Ansicht jener Gelehrten; denn nach der Aufnahme
Quirogas[1]) hat die Insel heute einen Umfang von 6½ km oder
35 Stadien und besteht aus Kalkstein, so dafs eine Vergröfserung der
Insel seit der Zeit des Hanno durch Anschwemmung nicht statt-
gehabt haben kann, wenn auch ein Wachstum der Insel durch den
Rückzug des Meeres nicht ausgeschlossen ist. Die den Rio de Oro
bildende Halbinsel, Ed-Dajla, hat eine Länge von 37 km bei einer
Breite von 4—6 km und ist zum gröfseren Teil aus denselben ter-

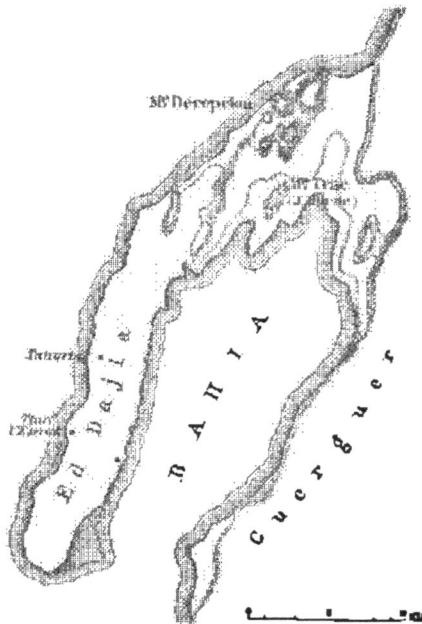

Rio Oro mit der Halbinsel Ed-Dajla, nach Quiroga.

tiären Schichten zusammengesetzt, wie das später zu besprechende
gegenüberliegende Festland; jedoch sind die auf dem Kontinent

---

[1]) Nr. 120.

horizontal lagernden Schichten nach Osten zu geneigt, so dafs der
Höhe der aus dem Meere hervorragenden Schichten von 20 m auf
der Westseite, auf der Ostseite nur eine solche von 7 m entspricht.
Die Oberfläche der Halbinsel ist eine flache Ebene, deren höchste
Erhebung, der Tarf-l'Eserak, 29 m über dem Meere liegt; das Zentrum
der Halbinsel nimmt eine 1000 m lange und 100—150 m breite
Einsenkung von 2—2¹/₂ m Tiefe ein, in deren Mitte der einzige
Brunnen der Halbinsel, Tauarta, gelegen ist. Der nördliche Teil der
Halbinsel, der die Verbindung mit dem Festlande herstellt, zeigt
einen andren geologischen Aufbau, der uns zugleich Aufschlufs über
die Entstehung der Halbinsel giebt. Er besteht nämlich nicht wie
die eigentliche Halbinsel aus anstehendem Gestein, sondern ist nur
eine 2—3 m hohe Sanddüne, über welche bei schwerem Wetter die
Wellen des Atlantischen Ozeans in den Rio de Oro hinwegrollen.
Dieser Isthmus wird durch den 29 m hohen Decepcionfelsen in zwei
Teile getrennt, von denen der dem Kontinent benachbarto der geologisch jüngere ist. Der Vorgang der Halbinselbildung ist nun unschwer zu erkennen: Aufser der heute noch vorhandenen Insel
Herne lagen hier einst noch zwei andre Inseln; durch das Zurück-
weichen des Meeres und durch die starke, viel Material herbeiführ-
rende Meeresströmung wurden diese beiden Inseln zuerst zu einer
verbunden, die in der Folge auch landfest wurde und die Halbinsel
Ed-Dajla bildete, deren massiver Kern mit dem auf dem Isthmus
liegenden Decepcionfels als die Reste jener beiden Inseln zu
betrachten sind; durch die Entstehung des Isthmus wurde dem
Meeresstrom der Weg versperrt, so dafs der Vorlandungsprozefs bei
der Insel Herne langsamer von statten ging, als bei jenen beiden
Inseln. Joaquin Costa[1]) ist der Meinung, dafs jene durch die Ver-
schmelzung der beiden ursprünglich vorhandenen Inseln neu entstandene Insel identisch mit der von Herodot[2]) erwähnten Insel
Cyranis sei, welche nach der Aussage der Karthager bei dem Lande
der Gyzanten liegen sollte; und in der That stimmen auch die von
Herodot überlieferte Größenangabe der Insel von 200 Stadien gleich
37 km und die sich im Innern derselben findende Lagune mit den
heutigen Verhältnissen von Ed-Dajla vollständig überein, wenn sich
auch statt der Lagune heute nur eine Niederung vorfindet. Weiter
folgert nun Costa, dafs jene drei Inseln die von Hanno auf seiner
Fahrt in den Flufsarm ($\mathit{\Lambda}\mu\nu\eta$) Chretes angetroffen seien; aber der
Periplus sagt, dafs die drei Inseln in dem Flufsarm lagen, während

---

[1]) Nr. 121. [2]) lib. IV. cap. 195 ed. Müller-Didot p. 237.

nach Costas Ansicht der Meeresarm erst durch die Inseln gebildet wird, zwischen welchen beiden Fällen doch jedenfalls ein Unterschied zu machen ist, abgesehen davon, dafs sich an dem Chretes hohe, von wilden, mit Tierfellen bekleideten Menschen bewohnte Berge erheben sollten, die Costa allerdings in den Terrassen, in denen die Wüste nach der Küste zu abfällt und die vom Rio de Oro aus das Aussehen von Bergen haben sollen, wiedergefunden zu haben glaubt.

Die Veränderungen, die die ganze Küste in historischer Zeit nachweisbar sowohl orographisch als auch klimatologisch durchgemacht hat, machen es heute äufserst schwierig, wenn nicht unmöglich, jene unter ganz veränderten Verhältnissen gemachten Ortsangaben mit Punkten der Küste, wie sie sich heute dem Beobachter darbietet, absolut sicher zu identifizieren. Südlich vom Rio de Oro verläuft die Küste unter denselben Verhältnissen und in derselben Richtung weiter, wie zwischen Kap Bojador und dem Rio de Oro; einige geräumige Buchten, wie Angra da Cintra, Angra de Gorey, Bahia de San Cyprian, die von der Insel Virginia gebildete Rhede und die Bucht von Corveira gewähren den Böten Schutz gegen Nord- und Nordostwinde, nicht aber gegen die lokalen Westwinde. Das Vorkommen von frischem Wasser an einigen Punkten, wie Angra da Cintra, ist neben dem Schutzbedürfnis das Einzige, was die Fischer zum Landen an dieser sehr gefährlichen, brandungsreichen Küste veranlafst.

Der einförmige Verlauf der Küste findet seinen Endpunkt an dem Kap Blanko, dem äufsersten Punkte der die Bahia de Galgo oder Levrier-Bai nach Westen begrenzenden Halbinsel. An der Stelle, an der die Halbinsel mit dem Kontinent zusammenhängt, ist das Land so flach, dafs man auf dem Meere vom Mastkorbe über die Halbinsel hinweg den innersten Punkt der Levrier-Bai sehen kann. Kap Blanco ist ein ungefähr 25 m hoher Sandsteinfels, der ungefähr 850 km von den kanarischen Inseln entfernt ist; aber trotz dieser grofsen Entfernung und trotz der starken Meeresströmung und den herrschenden nördlichen Winden finden sich hier jährlich eine grofse Anzahl von kanarischen Fischern ein, die einen sehr einträglichen Fischfang betreiben. Denn so öde und leblos die Küste ist, so reich bevölkert von einer Unzahl von Fischen ist das ganze Gestade vom Kap Bojador bis zum Kap Blanco. Besonders die Strecke zwischen Kap Barbas und Kap Blanco zeigt einen Fischreichtum, der dem an den Küsten von Norwegen, Island und Neu-Fundland nicht nachstehen soll. Bis in die Gegenwart vermochten diese Gestade jedoch nicht die Aufmerksamkeit der europäischen

Nationen auf sich zu ziehen, obschon man durch die Werke Berthelots[1]) und andrer von ihrem Fischreichtum wußte; nur kanarische Fischer suchten diese Gewässer auf und deckten hier vom Juli bis Oktober ihren Bedarf an Fischen, da in jener Zeit der Fischfang am ausgiebigsten ist und die gefährlichen Westwinde weniger häufig sind. Erst seit der Gründung der „Pesquerias Kanario-Africanas" im Jahre 1882[2]) begann man sich in Spanien für jene Fischereigründe zu interessieren und die Annexion der Küste zwischen Kap Bojador und Kap Blanco bezweckte mit in erster Linie die Monopolisierung des Fischfangs seitens Spaniens.

Die geräumige Levrier-Bai ist ebenso wie die schon früher erwähnten Buchten an der Westküste vollständig versandet und mit einer Menge von Sandbänken ausgefüllt, so daß sie als Ankerplatz fast wertlos ist; nur an der westlichen Seite der Bucht führt ein 2½ Faden tiefer Kanal zur Cansado-Bai, in der die Schiffe gegen Westwinde Schutz finden. Auf ihrer Ostseite wird die Bahia del Galgo von einer Halbinsel begrenzt, die auf ihrer Westseite von einer Folge von Sanddünen und Sandsteinhügeln durchzogen wird und in der 4 m über dem flachen Lande hervorragenden Pointe d'Arguin endigt. Auf der Ostseite dieser Halbinsel bildet die Küste eine kleinere, halbkreisförmige Bucht, in der die Insel Arguin und einige andre kleine Inseln liegen. Diese kleine, ungefähr 7 km lange und 4 km breite Insel, deren höchster Punkt 10 m über dem Meere liegt, ist heute wegen ihres Mangels an trinkbarem Wasser unbewohnt; auf der Ostseite der ringsum von Sandbänken eingeschlossenen Insel finden sich heute noch die Reste jenes von den Portugiesen zum Schutze ihrer auf der Insel errichteten Handelsstation erbauten Forts.

Nachdem die Küste östlich von dieser zweiten eine dritte, noch kleinere Bucht gebildet hat, verläuft sie direkt südlich bis zum 19° 25' n. B., wo ein Meeresarm, der St-Jean-Fluß, den geraden Verlauf der Küste unterbricht. Wie schon der Name dieses vom Meere aus allerdings den Anblick einer Flußmündung bietenden Meeresarmes andeutet, glaubten die ersten Besucher dieser Küste hier die Mündung des großen, aus dem Reiche des Priester Johannes kommenden Flusses gefunden zu haben, ebenso wie sie es bei der Auffindung des Rio de Oro von diesem geglaubt hatten; aber nichts deutet im Hinterlande auf die ehemalige Existenz eines Flusses hin. Die Küste, der etwas nördlich vom St-Jean-Flusse einige kleine, zum

[1]) No. 41. [2]) No. 124.

Teil bewohnte Inseln, wie die Hiwick- und Tider-Insel vorgelagert sind, wendet sich nach jenem Meeresarm plötzlich westsüdwestlich bis zum Kap Mirik, dem westlichen Punkte jener in dreieckiger Gestalt hervorspringenden Halbinsel. In der Nähe dieses Kaps endet die sogenannte Bank von Arguin, ein unterseeischer Sandsteinrücken, den man als die Fortsetzung der Sandsteinhügel auf der Ostküste der Levrier-Bai ansehen kann. Auch hier scheint sich die negative Strandlinienbewegung bemerkbar zu machen; denn es ist unwahrscheinlich, daß zur Zeit der Gründung von Niederlassungen auf Arguin die Bank von Arguin, die heute eine Annäherung der von ihr eingeschlossenen Küste sehr gefährlich macht, schon ebenso nahe an den Meeresspiegel gereicht hat, als es heute der Fall ist.

Nachdem die Küste vom Kap Mirik ab wieder eine südöstliche Richtung angenommen hat, bildet sie die Tanit-Bai, eine ebenfalls durch Sandbänke verschlossene Bucht, die deshalb für Schiffe schwer erreichbar, aber desto geeigneter für den Fischfang ist, der hier von den Eingeborenen eifrig betrieben wird. Von hier aus zieht die Küste äußerst einförmig in flachem Bogen bis zur Mündung des Senegal hin, nur unterbrochen von dem Marigot de Ndiadier, jenem trockenen Arm des Senegal, der wahrscheinlich seine frühere Mündung ist, aber heute nur bei Hochwasser eine Verbindung zwischen Senegal und dem Meere herstellt. Der innerste Punkt jenes flachen Küstenbogens ist die ehemals Portendick, jetzt Ndjeil genannte Reede, die wegen der vorgelagerten Klippen einigen Schutz gegen die Brandung gewährt. In einiger Entfernung von der Küste, die in ihrem ganzen Verlaufe äußerst flach zum Meere hin abfällt, erheben sich bis 25 m hohe, oft mit einer Art von Schlingpflanzen (Cucurbitaceen) bedeckte Sanddünen, hinter denen sich parallel zur Küste eine Folge von Salzsümpfen bis nach Tiourourt hinzieht. Bei starkem Westwinde dringt das Meer zwischen den Dünen bis nach jenen Salzsümpfen hin vor und füllt sie mit Meerwasser an, das bei der Trockenheit der Atmosphäre bald wieder verdampft und als Rückstand ziemlich reines Salz hinterläßt, das schon von alters her die Karawane bis von Tagant her herbeilockte.

Die West-Sahara.

Das Hinterland der soeben beschriebenen, öden Küste hielt man bis in die Gegenwart, wenigstens in ihrem nördlichen Teile, für eine trostlose Einöde, in der sich die Ungunst des Klima und der Bodenverhältnisse dazu vereinigten, alles tierische und pflanzliche Leben zu unterdrücken; von den südlichen, in der Nähe des Senegal

liegenden Gegenden wuſste man aus franzöſischen
Berichten, daſs sie von Hirten bevölkert ſeien,
die mit zahlreichen Schaf- und Riudviehherden
zur Regenzeit nördlicher gelegene Gegenden aufsuchten, wo ihre Herden dann auch genügendes
Futter fänden. Heute wiſsen wir jedoch, daſs die
Fauna und Flora in jenem ungefähr 600 km
breiten Küstenstreifen keineswegs ſo arten- und
individuenarm ist und daſs es nur wenige Gegenden
giebt, in denen durchaus keine Vegetation zu
finden ist.

Der zwiſchen Seguia el Hamra und dem
Breitengrade vom Kap Blanco gelegene Teil dieses
Gebietes heiſst Tiris, mit Ausnahme eines schmalen
Küstenstreifens südlich vom Rio de Oro, der
Guerguer genannt wird. Nach den Aufnahmen
Quirogas[1]) ist das Land in seinem zentralen Teile
eine 300—350 m hohe, aus Gneis und Granit
aufgebaute Hochebene, die nach Westen zu in
der Küste parallel laufenden, von tertiären und
quartären Schichten gebildeten Abhängen zum
Meere abfällt. Die tertiären Schichten, die der
Küste zunächst liegen, haben eine Breite von
35—40 km und steigen in ihrem zentralen Teile
bis zu 40 m Höhe an; es ist Kalkstein, der an
ſeiner Oberfläche durch die fortwährend über ihn
hinstreichenden, mit Quarzsand reich beladenen
Nordostwinde geglättet ist und deutliche Spuren
äolischer Erosion zeigt. Binnenwärts werden diese
tertiären Schichten dann konkordant überlagert
von thonigem Kalkstein abwechselnd mit weiſsen,
unzusammenhängenden Sandmassen, die Quiroga
wegen des fehlenden Eisens und des häufigen Vorkommens von helix für quartär hält. Auch in
dieſen Schichten hat sich die Erosion der Nordostwinde thätig gezeigt, indem sie 15—20 m
tiefe, von Nordost nach Südwest streichende Thal-
mulden ausgehöhlt hat, die an ihrer Sohle vollständig eben sind.

---

[1]) Nr. 126.

Eine etwa 15 km breite Zone krystallinischer Schiefer trennt die quartären Schichten von dem mächtigen Granit- und Gneismassiv, aus welchem das eigentliche Tiris aufgebaut ist. Wo der Granit zu Tage tritt, ist er von den erodierenden Winden an seiner Oberfläche abgeglättet, so daß kein Stein oder Felsen die über sie hinwegjagenden Sandmassen aufzuhalten und die Bildung von Sanddünen herbeizuführen vermag. An diesen Stellen der Wüste fehlt jede Vegetation und die Natur zeigt sich völlig erstarrt. Gewöhnlich sind jedoch diese krystallinischen Gesteine von Sandmassen überlagert, die entweder der Wind, aufgehalten durch ein Hindernis, um dieselben herum zu Hügeln zusammengeweht hat, oder die, fast ebenso häufig, in einer mehr oder minder dicken Schicht den ganzen Boden bedecken und den Marsch über sie hinweg für Menschen und Tiere sehr beschwerlich machen. Diese letztere, ebenfalls vollkommen unfruchtbare Formation finden wir in der sich vom St. Jean-Fluß bis nach dem Süden von Algier sich hinziehenden Sanddünenregion, von den Eingeborenen El Erg, von uns Igidi genannt. Die einzige, allerdings auch nur spärliche Vegetation erzeugende Formation ist die zweite, wobei der Sand zu Hügeln zusammengeweht ist, zwischen denen die Vegetation erzeugt wird. In der Küstenregion ist es eine kleine, harte Grasart, sirnuga, welche zu kleinen Oasen vereinigt den Boden bedeckt; nach dem Innern zu bilden 40—60 cm hohe Gräser die Nahrung für die Kamele der Karawanen. Auch vereinzelte Bäume sind in der Wüste zu treffen, vielleicht die Überreste eines, wie zahlreiche Funde von halbverkieselten Holzstämmen andeuten, ehemals dichteren Baumbestandes.

Die Üppigkeit der Vegetation wächst mit der Höhe der sie gegen austrocknende Winde schützenden Hügel; denn der nächtliche Taufall ist, wenn seine Feuchtigkeit nicht durch trockene Winde schnell wieder aufgesaugt wird, bedeutend genug, um einige Vegetation zu erzeugen und zu unterhalten. Erreichen nun die Hügel eine beträchtliche Höhe oder finden sich sogar in der Formation des Landes gebirgsartige Erhebungen oder tiefe Einsenkungen, wie z. B. tiefe Flußtäler, so kann die Vegetation eine so kräftige werden, daß sie einigen Ackerbau gestattet und genügendes Weideland zu erzeugen vermag, um den Herden der Wüstenbewohner das ganze Jahr hindurch Futter zu gewähren. Eine mit solchen Vorzügen ausgestattete Gegend ist in diesem Teil der Wüste die 74,000 ☐ km große Oasengruppe Adrar-Tomar, die durch zwei in einem Winkel nach Süden zusammenstoßenden Bergketten, welche an ihren höchsten Stellen im Süden über 400 m hoch sind, gebildet wird. Die Vegetation ist im Süden, wo die Berge am höchsten sind, am kräftigsten und nimmt mit der Höhe der Berge nach Norden hin ab; aufser Weizen, Gerste, Hirse und Mais erntet die in vier Städten und einigen zwanzig Dörfern ansässige Bevölkerung aus ihren Gummiwäldern und Dattelplantagen grofse Mengen Gummi und Dattein, die sie nach dem Senegal verkauft. Westlich von Adrar-Temar liegt die Oasengruppe Adrar-Suttuf, die viel kleiner und unfruchtbarer als jene ist; denn aufser einer Anzahl Gummibäume ist in ihr nur Weideland zu finden, auf dem die nichtansässige Bevölkerung ihre Herden weidet.

Die Vegetation ist in der Wüste zwischen Oktober und November am kräftigsten; wenige Tage nach Beginn der Regenzeit, wenn man von einer solchen hier noch sprechen kann, bedecken sich die günstiger gelegenen Stellen mit frischem Grase, das 8 Monate hindurch grün bleibt und erst unter den glühenden Strahlen der Julisonne verdorrt. Die Hitze und die Trockenheit der Luft ist dann in dieser Zeit so grofs, dafs es unmöglich ist, während der Tagesstunden zu reisen oder irgend welche Arbeit zu verrichten. Die Bewohner sind genötigt, zum Schutz gegen den ausdörrenden und mit feinem Sande überladenen Wind, ihren Körper von Kopf bis zum Fufs in schützende Tücher einzuhüllen und so viel als möglich die Augen zu schliefsen, um den stechenden Schmerz, den die trockene Luft an den Augen erzeugt, zu verhindern. Dafs bei einer solchen Trockenheit der Luft ein andres Vorkommen von Wasser als das in Brunnen unmöglich, ist selbstverständlich. Die Brunnen sind ziemlich dicht über das ganze Gebiet zerstreut und nur in den ödesten Gebieten liegen sie bisweilen drei Tagereisen von einander entfernt. Ihr Wasser, das in der Nähe der Küste und in der Umgebung von Sebchas (Salzsümpfe) salzig und deshalb ungeniefsbar, ist von Natur gut, aber die Sorglosigkeit der Araber, die sich mit ihren Herden Tage lang in der nächsten Nähe dieser Brunnen lagern und hierbei jede Vorsicht zur Reinerhaltung des Wassers aufser Acht lassen, hat es bewirkt, dafs das Wasser in den meisten von ihnen für Menschen ungeniefsbar ist.

Der südlich von Tiris bis zum Senegal hin sich erstreckende Teil der Sahara, den man in den dem Senegal benachbarten Gebieten als Aftuth-Ebenen bezeichnet, zeigt uns dasselbe Bild wie jene Regionen; flachwelliger Sandboden, der mit Gräsern und Kräutern dünn übersäet ist, aber etwas zahlreicher Baumbestand von Dattel- und Gummibäumen. So befindet sich in der Nähe vom Brunnen Tauurta ein Bestand von 1500 bis 2000 Dattelbäumen, die einem Scheikh aus Adrar gehören und westlich und südlich davon sind noch weitere Bestände zu finden. Aber die Mehrzahl der das Land oft in dichten Wäldern bedeckenden Bäume sind Mimosen, die den Bewohnern des Landes schon seit altersher grofse Mengen von Gummi liefern. Hooker[1]) giebt folgende vier, über ganz Afrika hin verbreitete, gummiliefernde Spezies an: Acacia gummifera, Mimosa gummifera, Acacia coronillaefolia, Mimosa coronillaefolia, Sassa gummifera und Acacia arabica. Am verbreitetsten ist die Spezies A. arabica, welche sich über ganz Afrika südlich vom Sus bis nach Zentralindien hin vorfindet. In Marokko ist diese Spezies nicht bekannt; hier liefert Acacia gummifera, die besonders häufig im südlichen und westlichen Marokko bis zum Sus hinab vorkommt, einen besseren Gummi als jene weitverbreitete Spezies, die allerdings den gröfsten Teil des auf der Erde als gummi arabicum verwendeten Produktes erzeugt. Teils sind es nur krüppelhafte Sträucher, teils etwas höher gewachsene Bäume, die, zu Wäldern vereinigt oder auch vereinzelt wachsend, bei der dürftigen Ernährung, die ihnen die Wüste und ihr Klima bietet, noch beträchtliche Mengen überschüssigen Saftes zu erzeugen vermögen. Das Geschäft des Sammelns des Gummis, das wegen der erstickenden Luft in den Wäldern und den Dornen der Bäume und Sträucher ein sehr mühsames ist, wird jährlich zweimal besorgt, im Dezember und im März. Den Bäumen, in denen sich nach der Regenzeit, die am Senegal vom Juli bis September dauert, beträchtliche Saftströme entwickeln, die um so stärker sind, je lebhafter die durch die Wärme beförderte Verdunstung von Wasser durch die Blätter ist, werden in dieser Zeit Einschnitte beigebracht, aus denen dann ein milchweifser Saft fliefst, der in untergestellten Gefäfsen gesammelt wird und bald zu einer klebrigen Masse gerinnt. Dieser häufig verunreinigte Gummi gelangt als Rohgummi in einer Menge von jährlich 2,5—3,5 Mill. kg aus der französischen Senegalkolonie in den Handel, ein Zeichen für die Häufigkeit des Vorkommens der Gummibäume in jenen Gegenden. Aber nicht einmal aller nördlich vom Senegal gesammelte Gummi gelangt in die französische Kolonie; ein Teil davon kommt auf dem Karawanenwege, zusammen mit dem in dem Seguia el Hamra gewonnenen nach Marokko, das selbst auch viel Gummi produziert; hauptsächlich in den Provinzen Blad Hamar, Rahamma und Sus finden sich grofse Bestände von Acacia gummifera. Übrigens ist die Gattung Acacia über die ganze Sahara hin verbreitet; schon Leo Africanus spricht von Gummi aus der Wüste von Numidien und Libyen und Duveyrier zählte zwischen Ghat und

---

[1]) Nr. 109.

Gadames 16 und zwischen Ghat und Mursuk 22 Gummiwälder. Dr. Rebatel konstatierte im Jahre 1874 in einem einzigen Thal in Tunis, Talah, etwa 40 000 Gummibäume, die allerdings wenig Gummi lieferten, da die Eingeborenen nur Brennholz aus den Wäldern bezogen, ohne den wertvollen Gummi zu sammeln.

Wie sich das Plateau der Sahara nach Norden in einer Reihe von östlich und südwestlich vom Kap Dschoby sich hinerstreckenden Höhenzügen zum Meeresniveau abdachte, so fällt es auch an seiner Südgrenze zum Teil in einer Reihe von Abhängen zum Senegal hin ab. In den weniger hoch über dem Meeresspiegel liegenden Gegenden an der Mündung des Flusses senkt sich das Plateau allmählich zum Flusse; in den höheren, landeinwärts liegenden Gebieten fällt das Plateau jedoch in von Südwest nach Nordost gerichteten Hügelketten, Helip Anaghim genannt, zur Ebene hin ab; zwischen diesen Hügelreihen liegen abflußlose Gebiete, die zur Regenzeit meistens überschwemmt sind. Im Sommer findet sich nur Wasser in einer Reihe von Salzsümpfen und das übrige Land wird von den Eingeborenen angebaut. Die Ebenen im Südosten jener Hügel zeigen einen steppenhaften Charakter und gehen nach Osten in die Steppengebiete des westlichen Sudan über.

Die Bevölkerungsverhältnisse im allgemeinen.

Die Bevölkerung des Küstenstriches bildet einen Teil des den ganzen Norden Afrikas einnehmenden Völkergemisches, das man sich als aus einer Grundmasse von Völkern berberischer Rasse bestehend denken mag, mit der in verschiedenen Graden der Intensität Araber und Neger gemischt sind. Verschiedene Ursachen haben bewirkt, daß die arabische Sprache die berberische zurückdrängte und ihre Stelle bei Völkern einnahm, die ihrer Abstammung nach Berber sind, so daß das arabische Element in der Bevölkerung größer erscheint als es in Wirklichkeit ist. Denn erstens kamen die Araber als Eroberer in das Land, die den von ihnen unterworfenen Berberstämmen die arabischen Namen ihrer Fürsten beilegten, so daß nicht immer der arabische Name eines Stammes mit Sicherheit auf die Nationalität desselben schließen läßt. Als fanatische Bekenner und Verbreiter des Islam bekehrten die Araber dann mit rücksichtsloser Strenge die Unterworfenen und zwangen sie durch die Benutzung des Koran zur Bekanntschaft mit der arabischen Sprache, die nun von den Berbern auch in Ermangelung einer eigenen Schriftsprache als solche benutzt wurde. Bedenkt man ferner, daß eben wegen dieses Mangels einer Schriftsprache die berberische

Sprache im Laufe der Zeit in eine Menge von Dialekten zerfallen mußte und dieselbe deshalb der arabischen Sprache, die in ihrem Koran ein starkes gemeinsames Band hatte, das eine tiefgehende Spaltung der Sprache verhinderte, einen wenig erfolgreichen Widerstand entgegen zu stellen vermochte und daß nach Cust[1] „viele bona fide Berber das Arabische angenommen und ihre alte Sprache vergessen haben" und daß einige Berberstämme thöricht genug waren, sich arabische Stammbäume anzueignen, indem sie vergaßen, daß ihr Stamm ebenso alt war, als irgend einer in Arabien, so wird man wohl zugeben müssen, daß bei weitem nicht alle arabisch benannten und arabisch redenden Stämme dieses Gebietes wirkliche Araber sind und daß die Zahl der eigentlichen Berberbevölkerung bedeutend größer sein wird, als es bei einer oberflächlichen Betrachtung den Anschein hat.

Mit dem arabischen bildet das Negerelement den dritten Faktor des nordafrikanischen Völkergemisches. Bei weitem nicht so zahlreich, als die beiden andren, haben die Neger weniger durch ihre Zahl, als vielmehr durch die Veränderung, die ihr Blut im Typus der nordafrikanischen Bevölkerung hervorgebracht hat, auf die Bevölkerung eingewirkt.

Es ist außer allem Zweifel, daß die Neger und zwar Mandingo in früherer Zeit nördlich vom Senegal gesessen haben. Barth, durch die in Kuka und Timbuctu gemachten Quellenstudien zur Geschichte der Negerreiche des Sudan wohl der beste Kenner derselben, sagt in einer Anmerkung zu seinen von Ralfs herausgegebenen Auszügen aus Ahmed Babas „tarich e Szúdán":[2] „Ehe die Berber vom Atlas her in solcher Menge in die sogenannte Wüste vordrangen, waren alle fruchtbaren Oasen von Negern bewohnt, die später ganz zurückgedrängt wurden und nur in Trümmern fast unbemerkt neben den Berbern zurückblieben. Aber sowohl in Walata und Wadan wie in Tischit hat sich bis auf heute die einheimische Sprache, Azaer genannt, erhalten." Als den Zeitpunkt, in welchem Berber „in die sogenannte Wüste vordrangen", nimmt Coello[3] den Anfang des siebenten Jahrhunderts an, also ungefähr die Zeit des ersten Einfalls der Araber in Afrika. Gegen das Jahr 744 drangen neue Scharen von Berbern unter Saleh-ben-Terif, Barbetas genannt, in die Wüste vor, die wahrscheinlich von den Arabern aus ihren nördlichen Wohnsitzen im heutigen Marokko verdrängt worden waren und erst in der Wüste den Islam annahmen. Denn nach Barths

---

[1] No. 102. [2] No. 57. [3] No. 125.

„Chronologischen Tabellen über die Geschichte von Sonrhay", [1]) starb um 837 Tilutan, ein sehr mächtiger Häuptling der Lamtuna, der den Islam angenommen hatte, also jedenfalls als Heide in die Wüste gekommen war. Gegen das Ende des 10. Jahrhunderts bestanden im Norden des Senegal nach starke Negerreiche; denn nach Ahmed Baba war zur Zeit, als der Sanagha Muhammed Naso Statthalter von Timbuktu war, Tisit der Hauptsitz der Massina und Biru der Hauptsitz der Tafrast, nachdem sie aus Alkarla ausgezogen waren. Erst 1076 wurde Ganata oder Biru von den Senaga erobert und ein grofser Teil von den Merabetin gezwungen, den Islam anzunehmen, so dafs man die arabisch-berberische Unterwerfung Nordafrikas bis zum Senegal als gegen Ende des 11. Jahrhunderts beendet ansehen kann.

Zu den zurückgebliebenen Resten der von den vordringenden Berbern vorgefundenen Negerbevölkerung der Westsahara gesellten sich im Laufe der Zeit noch zahlreiche andre Negerelemente. Die Thatsache, von der uns Barth ebenfalls in seinen Tabellen berichtet, dafs der Sultan von Marokko Malai Ismail im Jahre 1672 eine stehende Armee von Negern, besonders aus Sonrhay, bildete und diese mit marokkanischen Frauen verheiratete, um seine eigenen Unterthanen im Zaume zu halten, lehrt uns, dafs die noch heute die Stütze jener nordwestafrikanischen Reiche wie auch Ägyptens bildenden Negerheere schon in jenen Zeiten bestanden und deshalb jedenfalls einen nicht unbeträchtlichen Einflufs auf den Typus der Bevölkerung ausgeübt haben.

Rechnet man hierzu noch die durch den schon seit Alters her stattfindenden Verkehr zwischen Marokko und dem westlichen Sudan und durch die jedenfalls ebenso lange dauernde, schon im Altertum beträchtliche Einfuhr von Negersklaven aus Zentralafrika nach diesen Gegenden herbeigeführte Vermischung der Völker beider Länder, so wird man es erklärlich finden, dafs Lenz im Lande des Sidi Hescham auffallend viele Neger antraf und dafs in diesen Gegenden schon die im ganzen Sudan zu findende blaue Farbe der Gewänder zu herrschen anfängt.

Als das vierte und am wenigsten bedeutende Bevölkerungselement sind die Juden zu erwähnen. Wie in Marokko nehmen sie auch in den südlich vom Atlas gelegenen Ländern eine sehr unterdrückte Stellung ein und verdienen sich hier als Handwerker und Händler ihren Lebensunterhalt. Mit der Grenze des Münzverkehrs

---

[1]) No. 56. Bd. IV.

und des sefshaften Lebens im Wad Nun erreicht auch ihre Verbreitung den südlichsten Punkt.

Die Bevölkerung der Gebiete südlich vom Atlas.

Die im Süden des Atlas gelegene, kurz Sus genannte Ebene des Wad Sus bildet den Übergang zwischen dem Sultanat Marokko und den in einem losen Abhängigkeitsverhältnis zu ihm stehenden Staaten an der atlantischen Küste südlich vom Atlas. Obwohl dem Namen nach dem Sultan von Marokko unterworfen, gehorchen ihm seine rohen Bewohner nur ungern und revoltieren bei jeder Gelegenheit. Der Sultan, der nur von Zeit zu Zeit in Begleitung eines zahlreichen Heeres das Land betritt, um Steuern einzutreiben und räuberische Häuptlinge zu züchtigen, vermag den Gesetzen des Reiches kein Ansehen zu verschaffen und so befindet sich das einst so blühende, fruchtbare Land in dem Zustande der schrecklichsten Anarchie. Wie locker das Verhältnis zwischen dem Sus und Marokko ist, zeigt schon die Thatsache, dafs der Eingangszoll für aus dem Süden kommende Waren nach Marokko erst in Agadir erhoben wird, dafs also dort erst die Zollgrenze des eigentlichen Sultanats liegt.

Im Süden bildet der Wad Raz die Grenze zwischen Sus und dem Staate des Sidi Hescham einerseits und dem südöstlich davon liegenden Wad Nun anderseits, zwei Staaten, die bis vor einigen Jahrzehnten völlig unabhängig von Marokko waren.

Sidi Hescham, ein Neger, der Grofsvater des letzten Herschers Sidi Hussein, machte im Anfang unsres Jahrhunderts das Ländchen, dessen Hauptstadt Ilegh ist, von Marokko unabhängig und dank der reichen Einkünfte, die ihm der Handel des Landes gewährte und welche ihm und seinen Nachfolgern gestatteten, ein zahlreiches Heer von Negersklaven zu halten, behauptete das Land lange Zeit seine Unabhängigkeit und dehnte seinen Einflufs sogar über das benachbarte Wad Nun aus. In den letzten Jahrzehnten geriet jedoch die Macht Sidi Husseins stark in Verfall; seine Streitkräfte schmolzen auf 500 zusammen und in den letzten Jahren seines 1886 beendeten Daseins waren er und mit ihm die Scheikhs von Wad Nun tributzahlende Vasallen des Sultans von Marokko. Augtimim ist jetzt der südlichste Ort mit marokkanischer Besatzung und nur von Zeit zu Zeit durchziehen kleinere Abteilungen des marokkanischen Heeres Tekna bis zum Seguia el Hamra, bis zu welchem Wadi der Sultan von Marokko sein Reich ausgedehnt glaubt.

Jedoch scheinen sich die Scheikhs der dort wohnenden Beni-Zorguin und Ait-Musa-u-Ali wenig um diese Herrschaft zu kümmern,

da sie selbständig einen Protektoratsvertrag mit der spanischen
Regierung über ihr Gebiet abgeschlossen haben,[1] so dafs jetzt Wadi
Draa die südliche Grenze Marokkos bildet. Das Ansehen, das der
Sultan von Marokko als Scherif, d. h. als Nachkomme des Propheten
bei den südlich vom Draa wohnenden Stämmen geniefst, ist jedoch
ziemlich beträchtlich und erstreckt sich bis zu den völlig unabhängigen
Nomadenstämmen der Wüste, die den Sultan als Abkömmling des
Propheten respektieren, wenn sie auch jeden Gedanken, Muley Hassan
unterworfen zu sein, mit Entschiedenheit zurückweisen. In der
westlichen Sahara ist es vielmehr der Sultan von Adrar, Ahmed-ben-
Mahammed-Uld-ed-Aidda, der als der gefürchtetste und geachtetste
Scheikh der Uled-bu-Sba auf die unabhängigen Wüstenstämme einen
ziemlich starken Einflufs ausübt, was Quiroga erfahren mufste, der
nur mit der Erlaubnis dieses Fürsten in das Innere des Landes vordringen konnte und, da dieser ein weiteres Vordringen nach Osten
hin nicht gestattete, an der Sebcha Idjil wieder umkehren mufste.

Die gesamte Berberbevölkerung an der atlantischen Küste Nordafrikas gehört zwei von den neun Dialekten an, in die die berberische
Sprache jetzt zerfällt. Die Berber nördlich vom Rio de Oro sprechen
den Schilhadialekt, weshalb man sie auch kurz Schilha oder Schlu
nennt. Die Sprache, die vom Volke „Tamazirght" oder „die Edle"
genannt wird, hat sich bei den noch nie völlig unterjochten Berberstämmen des grofsen Atlas und auch bei den südlicher wohnenden
Berbern ziemlich rein von arabischen Beimengungen erhalten und
ist ausschliefslich die Sprache der Berberbevölkerung, da sie von den
Arabern nicht verstanden wird.

Die Sprache der Negerbevölkerung in diesen Gegenden ist
sonderbarer Weise das Zenaga, d. h. derjenige Berberdialekt, der von
den Berbern südlich von Rio de Oro gesprochen wird, eine Thatsache, die jedenfalls ihren Grund darin hat, dafs die Berberbevölkerung, die es überhaupt nicht liebt, sich mit Negern zu vermischen,
sich gerade in diesen Gegenden ziemlich unvermischt erhalten hat
und dafs deshalb die Neger den Berberdialekt ihrer Heimat, das
Zenaga, beibehielten.

Obwohl Rohlfs[2] an einer Stelle sagt: „Die ganze Susgegend
hat durchweg Berberbevölkerung", so geht es doch aus den Berichten
von Lenz hervor, dafs die Susbevölkerung allerdings zum grofsen
Teil aus Berbern besteht, mit denen aber Araber aus dem Stamme
der Howara gemischt sind. Diese bewohnen vor allem die gebirgigen

[1] Nr. 119. [2] Nr. 104.

Gegenden des Landes, in denen sie sichere Schlupfwinkel finden und überlassen das kulturfähige Land den ackerbautreibenden Schilah; aber einen strengen Unterschied zwischen Schilah und Howara zu machen, ist, wie Lenz sagt, „heute wohl nicht mehr möglich, da sich die einzelnen Familien mit einander vermischt haben."

Die ganze Susbevölkerung ist cefshaft und wohnt in grofsen und festen Häusern, so dafs keine Duars, d. h. Zeltdörfer wandernder Nomaden angetroffen werden. Der Ackerbau, der von den Bewohnern noch auf dieselbe primitive Weise betrieben wird, wie vor 1000 Jahren, produziert genug Weizen und Gerste und erspart ihnen das Umherziehen mit ihren zahlreichen Herden von Schafen, Ziegen und Rindern. Das Land, dessen „herrliche Ebenen nur mit der lombardisch-venetianischen des Po verglichen" werden können, ist nur zum geringen Teil angebaut, da dank der marokkanischen Mifswirtschaft eine derartige Anarchie und Unsicherheit herrscht, dafs selbst zu den friedlichen Beschäftigungen des Ackerbaues und des Hütens der Herden nur bewaffnete Männer genommen werden können. Es ist unmöglich, anders als vollständig gerüstet aufserhalb der Stadt oder des Dorfes sich sehen zu lassen, und jedermann trägt seine Flinte, nicht selten eine vom Senegal stammende Doppelflinte auf dem Rücken. Der Grund zu diesen mittelalterlichen Zuständen liegt der Hauptsache nach in dem Rassenunterschiede zwischen Berbern und Arabern, die hier nicht in dem Verhältnis von Siegern und Unterworfenen, sondern völlig unabhängig von einander leben. Denn dafs das Verhältnis der einzelnen Stämme untereinander ein besseres ist, beweist uns eine Äufserung Lenz', der von der Bevölkerung von Tarudant, der Hauptstadt des Sus, als ihm ein Berberbursche ein Säckchen mit Geld gestohlen hatte, sagte: „Diebstahl ist etwas überaus Schimpfliches in den Augen dieser Leute."

Neben einiger Industrie, die wie die Landwirtschaft auch wenig Fortschritte gemacht hat und sich auf die Herstellung von Waffen, Eisen- und Lederarbeiten beschränkt, ist die Hauptbeschäftigung der Susbevölkerung die Vermittelung des Handels zwischen dem Sudan und Marokko; denn der Sus bildet das Eingangsthor für die Hauptkarawanenwege zwischen beiden Ländern. Teils organisieren die Bewohner selbst Karawanen, mit denen sie bis nach Timbuktu gelangen, teils begleiten sie die das Sus passierenden Karawanen und schützen sie gegen räuberische Überfälle und aufserdem beteiligen sie sich an dem Handel, der entweder auf Wochenmärkten, wobei bestimmte Orte ihren bestimmten Markttag in der Woche haben, oder auf Jahrmärkten, die nur einmal im Jahre stattfinden, aber

dann 8 bis 14 Tage dauern, vermittelt wird. Diese letzteren sind
die eigentlichen Handelsmittelpunkte, zu denen die Händler von
weit herkommen.

Die Landschaften südlich vom Sus, das Gebiet des Sidi Heschan,
auch Tasserualt genannt, Non und Tekna sind die Übergangsgebiete
zur eigentlichen Sahara mit teils ansässiger, teils nomadisierender
Bevölkerung. Das dem Sus zunächst liegende Gebiet des Sidi
Heschan ist ein nur aus wenigen Ortschaften bestehender Staat,
der nur von wenigen Tausend Seelen bewohnt wird, die durchweg
Schilah aus dem Stamme der Ait-bu-Amaran sind. Ihre Beschäftigung
ist zum Teil der Ackerbau, denn das Land ist fruchtbar und Gerste
und Weizen gedeihen hier, aber zum gröfseren Teil der Handel
zwischen dem Sus und den südlichen Ländern, wobei sie mit ihren
wegen ihrer Stärke und Ausdauer berühmten Kamelen bis nach
Timbuktu gelangen. Die Intelligenz und die einstige Machtstellung
Sidi Husseins, der eine für diese Gegenden unerhörte Neuerung einführte, indem er den Juden den Zutritt zum Markte gestattete, und
dessen Ansehen die zu seinen Märkten kommenden Reisenden selbst
die unsicheren Atlas- und Susgegenden ungefährdet passieren liefs,
hat den Handel und Verkehr zu hoher Blüte gelangen lassen.
Besonders ist es der grofse Markt, der jährlich dreimal bei der
Zauja Sidi Hamed-ben-Musa, dem eine Stunde von Ileg entfernten
Grabdenkmale des Heiligen Muhammed-ben-Musa, abgehalten wird,
zu dem die Leute bis von Marrakesch teils in der Absicht am Grabe
des Heiligen zu beten und dort Geschenke niederzulegen, teils um
auf dem Markte Geschäfte zu machen, herbeikommen und der dem
Sidi Hussein grofse Summen einbrachte.

Die beiden andren Staaten im Süden und Südwesten des
Sidi Hescham, Nun und Tekna, sind die äufsersten einigermafsen
organisierten Staatsgebilde im Süden des Atlas, als deren südliche
Grenze man den Wadi Draa ansehen kann.

Ihre Bewohner sind nach Lenz' Angabe vorwiegend Berber,
die in der Mehrzahl in Städten oder in Dörfern wohnen; nur die
Bewohner von ungefähr 700 Zelten, meistens Araber aus dem
Stamme der Ait Hassan, ziehen nomadisierend im Lande umher.
In den südlicher gelegenen Gegenden von Azuafit und Tekna, wo
feste Wohnsitze wenig oder gar nicht mehr angetroffen werden,
nimmt die Araberbevölkerung an Zahl zu und erst im Gebiet des
Seguia el Hamra, wo einiger Ackerbau betrieben wird, gewinnt die
Berberbevölkerung wieder die Oberhand; denn wie Perez[1]) von

[1]) No. 119.

seiner Expedition nach dem Seguia el Hamra berichtet, halten sich
die Bewohner dieses Flufsthales für edler als ihre Nachbarn und
sagen, dafs die Stämme, die jetzt in Algier und am Senegal wohnen,
aus der Hamra stammen, dafs sie also mit den Berberstämmen von
Algier und am Senegal verwandt sind. Gatell[1]) zählte im Wad
Nun 6 Städte oder Dörfer und 700 Zelte und in Azuafit 3 Städte
und ungefähr 2000 Zelte, so dafs im Wad Nun die ansässige Bevölkerung die nomadisierende überwiegt, während in Azuafit das
umgekehrte Verhältnis statthat. Im eigentlichen Tekna, jenseits
des Assaka, ist die Bevölkerung durchaus nomadisch; sie lebt fast
ausschliefslich von ihren Herden, die ihren ganzen Reichtum bilden,
und trägt vollständig den Charakter der Wüstenbevölkerung an sich.
Im Wad Nun wird neben der Viehzucht auch einiger Ackerbau
betrieben, der weniges Getreide und Rüben liefert. Die Haupt-
thätigkeit der Bewohner erstreckt sich aber auf den Handel, in
welchem die Bedeutung vom Wad Nun liegt. Hier vereinigen sich
die Karawanenwege aus dem Sudan und vom Senegal, jene über
Tenduf, einer 1852 von einem Marabuh der Tadjakants gegründeten
und heute als Karawanenstation bedeutenden Stadt, diese von Adrar
durch das Gebiet des Seguia el Hamra nach Angulmim gelangend.
Man kann den Wad Nun als den eigentlichen Marktplatz für Marokko
bezeichnen, denn hier versammeln sich zur Zeit der Märkte die
marokkanischen Händler zum Handel mit jenen Karawanen, die nur
bis in diese Gegenden vordringen und hier gegen die Erzeugnisse
des Sudan, als Gold, Elfenbein, Straufsenfedern, Gummi, Häute und
Sklaven europäische Waren, wie Zucker, Thee, Eisen, Schwefel,
Salpeter, Waffen und blaue Baumwollenzeuge austauschen. Der
Handel ist nur zum kleinen Teil Tauschhandel, gewöhnlich bedient
man sich dabei des Münzverkehrs.

Mit dem Wadi Draa erreichen die Gebiete mit handeltreibender
Bevölkerung ihr Ende; die Steppengebiete jenseit des Draa werden
nur von Nomaden bewohnt, die sich nicht mehr am Handel beteiligen. Es sind friedfertige Leute, welche gewöhnlich nicht bewaffnet gehen und deren Wesen sehr mit der Wildheit der Binnen-
bewohner kontrastiert.

Die Küstenschiffahrt.

Zu gleicher Zeit bildet der Wadi Draa auch die südliche
Grenze für die Küstengebiete, deren Bewohner den Fischfang mit
Böten betreiben; denn nach Arlett wagen sich die kanarischen

[1]) No. 68.

Fischer nicht in die Nähe der Küste nördlich vom Kap Nun, da die Bewohner dieser Küste selbst Böte besitzen und den Besuch ihrer Küsten nicht duldeten.

Weiter als auf diesen Küstenverkehr scheint sich auch vor der portugiesischen Zeit die Schiffahrt der Küstenbewohner nicht erstreckt zu haben; denn es scheint, als ob die Küstenbewohner von der Existenz der kanarischen Inseln keine Kenntnis gehabt haben. Zwar ist es noch unbestimmt, ob die Kanarien von Afrika aus bevölkert worden sind; Macedo[1]) hat im Gegensatze zu Pritchard bewiesen, daß ihre Bewohner keine Schilah sind — hätte jedoch zur Zeit der Einfälle der Araber eine Verbindung zwischen Festland und den Kanaren bestanden, so würden die Araber auch bis dahin den neuen Glauben getragen haben; aber die Bewohner waren noch Heiden, als die Portugiesen die Inseln in Besitz nahmen. Südlich vom Kap Nun hört jede Schiffahrt von seiten der Festlandsbewohner auf. Bei dem Verkehr, der sich zwischen den einzelnen Stämmen der Wüste und den Kanariensern entwickelt hat, wagen sich jene niemals auf das Meer, sondern die kanarischen Fischer kommen an das Land und versorgen sich hier mit Kamelmilch. Panet sagt hierbei ausdrücklich: „Man hat irrtümlich behauptet, daß die Araber in Portendick und in der Umgegend der Bai von Arguin aus Fellen gefertigte Nachen besäßen, mittelst deren sie die Fischerei betrieben und mit den Fischern der Kanaren verkehrten; meine darüber eingezogenen Erkundigungen bestätigen diesen Verkehr; aber nach diesen Aussagen findet er nur durch die Böte der Fischer selbst statt, die an das Land gehen, wenn es ihnen der Zustand des Meeres erlaubt. Was den Fischfang der Araber betrifft, so wird er nur mit der Leine vom Ufer aus betrieben oder mit dem Netze, wenn das etwas erregte Meer die Fische gegen das Land treibt; bisweilen lassen auch die Wogen beim Ablaufen den Strand mit Fischen übersäet zurück."

Die Bevölkerung der Westsahara.

Die Bevölkerung der Westsahara, zu der ich hier alle Bewohner südlich vom Schibika rechne, von der ich aber aus später zu erörternden Gründen die Stämme auf dem rechten Ufer des Senegal ausnehme, teilt man mit Bonelli[2]) am besten in zwei Klassen, in die Küstenbewohner südlich vom Kap Bojador und in die Bewohner der

[1]) No. 43.
[2]) Nr. 110.

innern Gebiete mit Tekna im Norden. Jene von der Natur äufserst spärlich mit Mitteln versehen, führen ein sehr elendes Dasein; da ihnen der Boden, auf dem sie hausen, fast nichts zu ihrem Lebens-unterhalte liefert, sind sie nur auf das Meer angewiesen, das ihnen allerdings reichliche Nahrung zu bieten vermag. Sie nähren sich deshalb fast ausschliefslich von Fischen, die sie entweder getrocknet oder zwischen zwei erhitzten Steinen gebraten geniefsen; nur aus-nahmsweise an Festtagen bietet ihnen geröstetes Mehl, welches sie von den aus dem Binnenlande nach dem Strande kommenden Stämmen gegen Fische eintauschen, einige Abwechselung. Wie ihre Nahrung ist auch ihre Kleidung eine sehr dürftige; ein Schurz, mit dem sie ihre Lenden umgürten und zu dem bei den Vornehmen noch ein aus Tierfellen zusammengenähter Mantel kommt, ist alles, womit sie sich gegen die rauhe Seeluft schützen. Bei Regenwetter kriechen sie in ihre mit Seetang gedeckten Hütten, die ihnen auch Schutz gegen die starken nächtlichen Taufall gewähren. Ihr ganzer Besitz-stand beschränkt sich auf die Überreste von Schiffbrüchen, die ihnen das Meer an das Land spült; aber trotz dieser grofsen Dürftigkeit scheint die Küste doch nicht gerade spärlich bevölkert zu sein, denn alle Schiffbrüchigen, die hier an das Land geworfen wurden, fielen sofort oder nach kurzer Zeit den Eingeborenen in die Hände, die sie als willkommene Beute betrachteten.

Die Verhältnisse der das Hinterland bewohnenden Stämme sind bei weitem bessere, als die der Küstenbewohner. Das Land, das nur an wenigen Stellen ohne Vegetation ist, gewährt den zahlreichen Herden hinreichendes Futter, abgesehen von den Oasengebieten des Seguia el Hamra und Adrar-Temar, in denen sogar Ackerbau möglich ist. Deshalb besitzen alle Stämme Herden von Ziegen, Schafen und Kamelen, mit denen sie von Ort zu Ort, von Brunnen zu Brunnen ziehen. Die Kamele liefern diesen Wüstenbewohnern den gröfsten Teil ihrer Nahrung und zum Teil auch ihre Kleidung; denn ihre fast ausschliefsliche Nahrung besteht in Kamelmilch, wozu bei den Bewohnern der Oasen noch Datteln und geröstetes Dagmus- oder Gersteumehl kommen; nur ausnahmsweise wird ein Kamel oder ein Widder geschlachtet, deren Fleisch dann meistens roh oder in erhitztem Sande gebraten genossen wird. Das leichte verdauliche Mark in den Knochen der geschlachteten Tiere lassen sie sich dabei nicht entgehen, sondern zerschmettern die Knochen mit Steinen und verspeisen das Mark mit grofsem Genufs. Die nur spärlich mit Wolle bedeckten Ziegen und Schafe dienen den Eingeborenen hauptsächlich als Tauschmittel gegen Zeug, Pulver und Waffen beim Handel mit den Europäern.

Außer ihren Herden nennen die Araber der Wüste nur weniges ihr Eigen; ein Zelt aus Kamelhaaren, einige starke Ziegenfelle zur Aufbewahrung des Wassers, einige Holznäpfe zum Sammeln und als Trinkgefäße der Kamelmilch, ein paar Ledersäcke, in denen kleine Gegenstände und das Geld aufbewahrt werden, eine meistens doppelläufige Flinte und der Koran ist alles, was der Araber auf seinen Wanderungen mit sich führt. Ihre Kleidung besteht der Hauptsache nach aus einem Stück blauen Baumwollenzeuges, in das sie sich vom Kopf bis zu den Füßen einhüllen, ohne mehr als die Augen frei zu lassen. Bei den Stämmen in Tekna kommt wegen der Nähe des Meeres noch ein Unterkleid hinzu, bei den Männern eine bis zum Knie reichende Hose, bei den Frauen eine Art Unterrock. Die Kinder gehen nackt; die Mädchen bis zum zwölften Jahre, in dem sie heiratsfähig werden, die Knaben bis zur Beschneidung, die ungefähr in demselben Alter vorgenommen wird. Nach orientalischer Art lieben es die Frauen sich mit allerlei Schmuck zu behängen; aber als größte Frauenzier, die sie den Männern am begehrenswertesten erscheinen läßt, gilt ihnen eine gewisse Beleibtheit, zu deren Erlangung sie sich förmlich mit Kamelmilch und Kamelfett mästen. Die Lebensweise dieser Frauen ist auch nicht geeignet, diese körperliche Entwickelung zu stören; denn sie verbringen ihr Leben ohne Arbeit; bettelnd und stehlend belästigen sie die vorbeiziehenden Karawanen ohne Unterlaß und machen ihre Nähe durch einen sie umgebenden widerlichen Geruch noch unangenehmer. Denn diese Wüstenbewohner, die nur Wasser haben, um ihren Durst damit zu stillen, waschen sich nie. Um nun den Vorschriften des Koran, der vor dem Gebet eine Waschung des Körpers verlangt, gerecht zu werden, ahmen sie die Manipulationen des Waschens nach, dadurch, daß sie Sand über ihren Körper werfen und sich die Hände damit bereiben, wodurch natürlich der Körper in eine dicke Schmutzkruste eingehüllt wird.

Der Typus der Männer ist vorwiegend arabisch; große, hagere aber kräftige Gestalten mit ovalem Gesicht, in dem ein Paar schwarze, lebhafte Augen glänzen, eine hohe Stirn und eine große, in ihrem mittleren Teil stark entwickelte Nase deuten auf die arabische Abstammung hin. Der fanatische Gesichtsausdruck und das wirre, bis auf die Schultern herabwallende Haar giebt ihnen ein unheimliches Aussehen, in dem sich ihre ganze Gesinnung wiederspiegelt. Als eifrige Moslim können sie alle den Koran lesen und meistens arabisch schreiben; aber eine weitere geistige Entwickelung läfst das traurige Leben der Wüste und die bis zur Gesetzlosigkeit sich steigernde Unabhängigkeit nicht zu. Wegen der spärlichen Weiden, die eine grofse Ansammlung von Herden verbietet, ziehen sie zu kleinen Stämmen vereinigt mit ihren Herden von Brunnen zu Brunnen. Aber selbst diese kleinen Vereinigungen dulden keinen Herrn über sich; denn ihre Scheikhs haben im Stamme oder im Dorfe nichts zu befehlen ohne die Zustimmung der Männer, in deren Versammlungen der reichste Scherif und der ärmste Kamelhirt dieselbe Freiheit haben, ihre Meinung zur Geltung zu bringen. Es sind offenbar nur das Schutzbedürfnis und die Raublust, die diese Menschen sich zu Stämmen vereinigen lassen, um dadurch ihre Herden zu schützen, mit vereinten Kräften über den schwächeren Stamm herzufallen und ihm seine Herden zu rauben.

Aufser mit Viehzucht beschäftigen sich einige mehr binnenwärts wohnende Stämme mit der Vermittelung 'des Handels zwischen dem Sudan und dem Norden, indem sie entweder selbst Karawanen organisieren und die Waren im Norden austauschen, oder indem sie als Eskorte die Karawanen begleiten und sie gegen räuberische Überfälle schützen. Im Süden sind es Stämme der Uled-bu-Sba und nördlich von ihnen die den Oberlauf des Segnia el Hamra bewohnenden Erguibat und die östlich von ihnen wohnenden Tadjakant, welche Karawanen in der Stärke bis zu 400 Bewaffneten mit 1500 Kamelen organisieren und von Adrar und Timbuktu bis nach dem Tell in Marokko hinziehen.

Die westlich von den Uled-bu-Sba wohnenden Uled-Delim sind ein wegen ihrer Räubereien gefürchteter Stamm, der neben der Viehzucht auch die Jagd betreibt; mit unermüdlicher Geduld lauern sie ihrer Beute auf oder beschleichen sie in erdfarbenen Kleidern, um hierdurch die schwer zu beschaffende Munition möglichst zu sparen. Den Straufs verfolgen sie oft stundenlang auf ihren schnellen Pferden; bei den in der Nähe des Meeres wohnenden Stämmen sucht man ihn in das Meer zu treiben, um ihn, wenn sein Gefieder benetzt ist, mit leichter Mühe einfangen zu können. Die am Ozean wohnenden Stämme gehören auch zu dem grofsen Stamm der Uled-Delim, nach Coeta[1]) möglicherweise den Nachkommen der alten Getuler, die schon zur Römerzeit diese Gebiete bewohnten und deren Namen im Laufe der Zeit sich aus Getuler in Guedaler und schliefslich in U-Delim verwandelt haben mag.

----

[1]) Nr. 131.

Die Stämme nördlich vom Senegal.

Die ethnographischen Verhältnisse auf dem rechten Ufer des untern Senegal gehören zu den interessantesten aber auch verwickeltsten des ganzen afrikanischen Kontinents. Bis in die Mitte unsres Jahrhunderts wußte man sehr wenig von den Gegenden und erst Faidherbe, der im Jahre 1854 Gouverneur der französischen Kolonie am Senegal wurde, hat durch eingehende Studien und durch Aussendung von Expeditionen in diese Gebiete die Bevölkerungsverhältnisse etwas aufgeklärt.

Nach den Erkundigungen Bourells[1]) die er auf seiner Reise zu den Marabuhs auf dem rechten Ufer des Senegal sammelte, eroberte der vom Norden kommende Berberstamm der Zenaga das ganze Land zwischen Marokko und Senegal, vertrieb die eingeborene Bevölkerung der Toucouleurs, einer aus Fulbe und Negern bestehende Mischbevölkerung, vom rechten und teilweise auch vom linken Ufer des Flusses und nahm das Land an der Küste in Besitz. Von der Küste drangen dann die Zenaga weiter nach dem Innern und verbreiteten den Islam bis nach Ganata hin. Als im elften Jahrhundert neue Arabervölker in Afrika erschienen, ist es nach Ibn Chaldun der Stamm der Beni Hassan, eine Abteilung der Makil, welcher sich in den Wüstengebieten bis zum Senegal hin ausbreitet und der Herrschaft der auch von Osten her bedrängten Zenaga ein Ende macht. Der Einfall der Zenaga geschah unter Bubakr-ben-amir, der mit seinen beiden Heerführern Terroz, dem Stammvater der Trarza, und Berkani, dem der Brakna, die Zenagas befehligte. Die Beni-Hassan fanden also die Namen der Trarza und Brakna schon vor, so daß die Einteilung Faidherbes[2]) der Beni-Hassan in Trarza, Brakna, Ouled Embark, Ouled-Yaya-ben-Othman und in Uled-Delim ungenau ist. Trarza und Brakna sind die Namen der Berberbevölkerung, die von den Beni-Hassan unterworfen wurde und heute nur als Sammelnamen der Bevölkerung dieser Gebiete gebraucht werden; es ist daher richtiger zu sagen, die Beni-Hassan zerfallen in die des Gebietes der Trarza, der Brakna, in die Uled-Embark u. a. Bei den Trarza und Brakna behaupteten die Hassan ihre Herrschaft; nicht so die Uled-Embark, die Uled-Nacurn und die Uled-Bella, welche sich die am weitesten binnenwärts wohnenden Duaïch tributpflichtig gemacht hatten; denn zu Anfang unsres Jahrhunderts erhoben sich die Duaïch und vertrieben die Uled-Embark aus ihrem Lande, so daß die Duaïch im Unterschied von den Trarza und Brakna freie Berber sind. Aber

---

[1]) Nr. 60. [2]) Nr. 132.

nicht alle Berber wurden von den Arabern unterworfen; ein Teil von ihnen, jedenfalls diejenigen, die sich freiwillig zum Islam bekehrten und das Kriegerhandwerk aufgaben, entging dem Joche und lebt heute noch als Marabuhs in einzelnen Stämmen als Hirten oder als wirkliche Marabuhs, d. h. als Fromme, Heilige vereinzelt bei den andern Stämmen. Obgleich also die freien Berber, sowohl Duaïch als Marabuhs, auch Zenaga sind, wird dieser Name, der heute synonym mit „Unterworfene" ist, doch nur auf die Trarza- und Brakna-Berber angewendet, während sich die Marabuhs Tolba (Plur. von Taleb der Schriftgelehrte) nennen und die Duaïch die Bezeichnung „Zenaga" als ihrer unwürdig zurückweisen. Ebenso hat der ursprüngliche Stammesname Hassan seine Eigenschaft als Eigenname aufgegeben und die Bedeutungen von Edler, Krieger, angenommen.

Als dritter Bestandteil dieser Völker sind noch die Neger zu nennen, die teils als reine Neger, entweder als Sklaven oder als Freigelassene, oder mit den beiden andern Rassen vermischt den Typus der gesamten Bevölkerung so verändert haben, daß Faidherbe die ganze Bevölkerung als aus Mulatten und Negern bestehend ansieht und daher sagt: „daß die Trarza-Mauren sich zu je einem Drittel aus Arabermulatten, aus Berbermulatten und aus Negern, entweder Freie oder Sklaven, zusammensetzen." Der beständige Verkehr zwischen Mauren und Negern zu beiden Seiten des Senegal hat in einzelne Stämme, El-Guebla genannt, so viel Negerblut gelangen lassen, daß diese ihrer alten Gewohnheit des Nomadisierens untreu wurden und jetzt mit ihren Rindviehherden die saftigen Weiden am Senegal nicht mehr verlassen, da sie zu weiten Wüstenwanderungen unfähig geworden sind.

Der Verkehr zwischen den Stämmen zu beiden Seiten des Senegal war bis zu Anfang dieses Jahrhunderts, wo die Wolofs noch auf beiden Seiten des Flusses saßen, derart, daß die Trarza den Negern, wenn sie sich mit ihren Herden dem Flusse nähern wollten, einen Tribut zahlten. Seit dem Anfange dieses Jahrhunderts drängten aber die Mauren die Neger vom rechten und dann auch vom linken Ufer zurück und beunruhigten das Land am linken Ufer häufig durch Raubzüge bis zur Zeit, als Faidherbe Gouverneur am Senegal wurde, der die Mauren auf das rechte Ufer des Flusses beschränkte und ihnen nur erlaubte, zum Handeln mit den Negern mit ihren Karawanen den Fluß zu überschreiten, so daß heute der Senegal die wirkliche Grenze zwischen Mauren und Negern bidet.

Die innere Organisation der maurischen Stämme am Senegal läßt heute noch ziemlich genau die Abstammung der einzelnen Familien

erkennen. Die ganze Bevölkerung zerfällt in vier Klassen: Die Hassan
oder die Edlen, die Marabuts, die Tributpflichtigen und die Sklaven.
Die Hassan sind ohne Ausnahme Araber und als die Nachkommen
der arabischen Eroberer heute noch im Besitze des Landes, wenigstens
bei den Trarza und Brakna. Der Scheikh eines besonders zahlreichen
Stammes, der mit Zustimmung der andern Scheikhs gewählt wird,
ist der König, der jedoch keine königliche Gewalt besitzt, da wie
bei den echten Wüstenstämmen auch bei ihnen die Regierungsgewalt
in den Händen des Rates der Hassan (jemaba) liegt. Sonderbarer-
weise sind nicht alle Nachkommen jener Araber Edle, sondern es
giebt eine Anzahl von Familien arabischen Ursprungs, welche tributpflichtig sind und als solche Zenaga genannt werden; so nennt Faidherbe die Arouidjat, die Sbiouat u. a., welche ihren Stammbaum
bis auf die Eroberer zurückführen, aber trotzdem tributpflichtig sind.
Die Araber, die erst später auch vom Norden her in das Land gekommen sind, wie die Bouidat zu Anfang des 18. Jahrhunderts, sind
allerdings nicht selbst tributpflichtig, besitzen aber auch keine Tributäre
und gelten deshalb als weniger edel. Obwohl Herren des Landes
rühmen sich die Hassan nichts ihr Eigen zu nennen, da sie sich
von dem Tribut ihrer herdenreichen Unterworfenen nähren. Ihre
Hauptbeschäftigung ist der Krieg und der Raub und zutreffend
charakterisiert sie Vincent[1]) mit folgenden Worten: „Die Hassan,
lügnerisch, heuchlerisch, räuberisch wie sie sind, sind eine Plage für
jedermann, sowohl für ihre Stammesgenossen als für die Karawanen;
sie respektieren nichts und der Mord eines Menschen ist ihnen eine
Kleinigkeit, wenn sie irgend eines Raubes und der Straflosigkeit
sicher sind.“

Die zweite Kaste sind die Marabuts oder Tolba, die Nachkommen jener Berber, die sich den Arabern freiwillig unterwarfen
und das Kriegerhandwerk aufgaben. Fast alle Familien sprechen
berberisch und nur einige haben das Berberische im Verkehr mit
den Arabern vergessen, entweder vollständig wie die Ntabou oder
nur teilweise wie die Ait-Jakoub, bei denen nur die Greise das
Berberische noch verstehen. Als Männer des Glaubens geniefsen sie
bei den übrigen Stämmen eine grofse Achtung und Verehrung und
besitzen grofse Herden von Rindern, Schafen und Ziegen und auch
zahlreiche Sklaven, die die Herden hüten und den Gummi sammeln
müssen. Der Zahl nach sind sie den Kriegern und den Vasallen
weit überlegen; Bourell giebt ihre Zahl auf 50 000 und die der

---

[1]) Nr. 58.

Hassan und ihrer Vasallen auf kaum 20 000 an. Sie leben zu Stämmen vereinigt zwischen den edlen Stämmen und wechseln mit der Jahreszeit ihre Wohnsitze; während der trockenen Jahreszeit vom Dezember bis Mai halten sie sich mit ihren Herden in der Nähe des Senegal auf, wo ihnen der Boden genügend Futter gewährt; kommt aber die Regenzeit, so verlassen sie die Gebiete in der Nähe des Flusses und ziehen sich vor den ungeheuren Fliegen- und Mückenschwärmen, die sich dann hier zeigen, in die nördlicher gelegenen Ebenen zurück, die zu dieser Zeit auch genügendes Futter tragen. Sie sind vollständig unabhängig und brauchen den Scheikhs und ihren Kriegern keinen Tribut zu zahlen, nur freiwillig geben sie jenen, wenn sie sich in Not befinden, etwas von ihrem Überfluß ab, weshalb auch die Scheikhs stets bemüht sind, sich ihrer Unterstützung zu versichern. Gegenüber den Kriegern spielen sie die Rolle der Geistlichen, von Jugend auf werden sie gehalten arabisch lesen und schreiben und rechnen zu lernen, sie lesen den Koran von Jugend an und sind deshalb im Alter oft als Ratgeber und Richter in der Umgebung der Scheikhs, bei denen es überflüssig erscheint, in der Jugend etwas zu lernen. Während die Edlen meist arm sind, herrscht in ihren Zelten Überfluß und ihre Herden sind die größten im ganzen Lande.

Neben den eigentlichen Marabuhs giebt es noch eine Anzahl von Stämmen, die aus irgend welchem Grunde das Kriegerhandwerk aufgeben und die Flinte mit dem Koran vertauscht haben; diese heißen Tjab und leben ebenfalls als nomadisierende Viehzüchter wie die eigentlichen Marabuhs, wenn auch ihre Bekehrung nicht so vollständig ist, daß sie die Laster der Krieger ganz abgelegt hätten.

Die dritte Kaste, die der Tributpflichtigen, ist nicht mehr im Besitze ihrer unumschränkten Freiheit. Sie müssen den Scheikhs Heeresfolge leisten, sind ihren Befehlen unterworfen und müssen ihnen Tribut zahlen. Sie sind teils Nachkommen der von den Arabern unterworfenen Bevölkerung, teils Araberstämme, die ihre Unabhängigkeit aufgegeben oder verloren haben und teils Freigelassene, wie die Abratin, ehemalige Sklaven, die durch die Länge der Zeit oder durch die Gnade ihrer Herren die Freiheit erlangt haben, jenen aber noch zur Heeresfolge und zur Zahlung von Tribut verpflichtet sind. Die Tributpflichtigen, die entweder dem Scheikh oder dem ganzen Stamme gehören, werden als Eigentum behandelt; sie werden vom Vater auf den Sohn, von Geschlecht zu Geschlecht vererbt. Auch sie haben ihre Scheikhs, die sie sich selbst wählen, die aber vom Scheikh der Hassan bestätigt werden müssen und in der Iemah keine Stimme haben. Ihre Beschäftigung ist eine doppelte; da sie den Hassan zur

Heeresfolge verpflichtet sind, müssen sie diesen auf ihren Raubzügen folgen und mit ihnen in den Krieg ziehen; in der übrigen Zeit liegen sie, wie die Marabuhs, der Viehzucht ob.

Die unterste Kaste sind die Sklaven; entweder durch Kauf oder als Kriegsgefangene in den Besitz ihrer Herren gelangt, besorgen sie alle Art Arbeiten und das Hüten der Herden.

Diese soeben geschilderte Organisation der Trarza und Brakna erleidet bei den östlich von ihnen wohnenden Duaïch dadurch einige Veränderung, daß die Duaïch die Hassan aus ihrem Gebiet vertrieben haben. Wir finden deshalb bei den Duaïch unabhängige Berberstämme, Marabuhs, diesen beiden tributpflichtige Berber- und Araberstämme und Sklaven.

Da diese Völker nördlich vom Senegal die ersten waren, mit denen die mittelalterlichen Entdeckungsfahrer auf ihren Reisen nach Indien in nähere Berührung kamen, so liegen uns auch einige Nachrichten von ihren Verhältnissen in jener Zeit vor.

Nach wiederholten Fahrten an der Westküste Afrikas, bei denen die Portugiesen mit den Eingeborenen am Rio Oro einiges Gold und Sklaven ausgetauscht hatten, erreichte Denis Fernandez im Jahre 1447 den großen Fluß Ovidech, an dessen rechtem Ufer die Senaga wohnten, weshalb die Portugiesen den Fluß kurz Senaga nannten, woraus die Franzosen Senegal gemacht haben. Aufgemuntert durch diesen Erfolg versuchten die Portugiesen direkte Handelsverbindungen mit jenen Gegenden anzuknüpfen, aus denen ihrer Meinung nach das Gold und die übrigen Erzeugnisse, die die Eingeborenen nach der Küste brachten, stammten und gründeten deshalb um das Jahr 1448 eine Handelsfaktorei in Wadan oder Hoden, die jedoch bald wieder eingegangen zu sein scheint, da weitere Nachrichten über das Unternehmen fehlen.

Ausführliches über die Gegenden nördlich vom Senegal berichtete uns zuerst Cada Mosto,[1] ein Italiener, der mit Erlaubnis des Prinzen Heinrich in den Jahren 1455 und 1456 zwei Reisen längs der Küste zum Zweck der Anknüpfung von Handelsverbindungen unternahm und dessen Berichte neben denen des Leo Africanus als Grundlage der meisten Beschreibungen jener Gegenden bis in das vorige Jahrhundert hinein dienten. Vor allem giebt er einige interessante Daten über die damaligen Handelsverhältnisse. Der Mittelpunkt des Handels in der westlichen Sahara war Hoden, das nach Barth früher mit blühenden Städten besetzt gewesen sein soll. Gegen Salz, das

---

[1] No. 10.

die Bewohner des Landes zum Teil aus den Salzsümpfen in der Nähe der Senegalmündung, zum gröfsten Teil aber aus Teguzza, einer „sechs Tagereisen jenseit Hoden" gelegenen Stadt holten, tauschte man im Sudan Negersklaven und Gold ein. Ein Teil der Sklaven ging nach Norden über Barka nach Sizilien oder nach Tunis und den benachbarten Küstenländern und der kleinste Teil nach Arguin, von wo Heinrich der Seefahrer jährlich 700 bis 800 Sklaven nach Portugal ausführte. Das Gold des Sudan nahm einen ähnlichen Weg; von Melli, dem jenseit Timbuktu liegenden Negerreiche, gelangte es auf drei verschiedenen Wegen zur Küste; einmal brachten es Karavanen durch Oberägypten nach Syrien; das übrige gelangte nach Timbuktu und von da einesteils nach Toet, dem heutigen Tuat, und Tunis, andernteils nach Hoden, von wo es nach der marokkanischen Küste und nach Arguin geschafft wurde. Zwischen den Bewohnern von Melli und den südlich von ihnen wohnenden Negern berichtet Cada Mosto von einem stummen Handel, welcher derart stattfand, dafs das Salz an dem Ufer des grofsen Wassers, wahrscheinlich dem Unterlauf des Niger, bis wohin es mittelst Träger geschafft wurde, in Haufen geteilt niedergelegt wurde, worauf sich die Händler zurückzogen. Hierauf näherten sich die Neger auf grofsen Barken dem Ufer, legten neben die Salzhaufen, die sie kaufen wollten, soviel Gold, als ihnen der Haufe wert erschien und zogen sich dann ebenfalls aufser Gesichtsweite zurück. Dünkte den nun wieder herbeigekommenen Händlern das neben dem Salze liegende Gold als genügender Kaufpreis, so nahmen sie das Gold und zogen ab; andernfalls liefsen sie den Haufen unberührt liegen und zogen sich abermals zurück, worauf die Neger entweder noch Gold hinzulegten oder das ganze Gold wieder wegnahmen und nach Hause zurückkehrten. Dieser wunderbare Handel setzte Cada Mosto ebenso in Erstaunen, als die Nachricht, dafs bei den Arabern und Azanaghen im Innern des Landes anstatt Gold kleine Muscheln im Verkehr wären, die die Venetianer aus der Levante dorthin brächten und wofür sie viel Gold bekämen. Die Salzminen von Tegazza sind jedenfalls die noch heute jährlich 4 Millionen Kilogramm Steinsalz liefernden Lagerstätten der Sebcha Idjil; denn nach Barth eroberte der Sultan von Marokko 1584 die Minen von Tegazza und zwang dadurch die Sonrhay, fürderhin ihr Salz aus Taudeni zu holen, so dafs es diese Fundstätte nicht gewesen sein kann. Das Salz wurde schon damals auf dieselbe Weise nach Süden transportiert, wie es noch heute geschieht; in Tafeln von 70—100 cm Länge und 40—50 cm Breite geschnitten, die im Handel eine gewisse Münzeinheit bilden, gelangte es auf dem Karavanenwege nach Timbuktu und dem Sudan und ist auch noch heute das am meisten gebrauchte Tauschmittel bei dem Handel zwischen den Wüstenstämmen und den Sudanbewohnern.

Nach dem Tode Heinrichs des Seefahrers ließ das Interesse, welches die europäischen Nationen an dem gewinnbringenden Handel mit dem Sudan nahmen, sehr bald nach und in den Annalen des 17. Jahrhunderts suchen wir vergebens nach Nachrichten über diese Gegenden. Erst Brue, der im Jahre 1697 als Direktor der vierten französischen Handelsgesellschaft in St. Louis nach dem Senegal kam, liefert uns wieder einige Nachrichten. Im ganzen haben sich sechs französische Handelsgesellschaften nacheinander am Senegal abgelöst, von denen es keiner gelang, unter der Ungunst der Verhältnisse längere Zeit zu bestehen. Denn einmal schmälerte der beträchtliche Handel der Holländer in Arguin die Einkünfte der Franzosen sehr; dann aber hinderten die drückenden Verpflichtungen der französischen Regierung gegenüber, die jährlich die Lieferung von 2000 Sklaven nach den französischen Inseln in Amerika verlangte, das Emporkommen der Gesellschaft. Überdies war der Handel nicht organisiert und ein großer Teil der Einkünfte floß in die Taschen ungetreuer Angestellter der Gesellschaften. Erst dem Scharfsinn und der Klugheit Drues, der 1697 als Direktor der vierten Gesellschaft nach St. Louis berufen wurde, gelang es, durch mehrfache Reisen zu den Stämmen nördlich und südlich vom Senegal feste, wohlorganisierte Handelsverbindungen mit jenen Stämmen anzuknüpfen und so den Grund für den in der Gegenwart blühenden Handel Frankreichs am Senegal zu legen, dem außerdem die Steigerung der eigenen Produktion Senegambiens zu gute gekommen ist.

Verzeichnis

der seit dem XVI. Jahrhundert über die Nordwestküste von Afrika zwischen Marokko und dem Senegal erschienenen Reisebeschreibungen und Abhandlungen.

1) Jobst Rucbamer: übersetzt zu Anfang des XVI. Jahrhunderts die Berichte der Seereisen bis C. Nun und giebt sie 1508 in Nürnberg nebst Vasco de Gamas Reise nach Indien und Colons ersten Reisen nach der neuen Welt heraus.

2) Temporal: Léon l'Africain: Historiale description de l'Afrique, premièrement en langue arabesque, demia en toscane et à present mise en françois. Lyon 1556.

8a) Joannes Florianus: Lateinische Übersetzung des Leo Africanus Antwerpae 1556.

8b) Federmanns indianische Historia. Hagenau 1556.

4) Ramusio: Raccolta delle navigazione et viaggi. Venezia 1588. Im ersten Bande findet sich die Beschreibung Afrikas nach Leo Africanus, eine Besprechung Ramusios über die Reise des Cada Mosto und die Reisebeschreibung des Cada Mosto.

5) Luys de Marmol Carvajal: Descripcion general de Africa. Granade. 1573. Eine Beschreibung Nordafrikas nach Leo Africanus.

6) Bernardo Aldrete: Varias antiguedades de España y Africa. 1614.

7) v. d. Gröben: Orientalische Reisebeschreibung des brandenburgischen adeligen Pilgers Otto Friedrich von der Gröben nebst der brandenburgischen Schiffahrt nach Guinea und der Verrichtung zu Morea. Marienwerder 1694.

8) Père Labat: Nouvelle rélation de l'Afrique occidentale. 1728. (Nach Angaben Mostos und Bruos.)

9) Simon Ockley: An Account of South-West Barbary. London 1713.

10) Prévost: Histoire générale de Voyages. Paris 1745.

11) Campomanes: Antiguedad maritima de republica de Cartago con el Periplo de su general Hannon; traducido del griego é illustrado. Madrid 1756.

12) Adanson: Nachricht von seiner Reise nach dem Senegal. Aus dem Französischen, herausgegeben von Schreber. Leipzig 1775.

13) Borda: Memoire de, sur son voyage de 1776 à la côte d'Afrique; vers 1780.

14) Georg Höst: Nachrichten von Fez und Marokko, im Lande selbst gesammelt 1760—1768. Aus dem Dänischen übersetzt. Kopenhagen 1781.

15) Lajaille: Reisen nach dem Senegal in den Jahren 1784 und 1787.

16) Chénier: Recherches historiques sur les Maures. Paris 1787.

17) Brisson: Histoire du naufrage et de la captivité de M. de Brisson, avec la description des déserts d'Afrique depuis le Sénégal jusqu'au Maroc. Genève 1789. (Von Georg Forster 1790 in deutscher Übersetzung veröffentlicht.)

18) Saugnier: Rélations de plusieurs voyages à la côte d'Afrique, à Maroc, au Senegal etc.; tirées des journaux de, Paris 1789.

19) Proceedings of the Association for promoting the discovery of the interior parts of Africa. London 1791 und 1810.

20) Follie: Voyage dans les déserts de Sahara. Paris 1792.

21) An historical and philosophical Sketch of the discoveries and settlements of the Europeans in northern and western Africa. Edinburg 1799.

22) James Curtis: A Journal of travels in Barbary in 1801, with observations on the gum-trade of Senegal. London 1803.

23) Durand: Voyage au Sénégal. Paris 1802.

24) Jackson: An account of the empire of Marocco and the district of Suse. London 1809.

25) Robert Adams, Reise an der Westküste Afrikas bis nach Timbuktu. Geographische Ephemeriden. Bd. L.

26) Correard et Savigny: Rélation du naufrage de la „Meduse" en 1817.

27) Riley: Loss of the American Brigg „Commerce" on the western coast of Africa. London 1817.

28) Cochelet: Naufrage du brik français „la Sophie" perdu le 30. Mai 1819 sur la côte occidentale d'Afrique. Paris 1820 und 1821.

29) Valkenaer: Recherches géographiques sur l'intérieur de l'Afrique septentrionale. Paris 1821.

30) Roussin: Memoires sur la côte occidentale d'Afrique. Paris 1827.

31) René Caillé: Travels through Central Africa and across the great Desert to Marocco. London 1830.

32) Jean Temporal: Traduction française de Léon l'Africain. Paris 1830.

33) Avezac: Revue critique des rémarques et recherches géographiques annexées au voyages de Caillé à Tembectu. Memoire lu à la Société axiatique dans la séance du 3. Octobre 1831.

34) Graberg de Hemsöe: Specchio geografico e statistico dell' impero de Marocco. Genova 1834.

35) Jaubert: Traduction de la „Géographie d' Edrici." Paris 1836.

36) Arlett: Survey of some of the Canary Islands and of part of the western coast of Africa in 1835. Journal of the Geogr. Soc. of London VI.

37) Avezac: Etudes de géographie critique sur une partie de l'Afrique septentrionale. Paris 1836.

38) Davidsons Briefe und Bericht von seinem Tode in Jour. of the Geogr. Soc. of London. VI. u. VII.

39) Arlett: Déscription de la côte d'Afrique depuis le cap Spartel jusqu'au cap Bojador. Bull. de la Soc. de géogr. de Paris 1837. (Übersetzung von Nr. 36.)

40) Davidsons African Journal. 1835—36. London 1839. (Bericht über seine Reise nach Marokko nach Tagebüchern.)

41) Berthelot: De la pêche sur la côte occidentale d'Afrique. Paris 1840.

42) Cooley: Negroland of the Arabs. 1841. (Bis Barth die einzige Quelle über Innerafrika.)

43) Maude: On the Original Languages of the Canary Islands. Journ. of the Geogr. Soc. 1841.

44) Vicomte de Santarem: Recherche sur la priorité de la découverte des pays situés sur la côte occidentale d'Afrique au delà du cap Bojador. Paris 1842.

45) Hodgson: Notes of northern Africa, the Sahara and Soudan. Newyork 1844.

46) London: Die Berberei. Eine Darstellung der religiösen Gebräuche der Bewohner Nordafrikas. Frankfurt 1845.

47) John Grover: An Account of the Island of Arguin. Journ. of the Geogr. Soc. XVI.

48) Rénou: Déscription géographique de l'empire de Maroc. 1846.

49) Macgukin de Slane: Histoire de Berbères par Ibn-Khaldoun, traduite par, Alger. 1852.

50) Macgukin de Slane: Conquête du Soudan par les Marocains. Revue africaine Vol. L.

51) Cherbonneau: Traduction et publication de la voyage de Ibn-Batuta à travers l'Afrique septentrionale au commencement du XIV siècle. Paris 1852.

52) Faidherbe: Les Berbères et les Arabes des Bords du Sénégal. Bull. de la Soc. de Géogr. de Paris, 1854.

53) Kunstmann: Valentin Ferdinands Beschreibung der Westküste Afrikas bis zum Senegal. Abhdl. d. Kgl. bayr. Akad. d. Wissenschaften. III. Kl. VIII. Bd. 1. Abtlg. 1856.

54) Panet: Reise durch die grofse Wüste. Revue maritime et col. 1850 und Petermanns Mitt. 1859.

55) Kérallet: Mannel de la Navigation à la côte occidentale d'Afrique. Paris 1857.

56) Barth: Reisen und Entdeckungen in Nord- und Centralafrika. Gotha. 1857.

57) Barth: Auszüge aus Ahmed Babas: „Istrīch e Saūdān". Zeitschrift der deutschen Morgenländischen Gesellschaft. Bd. IX.

58) Vincent: Reiseberichl über seine Reise nach Adrar. Revue coloniale. Oct. 1860.

59) Mage: Bericht über seine Reise nach Taganet. Revue coloniale. Juli 1860.

60) Bourrel: Bericht über seine Reise im Lande der Brakna. Rev. mar. et coloniale 1861.

61) Malte-Brun: Voyage de Si Bou-el-Moghdad de St. Louis à Mogador en 1861. Nouvelles annales des voyages. Bd. 61.

62) Bou-el Moghdad: Bericht über seine Reise durch die Sahara. Rev. mar. et col. 1861.

63) Beynet: Les drames du Désert, scènes de la vie arabe sur les frontières du Maroc. Paris 1863.

64) Vivien de Saint Martin: Le nord de l'Afrique dans l'antiquité grecque et romaine. Paris 1863.

65) Fulcrand: Exploration de la baie d'Arguin. Rev. mar. et colon. 1861.

66) Dozy et de Goeje: Description de l'Afrique et de l'Espagne par Edrisi; texte arabe, traduction, notes, glossaires par, Leiden 1866.

67) Major: Prince Henry the Navigator. London. 1868.

68) Gatell: Reise in Nun und Tekna. Bull de la Soc. de Géogr. de Paris. 1869.

69) Gatell: Description du Sous. Bull de la Soc. de Géogr. de Paris. 1871.

70) Kerhallet et Le Gras: Instructions nautiques sur la côte occidentale d'Afrique, comprenant le Maroc, le Sahara et la Senegambie. Paris. 1871.

71a) Beaumier: Le Cholera au Maroc, sa marche au Sahara jusqu'an Sénégal. Bull. de la Soc. de Geogr. de Paris 1872. Nr. 3.

71b) Aube: L'île d'Arguin et les pêcheries de la côte occidentale d'Afrique. Paris. 1872.

72) Gorringue: The West Coast of Africa from Cap Spartel to Sierra-Leone. Newyork. 1873.

73) The West Coast of Africa: Part. I. from C. Spartel to Sierra Leone. United-States Hydrographical Office. 1873.

74) Berlioux: Colonie française du Sénégal. Paris 1874.

75) Idris-El-Jorichi: Viaje que hizo al Ouad Nun El-Hache-Javis, El-Jorichi, E Fasi, Taleb del consulado de España en Mogador en agosto de 1874, para gestionar el rescate de los cautivos espagñoles. Traduci do del árabe par Antonio Maria Orfila. Madrid.

76) Daveyrier: De Mogador au Djebel Tabayoult, par le Rabbin Mardochée
Abi Serrour. Bull. de la Soc. de Geogr. de Paris. 1875.

77) Hann: Das Klima von Senegambien. Zeitschrift der österr. Metor. Gesellsch.
1875. No. 24.

78) Borius: Recherches sur le climat de sénégal. Paris 1875.

79) Derrotero (Segelhandbuch) de la costas occidentales de Africa. Madrid
1875.

80) Skertchley: The north-west Africain Expedition. L'explorateur géogr.
et com. 1875.

81) Daveyrier: Les Sculptures Antiques de la province Marocaine de Sous.
Bull. de la Soc. de Geogr. 1876.

82) Ravenstein: The western Sahara. Geographical Magazine 1876.

83) Tissot: Recherches sur la Géographie comparée de la Mauretanie Tingi-
tane. Paris 1877.

84) Mackensie: The flooding of the Sahara; or account of the proposed
plan for opening central Africa to commerce and civilisation from the
North-West-Coast. London 1877.

85) Rohlfs: Nun und Tekna. Mttlg. 1877 p. 422.

86) Galliano: Memoria sobre la sitnaccion de Santa Cruz de Mar Pequeña.
Madrid 1876.

87) Lenz: Geologische Mitteilungen aus Westafrika. Verh. d. K. K. geol.
Reichsanstalt 1876. No. 7.

88) Duro: Exploracion de una parte de la costa noroeste de Africa, en busca
de Santa Cruz de Mar pequeña. (Boll. de la Soc. Geogr. de Madrid
1878.)

89) Faidherbe: Le Zénaga des Tribus Sénégalaises. Paris 1877.

90) Perez: Vistas et tipos de la costa del Sous, tomados del natural en la
expedicion de „Blasco de Garay" año 1878. La Illustracion Espagnola
y Americana. XIV. 1878.

91) Duro: Nuevas observaciones acerca de la Situacion de Santa Cruz de
Mar pequeña. Bol. de la. Soc. Geogr. de Madrid. VI. 1879.

92) Lubomirsky: Les pays oubliés; La côte barbaresque et le Sahara.
Paris 1880.

93) de Castries: Notice sur la region de l'oued Draa. Bull. de la Soc.
Géogr. de. Paris 1880.

94) Jiménez de la Espada: España en Berberia. Bol. de la Soc. Geogr.
de Madrid 1880.

95) Daveyrier: Historique des voyages à Timbuctu. Paris 1881.

96) Matthews: Northwest Africa and Timbuctu. Bull. of Americ. Geogr.
Soc. 1881.

97) Borius: Les Maladies du Sénégal: topographie, climatologie et patho-
logie de la côte occidentale d'Afrique entre le cap Blanc et le cap
Sierra Leone. Paris 1882.

98) Zittel: Das Saharameer. Ausland 1883.

99) Duro: El puerto de Ifni in Berberia. Bol. de la. Soc. de Geogr. de
Madrid. XIV. 1883.

100) Chavanne: Verteilung der Niederschlagsmengen in Afrika. Geogr.
Rundschau. 1884. VI.

101) M a s q u e r a y: Le Sahara occidental d'après trois pélerins de l'Adrar. (Eine Karte nach den Aussagen dreier Pilger konstruiert, die von Adrar nach Algier i. J. 1679 gewandert sind).

102) C u s t: A Sketch of the Modern Languages of Africa. London 1885.

103) R a v e n s t e i n: A language map of Africa. (Gefertigt im Anschluß an No. 102).

104) R o h l f s: Mein erster Aufenthalt in Marokko und Reise südlich vom Atlas. Norden 1885.

105) F o u c a u l d: Positionsbestimmungen zwischen 29° 22' n. 30° n. Br. in Afrika. Compte-rendu de la Soc. de géogr. de Paris 1885.

106) T h e A f r i c a n P i l o t or Sailing Directions for the Western Coast of Afrika. London 1885.

107) B l u m e n t r i t t: Die neuen Erwerbungen Spaniens an der atlantischen Küste Nord-Afrikas. Globus XI,VIII. 1885.

108) L e s p o s s e s s i o n s espagnoles sur la côte du Sahara. Gazette géographique 1885.

109) H o o k e r a n d B a l l: Marocco and the Great Atlas. 1885.

110) B o n e l l i: Nuevos territorios espagnoles de la costa del Sahara. Bol. de la Soc. Geogr. de Madrid. 1885.

111) M e r l e: L'Angleterre, l'Espagne et la France à propos de l'île d'Arguin. Revue de Geogr. 1885.

112. L e n z: Reise nach Timbuktu. Leipzig 1886.

113) M e r l e: La pêche de la morue sur la côte occidentale d'Afrique. Rev. de Géogr. Paris 1886.

114) D e C r o m s l s: Le commerce du sel du Sahara au Sudan. Rev. de Géogr. 1886.

115) G i m e n e z: España en el Africa septentrional. Madrid 1885.

116) J a n n a s c h: Die deutsche Handelsexpedition vom Jahre 1886. Berlin 1886.

117) S o r e l a: Les possessions espagñoles en Afrique. Paris 1885.

118) C e r v e r a: De Rio de Oro à Idjil.

119) P e r e z: En el Seguia el Hamra.

120) Q u i r o g a: Estructura et origin de la peninsula de Rio de Oro.

121) C o s t a: Rio Oro en la antiguedad.

122) Q u i r o g a y C e r v e r a: Comercio, Factorias, Ferias en el Sahara.

123) C o s t a: Agricultura en el Sahara.

124) P e d r o d e l a P u e n t e y R u b i o: Pesquerias hispano-africanas.

125) C o e l l o: Conocimientos antes de la expedicion española.

126) Q u i r o g a: Geologia y Geografia del Sahara occidental.

127) Q u i r o g a: El Sahara occidental y sus moradores.

128) B o n e l l i: Viajes al Interior del Sahara. Bol. de la Soc. geogr. de Madrid. XXI. 1886.

129) D u r o: Los derechos de España en la costa del Sahara. Bol. de la Soc. d. Madrid. XX. 86.

130) P é r e z d e l T o r o: España en el Noroeste de Africa. Madrid 1886.

131) L e e: The North-West-african Company. Journal of the Manchester Geogr. Soc. 1886, 4—6.

Revista de Geografia Comercial No. 25 á 30. 1886.

132) **Ancelle**: Les explorations du Sénégal. Paris 1887.

133) **Quedenfeldt**: Bemerkungen zu der von mir zusammmengestellten Karte des westlichen Sus-, Nun- und Tekenagebietes. Zeitschrift d. Berl. Ges. d. Erdkunde. Bd. 22, Heft V. 1887.

134) **Soller**: Les caravanes du Soudan occidental et les pêcheries d'Arguin. Bulletin de la Soc. de Géogr. commerc. de Paris. Band X. 3. p. 280. 1887—88.

Nikolaus von Miklucho-Maclay, Reisen und Wirken.

Von Dr. O. Finsch.

I. Einleitung. II. Reisen. III. Ergebnisse. IV. Sammlungen. V. Zoologische Stationen VI. Publikationen.

I. Einleitung.

Die Trauerkunde von dem unerwarteten Heimgange des bekannten Reisenden und Forschers Nikolaus von Miklucho-Maclay in St. Petersburg hat gewiß in weiten Kreisen lebhafte Teilnahme erregt und wird gerade jetzt von der Wissenschaft am schmerzlichsten empfunden werden. Schien doch endlich der schon wiederholt angekündigten seit längerer Zeit durch Kaiserliche Freigebigkeit gesicherten Herausgabe seiner Werke nichts mehr im Wege zu stehen und der rast- und ruhelose Reisende nach sechzehnjähriger Abwesenheit endlich eine bleibende Stätte in der Heimat gefunden zu haben! Sorgenfrei und in glücklichem Familienleben konnte er sich ganz seinen Aufgaben widmen — als ihn der unbarmherzige Tod mitten in derjenigen großen Arbeit abrief, welche die Früchte seines Fleißes in einem zusammenhängenden Hauptwerke vereinen sollte. Wenn der Reisende mit dem Sichten und Ordnen seiner zahllosen Manuskripte und Notizen nicht bereits im Reinen war, dann dürfte sein Verlust ein fast unersetzlicher sein. Hoffentlich ist dies aber geschehen und die Bearbeitung seiner litterarischen Hinterlassenschaft durch einen anderen möglich, sofern jemand gefunden werden kann, der gerade in jenen Gebieten Bescheid weiß.

Das Fatum nichts zu vollenden scheint auch bei dem letzten großen Unternehmen v. Ms. als ungünstiger Stern gewaltet zu haben und fragmentarisch wie seine eigenen Mitteilungen sind die über sein Leben selbst. Schon über sein Geburtsjahr (1846 oder 1847) und Geburtsort lauten die Angaben verschieden.[1]) Als letzterer

---

[1]) Die kurze Biographie in: „Deutsche Rundschau für Geographie und Statistik" (1884 S. 283—285) erhebt v. M.-M. zum „Artilleriekapitän", läßt ihn „1840" geboren und im St. Petersburger Kadettenkorps erzogen sein, „aus

wird meist ein Dorf im Gouvernement Nowgorod bezeichnet, aber
v. M. sagte mir, dafs er auf einem Gute seines Vaters, eines Edel-
mannes, in der Ukraine (1846) geboren sei. [*]) Neunzehn Jahre alt
kam er (1865) nach Deutschland und studierte in Heidelberg zunächst
Rechtswissenschaft, sattelte aber bald um und widmete sich in Jena
und Leipzig den Naturwissenschaften, namentlich der vergleichenden
Anatomie, scheint aber schon damals viel auf Reisen gewesen zu
sein. Nach der im Globus (1878 S. 40) gegebenen Biographie
„machte er 1866 in Gesellschaft von Prof. Häckel eine Reise nach
Madeira, den Kanarien und Marokko, drei Jahre später einen Ausflug an die Küsten des Roten Meeres und Kleinasiens". Nach andren
Quellen wurden die Kanarischen Inseln und Marokko in 1887, die Küsten
des Roten Meeres und Kleinasien in 1869 von ihm besucht. Wie v. M.
selbst berichtet (vergl. Publik. Nr. 30), machte er mit Dr. Dohrn 1878
gemeinschaftlich zoologische Studien in Messina und Beide kamen
schon damals zu der Überzeugung, „*dafs die Errichtung von zoologischen
Stationen eine Lebensfrage und unbedingte Notwendigkeit für die
Wissenschaft sei.*" Die glänzenden Erfolge, welche Dr. Dohrn, unter
Risiko eigener bedeutender Mittel, und steten Sorgen und Mühen
nach und nach in Neapel zu erringen wufste, sind bekannt, die
durch Vernachlässigung verunglückten Versuche v. Ms. werden wir in
der Folge kennen lernen. Er wollte diese Pläne überhaupt nur in
den Tropen verwirklichen, dort zunächst aber, angeregt durch
K. E. von Baers [*]) Schriften, *die Bewohner Neu-Guineas gründlich
erforschen*. So sehen wir den kaum dreiundzwanzigjährigen an-
gehenden Forscher 1870 nach dem Schauplatze seiner Thaten, Neu-
Guinea, aufbrechen; — seine sehnlichsten Wünsche waren in Erfüllung gegangen! In Europa folgte man seinen Reisen, die ihn bald
von einer Insel zur andern führten, mit Interesse, aber die Nachrichten
von ihm flossen immer spärlicher und eine zwölfjährige Abwesenheit

---

welchem er nach beendigtem Kursus als Offizier in die Artillerie entlassen
wurde", und enthält aufser diesen noch eine Menge andrer Unrichtigkeiten oder
Entstellungen. Das beigegebene Portrait ist sehr gut.

[*]) Die russische Unterschrift von ihm selbst ist: „MUKVIXO-MAKLOM".
Briefe, welche ich von ihm besitze, sind nur mit „N. von Maclay" unterzeichnet;
deutsche Arbeiten meist N. von Miklucha-Maclay, englische N. de Miklucho-Maclay
oder N. de Miklouho-Maclay. Andre schreiben seinen Namen: „Miklakho-
Maclay" oder „Nicolai Miklucha-Maklai".

[*]) „So ist es auch wünschenswert und man kann sagen, wissenschaftlich
notwendig, dafs die Bewohner von Neu-Guinea vollständig untersucht werden"
sind die Worte von v. Baer, welche M. seiner ersten Abhandlung Nr. 7 als
Motto voransetzt.

entfremdete ihn der Heimat nach und nach mehr und mehr. Auf der
südlichen Halbkugel, in Australien, schien v. M. eine zweite gefunden
zu haben, denn hier war für die letzten vier Jahre seines Wanderlebens Sydney wenigstens der Ausgangspunkt seiner Unternehmungen.
Hier lernte ich v. M. zuerst in 1881 kennen, um diese Bekanntschaft
in 1884 und 85 fortzusetzen, deren Erinnerung für mich stets eine
interessante bleiben wird. Wenig mitteilsam, wie v. M. war, brachten
seine Erfahrungen meinen eigenen, gleichen Zwecken dienenden Unternehmungen übrigens keinen Nutzen. Aber ich erfuhr doch so
mancherlei über ihn, teils aus seinem eigenen Munde, teils durch
andere, was gerade jetzt interessieren dürfte und diese Aufzeichnungen
veranlaßte. Wie ich in Sydney persönlich mit dem Reisenden verkehrte und dort den Anfang und das Ende seiner zoologischen Station
sehen konnte, so führten meine Reisen zum Teil auf denselben
Routen. Von Sydney bis Thursday-Island, Port Moresby und Dinner-
Island, überall war „the Baron", wie v. M. in Australien allgemein
genannt wurde, eine als Sonderling wohlbekannte Persönlichkeit, in
Kaiser-Wilhelmsland, an der nach ihm benannten Küste, von Kap
Teliata bis Dampier-Insel riefen mir die Eingeborenen als erste Be-
grüßung „oh! Maclay" zu, in Port Konstantin gründete ich neben
seinem einstigen Besitztume die erste deutsche Station, in Batavia,
Buitenzorg und Singapore traf ich Leute, welche M. gut gekannt
hatten. So darf ich es vielleicht eher als mancher andere wagen,
das Leben des merkwürdigen Mannes zu schildern, wenigstens soweit
es seine Reisen in der Südsee anbelangt, wenn auch hier immer
noch Lücken bleiben, und noch manche Daten fehlen. Soweit ich
solche anzugeben vermag, sind sie den Publikationen des Reisenden
selbst entnommen, der in dieser Beziehung, wie überhaupt, sehr gewissenhaft war. Sie geben sichere Anhaltspunkte über den Verlauf
seines unsteten Wanderlebens, über das bisher nur sehr unvollständige
meist unrichtige Nachrichten vorliegen. Wenn es z. B. in einer
Biographie heißt: „volle 12 Jahre hat Maclay allein ohne Begleiter
auf Neu-Guinea unter den wilden Stämmen der Papuas zugebracht",
so ist dies auf „drei" Jahre zu berichtigen. Und der „3 1/2 jährige"
zweite Aufenthalt v. Ms. (1877) in Neu-Guinea eines andren Bio-
graphen (Weserzeitung 21. April 88) reduziert sich auf 17 Monate.
Weite Reisen und langer Aufenthalt unter sogenannten „Wilden" finden
freilich immer den Beifall und die Bewunderung des großen Publikums,
können aber der Wissenschaft allein nicht genügen, die schließlich
auch nach den Ergebnissen solcher Forschungsreisen frägt. Darüber
Nachweis zu liefern, gehört mit zu den Aufgaben dieser Blätter, die

uns nicht nur den Reisenden, sondern auch das, was er wirklich zu Nutz und Frommen der Wissenschaft fertig brachte, kennen lernen werden.

Die Ansicht, daſs Leute von schwächlicher Konstitution sich am besten für die Tropen eignen und am widerstandsfähigsten erweisen, ist durch v. M. aufs neue bestätigt worden. Man würde es dem kleinen, zartgebauten Manne nicht angesehen haben, was er im Ertragen von Strapazen leistete. Infolge zu knapp berechneter Verproviantierung nicht selten für längere Zeit auf die vorwiegend vegetabilische Nahrung der Eingeborenen angewiesen, von klimatischen Krankheiten, namentlich Fieber, schwer mitgenommen, erholte sich v. M.s zähe Natur stets sehr schnell wieder. Dabei ist aber nicht zu vergessen, daſs v. M. überall da, wo er von einem längeren Aufenthalt aus der Wildnis wieder in der Zivilisation anlangte, die sorgsamste Pflege fand. So in Hongkong, Amboina, Batavia, Singapore, Sydney, und wie aufopfernd sich z. B. die gute Frau Chester des schwerkrank von Port Moresby zurückkehrenden M. auf Thursday-Island annahm, das habe ich dort selbst erfahren. Obwohl keineswegs von ansehnlicher Erscheinung, erregte das Äussere v. M.s doch Aufmerksamkeit und zwar besonders durch die eigentümliche Weise seiner Haarfrisur. Sie krönte die hohe freie Stirn in einer Fülle aufrecht emporstrebender Locken von der rötlich-braunen Färbung des kurzgehaltenen Schnurr- und Vollbartes. Letzterer umrahmte ein schmales, blasses Gesicht, mit ziemlich entwickelter, gerader Nase und groſsen träumerischen Augen, von dichten Brauen beschattet. Wenig gewinnend wie sein Äuſseres war auch das eigentümliche Wesen des Reisenden, der vor allem Einsamkeit, aber nicht, wie es im Liede heiſst: „Wein, Weib und Gesang" liebte, Gesellschaft möglichst zu vermeiden suchte und in solcher, nicht immer rücksichtsvoll, zuweilen verstieſs. Davon wuſsten namentlich australische Damen drastische Beispiele zu erzählen, so u. a. Frau Chester auf Thursday-Island und die Gemahlin des russischen Konsuls in Sydney, in dessen Hause v. M. längere Zeit als Gast wohnte. Aber das war ganz erklärlich; betrachtete doch v. M., ehe er selbst in Hymens Fesseln geriet, das weibliche Geschlecht als eine niedriger stehende Form der Schöpfung gegenüber dem männlichen.

Wenn v. M. überall die freundlichste Aufnahme fand, so hatte er dieselbe in erster Linie den gewichtigen Empfehlungen seiner Regierung zu verdanken, die zu seiner ersten Reise Kriegsschiffe kommandierte. Schon dadurch war v. M. auf das glänzendste eingeführt und ein 15monatlicher Aufenthalt unter „Wilden" machte

18*

den vorher unbekannten, jungen Gelehrten bald berühmt. Auch sein persönliches Auftreten, die Sicherheit, mit welcher er bei den höchsten Behörden für seine Pläne, als rein wissenschaftliche, zu wirken verstand, hat zur Ausführung derselben nicht wenig beigetragen. In der That haben sich wohl wenige Reisende so lebhafter und allseitiger Unterstützung zu erfreuen gehabt, als v. M., der darüber selbst schreibt: „*in meinen zehnjährigen Wanderungen war ich häufig, für Wochen und Monate, Gast in Häusern und Palästen der Grofsen, ja selbst am Hofe von Königen.*" Auch fremde Regierungen nahmen sich seiner an. So war Kapitän Moresby bei der denkwürdigen Reise mit dem englischen Kriegsschiffe „Basilisk", längs der Nordostküste Neu-Guineas, beauftragt, nach dem Reisenden zu forschen und ihm Hilfe zu leisten; holländische und englische Kriegsschiffe nahmen ihn von einem Platze zum andern und selbst eingeborene Fürsten, wie der Tomongon von Johor, und der König von Siam ebneten die Wege des Reisenden auf der Halbinsel Malakka. Ohne solche Unterstützungen hätte v. M. die grofsen Reisen wohl überhaupt kaum ausführen können, denn er war kein reicher, vielleicht kaum ein wohlhabender Mann, der nur von der Geographischen Gesellschaft in St. Petersburg Unterstützung erhielt. Dieselbe war, wie der Vorsitzende in einer Sitzung, welche v. M. bei seiner Rückkehr (1882) einführte, selbst bemerkt, anfänglich nur unbedeutend. Aber schon bei der zweiten Reise nach Astrolabe-Bai (1876—77) konnten v. M. weit bedeutendere Mittel gewährt werden. Und schliefslich hatte er sich auch in nicht geringem Mafse der Unterstützung seiner Landsleute zu erfreuen, die zu seiner Hilfe stets bereit waren. So wurde seitens der Presse eine öffentliche Subskription für v. M. organisiert, deren Erträge es v. M. ermöglichten, seine Forschungen fortzusetzen. Und welchem Reisenden ist es beschieden, nach endlichem Einlaufen in den Ruhehafen, die Bearbeitung seiner Forschungen aus Reichsmitteln, die Herausgabe seiner Werke durch Kaiserliche Gnade gesichert zu wissen!

Aber nicht nur mit dem Komfort von Kriegsschiffen sehen wir v. M. seine Reiseziele verfolgen, an Strapazen gewöhnt verschmähte er auch die Unbequemlichkeiten kleiner Handelsfahrzeuge nicht und unternahm mit solchen oft weite und höchst abenteuerliche Fahrten, die wir im folgenden näher kennen lernen werden. In der Erreichung seiner Ziele und Zwecke scheute er eben weder Entbehrungen, noch konnten ihn voraussichtliche Gefahren zurückhalten. Denn wie an Energie fehlte es v. M. auch nicht an persönlichem Mute. Mit solchem trat er überall waffenlos den sogenannten „Wilden" entgegen, ja, wenn es nötig war, nahm er auch die Waffe zur Hand. So sehen wir ihn einmal mit gespanntem Revolver den Häuptling von Mawara ganz allein arretieren, obwohl M. sonst, selbst Übergriffen der Eingeborenen gegenüber, unendliche Geduld und Langmut wie überhaupt die glückliche Gabe besaß, mit Eingeborenen umzugehen. Mit dem Leben v. Ms. eng verbunden sind seine

II. Reisen,

denn wohl kein Naturforscher hat so viel gewandert als er. Seit v. M. 1865, neunzehn Jahre alt, zuerst in Deutschland als Student auf der Bildfläche erschien, bis zu seinem Ende hat er nur einmal, ungefähr zwei und ein halbes Jahr an einem Orte (Sydney) geweilt. Sonst war er stets unterwegs und seines Bleibens, noch dazu unfreiwillig, nirgends länger als anderthalb Jahre.

Im Dezember 1870 trat v. M. seine erste Reise nach Neu-Guinea an und zwar unter den denkbar günstigsten Verhältnissen. Durch hohe Protektion am Kaiserlichen Hofe, namentlich des Großfürsten Konstantin und der verstorbenen Großfürstin Helena Paulowna, die sich ganz besonders für die Unternehmungen des jungen 23jährigen Gelehrten interessierten, unterstützt, brachte ihn ein Kriegsschiff, die Kaiserl. russische Korvette „Vitias" nach seinem Bestimmungsorte. Wie mir v. M. selbst sagte, lauteten die Instruktionen des Kommandanten dahin, in der Südsee alle Inseln anzulaufen, welche der distinguierte Passagier zu besuchen wünschte. Die Reise ging über Brasilien nach Chile (Valparaiso, Mai 1871), der Osterinsel (Waihu), Mangareva (im Paumotu-Archipel), Tahiti, Samoa, Rotumah, Port Praslin (Südspitze von Neu-Irland) durch die „*Vitiasstrafse*" zwischen der Insel Rook und Neu-Guinea, nach Astrolabe-Bai, wo die „Vitias" in „*Port Constantin*", einem kleinen Hafen an der Südostseite der Bai, im September 1871 als das erste Schiff[*] ankerte. Auf dieser Reise sah v. M. das hohe Gebirge, welches Moresby später „Finisterre" nannte und benannte die höchsten Spitzen zu Ehren unsrer Landsleute „*Kant*" und „*Schopenhauer*". (Über die Ausreise citiert v. M. einen Brief an die Geogr. Gesellschaft, der in den „Isvestiia" erschien).

Erster Aufenthalt in Neu-Guinea.
September 1871 bis Dezember 1872. (Hierzu Publikationen Nr. 1, 4, 5, 7, 19.)

Auf einem westlichen Vorsprunge von Port Konstantin, von den Eingeborenen Garagassi, von v. M. „*Einsiedelei-Point*" genannt, etwa ¹/₃ Stunde vom Dorfe Bongu, wurde dem Reisenden ein hübsches

---

[*] Bekanntlich wurde Astrolabe-Bai zwar schon 1827 von Dumont d'Urville benannt, aber nur gesichtet.

hölzernes Haus erbaut, von dem ich bei v. M. eine Aquarelle sah.[5])
Die Lokalität, welche ich später selbst kennen lernte, ist von der
Seeseite durch Korallriffe gesichert und wurde an der Landseite
durch eine Umzäunung von Wellblech gegen Zudringlichkeiten der
Eingeborenen geschützt. Der Reisende war daher mit seinen beiden
Dienern (einem europäischen Matrosen und einem Südseeinsulaner)
trefflich untergebracht, als das Kriegsschiff wegging. Mit den Eingeborenen, *„die mich anfangs sehr mifstrauisch, ja feindselig aufnahmen, schliefslich aber freundschaftlich behandelten"*, wufste sich
v. M. alsobald gut zu stellen. Dies ist, wie ich aus eigener Erfahrung weifs, im ganzen nicht so schwer, obwohl Eingeborene
immer unberechenbar bleiben und beim ersten Zusammentreffen mit
Weifsen sich sehr verschieden betragen. Aber man darf sagen,
dafs der Aufenthalt unter solchen Eingeborenen, die noch nie Weifse
sahen, gerade als am sichersten vorzuziehen ist. Die Eingeborenen
an der ganzen Nordostküste Neu-Guineas sind ja keine „Wilde"
nach der gewöhnlichen Ansicht, sondern betriebsame, friedfertige
Leute, die den Vorteil, welchen ihnen ein Weifser bringt, gar bald
einsehen lernen. Es läfst sich daher ganz gut mit ihnen leben und
v. M. war jedenfalls weit besser in der neuen Heimat installiert als
unzählige weifse Händler (Trader) und farbige Missionäre (Teachers),
die sich zuerst an unbekannten Küsten niederlassen. Da v. M. hinsichtlich seiner Wiederabholung durch ein russisches Kriegsschiff
Verabredungen getroffen und derselben sicher war, so konnte er
ungestört wissenschaftlichen Forschungen leben in einer Weise, wie
sie selten einem Reisenden geboten wurde. Durch vorsichtiges und
kluges Auftreten hatte er sich bald Ansehen bei den Eingeborenen
errungen, die ihn als „Kaaram Tamo", d. h. Mann des Mondes
verehrten. Dieses Epitheton war, wie mir v. M. selbst erzählte,
durch einen reinen Zufall, infolge Abbrennens eines Blaufeuers
oder andren Feuerwerkskörpers, bei den Eingeborenen entstanden,
die dem Fremdlinge nach und nach übernatürliche Kräfte zuschrieben.
Es mag dabei bemerkt sein, dafs dieser Glaube nicht etwa durch
besonders angewandte Mittel des Reisenden hervorgerufen wurde,
sondern sich ganz von selbst entwickelte. v. M. vermied ängstlich

---

[5]) Es ist daher nicht ganz richtig, wenn es in einem Berichte heifst:
„In einer primitiven Hütte, die ihn kaum gegen die Unbill der Witterung
schützte, brachte er mehrere Monate zu, einsam und ohne Unterstützung, in
feindlichem Lande, von Hunger und Krankheit geplagt" (Verh. Ges. f. Erdkunde
1883. S. 104—100). Dieser nach „Nature" und „Exploration" zusammengestellte
Aufsatz kann überhaupt keinen grofsen Anspruch auf Genauigkeit machen.

alles, was die Eingeborenen in Furcht setzen konnte und erlaubte
z. B. seinen Leuten nicht, auf die Jagd zu gehen, damit Schiefsen
die Eingeborenen nicht erschrecke. Dennoch glaubten die letzteren
bestimmt, dafs v. M. Regen machen oder aufhören lassen könne.
*„Da ich zum hundertsten Mal wiederholte „ich könne es nicht“,
wurde mir das alte „Maclay will es nicht!“ wie gewöhnlich als Vorwurf erwidert“.* Die Eingeborenen liefsen es sich auch nicht
ausreden, dafs M. fliegen könne! Und das war, wie mir v. M.
selbst erzählte, so gekommen. M. pflegte, stets ohne Feuerwaffen,
nur mit einem tüchtigen Stocke, mit eisenbeschlagener Spitze (den
er mir zeigte), zum Abwehren der häufig bösartigen Schweine, versehen, die Umgegend von Port Konstantin zu durchstreifen. Hörte
er nun auf den einsamen, schmalen Urwaldspfaden das Herannahen
von Eingeborenen, so suchte er sich zu verbergen. Ungesehen und
ungehört erschien er dann, in eine weifse Decke gehüllt, so unerwartet im Kreise der überraschten Dorfbewohner, gewöhnlich gegen
Abend, wenn sie gerade beim Essen waren, dafs diese nur in
„Fliegen“ eine Erklärung zu finden vermochten.

Während dieses ersten 15monatlichen Aufenthaltes kam v. M.
über das engere Gebiet von Port Konstantin nicht hinaus und besuchte von hier einige Bergdörfer, die alle sehr nahe und nicht
höher als 1200 Fufs liegen. Die Gebirge, welche Port Konstantin
umgeben, haben die Eingeborenen selbst niemals überschritten. Weitere
Ausflüge unternahm v. M. im Boot längs der Küste von Astrolabe-
Bai. Sie führten ihn nach Bogatschi, einem Dorfe etwa 4 Meilen
nordöstlich von Port Konstantin, nach den Inseln Bilibili und
Jambom, und von hier nach dem von ihm benannten *„Archipel der
zufriedenen Menschen“*,[5]) etwa 18 Meilen nördlich von Port Konstantin.

Von den Ergebnissen dieses Aufenthaltes hat v. M. die unter
No. 1, 4, 5, 7, 19, 22a citierten Abhandlungen publiziert. Darunter
sind die über Anthropologie (No. 7) und Ethnologie (No. 10) mit
die ausführlichsten, welche wir überhaupt von ihm besitzen. Sie
waren in russischer Sprache geschrieben[7]) und sollten in einem
Blechgefäfs eingeschlossen, an einer mit dem Kommandanten der
„Vitins“ verabredeten Stelle vergraben werden, für den Fall, dafs

---

⁵) Darüber citiert v. M.: „Istwestija für 1873“.

⁷) „Von Fieber und Geschwulst seiner Hände geplagt, mufste er seine
Arbeiten diktieren, weshalb die meisten seiner Arbeiten aus jener Zeit in deutscher
Sprache verfafst sind“ heifst es in dem citierten Aufsatz über Maclay (Gesellsch.
f. Erdk.) Aber wie v. M. selbst sagt, mufste er seine Aufsätze diktieren, weil
sich in Batavia kein Übersetzer für russisch fand.

das Kriegsschiff bei seiner Rückkehr den Reisenden nicht mehr am Leben finden sollte.

Um den Reisenden abzuholen, erschien im Dezember 1872 die Kais. russ. Korvette „Ismrud" in Astrolabe-Bai. Auf der Rückreise besuchte v. M. (1873) Ternate, Tidore, Zebu, Luçon [*]) (April 1873), wo er von Manilla aus einen Ausflug in die Berge von Limai („vide Isvestiia von 1873" v. M.) machte, um Negritos zu sehen, und verließ das Kriegsschiff in Hongkong.

Von hier begab sich v. M. (wohl Mai 1873) nach Batavia, wo ihm seine ausgezeichneten Empfehlungen die vorzüglichste Aufnahme und Gastfreundschaft des Gouverneur-General James Loudon verschafften. Vermutlich hat v. M. von Batavia aus weitere Ausflüge nach Gebieten der niederländischen Kolonien gemacht, ich habe aber darüber keinen Nachweis finden können. Es ist daher nur Vermutung, wenn ich annehme, dafs v. M. in dieser Zeit u. a. auch Celebes besuchte. In seinen eigenen Schriften findet sich darüber nichts. Aber jedenfalls war v. M. auch auf Celebes, denn er sagte mir selbst, dafs er im Norden dieser Insel (Kema) eine Kaffeeplantage besitze. Im Dezember 1873 scheint v. M. Java verlassen zu haben, denn Anfang 1874 sehen wir ihn wieder unterwegs und zwar auf der

Reise nach der Südwestküste von Neu-Guinea.
25. Februar bis 25. April 1874. (Hierzu Publikation Nr. 1 a, 13, 19 c und 22.)

Der Zweck dieser Reise war hauptsächlich der, „um die *anthropologischen Verhältnisse der Bewohner der Südwestküste im Vergleich mit denen der Nordostküste kennen zu lernen"*. Um eine möglichst reine Bevölkerung anzutreffen, wählte v. M. das Gebiet Papua Kowiay, das wegen des üblen Rufes seiner Eingeborenen selbst von ceramesischen Handelsfahrzeugen (Prauen) nur selten besucht wird, und damit „*das Riskantere*". Die Expedition ging von Gessir aus, einer kleinen Insel zwischen Ceram und Ceram-laut, wo v. M. einen Orembai charterte. So heifsen inländische Fahrzeuge, ohne Deck, nur mit einer Hütte in der Mitte, mit welchen ceramesische Händler nicht selten, unter Benutzung der Monsune, die gewöhnlichen Handelsfahrten nach der Küste von Neu-Guinea unternehmen. Die Besatzung des Orembai bestand aus 16 Mann, darunter 10 Papuas von jener Küste, ein Umstand, der sich später als sehr bedenklich erwies. Der Reisende selbst war nur von zwei amboinesischen Dienern und einem Papuajungen begleitet. Da die Entfernung von Gessir bis nach der

---

[*]) „vide Istvestiia für 1878 und Petermann 1873/74" citiert v. M.

Küste nur etwa 200 Sm. beträgt und gerade Westmonsun herrschte, so machte der Orembai eine rasche Reise. Am 25. Februar von Geseir aussegelnd, die Inseln Goram, Matabello und Adi berührend, ankerte das Fahrzeug schon am 27. an der Insel Namotote in Quaelberge-Bai, wo v. M. seine Hütte am Kap Aiwa erbauen ließ, anscheinend zur großen Freude der Eingeborenen.

Bewohner der benachbarten Insel Aiduma siedelten bald hier an und alles schien in bester Ordnung, als v. M., unter Zurücklassung eines amboinesischen Dieners und fünf Ceramesen, mit dem Orembai eine Küstenfahrt antrat. In Lobo-Bai geleiteten Eingeborene den Reisenden zu den Resten des einstigen Fort Du Bus, wo in den Jahren 1828 bis 1836 die niederländische Regierung das erste und einzige Mal eine Kolonie auf Neu-Guinea zu gründen versuchte. Es fanden sich hier die Fundamente zweier nicht sehr großer Häuser aus Korallenblöcken und eines jener verrosteten Schilde mit dem niederländischen Wappen, *„welche die einzigen Zeichen der Oberhoheit Hollands an der Südwestküste Neu-Guineas sind"*, ganz wie ich dies 1885 in Humboldt-Bai beobachtete. Die Küstenfahrten erstreckten sich bis in die Tiefe der Kirura-Bai, etwa 50 Meilen östlich von Kap Aiwa. In der Tiefe von Tritons-Bai eine etwa 1200 Fuß hohe Bergkette übersteigend, entdeckte der Reisende den interessanten Kamaka Wallar (vergl. Publikation 1 a), einen Bergsee in etwa 500 Fuß über dem Meere. Die wenigen Eingeborenen an diesem See, welche noch nie einen Weißen gesehen hatten, nahmen den Reisenden sehr freundlich auf. *„Die Berge jenseits des Sees nach Osten (d. h. ins Innere) sind vollständig unbewohnt"*, wiederum ein Beweis der spärlichen Bevölkerung Neu-Guineas, auf welche ich wiederholt hinwies. Der Ausflug nach dem See und längs den Küsten hatte nur wenige Tage gedauert, denn schon am 2. April kehrte der Reisende nach Aiwa zurück, wo es inzwischen bös hergegangen war. Unter Führung des sogenannten Kapitän Mawara, Häuptlings der Nachbarinsel Mawara, hatten die Eingeborenen von Namotote und die Bergbewohner der Bitscharu-Bai die Aidumaleute, welche bei v. M.s Hütte siedelten, überfallen, die Frau des Radja von Aiduma getötet, seine Töchter in Stücke gehackt und v. M.s Hütte selbst geplündert. *„Besonders unangenehm war der Verlust vieler meteorologischer und anatomischer Instrumente; auch meine Apotheke und Rotweinvorrat waren nicht verschont geblieben; alles übrige (Kleider, Konserven u. a.), was die Papuas mitgenommen hatten, konnte ich ziemlich entbehren."* Wie sich später herausstellte, hatten einige der Ceramleute v. M.s. bei der Plünderung teilgenommen und daß bei einem etwaigen erneuerten

Uberfall auf keine Hilfe seitens der eigenen Mannschaft gerechnet werden durfte, schien nach diesem Vorfalle zweifellos. Da die Ceramleute überdies sich absolut weigerten länger in Aiwa zu wohnen, so siedelte v. M. nach der Insel Aiduma über, deren Bewohnern übrigens auch nicht zu trauen war. Unter diesen Verhältnissen mußten alle weiteren Ausflüge an der Küste aufgegeben werden. Überdies nahte der Wechsel des Monsuns, vor welcher Zeit der Orembai nach Gessir zurückkehren mußte. Da keiner von den Leuten bei v. M. zurückbleiben wollte, so entschloß sich letzterer allein zu bleiben, wurde aber durch ein unerwartetes Ereignis genötigt, diesen Entschluß aufzugeben. Er erfuhr nämlich, daß der Hauptanstifter der Plünderer, der Kapitän Mawara, sich auf einer Prau (inländisches Fahrzeug) verborgen halte. Nur von einem Manne begleitet unternahm v. M. das Wagstück den Räuber zu arretieren, was auch vollständig gelang. Er ließ den Häuptling gebunden an Bord des Orembai bringen, der in Zeit von anderthalb Stunden in See stach, noh ehe die Eingeborenen etwas von dem Vorfall erfahren hatten. Dies war am 25. April. Sechs Tage später (31. April) erreichte der Orembai die kleine Insel Kilwaru (zwischen Ceram und Ceramlaut), wo v. M. seinen Arrestanten dem Radja übergab und fast einen Monat verweilte, um die Ankunft eines holländischen Kriegsschiffes abzuwarten, das ihn Ende Mai nach Amboina brachte. Hier traf ihn Kapitän Moresby[*]) (Reise des englischen Kriegsschiffes „Basilisk") am 2. Juni „in einem so bedauernswerten Gesundheitszustande, daß wir an seinem Aufkommen zweifelten".

Wie lange sich v. M. in Amboina aufhielt und ob er von hier weitere Reisen in den Molucken unternahm, ist mir nicht bekannt. Möglicherweise besuchte er von hier aus Celebes, wie ich vorher erwähnte. Jedenfalls kehrte er nach Java zurück, wiederum vom Gouverneur-General gastlich aufgenommen. Briefe in 1873 datieren September „Tjipanas" und November (22.) Batavia. Von Java ging v. M. nach Singapore, wo er die freundlichste Unterstützung der englischen Regierung fand. Sie verschaffte ihm wirkungsvolle Empfehlungen an den Sultan von Muar und dessen Würdenträger, den Tomongon (oder Maharajah) von Johor und mit deren Hilfe unternahm v. M. die

Reise durch Johore.

15. Dezember 1874 bis 2. Februar 1875. (Hierzu Publikation Nr. 11.)

Er ging (15. Dez. 1874) vom Flusse Muar aus, durchkreuzte Johore von Westen nach Osten, wandte sich dann von den Indau-Bergen nach

---

[*]) „New Guinea and Polynesia" S. 291.

Süden und langte am 2. Febr. 1875 in Johor Baru an, von wo er nach
Singapore zurückkehrte. Der kurze Bericht über diese Reise (datiert
28. Februar 1875) ist „an Bord des „Pluto", Golf von Siam" geschrieben. v. M. begab sich damals nach Bangkok, um über die
siamesischen Gebiete der malayischen Halbinsel, der sein nächstes
Reiseziel galt, Erkundigungen einzuziehen und beim Könige von
Siam persönlich für diese Reise zu wirken. Durch Empfehlungsbriefe
der englischen Regierung eingeführt, erhielt er Geleitsbriefe von der
siamesischen Regierung, die v. M. bei den inländischen Fürsten gute
Aufnahme und Unterstützung sicherten. Bis zum Antritt der Reise
hielt sich v. M. in Singapore auf, wo er für die Errichtung einer
zoologischen Station Propaganda zu machen suchte.

Reise ins Innere der malayischen Halbinsel.
Juni bis Oktober 1875. (Hierzu Publikation Nr. 12, 19 d und 21.)

Dieselbe wurde am 15. Juni angetreten, führte zuerst auf der
alten Route von Muar nach dem Indan, ging dann längs der Ost-
küste bis Pikan, von hier durchs Land bis Kottabaru an der Ost-
küste, führte dann wieder inlands nördlich bis in die siamesische
Provinz Singoro, wo die beabsichtigte Weiterreise nach Bangkok
wegen eingetretener Regenzeit aufgegeben werden mußte. Von
Singoro, einer nicht europäischen Stadt und Sitz eines siamesischen
Gouverneurs, ging v. M. nach Kotta Sta (1. Oktober 1875) an der
Westküste und kehrte von da zur See, in Malaka vorsprechend, nach
Singapore zurück (Oktober 1875).

Diese Reise, welche teils auf Böten (Prauen), teils auf Elefanten
und zu Fuß gemacht wurde gehört mit zu den denkens- und an-
erkennenswertesten Unternehmungen v. Ms. Unter großen Mühen
und Beschwerden, „anstrengende oft elfstündige Fußstouren, über-
schwemmter Wald, nasse Jahreszeit, Provisionsmangel, mangelnde
Transportmittel u. a." gelang es ihm die Reste noch ungemischter
melanesischer Völkerstämme an ihren Wohnplätzen aufzufinden und
uns die erste genauere Kunde über dieselben zu bringen. Diese
Mitteilungen sind um so wertvoller, als jene Völkerstämme im Aussterben begriffen sind und trotz der ernsten Mahnungen v. Ms. sich
kein Nachfolger seiner Forschungen gefunden zu haben scheint.

„Ich habe, schreibt er (den 2. Oktober 1875) an die Geographische Gesellschaft in St. Petersburg (vergl. auch: Globus 1877
S. 74, 75), die ganze Zeit über genaues Tagebuch geführt und interessante Typen gezeichnet und hoffe, daß meine Aufzeichnungen
einigen Nutzen für die Vervollständigung der geographischen Kenntnis
haben werden, aber ich schiebe die Veröffentlichung der Resultate

dieser, wie der früheren Reisen bis zu meiner Rückkehr nach Europa auf, weil ich meine Zeit hier mit gröfserem Nutzen auf neue Forschungen verwenden kann und weil Zeichnungen und Karten nicht ohne meine persönliche Aufsicht gezeichnet werden können". — Und dabei blieb es leider!

Im November (1875) finden wir v. M. wieder in dem gastlichen Hause „Sufsa" im Kampong Empang bei Duitenzorge auf Java, wo diese *„vorläufige Mitteilung"* (vergl. Publik. Nr. 12) geschrieben wurde. Hier scheint v. M. bis in die ersten beiden Monate des Jahres (1876) gelebt zu haben. Aber bereits plante er eine neue Reise, um seine Freunde an der Maclaykûste zum zweiten Male zu besuchen. Die Gelegenheit dazu bot ein kleines Fahrzeug, der Schuner „Sea Bird", welcher für eine Handelsreise nach der westlichen Südsee rüstete. Mit dem Kapitän dieses Schiffes schlofs v. M. einen Kontrakt derart, dafs der Kapitän eine oder mehrere v. M. interessirende Inseln anlaufen, nach Beendigung der eigentlichen Handelstour v. M. aber nach Astrolabe-Bai bringen und schliefslich nach Verlauf von 6 Monaten wieder von dort abholen wollte.

Reise nach den West-Karolinen- und Admiralitäts-Inseln bis nach Neu-Guinea.

18. Februar bis 26. Juni 1876. (Hieran Publikation Nr. 2, 14, 14 a, 15, 19 e.)

Die „Sea Bird" verliefs Tscherbon (Cheribon) auf Java am 18. Febr., erreichte am 27. Bonthein, am Südende von Celebes, (ein Brief an die Geographische Gesellschaft, datiert: „29. Febr. im Molukken-Meer"), ging dann nach Gebe (8. März) zwischen Dschilolo und Neu-Guinea, sprach auf den Koralleninseln Pegan (St. Davids, Mafia oder Freewill-Island, 13. März) vor, kreuzte am 25. März vor Auropik (Eauripik), in den westlichen Karolinen, besuchte Mogmug (Uluti) der Mackenziegruppe (27. März) und ging darauf nach Jap (Wap) (28. März), wo v. M. 14 Tage bleiben konnte. Von hier segelte der Schuner nach der Pelaugruppe (Palau, Palaos), hielt sich hier ebenfalls einige Zeit auf, ging dann zum zweiten Male nach Jap, an Uleai (Wolea) vorbei, nach den Admiralitäts-Inseln. Hier verbrachte v. M. zwei und einen halben Tag an der Ost-Südostspitze von Taui, der gröfsten Insel, an Land. Das Schiff ankerte dann an der Nordseite derselben Insel, im Schutz der kleinern Insel Andra, ging darauf nach der Gruppe Ninigo (Echiquier, 15. bis 17. Juni), Agomes[10]) (Hermiles) und traf am 28. Juni in Astrolabe-Bai ein.

[*)] „Über Bewohner von Agomes in Isvestiia 1877" citiert v. M. und über die Reisen in 1876—78 das gleiche Werk „1880 u. 81" sowie Petermn. Mitteil. 1879.

Mit dem zurückkehrenden Schuner sandte v. M. für lange Zeit die letzten Nachrichten nach Europa. Sein letzter Brief an den Golos (datiert vom 3. Juli) erschien am 28. November 1876 und giebt nur ganz kurz den Verlauf der Reise (auch Globus XXXI. 1877 S. 74).

Zweiter Aufenthalt an der Maclayküste,
28. Juni 1876 bis 10. November 1877,
und Rückreise nach Singapore,
10. November 1877 bis 19. Januar 1878. (Hierzu Publikation Nr. 2a.)

Als alter Freund herzlich von den Eingeborenen aufgenommen, liefs v. M. aus mitgebrachten Materialien ein kleines Haus in der Nähe seines alten Wohnsitzes bei Port Konstantin aufrichten, das er „Bugalorm" nannte und in welchem er sich mit seinen drei malayischen Dienern einrichtete. Er machte von hier Exkursionen in die benachbarten Berge, ohne bedeutende Höhen zu ersteigen und kam überhaupt über das Litoral nicht hinaus. Mit Hilfe der Eingeborenen der Insel Bilibili, die ihm ein eigenes Haus, „Ayira" genannt, erbaut hatten, konnte v. M. weitere Küstenreisen unternehmen als bei seinem ersten Aufenthalte. Bilibili ist nämlich als Zentrum der Topffabrikation ein sehr wichtiger Platz in Astrolabe-Dai, und die Bewohner machen weite Handelsreisen, um ihr Fabrikat zu vertauschen. Auf diese Weise, im freundlichsten Verkehr und überall auf das beste aufgenommen, gelangte v. M. nördlich von Astrolabe-Bai bis in das Gebiet „der Menschenfresser" (!?) von Erempi und Adova, zwischen Juno Point und Cap Croishilles etwa 30 Seemeilen weit. Hier entdeckte er im Archipel der zufriedenen Menschen „*Port Alexis*", das aber erst 1883 durch das russische Kriegsschiff „Skobeleff" aufgenommen und wovon die Karte erst 1885 publiziert wurde. Östlich von Port Konstantin gelangte v. M. etwa 90 Seemeilen weit bis Teliata-Huk. Ich hörte seinen Namen von Karkar (Dampier-Insel) bis Sareuak-Ducht östlich aussprechen.

Wie erwähnt, sollte v. M. im November desselben Jahres von einem Schiffe wieder abgeholt werden, aber statt in 1876 erschien dieses Schiff ein volles Jahr später, erst im November 1877! Das sieht so aus, als ob v. M. in rücksichtsloser Weise vergessen worden wäre, aber das war gewifs nicht der Fall. Solche kleine Fahrzeuge sind allerlei Schicksalen ausgesetzt und können oft beim besten Willen ihre Versprechungen nicht erfüllen, was v. M. wissen mufste. Nur auf sechs Monate mit Proviant versehen, kam der Reisende durch das Ausbleiben des Schiffes in die unangenehmste Lage: *er war ein ganzes Jahr auf Eingeborenenkost angewiesen und blieb*

23 Monate lang ohne Briefe! Trotz dieser ungünstigen Verhältnisse hatte der Reisende während dieses zweiten 17monatlichen Aufenthaltes weniger an Fieber zu leiden als während seines ersten.

Da ihm die Eingeborenen *„nie das geringste gestohlen hatten"*, so ließ v. M. nicht nur sein Haus, sondern auch seine Möbeln, eine Anzahl Apparate und viele Werkzeuge unter der Obhut der Eingeborenen zurück, denn er versprach wiederzukommen. Von diesem Hause[11]) fand ich 1884 selbstredend keine Spuren mehr, denn in den Tropen erliegen derartige Baulichkeiten aus Holz gar schnell dem Verderben und werden ein Opfer der weißen Ameisen. Am 10. November trat v. M. mit dem Schuner „Flower of Jarrow" die Rückreise an. In der *„Isnurud-Strafse"*, zwischen Dampier und dem Festlande, wurde in einer Entfernung von 60 Meilen der Vulkan von Vulkan-Insel in voller Eruption (vergl. Publikation Nr. 5 u. 6) beobachtet, später (19. November) der Vulkan von Lesson-Insel, an welchem man in ziemlicher Nähe vorbeisegelte. Das Schiff passierte dann Agomes (Hermites), berührte Kanies[12]) (Anachcreten-Insel), wo v. M. einige Stunden verweilen konnte und ging dann, wegen Proviantmangels, nach Zamboanga, an der Südwestspitze von Mindanao, wo er im Januar 1878 anlangte. Am 19. Januar traf der Reisende in bedenklichem Gesundheitszustande wieder in Singapore ein, was nach all den Entbehrungen und der schlechten Ernährungsweise nicht zu verwundern ist.

Über die Ergebnisse dieses unfreiwilligen 17monatlichen Aufenthaltes, der *„infolge der besseren Sprachkenntnis viele Ergänzungen der früheren Untersuchungen brachte"*, hat der Reisende nur kurze vorläufige Skizzen, vergl. Publ. No. 2a, veröffentlicht.

---

[11]) In dem erwähnten Aufsatze der Gesellschaft für Erdkunde (1883) heißt es: „Nur ungern ließen ihn die Eingeborenen ziehen und als später ein Freund Maclays dort landete und sich bei ihnen durch die Wahrzeichen, welche er von diesem erhalten hatte, einführte, da nahmen sie auch jenen freundlich auf, stellten ihm Maclays Wohnung zur Verfügung und übertrugen auch auf ihn die Verehrung." Dies bezieht sich auf den Besuch Romilly's, des englischen Regierungs-Kommissärs, der mit dem englischen Kriegsschuner „Beagle" Port Konstantin besuchte (11. und 12. Juni 1881), wo ihn einige Worte Maclays in der Landessprache als Bruder Maclays einführten. Maclay sagte mir 1884 in Sydney diese Erkennungsworte nicht, ohne welche nach seiner Versicherung kein Weißer die Eingeborenen zu sehen bekommen sollte. Aber ich kam auch ohne dieselben prächtig aus und war in Zeit von einer halben Stunde ebenfalls ein Bruder Maclays und sehr befreundet mit den Eingeborenen die seit Romilly keinen Weißen mehr gesehen hatten.

[12]) Über die Bewohner von Kanies berichtete v. M. in den Istwestlia von 1876.

Zur Stärkung seiner Gesundheit begab sich v. M. nun nach Australien, hauptsächlich auch um Propaganda für Errichtung einer zoologischen Station zu machen, für welche nach einer Abwesenheit von 2 Jahren und 2 Monaten in Singapore das Interesse verloren gegangen war.

Mitte Juli (1878) in Sydney angekommen, fand v. M. auch hier die freundlichste Aufnahme und Gastfreundschaft bei dem Honor. William Macleay, einem reichen Gelehrten, der ein eigenes ausgezeichnetes Museum besitzt. Von ihm und Dr. Georg Bennett unterstützt, zeigte sich, auch seitens der Regierung, eine lebhafte Teilnahme für das Unternehmen, dessen Notwendigkeit v. M. in einem Vortrage am 26. August zu beweisen versuchte. (Vergl. Publik. No. 30). Schon waren Mittel im Betrage von über 200 £ gesammelt, und die Ausführung des Planes gesichert, da litt es v. M. nicht länger in ruhigen Verhältnissen und so sehen wir ihn im März 1879 wieder eine neue, abenteuerliche Reise[¹⁵]) antreten.

Reise nach Ost-Melanesien, Inseln an der Ostspitze Neu-Guineas, der Südküste Neu Guineas und Torresstraſse.

März 1879 bis Mai 1880. (Hierzu Publikation Nr. 16, 17 u. 27).

Die traurigen Erfahrungen, welche v. M. im Jahre 1876 mit kleinen Handelsfahrzeugen gemacht hatte, schreckten ihn nicht ab, sich aufs neue der Fahrt eines solchen anzuschließen, dem Schuner „Saddie F. Caller", der von Sydney aus eine Handelsreise nach melanesischen Inseln antrat. Solche Fahrzeuge pflegen eine Menge Inseln anzulaufen, bieten also Gelegenheit viel zu sehen, aber wenig zu sammeln, da der Aufenthalt bei jeder Insel stets ein kurzer ist. Da v. M. sich weniger um Sammeln kümmerte und es ihm nur darauf ankam, Beobachtungen und Messungen zu machen, so erwies sich eine solche Gelegenheit als ganz passend und für seine Zwecke genügend. Reisen an Bord so kleiner Fahrzeuge sind freilich keine angenehme Sache, aber daran war der Reisende ja längst gewöhnt.

[¹⁵]) Petermanns Mitteilungen von 1879 berichten über dieselbe: „Der bekannte russische Forscher Baron v. M. M. hat in Begleitung von Chevalier Bruno und Kapt. Leeman eine neue Expedition nach Neu-Guinea angetreten, welche teils kommerziellen, teils wissenschaftlichen Zwecken gewidmet ist. Mit einem schnellsegelnden dreimastigen Schuner „Saddie F. Caller", welcher für eine 12monatliche Kreuzfahrt mit Proviant ausgerüstet ist, soll zunächst die Astrolabe-Bai besucht, dann die ganze Küste erforscht und womöglich mit den Eingeborenen eine Handelsverbindung angeknüpft werden." Die Reise, mit der v. M. wol schwerlich kommerzielle Zwecke verband, verlief aber ganz anders, wie wir im Verfolg derselben kennen lernen.

Diesmal stand er indes davon ab, sich auf irgend einer Insel absetzen
zu lassen, denn wie sehr man sich auf das Abholen verlassen darf,
hatte er auf seiner Reise nach der Maclayküste in 1876 zur Genüge
erfahren. In den Reisekontrakt ließ er den merkwürdigen Para-
graphen setzen, welcher den Kapitän verpflichtete, im Falle seines
(Maclays) Todes ihm den Kopf abzuschneiden, denselben in eigens
dafür bestimmtes Blechgefäß mit Spiritus zu setzen und bei der
Rückkehr nach Sydney sicher nach St. Petersburg zu befördern.
Ich frug den Reisenden später nach dem Grunde und er antwortete
mir: „daß sein Kopf ja nicht ihm, sondern dem Kaiser gehöre!"
Jedenfalls war dieser anscheinend absonderliche Passus eine Vorsicht,
daß man den Passagier nicht verschwinden lassen konnte, denn auf
Südsee-Tradern passiert gar mancherlei.

Im März 1879 verließ der Schuner Sydney[14]), segelte zunächst
nach Neu-Kaledonien und besuchte im Verlauf der Reise folgende
Lokalitäten: Loyalitäts-Gruppe (die Insel Lifu), Neu-Hebriden (die
Inseln Tana, Fate oder Sandwich-Inseln), Tongoa, Moi (oder Three
Hills), Epi (Api, Tasiko), Ambrim, Banks-Gruppe, die Inseln Malo
(Valua oder Saddle-Island) und Vanua Lava, Admiralitäts-Inseln, die
Hermites[15]) (Lub) und Echequier (Ninigo) (ein Brief an Prof. Virchow
datiert vom 12. November 1879 zwischen den Inseln St. Matthias
und Neu-Hannover), Insel Trobriand, „einige" der Salomons-Inseln
(am 10. Dezember Simbo) und langte Ende Dezember auf Dinner-
Island (Samárai) in Chinastraße, der Südostspitze Neu-Guineas, an.
Hier verließ v. M. den Schuner, wohnte zunächst bei dem eingeborenen
Lehrer (teacher) und war dann für längere Zeit Gast der Missionäre
Lawes und Chalmers in Port Moresby, wohin ihn der Missionsdampfer
„Ellengowan" mitnahm. In Begleitung von Herrn Chalmers besuchte
v. M. einige Küstenplätze (Kalau, Keräpuna) östlich bis Keppel-Dai
(Aroma) und kam im Mai 1880 mit der „Ellengowan" nach Thurs-
day-Island in Torresstraße. Hier fand er im Hause des Police-Magi-
strates Herrn Chester gastliche Aufnahme, seine stark durch Fieber
angegriffene Gesundheit durch aufopfernde Sorge von Frau Chester

---

[14]) Über den Verlauf dieser Reise macht der Aufsatz in den Verhandlungen
der Gesellschaft für Erdkunde (l. c. S. 109) einige ganz falsche Angaben. v. M.
ließ sich nicht „zu einem zweimonatlichen Aufenthalt in den Admiralitäts-
Inseln nieder" und hielt sich nicht „in Neu-Irland und Neu-Britannien auf."
Letztere Insel hat v. M. überhaupt niemals besucht, Neu-Irland nur auf der
ersten Reise nach Neu-Guinea mit der „Vitias". Ob v. M. auf dieser Reise auch
die Louisiade berührte, wie angegeben wird, darüber habe ich mir keinen sicheren
Nachweis verschaffen können; ich glaube aber nicht,

[15]) „Letters on the Island Lub or Hermites. Izvestiia XV. 1881" citiert v. M.

die beste Pflege. Von Thursday-Island aus besuchte v. M. einige Inseln der Torresstraße, so Mubiak (Jervis-Island), wohin ihn Kapt. Pearson, der Leiter der dortigen Perlschaalfischerei-Station, mitnahm, und hielt sich dann einige Zeit in Somerset auf der Kap York-Halbinsel bei Herrn Frank Jardine auf, alles Plätze, wo ich von ihm oft genug erzählen hörte. Auf der Rückseite von Thursday-Island nach Sydney verließ v. M. den Postdampfer in Brisbane, um sich „einige Tage" in der Hauptstadt von Queensland aufzuhalten, fand aber hier eine so gute Aufnahme, daß aus den Tagen mehrere Monate wurden. Hieraus entstand der

Aufenthalt in Queensland.

Juni 1880 bis Januar 1881. (Hierzu Publikation Nr. 17.)

Die Regierung räumte v. M. das alte Museum als Laboratorium ein und gab ihm den ausgezeichneten Photographieapparat der Landesvermessung zur freien Benutzung, von Privaten erhielt er die freundlichsten Einladungen zu längerem Aufenthalt. So wohnte v. M. mehrere Wochen bei Herrn J. P. Bell in Jimbour bei Dalby, um vollständige Ruhe und Erholung zu genießen. Durch die freundliche Hilfe von Herrn G. M. Kirk von der Gulnarberstation bei St. George am Dalonnefluß (etwa 70 engl. Meilen von der Eisenbahnstation Rona) war es v. M. möglich, die interessante aber bekannte „haarlose" Eingeborenen-Familie[14]) zu besuchen, über welche er an Prof. Virchow berichtete (Zeitschr. f. Ethnologie). Später hielt sich v. M. sechs Wochen bei Herrn Donald Gunn in Pikedale bei Stanthorpe (etwa 60 Meilen engl. von Brisbane) auf, um Gehirne australischer Säugetiere zu studieren, und war dann auf sechs Wochen Gast bei dem berühmten Durchforscher Australiens A. C. Gregory in Rainwörth bei Brisbane (Oktober). Ende Dezember lebte v. M. auf einer andern Station des Herrn Donald Gunn, Clairvaul bei Glen Innes, um Fossilien ausgraben zu lassen, von welchen er „ohne große Mühe" Reste von „Diprotodon australis, Nototherium Mitchellii, Phascolomys gigas, Macropus titan" u. a. erhielt. Über alle diese Untersuchungen hat v. M., soweit ich darüber unterrichtet bin, niemals etwas veröffentlicht.

Nach fast zweijähriger Abwesenheit langte v. M. im Januar 1881 wieder in Sydney an, wo ihm der Premierminister Sir Henry Parkes ein hübsches Häuschen (Cottage) im Ausstellungspark zur Verfügung stellte. Hier besuchte ich v. M. im April (1881) öfters, fand aber

---

.[14]) Die Photographie eines dieser merkwürdigen Eingeborenen, welche ich 1881 im Australian-Museum in Sydney erhielt, trägt die Notiz: „Rothkupferfarben; nur einige wenige dieses Stammes oder Familie leben noch."

diese „*temporary zoological station*" nichts weniger als eine solche.
Die Errichtung der wirklichen zoologischen — oder, wie sie jetzt
heißen sollte „biologischen" Station, wurde nun mit vollem Eifer
betrieben, erlitt aber wieder Unterbrechung durch die

Reise nach der Südostküste von Neu-Guinea,

August und September 1881

an Bord des englischen Kriegsschiffes „Wolverene", welche v. M.
auf Einladung von Kommodore Wilson mitmachte. Die Reise ging
nach Port Moresby, von da nach Kalau in Hood-Bai, wo die „Wolverene" das Massakre an eingeborenen Missionslehrern (vom 7. März
desselben Jahres) zu strafen hatte und diesen Hauptzweck der Reise
erfolgreich ausführte. Von hier sprach das Kriegsschiff noch in
Keppel-Bai vor und kehrte dann über Port Moresby nach Sydney
zurück, wo es gegen Ende September eintraf, nachdem es im ganzen
etwa 3 Wochen an der Küste Neu-Guineas verweilt hatte. Auf
meinem Wege von Sydney nach Torresstraße begegnete unser
Dampfer am 28. September bei Port Macquarie der nach Sydney
dampfenden „Wolverene". Über diese Reise giebt v. M. (vergl.
Publikation No. 3) nur die Notiz, daß er dieselbe antreten werde,
teilt aber später keinerlei Ergebnisse derselben mit.

Die biologische Station in Watsons-Bai war nun fertig und
konnte von v. M. bezogen werden, um hier in aller Ruhe an die Ausarbeitung seiner Reisen zu gehen. Da kam, wohl gegen Mitte von
1882, ein russisches Geschwader nach Sydney und v. M. benutzte
diese ausgezeichnete Gelegenheit zu einem

Besuche in Europa,

das er zwölf Jahre nicht gesehen hatte. Derselbe war nur ein kurzer
(etwa Oktober bis etwa Ende des Jahres) und hatte wohl hauptsächlich den Zweck, für die Bearbeitung seiner Werke die nötige
Unterstützung zu erlangen. Dieselbe wurde ihm dann bei seiner
Anwesenheit in St. Petersburg in reichem Maße zu teil. Ein paar-
oder mehrmal vom Kaiser empfangen meldete bereits ein Telegramm
vom 17. Novbr. (1882): „daß Seine Majestät v. M. behufs Bearbeitung
seiner Forschungsreisen in Australien 2200 Pfd. Sterl. (= ℳ. 44 000,—)
aus Reichsmitteln überwies und daß die Herausgabe seines großen
Reisewerkes auf Kaiserliche Kosten geschehen solle". Diese hoch-
herzigen Bewilligungen und Zusicherungen hatte v. M. dem gewichtigen
Einflusse der Geographischen Gesellschaft zu verdanken, die ihrem
Schützlinge in der Sitzung vom 11. Oktober einen überaus herzlichen
Empfang bereitete. Schon in dieser Sitzung erklärte der Vorsitzende
(Vizepräsident M. P. von Semenow): „daß die Geographische Gesell-

schaft alles thun würde, was in ihren Kräften stände, um mit Hilfe der
Regierung und russischer Privater in weitesten Kreisen die Herausgabe
der Ergebnisse von v. Ms. Reisen zu ermöglichen". In der That
war das Interesse des Publikums ein ungeheures und der Zudrang
zu Ms. Vorträgen so grofs, dafs dieselben im Solanoy Gorodok, dem
Stadthause, abgehalten werden mufsten. v. M. hielt übrigens im
ganzen nur vier Vorträge[17]: 11. Oktober: über seinen ersten Aufenthalt an der Maclaykûste, 16. Oktober: über die Eingeborenen der
Maclaykûste und seine Reise nach der Südwestkûste (Papua Koviay),
16. Oktober: über seine Reisen in den Philippinen und der Halbinsel
Malakka und einen: über die Reisen in Melanesien (1879 und 1880).
v. M. hatte Eile wieder nach Sydney zurückzukommen, um hier die
zoologische Station zu eröffnen und vor allem an die Herausgabe
seiner Werke zu geben, die er nach seiner Ansicht gerade hier am
leichtesten und besten bearbeiten konnte.

Mitte Dezember 1882 traf ich v. M. bereits wieder in Berlin
und wohnte mit ihm am 18. Dezember einer Sitzung der Anthropologischen Gesellschaft bei, wo der Reisende von Virchow warm
begrüfst wurde. Wie mir v. M. damals erzählte, hatte er nicht Zeit
gehabt, seine Besitzungen in der Ukraine zu besuchen, sondern
seinen Bruder zu einem Wiedersehen nach Petersburg kommen
lassen, und reiste jetzt „über Paris und Schottland", wo er einen
Freund auf einen Tag besuchen wollte, „nach Sydney zurück". Obwohl
auf einem Postdampfer der „British-India Line" nach Queensland
via Torresstrafse eingeschifft, konnte v. M. auch diesmal sein Reiseziel nicht direkt erreichen, denn statt Mitte März (1883) in Brisbane
einzutreffen, befand er sich um jene Zeit wieder einmal — in Astrolabe-
Bai — Diese auffallende Kursänderung war einem Zufall zu verdanken, der im Leben des Reisenden nicht selten eine Rolle spielte.
Als der Postdampfer Ende Februar 1883 auf der Rhede von Batavia
zu Anker ging, bemerkte v. M., obwohl es bereits dunkel war, ein
russisches Kriegsschiff. Sogleich liefs er sich vom Kapitän des
Dampfers ein Boot geben und nach dem Kriegsschiffe rudern. Es
war die russische Korvette „Skobeleff", deren Kommandant, ein
Admiral, sich bereits zur Ruhe begeben hatte. Trotzdem liefs sich
v. M. bei ihm anmelden und wurde empfangen. Der Kommandant
wollte in den nächsten Tagen seine Reise nach dem Amur fortsetzen,
zeigte sich aber gleich bereit, v. Ms. Wunsch zu erfüllen und ihn
nach Astrolabe-Bai zu bringen. So trat v. M. seine

[17] Vergl.: Proceed. R. Geogr. Soc. London (new Ser.) vol. IV. (1882)
S. 768—770.

Dritte Reise nach Astrolabe-Bai
März 1883. (Hierzu Publikation Nr. 27)

an. Sie hatte wohl hauptsächlich den Zweck, die in 1877 zurück-
gelassenen Sachen abzuholen; denn ein kurzer Aufenthalt von
10 Tagen konnte dem Forscher, der an jener Küste bereits fast
3 Jahre gelebt, wohl wenig neues mehr liefern. Aber v. M. brachte
bei dieser Gelegenheit einen andern längst gehegten Wunsch zur
Ausführung, nämlich den, Vieh nach jener Gegend überzuführen, das
ihm bei einem weiteren in Aussicht genommenen längeren Aufenthalte
natürlich sehr wichtig werden konnte. So wurden denn auf dem
Kriegsschiffe Rinder, Ziegen und Schafe eingeschifft und glücklich
gelandet. Davon sah ich 1884 selbst noch einen Bullen und eine
Kuh der Zeburasse im Dorfe Bongu, da die Ziegen und Schafe
glücklicherweise eingegangen waren. Ich sage glücklicherweise,
denn für die Eingeborenen, die ohnehin genug zu thun haben, um
ihre Plantagen gegen die Verwüstungen der Wildschweine zu schützen,
ist ein derartiger Zuwachs der Tierwelt kein Geschenk, sondern nur
eine Plage. Von Astrolabe-Bai ging das Kriegsschiff nach den
Admiralitäts-Inseln, wo es am 28. März vor Taui ankerte, dann nach
Pelau (wo v. M. den Reisenden Johann Kubary besuchte) und setzte
v. M. in Manilla ab, um die Reise nach dem Amur fortzusetzen.
Von Manilla reiste v. M. dann nach Hongkong und mit einem Postdampfer — diesmal direkt — nach Sydney, wo er wahrscheinlich
im Juli oder August (1883) anlangte. Über diese Reise hat v. M.
nichts publiziert, was um so erklärlicher erscheint, als er ja noch
nicht einmal Zeit gefunden hatte, die früheren Beobachtungen aus
denselben Gebieten auszuarbeiten.

In Sydney fand v. M. die „biologische Station“ noch ganz so
wie er sie verlassen hatte, aber die kleine niedliche Cottage im Ausstellungspark konnte ihm nicht mehr zur Disposition gestellt werden,
da sie (am 22. September 1882) mitsamt dem ganzen Ausstellungs-
palaste ein Raub der Flammen geworden war. Dabei scheint
auch v. M. einiges verloren zu haben, wenigstens erwähnt er „fünf
menschliche Gehirne“, die mit verbrannten, aber bearbeitet waren.

Glücklicherweise brauchte v. M. diesmal die Cottage nicht
mehr, denn er gründete sich bald ein eigenes gemütliches Heim im
Bunde der Ehe. Seine Verheiratung mit einer Tochter von Sir
Roberts, einer kinderlosen, jungen, stattlichen und wie es hieß sehr
reichen Witwe scheint Ende 1883 oder Anfang 1884 stattgefunden
zu haben. Dieser Ehe sind zwei Knaben entsprossen Als ich den
jungen Ehemann im Juli 1884 in Sydney besuchte, schien er, trotz

der schönen Frau, Neu-Guinea noch nicht für immer aufgegeben zu haben, sondern sprach davon nochmals dahin zurückzukehren, ohne sich über seine Pläne näher auszulassen. Daß v. M. von der Besitzergreifung Deutschlands in Neu-Guinea, welche gerade die von ihm benannte und so lange besuchte Küste mit einschloß, auf das lebhafteste berührt wurde, ist leicht zu begreifen. Jedenfalls war die Überraschung keine angenehme, denn v. M. beeilte sich sogleich in dem bekannten Telegramm vom 9. Januar 1885 an den Fürsten Bismarck „*the natives of the Maclay-coast protest against German annexation*" Verwahrung einzulegen. Als ob die Eingeborenen bei solchen Vorgängen überhaupt gefragt würden! Bei meiner Rückkehr aus Neu-Guinea im Juli 1885 nahm mich übrigens v. M. ganz so wie früher auf, obwohl er meinen Anteil an der „Annexation" recht gut kannte. Von Deutschenhaß habe ich bei v. M. nichts bemerkt, dazu war er überhaupt viel zu kosmopolitisch veranlagt. Aber als ein großer Philantrop und Humanist trat er stets für die Rechte der Eingeborenen ein. Schon auf seiner Reise nach der Südwestküste von Neu-Guinea (1874) lernte er die Schändlichkeiten der von Tidore ausgerüsteten „Hongie" oder Räuberflotte kennen, die zwar von der niederländischen Regierung längst verboten, damals noch ihr Unwesen trieb. „*Über das Fortbestehen der Hongieexpeditionen, die mit dem Sklavenhandel in den östlichen Molukken verbunden sind, die Gefahren, mit denen der Handel infolge dessen unterworfen ist, sowie ein sicheres und einfaches Mittel dem allen abzuhelfen, habe ich vor ein paar Tagen in einem kurzen Memorandum Seiner Exzellenz dem Gouverneur-General von Niederländisch-Indien vorgelegt. Hoffe (?) daß mein Memorandum nicht bloß zur Vergrößerung der Archiven der Sekretarie in Batavia gedient hat*" schrieb v. M. im September 1874. — Als v. M. später mit dem Leben und Treiben auf Trader- und Perlschalfischerstationen, und vollends gar mit der „Labourtrade" d. h. dem Anwerben, oder häufig Stehlen von Eingeborenen für Plantagenarbeit aus eigener Anschauung bekannt wurde, da bemühte er sich wieder im Interesse der sogenannten „Wilden". In Zeitungsartikeln wies er auf die Übelstände und oft schreienden Gewalttaten und Ungerechtigkeiten hin und scheute sich nicht, seine Beschwerden den höchsten Behörden in den Kolonien wie in England (z. B. Lord Derby) vorzutragen. Das half der Sache, wie er wohl wissen konnte, nichts, und schadete ihm selbst vielfach. Die Kolonialen haben über „Darkies" eben ihre eigenen Ansichten und wenn auf der einen Seite auch gestohlene Arbeiter nicht zurückgewiesen werden, so giebt man ja auf der

andern grofse Summen zur Bekehrung der „Heiden" her. Dafs
v. M. hinsichtlich „seiner Leute" an „seiner Küste" die edelsten
Absichten hatte, unterliegt keinem Zweifel. Wo ich, von Bongu bis
in den Archipel der zufriedenen Menschen, einen Melonenbaum
(Carica popaya) „Papay" Wasser- oder Zuckermelonen („Arbus) sah,
gleich hiefs es „Macklay", denn er hatte diese Früchte eingeführt,
aufserdem andre (wie Mais „Kukuruz"), aus denen sich die Eingeborenen aber nichts machten.

Als aber die deutsche Kolonisation Kaiser-Wilhelmsland übernahm, da waren es wohl nicht blos philantropische Motive, welche
seine Proteste diktierten. Wie die „Weser-Zeitung" (21. April 1888)
berichtete, „forderte M. die russische Regierung vergeblich auf, für
seine angeblichen Hoheitsrechte einzutreten." Wie so häufig in
seinem Leben kam v. M. auch diesmal zu spät, nachdem er volle
zwölf Jahre Zeit gehabt hatte, ohne Hindernis von irgend einer
Seite seine russischen Kolonisationspläne in Neu-Guinea auszuführen·
Trat doch noch 1879—82 keine Grofsmacht den schwindelhaften
Unternehmungen des Marquis de Rays in Neu-Irland entgegen! Was
mich anbelangt, der ich zuerst für Deutschland in Port Konstantin
Land erwarb, so habe ich selbstredend v. Ms. dortiges Besitztum,
das die Eingeborenen sehr gut kannten, vollständig respektiert und
unberührt gelassen.

Im Laufe von 1886 kehrte v. M. nach St. Petersburg zurück,
vermutlich um hier den Druck seines Werkes, das in russischer
Sprache in Sydney nicht fertig zu stellen war, zu besorgen. Dabei
scheint er aber durch andre Dinge wieder abgezogen worden zu
sein. Wenigstens wurde in Zeitungen gemeldet, dafs er Vorträge
halte, um für eine russische Massenauswanderung nach der Maclay-
küste Propaganda zu machen. Und die „Deutsche Kolonialzeitung"
(Nr. 17 1888, S. 135) schreibt in der Todesnachricht über v. M.:
„Vor Jahresfrist noch hatte v. M. die Absicht, der deutschen Besitzergreifung durch eine grofse russische, mit privaten Mitteln aus-
gerüstete Expedition entgegenzutreten. Die Ausführung mufste jedoch
auf höhere Weisung unterbleiben." Etwas Wahres wird also wohl
daran gewesen sein und es ist nur zu bedauern, dafs der ver-
dienstvolle Reisende seine Kräfte so sehr zersplitterte und immer und
immer wieder auf Abwege geriet. Dadurch ist sein Werk unvollendet geblieben, für das, wie wir gesehen haben, alle Wege geebnet
waren und das ihm als Gelehrten doch zunächst am Herzen liegen
mufste, eine Aufgabe, die er jedenfalls lösen konnte, wenn er nur
mit dem nötigen Eifer dabei bleiben wollte.

Nachdem wir mit den Reisen zugleich auch das Leben v. Ma.
betrachtet haben, wenden wir uns zu dem, was diese Reisen leisteten
und worin nun eigentlich die

III. Ergebnisse

bestanden.

Als einst in einem engeren Kreise von Fachgenossen in Berlin
(1886) u. s. auch die Rede auf v. M. kam, da blieb ich der einzige,
welcher ihn verteidigte. So sehr seine Reisen und Erfahrungen anerkannt wurden, so sehr machte man es ihm zum Vorwurfe, dafs er
im Laufe von 15 Jahren über vorläufige Mitteilungen nicht hinausgekommen, ja bezweifelte, ob, bei seiner Unstätigkeit, überhaupt eine
vollständige Arbeit zu erwarten sei. Fast scheint es, als hätten jene
Herren recht behalten! Denn selbst nach dem v. M. mit reichen
Mitteln ausgestattet von St. Petersburg (über Astrolabe-Bai und
Hongkong) nach Sydney zurückgekehrt, zwei Jahre lang völlig ungestört arbeiten konnte, erfuhr man über sein grofses Werk noch
nichts. Er selbst erwähnt in einem 1884 gehaltenen Vortrage nur,
*dafs es demnächst in Europa erscheinen und seine Untersuchungen
über vergleichende Anatomie von Tieren ein besonderes Supplement
desselben bilden werden"*. Wie er mir selbst sagte, beabsichtigte er
überhaupt keine Reisebeschreibung, sondern lediglich die rein wissenschaftlichen Ergebnisse seiner Forschungen zu publizieren. In erster
Linie handelte es sich also um Anthropologie, Ethnologie und Anatomie. Darin hatte v. M. jedenfalls ungeheure schriftliche Materialien gesammelt, aber er scheint nicht dazu gekommen zu sein,
dieselben auszuarbeiten. So beschäftigte er sich 1884 mit der Beschreibung neuer Arten Säugetiere, die meist nicht von seinen Reisen
herrührten und 1885 hatte er plötzlich mit dem Studium von
Coleopteren (Käfern) begonnen, ein Gebiet, das ihm gewifs sehr
fern lag. Wie v. M. bei seinen Reisen nicht selten unerwartete
Abstecher machte, so ging es ihm auch mit den wissenschaftlichen
Arbeiten. Er nahm sich stets zuviel vor, begann mit etwas Neuem,
um das Alte einstweilen unfertig ruhen zu lassen und so kam es,
dafs das meiste unvollendet blieb. Jedenfalls ist ihm der Vorwurf
der Vielschreiberei nicht zu machen, denn seine sämtlichen Publikationen beziffern sich auf etwa 30 Nummern, von denen die umfang-
reichste 40 Oktavseiten nicht übersteigt. Das ist nicht viel, aber
unter diesem Wenigen findet sich einiges, das in der Fülle eigener
trefflicher Beobachtungen so schwer wiegt, als mancher Band geist-
reicher Kompilation. Denn wie man auch immer über v. M. und
seine Forschungen denken mag, jedenfalls gehörte er zu den

gewissenhaftesten und sorgfältigsten Beobachtern, folgte unbeirrt
jener Objektivität, wie sie allein zu sicheren wissenschaftlichen
Grundlagen führt und hat somit in dem Wenigen ein besonders
wertvolles Material hinterlassen. Nie finden wir ihn auf den
schlüpfrigen Pfaden der Spekulation und Hypothese, stets beschränkt er sich auf das, was er mit positiver Sicherheit zu
beantworten vermochte und erwähnt das, was ihm zweifelhaft blieb,
um etwaigen Nachfolgern die Wege zu ebnen oder beachtenswerte
Winke zu geben. Fast stets nennt er den Umfang des Unter-
suchungsmaterials und erwähnt bei Erkundigungen den Grad der
Zuverlässigkeit. So erweist sich v. M. stets als der echte Mann
der Wissenschaft und die letztere hat, trotz des Unvollendeten seiner
Arbeiten, alle Ursache, ihm für alle Zeiten ein dankbares Andenken
zu bewahren.

Es wird wesentlich zum besseren Verständnis des Reisenden
als Forscher beitragen, wenn ich über die in seinen Publikationen
verstreuten Ergebnisse hier ein kurzes Resumé folgen lasse, wobei
ich manche bedeutungsvollen Winke und Andeutungen des umsichtigen Beobachters, der auch die kleinsten Dinge nicht unbeachtet
ließ, unerwähnt lassen muß. Obwohl v. M. mit Unterstützung einer
geographischen Gesellschaft reiste, war *Geographie* doch nicht seine
eigentliche Aufgabe, und außer ein paar Reiserouten und neuen
Namen hat er darin wohl nur unbedeutendes publiziert (vergl.
Schriften Nr. 1—6). Dasselbe gilt in bezug auf *Zoographie* (vergl.
Schriften Nr. 26—29), wofür seine eigenen Sammlungen ja kaum
Material lieferten. Desto reicher war dasselbe in bezug auf *Anatomie*,
die ja zu seinen Lieblingswissenschaften gehörte, in welcher bereits
1870 die erste Arbeit von ihm erschien, und der nur — zwei
weitere folgten (vergl. Schriften Nr. 23—25). Darunter handelt nur
eine über *Gehirne*, und doch gehörte gerade das Studium derselben
zu seinen Hauptaufgaben. Die schon 1878 angekündigten Untersuchungen über Gehirne von Haifischen sind ebenso wenig erschienen,
als die über australische Säugetiere, über welche v. M. in 1880
Studien in Queensland machte. Und so scheint es auch den menschlichen Gehirnen ergangen zu sein, die v. M. mit großem Eifer
schon seit 1873 sammelte. Wo irgend ein farbiger Schächer auf-
gehangen wurde, oder ein Kanaker in einem Krankenhause starb,
da war v. M. bei der Hand, um sich das Gehirn zu sichern und als
ich ihn 1881 zuerst besuchte, steckte er tief im Studium von
menschlichen Gehirnen. Welchen bedeutenden Wert er darauf legte
und welchen Nutzen er sich davon versprach, geht aus folgenden

Sätzen hervor: „*Die Untersuchung der Gehirne verschiedener Menschenrassen zeigt gewisse Verschiedenheiten, die keineswegs als unbedeutend oder als blofse individuelle betrachtet werden können. Um die Typen dieser anatomischen Rassenverschiedenheit des menschlichen Gehirns zu entdecken, wird ein grofses Material erforderlich sein, denn der Stand der gegenwärtigen Kenntnis geht noch nicht über den hypothetischen hinaus.*" Das sagte v. M. in 1881! zwei Jahre später konnte er in Petersburg „eine grofse Sammlung von Photographien von Gehirnen von Chinesen, Australiern, Melanesiern und Malayen" vorlegen, aber die Herausgabe dieser langjährigen Untersuchungen scheint nie erfolgt zu sein.

Das wichtigste in v. Ms. gedruckter Hinterlassenschaft bezieht sich ohne Zweifel auf *Anthropologie* (vergl. Schriften Nr. 7—19) und enthält einige wahre Musterarbeiten. Sein Hauptstudium galt bekanntlich in erster Linie der *Rasse der Melanesier oder Papuas*, die er aus eigener Anschauung besser kannte als irgend ein andrer Forscher. Er lebte unter den Papuas der Nordost-, West- und Südostküste Neu-Guineas, bereiste wiederholt die östliche melanesische Inselwelt von den Admiralitäts-Inseln bis Neu-Kaledonien, besuchte die Negritos auf Luçon und drang zu den im Untergang begriffenen melanesischen Stämmen im Innern der Halbinsel Malakka vor. Überall sammelte er sorgfältige Notizen, machte Messungen und Zeichnungen (mit der Camera lucida), zum Teil Photographien (aber keine Gypsabgüsse). Wenn v. M. somit für die Papuarasse unbestritten als eine der hervorragendsten Autoritäten gelten muſs, so dürfte eine Zusammenstellung der Hauptresultate seiner Papuaforschungen aus seinen verschiedenen Publikationen bei der Unkenntnis, welche gerade über diese Rasse noch herrscht, nicht unwillkommen sein.

Nach Messung von 148 Lebenden und 23 Schädeln von Eingeborenen Neu-Guineas bestimmt v. M. die Grenzen des Schädelmaſses von Papuas mit: „*Index cephalicus von 62 bis 84,3, Breitenindex: 62,9 bis 84,4.*" Indem v. M. „*die Nicht-Allgemeingültigkeit der verbreiteten Ansicht, dafs die Melanesier ein dolichocephaler Menschenstamm seien*" beweist, erklärt er sie „*für mehr brachycephal*", (vergl. auch Publikation Nr. 8) und schreibt an Prof. Virchow; „*hinsichtlich des Breitenindex des Schädels, den Sie, hochgeehrter Herr Professor, selber als „eine der Hauptzahlen für die anthropologische Klassifikation" bezeichnet haben, bemerke ich nur, dafs seitens dieses Faktors kein Unterschied zwischen Papuas, Negritos und Melanesiern überhaupt besteht*". Und auf den Wert des Breitenindex eingehend, schreibt v. M. (1877) an denselben Gelehrten: *„es wäre in der That für die Anthropologie viel gewonnen, falls man im Breitenindex ein entscheidendes Merkmal für die Rassenklassifikation gefunden hätte. Leider ist es eines der „pia desideria" und die vorliegende Notiz* (vergl. Publikation Nr. 14) *bringt einen neuen Beweis der grofsen Schwankungen der Breite des Schädels*[18]*) innerhalb eines und desselben Stammes."* Unbefriedigt über diese Resultate äufsert sich v. M. in demselben Briefe wie folgt: *„so lange die anthropologische Forschung nicht durch eingehende und zahlreiche anatomische Untersuchungen unterstützt wird, kann sie nur ein unerquickliches, wenig leistendes Studium bleiben"* und weiter *„deshalb sind von der Rassenanatomie am Sektionstische viel wichtigere Resultate zu erwarten, als von tausenden von Messungen an Lebenden."*

Über das vielverkannte Haar der Melanesier[19]), in dessen Beschreibung selbst Lehrbücher noch meist den irrigen Angaben Windsor Earls folgen, sagt v. M.: *„die Haare wachsen auf dem Papuakopfe (nicht gruppen- oder büschelweise!") ganz ähnlich wie beim Europäer und nicht anders wie überhaupt auf dem menschlichen Körper."* Das stimmt mit meinen eigenen Untersuchungen durchaus überein, nicht minder der von v. M. begründete Satz: *„dafs die Farbe der Haut, infolge ihrer grofsen Variabilität bei den Papuas (sowie den Malayen) ein wenig wichtiges Merkmal bildet."* Und wenn v. M. ferner bemerkt: *„dafs der Papua-Stamm in mehrere voneinander distinkte Varietäten zerfällt, die aber nicht schroff voneinander geschieden sind"* und *„eine gelbe malayisch gemischte Rasse an der Südostküste Neu-Guineas"* zurückweist, so konnte ich in meinen eigenen Schriften[20]) dafür weiteres Beweismaterial liefern. Dasselbe gilt in bezug auf v. Ms. Angaben, *„dafs die Bewohner der Berge Neu-Guineas zu demselben Stamme gehören als die der Küsten"* und *„dafs die Australier eine von den Papuas durchaus verschiedene Rasse sind."*

---

[18]) *West-Mikronesien:*

Yap:	Männer (30) : 74,8 bis 81,7;	Frauen (11) : 73,7 bis 84,8.
Palau:	„ (25) : 71,4 „ 85,5;	„ (12) : 75,9 — 81,6.
Ninigo:	„ (4) : 78,6 „ 83,4;	„ (3) : 74,4 — 78,6.

Melanesien:

Admiralit-Ins.:	Männer (68) : 73,6 — 84,4;	Frauen (28) : 70.8 — 78,8.
Hermites:	„ (14) : 69,9 — 81,2.	— — — —

[19]) In vollkommener Übereinstimmung äufsert sich ein andrer kompetenter Papuaforscher, Dr. A. B. Meyer, wie folgt: „Der Haarboden des Papuas ist in der Anordnung der Haarwurzeln ebenso beschaffen wie der unsrige."

[20]) Vergl. u. a. „Anthropol. Ergebnisse einer Reise in der Südsee" u. a. (Berlin, Asher & Co. 1884, S. 34 u. 38.)

Die Verschiedenheit der *Papua-Physiognomie*, welche v. M. bespricht und die A. B. Meyer treffend in dem folgenden Satze zusammenfaßt: „daß die Vielgestaltigkeit der Physiognomien eine in wenig Worten zusammenzufassende Charakteristik, wie sie versucht worden ist, nicht gestattet" kann ich auf Grund meiner Beobachtungen nur voll und ganz bestätigen.

IV. Sammlungen.

Wenn in unserer jetzigen Zeit die Leistungen eines wissenschaftlichen Reisenden mit nach seinen Sammlungen beurteilt werden, so gehörte v. M. noch jener Periode an, wo man auf solche kein so großes Gewicht legte. „*Ich bin kein commis-voyageur*"! antwortete er mir, als ich angesichts seiner ethnologischen Skizzen bedauerte, daß er nicht lieber die Gegenstände selbst mitgebracht habe, und diese Worte sind für den Standpunkt, den v. M. Sammlungen gegenüber einnahm, bezeichnend. Wahrscheinlich ohne jede Verpflichtungen Sammlungen zu machen und durchaus unabhängig konnte er nun freilich thun und lassen, was und wie es ihm beliebte. Außer einigen kleineren Stücken sammelte v. M. während des ersten Aufenthalts in Astrolabe-Bai (1870—71) überhaupt nicht, wie er mir selbst sagte, sondern machte Zeichnungen mit der Camera lucida, wovon ich eine Menge Material bei ihm sah. Aber selbt die besten Zeichnungen vermögen bekanntlich Originale nicht entfernt zu ersetzen, und Belegstücke sind für die Wissenschaft ein unbedingtes Erfordernis. Wenn v. M. daher von seinen Sammlungen spricht, so sind meist Zeichnungen, Messungen, später Photographien, gemeint, selbstverständlich aber auch Schädel, Gehirne und andre Spiritussachen zu anatomischen Zwecken. Von Schädeln[*)] erwähnt er selbst einmal 23 von Eingeborenen Neu-Guineas und „*eine nicht unbedeutende Anzahl von Neu-Caledonien, den Admiralitäts-Inseln, Hermites und Salomons*", das gesammelte Material dürfte also ein ansehnliches und wegen der unzweifelhaften Sicherheit der Herkunft besonders wertvoll sein. Von Sammlungsgegenständen, welche durch v. M. nach Deutschland gelangten, ist mir nur die Leiche eines Australiers bekannt, welche Prof. Virchow erhielt und die von seinem Queensländer Aufenthalt herrührt. Er hatte sich den Körper dieses Ein-

---

[*)] Von den über 300 Schädeln, welche ich von meinen Südseereisen nach Berlin sandte, sind über 200 Melanesier (davon wiederum nicht weniger als 167 Neu-Britannier), alle von zweifellos sicherer Herkunft. Ich habe bisher über die Bearbeitung dieses reichen Materials, das besonders für die Papuarasse wichtig sein dürfte, nichts erfahren, was vielleicht im Interesse der Wissenschaft bedauert werden darf.

geborenen schenken lassen, dessen Präparation in einer besonderen
Flüssigkeit, sowie Versendung der Regierungschemiker Staiger in
Brisbane ˉgütigst besorgte. Gesichtsmasken in Gips, welche jedenfalls fremde Völkerschaften am besten veranschaulichen, oder
andre Gipsabgüsse hat v. M. nicht gemacht. Später scheint
v. M. die Notwendigkeit solcher einsehend, auch ethnologische Gegenstände gesammelt zu haben, die voraussichtlich nach
St. Petersburg gekommen sein dürften. Ein Teil davon scheint
schon 1882 dort bei Gelegenheit seiner Vorträge in den Räumen
der Geographischen Gesellschaft ausgestellt gewesen zu sein.
Wenigstens werden einige Gerätschaften erwähnt, ganz besonders
aber seine „Sammlungen von ethnographischen, anthropologischen
und anatomischen Zeichnungen" hervorgehoben. Wie er selbst sagt,
hatte er aber den gröfsten Teil der Sammlungen in Sydney zurückgelassen. Ein Nachweis über dieselben, und wäre es nur in Form
eines wissenschaftlichen Kataloges, würde daher für die Wissenschaft
sehr wichtig sein, scheint aber, soweit meine Erkundigungen reichen,
noch nicht vorzuliegen. — Sammlungen von Tieren kommen wohl
kaum in Betracht, soweit sie sich nicht auf Gehirne und Anatomie
beziehen. Von selbst gesammelten Tieren beschreibt v. M. nur zwei
Beuteltiere (vergl. Publik. No. 26 und 27); die Käfer blieben unbearbeitet. In Queensland war v. M. auch einmal mit Ausgraben
von Fossilien beschäftigt und brachte von Astrolabe-Bai einige
geologische Belegstücke mit, welche zur wissenschaftlichen Untersuchung [*]) gelangten.

V. Zoologische Stationen.

Wie wir in der Einleitung gesehen haben, trug sich v. M. schon
in jungen Jahren mit der Errichtung solcher in den Tropen. Die erste
scheint 1873, mit Unterstützung der niederländisch-indischen Regierung,
in den Molukken (Celebes) geplant worden zu sein, wie ich von v. M.
gehört zu haben glaube, ohne dies als völlig sicher behaupten zu
wollen. Gewifs ist dagegen, dafs diese Angelegenheit von v. M. während
seines Aufenthaltes in Singapore in 1874 und namentlich 1875 betrieben wurde. Wie überall hatte er sich des freundlichsten Ent-

---

[*]) Vergl. J. Brazier: „List of some recent shells found in layers of clay
on the Maclay-coast, New-Guinea" in: Proceed Linn. Soc. N. S. W. vol. IX. pt. 4
(1884) — 38 species.

C. J. Wilkinson untersuchte den Thon von Bonga: „the greenish calcareous
sandy clay resembles in lithological character the Miocene Tertiary clay of
Jule-Island on the South-Coast of New-Guinea."

gegenkommens zu erfreuen. Die britische Regierung gab in liberaler Weise eine kleine Insel nahe bei Singapore her, der Plan zu dem kleinen Hause war gemacht und alles zur Errichtung desselben fix und fertig — da „mufste" v. M. seine Reise nach den Karolinen und Neu-Guinea (vergl. S. 282 und 283) antreten. Sie führte ihn erst nach Verlauf von 2 Jahren und 2 Monaten (Januar 1878) nach Singapore zurück, wo man so lange ohne alle Nachrichten, inzwischen v. M. und die zoologische Station aufgegeben hatte. Schwer leidend war es ihm nicht möglich die Sache zum zweitenmale erfolgreich in Flufs zu bringen, und so beschlofs er, ohnehin zur Stärkung seiner Gesundheit eines Klimawechsels bedürftig, diesmal sein Heil in Australien zu versuchen. Mitte Juli (1878) in Sydney angekommen, hielt v. M. in der „Linnean Society of New-South-Wales" Vorträge, von welchen namentlich der in der Sitzung vom 26. August (vergl[)] Publikation No. 30) seine Pläne und Wünsche eingehender motivierte. Als Hauptgrund für die Errichtung einer zoologischen Station führt er an: „dafs die Museen für das Studium der Anatomie, Histiologie und namentlich Embryologie, den Anforderungen der modernen Wissenschaft entsprechend, unzureichend sind." Das was not that, fafste v. M. in dem folgenden Vorschlage zusammen: „wir gebrauchen eine Werkstatt (workshop) — ein Laboratorium zur Ausführung von Untersuchungen in Anatomie, Embryologie, Histiologie, und wenn möglich Physiologie, für Studierende der Zoologie im weitesten Sinne des Worts. Das augenblicklich Nötige sind nicht Apparate, sondern ein Ort für ungestörte Arbeit, ein gelegener passender Raum, oder besser ein kleines einzeln stehendes Häuschen (Cottage) für den Zweck besonders erbaut." Und zum Schlufs weist er darauf hin, „dafs gerade Sydney ungewöhnlich günstige Vorteile zur Errichtung der ersten zoologischen Station in Australien biete." Wenn v. M. in diesem Vortrage auf die zoologische Station Dr. Dohrns in Neapel und deren grofsartige Entwickelung wie Nutzen für die Wissenschaft auch hinweist, so war es ihm mit der Errichtung einer solchen, auf gleichen Grundlagen, wohl nie Ernst. Schon der Gedanke eine „Werkstatt der Wissenschaft" zugleich auch als Aquarium, wie die Herren in Sydney sich im Gedanken an Westminster, Brighton und Neapel vorstellten, dem grofsen Publikum als Vergnügungsort geöffnet zu sehen, widerstrebte seinen ganzen Anschauungen durchaus. Was er wünschte, war eben nur ein „workshop", in welchem er „ungestört" und „Niemand störend" arbeiten konnte. Die Herren in Sydney gingen auch auf diesen Plan ein, erwählten gleich in derselben Sitzung ein Komitee, um über „Baron Maclays" Vorschlag zu beraten. Schon in der nächsten

Sitzung vom 30. September berichtete das Komitee, nahm v. Ms.
Vorschläge als ausgezeichnet an, accoptierte auch das von ihm aufgestellte Reglement (Rules) und beschlofs die Mittel durch freiwillige
Beiträge aufzubringen. Die „Rules" von v. M. enthielten nur 6 Para-
graphen; danach sollte *die Station für Studierende aller Nationen,
gegen eine wöchentliche Entschädigung von 5 sh., zugänglich sein; nur
das weibliche Geschlecht blieb ausgeschlossen und „Singen und Pfeifen"
verboten."* Zu Anfang des Jahres 1879 war die Angelegenheit der
Zoologischen Station ein gutes Stück weiter. Der Präsident der
Linnean Society empfahl dieselbe in seiner Rede bei der jährlichen
Generalversammlung (im Januar) aufs wärmste und forderte für das
Institut, „wenn mit einem Aquarium zur Belehrung und dem Vergnügen des Publikums verbunden", Staatshilfe. Dieselbe blieb nicht
aus. Die Regierung schenkte einen halben Acre Land auf Green
Point in Watson-Bai und verpflichtete sich zu einem Zuschufs von 300 £
(= 6000 M.), sobald die gleiche Summe durch freiwillige Beiträge
zusammengebracht sei. Durch v. M. mit 5 £ eröffnet, waren im
Februar bereits 200 £ gezeichnet, so dafs mit dem Bau begonnen
werden konnte, da „mufste" v. M. abermals auf unbestimmte
Zeit auf Reisen gehen. Im März 1879 verliefs er Sydney (vergl.
S. 285), das ihn erst nach zwei Jahren wiedersah. Man wird
es den Herren des Komitees, die von dem Gründer der Station
fast ein volles Jahr ohne Nachricht blieben, gewifs nicht übel
nehmen, wenn sie das Unternehmen so ziemlich aufgegeben hatten
und in diesem Sinne im April 1880 an v. M., der sich damals
in Torresstrasse aufhielt, schrieben. War doch diese Station durchaus kein Bedürfnis für die Gelehrten Australiens selbst und zunächst
nur für v. M. eigenste Interessen bestimmt. Er machte sich denn
auch gleich auf den Weg nach Sydney, blieb aber wieder in Queensland hängen und traf erst im Januar 1881 in Sydney ein. Hier
ging es ihm besser als damals in Singapore. Er fand noch Interesse
für die Sache und konnte in einer Sitzung der Linnean Society
(23. Februar) die bestimmte Hoffnung aussprechen, *„in der Zoologischen Station in Watsons-Bai in weniger als zwei Monaten bereits
arbeiten zu können."* So schnell ging es nun zwar nicht, aber als
v. M. im August mit einem englischen Kriegsschiffe (s. S. 288)
nach Neu-Guinea ging, war die Station wirklich im Bau. Ich
besuchte sie im September desselben Jahres und fand ein kleines,
hübsches Holzhaus, welches Arbeits- und Schlafräume für sechs Personen, im übrigen aber noch nichts enthielt. Aquarien waren ja
nach v. Ms. Plan überhaupt nicht in Aussicht genommen. Nach

v. Ms. Rückkehr Ende September kam es zunächst bei den Beteiligten zu Zwiespalt hinsichtlich des Namens, den v. M., seinem ersten Vorschlage entgegen, in *„biological Station"* ungeändert wissen wollte. Nachdem man sich darüber geeinigt wurde am 7. Febr. 1882 die *„Australian Biological Association"* in Sydney gegründet, an deren Spitze die hervorragendsten Gelehrten Australiens (Prof. Mc Coy, von der Melbourne Universität als Präsident, Prof. Liversidge, Dr. Mackellar u. a.) standen. Aus der Mitte der Gesellschaft ernannte nun die Regierung sieben „Trustees" (darunter Baron v. M.) für die „Biological Station" und bestätigte die ausgearbeiteten Satzungen. Die Station war also fertig und, von der Presse warm empfohlen, zur Aufnahme Studierender bereit. Sie blieben zunächst aus, und v. M., der im Oktober (1882) eingezogen war, konnte in völliger Ruhe an die Bearbeitung seiner Werke gehen. Er durfte sicher sein, nicht gestört zu werden. Denn das Haus in Watsons-Bai, an der Westseite der schmalen Landzunge, welche die Ostseite von Port Jackson begrenzt, liegt nur wenig vom Hafeneingange, dem „Inner South Head", aber mehrere Meilen (engl.) von Sydney entfernt. Es bildete so recht die „einsam liegende Cottage", wie sie v. M. gewünscht hatte, der täglich mit dem Dampfer von Sydney herüberkam und abends wieder zurückkehrte. Da in dem abgelegenen Hause, in welchem niemand wohnte, für keinerlei Verpflegung und Unterkunft, wie in dem Projekt dieser „Naturforscher-Herberge" beabsichtigt, gesorgt war, so konnte es von andern Studirenden aufser von v. M. also nicht wohl benutzt werden. Hier konnte er also endlich an die Bearbeitung der auf elfjährigen Reisen aufgehäuften Manuskripte gehen. Nach einem Anfang 1882 in der Linnean Society gehaltenen Vortrage bezogen sich dieselben hauptsächlich *„1) auf anthropologische und ethnologische Forschungen in der Südsee, insbesondere Neu-Guineas, 2) auf vergleichende anatomische Untersuchungen papuanischer und australischer Tiere."* Die Gründe, warum sich gerade Sydney als am geeignetsten zur Bearbeitung des Forschungsmaterials erweise, motivierte v. M. in folgendem: *„1) weil dadurch die nochmalige Verpackung der Sammlungen nach einem andern Platze (in Europa) erspart werde, 2) weil er der Südsee am nächsten sei, um event. wichtige Fragen an Ort und Stelle prüfen zu können, 3) weil die Museen in Sydney das reichste Material besitzen und 4) weil das mildere Klima am besten für ihn passe."* Bei der Unmasse ungeordneter, in Aufzeichnungen und Tagebüchern verstreuter Notizen *„könne er mit seinem Werke vor 18 Monaten oder 2 Jahren wohl schwerlich fertig werden."* Aber ehe noch an den Ausarbeitungen überhaupt angefangen werden konnte, mußte v. M. abermals auf Reisen gehen, diesmal nach Europa! Im Laufe von 1882 reiste v. M. also ab und kam erst ein Jahr, später, in der zweiten Hälfte von 1883 wieder zurück. Er fand die Station unverändert wieder, und als ich v. M. im August 1884 in Watsons-Bai besuchte, da war die „Biologische Station" fast noch ebenso als bei meinem Besuche drei Jahre zuvor. Unfertig in der Einrichtung, selbst dem Anstrich des Hauses, arbeitete v. M. in einem Zimmer voller Bücher, Gläsern mit Gehirnen und andern Spirituspräparaten an seinen Werken, ohne von irgend einem andern „Biologisten" jemals gestört worden zu sein. Als er später zu der Ansicht kam, daß seine Werke nur in Europa zu vollenden seien und deswegen (wohl Ende 1885) Sydney, diesmal für immer, verließ, da stand das Haus, welches niemals seinem Zwecke gedient hatte, vollends verwaist und wurde zunächst zu Versuchen künstlicher Fischzucht benutzt. Die Erwartungen, mit welchen v. M. seine Gründung plausibel zu machen suchte, waren in keiner Weise erfüllt worden. „*Ich bin überzeugt,* — sagte er in einem Vortrage im Februar 1881, — *daß mancher Mann der Wissenschaft in den kommenden Jahren grofsen Nutzen in diesem Hause finden und stiften wird und ich bin befriedigt, den kommenden Generationen ein bleibendes Andenken*[*]) *an meinen Aufenthalt in Sydney zu hinterlassen — die erste zoologische Station in Australien!"* Sie hat der Wissenschaft keinerlei Nutzen gestiftet und wurde, in die rauhen Hände von Gott Mars übergegangen, im Jahre 1887 in eine — *Torpedostation* umgewandelt, um wenigstens vor dem Schicksal einer Ruine gerettet zu werden.

VI. Publikationen.

Fast alle, oder doch die Mehrzahl seiner Reiseberichte, Briefe und schriftlichen Mitteilungen überhaupt, sandte v. M. an die Kaiserlich russische Geographische Gesellschaft in St. Petersburg, in deren „Isvestija" sie erschienen. Da ich Russisch nicht verstehe, so blieb mir diese Quelle unzugänglich. Aber die meisten von v. Ms. Mitteilungen wurden teils von ihm selbst, teils durch andre übersetzt und finden sich in Petermanns Geographische Mitteilungen, Globus, Ausland, Cosmos, Nature u. a. Die ersten und ausführlichsten Arbeiten v. Ms. erschienen in deutscher Sprache in der „*Natuurkundige Tijdschrift*" u. a. in Batavia, seine Publikationen sind daher sehr zerstreut und nicht leicht zu erlangen.

---

[*]) Dasselbe besteht nur in dem Steinpfeiler der früheren zoologischen Station, in welchen v. M. seinen Namenszug mit Krone einmeißeln ließ.

Der besseren Übersicht wegen ist das folgende Verzeichnis der
Publikationen v. Ms., das wohl nur wenig auslassen dürfte, nach der
Materie geordnet und giebt zugleich ein kurzes Resumé des Inhalts.

Geographie und Reisen.

Nr. 1. „*Mijn verblijf aan de Oostkust van Nieuw-Guinea in 1871 en 1872*" in:
Natuurk. Tijdschr. voor Nederl. Indië, deel XXXIII, 1873, S. 114—126.
(Vergl. Reisen S. 275.)

Mitteilungen über „Port Konstantin" in Astrolabe-Bai, nördlich bis zu dem
zuerst von v. M. besuchten und benannten „Archipel der zufriedenen Menschen"
(„of idle useless men" von Romilly); der Reisende führt hier auch die Benennung
„Maclaykūste" für die Küste von Kap Croisilles bis zum sogenannten Kap
King William zuerst ein.

Nr. 1a. „*Bemerkungen zur Kartenskizze*" der Reise nach der Westküste Neu-
Guineas (1874) und geschrieben „Mai 1874 in Amboina, Batu-Gadja". (Vergl.
Publikation Nr. 13, S. 12—17, und Reisen S. 278.)

Geben Nachweis über ein neues Kap (London), zwei neue Durchfahrten
(Grofsfürstin Helene Paulowna und Königin Sophia) und ganz besonders über
den merkwürdigen Bergsee Kamaka. Er liegt (500 Fufs hoch) kaum eine deutsche
Meile von der Küste jenseits einer etwa 1200 Fufs hohen Bergkette, die von
v. M. zuerst überschritten wurde. Besonders interessant sind die sichtbaren
Zeichen von Niveauveränderung. Obwohl dieser See Süfswasser enthält, lebt
darin ein Kieselschwamm (Halychondria), und an den Ufern finden sich tote
Schalen von Meeresmuscheln (Terebra, Turbo).

Nr. 2. „*Reise in West-Mikronesien, Nord-Melanesien und ein dritter Aufenthalt
in Neu-Guinea, vom Februar 1876 bis Januar 1878*" in: Peterm. Geogr.
Mitteil. Bd. 24. 1878. S. 407, 408 (Briefliche Mitteilungen des Reisenden
datiert „Johor Baru im Mai 1878.") — Enthält nur einen kurzen Bericht
über den Verlauf der Reise. (Vergl. Reisen S. 282 und Publikation Nr. 14.)

Nr. 2a. „*Second stay on the Maclay-Coast, June 1876 — November 1877.*" Izvestija
Imp. Russ. Geogr. Soc. XVI. 1880. Seite 149—170. — Einem Citat von
Rye (Bibliography of New-Guinea) entlehnt. — v. M. citiert „1878".

Nr. 3. „*Eine Exkursion an die Südost-Küste Neu-Guineas*" in: Zeitschr. für
Ethnol. Sitzung vom 12. November 1881. — v. M. meldet unterm 4. Aug.
nur, dafs er in ein paar Tagen diese Reise anzutreten gedenke. (Vergl.
Reisen S. 288.)

Nr. 4. „*Notice météorlogique concernant la Côte-Maclay en Nouvelle Guinée*',
in Natuurk. Tijdschr. voor Ned. Indië, deel 33 (1873 S. 430—432.)

Während seines ersten Aufenthaltes in Astrolabe-Bai 1871 und 1872 machte
v. M. sorgfältige Beobachtungen über Temperatur, Wind, Regen, Bewölkung.
Dieselben sind wiedergegeben in: „Nachrichten für und über Kaiser Wilhelms-
land und den Bismarck-Archipel" Heft III (September 1885) S. 13.

Nr. 5. „*Über vulkanische Erscheinungen an der nordöstlichen Küste Neu
Guineas.*" Aus einer brieflichen Mitteilung des Herrn v. M. M." (datiert:
„Johor Baru im Mai 1878") in Peterm. Geogr. Mitteil. Bd. 24 (1878)
S. 408—410.

Sehr interessante Beobachtungen z. Th. wiederholt in der folgenden Abhandlung:

Nr. 6. „*On vulcanic activity on the Islands near the north-east coast of New Guinea and evidence of ruining of the Maclay coast of New Guinea*" in: Proceed. Linn. Soc. of N. S. W. vol. IX (1884) — 5 Seiten.

Anthropologie.

Nr. 7. *Anthropologische Bemerkungen über die Papuas der Maclay-Küste in Neu Guinea*" in: Natuurk. Tijdschr. voor Nederl. Indië. deel XXXIII. (1873) S. 225—250. (Auch Extraabdruck: Batavia, Ernst & Co. 26 Seit.) Geschrieben in Neu-Guinea 1872 und vom Reisenden selbst aus dem Russischen übersetzt mit der Datumangabe: „Tjipanas, September 1873." Vergl. Reisen S. 275. Hierzu als Fortsetzung Publikation Nr. 19.

Aufser einigen kurzen Bemerkungen über die Bewohner von Port Constantin im allgemeinen, durchaus anthropologisch, Statur, und die einzelnen Körperteile, sowie die herrschenden Krankheiten beschreibend. Über Hautfärbung und Haar vergl. Ergebnisse (S. 296).

Nr. 8. „*Über Brachycephalie bei den Papuas in Neu-Guinea*" in: Natuurk. Tijdschr. van Nederl. Indië, deel 34 (1874) S. 345—347.

Diese Abhandlung wurde in einer Sitzung der „Koninkl. Natuurk. Vereeniging" in Batavia 1874 verlesen und „giebt die Resultate einer grofsen Anzahl von Messungen" (vergl. Ergebnisse S. 290).

Nr. 9 „*Remarks on a skull of an Australian Aboriginal, from the Lachlan-Distrikt*" in: Proceed. Lin. Soc. of N. S. W. vol. VIII (1883) S. 395—96. Pl. 18.

Beschreibung eines sehr pronunciert dolichocephalen Schädels.

Nr. 10. „*On a very dolichocephalic skull of an Australian Aboriginal*" (ib. 1883. S. 401—403. pl. 19.)

„Der am meisten dolichocephale Schädel, welcher bisher beschrieben wurde."

Nr. 11. „*Ethnologische Exkursion in Johore.*"[4]) (Dezember 1874 — Februar 1875.) Vorläufige Mitteilung" in: Natuurkund. Tijdschr. voor Nederl. Indië deel 35 (1875) S. 250 (9 Seiten). — Geschrieben: „28. Februar 1875 an Bord des „Pluto", Golf von Siam." (Vergl. Reisen S. 280.)

Obwohl in der Überschrift als „ethnologisch" bezeichnet, ist der Inhalt dieser kurzen Mitteilungen doch im wesentlichen anthropologisch und betrifft den im allmählichen Aussterben begriffenen Stamm der Orang-Utan. Die interessanten Forschungen fafst der Reisende in der ihm eigenen konzisen Weise in folgendem zusammen: „Die Orang-Utan von Johor stellen ein kleines gemischtes Völkchen dar, welches, nachdem es eine starke Beimischung von malayischem Blut aufgenommen, nur noch Spuren einer melanesischen Abstammung erhalten hat."

Nr. 12. „*Ethnologische Exkursionen in der Malayischen Halbinsel.*"[5]) (Nov. 1874 — Okt. 1875). Vorläufige Mitteilung" in: Natuurk. Tijdschr. voor Nederl. Indië, deel 36 (1876) 26 Seiten mit Kartenskizze und 2 Tafeln. Geschrieben: „November 1875, Tampat Sussa, Kampong Empang bei Buitenzorg." (Vergl. Reisen S. 281.)

---

[4]) Dasselbe unter dem Titel: „An Ethnological Excursion in Johore" in: Journ. of Eastern Asia, vol. I Nr. 1 (1875) S. 94 (mit 3 Portraits).

[5]) Auch in: Zeitschr. f. Ethnol. Bd. VIII (1876) S. 226.

Kurze Angabe der Reiserouten und vorzugsweise anthropologische Mitteilungen über: „I. Melanesische Völkerschaften: Orang-Sakai und Orang-Semang" (Anthropologisches, Lebensweise, Gerätschaften. Sitten) (vergl. Publikation Nr. 16a) und „II. Gemischte melano-malayische Völkerschaften: Orang-Utan und Orang-Rayet" (meist anthropol.). Hinsichtlich der ergenannten beiden Stämme kommt der Forscher zum Schlufs: „dafs sie einander sehr nahe stehen und eine reine, ungemischte Abweichung des melanesischen Stammes darstellen; deshalb von den Malayen anthropologisch absolut verschieden sind." Die Abbildungen lassen für solche, die mit der melanesischen Rasse gut bekannt sind, keinen Zweifel an der Richtigkeit der obigen Ansichten v. Ms.

Nr. 13. *„Meine zweite Exkursion nach Neu-Guinea"* in: Natuurk. Tijdschr voor Nederl. Indiä, deel 80. 1876. — S. 148—180 und 1 Kartenskizze. — Auch in Extraabdruck: Datavia, Ernst & Co., 80 Seiten. — (Vergl. Reisen S. 278.)

Enthält a. eine Vorrede (S. 1. 2, datiert: „Tampat Sussu. Kampoug Empang bei Buitenzorg Nov. 1875"); b. Historisches (S. 4—11 „Auszug aus meinem Reisebericht an die K. russ. Georgr. Ges." datiert: „Insel Kilwaru. 3. Mai, 1874"); c. Bemerkungen zur Kartenskizze (S. 12—17 mit Beschreibung des merkwürdigen Kanaka-Wallar, vergl. Publikation 1a und Reisen S. 279); d. Anthropologisches über die Dewohner von Papua Kowiay. v. M. kommt zu dem Schlufs, „dafs die Papuas der Westküste keineswegs von denen der östlichen Küsten (z. B. der Maclaykäste) zu trennen sind." Ich habe zwar keine Eingeborenen der Westküste aber solche von der Insel Salawatti vergleichen und mich überzeugen können, dafs dieselben ganz mit solchen von der Nordost- und Südostküste Neu-Guineas übereinstimmen, was also ganz mit den Resultaten v. Ms. übereinstimmt e. „Physionomie des Landes und Lebensweise der Bevölkerung" (S. 23—26 datiert: „Mai 1874, in Ambolna, Batu-Gadja". (Vergl. Publikation Nr. 16 b). f. „1. Supplement. Über die Papua-Malayischen Mischlinge in den östlichen Molukken" (S. 27, 28) — Enthält für den Antropologen äufserst wichtige Beobachtungen, die meine eigenen nur bestätigen. g. „2. Supplement. Sozial-politischer Zustand der Bevölkerung Papua-Kowiay, im Jahre 1874" (S. 29—32 datiert „Tjipanas", Sept. 1874). Gegen das Unwesen der Hongieflotten-Raubzüge gerichtet.

Nr. 14 *„Anthropologische Notizen, gesammelt auf einer Reise in West-Mikronesien und Nord-Melanesien im Jahre 1876"* In: Ethnol. Zeitschr. (aufsergewöhnliche Sitzung am 9. März 1878) — 20 Seiten Taf. X und XL — Brief an Prof. Virchow (dat.: „Bugarlom, Maclayküste, Dezember 1876 und Februar 1877". Vergl. Reisen S. 283).

Nur Anthropologisches und zwar Beobachtungen über Eingeborene von Yap, Pelau, Ninigo, Taui, (Admiralitäts-Ins.) u. Agomes (Hermites). v. M. kommt dabei zu dem Schlufs: „dafs in Nord-Melanesien die mesocephale, zur Brachycephalie neigende Kopfform die herrschende ist." „Die Eingeborenen von Pelau lassen sich ihrem physisch-anthropologischen Habitus nach von Yap-Insulanern und überhaupt von West-Mikronesiern (die ich gesehen habe) nicht trennen". v. M.

Nr. 14 a. *Anthropologisches über die Bewohner der Insel Yap (Wuap)* findet sich in dem Aufsatz „Die Insel Wuap. Anthropologisch-ethnographische

Skizze aus dem Tagebuche von N. M. Ms." (den: Istvestitija der K. russ. Geogr. Ges. 1877 Heft 2 entnommen) in: Globus Bd. XXX 1878. S. 40, 41.

Nr. 15. „On Macrodontism" in: Linn. Soc. of N. S. W. vol. 3. pl. 18. — Gelesen in der Sitzung vom 26. September 1878. — Dasselbe aber schon früher mitgeteilt in den „Istvestija" der K. russ. Geogr. Gesellsch. in St. Petersburg und in: Sitzung der Berliner Anthropologischen Gesellschaft vom 16. Dezember 1876 (Zeitschr. f. Ethnol. Bd. VIII. T. XXVI. F. 1—5).

Beschreibung der abnorm grofsen Zähne eines Eingeborenen von Taui (Admiralitäts-Inseln). „Diese grofszähnigen Leute bilden aber keinen besonderen Stamm, sondern finden sich in der ganzen Bevölkerung vereinzelt vor" — und nicht blofs auf den Admiralitäts-Inseln, sondern auch anderswo. Ich selbst beobachtete solche grofszähnige Individuen auf Inseln der Torresstrafse.

Nr. 16. „Kurze Zusammenstellung der Ergebnisse anthropologischer Studien während einer Reise in Melanesien (März 1879 bis April 1880)" in: Zeitschr. f. Ethnologie (Sitzung vom 10. Dezember 1880) S. 374 und 375. — Übersandt von: „Rainworth bei Brisbane, Queensland, 20. Oktober 1880." — Vergl. Reisen S. 285). — („Eine genauere Angabe der Route, die Dauer des Aufenthalts in verschiedenen Plätzen, mit Kartenskizzen der Routen und andre Details, finden sich in meinem Bericht an die K. russ. Geogr. Gesellsch. (in den Investiija derselben): v. M.").

Als Hauptresultate dieser 13monatlichen Reise bezeichnet v. M.: „1) grofsere Verbreitung der Brachycephalie bei Melanesiern, als bis jetzt angenommen wurde, welche durchaus nicht einer Mischung mit einer andren Rasse zuzuschreiben ist", 2) die Bewohner der südöstlichen Halbinsel von Neu-Guinea sind Melanesier und gehören an keiner „gelben malayischen Rasse"; 3) die Bevölkerung der Gruppe Lub (Hermites) stammt von den Admiralitäts-Inseln.

Nr. 17. „A short Resumé on the results of anthropological and anatomical researches in Melanesia and Australia. (March 1879—January 1881)." Gelesen in der Sitzung der Linn. Soc. of N. S. W. am 23. Februar 1881.

Die Resultate sind nur eine Übersetzung der unter Nr. 16 mitgeteilten, im übrigen berichtet v. M. über seinen Aufenthalt in Queensland (Mai oder Juni 1880 bis Anfang Januar 1881), namentlich in und um Brisbane und seine dortigen Arbeiten: (vergl. vorn S. 287) er machte Untersuchungen von Gehirnen an haarlose Eingeborenen und Ausgrabungen einiger Fossilien.

Nr. 18. „Einige Worte über die sogenannte „gelbe Rasse" im Südosten Neu-Guineas" in: Zeitschr. f. Ethnol. 1880. S. 90.

Nach Untersuchungen zweier jungen Leute von Annapata (Port Moresby) und Basiraki (Moresby-Insel), die von Andrew Goldie nach Sydney mitgebracht worden waren (und von denen ich den ersten in P. Moresby gut kannte), kommt v. M. zu dem Schlufs, „dafs die von verschiedenen Missionären im Südosten Neu-Guineas entdeckten „gelben malaischen Rassen" absolut keine Beimischung von malaischem Blute zeigen." Ich kann nur hinzufügen, dafs dies mit meinen eigenen Beobachtungen in jenen Gebieten durchaus übereinstimmt. (Vergl. auch Publikation Nr. 16.) — Zu den anthropologischen Notizen zählt auch die Nr. 20d citierte über „Langbeinigkeit der australischen Frauen."

Ethnologie.

Nr. 19. *„Ethnologische Bemerkungen über die Papuas der Maclay-Küste in Neu Guinea. I"* in: Natuurk. Tijdschr. voor Nederl. Indië, deel 35 (1875) S. 66—94. (Auch Extraabdruck: Batavia, Ernst & Co.. — 30 Seiten.)

In 1872 an der Maclayküste in russischer Sprache geschrieben, wurden diese Bemerkungen, da sich kein Übersetzer in Batavia fand, von dem Reisenden selbst in Deutsch diktiert und datiren: „Batavia, 22. November 1874 und in Note: Johor Baru, 7. Febr. 1875." Diese Abhandlung ist eine Fortsetzung von der Publikation Nr. 7 (S. 304; vergl. auch Reisen S. 275). Sie behandelt: Nahrung, Werkzeuge und Waffen, Kleidung und Zierraten, Dörfer und Wohnungen, Plantagenbau, alltägliches Leben.

Part. II. in: derselben Zeitschrift deel 38. (1878.) S. 294—333. — (Auch Extraabdruck: Batavia, Ernst & Co., 40 Seiten), Fortsetzung des vorhergehenden Aufsatzes (geschrieben: „Tampat Sussa, Kampong Empang bei Buitenzorg, November 1875"), enthält: Alltägliches Leben, Ehe, Begräbnis, Sprache, Kunst, Aberglauben, Tabu, Musik, Tanz und Festlichkeiten. Zu den interessantesten Mitteilungen dieser Aufsätze gehören: der Nachweis des Kawatrinkens (hier „Keu" genannt), ein bisher nur für Polynesien bekanntes Genußmittel, der „Beschneidung" (die natürlich nichts mit Ritus zu thun hat) und „Anfänge der Entwickelung der Ideenschrift".

Nr. 19 a. *„Vestiges de l'Art chez les Papouas de la côte de Maclay en Nouvelle-Guinée"* in: Bull. Soc. Anthrop. de Paris (3. Série) Tom. 1. 1878 pp. 524—531 (Fig. 1—14). — Diese und die nachfolgende Abhandlung sind mir unbekannt und nach Rye „A bibliography of New Guinea" citiert.

Nr. 19 b. *Note on manners and customs of Papuas of Maclay-Coast* in: Nature XVIII 1878. S. 387.

Nr. 19 c. *Ethnologisches über die Bewohner der Westküste Neu-Guineas*, enthält hauptsächlich die unter Nr. 13 S. citierte Abhandlung. e. „Physiognomie des Landes und Lebensweise der Bevölkerung" (S. 24—26).

„Die ganze Bevölkerung irrt in ihren Pranwen (Kanus) in den zahlreichen Baien und Buchten herum, bleibt hier und da einige Stunden oder Tage und zieht weiter." Das stimmt in vieler Hinsicht mit der Lebensweise der Bewohner von Torresstraße überein, die nach meinen Beobachtungen ungemischte Papuas (nicht Australier) sind. „Als Hauptursache des Nomadenlebens ist die beständige Unsicherheit zu nennen, es sind: Raubzüge der Stämme untereinander und die Überfälle der gefürchteten Hongie-Flotten von Tidore."

Nr. 19 d. *Ethnologisches über die Bewohner des Innern der malayischen Halbinsel* findet sich in der S. 304 citierten Abhandlung Nr. 12 und zwar: „Bemerkungen über die Lebensweise und einige Gebräuche" (der Orang-Sakai S. 11—17 und Lebensweise der Orang-Utan) S. 20—22.

Nr. 19 e. *Ethnologisches über die Bewohner der Insel Yap (Wuap)*, und zwar in ziemlich ausführlicher Weise ist in dem S. 305 citierten Aufsatz im „Globus" (S. 41—45) mitgeteilt.

Nr. 20. *Notizen über australische Eingeborene*, mitgeteilt in einem Briefe an Prof. Virchow (datiert „zwischen den Inseln St. Mathias und Neu-Hannover am 12. November 1879") und verlesen in der Sitzung der Anthrop. Gesellschaft vom 17. April 1880 in Berlin.

Nr. 20a. „*Über die Mika-Operation in Central-Australien*". (Zeitschr. f. Ethn. 1880 S. 85, 86). Beruht nicht auf eigenen Beobachtungen, sondern denen eines „Herrn D. . . ." u. a.

Nr. 20b. „*Stellung des Paares beim Coitus*" (S. 87, 88). mit schematischen Skizzen). Nach Mitteilungen des Herrn B. . . . und Alexander Morton.

Nr. 20c. „*Geschlechtlicher Umgang u. a.*" (ib. S. 88) nach Mitteilungen von A. Morton.

Nr. 20d. „*Langbeinigkeit der australischen Frauen*" (ib. S. 89 mit Holzschnitt) Nach einer Photographie von A. Morton.

Sprachen. [*]

Nr. 21. „*Zwei Briefe über die Dialekte der melanesischen Völkerschaften in der malayischen Halbinsel an S. Ex. Otto Böhtlingk*" in: Tydschr. voor Taal- Land- en Volkenkunde 1876" (eigenes Citat von v. M.).

Nr. 22. „*Verzeichnis einiger Worte der Dialekte der Papuas der Küste Papua-Koviay in Neu-Guinea*" in: Tijdschr. voor Taal-, Land- en Volkenkunde deel 23 (1876) S, 372—379. — Einem Citat von Bye (Bibliography of New-Guinea) entlehnt.

Nr. 22a. „*Wörterverzeichnis von der Maclayküste*" hatte v. Maclay (nach eigenem Citat) im Januar 1874 an S. Ex. Otto Böhtlingk, Mitglied der K. Akad. der Wissensch. zu Petersburg geschickt.

Zoologie.

a. Anatomie.

Nr. 23. „*On a complete debouchment of the sulcus Rolando u. a., in some brains of Australian Aboriginals*" in: Proceed. Linn. Soc. N. S. W. vol. IX. pt. 3 (1884) pt. 18 — 2 Seiten.

„Eine Verbindung des Sulcus Rolando mit den andern Sulci, die bei dunklen Menschenrassen nicht ungewöhnlich zu sein und häufiger bei dieser als bei unserer Rasse vorzukommen scheint."

Nr. 24. „*Beiträge zur vergleichenden Neurologie der Wirbeltiere.*" I. und II. 1870. Leipzig, Verlag von W. Engelmann. (Nach einem Citat von v. M.)

Nr. 25. „*Anatomical Remarks*" (17 Seiten und 5 Tafeln) in: *Plagiostomata of the Pacific*" (By N. de Miklouho-Maclay and William Macleay) Part I. Fam. Heterodontidae in: Proceed. Linn. Soc. N. S. W. (read 28th. Oktober) 1878. S. 316—334. —

Im wesentlichen nur Beschreibung des Gebisses einiger Haifischarten. Die Beschreibung der Gehirne derselben kündigt der Autor in seinen „Contributions to comparative Neurology pt. III" an, die eine Fortsetzung der vorhergehenden Publikation bilden sollten, aber nicht erschienen.

---

[*] Auf diesem Gebiete hat v. M. ohne Zweifel sehr wichtiges Material gesammelt, wofür ihn seine reichen Sprachkenntnisse ja besonders befähigten. Wie er mir selbst sagte, weiß er sich nicht zu erinnern, ob er außer seiner Muttersprache zuerst Deutsch, Englisch oder Französisch sprechen lernte; auch war ihm Malayisch geläufig.

b. Zoographie.

Nr. 26. *On a new species of Kangaroo (Dorcopsis Chalmersi) from the South East coast of New-Guinea"* in: Proceed. Linn. Soc. of N. S. W. vol. IX (1884) pt. 3. S. 569. Pl. 19. (8 Seiten.) — Eine sehr zweifelhafte Art. (Finsch.)

Nr. 27. *„Notes on Zoology of the Maclaycoast in New Guinea"* ib. vol. IX (1884) pt. 3 pl. XXXVIII. (8 Seiten 8°.)

Enthält nur die Beschreibung einer angeblich neuen Gattung und Spezies Beuteldachs „Brachymeles Garagassi", die nach meiner Ansicht des typischen Exemplares nichts andres ist als Perameles Dorcyanus, Less.

Nr. 28. *„On two new species of Macropus from the South Coast of New-Guinea"* (Macropus lukesii u. M. gracilis) ib. vol. IX pt. 3 pl. XXXIX (6 Seiten.)

Beide Arten sind sehr zweifelhaft; nach Exemplaren im Museum von William Macleay in Sydney beschrieben, die nicht von v. M. gesammelt wurden.

Nr. 29. *„Notes on the direction of the hair on the back of some Kangaroo"* in: Proceed. Linn. Soc. N. S. W. vol. IX (1884) pt. 4. pl. LXXI (7 Seiten.)

Nr. 30. *„Proposed zoological Station for Sydney"* in Proceed. Linn. Soc. of N. S. W. 1878. S. 144—150. (Gelesen in der Sitzung vom 26. August 1878.)

Die Neu-Sibirischen Inseln,
nach den Reiseergebnissen von Dr. Bunge und Baron Toll.

Wir haben auf S. 53 u. ff. des Bandes IX. dieser Zeitschrift die Vorbereitungen, Mittel und Ziele der wissenschaftlichen Expedition, welche auf Veranstaltung der Kaiserlichen Akademie der Wissenschaften in St. Petersburg das untere Jana-Gebiet und die Neu-Sibirischen Inseln durchforschen sollte, näher besprochen und in einem Rückblick auf die früheren Bereisungen die recht dürftigen und lückenhaften Nachrichten zusammengestellt, welche wir durch sie von der geographischen Beschaffenheit jener im Norden von Sibirien zwischen 74 und 76° nördl. B. und 138—152° östl. L. gelegenen Inseln haben. Inzwischen ist das ganze Unternehmen glücklich zur Ausführung gebracht und es sind ferner die ersten Berichte über den Verlauf der Expedition in den „Beiträgen zur Kenntnis des russischen Reichs und der angrenzenden Länder" (dritte Folge Band III.) im Druck erschienen, auch hat einer der Teilnehmer, Baron Toll, zunächst mündlich in der Sitzung der Gesellschaft für Erdkunde in Berlin am 3. März d. J., sodann weiter in den Verhandlungen dieser Gesellschaft Band XV. Nr. 3 und in der Zeitschrift „Globus" Band LIII. Nr. 14, 15 und 16 näher berichtet. Ein längeres Referat über die Reisen und Forschungen Dr. Bunges und Baron Tolls, mit Karte, von G. Wichmann lieferte bereits das Februar-Heft 1888 von Petermanns Mitteilungen. In nachstehendem soll nun weniger auf die Einzelheiten der Bereisung der neusibirischen Inseln eingegangen, als vielmehr versucht werden, die allgemeinen Ergebnisse der letzteren, soweit solche bis jetzt feststehen, an der Hand jener Berichte darzustellen.

Die Vorbereitungen für die Expedition, welche während des Winters 1885/86 am sibirischen Festlande getroffen wurden, waren ziemlich umfassend; zunächst mußte der Proviant, welcher für den auf den ganzen Sommer berechneten Aufenthalt der Expedition auf den Inseln erforderlich war, zusammengebracht und im zeitigen Frühjahr auf Schlitten im voraus über das Meereis hinübergeschafft werden. Das Personal der Expedition bestand aufser den beiden Herren aus 8 Leuten, nämlich 2 Jakutsker Kosaken, einem Dorfältesten, 3 Jakuten und 2 Tungusen. Die Zahl der bei der Ausfahrt vom sibirischen Festlande verwendeten Hundeschlitten war 12. Aufserdem wurden 40 Rentiere mitgenommen. Über die Art und Weise des Reisens mit Hundeschlitten (Narten) bemerkt Dr. Bunge das Folgende:

„Die Narte ist an der Lena- und Jana-Mündung, ebenso wie an der Kolyma, ein langgestreckter, niedriger, schmaler Schlitten, dessen einzelne, aus starkem, zähem, im nordischen Klima gewachsenen Holze gefertigte Teile mit Riemen unter einander befestigt sind. Dadurch erhält sie bei grofser Festigkeit und Widerstandsfähigkeit eine aufserordentliche Nachgiebigkeit, die sie fähig macht über bedeutende Unebenheiten schwerbeladen unbeschadet hinweg zu gehen. Nur in seltenen Fällen kommen Brüche der einzelnen Teile vor; die sich allmählich lockernden Riemen können aber immer wieder von neuem fester angezogen werden. Mit Ausnahme der Sohlen, die aus Birkenholz gefertigt sind (die aus Kolymsk stammenden Sohlen erfreuen sich des besten Rufes und mit Recht), bestehen die übrigen Teile aus Lärchenholz. Die Sohlen werden vor jeder Fahrt mit einer dünnen Schichte Eises überzogen, wodurch die Reibung wesentlich vermindert wird. Die Hunde — meist 12 bis 13 an der Zahl — werden an einem langen starken Riemen

angespannt, der an einem vorn an der Narte befindlichen Flügel ver-
festigt wird. Gelenkt werden sie ausschliefslich durch Zuruf, auf
welchen der Spitzführer hört; die übrigen Hunde sind nur Arbeiter.
Soll die Narte zum Stehen gebracht werden, so wird ein mit scharfer
Eisenspitze versehener dicker Stock zwischen die Speichen der Narte
gesteckt und gegen den Boden angedrückt, wodurch die Narte ge-
bremst wird. Derselbe Stock wird auch als Züchtigungsinstrument
für die Hunde benutzt. Die Schnelligkeit der Fahrt, so wie die an
einem Tage zurückzulegende Strecke Weges hängt, abgesehen von
der Güte der Hunde und der Bahn, vom Grade der Belastung der
Narte ab. Im allgemeinen rechnet man 25—30 Pud (während der
Expedition im Durchschnitt 25 Pud = 400 kg), aufser dem
Nartenlenker, auf jede Narte, und mit dieser Last legen die Hunde
an einem Tage, d. h. in etwa 8—10 Stunden, 35—50 Werst ohne
gröfsere Schwierigkeit zurück. Alle 5—10 Werst werden kleinere
Aufenthalte gemacht, wo sich die Hunde verschnaufen können, und
nach Beendigung einer gröfseren Strecke ein Aufenthalt von 14 und
mehr Stunden. Alle hier gemachten Angaben sind nur als ungefähre,
durchschnittliche zu betrachten; es sind Fälle vorgekommen, wo
eine mit 60 Pud (960 Kg.) beladene Narte von den Hunden eine
Strecke von 70 Werst (von der grofsen Ljachow-Insel bis zum Festlande) ohne längeren Aufenthalt fortgezogen wurde, und mit einer
leicht beladenen Narte — vier Personen ohne Gepäck — hat Dr.
Bunge im Verlaufe von 10 Stunden eine Strecke von etwa 100 Werst
zurückgelegt. Der Eifer der Hunde beim Ziehen ist ein sehr grofser
und steigert sich beständig während der Fahrt, da ihnen wohl bekannt ist, dafs sie nach Beendigung des vorgesteckten Pensums
gefüttert werden; nur selten, bei sehr lange dauernden Fahrten, erhalten sie eine Extrafütterung. Das Futter der Hunde besteht bald
aus rohem gefrorenem Fisch, bald aus getrocknetem, leicht ge-
räuchertem Fisch, Jukkola genannt; namentlich bei längeren Fahrten
bedient man sich der letzteren, wobei jeder Hund täglich etwa
1¹/₂ Pfund erhält. Die Gröfse der Hunde ist die eines Vorstehers
mittlerer Gröfse; ihr Gewicht schwankt zwischen 40 — 60 Pfund
(16—24 kg)."

Baron Toll war am 13. Mai 1886 nach der grofsen Ljachow-
Insel, welche mit der kleinen Ljachow-Insel zwischen dem sibirischen
Festland und der Hauptinsel Kotelnyi der Neu-Sibirien-Gruppe be-
legen, vorausgegangen. Dr. Bunge folgte am 8. Mai nach und er-
reichte nach 14stündiger Fahrt über das Meereis die grofse Ljachow-
Insel. Eine vorläufige Untersuchung dieser Insel durch Baron Toll

hatte ergeben, dafs sie wegen der hier vorhandenen Reste quartärer Säugetiere sehr interessant sei. Es wurde daher beschlossen, die Expedition zu teilen: Baron Toll übernahm die Erforschung der Neu-Sibirischen Inseln Kotelnyi, Fadejeff und Neu-Sibirien, Dr. Bunge diejenige der Ljachow-Inseln. Die beiden Tungusen, welche die 40 Rentiere nachführten, erreichte die zurückgesandte Weisung, 20 Rentiere nach Ljachow und 20 nach Kotelnyi zu bringen, nicht mehr und so kamen sämtliche Rentiere nach Kotelnyi.

Baron Toll wandte sich zunächst den Inseln Fadejeff und Neu-Sibirien zu, um später während des ganzen Sommers seine Forschungen auf Kotelnyi zu beschränken, Dr. Bunge ging auf kurze Zeit nach dieser Insel, um Proviantdepots für Baron Toll zu errichten und die Ostküste derselben aufzunehmen und kehrte am 8. Juni wieder nach der grofsen Ljachow-Insel zurück. Hier verbrachte er den Sommer. Mitte November kehrten beide Expeditionen wohlbehalten und mit reicher Ausbeute nach dem sibirischen Festlande zurück.

Wir wenden uns zunächst zu den Forschungen des Dr. Bunge auf den *Ljachow-Inseln.* Das Hauptquartier der Expedition auf der grofsen Ljachow-Insel war die im westlichen Teil der Südküste dieser Insel gelegene Powarnja Maloje Simowjo. Unter „Powarnja", Kochstube, versteht man im Jana-Lande und in andern Gegenden des nordöstlichen Sibiriens kleine leerstehende, nur mit einem Herd in der Mitte und Schlafbänken längs den Wänden versehene Hütten, die dazu bestimmt sind, den Reisenden ein zeitweiliges Unterkommen zu bieten. Auf den Ljachowschen und Neu-Sibirischen Inseln, wo es keine Reisenden giebt, fehlt es zwar auch an eigens für dieselben erbauten Hütten, doch benutzen die zeitweise hinkommenden Jäger (Promyschlenniks) und Elfenbeinsammler die auf den Inseln an manchen Stellen vorhandenen, meist mehr oder minder verfallenen Hütten ihrer Vorgänger. Solche Hütten dienten auch der Expedition als Unterkunft, bei den Ausflügen wurden für das Übernachten Lederzelte errichtet.

Das Frühjahr kam wie überall in den arktischen Regionen schnell. Rasch schmolz der Schnee weg und kam das Wasser eines bei der Powarnja mündenden Flusses in Bewegung. Am 7. Juni zeigten sich an schneefreien Stellen die ersten Spuren beginnender Vegetation und schon am 12. Juni wurden hier blühende Phanerogamen gesammelt; am 10. Juni wurden die ersten Insekten beobachtet und bald nachher zeigte sich ein reges Leben in den aus dem geschmolzenen Schnee gebildeten Pfützen (Krustaceen, Würmer,

Insektenlarven). Die Temperatur des Wassers war unter der Wirkung der Sonnenstrahlen bis auf + 15 und 16° erwärmt.

Die Exkursionen des Dr. Bunge, für welche glücklicherweise doch noch ein Zug von sechs Rentieren benutzt werden konnte, da gegen Ende Juni vier Jakuten vom Festlande mit Rentieren zum Übersommern auf der Insel erschienen, bestanden in der Untersuchung des alten Sees Tschastnoje, der in den fünfziger Jahren ins Meer durchbrach und sodann in einem Zug längs der Südküste bis nahe der östlichsten Spitze der Insel, beim Berge Aemi, und der Mündung des Flusses Karakán. Die übrige Zeit des Sommers wurde mit der zum Unterhalt notwendigen Jagd, hauptsächlich auf Gänse, und mit dem Einsammeln fossiler Knochen, die sich hauptsächlich in den Flufsmündungen fanden, zugebracht. Nach Eintritt des Winters wurden auf Rentierarten Exkursionen nach dem West- und dem Nordende der Insel ausgeführt.

„Im Allgemeinen ist das Bild, das die Insel bietet, ein höchst einförmiges. Mit Ausnahme der vier Berge oder vielmehr Berggruppen, an der Südwest-, der Nord- und der Südostspitze, sowie endlich gerade in der Mitte der Insel, besteht sie ausschliesslich aus quartären Bildungen, die, von einer Unzahl kleiner Flüsse und deren Nebenflüsschen durchströmt, ein stark hügeliges Terrain darbieten. Nur an einzelnen Stellen, namentlich am westlichen Teile der Insel, treffen wir auf grössere ebene Flächen, offenbar den Boden grösserer Seen, die ein ähnliches Schicksal wie den See Tschastnoje erreicht hat. Einzelne ganz flache, lachenartige Seen sind als Reste derselben zu betrachten. Sie waren Ende September bereits bis auf den Grund gefroren und boten ein viel geringeres animalisches Leben als einige kleine Pfützen.

Wo die Hügel ans Meer herantreten, bilden dieselben steil abstürzende Kaps mit schönen Profilen, die uns einen genauen Einblick in den Bau dieser höchst interessanten postpliocänen Bildungen gestatten. Sie zeigen ausser geschichteten, bald mehr oder weniger sandhaltigen, beständig gefrorenen Schneemassen mit eingelagerten animalischen und vegetabilischen Resten bisweilen ganz kolossale Eismassen, von einer Mächtigkeit, wie Dr. Bunge sie an der Lena und an der Jana nicht beobachtet hatte; an einer Stelle mafs die senkrecht abstürzende Eiswand 72'. Das Eis ist trübe und enthält viel Luftblasen und erdige Beimengungen. Dr. Bunge erklärt das Zustandekommen dieser Eisbildungen durch das Gefrieren des in die Erdspalten eingedrungenen Wassers im Laufe grosser Zeiträume. Ausser diesen mächtigen Eismassen finden sich allenthalben zwischer den horizontalen Erdschichten gleichfalls horizontale dünne Schichten klaren Eises.

Im Laufe des Sommers, besonders unter der Einwirkung der Sonne, thauen diese Profile zum Teil ab, sie treten weiter ins Land zurück. Mit lautem Plätschern fallen bald grössere, bald kleinere Erdmassen ab, um unten als dicker Brei, gleich einem Lavastrome, über den gefrorenen Boden niederen Stellen und endlich dem Meere zuzuströmen, während das durch das Schmelzen des Eises gebildete Wasser, zu kleinen Bächen vereinigt, in tief einschneidenden Betten brausend dahinströmt. Dr. Bunge bemerkte an solchen Stellen, bisweilen einen intensiven Moder- oder Fäulnisgeruch, der der ganzen Erdmasse eigen zu sein schien. Diese bisweilen äusserst imposanten Abstürze finden sich auf der Insel am südlichsten Teile der Nordwestküste (beim Kap Tolstoi), ferner längs der ganzen Südküste, insbesondere westlich von der Mündung des Wanjkina-Flusses, und endlich an der Nordostküste in geringer Entfernung vom Berge Kowrishka. Aus ihnen kommen die fossilen Knochen zum Vorschein, darunter das für die Promyschlenniks den Reiz der Insel bildende Mammuthelfenbein. Aber nicht nur Knochen allein, sondern auch Weichteile von quartären Säugetieren kommen hier zu Tage. Von einem Mammuthfunde spricht Baron Toll in seinem Berichte, und Dr. B. fand in der Umgebung von offenbar zusammengehörenden Knochen eines Mammuths, die sich leider nicht mehr in ihrer ursprünglichen Lage befanden (sie waren bereits — vielleicht sogar das ganze Tier — aus einem Abhange herausgestürzt, wurden überdeckt und traten durch Abspülung des Meeres und Wirkung der Sonnenwärme zum zweiten Male hervor), Stücke des Felles und Haare, die das ganze Erdreich durchsetzten und in Zotten aus der gefrorenen Erdwand hervorhingen. In den Knochen war noch Mark vorhanden, das von den Hunden gefressen wurde; es hatte ein kreideartiges Aussehen. Dr. Bunges Führer erzählte, daß er vor Jahren am Fusse eines Absturzes einen ganzen Moschusochsen gefunden habe. (*Bos Pallasii*, der für identisch mit dem jetzt lebenden *Ovibos mochatus* von Nordamerika oder wenigstens für eine diesem sehr ähnliche Art gehalten, in Nord-Sibirien aber nur noch fossil als Zeitgenosse des Mammuths und anderer grossen Säugetiere angetroffen wird.) Seine Beschreibung stimmte genau, sogar bis auf die Farbe der Behaarung des Tieres. Die Knochen des Tieres, das von den Promyschlenniks „Meerziege" genannt wird, waren ihm vollkommen bekannt; aus den Hörnern schnitzen sie sich schöne Messergriffe.

Im ganzen selten werden die Knochen zu der Zeit gefunden, wo sie gerade eben aus den Erdschichten zum Vorschein kommen; meist stürzen sie unbemerkt hinab, werden von neuem verdeckt, wieder blofsgelegt und gelangen allmählich ins Meer, das an solchen Stellen auf grosse Entfernung hin ganz flach ist. Tritt nun bei anhaltendem starken Ostwinde niedriger Wasserstand ein, so kommt der Meeresboden in grosser Ausdehnung zu Tage, und auf ihm, der sogenannten Laida der Promyschlenniks, halten letztere ihre beste Ernte. Dieselbe fällt besonders gut in Jahren aus, in denen sich das Meer vom Eise befreit und dem niedrigen Stande des Wassers bei Ostwind ein hoher Wasserstand bei Westwind mit starkem Wellengange vorausgeht, der den Einsturz des Ufers beschleunigt und die Knochen auswäscht und blofslegt. Die gröfseren Knochen, namentlich die Mammuthstosszähne ragen hervor, da sie in dem auch hier in geringer Tiefe gefrorenen Boden nicht versinken können, kleinere Knochen werden natürlich von neuem vollkommen eingelagert. Da der Umfang der Inseln in früheren Zeiten ein weit gröfserer gewesen ist, dieselben aller Wahrscheinlichkeit nach mit dem Festlande ein Ganzes gebildet und nur allmählich sich verkleinert, bezw. vom Festlande getrennt haben, wobei die in der Erde eingeschlossenen Knochen ins Meer gelangt sind, ist man zur Annahme berechtigt, dass der ganze Meeresboden hier mit Knochen übersäet ist, von denen einzelne durch Wellen allmählich dem Ufer zugetrieben oder auch durch Eisschollen angeschoben werden mögen. In der Nähe der auf der Laida liegenbleibenden Torossen werden, nach Angabe der Promyschlenniks, sehr häufig Mammuthstosszähne gefunden.

Wo die Flächen, deren Niveau sich etwa 25—40' über dem Meere befindet, herantreten, stürzt das Ufer gleichfalls ein, nur in etwas andrer Weise; dasselbe ist durch die Wellen, auch falls nur Uferwasser zur Geltung kommt, stellenweise auf mehrere Faden hin unterwaschen und stürzt in grossen Stücken, die durch die Eisspalten vorgeschrieben sind, ins Meer hinab, wo sie ihrem Zerfall entgegengehen. Das Ufer hat hier ein stark zerklüftetes, zerrissenes und wildes Aussehen, insbesondere zur Zeit eines Sturmes bei höherem Wasserstande. Zu solchen Zeiten ist es nicht gerathen, abgesehen davon, dass man durchnäßt wird, unten an den Abstürzen zu gehen, da die Gefahr, verschüttet zu werden, vorliegt. An diesen Stellen finden sich Knochen quartärer Tiere nur selten; allenthalben aber finden sich in der Erde eingelagerte Süfswasserbivalven und Schnecken. Beim Anblick dieser einstürzenden und

abthauenden gefrorenen Erdmassen konnte Dr. H. sich des Ge-
dankens nicht erwehren, dafs falls die Temperatur des Erdbodens
der Insel sich nur auf 0° erhöbe, die Insel augenblicklich zu exi-
stiren aufhören müfste; sie müfste, in einen flüssigen Brei verwandelt, auseinanderfliefsen und nur die vier Berge blieben übrig.
Jedenfalls ist dies das endliche Schicksal der Insel, wenn auch erst
nach einer recht langen Zeit.

Die Berge der Insel bestehen zum grössten Teil aus Granit,
welcher, neptunische Schichten durchbrechend und hebend, die
Gipfel der Berge bildet. Das Gefüge desselben ist verschieden,
bald fein-, bald grobkörnig; letzterer verwittert stark. Überhaupt
ist alles Gestein infolge der klimatischen Bedingungen, wie allenthalben in Sibirien, stark zersplittert, so dass die Berge grosse
Trümmerhaufen bilden. Nur auf einem Teile der westlichen Gruppe
haben sich grössere, säulenartige Granitblöcke, ganz ähnlich denen,
die Dr. B. auf den Bergen an der Adytscha gesehen, erhalten, die
den Bergen ein recht malerisches Aussehen verleihen.

Einer der Berge der westlichen Gruppe, der den Namen
Sannikof-Berg trägt, fällt senkrecht ins Meer ab und bildet ein
mehrere Werst langes, oft wohl über 100' hohes Profil, das fast
ausschliesslich aus geschichtetem, neptunischem Gestein besteht; nur
bisweilen ist das in den verschiedensten Richtungen verworfene
Gestein durch aufsteigende Granitadern von verschiedener Mächtigkeit unterbrochen.

Zu einer Gletscherbildung kommt es auf den Bergen nirgends;
die Höhe derselben (etwa 500'—1000') ist schon eine zu geringe.
Die unbedeutenden Ansammlungen von übersommerndem Firnschnee
verdienen den Namen Gletscher keineswegs, mögen auch in einzelnen
Sommern, die wärmer sind als der, den wir erlebten, vollkommen
schwinden. Schneemassen von gleicher Stärke fanden sich noch
im August in tief einschneidenden Flufsthälern fast im Niveau des
Meeres. Dass an wärmeren Tagen die Schneemassen auf den
Bergen stark abschmolzen, konnte man am besten erkennen, wenn
man sich auf sie hinlegte und das Ohr an den Schnee drückte;
dann liess sich ein melodisches Geräusch, ähnlich einem entfernten
Glockenspiel vernehmen, verursacht durch das zwischen das Steingeröll träufelnde Wasser.

Über die Inseln *Kotelnyi* und *Neu-Sibirien* entnehmen wir den
Berichten des Baron Toll folgendes. Zunächst bemerken wir aber,
dafs Baron Toll im einleitenden Teil seines Berichts noch neue und
wertvolle Angaben zur Geschichte der Kartographie der Neu-

Sibirischen Inseln macht, da ihm das Archiv des hydrographischen Departements des Kaiserlichen Marineministeriums eröffnet wurde und er dort nicht nur die verbrannt gewähnten Originalkarten und das Journal Anjous, sondern auch zwei Karten der Inseln von älterem Datum vorfand. Auf diesen Teil des Berichts, S. 224 u. ff. der oben erwähnten Beiträge sei hiermit verwiesen.

Baron Toll verweilte auf Neu-Sibirien vom 20. Mai bis 3. Juni. Er untersuchte hier zunächst die berühmten Holzberge an der Südwestküste.

Neu-Sibirien hat einen von der vorwiegend gebirgigen Insel Kotelnyi ganz verschiedenen Charakter: hier erheben sich nur wenige niedrige Höhenzüge aus der gleichförmigen Hügellandschaft. Einer derselben bildet in einer Ausdehnung von 5 Werst das Steilufer der Südwestküste. Das sind die vielgenannten „Holzberge". Das bis dahin niedrige Ufer erreicht hier eine Höhe von über 100 Fufs und vertauscht sein einförmiges Grau gegen leuchtendes Hellgrau, Gelb, Weifs und Hellrosa, das in regelmäfsigen Abständen von braunen und schwarzen Streifen unterbrochen wird; dabei sind durch Auswaschung zinkenartige Hügel über den Steilwänden entstanden, aus denen hier und da in der That die Enden von Baumstämmen hervorragen. Die dunklen Schichten bestehen aus mehr oder weniger fester Braunkohle, die hellen aus lockerem und festerem Sand und Thon. In ihnen sind Blattabdrücke von Laubhölzern, besonders von Pappeln und Koniferen, Zapfen von Koniferen u. a. in vorzüglichem Zustande erhalten. Demnach haben wir in diesen neu-sibirischen Holzbergen ein neues Glied aus der Kette der bisher bekannten miocänen Flora der Polarländer, wie Spitzbergen, Grönland, Grinnellland u. a. zu verzeichnen. Damit schwindet zugleich die Hauptstütze für die Annahme einer gegenwärtigen „säkularen" Hebung der sibirischen Eismeerküste, da ja die hier lagernden Stämme nicht zu jetziger Zeit herangeschwemmten Treibholzmassen angehören, sondern von Bäumen der Gattung Taxodium oder Sequoia herrühren. Dieselben Braunkohlenschichten finden sich in gewaltig gestörter Lagerung am „Hohen Kap", der Nordspitze Sibiriens. — Am 11. Juni kehrte Baron Toll nach Kotelnyi zurück und erbaute sich hier, an der Südwestküste unweit der Mündung des Flusses Urassalach, zunächst mit Hilfe von Treibholz, aus den Resten einer verfallenen Winterhütte ein Unterkunftshaus, sowie ein leichtes Boot zum passieren der Flüsse. „Mit dem 28. Juni waren dem nach kurzem Leben ringenden Sommer die letzten Fesseln genommen, lärmend und rauschend hielt er Einzug am Flusse Urassalach, dessen Mündung, zum reifsenden

Strome angeschwollen, Eismassen in die Bucht hinaustrieb. Auf den offnen Stellen zwischen den Eisschollen regte sich ein buntes Leben der eben in der Heimat angekommenen Wanderer: Möwen, Taucher, Gänse, Enten, paarweise und in Schwärmen, trugen ihr schmuckes Hochzeitkleid hier zur Schau. Auch an dem Flusse, an allen Bächen und Pfützen stellten sich bald die letzten Zugvögel ein und Strandläufer, der Wassertreter und der Steinwälzer ließen sich die fetten Bissen aus den stehenden Gewässern köstlich schmecken. Da wimmelte es von Insektenlarven, von unzähligen Krustaceen und kleinen Kopepoden . . . ."

Am 6. Juli zog Baron Toll, mit Brennholz zunächst auf 10 Tage versehen, durch den südlichen Teil der Insel, den bedeutendsten Strom derselben passierend, zur Ostküste, dann zur Nordspitze, die nach Anjou auf 76° 2' n. Br. liegt. Bis 14. Juli währte das schöne Wetter, dann traten Stürme, Nebel und Schneefälle ein. Am 13. August, bei völlig klarem Horizont, erblickte Baron Toll von der Nordwestküste aus in Nord 14—18° Ost die Umrisse von vier Bergen, die nach Ost mit einem flachen Vorlande verbunden waren.*) Damit bestätigten sich die früher mehrfachen bezweifelten Angaben eines früheren Reisenden, Sannikow, der ja auch schon von Neu-Sibirien aus die später durch De Long entdeckte Bennett-Insel sah. Am 18. August, nach dreimonatlichem Zeltleben, kehrte Baron Toll wieder zu seiner Winterhütte zurück und sah zum ersten Male nach vier Monaten wieder einen Sonnenuntergang. Die Mitteltemperatur des Sommers — Juni, Juli, August — betrug + 1,4° C., das Maximum war am 12. Juli + 10° C., 6mal wurden Schneestürme, 23mal Schneefall, 27mal Nebel und 19mal Regen in 92 Beobachtungen verzeichnet.

Die Insel Kotelnyi ist vorwiegend gebirgig, doch erhebt sie sich nur in einem Punkte, dem Malakatyn, etwa 1000 bis 1500 Fuß über den Meeresspiegel, während die übrigen Berge im Durchschnitt ein Drittel dieser Höhe kaum erreichen.

Die nördliche Hälfte der Insel wird von einem System S—N streichender Bergketten eingenommen. Sie reichen an der Nordost-küste bis fast an das Meer, von welchem sie hier nur durch einen schmalen Küstenraum getrennt werden; an der Nordwestküste treten sie, je weiter nach Süden, desto mehr ins Land zurück.

Das Gebirge der Südhälfte besteht aus einem NW—SO strei-chenden Faltenzuge, dessen einzelne Höhen, außer dem Malakatyn der Jegorof-Stan-Tas und der Urassalach-Tas, die bedeutendsten der Insel sind.

*) Dieses Land wurde, mit vollem Recht, nunmehr Sannikow-Land genannt.

Am Fuſse dieser Berge breitet sich in allmählicher Böschung ein hügeliges, von Thälern durchfurchtes Plateau aus, das, mit kurzer Unterbrechung vor dem Bärenkap, vom Nerpelach an bis zu diesem und an mehreren Punkten der Zarewa-Bucht steil zum Meere abfällt.

An der Ostseite der Insel lehnt sich an die S—N streichende Bergkette ein niedriges Hügelland, das, nach Osten immermehr sich verflachend, eine von kleinen Salzwasserseen besetzte Niederung darstellt, auf der sich einzelne, dem Eksekü-Bulgunjak ähnliche Hügel erheben, und das endlich als „Sand" oder als Laida, d. i. als zeitweise überschwemmtes Flachufer endet. Letzteres Terrain bildet die Verbindung mit der Insel Fadejef.

Das Zentrum der Insel giebt allen gröfseren Flüſsen ihren Ursprung und sendet sie radiär zur Küste aus. Der Zarewa-Balyktach benutzt zu seinem mittleren und unteren Lauf die zwischen dem nördlichen und südlichen Gebirge gelegene Mulde.

Das Gebirge der Insel Kotelnyi besteht zum weitgröfsten Teil aus paläozoischen Gesteinen.

Der Hauptfluſs der Insel ist der nach der Südostküste strömende Balyktach. Er ist der Segenspender der Besucher von Kotelnyi: er wäscht aus seinen Ufern die kostbarsten Mammutzähne heraus, schwemmt einiges Brennholz hinab, bietet in seinen Seitenthälern den jagdbaren Rentieren die besten Weideplätze und liefert endlich Menschen und Hunden in zwei Fischarten, einem Rotlachs und einer Coregonusart, treffliche Fischnahrung.

Die Pflanzenwelt kann auf den neusibirischen Inseln natürlich nur eine kümmerliche Entwicklung erlangen. Schutzsuchend vor dem unaufhörlich über die Fläche streichenden eisigen Winden schlieſst sich die Flora eng an den wärmenden, obgleich wenig gefrorenen Boden; kriechend, nur wenige Zoll sich zu erheben wagend, gedeiht hier das einzige Holzgewächs, die Polarweide. Ein einförmiges Graubraun ermüdet das Auge, das nur in wenigen gut bewässerten Schluchten und Thälern die ersehnte Erholung in grünem Rasen findet. Des Reichtums der süſswasserbewohnenden Tierwelt ist bereits gedacht. Vogelberge giebt es auf den neusibirischen Inseln wegen des Mangels an Steilküsten nicht. Von Säugetieren kommen nur sehr wenige Arten auf den Inseln vor. Jährlich im Frühling ziehen wilde Rentiere in Scharen vom Festlande nach den Inseln, um im Herbste wieder dahin zurückzukehren; Baron Toll schoſs deren auf Kotelnyi 50. Hinter dem Rentier zieht der Wolf; Eisbären sind selten, ebenso Walrosse, häufig dagegen Lemminge und Eisfüchse. Robben scheinen in den Küstengewässern der Inseln ebenfalls spärlich zu sein. Auf die in den Berichten verzeichneten ornithologischen Beobachtungen muß hier verwiesen werden.

Während des ganzen Sommers wurde der Stand des Meereises beobachtet, fast überall zeigte sich geschlossenes Eis. Es ist dies nach den Erzählungen der Promyschlenniks die Regel, die Jahre, in denen das Meer um die Inseln von der Eisdecke befreit wird, sind eben Ausnahmejahre. Ein solches war es, als Professor Baron Nordenskjöld die Durchfahrt zwischen der Ljachowinsel und dem Festlande, am 31. August 1878, glückte.

An der Küste des Congostaates.
Von Dr. Oscar Baumann.

Der Congostaat, jenes jüngste Kind in der Familie der Staaten, für welchen Stanley während weniger Jahre mit erstaunlicher Thatkraft die ersten Grundlagen schuf, verdankt bekanntlich den Beschlüssen der europäischen Mächte auf der Congo-Konferenz in Berlin seine Entstehung. — Mit freigebiger Hand wurden dem neuen Staate damals unermeßliche Gebiete im Innern Afrikas zugewiesen, welche teilweise noch nie der Fuß eines Weißen betreten hat. Als es sich jedoch darum handelte, dem Congolande auch ein Stück der See-küste zu sichern, ohne welches ein Staat unmöglich bestehen kann, zeigten sich weit größere Schwierigkeiten. Das Kuilu-Gebiet mußte den Franzosen zugesprochen werden, die Portugiesen beriefen sich auf uralte Ansprüche und bekamen das Südufer der Congomündung und das Gebiet von Landana und Kabenda, so daß dem neuen Staate nur ein schmaler Küstenstreif nördlich von der Mündung des Stromes überlassen werden konnte. Derselbe bietet allerdings den Vorzug, einen sicheren, geschützten Hafen zu besitzen, ein ganz besonderer Vorteil an jenen Küsten, wo die wütende Brandung, die Kalemma, unaufhörlich schäumt und Böten das Anlanden sehr erschwert. An der Stelle, wo der Congo seine graubraunen Wassermassen in den Ozean wälzt, um denselben auf viele Meilen weit trübe zu färben, an dieser Stelle wird durch eine tiefe Einbuchtung am Nordufer, dem Banana Creek, die schmale sandige Halbinsel von Banana abgeschnitten. Dieses flache Kap schützt die im Creek verankerten Schiffe gegen alle Winde, so daß der Hafen von Banana zu den besten der afrikanischen Westküste gezählt werden muß. Dieser Umstand war es wohl auch, der schon in früher Zeit eine

verhältnismäfsig bedeutende europäische Niederlassung auf der Landzunge von Banana entstehen liefs. Freilich wird dieselbe stets be-
droht von den ankämpfenden Wogen der See, verschlungen zu
werden, doch besonders die Holländer, welche die gröfste Faktorei
besitzen, haben es bisher immer noch verstanden, Erfahrungen aus
ihrer niederländischen Heimat auch in Afrika zu verwerten und das
verderbliche Vordringen des Meeres wirksam einzudämmen. Die
langen Wohn- und Lagerhäuser der „Afrikaansches Handelsvennot-
schap" mit ihren blendendweifsen Dächern und die braunen Häuschen
der farbigen Arbeiter dieser Firma nehmen denn auch einen recht
bedeutenden Raum auf der Halbinsel ein. Hier befindet sich die
Hauptagentie dieses mächtigen Handelshauses, von welcher aus
mehrere See- und Stromdampfer die europäischen Güter nach den
zahlreichen an der Küste und den Flufsmündungen verstreuten
Zweigfaktoreien verführen, um mit den eingetauschten Produkten
des Landes wieder zurückzukehren. So kann man denn in dem einen
Magazin Bananas zahllose Produkte der europäischen Industrie aufgestapelt sehen; die Neger nennen dieses Lagerhaus „Fetisch", weil
es alles enthält, was nach ihrem Begriffe das Herz eines Menschen
verlangen kann. In andern ausgedehnten Depots liegen die gewichtigen Elfenbeinzähne in langen Reihen, sieht man hunderte von
Palmölfässern gereiht und Säcke mit Grundnüssen, Kautschuk und
andren Erzeugnissen der afrikanischen Tropennatur zum Versand
nach Europa bereit.

Ein wohlthuender Geist strenger Ordnung herrscht in der
grofsen holländischen Faktorei zu Banana. Die Arbeitsstunden für
Schwarze und Weifse sind strenge geregelt, letztere erfreuen sich
einer komfortabeln, dem Klima angemessenen Unterkunft und reichlicher, vortrefflicher Nahrung. Diesem Umstande ist wohl hauptsächlich der relativ sehr günstige Gesundheitszustand im holländischen Hause zu danken, wo nur selten ein Todesfall an Klima-
krankheiten vorkommt, während zahlreiche Beamte Jahre, ja Jahr-
zehnte lang an der verrufenen afrikanischen Westküste verweilen,
ohne dadurch ihre Gesundheit zu schädigen. Ähnlich, nur in
kleinerem Mafsstabe wie das holländische Haus sind die französischen,
englischen und portugiesischen Handelsniederlassungen in Banana
eingerichtet. Der Congostaat hat in neuerer Zeit eine nette zwei-
stöckige Station erbaut, über welcher das blaue Banner mit gol-
denem Sterne weht. Am Nordende der Halbinsel befindet sich ein
andres Merkmal neuester Kultur, ein kleines aber vortrefflich ein-
gerichtetes Hotel. Bis vor kurzem herrschte nämlich in Banana ·

wie fast überall an der Westküste Afrikas — unbegrenzte Gastfreundschaft. Dieselbe wurde jedoch in neuerer Zeit derart ausgebeutet, dafs oft am Tische eines Handelshauses mehr Gäste als
Angestellte safsen und gewisse Leute — besonders Portugiesen —
sich oft jahrelang an der Küste herumtrieben und aus der Aus-
nutzung der Gastfreundschaft ein förmliches Gewerbe machten. Es
war daher für alle Firmen eine wahre Erleichterung, als die
Holländer das kleine Hotel eröffneten, welches einen für Westafrika
unerhörten Komfort mit sehr mäfsigen Preisen verbindet und nebenbei noch den Vorteil hat, den Kaufleuten am Sonntage als geselliger
Vereinigungspunkt zu dienen. Denn an Vergnügungen, selbst der
bescheidensten Art, bietet der Sandstreifen Danaüas gar nichts und
wer das bleierne Nichtsthun am Sonntage nicht verträgt, dem
bleiben aufser dem Besuche des Hotels höchstens Fahrten ans andre
Creekufer — die sogenannten Picknicks im Sumpfe — übrig, oder
der Ausflug nach Vista. — Letzteren möchte ich etwas näher beschreiben, weil man auf demselben so ziemlich das ganze Littoral
des ganzen Congostaates kennen lernt.

Wie jeder, selbst der kleinsten Tour in Westafrika, so stellen
sich auch der Exkursion nach Vista die gewöhnlichen Schwierigkeiten entgegen. Denn Pferde sind nur in einigen fieberschwachen
Exemplaren in Banana vertreten, sonstige Transportmittel fehlen
gänzlich und eine Bootfahrt längs der Küste wäre der wütenden
Brandung halber ein tollkühnes Wagnis. — Für denjenigen, der an
Fufswanderungen gewöhnt ist, sind diese Hindernisse eben keine
Hindernisse, die Händler und Seeleute Bananas jedoch, welche jahraus jahrein in Faktoreien oder an Bord ihrer Schiffe leben, scheuen
einen mehrstündigen Marsch gar sehr. Dieser Umstand sowie die
weitverbreitete Ansicht, dafs es eines Weifsen unwürdig sei zu Fufs
zu laufen, haben zur Entstehung eines eigentümlichen Beförderungs-
mittels geführt: die Hängematte.

An den Enden einer festen und elastischen Blattrippe der
Raphiapalme werden Querhölzer angebracht, welche oft mit origi-
nellen Schnitzereien verziert sind. An diesen befestigt man die
Enden einer Segeltuchhängematte. Meist ist dieselbe noch mit
einem Sonnensegel sowie mit Decken und Kissen versehen, auf
welchen der Weifse in einer mehr liegenden als sitzenden Stellung
Platz nimmt, während zwei Neger die Stangenenden auf die Schultern
oder auf den wolligen Schädel legen. Die Hängematten an der Kongo-
küste sind meist so geräumig, dafs man förmlich darin versinkt.
Nachdem man fruchtlose Versuche gemacht über die Ränder des

Tuches hinaus zu blicken, um doch aufser der baumelnden Stange
und dem grünen Kazimbahimmel auch etwas von der Landschaft
wahrzunehmen, wird man schliefslich in den Schlaf geschaukelt. —
Die Vistaexkursionen verlaufen derart in ungemein passiver Weise,
und mancher, der diesen Ausflug schon unzählige Male gemacht, hat
keine Ahnung wie die durchzogene Gegend aussieht. — Der Schlummer
dieser „Touristen" wird nur durch die Schmerzen in den Kniekehlen
gestört, welche sich nach mehreren Stunden einstellen, sowie manchmal beim Passieren tieferer Gewässer, wo die Hängematte ins Wasser
eintaucht und dem unglücklichen Insaasen die Wahl zwischen einem
kalten Sitzbade und dem Erklettern der Stange offen steht. Übrigens
bleibt es jedem unbenommen, der den Anblick der Landschaft doch
nicht ganz missen will, die Hängematte straffer anziehen zu lassen,
wodurch seine Stellung an Bequemlichkeit allerdings nicht gewinnt
und sein Kopf bei einem kühnen Schwunge der Träger oft in unzarte
Berührung mit der harten Stange gebracht wird. — Die Träger
gehen nämlich keineswegs im Schritte, sondern sind von alters her
angehalten worden, sich in einem kurzen, aber raschen Trabe zu bewegen, bei welchem sie jedoch sorgfältig darauf achten müssen, den
Weifsen nicht zu sehr zu schütteln. Auch dürfen sie, besonders
am Strande, nicht zu kräftig auftreten, sondern müssen förmlich
dahingleiten, um nicht bei jedem Schritte im weichen Lande einzu-
sinken. — Wie man sieht, ist das Hängemattentragen nicht nur
äufserst beschwerlich, ein wahrer Frohndienst, sondern erfordert auch
eine gewisse Fertigkeit, welche besonders den Loangoleuten in
hohem Grade eigen ist. — Zu jeder Hängematte gehören 6 bis 8
Träger, von welchen immer zwei beschäftigt sind, während die andern nebenher laufen und durch laute Pfiffe und gellendes Geschrei
ihre tragenden Genossen anfeuern.

Der Weg nach Vista führt erst längs des Strandes, an welchem
jene schreckliche Brandung Südwestafrikas, die Kalemma, ihre Wogen-
kämme emporjagt, während wenige Meter hinter der Uferlinie das
Inland in einer steilen, gelbroten Lateritmauer zur Küste abfällt. —
Aus der Masse dieses tropischen Gehängelehms hat die Erosion und
das Andrängen der Brandung häufig Eisensteinklumpen losgelöst,
welche in scharfen, schlackenartigen Knollen am Ufersande zerstreut
liegen und den Trägern das Gehen erschweren. — Manchmal sieht
man Fischer, welche bis zur Hüfte im Wasser stehend und vom
Schaume bespritzt, mit dem Wurfnetze ihrem Gewerbe nachgehen. —
Nachdem man sich längere Zeit am Fufse der Lateritwand bewegt,
über welche manchmal ein Gewirre von Schlingpflanzen herabhängt,

führt plötzlich ein steiler Weg zur Höhe des Plateaus hinan und man befindet sich im offenen Campinenlande, welche mit hohem Grase und niederen eingestreuten Büschen bedeckt ist. Fern im Osten tauchen die flachen Kämme niedriger Berge auf, deren Fuls dunkler Wald bedeckt. — Prachtvolle Fächerpalmen (Ilyphäne) und originelle Baobabs mit dicken Stämmen und kahlem Astwerk, von welchem die Früchte gleich Perpentikel herabhängen, bieten dem Auge einzelne Ruhepunkte in der gelbgrünen Einförmigkeit der Graslandschaft. Selten passiert man kleine Waldpartien, die den erschöpften Trägern willkommene Erholung vom Sonnenbrande gewähren.

Eine kurze Rast wird bei der Faktorei Muanda gehalten, einem hölzernen Gebäude, dessen braunes Dach aus Bananenblättern von einem prächtigen Orangenhain fast verdeckt wird. Darin haust seit Jahrzehnten ein alter einäugiger Portugiese, der wohl früher dem Sklavenhandel recht nahe stand, jetzt aber in aller Ehrbarkeit für das holländische Haus Palmöl kauft. — Der alte Halbafrikaner führt uns in sein Wohnzimmer, wo aus jeder Ecke die leuchtenden schwarzen Augen eines gelbbraunen Mulottenkindes hervorlugen und nötigt uns mit überfliefsender Höflichkeit zu dem unvermeidlichen Kognak und zu gerösteten Grundnüssen und frischen Orangen. — Nachdem wir uns einige Zeit bemüht, in der Sprache Camoes eine wackelige Konversation mit unsrem Gastfreunde zu führen, wird die Hängematte wieder bestiegen und die neugekräftigten Träger eilen mit verdoppelter Schnelligkeit durch die Grasebene. — Der Weg führt durch mehrere Dörfer mit ärmlichen Hütten, deren Insassen uns mit der branntweinduseligen Unverschämtheit der Küstenneger begrüfsen. — Besonders einige Weiber drängen sich an die Hängematte und rufen uns ihr grinsendes „Munolele mbote, mbote!" (Weifser, sei gegrüfst) zu. Einige sind im Gesichte zinnoberrot bemalt, wodurch ihre Reize gerade nicht erhöht werden. Zuletzt, nach mehreren Stunden, zeigt jubelndes Geschrei der Träger an, dafs wir uns dem Ziele nähern, man erreicht eine breite, wohlgepflegte Strafse und am Ende derselben erblickt man über dunklen Mangobäumen wehend die Flagge der holländischen Faktorei Vista. Nach wenigen Augenblicken hat man den schattigen Hof derselben erreicht und steigt aus der Hängematte, froh die steif gewordenen Glieder wieder bewegen zu können. Vista ist eine ganz reizende kleine Faktorei mit freundlichen, weifsgetünchten Gebäuden, welche kühle Veranden und wohnliche Räume besitzen. — Zu dieser gemütlichen Umgebung pafst vortrefflich der biedere holländische Kauf-

mann, bei dessen blühender Gesichtsfarbe und behäbigem Aussehen
wohl niemand ahnen möchte, daſs er bereits 13 Jahre an Afrikas
Fieberküste verlebte. Nachdem uns derselbe mit gewohnter Herzlich-
keit einen Imbiſs gereicht, zeigt er uns mit Stolz seinen Garten, wo
europäisches und afrikanisches Gemüse aller Art vortrefflich gedeiht
und wo die prächtigen Mango- und Orangenbäume unter der Last
der Früchte sich beugen. — In einem besonders eingezäumten Räume
sieht man Hühner, Enten, Kaninchen und Ziegen, während zahlreiche
Rinder auf den Grasplätzen unweit der Faktorei weiden. — Der
Rindviehzucht, welche ja am Congo noch so wenig Fuſs fassen
konnte, scheint Vista besonders günstig zu sein, schon heute versorgt dieser Ort die meisten holländischen Faktoreien mit frischem
Rindfleisch. — Vista ist eine ziemlich alte Niederlassung, welche
noch aus der Sklavenzeit stammt. Dadurch wird es auch erklärlich, daſs die Faktorei etwa 10 Minuten vom Meere liegt, weil die
alten Sklavenhändler sich auf diese Art gegen die Küstenkreuzer
schützen wollten. Bedenkt man, daſs Vista ein bekannt vortreffliches Klima, reichliche Nahrung und verhältnismäſsig geringen
Handelsverkehr besitzt, so daſs der dort stationierte Kaufmann ein
recht angenehmes Leben führen kann, so wird man begreifen, daſs
der Posten eines Chefs von Vista im holländischen Hause ein sehr
gesuchter ist. — Der jetzige Leiter hat denn diese vielbeneidete
Stelle auch im wahren Sinne des Wortes erkämpfen müssen. Er
war nämlich vorher in der holländischen Faktorei Mukulla südlich
der Congomündung thätig. Dieselbe wurde von zahlreichen beute-
gierigen und feindlichen Eingeborenen angegriffen, worauf der uner-
schrockene Kaufmann mit ihnen einen förmlichen Krieg führte und
monatelang nur mit einem Häuflein Krujungen dem wütenden An-
stürmen dieser wilden aber recht gut mit Schieſsgewehren bewaffneten Horden stand hielt, bis die Explosion eines Pulvermagazins
seinen Feinden namhafte Verluste zufügte und seinen Entsatz ermöglichte. — Während dieser Belagerung hielt auch seine schwarze
Haushälterin, eine hübsche, schlanke Angolanegerin, treu mit ihm
aus und folgte ihm auch später nach Vista. — Natürlich wird jeder
Fremde dieser Dame vorgestellt und bietet ihr — falls er nur
einigermaſsen landvertraut ist — eine Zigarre an. Er kann dann
beobachten, wie sie mit ihren weiſsen Zähnen die Spitze abbeiſst, die
Zigarre anzündet und hierauf das brennende Ende zwischen die Lippen
klemmt. — Diese eigentümliche Rauchmethode ist bei allen Angola-
frauen verbreitet, und sie sind in derselben so geübt, daſs wohl niemals eine sich die Zunge verbrennt oder Asche in den Mund fallen läſst.

Eine beliebte Exkursion von Vista aus ist die nach dem Dorfe Nombre. Zu derselben stellt die Faktorei sogenannte Krumanos als Hängemattenträger. Es sind das Leute, welche vor Jahren von der Firma als Sklaven gekauft wurden, jetzt natürlich frei sind, aber es vorziehen in dem alten Verhältnisse zu verbleiben, welches ihnen eine sichere Existenz und Altersversorgung gewährt, statt des zweifelhaften Glückes einer hungrigen Unabhängigkeit zu geniefsen. — Auf dem Wege nach Nombre passiert man mehrere sumpfige Wäldchen, meist jedoch ist das Land offen und grasig. — Nach etwa 1½ Stunden erreicht man das Dorf mit seinen viereckigen Hütten aus Raphiazweigen. — Das gröfste Haus, welches sogar eine hübsche Veranda besitzt, gehört dem „Prinzen" Papagei. Während wir uns im Schatten einiger Bäume lagern, erscheint Papagei, ein anscheinend gutmütiger, alter Bursche mit Schlafmütze, schmutzigem europäischem Rocke und Lendenschurz, und grinst seinem alten Bekannten, dem Faktoreichef von Vista freundlich entgegen. Dieser läfst sofort ein grofses Wasserglas mit Cognac füllen, welches der „Prinz" mit seligem Lächeln auf einen Zug austrinkt, worauf er uns, ohne von dieser Leistung irgendwie angegriffen zu scheinen, in die Veranda seines Hauses führt. Dortselbst finden wir zu unserm Erstaunen einen reinlich gedeckten Tisch und ein landesübliches aber vortreffliches Mahl. Auch unser holländischer Gastfreund aus Vista that ganz verwundert über diese Zurüstungen, obwohl wir bald erraten haben, dafs wir dieselben weniger — oder gar nicht — dem Prinzen Papagei, als vielmehr seiner Liebenswürdigkeit zu danken haben. — Letzterer kauert neben uns auf dem Boden und hält uns mit heftigen Gesten, bei welchen die Eisen- und Kupferringe an seinen Armen klappern, einen politischen Vortrag. — Die „Republik", wie die Küstenneger den Congostaat zu nennen pflegen, kommt dabei nicht sehr gut weg, denn mancherlei weifse Abenteurer, die anfangs im Dienste des jungen Staates gestanden, hatten gerade nicht dazu beigetragen, Sympathien für denselben zu erwecken. — Nachher zeigte uns Papagei seine Fetische, die mit bemalten Gesichtern und in die Brust geschlagenen Nägeln in langen Reihen stehen, denn unser Prinz ist ein grofser Medizinmann. — Nach Tisch ruft er wohl auch ein paar Jungen herbei und läfst sie uns zu Ehren einen Tanz aufführen. Die lange Kabindatrommel wird gerührt, die Jungen erheben einen näselnden Gesang und springen klatschend gleich Fröschen umher, während die Tropensonne auf ihre kahlrasierten Schädel brennt. — Im übrigen scheinen die Bewohner von Nombre ziemlich indolent: sie liegen teilnahmslos in ihren Hütten und lassen sich durch unsre Anwesenheit ganz und gar nicht stören. Ein Spaziergang durch das Dorf führt uns bald ans Ende desselben und wir blicken auf die kahlgebrannten, öden Hügel im Osten. — Bald nachher nahmen wir von Papagei Abschied, der abermals sein Quantum Cognac erhält und kehren nach Vista zurück. — Dort verbringen wir noch einige angenehme Stunden mit dem Holländer und besteigen hierauf die Hängematten, um nach Banana zurückzukehren. Begünstigt von der Kühle der Nacht eilen die Träger mit doppelter Schnelligkeit dahin. Das Schaukeln der Hängematte, das taktmäfsige, kurze Getrippel der Leute und der mächtige, aber eintönige Laut der donnernden Brandung hat uns bald in Schlaf versenkt, aus dem wir erst in Banana erwachen.

In dieser Weise verlaufen die Ausflüge nach Vista, längs der Küste des Congostaates. Der Küstenstreif nördlich von Banana hat freilich keinen grofsen Wert, denn er bietet Schiffen keinerlei Schutz. Soviel scheint jedoch zweifellos, dafs Vista und Muanda ein relativ gesundes Klima besitzen und dem Ackerbau sowie der Viehzucht günstige Verhältnisse darbieten. Vielleicht könnte die Anlage eines Sanatoriums, verbunden mit einer Farm, manchem, der durch Fieber und schlechte Nahrung herabgekommen ist, gute Dienste leisten.

Kleinere Mitteilungen.

§ Aus der Geographischen Gesellschaft in Bremen. In der Sitzung, welche am Freitag, den 27. April d. J., stattfand, hielt zunächst Herr Dr. Oppel einen längeren Vortrag über die sogenannte Tabula Peutingeriana oder die älteste Weltkarte. Ausgehend von der grofsen Wichtigkeit guter Landkarten für das Studium der Geographie und von den Fortschritten, welche die Kartographie seit Anfang dieses Jahrhunderts gemacht hat, erläuterte Redner die Geschichte, den Inhalt und den Zweck jenes Werkes. Um das Jahr 1500 lebte in Wien der Humanist Konrad Keltes; derselbe machte, zum Teil im Auftrag des Kaisers Maximilian, Reisen in Deutschland und Italien, um die alten historischen Dokumente aufzusuchen und auf einer solchen Reise hat er vermutlich die Pergamentrolle aufgefunden. Wo er den Fund machte, ist nicht mit Sicherheit festzustellen, jedoch streiten sich fünf Städte um den ursprünglichen Besitz, nämlich Worms, Speyer, Tegernsee, Kolmar und Basel; die verhältnismäfsig gröfste Wahrscheinlichkeit hat Kolmar. Im Sommer 1507 war nun Keltes in Augsburg bei dem dortigen Ratsschreiber Konrad Peutinger, der sich eifrig mit Altertumsstudien beschäftigte, zu Besuch und kündigte demselben wahrscheinlich die erst jüngst aufgefundene Tafel wohl in der Meinung ein, dafs Peutinger der richtige Mann für die Veröffentlichung des wertvollen Funde sei. Keltes starb am 4. Februar 1508; in seinem Testamente, welches im Archiv der Universität Wien noch erhalten ist, vermachte er seine Bücher dieser Hochschule, während er über die bisher noch nicht gedruckten Werke bestimmt, daß sie von guten Freunden revidiert und dann dem Konrad Peutinger zur Besorgung des Druckes zugeschickt werden sollten. Schon im Jahre 1511 erwirkte Peutinger ein Kaiserliches Privilegium zur Veröffentlichung der Karte, auch hatte er bereits zwei kleine Versuche, die Karte zu kopieren, gemacht; aber zur Herausgabe ist er nie gekommen, da er immer mehr in das öffentliche Leben verwickelt wurde. Peutinger, vermählt mit der gelehrten Margarethe Welser aus Memmingen, starb, 82 Jahre alt und längst völlig entkräftet, am 24. Dezember 1547. Volle vierzig Jahre blieb nun die Tabula, die Peutingers Namen unsterblich gemacht hat, verschollen, bis im Jahre 1587 Marcus Welser, der gleichnamigen reichen Handelsfamilie angehörend und später Ratsherr und Bürgermeister in Augsburg, die zwei schon oben genannten Kopien auffand und sie 1591 herausgab. Hervorragende Gelehrte belobten diese That, was Welser zu neuen Nachforschungen nach dem Original anregte, und 1504/05 wurde es auch gefunden. Welser ließ nun in Augsburg durch einen dortigen Künstler, Johannes Moller, sofort eine Kopie herstellen und übersandte dieselbe dem berühmtesten Geographen seiner Zeit, Ortelius in Antwerpen, wo auch Ende 1598 die erste vollständige Ausgabe herauskam, der alsdann manche Abdrücke und Kopien folgten. Das Original selbst geriet in Vergessenheit. Erst 1714 gelang es dem Augsburger Ratsherrn Wolfgang Jakob Sulzer die Pergamentrolle in der Peutingerschen Bibliothek wieder aufzufinden. Der damalige Eigentümer, Stiftsdekan Peutinger in Ellwangen, verkaufte nun um „annehmbaren" Preis die Tabula an den Buchhändler Paul Käs (Kuzias), und die Erben des letzteren verkauften nun wieder das vielerseits begehrte Werk ums Jahr 1720 für 100 Dukaten an den Prinzen Eugen von Savoyen, den berühmten Feldherrn, der eine überaus kostbare Bücher- und Kupferstichsammlung besaß, die dann nach des Prinzen plötzlichem Tode (1737) in den Besitz des Kaisers überging und zwar gegen eine Rente von 10000 Gulden, welche jährlich und lebenslänglich der Erbin des Prinzen, Viktoria von Savoyen, ausbezahlt wurden; die Wiener Hofbibliothek erlangte so die größte und wertvollste Bereicherung, welche ihr jemals geworden ist. Schon 1711 wurde die Tabula, um dem weiteren Zerbröckeln vorzubeugen, auf Leinwand geklebt, 1862 befand sie sich noch als Rolle in einem eigenen Saale unter Glas, aber 1863 wurden die noch 11 vorhandenen Abschnitte (der 12. erste ist nie bekannt gewesen) einzeln auf Passepartout aufgezogen; zusammen sind sie 6,8 m lang und 88—40 cm hoch. Sie stammt, wie Dr. Oppel ausführlicher nachwies, aus der Mitte des vierten Jahrhunderts und diente wohl ursprünglich als eine Art Panorama zur Darstellung der Reise- und Militärstraßen. Auch die eigentümliche Art der Darstellung sowie der interessante Inhalt wurden noch vom Redner des weiteren beschrieben; wir verzichten hier jedoch auf die Wiedergabe, weil dazu die Tabula — die ganze alte Welt von Spanien bis an den Ganges darstellend — als Anschauungsmittel durchaus notwendig wäre. Um so mehr aber mag Schulen und Privaten empfohlen werden, die kürzlich im Verlage von O. Maier in Ravensburg in getreuer Nachbildung und in ⅓ Größe des Originals hergestellte Karte anzuschaffen, zumal der Preis — samt einleitendem Text von Prof. Dr. Konrad Miller — nur sechs Mark beträgt. Das Werk trägt den Titel: Die Weltkarte des Castorius, genannt die Peutingersche Tafel. —

Hierauf schilderte Herr Ministerresident Dr. Schumacher Leben und Leistungen eines um die Geographie von Amerika hochverdienten, aber von Mit- und Nachwelt sehr undankbar behandelten Gelehrten, der Alexander von Humboldts amerikanischen Atlas in den wichtigsten Teilen vorbereitet hat. Felipe Bauzá (1770—1833), spanischer Marineoffizier, war 1810—23 Direktor des Hydrographischen Amts in Sevilla-Madrid als Vorgänger des durch seine historischen Editionen allgemein bekannt gewordenen Navarrete. Bauzá erwarb sich seine Befähigung für diesen ehedem überaus wichtigen Posten durch die Teilnahme an der grofsen Malaspinaschen Seeexpedition; er bearbeitete nämlich die hauptsächlichsten Ergebnisse derselben wissenschaftlich, lieferte aufserdem noch andre gelegentlich erworbene Beiträge zur Amerikakunde, z. B. über Kalifornien und den Überlandweg Santiago-Montevideo und machte Ernst mit der lange versäumten Sammlung und Sichtung geographisch brauchbarer Urkunden älteren und neueren Datums. Humboldt lernte schon 1799 in Madrid den jungen, dahin 1794 zurückgekehrten Gelehrten kennen und verdankte ihm die gegen spanisches Verbot in England, nach einem Stich von 1775, veröffentlichte grofse Karte von Juan Cruz y Olmedilla, welche ihm auf der berühmten amerikanischen Reise zur Richtschnur diente. Den damaligen Zustand der einschlägigen geographischen Kenntnis charakterisiert eine umfangreiche Abhandlung von Bauzá, die 1814 in Madrid verfafst, aber erst 10 Jahre später von der Münchener Akademie der Wissenschaften (Denkwürdigkeiten VII. S. 87—124) veröffentlicht worden ist; ein Beweis von ganz besonderer Wertschätzung liegt in dieser deutschen Veröffentlichung. Eine andre Arbeit ist nur in französischer Übersetzung gedruckt: M. Coulier, Mémoire sur les positions géographiques du Chile, du Pérou, de Nicaragua et des Iles adjacentes. 1820. Humboldts Korrespondenz mit Bauzá (1805—1832) behandelt nicht blofs die bisherigen Kartenausgaben, sondern überhaupt die verschiedensten Fragen amerikanischer Geographie, kleines wie grofses. Sie betrifft natürlich heute meist erledigte Sachen: es sind aber solche, welche die Geographen lange Zeit beschäftigten, z. B. die Orinokoquellen, die Kordillerensenkung auf der Napiproute, die obersten Flofsgebiete des Mississippi und Amazonas. Viele der Bauzáschen Arbeiten sind bis jetzt nur aus dieser nicht veröffentlichten Korrespondenz bekannt; z. B. sein 1821 über den Wert des Las Casasschen Geschichtswerkes hinsichtlich der ersten Fahrt von Kolumbus abgegebenes Gutachten. Die umfangreichsten seiner Schriften finden sich zu London im British Museum. Im Jahre 1828 mufste Bauzá nämlich seiner politischen Ansichten halber von Heimat und Amt flüchten; er verlebte die letzten zehn Jahre in England und hinterliefs jenem Institut seine grofse, überaus interessante geographische Sammlung. Dieselbe begreift nicht blofs amerikanisches, sondern auch die meisten Südseeinseln, namentlich die Philippinen und Marianen, während von den Karolinen nirgends die Rede ist. Humboldt beschäftigte sich nur mit Bauzás amerikanischen Arbeiten und erwähnt dieselben vielfach in seinen Schriften, und zwar stets sehr ehrenvoll, z. B. Ansichten der Natur I. S. 299 und Relation historique III. S. 582. Er traf nach 1799 mit dem wissenschaftlichen Freunde und treuen Korrespondenten nur einmal wieder zusammen, nämlich im Mai 1825 in London. Dort lebte der Verbannte höchst arbeitsam, aber auch geradezu dürftig; zu seinen Gunsten verzichtete der genannte Nachfolger im spanischen Hydrographischen Amt, Martin de Navarrete, auf das Diensteinkommen. Derselbe schrieb später auch einen ausführlichen Nekrolog,

leider ist aber dieses Andenken an eine verloren gegangene ausgezeichnete
geographische Kraft bisher nicht wiederaufzufinden gewesen, so dafs die
biographischen Materialien noch ziemlich ungenügend sind. Die letzte von Bauzá
veranstaltete Kartenausgabe fällt in das Jahr 1827, aber überall zeigen sich
handschriftliche Spuren der unermüdlichen Thätigkeit des Mannes, wie in Madrid,
London und München, so auch in Newyork und Washington, in Lima und
Bogotá. Gleich Humboldt haben Männer, wie Robert Fitzroy und Basil Hall,
seine Arbeiten hoch geschätzt. Dafs diese nur indirekt als Bausteine genützt
haben, dagegen als selbständige Leistungen beinahe verloren gegangen sind,
erscheint als eines der vielen traurigen Beispiele von dem unglaublich tiefen
Verfall des ehemals so grofsen Spaniens, dessen neuere, langsam angebahnte
Wiederaufrichtung um so höher erfreuen mufs, je mehr die Vergangenheit dem
Fortschritt der Wissenschaft und Zivilisation geschadet hat. Welche Schätze
z. B. das Hydrographische Amt in Sevilla noch besitzt, zeigt die von ihm aus-
gestofsene Londoner Bauzá-Kollektion deutlich; jetzt ist zu hoffen, dafs jene
Schätze immer mehr ans Tageslicht kommen. Dann werden auch solche
Märtyrer ihrer Zeit, wie Felipe Bauzá, Gerechtigkeit vor dem Forum der Ge-
schichte erlangen, nicht blofs in den Augen einzelner Forscher, welche zufällig
in verstaubten südamerikanischen Bibliotheken auf sie bezügliche Original-
korrespondenzen eines Alexander von Humboldt antreffen. Die spanische
Nation würde sich selbst ehren, wenn Namen, wie Mendoza, Ferrer, Espinosa,
Bauzá nicht mehr zu den historisch unbekannten gehörten.

Herr Dr. O. Finsch, Ehrenmitglied der Gesellschaft, bereitet zwei
gröfsere Publikationen, die Ergebnisse seiner Reisen und Forschungen,
vor. Das eine im Verlag von F. Hirth in Leipzig erscheinende Werk wird
den Titel tragen: Samoa-Fahrten. Reisen in Kaiser Wilhelms-Land und
Britisch-Neu-Guinea in den Jahren 1884 und 1885 an Bord des D. „Samoa“,
etwa 20 Bogen stark, mit 85 Illustrationen und 8 Karten. Das andere erscheint in Wien und führt den Titel: „Ethnologische Erfahrungen und Belegstücke aus der Südsee. Beschreibender Katalog einer Sammlung im k. k.
naturhistorischen Hofmuseum in Wien.“ Es wird in drei Abteilungen erscheinen:
1) Bismarck-Archipel, 2) Neu-Guinea, 3) Mikronesien. Das ganze Werk ist auf
25—30 Bogen berechnet und wird 20—24 Tafeln Abbildungen enthalten, davon
5 in Farbendruck. Die erste Abteilung, 8 Bogen stark, mit 5 Tafeln, davon
zwei in Farbendruck, soll demnächst erscheinen.

Diesem Hefte liegt als Anlage der IX. Jahresbericht des Vor-
standes unserer Gesellschaft bei. Die Jahresversammlung der Mitglieder wird
später stattfinden.

§ Polarregionen. Über das Unternehmen des Dr. Fridtjof
Nansen, Konservators am Museum zu Bergen, Grönland von Ost nach West
auf Schneeschuhen zu durchkreuzen, haben wir bereits in Heft 1, Band XI
dieser Zeitschrift, S. 91 u. 92 nähere Mitteilung gemacht. — Die „Kölner
Zeitung“ vom 8. Mai berichtete neu aus Christiania, 3. Mai, folgendes: „Der
Konservator am Museum in Bergen, Dr. F. Nansen, der im Verein mit drei
Norwegern und zwei Lappländern den Versuch machen will, quer durch Grön-
land, und zwar von der Ostküste nach der Westküste zu gelangen, hat dieser
Tage seine Reise über Leith und Island angetreten. Vom Isafjord im nord-
westlichen Island beabsichtigen die Reisenden sich Ende Mai mit einem Robben-

fangfahrzeuge nach der Ostküste von Grönland zu begeben. Für den Fall, daß dem Schiffe die Landung durch Eis unmöglich ist, wird ein Eisboot mitgenommen, in dem die Reisenden das Land zu erreichen hoffen. Mitgeführt wurden die notwendigsten Lebensmittel, auch Schlitten, Zelte, Schlafsäcke und Instrumente. Zum Fortbewegen wollen die Leute sich norwegischer Schneeschuhe bedienen, und sind alle Teilnehmer sehr gewandt im Gebrauch derselben. Zweck der Unternehmung ist die Erforschung des Innern Grönlands; an der Westküste sind schon häufiger Forschungsreisen gemacht, so von dem Dänen Jensen, dem Schweden Nordenskjöld und dem Amerikaner Peary, eine Reise quer durch Grönland ist aber noch nie versucht worden. Die Kosten der Nansenschen Reise bestreitet der Kaufmann A. Gamél in Kopenhagen, welcher vor einigen Jahren auch die Mittel zu den Eismeerfahrten mit dem Dampfer „Dijmphna" hergab." Später von Nansen aus Island eingetroffene Nachrichten besagen, daß die West- und Nordküste Islands voll von Treibeis ist. Er hält diesen Umstand für günstig für sein Vorhaben, da starke Nordwestwinde das Eis von der Ostküste Grönlands fort nach Island zu getrieben haben müssen.

Über die Fischerei im Polarmeer ist folgendes zu berichten: Der Seehundsfang in den Polargewässern, welcher an der Küste von Labrador und weiter nördlich durch englische und amerikanische Dampfer, die von Neufundland ausgehen, im zeitigen Frühjahr betrieben wird, ist in diesem Jahre den Berichten zufolge sehr gut ausgefallen, es wurden folgende Fänge erzielt: Dampfer „Esquimaux" 23 000, Dampfer „Aurora" 25 000, Dampfer „Neptune" 41 600 (volle Ladung), Dampfer „Falcon" 18 000, Dampfer „Terra Nova" 8000, Dampfer „Polynia" 8500 junge und 600 alte Seehunde. ' Der Fang wurde zum Teil nach St. Johns, Neufundland, zum Teil nach Dundee gebracht, dem Stapelplatz der Erzeugnisse der englischen Eismeerfischerei. Die größeren dieser Dampfer pflegen im Mai auf den Walfischfang in der Davisstraße und weiter nördlich zu gehen.

Über wissenschaftliche Beobachtungen an Bord schottischer Walfangfahrzeuge wird uns aus Aberdeen folgendes mitgeteilt: Sowohl Kapitän David Gray als Kapitän Simpson haben 18 Jahre hindurch in jedem Sommer auf ihren Eismeerkreuzen meteorologische Beobachtungen für das meteorologische Amt in London angestellt und die Ergebnisse der genannten Behörde überliefert. Ferner wurden auf dem Schiff „Perseverance", Kapitän Alexander Murray, welcher die Winter im Cumberland-Golf zubrachte und auf dem Dampfer „Hope", Kapitän John Gray, seit längerer Zeit Beobachtungen angestellt. Neuerdings werden diese Beobachtungen auch auf das Gebiet der Zoologie übertragen. Auf dem vor kurzem von Peterhead auf den Walfang im Grönlandsmeer ausgegangenen Dampfer „Eclipse", Kapitän D. Gray, befindet sich der Sohn des Kapitäns Gray, Robert Gray, in der Absicht, Beobachtungen über Nahrung und überhaupt Lebensweise der Waltiere anzustellen. Derselbe wurde von Professor C. Ewart und andern Gelehrten mit Instruktionen und Apparaten versehen, um Sammlungen von in den arktischen Gewässern lebenden Tieren machen zu können. — Die Dampfer „Eclipse" und „Windward", Kapitän Alexander Gray, gingen am 16. April von Peterhead ab. Ihnen folgte Ende April der dreimastige Schuner „Traveller", Kapitän Alexander Simpson, und zwar wurde dieses Schiff von zwei arktischen Sportsleuten, den Herren Hasford und Clutterbuck, zu einer viermonatlichen Jagd- und Fischereikreuze in den nordischen Gewässern gemietet.

Nach einer in Heft 2—4 der Zeitschrift „Ymer" von 1887 enthaltenen Nachricht sind im vorigen Jahre die Eisverhältnisse im europäischen Eismeer sehr günstige gewesen. Schon Ende Mai ist ein Tromsoer Fangschiff an die nordwestliche Küste von Nowaja Semlja gelangt, und auch später noch ist die See nach Franz-Josephsland zu offen gewesen. Auch das Karische Meer soll ziemlich früh im Jahre segelbar gewesen sein. Das Nordostland Spitzbergens ist von mehreren Fangschiffen besucht worden. Der Schiffer Eduard H. Johannesen ist vom Ostkap des Nordostlandes weiter nach Osten gesegelt und zu einem größeren zusammenhängenden Lande gelangt, das etwa 2000 Fuß hoch aus dem Meere emporsteigt und oben weite Hochebenen bildet. Die südwestlichste Spitze dieses Landes liegt unter 80° 10' nördl. Breite und 32° 3' östl. Länge. Von diesem Punkte aus sieht sich das Land, so weit man sehen konnte, auf der einen Seite in nordöstlicher, auf der andern Seite in östlicher Richtung hin. Dieses gänzlich von Eis und Schnee bedeckte Land ist von seinem Entdecker „Ny Island" genannt worden. Johannesen glaubt, daß dieses Land mit Gillisland identisch sei, und daß Petermann das letztere irrtümlicher Weise zu weit nach Norden verlegt hat. Vielleicht ist dieses Land, nach Petersens Ansicht, die von Kjelsen gesehene Hvide-ö, die dann eine größere Ausdehnung haben würde, als Kjelsen vermutet hat.

Von Interesse ist noch die Thatsache, daß im Augustmonat dieses so günstigen Jahres vorherrschend östliche und südöstliche Winde geweht haben.

Am 30. März (Karfreitag) d. J. starb plötzlich in Stuttgart an einem Herzschlag der bekannte Polarforscher Dr. Emil Bessels. Geboren 1847 in Heidelberg, studierte er in Jena und in seiner Vaterstadt Medizin und Naturwissenschaften. Auf Anregung Dr. Petermanns nahm er an der von A. Rosenthal in Bremerhaven veranstalteten Eismeerreise des Dampfers „Albert" teil, wobei Untersuchungen im Eismeer, namentlich bei Spitzbergen, vorgenommen wurden. Näheres veröffentlichten Petermanns Mitteilungen. Im Jahre 1871 wurde Bessels auf Vorschlag Petermanns als wissenschaftlicher Teilnehmer der bekannten amerikanischen Polaris-Expedition unter Hall berufen. Die wissenschaftlichen Ergebnisse legte Dr. B. in einem 1879 in Leipzig bei Engelmann erschienenen Werke nieder, doch sind auch in englischer Sprache mehrere Arbeiten, welche, wie z. B. die über den Smith-Sund, zu den bedeutenderen der Polarlitteratur gehören, von B. herausgegeben.

§ Die Verbreitung der Flora auf den antarktischen Inseln durch Vögel. Die englische Zeitschrift „Nature" brachte in ihrer Nummer vom 10. Mai d. J. einen interessanten Brief des englischen Südseereisenden Dr. Guppy über diesen Gegenstand, den wir Herrn Dr. Will, dem wissenschaftlichen Teilnehmer der deutschen Polarstation auf Süd-Georgien, mitteilten. Herr Dr. Will schreibt uns nun folgendes. München, den 31. Mai 1888. „Der von Guppy ausgesprochene Gedanke, daß bei der Verbreitung der Flora auf den antarktischen Inseln die Vögel eine wichtige Rolle spielen, ist nicht neu und drängt sich jedem bei genauerer Beobachtung auf. Sie erinnern sich vielleicht, daß ich in der kurzen Schilderung unseres Excursionsgebietes in den geographischen Blättern *) ebenfalls darauf hingewiesen habe. Außerdem erörterte ich in einem

---

*) Band VII 1884 dieser Zeitschrift, S. 116 u. ff.

Vortrag über denselben Gegenstand im hiesigen botanischen Verein (Sitzung vom 3. März 1886. Ref. Botan. Zentralbl. Bd. XXIX) die Frage der Einwanderung der Flora vom südamerikanischen Kontinent bezw. Feuerland und den Falklandsinseln her, mit welcher Süd-Georgien von 13 Phanerogamen 12 gemeinsam hat. Die Beobachtungen, auf welche ich mich dabei stützte, sind allerdings ausschließlich auf das Auffinden von Samen im Gefieder von Vögeln, welche auf dem Lande gefangen wurden, gemacht. Während der Fahrt gingen nur wenige Male Kaptauben an die Angel; ich erinnere mich jedoch nicht, in deren Gefieder größere Samen gesehen zu haben, wobei ich jedoch bemerke, daß ich diesem Gegenstand noch nicht dieselbe Aufmerksamkeit wie nachher schenkte. Später haben wir Kaptauben nur selten an der Küste der Royal-Bai gesehen. Am häufigsten wurden Früchte und Samen im Gefieder des großen Sturmvogels (Ossifraga gigantea Gm) beobachtet. In erster Linie waren es die Früchte von Acaena ascendens, welche mit ihren vier mit Widerhäkchen besetzten Stacheln ungemein fest haften. Durch direkte Versuche am Vogelbalg habe ich mich davon überzeugt, daß diese Früchte, wenn sie sich erst einmal festgehakt haben, nur unter starker Beschädigung der Federn oder durch Ausreißen derselben zu entfernen sind. Es genügt, diese Früchte mit einem leichten Druck über das Gefieder hinwegzuführen, um dieselben fest einzuhaken. Im Herbst, also zu einer Zeit, wo das Brutgeschäft beendigt und die alten Vögel bereits wieder fast den ganzen Tag auf der Nahrungssuche vom Lande entfernt waren und erst gegen Abend wieder zum Ausruhen dahin zurückkehrten, habe ich dieselben sehr häufig auf der Brust fast völlig von den Früchten der Acaena ascendens bedeckt gesehen, andererseits aber auch beobachtet, welche Bemühungen die Vögel machten, um das Gefieder von diesen Anhängen zu befreien. (In gleicher Weise sah ich wiederholt Seeleoparden, welche zwischen dem Gras am Ufer lagen und sich dort im Schlafe umherwälzten, am ganzen Körper von diesen Früchten bedeckt). Sehr selten, weil in ihrem Standort beschränkt, wurden am Gefieder die Früchte von Acaena laevigata beobachtet, welche ganz ähnliche Haftorgane besitzt, jedenfalls also auch dem Transport durch Tiere sehr angepaßt ist. Häufiger dagegen wurden noch Samen (Früchte) von Gras (Poa flabellata) gefunden, welche in ihren Grannen ebenfalls Haftorgane besitzen. Beim Absuchen von anderen Vögeln (hauptsächlich Majaqueus aequinoctialis L. und Prion turtur Smith) nach Schmarotzern (Vogelläusen u. a.) habe ich ab und zu auch einmal einen Grassamen beobachtet. Diese Tiere graben sich nämlich mit Hülfe des Schnabels und der Zehen Löcher in den Boden und in die kleinen Hügel des Tussockgrases zum Nestbau; bei dem Ein- und Ausschlüpfen aus den Nestern müssen dieselben also fortwährend auf das innigste mit den umstehenden Pflanzen in Berührung kommen. Da die Nestlöcher dieser Vögel meist sehr feucht sind, finden sich nicht selten im Gefieder sehr festhaltende Erd- (Torf-) Klümpchen, welche ab und zu auch einmal einen Samen einschließen mögen. Es können also sehr wohl durch diese Vögel, von welchen beispielsweise der große Sturmvogel als ausgezeichneter Flieger, wie vielfach beobachtet, weite Strecken durchfliegt, Samen verbreitet werden. Von der Kaptaube habe ich von einem sehr glaubwürdigen Beobachter die Mitteilung gelesen, daß einer dieser Vögel, welcher gefangen und mit Teer gezeichnet war, mehrere Tage dem Schiffe folgte. Ich möchte in Beziehung auf die Verbreitung der Pflanzen durch Vögel über die antarktischen Inseln die Aufmerksamkeit noch auf einen Punkt hinlenken:

nämlich auf die geringe Artenzahl der Phanerogamen Süd-Georgiens gegenüber denjenigen der Falklandsinseln und noch mehr des Feuerlands einerseits und andererseits auf die Thatsache, dafs von diesen wenigen Arten eine gröfsere Anzahl (die beiden Acaena-Arten, Gräser) direkt dem Transport durch Tiere angepafst sind. Andererseits bin ich aber der Überzeugung, dafs bei der Verbreitung der Pflanzen über die antarktischen Inseln das Gletschereis eine sehr wichtige Rolle spielt. Wenn unmittelbar neben den Gletschern der Magellanstrafse, des Feuerlands und der Nordostküsten Süd-Georgiens (auf den Seitenmoränen) eine sehr üppige Vegetation gedeiht, so ist es doch wohl möglich, sogar sehr wahrscheinlich, dafs auch Samen der umstehenden Pflanzen durch den Wind auf den Gletscher und in dessen Spalten geweht und dort vom Eis eingeschlossen werden. Die Entwicklungsfähigkeit solcher im Eis eingeschlossner Samen dürfte wohl kaum beeinträchtigt werden. Andererseits unterliegt es nach den Beobachtungen über das Vorkommen von Gesteinsarten, welche nur durch Eis von entfernten Inseln an den Fundort transportiert sein konnten, keinem Zweifel, dafs Gletschereis, durch die Meeresströmung fortgeführt, zuweilen auch an der Küste entfernt gelegener Inseln abgesetzt wird. Ein in der Royal-Bai (Süd-Georgien) gefundenes Stück einer Art Syenit-Granit weist beispielsweise auf das Feuerland hin.   Dr. St. Will.

* **Aus Argentinien.** In Band X. S. 244 teilten wir einen Brief des Herrn Professor A. Seelstrang, Ehrenmitgliedes unsrer Gesellschaft, mit. Derselbe schilderte die Reise in den brasilianisch-argentinischen Grenzgebieten, wo Herr Prof. S. als Mitglied der Grenzkommission verweilte. Seitdem haben wir folgende weitere briefliche Mitteilung unsers werten Freundes erhalten. Dieselbe datiert aus Barracón de Campiñas, 5. Januar 1888. Jene komische Militärkolonie, aus der ich Ihnen zuletzt schrieb, hatte ich noch recht lange Zeit zu studieren, da die erwarteten Lebensmittel der Gebühr ausblieben. Erst am 24. Juli brachen wir flussaufwärts auf, um uns 5½ Tage lang mühsam zur Mündung des Pepirý zurückzukämpfen. Zur Thalfahrt hatten 5 Stunden genügt. Der hochgeschwollene Strom machte den Gebrauch der Ruder unmöglich. Mit Stangen wurden die Kanoes am Ufer entlang geschoben, und wenn diese keinen Grund fanden, was meistens der Fall war, so blieb als einziges Förderungsmittel das Heraufziehen an und unter den weit überhängenden, zähen Böschen. Mit Axt und Waldmesser mufsten dieselben in genügender Höhe durchschnitten werden, und Unterzeichneter befand sich gröfstenteils in kniender oder gar liegender Position auf dem Boden des Nachens. Liefs aber irgend eine falsche Bewegung des Steuers den Bug in die Strömung hinausweichen, so nahm uns dieselbe oft einen Kilometer weit hinab, ehe es gelang, der rettenden Zweige wieder habhaft zu werden. Der grofse Salto de Moconá wurde verhältnismäfsig leicht passiert, wenn auch die unterhalb befindlichen Strudel den leichten Kähnen recht gefährlich erschienen; denn ich hatte dort einen Flaschenzug angebracht, so dafs zwischen Ausladen und Heraufwinden der Böte nur ein halber Tag verloren ging. Die dort verbrachte Nacht war poetisch genug, auf schmaler Klippe mitten im Falle selbst, welcher die Felsen in rythmischem Zittern erhält; während Nebel wogten auf der schäumenden Fläche, während die waldigen Uferhöhen, über den Dünsten auftauchend, sich scharf und doch fast gespenstig gegen den mondbeglänzten Himmel abzeichneten. — Endlich am August begann die Erforschung des Pepirý Guazú mit ungefähr 40 Mann

und 14 canoas zwischen Brasilianern und Argentinern. Der Fluss wird im
Vertrage zwischen den Kronen von Spanien und Portugal (1750) ausdrücklich
als schiffbar bezeichnet; doch kehrten die ersten demarcadores (1755) schon
nach wenigen Meilen verzweifelnd um, und die zweite Expedition (1779) gab
das Vordringen in Böten schon an der Mündung des Pepiry Miri (107 km) auf
und zog den noch beschwerlicheren Marsch durch den verworrenen Urwald vor.
Wir drangen mit den Lastkähnen 210 km aufwärts, und mit den leichten Ein-
bäumen der Messung noch bedeutend weiter; doch ist zwischen diesem Ringen
gegen ein wildes Waldwasser und selbst der geringsten Schiffbarkeit desselben
ein gewaltiger Unterschied. Auf der Strecke von der Mündung (210 km) bis
zur Stelle, wo die schwereren Kähne verlassen wurden, passierten wir 303 Strom-
schnellen und 13 grössere Fälle (einer von 11 m), und brauchten dazu die
Kleinigkeit von 62 Arbeitstagen! Ich möchte den Verkehr auf solchem Flusse
sehen. Natürlich war nach den ersten 15—20 km keine Rede mehr vom
Gebrauch der Ruder; Stangen ersetzten dieselben, und in den Schnellen sprang
einfach die ganze Mannschaft ins Wasser, das im Anfang noch recht kalt war.
Meine grosse canoa wurde öfters von 20 Mann mehr getragen als geschoben
über das oft keinen Fuss hoch bedeckte Geröll und Gestein. Natürlich gab es
dabei eine Menge von Verletzungen, auch Fieber und Rheumatismus stellten
sich ein, der Proviant in den Kähnen verdarb oder ging völlig verloren durch
das Umschlagen derselben, und bald waren wir auf Bohnen, Mandiokamehl
(farinha) und getrocknetes Salzfleisch angewiesen. Spirituosen (so notwendig für
solche Arbeit) und Zucker fehlten, nur schwarzer Kaffee hielt die Lebensgeister
aufrecht. Im Anfange wurden viel Yacutingas geschossen, ein schwarzer, huhn-
artiger Vogel (aber grösser) mit weissen Schwungfedern und einem roten Schopf,
auch gab es manchmal ein Reh, welches die Hunde zum Schuss in den Fluss
jagten. Von Antas und Tigern gab es nur die Fährten. Später aber lieferte
höchstens die Angel einige Fische zur Abwechslung auf den Tisch. — Rechnen
Sie dazu noch die unglaublichen Schwärme von Stechfliegen (Mücken giebt es
wenig) und, fast noch schlimmer, Millionen von kleinen, stachellosen Bienen, die
oft zu Hunderten auf den Händen und dem Gesicht den Schweiss aufsaugen und
dadurch unausstehlichen Kitzel erregen! Diese Plage war so arg, dass selbst
die Beobachtungen mit den Instrumenten schwierig wurden, und ich des Tages
nur im dicht geschlossenen, halbdunkeln Zelte arbeiten konnte. Glücklicherweise waren die Nächte kühl und höchstens von polvorin gestört, einer Stech-
fliege von der Grösse eines feinen Pulverkornes, die selbst in die Kleidung und
unter die Bettdecken dringt. — Schön dagegen, um mit der Tierwelt abzu-
schliessen, waren die prächtigen Schmetterlinge,*) die oft zu Tausenden sich über
dem Wasser tummelten und haschten, oder zu grossen Blumenbeeten gruppiert
auf den Uferfelsen sassen mit dem glänzenden Flügelschmucke kokettierend, wie

---

*) Herr Professor Seelstrang hatte einen dieser Schmetterlinge in den
Brief gelegt. Der Schmetterling wurde der stadtbremischen Sammlung für
Naturgeschichte überwiesen. Herr D. Alfken teilte nun darüber folgendes
mit: „Der Schmetterling ist eine Nymphalide, sie steht in der Nähe unseres
Schillerfalters Apatura Iris L. und heisst Prepona Meander Cr. (♂); in der
Sammlung des Museums findet er sich noch nicht." Herrn Prof. S. sei hiermit
für diese Gabe an die städtischen Sammlungen freundlicher Dank gesagt.

D. Red.

der Pfau sein Rad schlägt. Zahm ohne gleichen konnte ich häufig 6—8 Stück auf einmal aus einer solchen Gruppe mit den Fingern heraushoben, und sie flogen nicht einmal fort, wenn ich sie dann zart wieder niedersetzte. Landschaftliche Schönheit, wie Fluß und Wald sie doch gewöhnlich bieten, konnte ich kaum entdecken. Das Auge gewöhnt sich schnell an die eintönige Mauer des steil ansteigenden Uferwaldes, aus dem selten einzelne malerische Gruppen heraustreten, da alles so dicht verfilzt ist, und die Krümmungen des Flusses sind so kurz, daß nur mit Hilfe des weichenden Nebels jene zarte Luftperspektive hervorgebracht wird, die unsere deutschen Waldlandschaften so zauberhaft anziehend macht. In der ganzen Zeit habe ich nicht einmal Lust gehabt zum Zeichnen. Am 15. Oktober also hörte unsere Schiffahrt auf, und die Messung wurde in einer den Fluß entlang angehauenen Picada fortgesetzt. Es ist ein Klettern und Fallen, ein Stolpern und Gleiten über Felsen und lose Steine, Baumwurzeln und gefallene Urstämme, ein Durchwaten von schlammigen Bächen und ein so bodenloser allgemeiner Kot, wie es gar nicht zu beschreiben. Bald gab ich den Schers auf, ritt auf sicherem Esel von Lager zu Lager und rechnete die Resultate der Operationen, welche die Herren Adjutanten ausführten. Endlich am 7. November, also gute 3 Monate seit dem Aufbruch von der Mündung, langten wir hier an den Quellen des Flusses an (Gesamtentfernung 249 km) und atmeten froh auf beim Anblick einer Lichtung von etwa 100 m im Gevierl. Welch gewaltiger Raum! Die hier errichteten Proviantmagazine (aus gespaltenem Holze der araucaria brasiliensis) enthielten nur Bohnen, Speck u. a., doch keinen der kleinen Genüsse des Lebens, wie Wein, Eingemachtes oder Konserven; aber zum Glück kann ich Schlachtvieh aus einem Indianerdorfe beziehen, das nur 8 Tagemärsche entfernt liegt, habe also frisches Fleisch, wenn auch oft kein Salz. — Von hier bin ich das Waldgebirg nordwärts hinabgestiegen bis zum Punkte, wo der S. Antonio vergleichungsweise schiffbar wird (30 km), habe canoas gehöhlt, wobei ein Arbeiter vom Tiger getötet wurde, und meinen ersten Adjutanten zur Erforschung dieses Flusses entsandt. Ich selbst aber stelle hier oben (900 m) die Wasserscheide zwischen beiden Stromgebieten fest, ein langsames Geschäft, welches noch durch die Regenzeit sehr verzögert wird, und hoffe in 14 Tagen den messenden Teil meiner Sendung beendigt zu haben. Dann steht mir freilich ein 14tägiger Ritt nach dem Städtchen Palmas bevor auf einer ob ihrer Grundlosigkeit berüchtigten Picada. Dort soll der offizielle Bericht ausgearbeitet und unterzeichnet werden; also 4—6 Wochen Aufenthalt in einem Flecken auf der Höhe des jammervollsten polnischen Dorfes: Schmutz, Schweine und Fieber. Von dort endlich geht es über Curitiba nach Paranaguá oder Rio mit der Eisenbahn, und auf Dampfer nach Buenos-Aires, wo ich Ende März einzutreffen hoffe, und wo dann noch die Pläne auszuarbeiten sind. Auch das nimmt wohl noch 3—4 Monate in Anspruch; was später geschieht, weiß ich nicht. Gesundheit leidlich: etwas Fieber und Rheumatismus. Ihr aufrichtiger

A. Seelstrang.

Dawsons Yukon-Expedition. In dem kanadischen Summary Report of the operations of the geological and Natural History Survey für das Jahr 1887 und in einem von einer Karte begleiteten Aufsatze der Science hat Dawson einige nähere Mitteilungen über die Ergebnisse seiner vorjährigen Forschungsreise gemacht. Das Land fällt im allgemeinen nach Nordwesten ab, von der

Wasserscheide zwischen Stikine- und Deaßefluß mit 2730 Fuß und zwischen
Liard und Pelly mit 8150 bis zu 1550 Fuß am Zusammenfluß des Pelly und
und Lewes. Die geologischen Verhältnisse zeigen eine große Übereinstimmung
mit den weiter südwärts beobachteten. Wie auf der Linie vom Skeena-Fluß
his zum Peace-Fluß, welche Dawson im Jahre 1879 beging, so läßt sich auch
auf der Linie Stikine-, Dease- und Liard-Fluß, mindestens 300 Meilen nördlicher, dieselbe Schichtenfolge feststellen. Das Küstengebirge besteht aus gra-
nitischem Gestein, ostwärts folgen ausgedehnte paläozoische Schichten, die von
einzelnen Granitkernen unterbrochen werden. Außerdem wurden einzelne Kreide-
und Tertiärbecken von geringer Ausdehnung angetroffen. Sehr verbreitet waren die
Spuren ehemaliger Vergletscherung. Gletscherschramme und Schliffe fanden sich
nicht nur in den Thalsohlen, sondern auch auf Erhebungen von mehreren hundert
Fuß; dieselben schienen eine dem allgemeinen Abfall des Landes entsprechende
nordwärts gerichtete Bewegung des Eises anzudeuten. Vielfach wurden auch
ausgeprägte Terrassen, mitunter in beträchtlicher Höhe an den Bergabhängen
wahrgenommen. Seine ganz besondere Aufmerksamkeit hatte Dawson auf
das Vorkommen von Gold gerichtet. Während der Ertrag der Cassiare-Minen
am Dease-See, welche im Jahre 1874 entdeckt wurden, sich jährlich verringert
und gegenwärtig nur etwa 15 Goldgräber dort ihr Heil versuchen, ist seit 1880
das Yukon-Gebiet von einer jährlich wachsenden Schaar von Goldgräbern besucht worden. Im letzten Sommer waren es etwa 250, von denen 100 im
Lande überwinterten. in diesem Sommer dürfte ihre Zahl leicht auf 500
steigen.

————

Eine ethnographische Sammlung aus Alaska. Das Museum for Natural
History in Newyork hat eine reiche ethnographische Sammlung erworben,
welche Leutnant Emmons während eines fünfjährigen Aufenthalts unter den
Tlinkit zusammengebracht hatte. Nach einem Bericht in der Science enthält
diese Sammlung sehr wertvolle Stücke; überdies ist sie eine sehr willkommene
Ergänzung der in dem gleichen Museum aufbewahrten großen Powell'schen
Sammlung, welche wesentlich Gerätschaften der Haidas und Tsimschian enthält.

————

Geographische Litteratur.

Europa.

*Forschungen zur deutschen Landes- und Volkskunde
im Auftrage der Zentralkommission für wissenschaftliche Landeskunde
von Deutschland, herausgegeben von Professor Dr. A. Kirchhoff. Stuttgart, J. Engelhorn. 1887. 2. Bd. 4. und 5. Heft. Das 4. Heft der
eben genannten Publikation enthält eine sieben Bogen starke mit einer
Karte und mehreren Figuren versehene Abhandlung von Dr. A. Hettner
über den Gebirgsbau und die Oberflächengestaltung der
sächsischen Schweiz. Die Arbeit, welche einen vorzugsweise geologischen
Charakter trägt. muß um so willkommener sein, als bisher nur eine einzige
eingehendere Darstellung dieses interessanten Gebietes, herrührend von dem
früheren Kommandanten des Königsteins. August von Gutbier, (Leipzig 1858)
vorhanden war. Nach einer orographischen und geologischen Übersicht spricht
Herr Hettner zunächst von der Gliederung und Lagerung der sächsischen Kreide-
bildungen, von der Lausitzer Granitüberschiebung und der erzgebirgischen

Bruchlinie und der Bildung der vorkommenden Basaltkegel. Darauf erläutert er den Bau der sächsischen Schweiz, die quaderförmige Absonderung der Gesteinsbildungen und die Verwitterung und Abtragung, welche in diesem Distrikte in so reichem Maße stattgefunden hat. Fernerhin erörtet er den Ursprung und die Anordnung der Gewässer, die Entstehung und Gestaltung der Thäler, sowie die Form der Felswände und der Ebenheiten ("Plateaus"). Nachdem weiterhin die verschiedenen Perioden der Erosion beleuchtet worden sind, schließt die Abhandlung mit einer rekapitulierenden Darstellung von der Individualität der sächsischen Schweiz, insonderheit von dem Einfluß der Oberflächengestalt auf die Bewohner. Der Verfasser weist nämlich darauf hin, daß den letzteren außer Land- und Forstwirtschaft noch mehrere andre Nahrungsquellen zu Gebote stehen; diese bestehen einerseits in der Ansbeute und Bearbeitung des als Baumaterial und für Bildhauerzwecke gesuchten Quadersandsteins, anderseits in dem starken Fremdenverkehr, der Hunderten, wenn nicht Tausenden lohnenden Erwerb gewährt. Den Einfluß, den die Natur der sächsischen Schweiz auf die geschichtliche Entwickelung, den Charakter und das geistige Leben der Bewohner sicherlich ausgeübt hat, verfolgt aber der Verfasser nicht, weil dieser nach seiner Meinung „zu fein, und seine Erkenntnis zu schwierig sei, als daß sie sich wie eine reife Frucht vom Wege aus pflücken ließe."

Das 5. Heft, welches nur 41 Seiten umfaßt, bietet eine historisch-geographische Untersuchung von Professor Dr. H. J. Bidermann (in Graz) über neuere slavische Siedelungen auf süddeutschem Boden. Dieselbe hat Anspruch auf die Aufmerksamkeit aller derer, welche sich für die ethnographischen Verschiebungen im Südosten des deutschen Sprachgebiets interessieren, denn sie zeigt an der Hand historischer Dokumente, daß hier seit dem Beginn des 16. Jahrhunderts das slavische Bevölkerungselement „durch Zuzüge von auswärts eine Verstärkung erfahren hat, deren Nachwirkungen sich noch gegenwärtig geltend machen." Der Herr Verfasser führt uns im Speziellen nach den Provinzen Istrien, Görz-Gradiska, Krain, Steiermark und Niederösterreich; er erörtert in jedem einzelnen Falle zunächst die deutsche Vergangenheit und geht dann dazu über nachzuweisen, wann, wo und in welchem Umfange sich jene slavischen Zuzügler als Tschitschen, Altkroaten, Morlaken, Zengger Uskoken, Slovenen, Serben und Czechen niedergelassen haben. Daß der tüchtigen Abhandlung keine Karte beigegeben ist, müssen wir als einen empfindlichen Mangel bezeichnen. A. O.

— Heft 6. Siedlungsarten in den Hochalpen, von Dr. Ferdinand Löwl, Professor an der Universität Czernowitz. Stuttgart. Engelhorn. 1888. Verfasser suchte die Wohnstätten im Hochgebirge nach orologischen Kennzeichen zu sondern und in einer Reihe von Thälern vergleichbare Werte für die unterschiedenen Siedlungsarten zu gewinnen. Die erste Aufgabe ließ sich im Anschlusse an die Arbeit des Verfassers über Thalbildung erledigen; die zweite erheischte die Verknüpfung der an Ort und Stelle — in den Schieferalpen zwischen Beschen-Scheideck und Krimler-Tauern — gesammelten Beobachtungen mit den Ergebnissen der jüngsten Volkszählung (von 1885). Dreierlei setzt jede dauernde Niederlassung im Hochgebirge voraus: erstens einen gesicherten Ort für die Gründung der Heimstätte, zweitens Erwerbsquellen für den Ansiedler, drittens eine nie oder doch nur ausnahmsweise unterbrochene Zugänglichkeit. Der Verfasser unterscheidet nach der Bodenbildnng folgende Siedlnngsarten: Halden-, Schnittkegel-, Becken-, Staffel-, Boden-, Terrassen-, Leisten-, Hang- nnd Rundhöcker-Siedlungen. Die gröfsere Zahl der Ansiedlangen, — nach einer für 18 Thäler gegebenen Übersicht, — kommt auf Schnittkegel-, die häufigsten sind nächstdem die Hang-Siedlungen. Verfasser giebt dafür folgende Erklärung: „In einem so niederschlagsreichen Oebirge wie den Alpen können sich die Thalwände nicht lange als geschlossene Flächen erhalten. Das Regenwasser, welches über sie abläuft, spült Rillen aus, die sich nach nnten hin vereinigen nnd so die Entstehong von Trichterthälchen anbahnen. Sobald aber ein Oehänge von solchen Tobeln durchfurcht wird, erfolgt die Abfuhr des Oebirgsschnttes beinahe nnr noch dnrch die Klammen, welche aus den weiten Sammelbecken, den Karen, in das Hauptthal hinabziehen. Der schmale Saum von Sturzhalden, welcher den Fufs der Thalwände verhüllt, wird daher an der Mündnng der Seitengräben von weit vorspringenden Schuttkegeln unterbrochen. Die Tobeldeltas eignen sich in der Regel vortrefflich zur Besiedelung. Sie sind erstens viel sanfter geböscht als die Sturzhalden, bestehen zweitens nicht wie diese ans ungemischtem, grobem Oehängschutte, sondern auch aus feinerem Gruse uud selbst ans erdigen Massen und ermöglichen drittens durch den periklinen Abfall eine Berieselung ihrer ganzen Oberfläche mit dem durch die Klamm herabrinnenden Wasser. Zu diesen drei schon in der Bildungsart gegebenen Vorzügen gesellt sich noch eine klimatische Begünstigung von hohem Werte. Wie dem Thalbache, so ist der Rücken mächtiger, hoch ansteigender Schnttkegel auch den kalten Luftschichten entzogen, die sich im Herbste und Winter auf dem Boden schlecht ventilierter Thäler ansammeln. Hann machte uns in seiner grofsen Arbeit über die Temperaturverhältnisse der österreichischen Alpenländer mit einem lehrreichen Beispiele bekannt: Die Wasserscheide des Pusterthales trägt einen der nördlichen Thalwand entstammenden Schuttkegel, auf dessen Rücken das Dorf Toblach und an dessen Rande, 77 m tiefer, der Weiler Gratsch liegt. Der Höhenunterschied von 77 m reicht hin, die bekannte Erscheinung der Temperaturumkehr hervorzurufen und das Jannarmittel von Toblach um 2° C. über das von Gratsch zu erhöhen. Wie Toblach, so streben im Oebirge auch viele andre Dörfer, Weiler und Einschichten ohne Rücksicht anf die Erschwerung des Verkehrs den Wurzeln der Schuttkegel zu, um der Strahlungskälte des Thalgrundes zu entrinnen und gleichzeitig — wenn es sich um die Nordseite des Thales handelt — besser nnd länger besonnte Flächen aufzusuchen. Der ökonomische Wert eines Schuttkegels hängt natürlich von der Gesteinsbeschaffenheit des Sammelgebietes ab. Unter sonst gleichen Umständen steht er in verkehrtem Verhältnisse znr Länge der schuttliefernden Erosion furche. Entwickelte Seitenthäler besitzen kräftige Wasserläufe, welche die Seigerung der Oeschiebe besorgen, die feineren Sinkstoffe in den Hauptbach schwemmen und vor ihrer Mündung nur den groben Schotter ablagern. Je unentwickelter, je kürzer und steiler ein Trichterthälchen ist, desto leichter wird der im Kare aufgespeicherte Detritus durch heftige Regengüsse als Schlammstrom oder Mubre durch die Klamm hinabgewälzt. Da das Wasser im Schlamme gebunden ist und keine Seigerung bewirken kann, bleiben am Ausgange des Grabens auch die feineren, erdigen Stoffe liegen: die Tobel düngen ihre Schuttkegel. Für die menschlichen Siedelungen wird dieses gewaltthätige Meliorationsverfahren sehr oft verhängnisvoll, der Grund und Boden aber kann dabei nnr gewinnen. Wie die Polder und Marschen des Nordseestrandes, so bieten auch die Schutt- und Muhrkegel des Hochgebirges in der einen Hand gesteigerten Ertrag. in der andren gesteigerte Gefahr. Hier wie dort hat der Mensch den Kampf aufgenommen und unverzagt bestanden. So oft ihm Feld und Haus verwahrt werden, so oft ergreift er wiederum Besitz von dem verjüngten Grunde."

Unter steter Rücksichtnahme auf seine allgemeinen Ausführungen werden die merkwürdigen Siedlungsverhältnisse im Ötz- und Schnalser-Thal von dem Verfasser einer besonderen Betrachtung unterzogen.

§ Siebenbürgen. Reisebeobachtungen und Studien. Nach Vorträgen von G. von Rath, Geheimer Bergrat und Professor in Bonn. 3. Ausgabe. Heidelberg C. Winter, 1888. In dieser an geographischen und historischen Darstellungen reichen Schrift wird uns wohl am meisten das interessiren, was der Verfasser vom verlassenen Bruderstamm, den Siebenbürger Sachsen, ihrer Bedrückung und Bedrängnis durch das Magyarentum erzählt.

Asien.

Nordenskjöld, A. E. Den förnta på verkliga jaktagelser grundade Karta öfver norra Asien. Ymer 1887. Zwei im Archiv zu Stockholm befindliche handschriftliche Kartenzeichnungen erwiesen sich bei näherer von Nordenskjöld vorgenommener Prüfung als Kopien der ältesten auf wirkliche Beobachtungen gegründeten Karte über das nördliche Asien. Da das Original selbst verloren gegangen ist, hat Nordenskjöld von diesen Kopien Photolithographien anfertigen lassen, die er hier mit einleitenden Bemerkungen zur Geschichte der Kartographie des nördlichen Asiens veröffentlicht. Nach Schweden sind diese interessanten Kopien durch eine unter der Vormundschaftsregierung Karls XI. im Jahre 1668 an den Zaren Alexei Michailowitsch gerichtete Gesandtschaft gekommen. Im Gefolge des Gesandten, Fritz Cronman, befand sich ein Festungsingenieur Clas Johansson Prytz, welcher die ihm zur Ansicht mitgeteilte Karte über das Grossfürstentum Sibirien heimlich kopiert hat. Von den beiden Kopien ist die eine koloriert, wie es scheint, nur des gefälligen Aussehens halber. Im übrigen stimmen beide bis auf eine merkwürdige Verschiedenheit in der Angabe des Maßstabes und bis auf einige kleinere unbedeutende Abweichungen mit einander überein. Auf dem Titel der Karten ist die Jahreszahl 7176 angegeben (nach der damals in Rußland üblichen Weise vom Jahre der Erschaffung der Welt, 5508 vor Chr. angerechnet.) Als Verfasser nennt sich der Woiwoda Peter Iwanowitsch Gudenow (Godunow) aus Tobolsk. A. K.

Alfred Marche, Luçon et Palouan. Mit 68 Holzschnitten und 2 Karten. Paris, Hachette et Cie. 1887. Das Buch enthält die populäre, durch meist gute Holzschnitte unterstützte Darstellung einer Reise, welche A. Marche während der Jahre 1879—85 im Auftrage des französischen Kultusministeriums zum Zwecke naturwissenschaftlicher und ethnographischer Sammlungen unternommen hatte und wobei es dem Verfasser gelang, außer vielen bekannten Gegenden einige weniger bekannte Gebiete aufzusuchen und zu erforschen. Von Singapore aus wandte sich A. Marche zunächst in die Provinz Perak auf der Halbinsel Malakka, hauptsächlich um den merkwürdigen Volksstamm der Orang-Sakai kennen zu lernen. Darauf begab er sich nach Manila, der Hauptstadt der Philippinen, wo er Gelegenheit zu mannigfaltigen Studien hatte. Von da ging er nach der sogenannten Contracosta, nach den nordwestlichen Provinzen Luçons und den Inseln Marinduque und Catánduanes. Schließlich besuchte er die langgestreckte Insel Palouan Mindanao, die Sulu- und die Camianes-Inseln. Die Erzählung dieser ausgedehnten Reise ist gut geschrieben und bietet manches Neue.

A. O.

Afrika.

Daniel Veths Reisen in Angola, voorafgegaan door eene schets van zijn leven. Bewerkt door Dr. P. J. Veth, Oud-Hoogleeraar, Eervoorzitter van het Nederlandsch Aardrijkskundig Genootschap, en Joh. F. Snellemann, Oud-lid der Expeditie naar Midden-Snmatra. Met platen en een Kaartje. Haarlem, H. D. Tjeenk Willink, 1887. Ingenieur Daniel Veth, dem der Vater, Professor Veth, hier durch Herausgabe seiner Biographie und der Berichte über seine letzte afrikanische Reise ein Ehrendenkmal stiftet, starb am 19. Mai 1885 am Fieber in Kalahangka unweit Benguella, als ein Opfer wissenschaftlicher Forschung. Eine edle für die gewählte Aufgabe der Durchforschung Afrikas von der portugiesischen Westküste bis zum Transvaalgebiet wohl befähigte und vorbereitete Kraft ging in Veth verloren. Durch seine mehrjährigen Reisen und wissenschaftlichen Arbeiten in Sumatra hatte er sich einen Namen gemacht; nach seinem Vaterlande zurückgekehrt, richtete er die Aufmerksamkeit auf die in den Kohlenlagern von Ombilin auf Sumatra steckenden Schätze und arbeitete Pläne für die zweckmäfsigste Art und Weise der Ausbeutung derselben aus. Den Bemühungen Veths war hauptsächlich der glänzende Erfolg der niederländischen Kolonial-Ausstellung 1883 in Amsterdam zu danken. Die Verwirklichung seiner Pläne in betreff der Ombilin-Kohlenlager verzögerte sich, da wohl mancherlei Interessen dabei im Spiele waren und so unternahm denn Veth mit Unterstützung der Amsterdamer geographischen Gesellschaft und verschiedener Gönner eine afrikanische Reise, deren Zweck und Plan er am 12. April 1884 in einer allgemeinen Versammlung der Gesellschaft entwickelte. Es handelte sich in erster Linie darum, die niederländischen Stammverwandten in der portugiesischen Provinz Mossamedes, die neue Boeren-Kolonie Humpata, welche im Sommer 1883 Dr. A. von Danckelman auf seinen Reisen kennen lernte,[*] und welche schon ein Jahr früher der englische Lord Mayo auf seinen afrikanischen Jagd- und Forschungstouren berührt hatte, zu besuchen, sodann ostwärts den mittleren Lauf des Cubango zu erforschen, von da nordöstlich zum Cuando vorzudringen, endlich weiter zum Zambesi und zur Transvaal-Republik zu gelangen. Indem Veth die mannichfaltigen Aufgaben, welche auf dieser Reise zu lösen näher darlegte, betonte er, dafs es ihm hauptsächlich darauf ankomme, möglichst genaue Ortsbestimmungen zu machen. Es ist bekannt, wie sehr es daran noch heute mangelt und abgesehen von den mancherlei sonst zu erwartenden Ergebnissen, wäre die Reise Veths, wenn glücklich durchgeführt, schon deshalb von hohem Wert für die afrikanische Geographie gewesen. Leider wurde sie aber, nach mancherlei Mifsgeschick, wie gesagt, durch Veths Tod in ihren ersten Stadien abgebrochen. Die Ausrüstung an wissenschaftlichen Instrumenten, Geräten, Gewehren und Munition war reich; bemerkenswert war die Mitnahme einiger ostindischer Ponies, die sich, wie es scheint, in Afrika gut akklimatisierten und von Veth als Reitpferde benutzt wurden. Leider war nun aber das gesamte Gepäck so umfangreich geworden, dafs die beiden Begleiter, welche als Jäger und Sammler angenommen waren, L. J. Goddefroy und P. J. van der Kellen, mit dem D. „African" nach Banana vorausgehen mufsten, während Veth sich einen Monat später auf einem

---

[*] Vergl. »Deutsche geographische Blätter« Band VII auf S. 31 u. ff. den Aufsatz Dr. A. von Danckelmanns: ein Besuch in den portugiesischen Kolonien Südwestafrikas.

Woermann-Dampfer mit dem Rest des Gepäcks einschiffte und da dieses Schiff an einer ganzen Reihe von Küstenplätzen mit teilweise langem Aufenthalt anlegte, 63 Tage später als seine Gefährten in Banana ankam. Hier traf er mit der Expedition des Leutnant Schulz zusammen, der einige Monate später in San Salvador starb. Der portugiesische Dampfer „Cabo Verde" brachte die inzwischen durch einen Diener verstärkte Expedition Veths zunächst über Ambriz nach Loanda, Catumbella, Benguella, wo sie, wie schon in Banana, von Landsleuten, den Vertretern der „Nieuwe afrikaansche Handelsvennootschap", aufs Freundlichste aufgenommen wurden, sodann weiter nach Mossamedes. Nach dreitägigem Aufenthalt reiste Veth mit einer Anzahl Boers, die ihn in verständlichem afrikanisch-holländisch begrüßt hatten, von Humpata zu Pferde zunächst nach Huilla, wo eine katholische Missionsstation besteht, dann weiter nach Humpata, wo ihm die Boers einen herzlichen Empfang bereiteten. 11 Tage verweilte Veth in der Gegend und brach, nachdem die nötige Zahl von Zugochsen zusammengekauft waren, zunächst wieder auf einem Umwege durch die Chella-Berge nach Mossamedes auf, um seine Gefährten, Wagen und Gepäck zu holen. Die Wagenreise der Expedition von Mossamedes nach Humpata war von ernsten Widerwärtigkeiten verschiedener Art begleitet und dauerte 20 Tage. Hier erkrankte Veth nach einiger Zeit, erholte sich aber wieder etwas. Sein Gehülfe, van der Kellen, schloß sich der Reise einer Kommission an, welche mit Unterstützung der portugiesischen Regierung nach dem Cubango geschickt wurde, um für die Boers geeigneteres Ansiedlungsland, als in Humpata bot, auszusuchen. Die Kommission richtete nichts aus, indessen wurden auf dieser Reise, wie in Humpata, einige Sammlungen zusammengebracht. Nun beschloß Veth, obwohl noch schwach, einen Zug durch die Provinz bis nach Benguella, zur Küste, zu unternehmen, teils um Aufnahmen zu machen, teils um Tauschgeschäfte in der Hafenstadt einzuleiten. Diese Reise, mit Ochsenwagen durch die Munda-Berge und über Quillengues währte 18 Tage. In Benguella, Catumbella und Supa zeigte sich die Gesundheit Veths schon sehr schwankend, auf der Rückreise von Benguella ins Innere starb er am 19. Mai am Ufer des Coporolo-Flusses; seine Gefährten begruben ihn an Ort und Stelle und die Expedition löste sich auf. Immerhin ist das stattliche, durch treffliche Illustrationen bereicherte Werk infolge sorgfältiger, kritischer Verwertung aller gesammelten Nachrichten seitens des Herausgebers ein beachtenswerter Beitrag zur geographischen Kunde der durchreisten Gegenden. Die Karte ist nur zur Orientierung beigegeben und enthält keine neuen Aufnahmen.

Dr. Oskar Baumann, eine afrikanische Tropen-Insel Fernando Póo und die Buhe. Mit 16 Illustrationen und einer Original-karte. Wien und Olmütz, Eduard Hölzel, 1888. Der Verfasser der vorstehenden Monographie, der als Mitglied der von Professor Lenz geleiteten österreichischen Kongoexpedition bereits manche schätzenswerte Beiträge zur Kenntnis des Kongogebiets veröffentlicht hat, hielt sich nach seiner Rückkehr vom afrikanischen Festlande einige Zeit auf der spanischen Insel Fernando Póo auf, durchstreifte dieselbe, soweit es Zeit und Verhältnisse gestatteten, und erforschte die Natur und die Bevölkerung derselben. Besondere Aufmerksamkeit widmete er der eingeborenen Bevölkerung. Diese bezeichnete man früher nach Dr. Thomson als „Adiya", aber sowenig als seiner Zeit W. B. Baikie hat O. Baumann diesen Namen irgendwo vernommen; vielmehr heißen die Eingeborenen allgemein „Bube". Dieser Volksstamm erweckt insofern ein gewisses Interesse, als er in früherer Zeit wahrscheinlich auf der gegenüberliegenden Festlandsküste wohnte, aber durch die aus dem Innern vordringenden Stämme nach seinem jetzigen Aufenthaltsorte verdrängt wurde. So war es den Bube möglich, manche Eigentümlichkeiten zu bewahren, die den ihnen verwandten Küstenstämmen der Bantufamilie mehr oder weniger verloren gegangen sind. Jedenfalls ist O. Baumann der erste, welcher ausreichende und zuverlässige Nachrichten über die Bube aus eigener Anschauung mitgeteilt hat und darin liegt der Hauptwert seines Buches. Doch beschränkt sich dieses nicht auf die Bube allein, sondern bietet auch willkommene Nachrichten über die Küstenbevölkerung, die sogenannten Potoneger und die europäischen Handelsunternehmungen.   A. O.

Rev. W. Holman Bentley, Life on the Congo. With an introduction by the Rev. George Grenfell. London, the religious tract Society, 1887. Der Baptisteumissionär W. H. Bentley gehört zu den mutigen Männern, welche in unmittelbarem Anschluß an die Entdeckung des mittleren Kongolaufes in die neuen Gebiete einzudringen versuchten, um die Einwohner für das Christentum zu gewinnen. Seine Beobachtungen, Erlebnisse und Erfahrungen hat er in dem genannten kleinen Buche niedergelegt, dem die Vorrede seines berühmten Kollegen G. Grenfell zu besonderer Auszeichnung gereicht. Bentley selbst spricht kurz über die physische Gestaltung, die Vegetation, das Klima und die Bevölkerung des mittleren Congogebietes; etwas ausführlicher äufsert er sich über die Lebensweise, die religiösen Vorstellungen der Eingeborenen, über Kannibalismus u. s. Den Abschluß des Werkchens bilden zwei Kapitel über die Mission in Zentralafrika und speziell am Congo.

Amerika.

Henry T. Allen: Report of an expedition to the Copper, Tanana, and Koyukuk rivers, in the Territory of Alaska in the year 1885. Washington: Government printing office 1887. Die schon mehrfach auch an dieser Stelle erwähnte Expedition des Leutnant Allen wurde im Auftrage der Vereinigten Staaten Regierung und zwar speziell des Kriegsministeriums unternommen, dem daran liegen mußte, zuverläßliche Nachrichten über die Zahl und Kriegstüchtigkeit der Eingeborenen, so wie über die Zugänglichkeit der von ihnen bewohnten Gebiete zu erhalten; denn bei dem immer weiteren Vordringen der Weißen in das Innere Alaskas war die Gefahr eines feindlichen Zusammenstofses mit den Eingeborenen, wodurch das Einschreiten einer militärischen Macht bedingt worden wäre, mehr wie früher nahe gerückt. — Der vorliegende Bericht giebt im ersten Teil in gedrängter Kürze eine historische Übersicht dessen, was man bis zum Jahre 1885 von dem Kupfer-, Tanana- und Koyukukflusse kannte; darauf in zweiten Teile (S. 35—118) den Reisebericht und in den Teilen 3—6 (S. 117—172) Erläuterungen zu den Karten, Bemerkungen über die Eingeborenen und andere Beobachtungen zoologischer, botanischer und geologischer Natur. Letztere können allerdings bei den grofsen Schwierigkeiten, welche die Expedition zu überwinden hatte, nur sehr oberflächlicher Natur sein; desto gröfseres Interesse knüpft sich an die geographischen Resultate. Trotz der vom Autor hervorgehobenen Ungenauigkeit in den nur mit Hilfe von Sextant und Taschenuhr erhaltenen Längenangaben, bieten diese doch mit den Breitenbestimmungen und den zahlreichen Kompafspeilungen eine zuverlässige Grundlage für die Konstruktion der beigefügten Karten des Kupfer-, Tanana-

und Koyukukflusses, von denen namentlich die letzteren beiden auf den früheren
Karten sehr ungenau dargestellt waren. Leutnant Allen begann seine Reise
am 20. März 1885 von Nuchek, dem bekannten Handelsposten vor der Mündung
des Kupferflusses, teils mit Boot, teils auf dem Eise des Flusses; am 10. April
erreichte er mit seinen vier weißen Begleitern die indianische Niederlassung
Taral an der Mündung des Chittyna. Nach einem Abstecher in das Quellgebiet
dieses Nebenflusses, der eigentlichen Fundstätte des gediegenen Kupfers, wurde
der Marsch stromaufwärts fortgesetzt und nach Überwindung ungeheurer Beschwerden und fortwährenden Plackereien mit den unzuverlässigen Eingeborenen
am 8. Juni der Punkt am oberen Kupferflusse erreicht, von wo der Übergang
nach dem Tanana bewerkstelligt werden sollte; zu diesem, der über den Miles
Paß (4500 Fuß) führte, benötigte die vom Hunger und Mühseligkeiten aller
Art schon sehr erschöpfte und vom Skorbut heimgesuchte Gesellschaft 6 Tage.
Nach Fertigstellung eines Lederbootes ging es in demselben den reißenden
Tanana hinab und trotzdem die Eingeborenen jede Hilfe verweigerten, wurde
am 25. Juni glücklich der Handelsposten Nuklukyet am Jukon erreicht. Nach
kurzer Rast und nach Beschaffung der nötigen Ausrüstung begab sich Leutnant
Allen mit einem seiner Begleiter, einem Beamten des U. S. Signal office und
mit mehreren Indianern als Führer und Träger am 28. Juli nach dem Koyukuk,
dem nördlichen, bis dahin nur in seinem unteren Laufe bekannten großen Neben-
flusse des Jukon. Nach sechstägigem Marsche in nördlicher Richtung wurde
derselbe erreicht und in Kanoes aus Birkenrinde einige Tagereisen aufwärts
erforscht. Mangel an Provisionen und die vorgeschrittene Zeit drängten indeß
zur Rückkehr ohne daß eine beträchtliche Verminderung der Wassermenge des
Koyukuk beobachtet worden war. Am 21. August wurde Nulato am Yukon
und am 29. August auf dem Weg über Unalaklik Fort Michaels am Nortonsund
erreicht, von wo der Dampfer Corvin am 5. Dezember die Mitglieder der
Expedition nach San Franzisko führte. Wenn die Bewohner der durchreisten
Gebiete sich auch nirgends feindselig benahmen, so leisteten sie auch anderer-
seits, namentlich am Kupferflusse und am Tanana, der Expedition nur geringe
Hülfe; von der Spärlichkeit der Bevölkerung des Innern erhalten wir einen
Begriff, wenn wir von Leutnant Allen hören, daß in dem ganzen großen
Gebiete des Kupferflusses (ungefähr 25 000 ☐ miles) nur 368, im Gebiete des
Tanana (ungefähr 45 000 ☐ miles) 550—600 und in dem des Kojukuk (ungefähr
55 000 ☐ miles) gar nur 276 Menschen leben. In Übereinstimmung hiermit steht
die große Seltenheit an größerem Wild, welches geeignet wäre, einer dichteren
Bevölkerung Unterhalt zu bieten. Leutnant Allen glaubt mit Recht annehmen
zu dürfen, daß auch in früheren Zeiten die Zahl der eingeborenen Bevölkerung
keine beträchtlich größere gewesen ist. Interessant sind auch die Beobachtungen, welche die Mitglieder der Expedition über den Unterschied des
Klimas an der Küste und in dem jenseits der gletscherreichen Küstenkette gelegenen trockenen Gebiete am Kupferflusse zu machen Gelegenheit hatten, und
die ganz in Übereinstimmung stehen mit dem, was schon Wrangell hierüber
mitteilt. Nördlich vom Chittyna auf dem linken Ufer des Kupferflusses erhebt
sich eine Reihe hoher Bergriesen, die denen der Eliaskette an Höhe nicht viel
nachstehen. Der höchste derselben, der schon lange bekannte Mt. Wrangell
wurde an 17 500' gemessen. Leutnant Allen hält nach seinen und seiner
Begleiter Beobachtungen an der vulkanischen Natur dieses Berges fest.

Ar. K

§ G. von Rath. Geheimer Bergrat und Professor in Bonn. Arizona, das alte Land der Indianer. Studien und Wahrnehmungen. 2. Ausgabe. Heidelberg. C. Winter. 1888.

Pennsylvanien. Geschichtliche, naturwissenschaftliche und soziale Skizzen. Heidelberg, Lüttich 1888. Die erste dieser beiden Schriften hat das Territorium Arizona, dessen Flächenausdehnung ungefähr der Größe des Königreichs Italien gleichkommt, das Land des „Sonnenscheins und des Silbers" zum Gegenstande. Der Verfasser, kam, wenn wir nicht irren, als Gast Villards, des bekannten amerikanischen Eisenbahnkönigs, bei Gelegenheit der Eröffnung der Nord-Pacific-Bahn, in die Vereinigten Staaten, die er nun in verschiedenen Richtungen bereiste. Es werden hier so ziemlich alle in Betracht kommenden Verhältnisse, die geographischen Charakterzüge des Landes, die Bevölkerung, wie die Entdeckungs- und Besiedlungsgeschichte in lebhafter Darstellung erörtert. Die Mißhandlung der Indianer durch die Beamten der Vereinigten Staaten-Regierung wird gründlich dargethan und gewissermaßen aktenmäßig belegt. Ob die bessere Behandlung der Indianer seitens der Regierung Stand halten wird, muß die Zukunft lehren. Die Seitenzahlen des Inhaltsverzeichnisses stimmen leider nicht mit dem Text, jene beginnen mit S. 5, dieser mit S. 243, dadurch wird das Inhaltsverzeichnis unbrauchbar. — Die zweite Schrift über Pennsylvanien zerfällt in sechs Abschnitte: 1) Geschichtliches, 2) Geographische und geologische Übersicht, 3) Glaziale Erscheinungen, 4) Erdöl und natürliches Gas, 5) Eisen und Eisenerze, 6) Tagebuchblätter. Am meisten werden den Leser der inhaltreichen Schrift die Abschnitte über die Kolonisationsgeschichte Pennsylvaniens, wie über die Gewinnung von Erdöl und Eisen und die darauf gegründete Industrie, interessieren. Die Tagebuchblätter sind so, wie sie aufgezeichnet, wiedergegeben, frische Reiseeindrücke, die überall von scharfer Beobachtung und gesundem Urteil zeugen. — Leider ist der Verfasser seinem reichen Wirken kürzlich durch den Tod entrissen worden.

§ Bericht über eine Reise nach niederländisch West-Indien und darauf gegründete Studien. Von K. Martin, Professor für Geologie an der Universität zu Leiden. II. Geologie. 2. Lieferung. Holländisch Guiana. Leiden, E. J. Brill, 1887. Der von uns angezeigten 1. Lieferung ist nun die zweite, welche das Werk abschließt, gefolgt. Dieselbe enthält die geognostischen Beobachtungen am Surinam-Flusse, einen Vergleich der geognostischen Verhältnisse von niederländisch Guiana mit denjenigen der Nachbargebiete (Französisch und Britisch Guiana) und eine Liste von Gesteinen. — Auf die geographische Seite des Werks hoffen wir zurückzukommen.

The Selkirk Settlement and the settlers a concise history of the Red River Country by Charles N. Bell, Winnipeg, 1887. Es sind dies hauptsächlich aus den Erzählungen alter Kolonisten gesammelte, wenig bekannte Angaben zur Besiedlungsgeschichte des Gebiets um den Winnipeg-See.

Australien.

§ Western Australian Year-book for 1886 by Godfrey Charles Knight. Registrar General. Perth R. Pether, Governemend printer 1887. Das kleine Buch enthält aus amtlichen Quellen geschöpfte Mitteilungen und statistische Nachrichten über die Geschichte der Kolonie, Bevölkerung, Finanzen, Eisenbahnen, Handel und Verkehr, Landwirtschaft und Viehzucht, Bergwerke, Staatsverwaltung, Unterricht u. A.

Polarregionen.

Notes on the Physical Geography of Lahrador: By A. S. Packard. Die vorliegende Arbeit gicht in dankenswerter Weise eine Zusammenstellung dessen, was man über die physikalische Beschaffenheit Lahradors aus den Berichten von Köhnmeister und Knoch, Hind, Reichel, Bell weiß. Der Verfasser bespricht zunächst die Versuche der Kartierung des Landes. Der Arbeit selbst ist eine Karte beigegeben, die kombiniert ist aus den Admiralitätskarten nach englischen und amerikanischen Aufnahmen und einer auch dem Referenten wohlbekannten M. S. Karte des wohlverdienten Missionärs Herrn Samuel Weiz, die auch den Karten des Herrn Reichel zu Grunde gelegen hat; die Fehler der Reichelschen Karte sind jedoch auf die M. S. Karte des Herrn S. Weiz nicht zurückzuführen. Sehen wir vorläufig von der der Arbeit beigegebenen Karte ab, so können wir unser Urteil dahin zusammenfassen, daß sämtliche bisher veröffentlichte Karten unrichtig und ungenau sind, soweit sie sich entweder auf das Innere der Halbinsel beziehen oder auf die Küste nördlich des 55. Breitengrades; bis zum 55. Breitengrade sind die britischen Admiralitätskarten der Küste wohl zuverlässig. Abgesehen davon, daß auf den britischen Admiralitätskarten und den übrigen von ihnen kopierten Karten der gewöhnlichen Atlanten die Umrisse der Buchten und Inseln, die Flußläufe und Lage der Binnenseen häufig falsch sind, zeigen die (eskimotschen) Namen zum Teil ganz unverantwortliche Entstellungen. Ich will nur einige wenige Beispiele hier anführen. Die britische Karte nennt einen Ort der „Tikkeratsnk" (auf deutsch: kleine Landzunge) heißt, „Tickle Arichat", die Meerenge zwischen Kilinek und dem Festlande ist statt „Ikkerasak Torksuk" (die große Durchfahrt) mit „Joksut" bezeichnet; ohne Übertreibung kann man von der britischen Admiralitätskarte sagen, daß 80% aller Namen verkehrt sind. Wahrscheinlich sind die Gewährsmänner bei der Namenbezeichnung Settler der Küste oder Neufundländer Fischer gewesen, die der Eskimosprache nicht mächtig, alle eskimoischen Bezeichnungen verdrehen; ein ergötzliches Beispiel hierfür ist die Umwandlung von „Kassungertak" (der Ort, wo der Wind nachläßt) in Catchmitok, wie die Neufundländer Fischer den Ort nennen. Diese Veranstaltungen und Mißverständnisse sind dann auch auf die Karten der Atlanten übergegangen, wobei sich die Fehler und Ungereimtheiten noch zum Teil vermehrt haben; beispielsweise findet sich auf fast allen Karten der Name einer ganz kleinen durch nichts bedeutenden Insel „Nukasusuktok", während die in unmittelbarer Nähe gelegene große und bedeutende Insel Tunnulersoak gewöhnlich Powak, fälschlich Pauls Island, berühmt durch den auf ihr vorkommenden Hypersthenit oder Paulit nicht bezeichnet ist; Port Manvers ferner und Newark Island spielen ebenfalls auf allen Karten eine große Rolle, dabei ist Newark Island ein Name, der an der Küste ganz unbekannt ist und Port Manvers ist ein sehr schlechter Hafen, unbewohnt, überhaupt keine geschlossene Bucht, sondern eine zum Teil recht gefürchtete Meerenge; um noch ein weiteres Beispiel anzuführen, liegt auf der Karte von Nordamerika Nr. 82—83 des bekannten Handatlasses von R. Andree Zoar zwischen Rama und Hebron, während die wahre Lage von Zoar zwischen Hoffenthal und Nain ist, aber ungefähr 300 km südlicher. Diese argen Versehen sind und auf der der Abhandlung beigegebenen Karte vermieden und auch die Namen sind, wohl dank der benutzten Karte des Herrn S. Weiz, größtenteils richtig; es mag hier aber doch noch auf einige unrichtige Ortszeichnungen aufmerksam gemacht werden.

Statt:	muſs es heiſsen:
Anlesavik	Aulatsivik (groſse Inſel).
Pomialugak	Pammiallujak (dem Kreuzbein ähnlich, von Pammialluk, das Kreuzbein).
Neanokiut	Nennokiut (Ort, wo es Eisbären giebt).
Tessiugak	Tessinjak (teichähnlich, von Tessik, der Teich).
Kanmayok	Kanmajat (die Glänzenden, -at ist Pluralendung).
Kaipokak	Kippokak.
Kangerdlulnksoak	Kangerdlualnksoak (von Kangerdluk, die Bucht, aluk groſs, schön, soak groſs).

Auch andre Versehen kommen vor, die aber weniger von Bedeutung sind. Da noch niemals auſser Herrn Hind ein mit den nötigen Kenntnissen zur Ortsbestimmung und Kartierung ausgerüsteter Reisender das Innere Labradors erforscht hat (Herr Hind selber ist aber nur südlich vom Grand River gewesen, hat also das eigentliche Labrador nicht betreten), so sind die Fluſsläufe, die Seen mehr oder weniger Phantasiegebilde, eingezeichnet in die Karte nach Nachrichten von den Eingeborenen und den Mitteilungen einiger Angestellter der Hudsonsbai-Kompanie; hierbei sind aber Miſsverständnisse sehr häufig, wie Referent das an sich selber bei seinem dortigen Aufenthalte zur Genüge erfahren hat.

Ein zweiter Abschnitt der Abhandlung behandelt die Gebirge und namentlich die Höhe derselben. Die Angaben des Herrn Verfassers stützen sich hauptsächlich auf die neueren Berichte des Herrn Bell in dem Report of Geological Survey of Canada 1884—86, die dem Referenten leider nicht zugänglich waren. Herr Bell stimmt in seiner Charakterisierung der allgemeinen Höhenverhältnisse der Küste mit der vom Referenten in diesen Blättern Bd. VII, pag. 154—155 gegebenen Schilderung überein. Die Berge werden um so höher, je weiter nördlich man kommt und erreichen etwa 100 km südlich von C. Chidley, gegenüber der Insel Aulatsivik ihre gröſste Erhebung. von da bis zum C. Chidley dacht sich das Gebirge wieder ab bis auf 4—500 m. Dieser N—S streichende Gebirgszug sendet drei Ausläufer nach von O—W gegen die Küste, die Kaumajat (die glänzenden) die Kiklapait (die gekerbten) und der Höhenzug der im Allagaigai südlich von Hoffenthal seine gröſste Erhebung findet; die ersteren erreichen Höhen von 1000—1200 m; die letztere von etwa 800 m. Herr Bell fand die nördlichen höheren Berge (bei Nachvak) steil und an den Seiten nneben schroff und zerklüftet, und konnte nur an ihrem Fuſse Spuren früherer Vergletscherung finden, während die südlicher gelegenen Berge glatt poliert, abgerundet und zusammenhängend (nicht zerklüftet) sind. Es hat danach den Anschein, als nimmt Bell an, daſs die nördlicher gelegenen Berge zur an ihrem Fuſse von Gletschern bedeckt gewesen sind. Referent hat aber in der Nullatartok bei Rama etwas südlich von Nachvak ganz deutliche Gletscherspuren noch in 3—400 m Höhe gefunden. Er konnte damals l. c. p. 155 seine Beobachtungen dahin zusammenfassen, daſs „während alle Berge, die niedriger wie 1500—2000 Fuſs sind, deutlich die Spuren der ehemaligen Vergletscherung tragen, die höheren Berge davon ausgenommen sind. Jene haben abgerundete, oft gleichsam polierte Kuppen und sind bedeckt mit zahllosen Trümmern andrer Gesteine von den verschiedensten Gröſsen, nicht in Moränen angeordnet, sondern über Berg und Thal zerstreut und sehr oft in den abenteuerlichsten Positionen; die höheren Berge dagegen zeigen schroffe

durch den Frost oftmals in enormer Weise zerklüftete Zacken; diese Zer-
sprengung durch den Frost folgt natürlich den gegebenen Spaltungsflächen und
so kommt es je nach der verschiedenen Lage derselben, daſs man bald senkrechte Spalten findet von oft sehr bedeutender Tiefe oder aber man wandert
über ein Bergplateau, das in lauter Scherben zersplittert ist, weil nämlich die
Spaltungsrichtung schief zur Oberfläche liegt." Die Berichte des Herrn Bell
citierend, giebt der Herr Verfasser die höchste Erhebung der Gebirge (gegenüber
der Insel Aulatsivik) zu 6000 Fuſs an. Dem Referenten scheint das bedeutend
zu niedrig gegriffen zu sein aus folgenden Gründen: die Berge bei Rama und
Nachvak im Hintergrunde der Fjorde sind nach den eigenen Angaben des
Herrn Bell 5—6000 Fuſs hoch und jene vier auch von Herrn Dr. Lieber beschriebenen Spitzen gegenüber Aulatsivik sind jedenfalls höher. Ich sah dieselben, als ich mit dem Schiffe vor Rama kreuzte, also in einer Entfernung
von etwas über 100 km in einer Elevation von $1\frac{1}{2}$°, das entspricht
nach bekannten Ueberlegungen unter Berücksichtigung der Refraktion und Erd-
krümmung einer Höhe von 2500 bis 3000 m. Wenn auch natürlich dieser
durch eine einmalige Messung gefundenen Zahl kein besonderes Gewicht beigelegt werden kann wegen der bedeutenden Fehlerquellen, mit denen eine solche
bei Unkenntnis des Zustandes der dazwischen liegenden Luftschichten behaftet
ist, so unterstützt diese Messung doch den unmittelbaren Eindruck, den man
beim Anblick dieser hohen Piks hat, daſs sie die benachbarten Nachvakberge
um ein bedeutendes überragen. Ein folgender Paragraph behandelt die allgemeine Konfiguration des Landes und die Floſsysteme. Fassen wir die Er-
örterungen des Herrn Verfassers zusammen mit unseren sonstigen Kenntnissen
über die Konfiguration Labradors, so erhalten wir folgendes Bild: In ungefähr
53°—55° n. B. und 65°—68° w. L. (Greenwich) haben wir ein Hochland von
ungefähr 500—600 m Höhe; es umfaſst die Seegebiete des Petschikapu, Kania-
pusko, Nitschegnon, Aswanipi und die Quellen des Grand River. Dieses Plateau
sendet gegen Nord zwei Ausläufer: der eine westliche, niedere, verläuft nord-
westlich und endet in C. Wolstenholme, er bildet die Wasserscheide für die in
die Hudsons-Bay und die in die Ungava-Bay sich ergieſsenden Flüsse; der andre
östliche zieht sich in nahezu nördlicher Richtung bis gegen C. Chidley; er
bildet die Wasserscheide zwischen den kurzen Flüſschen und Bächen, die dem
Atlantischen Ozean zuströmen und den in die Ungava-Bay flieſsenden Strömen.
Da der Bergzug und mit ihm die Wasserscheide nahezu sich von S. nach N.
erstreckt, die atlantische Küste aber von SO. nach NW. verläuft, so nähert
sich die Wasserscheide immer mehr der Küste, je weiter nördlich man geht.
Unter dem 59. bis 60. Breitengrade erreicht dieser Bergzug seine gröſste Höhe
(nach den vorigen Auseinandersetzungen 2—3000 m), er sendet, wie schon oben
erwähnt, gegen die Küste drei Ausläufer, erstens den Bergzug, der im Allagaigai
gipfelt südlich von Hoffenthal, zweitens die Kiklupait zwischen Nain und Okak
und drittens die Kaumajat nördlich von Okak. Auſser diesen zwei Höhenzügen, die von dem Hochplateau des Inneren gegen Norden streichen, verlaufen
von der südlichen Seite desselben noch zwei andre nach Ost und nach Süd-
West, der östliche endigt in den Mealy Mouuls südlich von Hamilton Inlet
und bildet die Wasserscheide zwischen den zum Fluſssystem des Grand River
gehörenden Nebenflüssen und denen, die sich in die Belle-Isle-Straſse und den
St. Lorenz-Golf ergieſsenden Flüssen, der andre nach Südwest sich erstreckende
bildet die Wasserscheide für die nördlich zur Hudsons-Bay und die südlich in

den St. Lorenz-Golf und -Strom fliefsenden Wasser. Durch dieses Gebirgs-
skelett werden vier Flufssysteme gebildet, erstens die in die Hudsons-Bay, zweitens
die in die Ungava-Bay fliefsenden, drittens die meist nur kurzen Bergströme, die
dem Atlantischen Ozean zueilen, und viertens die Flüsse, die sich in die Belle-
Isle-Strafse, den St. Lorenz Golf und St. Lorenz Strom ergiefsen. An ihren
Quellen hängen mehrere dieser Flufssysteme durch Reihen von Seen auf dem
Hochplateau zusammen, so dafs die Indianer mit ihren Kanoes von einem zum
andern kommen können. Von den beiden angeführten Überlandrouten ist
dem Referenten nur die eine bekannt: St. Augustin River und Kenamon nach
Rigouletta; die andere Natashquan River und Kenamon wird jetzt jedenfalls
nicht mehr regelmäfsig benutzt, dagegen ist Mingan-Kenamon ein gewöhn-
licher Weg.

Die beiden letzten Abschnitte der Abhandlung handeln von den Seen
und Fjorden Labradors. Es sind in ihnen Betrachtungen und Anschauungen
wiederholt, die der Herr Verfasser schon 1866 in einer Abhandlung: Glacial
Phaenomena of Labrador and Maine in den Memoirs of the Bost. Soc. of Nat.
Hist. Vol I. p. 210—303 ausgesprochen hat. Er unterscheidet zwei Arten von
Seen, die tieferen auf dem Hochlande gelegenen und die auf der Abdachung
desselben liegenden unzähligen Flächenseen und Teiche. Der Verfasser
schreibt diese Flächenmulden und Wannen der Wirkung der Gletscher zu,
während die tiefen Seen des Plateaus die Klüfte, Spalten und Faltungen ausfüllen, die bei der Bildung des Gebirges entstanden sind. Aufserdem existieren
noch unmittelbar an der Küste meist tiefe Seen, die mit dem Meere zusammen-
hängen. Auch bei diesen hat man es mit natürlichen Falten und Spalten des
Terrains zu thun; ob sich diese Unterscheidung streng durchführen läfst, ist
doch wohl etwas zweifelhaft. Der Verfasser behauptet ferner, dafs die tiefen
Seen des Plateaus allein sehr fischreich seien und dafs in den flachen Seen
nach der Küste zu wie in denen, welche mit dem Meere selbst kommuni-
zierten, keine oder doch nur wenige Fische gefunden würden. Referent kann
dieser Behauptung auch nicht unbedingt beipflichten; er hat forellenreiche
Seen gefunden, die unmittelbar in Kommunikation mit dem Meere standen und
auf dem Hochlande tiefe Seen gesehen, in denen er kein lebendes Wesen entdecken konnte. Von nebeneinanderliegenden (kaum 1 km entfernten) Seen
fand Referent manchmal den einen fischreich, den anderen wie ausgestorben.
Die Untersuchung, worauf diese zum Teil sonderbaren Verhältnisse zurückzuführen sind, mufs weiteren Forschungen vorbehalten bleiben.

Wie die tiefen Seen, so sind nach dem Verfasser auch die Fjorde
Faltungen und Spalten, die sich bei der Erhebung des Gebirges gebildet haben,
hierbei sollen nach dem Verfasser alle grofsen Fjorde den Trennungslinien der
Gneisse und Syenite folgen; auch dieser Satz läfst sich wohl in seiner All-
gemeinheit nicht aufrecht erhalten; jedenfalls kennt der Referent eine Anzahl
von tiefen Fjorden, bei denen das Gestein auf beiden Seiten des Fjordes
dasselbe ist.

Wenn der Verfasser am Schlusse die Hoffnung ausspricht, es möchte sich
bald ein Erforscher mit den nötigen Kenntnissen finden, der das Innere Labradors
und die physikalische Beschaffenheit des Landes erforschte, so können wir
gewifs diesem Wunsche nur beistimmen.

Es mag hier noch eine Bemerkung über die beste Zeit und die beste
Art einer solchen Reise ins Innere eine Stelle finden. Das Reisen im Sommer

ist sehr mühselig durch die Nichtschiffbarkeit der meisten Ströme, den Nahrungs-
mangel und die zahllosen Moskitos und Sandfliegen. Während durch die letzten
der Aufenthalt nur unangenehm und beschwerlich wird, so hindern die beiden
ersten jeden weiteren Fortschritt; da die Ströme meist nicht schiffbar sind, so
kann man keinen grofsen Proviant mitnehmen, ist also auf die Hilfsquellen
des Landes selbst angewiesen, mit denen es gerade im Sommer recht schlecht
bestellt ist. Die Flüsse und Seen sind allerdings zum Teil recht fischreich, doch
ist mit Sicherheit darauf nicht zu rechnen. Die Rentiere sind zu dieser Zeit
ebenfalls äufserst scheu und nicht in Herden, sondern vereinzelt, so dafs selbst
die Indianer im Innern manchmal dem Hungertode nahe sind. Aufserdem wird
es im Sommer schwer fallen, irgend einen Eskimo oder Settler selbst gegen
hohen Lohn als Führer oder Träger zu erhalten; denn im Frühjahr ist die
Zeit des Seehundsfanges an der Treibeiskante, alle sind auf ihren Frühlings-
fangplätzen, darauf kommt die Zeit des Lachsforellenfanges und des Codfisch-
fanges, der erst Mitte September aufhört, dann gehen allerdings die Eskimos
auf die Rentierjagd ins Innere, um des Pelzes wegen Rentiere zu jagen, sie
bleiben in der Regel aber nicht lange fort; denn die Jagd ist nicht sehr ergiebig, der Erfolg unsicher und mit dem eintretenden Spätjahre beginnt die
Zeit des herbstlichen Seehundsfanges, die Haupterwerbszeit. Die Hauptreisezeit
für die Eskimos an der Labradorküste ist die Zeit von Neujahr bis Ostern
bezw. bis zum Aufgehen der Flüsse, was etwa Anfangs Mai eintritt. Voraus-
gesetzt, dafs man einen guten Spann Hunde hat und namentlich Futter genug
(bestehend in Seehunden), kann man weit kommen; auf nicht zu schlechter
Bahn legt man bequem 30 englische Meilen im Tage zurück; im Monat März
trifft man dann auch im Innern die Rentiere in zahlreichen Herden an, die zu
dieser Zeit äufserst vertraut und leicht zu erlegen sind. Die einzige dabei zu
überwindende Schwierigkeit würden die Eskimos selber bilden, da sie eine
schwer zu überwindende Abneigung gegen die Indianer haben, herrührend von
den vielen früheren Kriegen der beiden Stämme miteinander; aber bei der Zunahme der dortigen weifsen Ansiedler, die meist in allen Künsten des Eskimos,
als Schlittenfahren, Schneehäuser bauen u. s. gerade so erfahren sind, wie diese,
würde es ein leichtes sein, mit zwei solchen (mehr sind nicht notwendig) eine
von Erfolg gekrönte Erforschungsreise durch das Innere zu machen. Mit
einem tüchtigen Spann von Hunden, der Anlage von Depots (etwa im Dezember
schon) für Hundefutter ziemlich weit im Innern, könnte man, glaube ich, in
einem Winter einen grofsen Teil der wichtigen geographischen und geologischen
Probleme lösen.

Freiburg i./B.   Prof. K. R. Koch.

* Expedition Danoise. Observations faites à Godthaab.
Aus der Reihe der wissenschaftlichen Werke, welche der der internationalen
Polarforschung in den Jahren 1882—83 gewidmeten Thätigkeit ihren Ursprung
verdanken, liegt uns heute wiederum ein wertvolles Heft vor. Es ist das die
erste Lieferung des zweiten Bandes der betreffenden dänischen Publikationen,
welche unter Leitung des gegenwärtigen Direktors des dänischen meteorologischen Institutes Herrn Paulsen bearbeitet und herausgegeben werden.*) Das
uns vorliegende Heft enthält: I. Météorologie (Pression atmosphérique, Cartes
et Tableaux). II. Flux et reflux de la mer. III. La Longitude de Godthaab.

———

*) Kopenhagen; G. E. C. Gad, Universitätsbuchhändler. 1885.

I. Meteorologie. Dieser Teil des Heftes ist von Herrn Paulsen selbst bearbeitet und finden wir zunächst die Instrumente angeführt, welche zur Bestimmung des Luftdruckes benutzt wurden. Es waren zwei Heberbarometer von Fuefs in Berlin, von denen das eine vor und nach der Expedition mit dem Normal des Meteorologischen Institutes direkt verglichen wurde, ohne eine Verschiedenheit in der anzubringenden Korrektion konstatieren zu können. — Die erhaltenen Beobachtungen sind einer eingehenden Diskussion unterworfen, namentlich in Bezug auf ihre Periodizität für Tag und Jahr. Die tägliche Periode ist unter Benutzung der Lamontschen Kompensationsmethode abgeleitet, wodurch der Einfluß des jährlichen Ganges auf die Tageskurve eliminiert werden soll. Der tabellarischen Zusammenstellung des Luftdruckes für Herbst, Winter, Frühling und Sommer folgen auch ebensolche graphische, welche von dem Verlauf der Temperaturschwankungen in den einzelnen Jahreszeiten ein sehr anschauliches Bild gewähren. Wir entnehmen daraus, daß mit Ausnahme der Frühjahrsmonate immer das Hauptmaximum des Luftdruckes auf den Abend fällt, während das schwächere Maximum am Morgen einzutreten pflegt. In den Monaten März, April und Mai tritt aber der umgekehrte Fall ein, während eine sehr erhebliche Verschiebung in den Stunden des Eintritts der Maxima nicht vorhanden zu sein scheint. Von den beiden täglichen Luftdruckminimas tritt in allen Jahreszeiten das tiefere am Morgen auf. Der Verlauf der stündlichen Beobachtungen wurde nach einer periodischen Reihe ausgeglichen und fanden sich damit die in folgender Zusammenstellung gegebenen Werte, wo dieselben den wirklich beobachteten gegenüber gestellt sind:

Herbst 1882.

Stunde		Abweich. v. Mittel	
beob.	berechn.	beob.	berechn.
		m m	m m
I. Minim. 2h am.	2h am.	— 0,29	— 0,26
I. Maxim. 10h „	8h „	+ 0,01	— 0,02
II. Minim. Mittag	Mittag	— 0,09	— 0,05
II. Maxim. 8h pm.	7h pm.	+ 0,27	+ 0,30
Tägl. Amplitude	0,55	0,58	

Frühling 1883.

Stunde		Abweich. v. Mittel	
beob.	berechn.	beob.	berechn.
		m m	m m
2h am.	2h am.	— 0,19	— 0,17
8h „	8h „	+ 0,18	+ 0,17
5h pm.	4h pm.	— 0,14	— 0,13
8h „	9h „	+ 0,12	+ 0,07
Tägl. Amplitude	0,37	0,34	

Winter 1882—83.

Stunde		Abweich. v. Mittel	
I. Minim. 2h am.	1—2h am.	— 0,27	— 0,17
I. Maxim. 10h „	8—9h „	+ 0,07	+ 0,06
II. Minim. 1h pm.	1h pm.	— 0,18	— 0,12
II. Maxim. 6h „	6—7h pm.	+ 0,27	+ 0,26
Tägl. Amplitude	0,54	0,43	

Sommer 1883.

Stunde		Abweich. v. Mittel	
2h am.	2—3h am.	— 0,15	— 0,16
8h „	7—8h „	+ 0,08	+ 0,07
1h pm.	2—3h pm.	— 0,09	+ 0,07
9h „	9h pm.	+ 0,22	+ 0,19
Tägl. Amplitude	0,37	0,34	

Für das ganze Jahr folgt hieraus:

	Stunde		Abweichg. v. Mittel	
	beob.	berechn.	beob.	berechn.
			m m	m m
I. Minimum	2h am.	2h am.	— 0,22	— 0,19
I. Maximum	8h „	8h „	+ 0,07	+ 0,07
II. Minimum	1h pm.	1—2h pm.	— 0,09	— 0,05
II. Maximum	8—9h pm.	7—8h „	+ 0,17	+ 0,17
Tägliche Amplitude	0,39	0,36		

Im Anschluß an diese Beobachtungsresultate der Jahre 1882—83 giebt Paulsen noch eine Anzahl anderer Reihen, welche wertvolle Vergleiche der klimatischen Verhältnisse der westgrönländischen Küstengebiete gestatten. Die interessanteste dieser Reihen ist die von Herrn Kleinschmidt am 1. Juni 1875 beginnende. Wenn wir an dieser Stelle auch nicht auf die Einzelheiten aller dieser Beobachtungen eingehen können, so muls doch auch hier noch der unter Kapitän Holm 1884—85 zu Nennortalik an der Ostküste ausgeführten Beobachtungsreihen gedacht werden, welche ebenfalls in dem vorliegenden Hefte numerisch und graphisch aufgeführt werden. Soweit zunächst die tägliche Periode des Luftdruckes in Frage kommt, fafst Paulsen die gewonnenen Resultate etwa folgendermalsen zusammen: Der tägliche Gang des Luftdruckes an der Westküste Grönlands ist von grofser Regelmäfsigkeit. In allen Jahreszeiten treten die beiden dem Gange des Luftdruckes eigentümlichen Maxima und Minima auf. In Godthaab zeigt die tägliche Periode einen merkwürdigen Gegensatz zu den durch Mohn bekannt gewordenen Luftdruckverhältnissen des Meeres zwischen Norwegen und Grönland, indem sie so regelmäfsig wie in den tropischen und gemäfsigten Klimaten verläuft. Ebenso sind wesentliche Unterschiede zwischen dem täglichen Verlauf des Luftdruckes an der West- und Ostküste (Beobachtungen auf Sabine-Insel 1869—70) vorhanden; auch treten trotz der Ähnlichkeit mit dem Gange in den südlicheren Gegenden charakteristische Unterschiede diesen gegenüber.

Mit Benutzung der Untersuchungen von Rykatschew giebt Paulsen eine Übersicht des nach den verschiedenen Breiten verschiedenzeitigen Eintretens der Extreme; des beschränkten Raumes wegen mag hier nur der Verlauf des Eintretens des I. Minimum näher verfolgt werden: Die Stunde des Eintritts des I. Minimum retardiert mit zunehmender Breite, so hat man für die halbe Zone 3½ h am., 44° Breite 4½ h am. (Seebeobachtung), 52° Breite 4½ h am. (Seebeobachtung) 60° Breite 5½ h am. (Seebeobachtung), an der Westküste von Grönland scheint sich dieser Verlauf aber umzukehren, denn es fand sich für 60,1° Breite 4 h am. (Nennortalik), 64,2° Breite 2 h am. (Godthaab), 81,7° Breite 1 h am. (Fort Conger). Mehr oder weniger ausgesprochen findet sich dieser Verlauf auch für das I. Maximum und das II. Minimum.

Bezüglich des jährlichen Ganges enthält das vorliegende Heft aufser dem Gange des Luftdruckes zu Godthaab während des Beobachtungsjahres noch eine Anzahl interessanter sonstiger Beobachtungsreihen, welche ich hier neben einander stellen will.

Monat	Godthaab 1882—1883	Godthaab 1866—1883	Jiviglat 1866—1883	Jacobshavn 1866—1883	Upernivik 1875—1883
Januar......	742,06	47,9	40,7	51,0	51,9
Februar	41,67	49,8	48,9	53,4	54,0
März	58,08	54,6	53,8	57,3	58,7
April	55,59	56,7	55,8	59,1	61,5
Mai	69,90	58,1	57,6	59,4	59,9
Juni........	57,79	56,4	56,2	56,6	57,8
Juli	58,17	56,2	56,3	55,8	56,5
August	56,65	56,3	56,4	56,6	57,1
September ...	53,37	55,0	55,2	55,6	55,3
Oktober	49,96	53,1	53,0	54,8	55,6
November ...	54,95	53,5	53,5	55,6	55,7
Dezember ...	57,09	49,6	48,9	51,9	54,0
Jahr........	755,72	53,93	753,53	755,57	756,90

Nach näherem Eingehen auf die einzelnen Details der Jahres- und Monatsmittel kommt Paulsen zu folgender Schlußbetrachtung:

Es scheint ein sehr seltenes Phänomen zu sein, daß ein barometrisches Minimum über Grönland hinwegschreitet. Wenn auch die Beobachtungen eines Jahres kaum genügen, um einen Schluß auf die allgemeine Entwickelung, den Weg und die Geschwindigkeit dieser Minima zu ziehen, so glauben wir dennoch, daß diese Untersuchungen gerade in diesem Jahre ein spezielles Interesse darbieten. In der That sehen wir, daß sich eine Reihe von Minima bis nördlich von Upernivik verfolgen lassen.... Es ist sehr wahrscheinlich, daß die Beobachtungen zu Fort Conger, verglichen mit denen zu Godthaab wichtige Aufschlüsse über die Grenzen der Verbreitung der Depressionen in der Baffins-Bai geben werden. Es wird sich dann wohl auch bestätigen, daß die Zentren der barometrischen Minima sich vornehmlich an der westlichen Küste Grönlands entlang fortbewegen. Durch die Beobachtungen zu Kingua-Fjord wird sich weiterhin zeigen, ob diese Annahme berechtigt ist oder nicht[*]). Um diese Bemerkungen eingehender zu veranschaulichen, sind diesem Teile des Heftes eine große Anzahl (186) kleiner Kärtchen beigegeben, welche die Windrichtung und Stärke und den Barometerstand für die wichtigeren Tage enthalten.

Die zweite Abteilung des vorliegenden Heftes enthält die von Herrn Dr. C. Crone nach der Methode der „Harmonischen Analyse" durchgeführte Berechnung zweier Beobachtungsreihen über die Gezeitenerscheinungen zu Godthaab. Die erste dieser Reihen ist eine in den Jahren 1863—65 durchgeführte, die zweite ist die während des Jahres 1883 vom 16. Juli bis 31. August von Stunde zu Stunde angestellte. — Vermittelst der genannten Methode sind zwei Tabellen berechnet, welche die charakteristischen Werte der Erscheinung für Godthaab enthalten, und welche wir hier benutzen wollen, indem wir aber wegen der Bedeutung der einzelnen Werte, soweit sie sich nicht von selbst ergeben, auf die Abhandlung des H. Prof. Börgen in den Annalen der Hydrographie, XII. Jahrgang 1884 verweisen müssen.

Tabelle I.

	i	H in Metern	K.
M ₁	28°.9841042	1,36	193°
S ₂	30°.0000000	0,47	229°
N	28°.4397296	0,26	188°
K ₂	30°.0821372	0,13	227°
L	29°.5284788	0,04	291°
K ₁	15°.0410688	0,21	127°
O	13°.9430356	0,09	81°
P	14°.9589314	0,07	125°

---

[*]) Die wenigen stürmischen Winde, welche zu Kingua-Fjord beobachtet wurden, geben Veranlassung zu dem Schluß, daß die barometrischen Minima, welche die Veranlassung derselben waren, sogar noch westlich dieser Station ihren Weg nahmen. Es ist aber die Anzahl der diesbezüglich zu verwertenden Daten zu gering, um definitive Schlüsse darauf bauen zu können. Der Ref.

Tabelle II.

16. Juli 83, 12 h 30 m am.		23. Juni 85, 12 h 30 m am.	
f H in Metern	K-V-U	f H in Metern	K-V-U
M : 1,40	88°	1,41	163°
S : 0,47	214°	0,47	214°
N 0,27	308°	0,27	234°
K : 0,11	333°	0,10	21°
L 0,04	151°	0,04	14°
K : 0,19	270°	0,19	294°
O 0,07	197°	0,07	248°
P 0,07	321°	0,07	290°
Mittlere Höhe 2,15		1,78	

Hafenzeit 6 h 34 m.

In zwei andren gröfseren Zusammenstellungen werden die auf Grund obiger Daten berechneten Werte der Hoch- und Niedrigwasser und deren Eintrittszeiten mit den wirklich beobachteten verglichen und es zeigt sich, dafs die berechneten Höhen von den beobachteten im Mittel um etwa 0,12 m abweichen, während die beiden Zeitangaben im Durchschnitt auf etwa 10 Minuten sicher sein werden.

Die dritte Abteilung des Heftes enthält die Bestimmung der geographischen Länge der Station Godthaab und ist bearbeitet von V. Hjort auf Grund der Beobachtungen der Herren Falbe, Bluhme und Ryder. Diese Bestimmung gründet sich auf zwei Reihen von Meridianbeobachtungen des Mondes, angestellt in den Jahren 1863 und 1882/83. Aufser einer grofsen Anzahl von Messungen mit Spiegelinstrumenten, welche aber nicht mit in Rechnung gezogen wurden, sind die sämtlichen Beobachtungen mittelst zweier transportabler kleiner Passageninstrumente angestellt und findet sich in beiden Reihen sowohl der erste als auch der zweite Mondrand vertreten, wenn auch nicht in nahe gleicher Anzahl. Werden die Resultate von 1863 zusammengenommen, so erhält man

3 h 26 m 55,0 s w. Lg. v. Gr.

für die Pyramide der Flaggenstange. Die Beobachtungen der Jahre 1882/83 geben für denselben Punkt:

3 h 26 m 52,8 s w. Lg. v. Gr.

Das Mittel aus diesen beiden Werten wird somit

3 h 26 m 53,9 s w. Lg. v. Gr.,

wofür bei weiterer Benutzung dieser Zahl rund 3 h 26 m 54 s gesetzt wurde. Die Übereinstimmung der einzelnen Beobachtungen ist eine überraschend genaue, namentlich wenn man die nicht so ganz vorwurfsfreie Methode der Observationen in Betracht zieht. Für die erdmagnetischen Beobachtungen, welche durchgängig nach Göttinger Zeit angestellt wurden, gelangte bis zum 12. Oktober 1882 die Länge mit 3 h 27 m 3 s, von da ab aber mit 3 h 26 m 40 s in Rechnung.

Den Schlufs dieser Lieferung bilden die ausführlichen Tabellen der stündlichen meteorologischen Beobachtungen, welche hier ohne weiteren Kommentar gegeben sind. Da die übrigen Elemente eine ähnliche Bearbeitung wie der Luftdruck erfahren dürften, werden wir bei deren Erscheinen auf dieselben zurückkommen. L. A.

Meereskunde.

§ Handbuch der Ozeanographie von G. von Boguslawski und O. Krümmel, 2 Bde., Stuttgart J. Engelhorn 1884 und 1887. Der Begründer dieses Werkes und Verfasser des 1. Bandes desselben, Professor Dr. G. von Boguslawski, bezeichnete im Vorwort als die verfolgte Aufgabe: eine, die neueren und neuesten Forschungen zusammenfassende Übersicht der physikalischen, chemischen, biologischen und der Bewegungserscheinungen zu geben, überhaupt den jetzigen Standpunkt der wissenschaftlichen Meereskunde möglichst genau darzustellen. Nach dem in der Einleitung zum Band I näher dargelegten Plane sollte das Handbuch behandeln: 1. Die Einteilung und Gliederung der einzelnen Meeresräume, das Relief der Meeresbecken an ihrer Oberfläche und am Boden desselben, sowie die Beschaffenheit des Meeresbodens. 2. Die chemische Beschaffenheit des Wassers der Ozeane, seinen Salz- und Gasgehalt und seine sonstigen Bestandteile und Beimengungen. 3. Das Verhalten des Meerwassers zu der Schwere und zu den Erscheinungen des Lichtes. 4. Die Beziehungen der ozeanischen Wasserbedeckungen zur Wärme, — diese in klimatologischem Sinne aufgefaßt — und zu andren meteorologischen Erscheinungen an der Oberfläche des Meeres. 5. Die Verteilung der Wärme von dieser letzteren bis zum Meeresboden und die durch alle diese Erscheinungen verursachte sogenannte ozeanische Zirkulation. 6. Die Bewegungserscheinungen der Meeresgewässer, veranlaßt und beeinflußt teils durch mechanische Ursachen (Wellenbewegungen und Meeresströmungen), teils durch kosmische Einwirkungen (Gezeiten). 7. Beziehungen der biologischen Verhältnisse des Meeres zu denen der Festländer (Tier- und Pflanzenleben im Meere). 8. Den Einfluß, welchen die ozeanographischen Forschungen der Neuzeit auf das Kulturleben der Menschheit ausüben. Im Dezember 1885 hatte Boguslawski den 1. Band des Werkes vollendet, welcher die oben unter 1—4 bezeichneten Verhältnisse behandelt; bereits am 4. Mai des folgenden Jahres erlag er einem schmerzvollen Leiden, das ihn, wie sich aus der Vorrede des 1. Bandes ergiebt, schon seit längerer Zeit befallen hatte. Die Bearbeitung des 2. Bandes wurde nun Herrn Professor Zöpprilz übertragen, leider raffte auch diesen verdienten Gelehrten, als er im Begriff stand, zu mehrwöchentlichem Aufenthalt an der Seewarte nach Hamburg abzureisen, nach kurzer Erkrankung der Tod, am 24. März 1885, dahin. Nun glaubte Professor Krümmel die schon nach dem Tode Boguslawskis an ihn ergangene, jetzt erneute Aufforderung zur Bearbeitung des 2. Bandes nicht ablehnen zu dürfen, hauptsächlich aus dem Grunde, weil ein Werk wie Boguslawskis Ozeanographie nun und nimmer unvollendet bleiben dürfe. Der zweite Band wurde von Professor Krümmel der obenbezeichneten Inhaltsübersicht seines Werkes gemäß im allgemeinen gestaltet, er behandelt also: die Wellen, die Gezeiten, die Vertikalzirkulation der Ozeane, die Meeresströmungen. Die von Boguslawski beabsichtigten Abschnitte über das Tier- und Pflanzenleben im Meere und über den Einfluß, welchen die ozeanischen Forschungen der Neuzeit auf das Kulturleben der Menschheit ausgeübt haben, sind von Professor Krümmel ausgeschieden worden, hauptsächlich deshalb, weil inzwischen diese Themata in eignen Werken (von Drude, Vetter und Dalzel) gründlicher und sachkundiger behandelt worden seien, als es hier hätte geschehen können. Wir beschränken uns zunächst auf diese vorläufige Anzeige, indem wir uns ein Eingehen auf das Werk überhaupt und besonders einzelner Abschnitte desselben für später vorbehalten.

Verschiedenes.

§ Überseeische Reisen von Amand Goegg, Zürich 1888, J. Schabelütz. Diese ursprünglich im „Hamburger Fremdenblatt" und in der „Frankfurter Zeitung" veröffentlichten Reiseberichte stammen aus den Jahren 1880—1886 und betreffen Nord- und Südamerika und Australien. Die Reisen des Verfassers in jenen Gegenden umfassen aber einen weit längeren Zeitraum und hat er somit reichen Stoff zu Vergleichen; leicht und gut geschrieben, werden diese Reiseberichte viele Leser finden.

§ Die Theekultur in Britisch-Ostindien im 50. Jahre ihres Bestandes historisch, naturwissenschaftlich und statistisch dargestellt von Dr. Ottokar Feistmantel, früher Paläontologe am geological survey of India in Kalkutta, jetzt Professor an der böhmischen technischen Hochschule in Prag. Prag 1888, J. G. Calve (Ottomar Beyer). Diese sehr instruktive Abhandlung stützt sich durchweg auf amtliche Ermittelungen. Sie behandelt das Thema in folgenden Kapiteln: 1) Historisches. 2) die Theepflanzen in Indien. 3) die Plantagengebiete in Indien und ihre Ausdehnung. 4) verschiedene Theesorten. 5) Theeproduktion in Indien, Preise, Richtung des Exports u. s. 6) Import von Thee nach Indien und Export. 7) Qualität des indischen Thees. 8) Warum sich indischer Thee bis jetzt nicht auf dem Kontinent Eingang verschafft hat. 9) Thee in Ceylon. 10) Geschäftliches. 11) Schlußbemerkungen. Nachtrag: Einiges über den Karawanenthee. Der Hauptsitz der indischen Theekultur ist die Provinz Assam, auf deren fruchtbarem Boden bei heißem, feuchtem Klima die günstigsten Bedingungen für die Theekultur gegeben sind; diese Provinz und nächst ihr verschiedene Distrikte von Bengalen und der Nordwestprovinzen liefern den größten Teil der Produktion, welche für 1887 auf 86 Millionen Pfund angegeben wird. 82 Millionen Pfund gehen nach England.

Lexikon der Reisen und Entdeckungen von Dr. Fr. Embacher in zwei Abteilungen: I. Die Forschungsreisenden aller Zeiten und Länder; II. Entdeckungsgeschichte der einzelnen Erdteile. (Aus der Reihe der bekannten „Meyers Fach-Lexika" Leipzig 1882. Ladenpreis M. 4,50; jetzt bei Gustav Fock in Leipzig herabgesetzter Preis M. 1,50.) Das Buch ist für den Geographen eine nützliche Ergänzung zu jedem geographischen Handbuch und Atlas, allen Freunden der Erdkunde ein praktisches Nachschlagebuch.

Coordes, G., Gedanken über den geographischen Unterricht. Metz 1888. Verlag von Georg Lang. 108 S. gr. 8°. 2 M. — Der Inhalt dieser lesenswerten Schrift besteht in folgenden vier Abhandlungen: Der geographische Unterricht und seine Mittel. — Anforderungen der Schule an den Globus als Lehr- und Lernmittel. — Die Namen im geographischen Unterricht. — Die Zahlen im geographischen Unterricht. — Diese einzelnen Arbeiten des um die Hebung des Geographieunterrichts eifrig besorgten Verfassers erschienen bereits früher als Vorträge und Programmarbeiten; auf mehrfach geäußerte Wünsche erscheinen sie hier gesammelt in durchgesehener Ausgabe. Ich kann die kleine Schrift warm empfehlen. W.

Die Verkehrswege im Dienste des Welthandels. Eine historisch-geographische Untersuchung samt einer Einleitung „für eine Wissenschaft von den geographischen Entfernungen" von Dr. W. Götz, Dozenten der technischen Hochschule in München. Mit 5 Karten in Farbendruck, Stuttgart, F. Enke 1888. Die Besprechung wird in einem der nächsten Hefte dieser Zeitschrift erfolgen.

Der Tourist in der Schweiz und dem angrenzenden Süddeutschland, Oberitalien und Savoyen. Reisetaschenbuch von Iwan von Tschudi. 30. neu bearbeitete Auflage. Mit vielen Karten, Gebirgsprofilen und Stadtplänen. Zürich, Verlag von Orell Füssli & Co. 1888. Preis geb. 8 Fr. 50. Die Thatsache, dafs der Tourist die 30. Auflage erlebt und von den Schweizern selbst unter allen Reiseführern am meisten bevorzugt wird, geben wohl das beste Zeugnis sowohl von der Zuverlässigkeit als auch von der praktischen Anlage des Werkes.   W.

Die Lande Braunschweig und Hannover. Mit Rücksicht auf die Nachbargebiete geographisch dargestellt von Hermann Guthe. Grofse Ausgabe. Zweite Auflage bearbeitet von A. Renner. Mit einer Karte und drei lithographischen Tafeln. Hannover. Klindworths Verlag. 1888. gr. 8°, 782 S. — Da uns dieses Werk erst bei Abschlufs dieses Heftes zugeht, so können wir für diesmal nur auf dasselbe empfehlend hinweisen, behalten uns aber für eins der nächsten Hefte eine eingehendere Besprechung vor.   W.

Atlanten und Karten.

Sydow-Wagners methodischer Schul-Atlas. Entworfen, bearbeitet und herausgegeben von Hermann Wagner. 50 Haupt- und 50 Nebenkarten auf 44 Tafeln. Gotha. Justus Perthes. 1888. Geb. M. 8.— Das letzte Jahrzehnt hat uns mehrere recht brauchbare und gute Schulatlanten gebracht, es sei nur an die beiden in VII. Bd. d. Z. besprochenen neuen Atlanten von Diercke und Gäbler und von Debes, Kirchhof und Kropatschek erinnert. Die weite Lücke aber zwischen einem den blofsen Lernstoff zur Darstellung bringenden Kartenbild und der verwirrenden Fülle einer sogen. Handatlaskarte blieb noch immer unausgefüllt. Diesen Platz einzunehmen ist nun der vorliegende Sydow-Wagnersche Atlas, der zugleich die in der Entwicklungsgeschichte der Atlanten s. Z. epochemachenden Sydowschen Atlanten zu ersetzen bestimmt ist, vortrefflich geeignet; er erhält damit eine ähnliche Stellung unter den vorhandenen Atlanten, wie sie das bekannte Guthe-Wagnersche Lehrbuch der Geographie zwischen den Schulgeographien und den rein wissenschaftlichen Lehrbüchern einnimmt und ist also vorzugsweise für die oberen Unterrichtsstufen und für angehende Geographen als ein sehr wertvolles Lehrmittel willkommen zu heifsen. Die Karten des Atlas gliedern sich in vier Gruppen: die ersten 10 Blätter dienen zur Einführung und zur allgemeinen Erdkunde; 14 Blätter enthalten Karten von Europa und Mitteleuropa; 8 Blätter bieten die Karten zur Länderkunde der aufserdeutschen Länder Europas und die letzten 12 Blätter behandeln die fremden Erdteile. Das Format (für einen Atlas nicht unwichtig) und die Blattgröfse (38 cm lang, 32 cm breit) ist recht handlich und bequem. In Bezug auf Einheitlichkeit der Mafsstäbe und der Meridianzählung u. a. entspricht der Atlas, wie das in diesem Falle selbstverständlich ist, den heutigen Anforderungen, wie denn überhaupt der ganze Fortschritt, den die Geographie und Kartographie in den letzten Jahrzehnten gemacht hat, sich in der Form wie im Inhalt, in der Technik wie in der Tendenz der neuen Kartensammlung wiederspiegelt. Unsern besonderen Beifall findet namentlich auch die Gruppierung vieler Kartenbilder. Auf andere lehrreiche Neuerungen weisen die vorausgeschickten sehr lesenswerten Erläuterungen hin. Einige Wünsche für eine neue Anlage, die hoffentlich recht bald nötig sein wird, wird der Referent dem Herausgeber auf anderem Wege mitteilen. Der Preis des Atlas ist gegenüber der trefflichen inneren und äusseren Ausstattung ein sehr mäßiger und empfehlen wir denselben allen Freunden der Erdkunde angelegentlichst.

W. Wolkenhauer.

§ Die Weltkarte des Castorius, genannt die Peutingersche Tafel, den Farben des Originals herausgegeben und eingeleitet von Dr. Carl Miller Professor am Realgymnasium zu Stuttgart, Ravensberg, Verlag von Otto Maier (Doonsche Buchhandlung) 1888, nebst einem einleitenden Text in 126 Seiten. Wir verweisen auf den unter geographische Gesellschaft mitgeteilten Vortrag des Herrn Dr. A. Oppel über dieses Werk.

A. Hartlebens Volksatlas, enthaltend 72 Karten in einhundert Kartenseiten. Wien, Pest, Leipzig, A. Hartlebens Verlag. Der von der Verlagshandlung ausgegebene Prospekt besagt folgendes: „Für den Gesamtpreis von 10 Mark wird dem Publikum ein in jeder Hinsicht vorzügliches, allen Anforderungen der Wissenschaft genügendes Kartenwerk geboten, wie es in solcher Vollendung und Schönheit, zu so wohlfeilem Preise noch nicht besteht. Mit geringen Opfern, welche durch die Ausgabe in Lieferungen zu 50 Pf. noch mehr erleichtert werden, vermag jedermann diesen Volksatlas zu erwerben und sich damit ein Werk anzuschaffen, welches auf alle Fragen der weltkundlichen Gebiete erschöpfende Antwort giebt. Möge eine allseitige Teilnahme das Bestreben der Verlagshandlung lohnen, der deutschen Nation ein reichhaltiges, gutes und beispiellos wohlfeiles Kartenwerk, einen wahren Volksatlas zu liefern." Die ersten Lieferungen dieses Volksatlas liegen bereits vor; die Karten sind ansprechend ausgeführt und wir wünschen dem Unternehmen im Interesse der Pflege der Länder- und Völkerkunde in weiten Kreisen besten Erfolg.

Neueste Karte von Australien. Mit Neu-Guinea, Kaiser Wilhelms-Land, Bismarck-Archipel, den Sunda-Inseln, Siam und Annam, Neu-Seeland und sämtlichen Inselgruppen des großen Ozeans, nebst den Dampfer- und Telegraphen-Verbindungen und einem orographischen Kärtchen. Zwei Blätter in Farbendruck und Kolorit. Für die Bedürfnisse des Handels und der Verkehrsanstalten sowie für den Unterricht an Lehranstalten bearbeitet von Professor Friedrich Behr. Maßstab: 1:12 600 000. Höhe 67 cm. Breite 119 cm. Preis: Unaufgezogen 2 Blätter in Mappe M 6.—, aufgezogen auf Leinwand zum Zusammenlegen M 9.—, aufgezogen auf Leinwand mit Stäben und lackiert M 11.—. Bei den jetzigen vermehrten Beziehungen zu Australien und Polynesien kommt diese Karte in der That einem Bedürfnis entgegen und zwar in zweckentsprechender Weise.

Map of a portion of the Southern Interior of British Columbia. Geological and Natural History Survey of Canada. 1888. Maßstab 1:506 880. Nach älteren Aufnahmen mit Benutzung der 1877 von G. M. Dawson und 1882—84 von Amos Bowman gemachten Forschungen. Vorläufige, nicht geologisch kolorierte Ausgabe. Das Gebiet der Karte erstreckt sich vom 49. Breitengrade bis zu 51¹/₂ ° und von 118¹/₂ ° westl. Länge bis 122°. Von der Route der kanadischen Pazifikbahn ist die Strecke von der Summit Station bis zum Harrisonflufs auf ihr enthalten.

Die Vertheilung der Völkerstämme
und ihrer
festen Wohnplätze
zwischen Sus und Senegal.

IX. BERICHT

DES

VORSTANDES

DER

GEOGRAPHISCHEN GESELLSCHAFT

IN

BREMEN.

Der zu Anfang des Jahres 1885 ausgegebene 8. Jahresbericht enthielt unserm früheren Brauche gemäfs einen Rückblick auf die Thätigkeit der Gesellschaft im vorbergehenden Jahre (1884). Der Vorstand hat es nunmehr für zweckmäfsig erachtet, die Berichte über die Wirksamkeit der Gesellschaft nicht unbedingt jährlich, sondern nur von Zeit zu Zeit, soweit es das Bedürfnis erfordert, zu erstatten. Der vorliegende Bericht umfafst die drei Jahre 1885 bis 1887 einschliefslich.

Blicken wir auf diese Zeit des Wirkens unsrer Gesellschaft zurück, so ist in erster Linie der in dem Monat Mai vorigen Jahres von der Gesellschaft hier in Bremen veranstalteten Ausstellung für vergleichende Völkerkunde der westlichen Südsee, besonders der deutschen Schutzgebiete zu gedenken. Diese im oberen Saal der hiesigen Börsenhalle veranstaltete Ausstellung bot einen grofsen Teil der äufserst reichhaltigen Sammlungen, welche unser Ehrenmitglied Herr Dr. O. Finsch auf seinen zwei Reisen 1879 bis 1882 und 1884 und 1885 in der Südsee zusammengebracht hat. Es gewährte dem Vorstand, wie bereits in der Vorbemerkung zu dem Ausstellungskatalog ausgesprochen, eine grofse Freude, diese so wertvollen Sammlungen zu einer Ausstellung vereinigt sowohl den Mitgliedern unsrer Gesellschaft, wie allen Freunden der Völkerkunde zugänglich machen zu können. Durch einen in instruktiver Weise von Herrn Dr. Finsch verfafsten Katalog wurde dem Besucher der Ausstellung das Studium der einzelnen Gegenstände, deren etwa tausend vorhanden waren, wesentlich erleichtert. Die Ausstellung war in folgenden Gruppen vergleichend nach Rassen (Ozeanier und Melanesier) und Stämmen geordnet: Werkzeuge und Gerätschaften; Hausbau; Ackergeräte; Haus- und Kochgeräte; Töpferei; Kochkunst; besondere Genufsmittel; Korbflechterei; Tauwerk, Bindfaden und Material dazu; Strickarbeiten; Fischerei und Gerätschaften dazu; Fahrzeuge; Flechtarbeiten; Weberei; Bekleidung; Schmuck und Zierrat; prähistorische

Funde aus den sogenannten Königsgräbern von Nantauatsch; Musikinstrumente; Tanzgerätschaften; Idole, Talismane und dergleichen;
Waffen und Wehr; endlich als Anhang die wichtigsten Handelsprodukte der westlichen Südsee. Wir können hier nur den Ausdruck des Dankes unserm Ehrenmitgliede Herrn Dr. Finsch gegenüber wiederholen, sowohl für die Bereitwilligkeit, mit der er seine
Schätze für die Ausstellung zur Verfügung stellte, als auch für die
aufserordentliche Mühewaltung, Umsicht und Sorgfalt, durch welche
es ihm gelang die zahlreichen Stücke seiner Sammlung in über-
sichtlicher und anschaulicher Weise aufzustellen und das Verständnis
derselben durch den von ihm ausgearbeiteten Katalog zu erleichtern.
Obwohl die in der bremischen Tagespresse über die Ausstellung veröffentlichen Berichte einstimmig in anerkennenden Urteilen waren,
so war die Ausstellung doch nicht so zahlreich besucht, wie wir
erwartet hatten. Die Aufmerksamkeit des in der Zahl immerhin
beschränkten Publikums, auf dessen Teilnahme man in Bremen überhaupt nur für solche Ausstellungen rechnen kann, war leider geteilt,
denn es fanden zur selben Zeit eine historische Ausstellung im
Rathause und sodann ein Bazar zum Besten der Errichtung einer
Schwimmhalle statt. Im ganzen wurde die Ausstellung von 864
Personen (627 Erwachsenen und 237 Schülern) besucht. Der Ein-
trittspreis war, um jedermann Gelegenheit zum Besuch zu geben,
nur 50 ₰ die Person. Da nun Saalmiete, Aufsicht, Druck des
Kataloga, sowie die täglichen Anzeigen in den öffentlichen Blättern
nicht unerhebliche Ausgaben erforderten, so blieben leider die Ein-
nahmen hinter den Ausgaben um 410 ℳ. 60 ₰ zurück, welcher
Fehlbetrag aus der Kasse der Gesellschaft bestritten wurde.

Noch einer kleineren ethnologischen Ausstellung sei
hier gedacht, welche die Gesellschaft im Spätherbst 1886, dank der
Unterstützung verschiedener verehrter Mitglieder und Freunde, ver-
anstalten konnte. Dieselbe fand im Geschäftszimmer der Gesellschaft,
Rutenhof, Zimmer Nr. 20, statt und enthielt eine grofse Anzahl von
Gegenständen des Haushalte und der Gewerbe, Handelsprodukte und
landwirtschaftliche Erzeugnisse, Musikinstrumente, Karten, Bücher,
Photographien, Modelle verschiedener Art, endlich Waffen aus Ost-
asien (China, Tongking, Java) und aus Guatemala. Ein Eintritts-
geld wurde nicht erhoben, doch war durch Ausstellung von Sammel-
büchsen der Deutschen Gesellschaft zur Rettung Schiffbrüchiger dem
die Ausstellung besuchenden zahlreichen Publikum Gelegenheit zu
Spenden zum Besten dieser so edle Zwecke verfolgenden Gesellschaft geboten. Die Zahl der Besucher dieser kleinen Ausstellung

betrug 450. Auch den Herren, welche sich um diese kleine Ausstellung bemühten, sei hiermit der Dank der Gesellschaft ausgesprochen.

Warmer Dank gebührt vor allem aber auch den Herren von
hier und auswärts, welche die Gesellschaft durch Vorträge erfreuten.
Bekanntlich finden diese Vorträge auf Grund eines Abkommens mit
der Direktion des hiesigen Kaufmännischen Vereins „Union" in einem
der Säle des Gebäudes dieser Gesellschaft, am Osterthorswall, statt
und werden sowohl die Mitglieder dieses Vereins, wie diejenigen des
hiesigen Zweigvereins der Deutschen Kolonialgesellschaft zur Teilnahme eingeladen. Seit unserer letzten Berichterstattung wurden
folgende Vorträge gehalten:

1885. Am 15. April Herr Dr. A. Penck aus München über die
bayrischen Alpen.

Am 17. November Herr Dr. Karl Peters über die
Kolonisationsbestrebungen der Deutsch-ostafrikanischen
Gesellschaft.

Am 7. und 9. Dezember Herr Dr. Pechuël-Loesche aus
Jena über Westafrika.

1886. Am 11. Februar Herr Dr. A. Oppel von hier über die
Akklimatisation und Verbreitung der Europäer auf der
Erde.

Am 8. April Herr Dr. W. Breitenbach aus Frankfurt a. M.
über seine Erfahrungen und Beobachtungen in bezug auf
Süd-Brasilien, insbesondere die von Deutschen besiedelten
Gebiete in den Provinzen Rio Grande do Sul und
Santa Catarina.

Am 5. November Herr Dr. A. Haacke aus Adelaide über
Australien und Neuguinea.

Am 10. Dezember Herr Dr. Bernhard Schwarz aus Berlin
über Kamerun.

1887. Am 17. Januar Herr Ernst Hartert aus Berlin über das
Niger-Benuëgebiet.

Am 2. Mai Herr Dr. A. Oppel von hier über die Südsee-
ausstellung des Herrn Dr. Finsch und Herr Ministerresident z. D. Dr. Schumacher über die amerikanischen Studien von J. G. Kohl.

Am 4. November Herr Dr. A. Oppel von hier über die
Expedition Stanleys zur Unterstützung des in Wadelai
festgehaltenen Emin Pascha, und Herr Dr. Schwarz aus
Berlin über seine im Sommer 1886 ausgeführte Reise
nach Kleinasien.

Am 25. November Herr Dr. Kükenthal aus Jena über seine Reise in die Gewässer von Spitzbergen im Sommer 1886.

Am 16. Dezember Herr Ministerresident z. D. Dr. Schumacher über die Reise des Fernandez de Oviedo an der Westküste von Nicaragua in den Jahren 1527—1530.

1888. Am 27. April Herr Dr. A. Oppel von hier über die Weltkarte des Castorius, genannt die Peutingersche Tafel und Herr Ministerresident z. D. Dr. Schumacher über den spanischen Geographen Felipe Bauzá.

Leider hat der Besuch dieser Vorträge, über welche regelmässig sowohl in der Tagespresse als in der Zeitschrift der Gesellschaft berichtet wurde, in den letzten Wintern sehr abgenommen, was sich allerdings wohl zum Teil aus der bisher stets zunehmenden Fülle von Vorträgen erklärt, die dem bremischen Publikum des Winters, namentlich in den zahlreichen Vereinen, geboten werden. Immerhin wird zu überlegen sein, ob nicht durch irgend welche Einrichtung diese Vorträge für die Zukunft mehr als bisher dem verfolgten Zwecke der Verbreitung des Interesses für die Länder- und Völkerkunde in weiteren Kreisen entsprechend gestaltet werden können.

Unsre in Vierteljahrsheften erscheinende Zeitschrift „Deutsche Geographische Blätter" hat durch ihren mannigfaltigen Inhalt in weiten Kreisen nach wie vor Anerkennung gefunden. Die Zeitschrift zählt viele Mitarbeiter und werden der Redaktion regelmäfsig von zahlreichen Verlegern neue geographische Werke übersandt. Die letzteren gehen sodann in die Büchersammlung der Gesellschaft über. Das kürzlich ausgegebene 2. Heft des XI. Bandes dieser Zeitschrift ist ausschliefslich mit einer trefflichen Arbeit unsres hochverehrten Ehrenmitgliedes des Herrn Ministerresidenten Dr. H. A. Schumacher gefüllt. Die Gesellschaft wurde durch diese Arbeit, „J. G. Kohls amerikanische Studien", in den Stand gesetzt, einer Ehrenpflicht gegenüber dem verstorbenen verdienstvollen Forscher J. G. Kohl zu genügen.

Unser Tauschverkehr mit auswärtigen geographischen Gesellschaften und Instituten erhellt aus dem nachfolgenden Verzeichnisse. Ein Teil der eingegangenen Zeitschriften, sowie die neuangeschafften oder geschenkten geographischen Werke kursieren in einem Lesezirkel, welchen die Gesellschaft leitet. Für die uns im vorigen Jahre von Behörden, Mitgliedern und Freunden gewordenen

Zusendungen an Büchern und Karten sagen wir auch an dieser Stelle unsern verbindlichsten Dank.

An dem in der Osterwoche 1885 vom 9.—11. April in Hamburg stattgehabten 5. deutschen Geographentage nahm als unser Delegierter Herr Dr. M. Lindeman teil und erstattete letzterer über den Verlauf einen Bericht, welcher in Band VIII. Seite 208 u. ff. abgedruckt ist. Auf dem in der Osterwoche 1886 in Dresden stattgehabten 6. deutschen Geographentage war unsre Gesellschaft nicht vertreten, infolge von Verhinderung der dazu vom Vorstande eingeladenen Herren. An dem in der Zeit vom 14.—17. April 1887 in Karlsruhe stattgehabten 7. deutschen Geographentag nahm als Vertreter der Gesellschaft Herr Dr. W. Wolkenhauer teil; derselbe erstattete einen in Band X. Seite 148 u. ff. der Zeitschrift abgedruckten Bericht. Der für die Osterwoche 1888 in Berlin angesetzt gewesene 8. deutsche Geographentag hat bekanntlich infolge der Zeitverhältnisse nicht stattgefunden und soll in der Osterwoche 1889 abgehalten werden.

Wie die Rechnungsablage des Näheren nachweist, gestalteten sich seit 1885 Einnahmen und Ausgaben wie folgt:

Einnahme.....................ℳ 16 586.31
Ausgabe...................... „ 14 534.17

Der Vermögensbestand der Gesellschaft ist gegenwärtig:
ℳ. 3492.84.

Im Herbste vorigen Jahres hat die Gesellschaft zum ersten Male seit ihrem Bestehen die Freude gehabt, daß ihr ein Vermächtnis eines kürzlich verstorbenen Mitgliedes und zwar im Betrage von ℳ. 1400 zugewandt worden ist. — Soeben beim Abschluß unseres Berichtes haben wir abermals die Freude, von einem verehrten Mitgliede unserer Gesellschaft, bei Gelegenheit eines seltenen Familienfestes ein Geschenk von ℳ. 1000 mit dem Motto: „Mit Dank zu Gott" zu erhalten. Für beide Gaben dankt der Vorstand herzlich. Derselbe vertraut auch, daß diese Beispiele vorkommendenfalls kräftige Nachfolge finden mögen. Denn nur durch öfters ihr zu teil werdende außerordentliche Beihilfe vermag die Gesellschaft dauernd die Ziele zu verfolgen, welche sie sich gesteckt hat!

Unsre Gesellschaft zählt gegenwärtig, wie das nachfolgende Mitgliederverzeichnis ergiebt, 18 Ehrenmitglieder, 23 korrespondierende und 248 ordentliche Mitglieder, und zwar 210 einheimische und 38 auswärtige. Gegenüber dem im 8. Jahresbericht März 1885 verzeichneten Mitgliederbestande hat eine nicht unerhebliche Abnahme der Mitgliederzahl stattgefunden.

Der Vorstand giebt sich der Hoffnung hin, dafs die so entstandenen Lücken demnächst durch den Beitritt neuer Mitglieder ausgefüllt werden. Er wird seinerseits wie bisher bemüht sein, die Ziele und Aufgaben, welche sich die Gesellschaft durch ihr Statut gestellt hat, auch fernerhin nach Kräften zu fördern. In diesem Bestreben weifs er sich mit allen Mitgliedern und Freunden Eins.

Bremen, Juni 1888.

Der Vorstand
der Geographischen Gesellschaft in Bremen.

George Albrecht.	**Dr. O. Finsch.**
Dr. M. Lindeman.	**Hermann Melchers.**
Dr. A. Oppel.	**H. Schaffert.**

Dr. W. Wolkenhauer.

Verzeichnis der Mitglieder
der
Geographischen Gesellschaft in Bremen.

Vorstand.

George Albrecht, Vorsitzender und Rechnungsführer.
Dr. M. Lindeman, stellvertr. Vorsitzender.
Dr. W. Wolkenhauer, Schriftführer.
Hermann Melchers.
H. Schaffert.
Dr. A. Oppel.
Dr. O. Finsch.

Ehren-Mitglieder.

Bennet, J. Gordon	Newyork.
Dahmberg, Dr. med., Inspektor des Sanitätswesens in Altai	Barnaul.
Finsch, Dr. O.,	Bremen.
Ignatoff, Iwan Iwanowitsch, Kaufmann	Tjumen.
Koldewey, C., Kapitän	Hamburg.
Lenz, Prof. Dr. Oskar	Prag.
Lopez, Dr. José	Buenos-Aires.
Nordenskjöld, Prof. Dr. A. E., Freiherr von	Stockholm.
Poltoratzky, Wirklicher Staatsrat, Zivilgouverneur	Ufa.
Rink, Dr. H., Justizrat	Kristiania.
Schumacher, Dr. H. A.	Bremen.
Schwatka, Fr., Leutnant U. St. Army	—
Seelstrang, Professor A. v.	
Sibiriakoff, A. M.,	St. Petersburg.
Ssemenoff, P. von, Staatsrat und Vize-Präsident der Kaiserl. Geographischen Gesellschaft	St. Petersburg.
Ssomzow, Reeder und Kaufmann	Samarowa.
Stanley, Henry M., Afrika-Reisender	—
Zeballos, Estanislao, Präsident der argentinischen geogr. Gesellschaft	Buenos-Aires.

Korrespondierende Mitglieder.

Araruni, Dr., Prof. a. d. Königl. Technischen Hochschule	Aachen.
Bade, W., Kapitän	Warnemünde b. Rostock.
Bastian, Geh. Rat, Prof. Dr. A.	Berlin.
Börgen, Prof. Dr. C.	Wilhelmshaven.
Copeland, Dr. Ralph	Aberdeen.

Dall, W. H.,	Washington.
Deben, Ernst, Kartograph	Leipzig.
Friedrichsen, L., Kartograph	Hamburg.
Hayter, H. H.	Melbourne.
Hegemann, P. E. A., Kapitän	Hamburg.
Hildebrandt, Rich., Leutnant zur See	Wilhelmshaven.
Hirth, Dr. Fr.,	Shanghai.
Holub, Dr. med. Emil	Wien.
Ihring, Dr. Hermann v.	Kolonie Sao Lourenco, Prov. Rio grande de Sul in Brasilien.
Lange, Professor Dr. Henry	Berlin.
Laube, Professor Dr. G. C.	Prag.
Napp, Richard	Buenos-Aires.
Osten-Sacken, Baron F. von, Geh.-Rat im Kaiserlichen Ministerium des Äußeren	St. Petersburg.
Paulsen, Adam, Adjunkt	Kopenhagen.
Payer, Julius, Ritter von, Dr. phil.	Frankfurt a. M.
Penck, Dr. Albrecht, Professor an der Universität	Wien.
Philippi, R. C.	Ponto de Lenha (Kongo-Mündung).
Sandeberg, H., Leutnant	Stockholm.

Ordentliche Mitglieder.
a) einheimische.

Achelis, Fr.	Dobben 25.
Achelis, Joh. C., Konsul	Dobben 27.
Achelis, Thomas	Hillmanns Hôtel.
Ahlers, O. J. D., Direktor	Herderstraße 16.
Alberti, H. F.	Contrescarpe 15.
Albrecht, George	Breitenweg 8.
Barckhausen, H.	Dobben 60.
Bechtel, C. Theodor	Ellhornstraße 7.
Beste, Sigmund	Kaiserstraße 32.
Beuermann, H., Konsul	Wiesenstraße 11.
Biermann, F. L.	Dobbenweg 9.
Bischoff, Herm.	Wall 82.
Buff, C. F. C., Bürgermeister	Mozartstraße 12.
Bunnemann, Chr. Aug.	Deich 39.
Caesar, C. A. jun.	Richtweg 9.
Clausen, Aug. A.	Schleifmühle 32.
Clausen, Gerh. H.	Mathildenstraße 81.
Clausen, H. A., Konsul	Fedelhören 51.
Clausen, G. M.	Papenstraße 26.
Claussen, Helar.	Gerhardstraße 11.
Corssen, F.	Osterdeich 32.
Deetjen, Gustav	Contrescarpe 70.

Hildebrand, H. C. F., Notar	Contrescarpe 103.
Hildebrand, J.	Schleifmühle 28.
Hinterukoff, H.	Lerchenstrafse 33.
Hirschfeld, Th. G.	Mathildenstrafse 78.
Hoffmann, Alex L.	Wachtstrafse 42.
Hoffmann, Alfred	Bismarckstrafse 66.
Hoffmann, C. C. J.	Schleifmühle 46.
Hoffmann, C. H.	Richtweg 13.
Hoffmann, Max H.	Fedelhören 55.
Hoffmann, Theodor G.	Georgstrafse 35.
Huch, Dr. med.	Ansgariithorstrafse 13c.
Isenberg, Paul	Contrescarpe 18.
Jantzen, Joh. H., Konsul	Rembertistrafse 74.
Kapff, Ludw. v.	Osterdeich 63.
Kahrweg, H. W.	Contrescarpe 139.
Katz, Joh.	Rembertistrafse 12.
Klusmann, W.	Altenwall 21.
Knoop, Baron Ludwig	Dreitenweg 2.
Knoop, D.	Langenstrafse 16.
Kottmeier, Dr. med.	Gerhardstrafse 9 a.
Krüger, G. F.	Schwachh. Chaussee 15.
Kulenkampff, Casp. G.	Contrescarpe 72.
Kulenkampff, H. W.	Contrescarpe 57.
Küster, George	Ellhornstrafse 19 D.
Lackemann, Adolf	Mozartstrafse 8.
Lackemann, H. J.	Mozartstrafse 8.
Lahmann, A.	Bormstrafse 65.
Lahusen, Chr.	Aschenburg.
Lameyer, J. R.	Mathildenstrafse 97.
Lampe, H.	Bismarckstrafse 20.
Laubert, Professor Dr. Ed.	Dechanatstrafse.
Lauts, Fr.	Georgstrafse 21.
Lerba, J. D.	Langenstrafse 106.
Leupold, Herm., Konsul	Contrescarpe 127.
Lindeman, Dr. phil. M.	Mendestrafse 8.
Lingen, Dr. jur. H. von	Dobben 70.
Löffler, H.	Häfen 86.
Lohmann, Joh. G., Direktor	Schleifmühle 21.
Loose, Dr. med.	Schillerstrafse 10.
Lürman, J. H.	Rembertistrafse 88.
Lürman, Senator Dr.	Contrescarpe 21.
Lürman, Theod., Generalkonsul	Contrescarpe 22.
Marcus, Senator Dr.	Contrescarpe 125.
Meier, H. H., Konsul	Schillerstrafse 34.
Melchers, Bm.	Birkenstrafse 18.
Melchers, Carl Th., Konsul	Georgstrafse 4.
Melchers, Georg F.,	Contrescarpe 57.
Melchers, Helm. W.	Contrescarpe 130.

Melchert, Hermann	Contrescarpe 123.
Melchers, L. H. Carl	Georgstraße 5.
Menke, H.	Rutenstraße 17.
Merkel, Carl, Konsul	Dobben 21.
Meyer, H. E. Ed.	Mathildenstraße 96.
Mohr, Landgerichtsdirektor Dr. Fr.	Gartenweg 6.
Müller jr., F.	Osterdeich 9.
Müller, A. H.	Osterstraße 48.
Müller, Jos. C.	Schillerstraße 27.
Müller, Julius	Philosophenweg 12.
Nagel, Dr. med.	Rembertistraße 9.
Niemann, J. C.	Schwachh. Chaussee 5c.
Niemann, J. H.	Schwachh. Chaussee 5d.
Nielsen, F. C. Ferd. jun.	Contrescarpe 161.
Nielsen, Julius	Georgstraße 52.
Nieport, H.	Wandrahm 11.
Nolte, Wilh.	Schwachh. Chaussee 2.
Oppel, Dr. phil. A.	Keplerstraße 47.
Osten, Carl	Breitenweg 49.
Overbeck, Carl F.	Schleifmühle 33.
Overbeck, G. F.	Häfen 26.
Pagenstecher, Gustav	Kohlhökerstraße 67.
Papendieck, Chr.	Schleifmühle 34.
Pavenstedt, Dr. jur. Joh.	Altenwall 23.
Petzel, Carl	Bahnhofsplatz 16.
Plate, Emil	Osterdeich 56.
Plate, Geo.	Osterdeich 10.
Pletzer, Dr. med. H.	Wall 108.
Post, Richter Dr. A. H.	Sonnenstraße 12.
Precht, Ellmar	Bleicherstraße 33.
Reuss, Dr. med.	Breitenweg 53.
Rickmers, Andr.	Contrescarpe 181.
Riensch, H.	Wachtstrasse 38.
Rohtbar, H.	Altenwall 10 F.
Romberg, Dr. H.	Stephanithorstwg. 1 B.
Rost, Wilh.	Wandrahm 21.
Ruete, A. F.	Humboldtstraße 4.
Ruete, Fr. W. A.	Kreftingstraße 18.
Ruhl, J. P.	Georgstraße 34.
Ruhl, J. P. jun.	Bismarckstraße 34.
Rutenberg, Lüder	Dobben 91.
Ruyter, C. O.	Mathildenstraße 89.
Sattler, Prof. Dr. W.	Mathildenstraße 8.
Schaeffer, Dr. med.	Kohlhökerstraße 8.
Schaffert, H.	Philosophenweg 1.
Schellhass, Otto	Bahnhofstraße 23.
Schenkel, B., Domprediger	Domshaide 2.
Schmidt, Bernh., Bankdirektor	Langenstraße 99.
Schmidt, Chr.	Georgstraße 13.

Schröder, W.	Humboldtstrafse 152.
Schünemann, Carl Ed.	Contrescarpe 60.
Schütte, Carl	Rembertistrafse 18.
Schütte, F. E.	Kohlbökerstrafse 80.
Schütte, H. C.	Altenwalls-Contresc. 9.
Segaltz, Fritz	Contrescarpe 115.
Segaltz, Herm.	Contrescarpe 115.
Smidt, Johann	Contrescarpe 32.
Sparkuhle, Fr. Carl	Humboldtstrafse 161.
Stachow, Dr. jur. J.	Breitenweg 60.
Stadler, Dr. med.	Osterthorsteinweg 65.
Stahlknecht, C. G.	Kreftingstrafse 22.
Stallforth, F. W.	Ellhornstrafse 20.
Strassburg, Dr. med.	Faulenstrafse 60.
Strube, Dr. med.	Auf der Brake 5.
Strube, Leopold	Richtweg 13a.
Tecklenborg, August	Contrescarpe 108.
Tewes, Carl	Contrescarpe 39.
Tewes, Rud., Konsul	Osterdeich 30.
Tölken, Dr. med.	Contrescarpe 82.
Ulrichs, Ed., Konsul	Dobbenweg 4.
Ulrichs, W.	Dobben 130.
Vassmer, H. W. D.	Sielwall 59.
Vietor, Joh. Heinr.	—
Vietsch, H.,	Dobben 35.
Witjen, D. Heinr.	Dobben 111.
Walte, J. Fr.	Contrescarpe 83.
Weinlig, F.	Schillerstrafse 6.
Werner, Ernst	Wall 200.
Wendt, Joh.	Contrescarpe 170.
Weyhausen, E. G.	Dobben 110.
Wilckens, Dr. jur. Johs.	Löningstrafse 17.
Witte, H.	Dobben 13.
Wolde, George	Rembertistrafse 64.
Wolkenhauer, Dr. W.	Besselstrafse 29.
Woltjen, H.	Contrescarpe 149.
Woltjen, J. C.	Wall 192.
Wülbern, J. B. jun.	Contrescarpe 54.
Wuppesahl, C.	Weide 35.
Wuppesahl, Henr. A.	Besselstrafse 34.
Zembsch, W., Bankdirektor	Humboldtstrafse 56.

b) auswärtige.

Bornemann, Willy	Charleston (S. Carolina).
Brandt, Maximilian von, Kaiserlich deutsch. Gesandter	Peking.
Burmeister, Ed., Kapitän	Lübeck.
Czarnikow, C.	London.
Dallmann, Ed., Kapitän	—
Diercke, C., Regierungs- und Schulrat	Osnabrück.
Eisendecher, von, Kaiserlich deutscher Gesandter	Karlsruhe.
Ellert, Arnold	Shanghai.
Focke, Dr. jur., Kaiserlich deutscher Generalkonsul	Odessa.
Georgil, Franklin	Ranenstein (Thüring.).
Glade, H. F., Konsul	Honolulu.
Gottsched, Dr. C.	Berlin.
Hackfeld, Joh. Fr.	Honolulu.
Fürst Hohenlohe-Langenburg	Langenburg (Württbg.).
Holleben, Dr. Th. Freiherr von, Kaiserlich deutscher außerordentlicher Gesandter und bevollmächtigter Minister	Tokio.
Knoop, Baron Andreas	Moskau.
Knoop, Baron Joh.	London.
Knoop, Baron Julius von	Wiesbaden.
Knoop, Baron Theodor	Moskau.
Knopp, Baron Willy von	Manchester.
Königliche Bibliothek	Berlin.
Krause, Oberlehrer Dr. Arthur	Berlin.
Krause, Oberlehrer Dr. Aurel	Berlin.
Kurtz, Prof. Dr. phil. F.	Cordoba (Argent.).
Müller, Eduard	Honolulu.
Neumayer, Prof. Dr. G. B., Geh. Admiralitätsrat und Direktor der deutschen Seewarte	Hamburg.
Ohlmer, E., Sekretär im General-Inspektorat der Zölle	Peking.
Peck, Dr.	Görlitz.
Pflüger, J. C.	Honolulu.
Prowe, Joh.	Moskau.
Schaefer, F. A.	Honolulu.
Schmidt, H. W., Konsul	Honolulu.
Schran, F. A., Ingenieur	Sibange Farm Gaboon.
Seebohm, Henry	Sheffield.
Ulrich, Ferd., Direktor	Blumenthal.
Waldburg-Syrgenstein, Graf Karl von	München.
Wiedemann, H. A.	Honolulu.
Zschörner, Paul, Direktor	Blumenthal.

Verzeichnis

der Gesellschaften, Vereine, Redaktionen und Institute,

mit welchen

die Geographische Gesellschaft in Bremen in Schriftentausch steht.

Deutsches Reich.

Berlin: Gesellschaft für Erdkunde.
Berlin: Königl. meteorologisches Institut.
Berlin: Hydrographisches Büreau der Kaiserlichen Admiralität.
Berlin: Redaktion des „Globus".
Berlin: Gesellschaft für Anthropologie, Ethnologie und Urgeschichte.
Berlin: Zentralverein für Handelsgeographie.
Berlin: Redaktion der Zeitschrift für Missionskunde und Religionswissenschaft.
Berlin: Redaktion der „Deutschen Kolonialzeitung".
Bremen: Naturwissenschaftlicher Verein.
Cassel: Verein für Erdkunde.
Darmstadt: Verein für Erdkunde und verwandte Wissenschaften.
Dresden: Verein für Erdkunde.
Frankfurt a. M.: Verein für Geographie und Statistik.
Greifswald: Geographische Gesellschaft.
Halle a. S.: Verein für Erdkunde.
Halle a. S.: Kaiserl. Karol. Leopold. Akademie der Naturforscher.
Hamburg: Geographische Gesellschaft.
Hannover: Geographische Gesellschaft.
Jena: Geographische Gesellschaft.
Karlsruhe: Badische geographische Gesellschaft.
Königsberg: Geographische Gesellschaft.
Königsberg: Physikalisch-ökonomische Gesellschaft.
Leipzig: Verein für Erdkunde.
Leipzig: Deutscher Verein zur Erforschung Palästinas.
Lübeck: Geographische Gesellschaft.
Metz: Verein für Erdkunde.
München: Deutscher und österreichischer Alpen-Verein.
München: Geographische Gesellschaft.
Stuttgart: Redaktion vom „Ausland".
Stettin: Verein für Erdkunde.
Stuttgart: Verlagshandlung der Zeitschrift „Humboldt".
Stuttgart: Württembergischer Verein für Handelsgeographie.

Österreichische-Ungarische Monarchie.

Budapest: Société Hongroise de géographie.
Wien: K. K. geographische Gesellschaft.
Wien: Orientalisches Museum.
Wien: Österreichische Gesellschaft für Meteorologie.
Wien: Kaiserl. Akademie der Wissenschaften.

Schweiz.

Aarau: Mittelschweizerische geographisch-kommerzielle Gesellschaft.
Basel: Redaktion der „Geographischen Nachrichten" von Dr. R. Holz.
Bern: Geographische Gesellschaft.
Genf: Société de géographie.
Genf: L'Afrique explorée et civilisée.
St. Gallen: Ostschweizerische geographisch-kommerzielle Gesellschaft.

Niederlande und Belgien.

Amsterdam: Aardrijkskundig Genootschap.
Antwerpen: Société Roy. de géographie.
Brüssel: Société Roy. belge de géographie.
Brüssel: Redaktion von „Le Mouvement Géographique".

Frankreich.

Bordeaux: Société de géographie commerciale.
Donai (Nord): Union géographique du Nord de la France.
Havre: Société de géographie commerciale du Havre.
Lille: Société de géographie de Lille.
Lyon: Société de géographie.
Marseille: Société de géographie.
Nancy: Société de géographie de l'Est.
Paris: Société de géographie.
Paris: Société de géographie commerciale.
Paris: Revue Française de l'Etranger et des Colonies et Exploration Gazette
    Géographique.
Paris: Revue géographique internationale par Georges Renaud.
Paris: Revue de L'Extrême-Orient.
Paris: Revue Maritime et Coloniale.
Rouen: Société Normande de géographie.
Toulouse: Société académique Hispano-Portugaise.
Tours: Société de Géographie de Tours.

England und Schottland.

Edinburgh: Royal Scottish Geographical Society.
Edinburgh: Redaktion des „Monthly record" der „Free Church of Scotland".
London: Royal Geographical Society.
London: Redaktion der Zeitschrift „Nature".
London: Chamber of Commerce Journal.

Schweden, Norwegen und Dänemark.

Kopenhagen: Kongelige danske geografiske Selskab.
Kristiania: Redaktion von „Naturen".
Stockholm: Svenska Sällskapet för Antropologie och Geografi.

Italien.

Mailand: Redaktion von „L'Esploratore".
Rom: Società Geografica Italiana.
Turin: Redaktion des „Cosmos" von Guido Cora.
Napoli: Società africana d'Italia.

Spanien und Portugal.

Barcelona: Associacio Catalanista d'Excursiones Cientificas.
Lissabon: Sociedade de geographia.
Lissabon: Redaktion des „Commercia de Lisboa".
Madrid: Sociedad geográfica.
Porto: Sociedade de geographia commercial.

Russland.

St. Petersburg: K. russ. geographische Gesellschaft.

Rumänien.

Bukarest: Societatea geografica Romana.

Amerika.

Buenos-Aires: Instituto Geografica Argentino.
Buenos-Aires: Sociedad cientifica Argentina.
Cambridge, Mass.: Science.
Cordoba: Academia Nacional de ciencias de la Republica Argentina.
New-York: American geographical society.
New-York: „New-York Herald".
Quebec: Société de géographie.
Rio de Janeiro: Seccao da sociedade de geographia de Lisboa no Brazil.
San Francisco, Kal.: Geographical Society of the Pacific.
Washington: Smithsonian Institution.

Asien.

Shanghai: The China branch of the Royal Asiatic Society.
Singapore: Journal of the Straits Branch of the Royal Asiatic Society.
Tokio: Geographische Gesellschaft.
Yokohama: Deutsche Gesellschaft für Natur- und Völkerkunde Ostasiens.

Afrika.

Constantine: Société de géographie.